I0041721

FLORE

DE

LORRAINE

PAR D. A. GODRON,

Docteur en Médecine et Docteur ès Sciences,
Doyen de la Faculté des Sciences de Nancy et Professeur d'Histoire naturelle à la
même Faculté, Directeur du Jardin des plantes, Président de la Société
d'Acclimatation fondée à Nancy pour la Zône du Nord-Est, Chevalier
de la Légion d'honneur, ancien Directeur de l'École de
Médecine de Nancy, ancien Recteur départemental
à Montpellier et à Besançon, etc.

—

DEUXIÈME ÉDITION

—

TOME PREMIER.

NANCY,

GRIMBLOT, Vᵉ RAYBOIS ET COMP.,
IMPRIMEURS-LIBRAIRES-ÉDITEURS,
Place Stanislas, 7, et rue St-Dizier, 125.

METZ,

M. ALCAN, LIBRAIRE,
Rue de la Cathédrale, 1.

PARIS,

J.-B. BAILLIÈRE ET FILS,
LIBRAIRES,
Rue Hautefeuille, 19.

VICTOR MASSON
LIBRAIRE,
Place de l'École-de-Médecine.

1857.

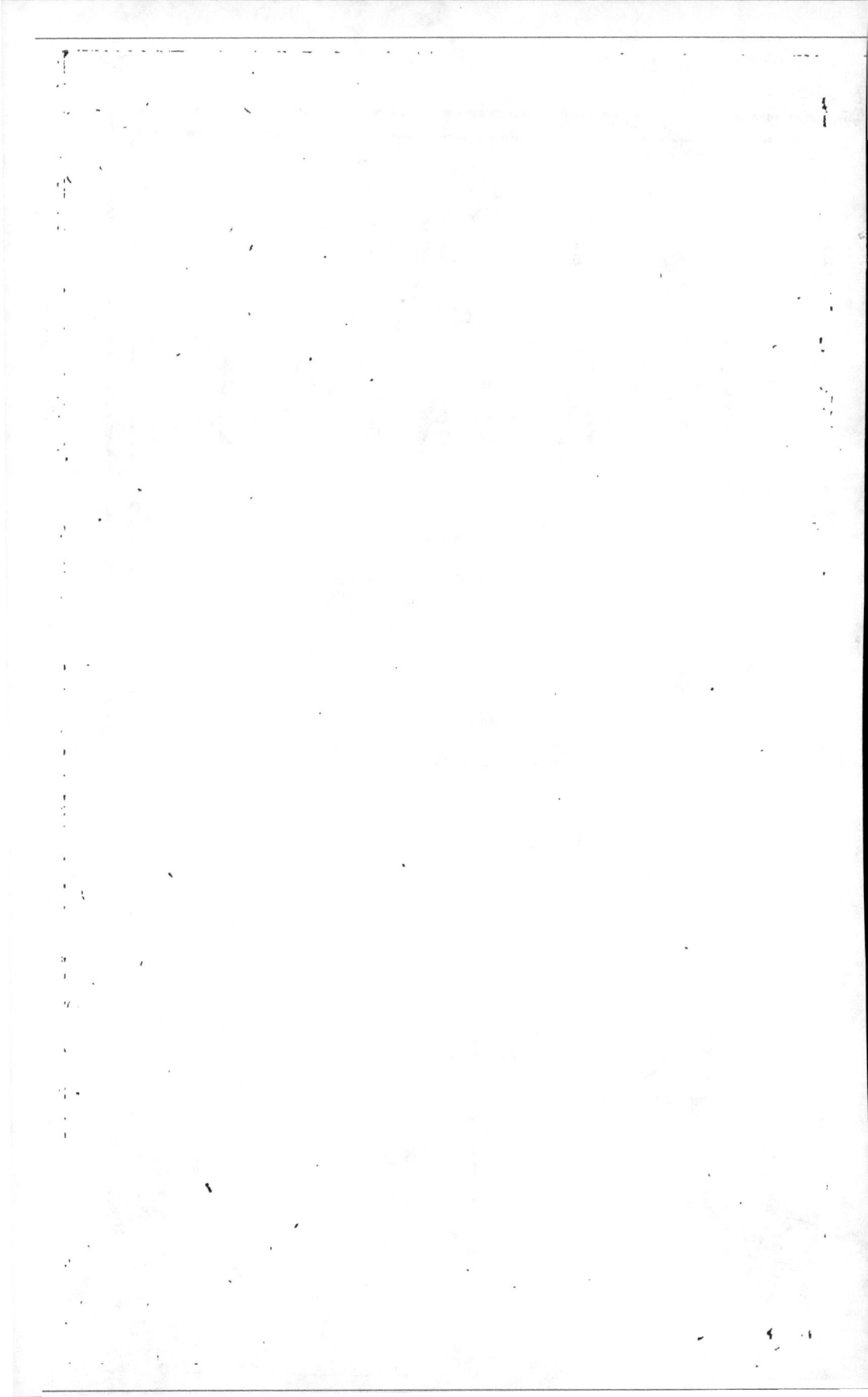

FLORE DE LORRAINE

1150

27793

Nancy, imprimerie de veuve Raybois et Comp.

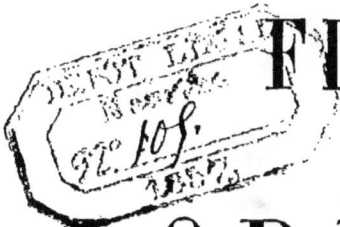

FLORE

DE

LORRAINE

PAR D. A. GODRON,

Docteur en Médecine et Docteur ès Sciences,
Doyen de la Faculté des Sciences de Nancy et Professeur d'Histoire naturelle à la
même Faculté, Directeur du Jardin des plantes, Président de la Société
d'Acclimatation fondée à Nancy pour la Zône du Nord-Est, Chevalier
de la Légion d'honneur, ancien Directeur de l'École de
Médecine de Nancy, ancien Recteur départemental
à Montpellier et à Besançon, etc.

—

DEUXIÈME ÉDITION.

—

TOME PREMIER.

NANCY,
GRIMBLOT, Ve RAYBOIS ET COMP.,
IMPRIMEURS-LIBRAIRES-ÉDITEURS,
Place Stanislas, 7, et rue St-Dizier, 125.

METZ,
M. ALCAN, LIBRAIRE,
Rue de la Cathérale, 1.

PARIS,

J.-B. BAILLIÈRE ET FILS,
LIBRAIRES,
Rue Hautefeuille, 19.

VICTOR MASSON,
LIBRAIRE,
Place de l'École-de-Médecine.

1857.

BIBLIOTHÈQUE IMPÉRIALE IMPR.

PRÉFACE.

On s'étonnera peut-être que cette Flore porte le nom d'une ancienne province, qui, comme état indépendant, n'existe plus que dans les souvenirs de l'histoire. Mais la Lorraine, aujourd'hui incorporée et fondue dans la grande unité française, à laquelle elle s'est complétement identifiée, a eu autrefois sa raison d'être. En effet, elle constitue une région bien circonscrite, bien naturelle, soit qu'on la considère au point de vue géographique ou politique, soit qu'on l'envisage sous les rapports ethnologique, géologique et botanique. Cette proposition est facile à démontrer.

La Lorraine est circonscrite de tous côtés par des montagnes : à l'Est, elle est limitée par la chaîne des Vosges, qui forme entre elle et l'Alsace une barrière élevée et puissante ; à l'Ouest par les montagnes de l'Argonne, dont le revers occidental plonge sous les terrains crétacés de la Champagne ; au Midi, des contreforts des Vosges, formés de grès bigarré, se prolongent, par Plombières et Darney, presque jusqu'à la rencontre des coteaux calcaires du département de la Meuse et forment sa limite du côté de la Franche-Comté ; au Nord, des collines de grès vosgien et de grès bigarré s'étendent, par Sarreguemines, jusque vers le point, où la Moselle quitte le territoire français et nous séparent ainsi des terrains houillers de la Prusse rhénane ; enfin des coteaux de calcaire jurassique complètent au Nord-Ouest le cercle de montagnes qui entourent l'ancienne province de Lorraine.

Non-seulement les montagnes sont des remparts naturels qui servent de défense aux contrées bornées par elles, mais elles forment en tous temps un obstacle aux communications, elles gênent et interrompent même quelquefois, pendant la saison d'hiver, les relations commerciales entre les habitants des vallées creusées au pied de l'un et de l'autre de leurs versants. Aussi, les populations, séparées par des montagnes, diffèrent-elles le plus souvent, même lorsqu'elles reconnaissent une origine commune, par quelques traits de la physionomie, par les mœurs, les habitudes et souvent aussi par des modifications du même langage ou par des langues plus ou moins étrangères les unes aux autres. Sous tous ces rapports on distingue encore très-bien, surtout si l'on compare entre elles les populations stables des campagnes, les types lorrain, franc-comtois, alsacien et champenois ; mais ces différences ne tarderont pas à s'affaiblir et peut-être à s'effacer, aujourd'hui que des voies nouvelles multiplient les relations, facilitent le déplacement des populations et tendent de plus en plus, par des mélanges continuels, à les modifier et à les confondre.

Les montagnes sont également des limites géologiques naturelles, puisque, par la nature des roches qui les forment, elles diffèrent le plus souvent de la constitution du sol des vallées. Cette dernière circonstance, jointe à l'élévation au-dessus du niveau de la mer, aux influences météorologiques qui en résultent, imprime à la végétation des montagnes un caractère qui lui est propre.

Il n'en est pas ainsi des rivières considérées comme limites. Non-seulement leur cours peut, dans les vallées larges et à pente peu marquée, éprouver des variations, dont on retrouve, en maint endroit, des traces évidentes; mais, loin de limiter les peuples, elles sont au contraire un des moyens de communication les plus faciles et les moins dispendieux ; aussi les populations riveraines se ressemblent-elles par les caractères ethnologiques. Sous le point de vue géologique, on trouve toujours que les deux rives d'une même rivière sont formées par le prolongement des mêmes couches et offrent un sol identique. Enfin, la végétation qui couvre la plaine de part et d'autre d'un même cours d'eau, soumise à des conditions physiques parfaitement semblables, n'offre aucun caractère différentiel appréciable.

Ces considérations nous ont paru nécessaires pour expliquer, et même pour justifier la circonscription, que nous avons adoptée, comme limites de la région dont nous allons décrire la végétation.

La Lorraine présente de grandes variations dans la nature du sol. De l'Est à l'Ouest, on rencontre successivement les terrains primitifs, le grès vosgien, le grès bigarré, le muschelkalk, les marnes irisées, le lias, les différents étages du calcaire jurassique, enfin les grès verts (1). Ces différents terrains sont disposés par zônes qui, s'étendant généralement du Sud-Sud-Ouest au Nord-Nord-Est, offrent chacune une végétation qui lui est propre, et forment, pour ainsi

---

(1) Les terrains volcaniques eux-mêmes sont représentés par la côte d'Essey, dont l'étendue ne forme qu'un point sur le sol de la Lorraine, et qui ne présente pas une végétation distincte de celle des lieux qui l'entourent.

dire, autant de flores distinctes. Aussi la végétation de la Lorraine est-elle extrêmement variée ; elle est alpine dans les terrains primitifs, jurassique dans la formation oolithique, marine dans les terrains salifères, et présente en outre les productions végétales qui sont particulières aux terrains de sédiment quartzeux et argilo-calcaires.

La Lorraine est arrosée par de nombreux cours d'eau, qui entretiennent sa fertilité et donnent de la vigueur à sa végétation ; ainsi la Sarre, la Meurthe, la Moselle, la Meuse et leurs nombreux affluents sillonnent toute l'étendue de son territoire. Des lacs, des étangs, des marais nourrissent les végétaux qui se plaisent dans les lieux aquatiques et d'immenses forêts couvrent de leur ombrage les plantes qui ont besoin de cette protection tutélaire.

Une des difficultés les plus grandes, qui se présentent immédiatement à l'auteur qui entreprend un ouvrage de Botanique descriptive, est celle de savoir, ce qu'il faut entendre par espèce, et, surtout, quels sont les caractères différentiels qu'on doit considérer comme spécifiques. Sur cette grave et délicate question les botanistes modernes sont loin de s'entendre, du moins dans la pratique : les uns multiplient les espèces végétales, les autres en restreignent le nombre. Et cependant, malgré ces tendances contraires, l'espèce n'en est pas moins, pour la plupart d'entre eux, un type d'unité organique, qui est resté fixe, du moins à l'état sauvage, depuis l'origine des êtres. Presque tous les auteurs sont unanimes sur ce principe, mais diffèrent singulièrement, quand il s'agit de l'appliquer et de discerner ce qui est espèce de ce qui ne l'est pas. Nous avons pris pour guide, dans cette nouvelle édition, comme nous l'avons fait dans la première, ainsi que dans notre Flore de France (1), les doctrines que nous avons fait connaître dans deux opuscules intitulés : *De l'Espèce et des races dans les êtres organisés,* publiés dans les Mémoires de l'Académie de Stanislas de Nancy, pour les années 1848 et 1849. Nous y avons traité ce sujet dans sa généralité, non-seulement pour la période géologique actuelle, mais aussi pour les périodes antérieures, en remontant jusqu'à l'époque où apparurent sur la terre les premières manifestations de l'organisation et de la vie. Nous sommes resté convaincu que, dans cette question, comme dans plusieurs autres, les végétaux et les animaux sont régis par les mêmes lois physiologiques et que ce qui est vrai pour l'un des deux règnes est également certain pour l'autre. Cette unité de lois, si bien en harmonie avec tout ce que nous connaissons des œuvres de la création, nous a paru donner une confirmation puissante aux principes qui nous dirigent et qui, dans la pratique du moins, ne concordent ni avec l'une ni avec l'autre des deux opinions extrêmes qui règnent aujourd'hui dans la science.

Les observations que nous avons faites, depuis quatorze années, sur les hybrides développées spontanément, ne nous permettent pas d'en admettre l'existence seulement en théorie, ou comme un phénomène excessivement rare. Nous pensons que les exemples en sont assez fréquents dans certains genres, dans d'autres nous n'en avons jamais reconnu. Mais nous croyons, en même temps, que certains auteurs sont allés beaucoup trop loin et tendent à compro-

(1) *Flore de France, par MM. Grenier et Godron, Besançon,* 1848 *à* 1856.

mettre, par exagération, les résultats non-seulement curieux, mais utiles d'une étude qui, sagement conduite, est appelée à produire la lumière sur des questions très-litigieuses de botanique descriptive. Si, à l'époque, où De Candolle publia sa *Physiologie végétale*, ouvrage qui renferme le recensement des plantes hybrides observées jusqu'à lui à l'état sauvage, on n'en comptait qu'une quarantaine, dont quelques-unes sont même très-contestables, c'est qu'un petit nombre de botanistes s'étaient jusqu'alors occupés sérieusement de ce genre de recherches. Dans la nouvelle édition, que nous publions, nous n'avons admis que les hybrides qui nous ont paru incontestables et nous leur avons appliqué la nomenclature proposée par Schiede et admise aujourd'hui, sans difficulté, par tous les botanistes allemands, qui font autorité dans la science; parce que cette méthode indique d'une manière simple et précise l'origine et la nature de ces formes adultérines, et qu'elle les sépare nettement des espèces véritables avec lesquelles il ne faut pas les confondre.

Je me suis peu étendu sur la synonymie; j'ai dû me borner le plus souvent à citer Linnée et à faire concorder la nomenclature de la seconde édition de cet ouvrage avec la première.

J'ai attaché une grande importance à donner une table analytique, conduisant sûrement à la famille (1), au genre, à l'espèce, afin de faciliter aux jeunes gens, qui suivent mes cours et mes herborisations, la détermination des espèces du pays.

Comme je l'ai fait, dès 1842, dans la première

_____

(1) La table analytique conduisant à la famille se trouve dans le second volume.

édition de cette Flore, j'ai indiqué avec soin la constitution géologique des terrains, sur chacun desquels se rencontrent spécialement un certain nombre d'espèces végétales. Mais ici encore, je ne puis accepter ni l'une ni l'autre des deux théories qui attribuent toujours et d'une manière absolue, soit aux propriétés physiques, soit à la nature chimique du sol, la présence exclusive de certaines plantes sur un terrain particulier. Loin de moi l'intention de nier l'influence qu'exercent, sur la nature de la végétation, les propriétés physiques du sol et notamment sa consistance, sa perméabilité, son état d'humidité ou de sécheresse, et le plus ou le moins grand degré de division des matériaux qui le constituent ; mais l'observation m'a démontré que la constitution chimique des terrains exerce aussi une action marquée et dans certains cas exclusive. Sans parler des plantes propres aux terrains salifères, qui ne se propagent guères au-delà des limites où l'influence du chlorure de sodium se fait sentir et qui, par leur présence révèlent même l'existence de cette substance saline, je pourrais citer d'autres faits à l'appui de mon opinion. C'est ainsi, par exemple, que le *Pteris aquilina,* plante essentiellement silicicole, comme l'a démontré M. Charles Desmoulins, se rencontre dans des terrains bien différents sous le rapport des propriétés physiques. Ainsi on le trouve abondamment : 1° dans les sables siliceux fins et mobiles, qu'on observe en Lorraine dans certains terrains d'alluvion ; 2° dans le diluvium qui se présente çà et là sur les coteaux du calcaire jurassique qui dominent Nancy, et où le mélange de cailloux roulés et d'argile rougeâtre forme un terrain assez compact ; 3° il se voit aussi dans les chailles de l'oxfordien, qui renferment, comme chacun sait, généralement 80 pour cent de silice et constituent un sol à la fois très-dur et peu perméable.

Ce nouveau travail est beaucoup plus complet que l'ancien, et il le doit, bien moins à mes propres recherches, qu'au zèle et à l'obligeance des botanistes lorrains, qui se sont empressés de me communiquer leurs découvertes. J'ai pu aussi, grâce à eux, indiquer, pour les plantes rares, un grand nombre de localités nouvelles. Qu'il me soit permis, en terminant, d'exprimer toute ma reconnaissance à MM. Mougeot, Soyer-Willemet, Léré, Monard, Taillefert, Warion, Mathieu, aux docteurs Kirschléger, Berher et Vincent, à MM. Husson, Gély, Larzillières, à M. le curé Jacquel, à M. l'abbé Cordonnier, enfin à MM. Box, Segrétain, Creton et Grandeau, qui ont chacun contribué à enrichir la nouvelle flore que nous publions.

Nancy, le 1er mai 1857.

GODRON.

FLORE DE LORRAINE.

EMBRANCHEMENT I.

PLANTES PHANÉROGAMES.

Végétaux portant de véritables fleurs, c'est-à-dire, munis d'é-
tamines, de pistils ou au moins d'ovules. Embryon composé,
hétérogène, formé d'organes distincts.

DIVISION I. DICOTYLÉDONES.

Fleurs munies d'une ou de deux enveloppes florales, à divisions ordinairement quinaires. Graines formées d'enveloppes qui
entourent l'embryon. Embryon pourvu de deux cotylédons opposés, ou rarement d'un plus grand nombre verticillés. Tige présentant des faisceaux fibro-vasculaires qui forment un cylindre
autour d'une moelle centrale, sont séparables en deux zones,
l'une interne ligneuse, l'autre externe corticale, et qui s'accroissent par couches concentriques. — Feuilles munies de nervures
qui généralement se divisent et s'anastomosent ; plus rarement
feuilles réduites à des écailles ou nulles.

CLASSE I. DIALYPÉTALES.

Fleurs pourvues de deux enveloppes florales, c'est-à-dire,
d'un calice et d'une corolle. Corolle formée de pétales libres
entre eux, rarement nulle. Ovules renfermés dans un ovaire et
recevant l'action du pollen par l'intermédiaire d'un stigmate.

ORDRE I. DIALYPÉTALES HYPOGYNES.

Fleurs à pétales et à étamines indépendants du calice, insérés
sur le réceptacle directement ou par l'intermédiaire d'un disque
hypogyne. Ovaire toujours libre,

I. RENONCULACÉES.

Fleurs hermaphrodites. Calice à 5, rarement à 3-15 sépales libres. Corolle à préfloraison imbricative, quelquefois nulle ; pétales ordinairement libres, caducs, plans ou en capuchon, ou tubuleux, quelquefois très-petits, en nombre égal à celui des parties calicinales ou en nombre plus grand. Étamines libres, hypogynes, en nombre indéterminé ; anthères terminales, biloculaires, adnées, s'ouvrant en long. Stigmates obliques, en crête. Plusieurs ovaires (rarement un seul par avortement). Les fruits sont tantôt des carpelles monospermes, libres, indéhiscents ; tantôt des carpelles polyspermes, s'ouvrant au bord interne (follicules), libres ou plus ou moins soudés à leur base ; plus rarement le fruit est une baie oligosperme. Graines insérées à la suture interne. Embryon droit, très-petit, niché dans un gros périsperme corné ; radicule dirigée vers le hile. — Herbes ou sous-arbrisseaux, munis d'un suc aqueux très-âcre.

1 { Fleurs régulières.................................... 2
{ Fleurs irrégulières................................. 15

2 { Sépales à préfloraison valvaire ; feuilles opposées..........
{ .... *Clematis* (genre n° 1).
{ Sépales à préfloraison imbricative ; feuilles alternes ou radicales. 3

3 { Plusieurs ovaires ; les fruits sont des carpelles............ 4
{ Un seul ovaire ; le fruit est une baie....... *Actœa* (n° 16).

4 { Carpelles monospermes, indéhiscents.................... 5
{ Carpelles polyspermes, s'ouvrant par le bord interne....... 11

5 { Une seule enveloppe florale......................... 6
{ Deux enveloppes florales........................... 7

6 { Carpelles 3 à 12, munis de côtes, verticillés..............
{ .... *Thalictrum* (n° 2).
{ Carpelles nombreux, dépourvus de côtes, en tête..........
{ .... *Anemone* (n° 3).

7 { Sépales non éperonnés ; pétales à onglet plan............ 8
{ Sépales éperonnés ; pétales à onglet tubuleux............
{ .... *Myosurus* (n° 5).

8 { Sépales au nombre de 5.......................... 9
{ Sépales au nombre de 3.......................... 10

9 { Pétales dépourvus à l'onglet d'une écaille nectarifère.......
{ .... *Adonis* (n° 4).
{ Pétales pourvus à l'onglet d'une écaille nectarifère.........
{ .... *Ranunculus* (n° 6).

$$10 \begin{cases} \text{Carpelles terminés en bec ; hampe nue} \dots \dots \dots & 6 \\ \text{Carpelles non terminés en bec ; tige feuillée. } \textit{Ficaria} \text{ (n° 7).} \end{cases}$$

$$11 \begin{cases} \text{Sépales dépourvus d'éperon et d'onglet} \dots \dots \dots & 12 \\ \text{Sépales munis d'éperon et dépourvus d'onglet} \dots \dots \\ \dots \dots \dots \dots \textit{Aquilegia} \text{ (n° 13).} \\ \text{Sépales munis d'un onglet et dépourvus d'éperon} \dots \dots \\ \dots \dots \dots \dots \textit{Nigella} \text{ (n° 12).} \end{cases}$$

$$12 \begin{cases} \text{Ovaires verticillés sur un seul rang} \dots \dots \dots & 13 \\ \text{Ovaires disposés sur plusieurs rangs} \dots \dots \textit{Trollius} \text{ (n° 9).} \end{cases}$$

$$13 \begin{cases} \text{Pétales nuls} \dots \dots \dots \dots \textit{Caltha} \text{ (n° 8).} \\ \text{Pétales tubuleux, nectariformes} \dots \dots \dots & 14 \end{cases}$$

$$14 \begin{cases} \text{Ovaires stipités} \dots \dots \dots \textit{Eranthis} \text{ (n° 10).} \\ \text{Ovaires sessiles} \dots \dots \dots \textit{Helleborus} \text{ (n° 11).} \end{cases}$$

$$15 \begin{cases} \text{Sépale supérieur prolongé en éperon.. } \textit{Delphinium} \text{ (n° 14).} \\ \text{Sépale supérieur non éperonné, disposé en casque} \dots \dots \\ \dots \dots \dots \dots \textit{Aconitum} \text{ (n° 15).} \end{cases}$$

Trib. 1. CLEMATIDEÆ *DC. Syst. 1, p. 131.* — Calice à préfloraison valvaire. Anthères extrorses. Carpelles nombreux, monospermes, indéhiscents. — Feuilles opposées.

1. CLEMATIS *L.*

Fleurs régulières. Calice à 4 sépales pétaloïdes. Corolle nulle. Carpelles terminés en pointe souvent plumeuse. Graine suspendue.

1. C. Vitalba *L. Sp. 766. (Clématite des haies.)*— Fleurs en petites grappes opposées et axillaires. Sépales épais, oblongs, tomenteux des 2 côtés. Carpelles nombreux, ovales, comprimés, terminés par une longue pointe plumeuse ; réceptacle ovoïde, velu. Feuilles pinnatiséquées, à 5-7 segments pétiolulés, ovales, acuminés, tronqués ou un peu en cœur à la base, entiers (*C. Vitalba β integrata DC. Syst. 1 p. 139*), crénelés (*C. crenata Jord. Ann. à la Fl. fr., p. 12*) ou incisés souvent sur le même pied. Tiges sarmenteuses, sillonnées, s'élevant sur les buissons voisins et s'y accrochant par les pétioles communs roulés sur eux-mêmes. — Plante presque glabre ; fleurs blanches.

Commun dans les haies et dans les bois. ♃. Juillet-août.

Trib. 2. RANUNCULEÆ *DC. Syst. 1, p. 228.* — Calice à préfloraison imbricative. Anthères extrorses. Carpelles monospermes, indéhiscents. — Feuilles alternes ou radicales.

2. Thalictrum *L.*

Fleurs régulières. Calice à 4-5 sépales pétaloïdes, très-caducs. Corolle *nulle*. Carpelles 3-12, sessiles ou stipités, surmontés par le stigmate persistant, munis de *côtes longitudinales* ou d'angles ailés, réunis sur un réceptacle petit et disciforme. Graine suspendue. — Involucre nul ; feuilles alternes.

1
- Fleurs éparses, en panicule pyramidale.................. 2
- Fleurs agglomérées, en panicule corymbiforme...........
- ... . *Th. flavum* (n° 4).

2
- Carpelles atténués aux deux bouts, obliques sur leur base... 3
- Carpelles obtus, arrondis à leur base..... *Th. minus* (n° 1).

3
- Souche rampante, stolonifère...... *Th. sylvaticum* (n° 2).
- Souche jamais rampante, ni stolonifère.. *Th. majus* (n° 3).

1. Th. minus *L. Sp. 769.* (*Pigamon fluet.*) — Fleurs éparses, penchées, en panicule large, *pyramidale*, à rameaux divariqués. Anthères apiculées. Carpelles ovoïdes ou oblongs, *obtus, arrondis inférieurement,* non ventrus en dehors à leur base. Feuilles triangulaires dans leur pourtour, tripinnatiséquées, à segments arrondis, tri-quinquelobés, à lobes entiers ou dentés ; les inférieures pétiolées ; pétiole commun canaliculé en dessus, sillonné en dessous ; pétioles secondaires anguleux, sillonnés. Tige dressée ou ascendante, très-flexueuse aux nœuds inférieurs, fortement striée tout autour, nue et écailleuse à la base, très-feuillée au-dessus. Souche grêle, rameuse, *rampante et émettant des stolons.* — Plante de 3-5 décimètres ; fleurs jaunes.

Coteaux secs du calcaire jurassique. Nancy, au Champ-le-Bœuf, à Maron, à Pompey ; Toul (*Husson*) ; Pont-à-Mousson (*Léré*). Metz, à la côte Saint-Quentin (*Paris*), à Waville, Bayonville, Fleurs-Moulins, Onville, Ars-sur-Moselle (*Taillefert*), Novéant (*Léré*). Grand dans les Vosges ; Neufchâteau (*Mougeot*). Saint-Mihiel. ♃. Juin-juillet.

2. Th. sylvaticum *Koch, Fl. od. bot. Zeit. 1841, p. 426.* (*Pigamon des bois.*) — Fleurs éparses, penchées, en panicule *pyramidale,* lâche, à rameaux et pédoncules grêles, étalés-dressés. Anthères à peine apiculées. Carpelles petits, oblongs, *atténués aux deux bouts,* obliques sur leur base et un peu ventrus en dehors. Feuilles triangulaires dans leur pourtour, tripinnatiséquées, à segments généralement petits, arrondis, lobés ; les inférieures pétiolées ; pétiole commun à peine sillonné ; pétioles secondaires grêles, arrondis-comprimés, presque lisses, étroitement canaliculés à leur bord supérieur. Tige dressée, grêle, un peu striée sous l'insertion des pétioles, nue à la base, feuillée au-dessus. Souche très-grêle, rameuse, largement *rampante, émettant des stolons.* — Plante de 3-5 décimètres, envahissant toujours le sol dans un espace de 1-2 mètres, les tiges étant écartées les unes des autres et ne formant pas buisson, comme dans les espèces voisines ; fleurs jaunes.

Bois du calcaire jurassique. Nancy, à Maxéville, Pompey, Liverdun. Saint-Mihiel (*Larzillière*). ♃. Juin.

3. **Th. majus** *Jacq. Fl. austr. 5, p. 9, tab. 430 ; Th. minus Fl. lorr. ed. 1, t. 1, p. 3, non L. (Grand Pigamon.)* — Fleurs éparses, penchées, en panicule *pyramidale*, à rameaux étalés-dressés. Anthères apiculées. Carpelles oblongs, *atténués aux deux bouts*, obliques sur leur base et ventrus en dehors. Feuilles triangulaires dans leur pourtour, tripinnatiséquées, à segments arrondis, en coin ou en cœur à la base, lobés ; les inférieures pétiolées ; pétiole commun *plein*, canaliculé en dessus, sillonné en dessous, muni à sa base d'oreillettes toutes arrondies ; pétioles secondaires anguleux et cannelés, munis ou dépourvus de stipelles. Tige dressée, rameuse, non flexueuse à la base, feuillée jusque dans la panicule, comprimée inférieurement, sillonnée d'un seul côté et principalement sous l'insertion des feuilles. Souche épaisse, courte, tronquée, *jamais rampante et toujours dépourvue de stolons.* — Plante de 7-10 décimètres, glabre, ou pruineuse, ou munie de petites glandes stipitées qui lui donnent l'odeur de groseiller noir.

Commun sur toute la formation jurassique de la Lorraine ; descend en outre dans les prairies des vallées et jusqu'aux bords de la Meurthe, de la Moselle et de la Meuse. ♃. Juin-juillet.

4. **Th. flavum** *L. Sp. 770. (Pigamon jaune.)* — Fleurs agglomérées au sommet des rameaux, dressées, en panicule *corymbiforme*, à rameaux dressés. Anthères mutiques. Carpelles petits, ovoïdes, *arrondis aux deux extrémités*. Feuilles triangulaires-oblongues dans leur pourtour, bipinnatiséquées, à segments obovés-cunéiformes, trifides ou entiers ; pétiole commun fistuleux, cylindrique, muni de stipelles à ses divisions et à sa base d'une gaine large, et prolongée dans les feuilles supérieures en oreillettes acuminées, frangées. Tige dressée,

droite, épaisse, fistuleuse, fortement sillonnée. Souche *longue-ment rampante, émettant des stolons.* — Plante de 8-12 déci-mètres ; fleurs jaunes.

Saussaies, bords des rivières. Nancy, au Pavillon, à Jarville, Messein ; Jaillon (*Mathieu*) ; Marsal ; Pont-à-Mousson (*Léré*). Metz, fossés de la ville, Magny, Moulin (*Holandre*), le Pâté, la Maxe (*Warion*) ; Ars-sur-Moselle et Jouy-aux-Arches (*Monard*) ; Sarreguemines. Epinal ; Neuf-château (*Mougeot*). Verdun. ♃. Juin-juillet.

3. ANEMONE *L.*

Fleurs régulières. Calice à 5-15 sépales pétaloïdes, caducs. Corolle *nulle.* Carpelles nombreux, surmontés par le style persis-tant, *dépourvus de rides, de côtes ou d'ailes,* disposés en tête sur un réceptacle globuleux ou ovoïde. Graine suspendue. — Hampe *munie d'un involucre,* quelquefois très-rapproché de la fleur et simulant un calice.

1 { Involucre à folioles entières, rapprochées de la fleur et simu-lant un calice.................... *A. Hepatica* (n° 8).
Involucre à folioles divisées, écarté de la fleur........... 2

2 { Carpelles terminés par une pointe plumeuse et tordue vers son milieu.. 5
Carpelles terminés par une pointe courte, glabre, non tordue. 5

5 { Etamines insérées sur un bourrelet plissé ; fleur en cloche... 4
Etamines non insérées sur un bourrelet plissé ; fleur étalée...
.... *A. alpina* (n° 3).

4 { Segments des feuilles linéaires....... *A. Pulsatilla* (n° 1).
Segments des feuilles ovales, bi-trifides. *A. vernalis* (n° 2).

5 { Involucre à folioles pétiolées, libres.................... 6
Involucre à folioles sessiles, soudées à leur base..........
.... *A. narcissiflora* (n° 5).

6 { Calice glabre.................... *A. nemorosa* (n° 6).
Calice velu en dehors.............................. 7

7 { Fleurs jaunes................. *A. ranunculoïdes* (n° 7).
Fleurs blanches ou rosées.......... *A. sylvestris* (n° 4).

Sect. 1. PULSATILLA Tournef. inst. 284. Carpelles terminés par une longue pointe plumeuse, tordue vers son milieu ; involucre à folioles lobées, écarté de la fleur.

1. A. Pulsatilla *L. Sp. 759. (Anémone Pulsatile.)*— Fleur solitaire, d'abord dressée, puis penchée ; pédoncule s'allongeant et se redressant à la maturité. Calice à 6 sépales oblongs-elliptiques, aigus (*A. acutipetala Schleich. Cat. 1815*) ou obtus, velus-soyeux extérieurement, *rapprochés en cloche à la base, courbés en dehors* dans leur moitié supérieure. Etamines *naissant d'un bourrelet* plissé ; les extérieures *avortées*, glanduliformes. Carpelles velus. Involucre *monophylle, engaînant*, profondément divisé en lanières étroites. Feuilles *oblongues* dans leur pourtour, *bipinnatiséquées*, à lanières nombreuses, *linéaires, aiguës*. Souche oblique, épaisse, brune, rameuse. — Plante munie de poils blancs-soyeux ; fleur grande, violette, rarement rose ; feuilles peu ou pas développées au moment de la floraison.

Commun sur les collines calcaires de la Lorraine et sur le grès vosgien au pied des Vosges. ♃. Mai-juin et quelquefois en septembre.

2. A. vernalis *L. Sp. 759.* (*Anémone printanière.*) — Fleur solitaire, presque dressée ; pédoncule s'allongeant à la maturité. Calice à 6 sépales elliptiques, velus-soyeux extérieurement, *dressés et rapprochés en cloche*. Etamines *naissant d'un bourrelet* plissé ; les extérieures *avortées*, glanduliformes. Carpelles velus. Involucre *monophylle, engaînant*, profondément divisé en lanières étroites. Feuilles *ovales* dans leur pourtour, *pinnatiséquées ;* 5-7 segments *ovales*, arrondis ou en coin à la base, *bitrifides*, plus rarement entiers ; les 2 inférieurs pétiolulés. Souche oblique, épaisse, brune, rameuse.— Se distingue en outre par les poils fauves qui recouvrent la partie supérieure de la plante ; par sa fleur blanche en dedans, légèrement violacée en dehors ; par ses feuilles un peu coriaces, luisantes en dessus et persistantes jusqu'au moment de la floraison.

Bruyères sur le grès vosgien. Bitche, Oterbill, Kindelberg, ferme de Rochatte, entre Haspelscheid et Igelshard, la Main-du-Prince, Waldeck, Eppenbronn, Ludwigswinkel, Fischbach (*Schultz*). ♃. Avril-mai.

3. A. alpina *L. Sp. 760.* (*Anémone des Alpes.*) — Fleur solitaire, dressée ; pédoncule s'allongeant à la maturité. Calice à 6 sépales ovales ou elliptiques, velus extérieurement, *très-étalés*. Etamines *toutes fertiles, non insérées sur un bourrelet* saillant. Carpelles velus. Involucre à *trois folioles brièvement pétiolées* et semblables aux feuilles radicales. Celles-ci *triangulaires* dans leur pourtour, *biternatiséquées ;* segments pétiolulés, *pinnatifides*, à divisions obovées-cunéiformes, incisées. Souche épaisse, brune, s'enfonçant profondément. — Plante d'abord munie de poils blancs-soyeux, puis glabrescente ; fleur plus ou moins grande, blanche, quelquefois rosée extérieurement ; plus rarement tout à fait jaune (*A. sulphurea L. Mant. 78*).

Pâturages et escarpements des hautes Vosges, à 1,200 mètres d'élévation et au-dessus. La var. à fleurs jaunes au Hohneck (*Mougeot*). ♃. Mai-septembre.

Sect. 2. Anemanthus Endl. gen. 843. Carpelles surmontés par une pointe courte, non tordue, non plumeuse. Involucre à folioles lobées, écartées de la fleur.

4. A. sylvestris *L. Sp. 761.* (*Anémone sauvage.*) — Calice étalé, à 5-8 sépales, un peu velus extérieurement. Carpelles très-nombreux, serrés, petits, oblongs, *laineux*, terminés par une pointe courte et glabre. Pédoncule *dressé*, s'allongeant à la maturité. Involucre à 3 folioles *pétiolées*, réniformes dans leur pourtour et divisées en 3-5 segments incisés-dentés. Feuilles radicales *entourant la hampe*, palmatiséquées, à 3-5 segments cunéiformes, incisés-dentés ; pétioles non dilatés à la base, mais entourés de larges écailles. Souche courte, brune. — Plante velue, à hampe terminée par une fleur grande, blanche, solitaire, très-rarement par 2 fleurs.

Bords des bois, coteaux herbeux, principalement sur le calcaire jurassique. Nancy, Chavigny, Maron ; Toul, sur les côtes Saint-Michel et Barrine (*Husson*) ; Pont-à-Mousson, carrière de Norroy (*Léré*) ; Lunéville, au bois de Sainte-Anne (*Guibal*). Metz, à Rozérieulles, Lessy, Jussy, Vaux, Novéant (*Holandre*) ; bois de Bayonville et de Gorze (*Taillefert*) ; Hayange. Verdun ; Commercy ; Saint-Mihiel (*Léré*). Neufchâteau (*Mougeot*). ♃. Mai-juin et quelquefois en septembre.

5. A. narcissiflora *L. Sp. 763.* (*Anémone à fleurs de Narcisse.*) — Calice à 5-8 sépales concaves, glabres. Carpelles 15-25, grands, ovales, plans, comprimés, *glabres*, terminés par une pointe courbée et *plus courte* que la moitié du carpelle. Pédoncules *toujours dressés*. Involucre *sessile*, formé de folioles soudées à leur base, profondément et inégalement divisées en segments lancéolés. Feuilles radicales *entourant la hampe*, très-longuement pétiolées, arrondies dans leur pourtour, palmatiséquées, à 5 segments sessiles, inégalement incisés en lanières lancéolées ; pétioles dilatés, engaînant à la base. Souche brune, rameuse. — Plante plus ou moins pourvue de poils blancs étalés ; fleurs blanches, quelquefois rosées extérieurement, un peu plus petites que celles de l'*A. nemorosa,* ordinairement au nombre de 3-6, disposées en ombelle, plus rarement 1-2 (*A. narcissiflora γ monantha DC. Prod. 1 p. 22*).

Hautes Vosges, escarpements du Hohneck et du Rotabac (*Mougeot*). ♃. Mai-juillet.

6. A. nemorosa *L. Sp. 762.* (*Anémone Sylvie.*)—Calice étalé, à 6-9 sépales *glabres.* Carpelles 10-25, *brièvement velus,* elliptiques, atténués en pointe glabre, flexueuse, *plus courte* que la moitié du carpelle. Pédoncule *courbé en crochet* au sommet à la maturité. Involucre à 5, plus rarement à 6-7 folioles *pétiolées,* divisées jusqu'à la base en 3-5 segments. Feuilles radicales 1 à 2, *naissant loin de la hampe* et ordinairement après la floraison, palmatiséquées, à 3-5 segments pétiolulés, rhomboïdaux, incisés-dentés ; pétioles non dilatés à la base, mais entourés de petites écailles arrondies. Souche horizontale, grêle, jaunâtre, rameuse. — Plante plus grêle que les précédentes, à peine velue ; à fleurs blanches, roses ou lilas ; à hampe uniflore, rarement biflore.

Commun dans les bois sur tous les terrains. ♃. Avril-mai.

7. A. ranunculoïdes *L. Sp. 762.* (*Anémone à fleur de Renoncule.*) — Calice étalé, à 5-8 sépales *velus* extérieurement. Carpelles 20-25, velus, ovales, terminés par une pointe glabre, flexueuse, plus longue que la moitié du carpelle. Pédoncule courbé *en arc* dans toute sa longueur à la maturité. Involucre à 3-5 folioles brièvement pétiolées, divisées jusqu'à la base en 3 segments. Feuilles radicales 1 à 2, *naissant plus ou moins loin de la hampe,* palmatiséquées, à 5-7 segments brièvement pétiolulés, oblongs-cunéiformes, incisés-dentés ; pétiole non dilaté à la base, mais entouré de petites écailles arrondies. Souche horizontale, jaunâtre, rameuse. — Plante grêle, à peine velue ; à fleurs toujours jaunes ; à hampe portant de 1 à 3, plus rarement 5 fleurs.

Commun dans les bois du calcaire jurassique de la Meurthe, de la Moselle, de la Meuse et des Vosges ; plus rare sur le grès vosgien, Sarrebourg. ♃. Mars-avril.

Sect. 3. HEPATICA Koch, Syn. 7. Carpelles surmontés d'une pointe courte et non plumeuse. Involucre à folioles entières, rapproché de la fleur et simulant un calice.

8. A. Hepatica *L. Sp. 758; Hepatica triloba Vill. Dauph.*

1. p. 336. (Anémone Hépatique.) — Calice étalé, à 6-9 sépales glabres et colorés. Carpelles 12-15, oblongs, brièvement velus, atténués en une pointe courte et glabre. Pédoncule extrêmement court, même à la maturité du fruit. Involucre formé de 3 petites feuilles ovales, entières, sessiles, simulant des sépales. Feuilles radicales entourant les hampes, en cœur à la base, profondément trilobées, à lobes entiers, obtus; pétioles à peine dilatés inférieurement, mais entourés d'écailles membraneuses, grandes et ovales. Souche courte, noirâtre, prémorse, rameuse. — Feuilles luisantes, souvent rougeâtres en dessous, coriaces, aussi longues que les hampes; fleurs bleues, rarement roses ou blanches, solitaires, se développant avant les feuilles, mais entourées de celles de l'année précédente qui persistent ordinairement pendant l'hiver.

Bois montagneux; commun dans la formation jurassique de la Meurthe, de la Moselle, de la Meuse et des Vosges. ♃. Mars-avril.

4. ADONIS *L.*

Fleurs régulières. Calice à 5 sépales caducs, plus ou moins herbacés. *Une corolle à 5-20 pétales dépourvus de fossette nectarifère.* Carpelles nombreux, sessiles, *irrégulièrement ridés en réseau, surmontés par le style persistant,* disposés en épi sur un réceptacle allongé. Graine suspendue. — Tige feuillée; involucre *nul.*

{ Sépales glabres; style verdâtre....... *A. œstivalis* (nº 1).
{ Sépales velus; style noirâtre......... *A. flammea* (nº 2).

1. A. œstivalis *L. Sp. 771. (Adonide d'été.)* — Sépales glabres, un peu prolongés à la base. Pétales 5-8, plans, étalés, couleur de minium (*A. miniata Jacq. Aust. tab. 354*) ou jaunes (*A. flava Vill. Cat. jard. Strasb. non DC.*), avec l'onglet marqué ordinairement d'une tache noirâtre bien circonscrite. Anthères ovales, d'un brun-noir. Carpelles glabres, disposés en épi dense, *ovoïde-oblong;* bord supérieur des carpelles *muni d'une dent vers son milieu;* ceux-ci pourvus d'un bec *concolore* et placé *à leur angle externe;* réceptacle *creusé de fossettes bordées* de membranes. Feuilles finement découpées; les inférieures pétiolées. Tige dressée, sillonnée, simple ou un peu rameuse au sommet. Racine pivotante, grêle. — Plante glabre.

Toujours dans les moissons et vraisemblablement introduit avec les graines de céréales et naturalisé en Lorraine. Assez commun dans les champs calcaires et argilo-calcaires. Nancy, à la Malgrange, Tomblaine, Saulxures, Vandœuvre, Champ-le-Bœuf, Velaine, Villers-le-Sec; Pont-à-Mousson (*Léré*); Rosières-aux-Salines; Château-Salins (*Léré*); Bayon; Sarrebourg. Metz, aux Génivaux, Gravelotte; à Borny (*Warion*); Gorze et Bayonville (*Taillefert*); Bitche et Sarreguemines (*Schultz*). Verdun; Saint-Mihiel. Neufchâteau, Charmes et Mirecourt (*Mougeot*); Rambervillers (*Billot*). ☉. Juin-juillet.

2. A. flammea *Jacq. Aust. tab. 355.* (*Adonide couleur de feu.*) — Sépales velus, ciliés et un peu prolongés à la base. Pétales 5 ou plus souvent 2 à 3 par avortement (*A. anomala Wallr! Sched. 273*), plans, étalés, d'un rouge vif, avec l'onglet ordinairement maculé de noir. Anthères ovales, d'un brun-noir. Carpelles glabres, disposés en épi un peu lâche, *allongé, cylindrique;* bord supérieur des carpelles *muni d'une dent obtuse près du sommet;* ceux-ci pourvus d'un bec *noir et comme sphacélé,* placé *au-dessous de leur angle externe* et incliné sur lui; réceptacle présentant des cicatrices *superficielles non bordées.*— Diffère en outre du précédent par son port plus grêle; ses tiges plus rameuses; ses fleurs plus longuement pédonculées; ses pétales plus étroits; ses carpelles plus petits; ses graines plus finement alvéolées.

Dans les mêmes lieux que le précédent et naturalisé comme lui. Nancy, au Champ-le-Bœuf, Velaine, Tomblaine, Saulxures; Rosières-aux-Salines; Château-Salins (*Léré*); Sandronviller; Vézelise, Sion-Vaudémont, Bouzanville; Pont-à-Mousson (*Léré*). Moyeuvre et Hayange dans la Moselle; Sarreguemines et Bitche (*Schultz*). Commercy, Boncourt; à Saint-Jean près d'Etain (*Warion*). Neufchâteau, Grand et Mirecourt (*Mougeot*). ☉. Juin-juillet.

5. MYOSURUS *Dill.*

Fleurs régulières. Calice un peu coloré, à 5 sépales caducs, *prolongés en éperon à la base. Une corolle;* 5 pétales à onglet tubuleux, *nectariforme.* Carpelles très-nombreux, sessiles, *lisses,* surmontés par le style persistant et disposés en épi sur un réceptacle très-allongé. Graine suspendue. — Une ou plusieurs *hampes.* Feuilles *toutes radicales. Involucre nul.*

1. M. minimus *L. Sp. 407.* (*Ratoncule naine.*) — Sépales à éperons courts, appliqués contre le pédoncule. Pétales plus courts que le calice. Carpelles quadrangulaires, très-comprimés, bordés d'une membrane blanche, terminés par un bec aigu dressé, embriqués et serrés sur un réceptacle très-allongé. Feuilles dressées, linéaires, étroites, un peu élargies au sommet, obtusiuscules, entières. Hampe fistuleuse, uniflore, un peu épaissie sous la fleur. — Plante glabre, naine ; à fleur d'un vert-jaunâtre.

Champs sablonneux, cultivés avant l'hiver. Nancy, à Montaigu, Tomblaine, la Malgrange (*Soyer-Willemet*) ; Château-Salins (*Léré*). Metz, à Sainte-Agathe, aux Etangs (*Holandre*), à Woippy (*Monard*) ; Sarreguemines (*Schultz*). Verdun. Neufchâteau et Mirecourt (*Mougeot*) ; Roville-aux-Chênes (*Billot*). ⊙. Mai-juin.

6. Ranunculus *L*.

Fleurs régulières. Calice à 5 sépales caducs, *non prolongés en éperon. Une corolle ;* 5-9 pétales à onglet plan, *pourvus d'une fossette nectarifère.* Carpelles nombreux, sessiles, *surmontés par le style persistant* et disposés en capitule globuleux ou plus rarement en épi. Graine dressée. — *Tiges pourvues de feuilles alternes. Involucre nul.*

1 { Fleurs blanches.. 2
{ Fleurs jaunes... 9

2 { Carpelles ridés en travers ; pédoncules arquées............. 3
{ Carpelles munis à leur base de trois nervures longitudinales ;
{   pédoncules droits... 8

3 { Réceptacle glabre.. 4
{ Réceptacle velu.. 5

4 { Feuilles toutes réniformes-lobées.... *R. hederaceus* (n° 1).
{ Feuilles toutes divisées en lanières linéaires.............
{ .... *R. fluitans* (n° 6).

5 { Réceptacle ovoïde-conique ; étamines ne dépassant pas les
{   pistils.......................... *R. Baudotii* (n° 2).
{ Réceptacle globuleux ; étamines plus longues que les pistils.. 6

6 { Feuilles laciniées, à lanières disposées en tous sens........ 7
{ Feuilles à lanières disposées dans un même plan orbiculaire..
{ .... *R. divaricatus* (n° 5).

7 { Pédoncules longs, amincis au sommet ; 20 étamines ou plus..
{ .... *R. aquatilis* (n° 3).
{ Pédoncules courts, égaux au sommet ; 12 à 15 étamines....
{ .... *R. trichophyllus* (n° 4).

8 { Pédoncules velus; lobes des feuilles aigus..............
.... *R. aconitifolius* (nº 8).
Pédoncules glabres ; lobes des feuilles acuminés..........
.... *R. platanifolius* (nº 9).

9 { Sépales réfléchis..................................... 10
Sépales étalés....................................... 12

10 { Carpelles non carénés............. *R. sceleratus* (nº 7).
Carpelles carénés.................................... 11

11 { Racine bulbiforme ; bec des carpelles crochus...........
.... *R. bulbosus* (nº 16).
Racine fibreuse ; bec des carpelles droit...............
.... *R. philonotis* (nº 17).

12 { Carpelles munis sur les faces de pointes, de tubercules ou de
rides.......... .... *R. arvensis* (nº 18).
Carpelles lisses sur les faces........................ 13

13 { Feuilles entières ou dentées, non lobées.............. 14,
Feuilles plus ou moins profondément lobées............ 15

14 { Feuilles toutes acuminées ; des stolons.. *R. Lingua* (nº 10).
Feuilles inférieures non acuminées; stolons nuls..........
.... *R. Flammula* (nº 11).

15 { Feuilles réniformes dans leur pourtour ; carpelles velus.....
.... *R. auricomus* (nº 12).
Feuilles pentagonales ou oblongues dans leur pourtour ; car-
pelles glabres................................... 16

16 { Feuilles palmatipartites.............................. 17
Feuilles pinnatiséquées.............. *R. repens* (nº 15).

17 { Pédoncules non sillonnés; réceptacle glabre. *R. acris* (nº 13).
Pédoncules sillonnés ; réceptacle velu. *R. sylvaticus* (nº 14).

Sect. 1. *BATRACHIUM DC. Syst. 1, p. 233.* Pétales blancs, à onglet jaune ; fossette nectarifère sans écaille. Carpelles ridés en travers, non bordés. — Plantes aquatiques.

1. R. hederaceus *L. Sp. 781.* (*Renoncule à feuilles de Lierre.*)— Pédoncules grêles, plus courts que les feuilles. Pétales très-petits, obovés-cunéiformes, dépassant à peine le calice. *Etamines 10, plus longues que les pistils.* Style grêle, droit, caduc dès la base, inséré sur le prolongement du bord supérieur de l'ovaire. Carpelles glabres, obovés, renflés et arrondis sous le sommet. Réceptacle *globuleux, glabre.* Feuilles uniformes, *toutes longuement pétiolées et réniformes, à 5 lobes larges, superficiels, entiers et arrondis.* Tige rampante, radicante à ses nœuds, rameuse, non sillonnée. — Plante de 1-3 décimètres, d'un vert gai, glabre.

Lieux tourbeux, bords des mares. Entre Creutzwald et Merten (*Schultz*), bords de la Rosselle près de Forbach (*Monard et Taillefert*), Kœching (*Warion*), étang de Longeville-lès-Saint-Avold (*Monard et Taillefert*). Étang de Liouville près de Commercy. ♃. Mai-juillet.

2. R. Baudotii *Godr. Mém. Acad. Nancy, 1839, p. 21, f. 4.* (*Renoncule de Baudot.*) — Pédoncules épais, *amincis au sommet*, bien plus longs que les feuilles. Pétales obovés-cunéiformes, une fois plus longs que le calice. *Etamines nombreuses, ne dépassant pas les pistils.* Style assez long, à sommet réfléchi et à la fin caduc, inséré sur le prolongement du bord supérieur de l'ovaire. Carpelles glabres, nombreux, serrés, renflés et arrondis sous le sommet, apiculés. Réceptacle *ovoïde-conique, velu.* Feuilles ordinairement de deux formes, les supérieures pétiolées, flabelliformes, divisées en trois segments souvent pétiolulés, toujours incisés-dentés ; les inférieures et les moyennes *sessiles*, divisées et subdivisées en lanières fines, étalées lorsqu'on les sort de l'eau ; plus rarement toutes les feuilles sont finement découpées. Tige flottante, épaisse, sillonnée, rameuse. — Plante de 1-3 décimètres, d'un vert gai, glabre.

α *Genuinus.* — Feuilles supérieures flabelliformes, tripartites.

β *Submersus Godr. et Gren. Fl. France, 1, p. 22.*— Feuilles toutes divisées en lanières filiformes allongées.

γ *Terrestris Godr. et Gren. l. c.* — Feuilles rapprochées, toutes à lanières courtes et un peu épaisses ; tiges croissant hors de l'eau, courtes, dressées, gazonnantes.

Eaux saumâtres, en compagnie de l'*Ulva intestinalis.* Vic, Moyenvic, Marsal, Dieuze, Sarrebourg. ♃. Juin.

3. R. aquatilis *L. Sp. 781.* (*Renoncule aquatique.*) — Pédoncules épais, *amincis au sommet*, plus longs que les feuilles ou les égalant. Pétales persistant longtemps, largement obovés, rétrécis en un court onglet, se recouvrant par les bords, une à deux fois plus longs que le calice. *Etamines nombreuses, plus longues que les pistils.* Style court, épais, à la fin tronqué au sommet, inséré sur le prolongement du bord supérieur de l'ovaire. Carpelles hérissés ou glabres, nombreux, obovés, arrondis au sommet, apiculés. Réceptacle *globuleux, hérissé.* Feuilles ordinairement de deux formes ; les supérieures pétiolées, à limbe réniforme ou orbiculaire, plus ou moins profondément divisé en 5 lobes, entiers, crénelés ou incisés ; les inférieures et plus rarement toutes les feuilles *sessiles*, divisées en lanières capillaires, fines, allongées, *dirigées en tous sens*, et se réunissant en pinceau hors de l'eau. Tige sillonnée, rameuse. — Plante polymorphe, variant beaucoup quant à la forme des feuilles supérieures, la grandeur des fleurs et la grosseur des carpelles.

α *Genuinus*. — Feuilles supérieures à limbe réniforme ou orbiculaire.

β *Submersus Godr. et Gren. l. c.* — Feuilles toutes divisées en lanières capillaires allongées.

γ *Terrestris Godr. et Gren. l. c.* — Feuilles tantôt toutes réniformes-lobées, ou les inférieures divisées en lanières courtes et épaisses (*R. aquatilis var. cœnosus Moris, Fl. sard. 1, p. 26*), ou enfin toutes les feuilles se présentant sous ce dernier état (*R. aquatilis var. succulentus Koch, Syn. p. 13*) ; tiges croissant hors de l'eau, courtes, dressées, gazonnantes.

Commun dans les mares et au bord des rivières. La var. β très-rare en Lorraine. ♃. Mai-septembre.

4. **R. trichophyllus** *Chaix, in Vill. Dauph. 1, p. 335; R. cœspitosus Fl. lorr. ed.1, t.1, p.15. (Renoncule à feuilles capillaires.)* — Pédoncules courts, grêles et roides, *non amincis au sommet*, dépassant peu les feuilles. Pétales très-caducs, étroitement obovés-cunéiformes, *non contractés en onglet*, écartés les uns des autres et ne se recouvrant pas, une fois plus longs que le calice. *Etamines 12-15, plus longues que les pistils.* Style étroit, à la fin tronqué au sommet, inséré sur le prolongement du bord supérieur de l'ovaire et un peu redressé sur lui. Carpelles ordinairement très-hérissés, petits, obovés, un peu amincis au sommet, apiculés. Réceptacle *globuleux, hérissé de poils roides.* Feuilles le plus souvent toutes *sessiles*, et divisées en lanières capillaires assez courtes, un peu roides, *étalées en tous sens* et ne se réunissant pas en pinceau hors de l'eau ; plus rarement les feuilles supérieures sont pétiolées, les lanières s'élargissent et forment un limbe à 5 segments flabelliformes sessiles ou pétiolulés et plus ou moins laciniés. Tige grêle, sillonnée, rameuse. — Cette plante se distingue en outre de la précédente par sa taille plus petite, ses feuilles moins allongées, ses fleurs bien plus petites, ses carpelles moins gros et d'une autre forme.

α *Genuinus.* — Feuilles plus courtes que les entrenœuds, toutes divisées en lanières capillaires. *R. capillaceus Thuill. par. 278.*

β *Anomalus.* — Feuilles supérieures à limbe formé de segments flabelliformes. *R. Godronii Gren. in Schultz, Arch. p. 169 ; R. radians Revel, Act. soc. linn. Bordeaux, t. 19,* ic.

γ *Terrestris Fl. lorr. ed. 1, t. 1, p. 15.* — Feuilles plus longues que les entrenœuds, toutes divisées en lanières filiformes, courtes, presque cylindriques. *R. cœspitosus Thuill. par. 279.*

Dans les mares, les ruisseaux. La var. α assez commune. La var. β très-rare, à Lunéville. La var. γ à Nancy, Tomblaine, Frouard, Sarrebourg ; Metz. ♃. Mai-septembre.

5. R. divaricatus *Schrank, Bair. fl. 2, p. 104. (Renoncule divariquée.)* — Pédoncules allongés, *amincis au sommet,* beaucoup plus longs que les feuilles. Pétales persistant assez longtemps, largement obovés, contractés en onglet, contigus, une ou deux fois plus longs que le calice. *Etamines 20 environ, plus longues que les pistils.* Style assez long, mince, à la fin tronqué au sommet, inséré sur le prolongement du bord supérieur de l'ovaire. Carpelles glabres ou hérissés, obovés, presque aigus au sommet, apiculés. Réceptacle *globuleux, hérissé.* Feuilles petites, *toutes sessiles* et divisées en lanières courtes, capillaires, raides, divariquées et *disposées en un même plan orbiculaire.* Tige sillonnée, rameuse. — Fleurs assez grandes.

α *Fluitans Godr. Gren. Fl. fr. 1, p. 25.* — Feuilles beaucoup plus courtes que les entrenœuds.

β *Terrestris Fl. lorr. ed. 1, t. I, p. 16.* — Feuilles très-rapprochées, plus longues que les entrenœuds ; tiges croissant hors de l'eau, courtes, dressées, formant gazon.

Eaux stagnantes. Nancy, Tomblaine, Bosserville, Frouard ; Pont-à-Mousson (*Léré*). Metz. Mirecourt et Neufchâteau. Verdun ; Saint-Mihiel. ♃. Juin-juillet.

6. R. fluitans *Lam. Fl. fr. 3, p. 184. (Renoncule flottante.)* — Pédoncules allongés, épais, *amincis au sommet,* à peu près de la longueur des feuilles. Pétales 5 à 9, largement obovés, contractés en court onglet, une ou deux fois plus longs que le calice. *Etamines nombreuses, plus courtes que les pistils.* Style court, étroit, à la fin tronqué au sommet, inséré sur le prolongement du bord supérieur de l'ovaire. Carpelles glabres, obovés, renflés et largement arrondis au sommet, apiculés. Réceptacle *globuleux, glabre.* Feuilles uniformes, toutes plus ou moins longuement *pétiolées* et divisées en lanières linéaires, planes, *disposées en un même plan.* Tige rameuse. — Fleurs grandes.

α *Fluviatilis Godr. Monogr. Ren. p. 29.* — Tige longue et atteignant jusqu'à 6 mètres.; lanières des feuilles allongées, atténuées au sommet.

β *Terrestris Godr. l. c.* — Tige croissant hors de l'eau, très-courte, dressée ; lanières des feuilles courtes, dilatées au sommet.

Commun dans les rivières. ♃. Juin.

Sect. 2. Hecatonia Lour. non DC. nec Koch. — Pétales d'un jaune clair, à fossette nectarifère sans écaille. Carpelles ovoïdes, déprimés au centre des faces latérales, non bordés, à carène remplacée par un sillon.

Nota. Le nom de *Hecatonia* convient très-bien à cette section, puisque le *Hecatonia palustris* de Loureiro est le *R. sceleratus.*

7. R. sceleratus *L. Sp. 776. (Renoncule scélérate.)* — Sépales ovales, velus, réfléchis. Pétales plus courts que le calice. Carpelles en tête serrée et ovale-oblongue, très-petits, très-caducs, obovés, glabres, finement ridés au centre de leurs faces latérales ; bec épais, très-court. Réceptacle oblong, tuberculeux, un peu velu. Feuilles radicales longuement pétiolées, ordinairement réniformes dans leur pourtour, divisées profondément en 3 lobes incisés-crénelés ; les caulinaires inférieures oblongues, plus fortement découpées ; les supérieures sessiles, trifides ou entières. Racine fibreuse. — Plante presque glabre, d'un tissu tendre ; à tige dressée, striée, fistuleuse, très-rameuse ; à pédoncules sillonnés ; à fleurs petites, très-nombreuses.

Commun dans les lieux humides et marécageux. ⊙. Mai-septembre.

Sect. 3. Vesicastrum Gren. et Godr. Fl. de France, 1, p. 26. — Pétales blancs, à fossette nectarifère avec ou sans écaille. Carpelles globuleux, non bordés, à carène saillante.

8. R. aconitifolius *L. Sp. 776. (Renoncule à feuilles d'Aconit.)* — Sépales étalés, souvent rosés extérieurement. Pétales à fossette nectarifère pourvue d'une écaille en languette. Etamines *égalant les pistils.* Carpelles en tête globuleuse, assez gros, glabres, obovés, ventrus, munis à leur base de nervures rayonnantes ; bec grêle, assez long, crochu. Réceptacle globuleux, velu. Pédoncules non sillonnés, courts, *velus*, étalés ; bractées inférieures lancéolées, dentées. Feuilles palmatipartites, à 3-5 segments ovales-lancéolés, incisés-dentés, *non acuminés ;* les supérieures sessiles ; les inférieures longuement pétiolées. Tige dressée, flexueuse, peu rameuse au sommet. Souche courte, prémorse. — Plante de 1-6 décimètres ; fleurs blanches.

Commun dans la chaîne des Vosges depuis Giromagny jusqu'à Sarrebourg, sur les terrains siliceux. ♃. Juin-août.

9. **R. platanifolius** *L. mant. 79; R. aconitifolius Hol. Fl. Moselle, ed. 1, p. 15. (Renoncule à feuilles de Platane.)* — Sépales étalés, souvent rosés extérieurement. Pétales proportionnément plus étroits que dans l'espèce précédente, à fossette nectarifère pourvue d'une écaille en languette. Etamines *une fois plus longues que les pistils.* Carpelles en tête globuleuse, assez gros, glabres, obovés, ventrus, munis à leur base de nervures rayonnantes ; bec grêle, assez long, crochu. Réceptacle globuleux, velu. Pédoncules non sillonnés, grêles, allongés, *glabres*, dressés; bractées inférieures linéaires, entières. Feuilles palmatipartites, à 3-7 segments lancéolés, *longuement acuminés ;* les supérieures sessiles ; les inférieures longuement pétiolées. Tige dressée, droite, très-rameuse au sommet. Souche courte, prémorse. — Plante de 4-8 décimètres ; fleurs blanches.

Commun dans la chaîne des Vosges, plus rare sur la formation jurassique de la Lorraine. Nancy, aux fonds Saint-Barthélémy ; Toul, au bois de Jaillon (*Husson*). Metz, aux vallons de Montvaux et des Genivaux, à Gorze (*Holandre*), vallée de Mance (*Warion*). ♃. Juin-juillet.

*Sect. 4. E*URANUNCULUS *Gren. et Godr. Fl. de France, 1, p. 29.* — Pétales jaunes, à fossette nectarifère fermée par une écaille. Carpelles comprimés, lenticulaires, bordés, à carène saillante.

10. **R. Lingua** *L. Sp. 773. (Renoncule langue.)*— Sépales ovales, *étalés.* Pétales 5, luisants. Carpelles en tête serrée et globuleuse, grands, *comprimés;* bec large, *droit, ensiforme, persistant.* Réceptacle glabre. Pédoncules *non sillonnés.* Feuilles longuement *lancéolées, acuminées*, calleuses au sommet, *entières* ou *dentelées ;* les inférieures brièvement pétiolées. Tige dressée, épaisse, arrondie, fistuleuse, entourée à la base de *plusieurs ver-*

ticilles de radicules. Souche tronquée, émettant des *stolons*. — Plante glabre, ou munie de poils appliqués, remarquable par sa taille (1 mètre et plus), et par la grandeur de sa fleur (4 cent.).

Assez rare; marais. Nancy, étang de Champigneulles (*Soyer-Willemet*) ; Toul (*Husson*). Metz, à Franclonchamp, la Maxe (*Holandre*). Commercy, à Marbotte (*Maujean*) ; Sampigny (*l'abbé Pierrot*); Etain, à Darmont (*Warion*) ; Saint-Mihiel (*Léré*). Neufchâteau, étang Rorthé (*Mougeot*). ♃. Juin-juillet.

11. R. Flammula *L. Sp. 772.* (*Renoncule flammette.*) — Sépales ovales, *étalés*. Pétales 5-9, luisants. Carpelles en tête globuleuse, petits, *renflés ;* bec étroit, court, un peu courbé, à la fin *caduc*. Réceptacle glabre. Pédoncules *sillonnés*. Feuilles *ovales, lancéolées* ou *linéaires, entières* ou *dentées*, atténuées à la base, calleuses au sommet, *non acuminées ;* les inférieures longuement pétiolées. Tige dressée, couchée ou radicante, fistuleuse, comprimée, sillonnée ; *pas de stolons.* — Se distingue en outre de l'espèce précédente par sa taille bien moins élevée (1-4 décim.) ; par la petitesse de ses fleurs.

Très-commun dans les lieux humides. ♃. Juin-octobre.

12. R. auricomus *L. Sp. 775.* (*Renoncule tête d'or.*) — Sépales elliptiques, étalés. Pétales à écaille nectarifère large et courte. Carpelles en tête globuleuse, assez gros, *convexes* sur les 2 faces, faiblement bordés et brièvement velus ; bec *courbé* au sommet, ou dès la base. Réceptacle tuberculeux, *glabre*. Pédoncules *non sillonnés*. Feuilles radicales longuement pétiolées, *réniformes dans leur pourtour, creusées en cœur à la base, palmatipartites ou palmatifides, à 3-5 lobes* rhomboïdaux, plus ou moins profondément incisés-crénelés ; les plus extérieures souvent non lobées ; les feuilles caulinaires *toutes sessiles*, divisées jusqu'à la base en 5-7 lanières divergentes, entières ou dentées. Tiges dressées ou couchées à la base, finement striées, fistuleuses, nues jusqu'au premier rameau. Souche courte, oblique, munie de fibres radicales sur toute sa surface. — Plante presque glabre ; à fleurs grandes. Les premières fleurs qui se développent au printemps n'ont pas de pétales.

Commun ; bois, haies, buissons, dans tous les terrains. ♃. Avril-mai.

13. R. acris *L. Sp. 779.* (*Renoncule âcre.*) — Sépales ovales, velus, *étalés*. Pétales à écaille nectarifère tronquée et moins large que l'onglet. Carpelles en tête globuleuse, plus petits que dans l'espèce précédente, *plans* sur les faces, fortement bordés et glabres ; bec *courbé* au sommet. Réceptacle un peu tuberculeux, *glabre*. Pédoncules *non sillonnés*. Feuilles inférieures longuement pétiolées, *pentagonales dans leur pourtour, creusées en cœur à la base, palmatipartites*, à 3-5 lobes cunéiformes plus ou moins larges, plus ou moins incisés-dentés ; les feuilles supérieures sessiles, à 3 lobes aigus dentés ou entiers. Tige dressée, fistuleuse, non sillonnée, un peu rameuse au sommet. Souche *horizontale, prémorse, de la grosseur d'une plume.* — Plante plus ou moins velue, à poils courts et appliqués ou à poils longs, abondants, roussàtres, étalés (*R. friseanus Jord. Obs. pl. France, fragm. 6, p. 17*) ; à feuilles quelquefois blanchâtres et soyeuses en dessous, souvent maculées en dessus.

Très-commun dans les prés, au bord des bois, etc. ♃. Mai-juin.

14. R. sylvaticus *Thuill. par. 276 ; R. nemorosus DC. Syst. 1, p. 280; Godr. Fl. lorr. ed. 1, t. 1, p. 22. (Renoncule des bois.)* — Sépales ovales-oblongs, velus, *étalés.* Pétales à écaille nectarifère contractée à la base, mais au-dessus presque aussi large que l'onglet. Carpelles en tête globuleuse, *plans*, glabres, fortement bordés ; bec subulé et *roulé sur lui-même* au sommet. Réceptacle longuement *velu*. Pédoncules *sillonnés*. Feuilles radicales longuement pétiolées, *pentagonales dans leur pourtour, émarginées ou en cœur à la base, à 3 lobes* profonds, cunéiformes, plus ou moins larges, plus ou moins incisés-dentés ; feuilles caulinaires 1-3, l'inférieure quelquefois pétiolée et conforme aux radicales, le plus souvent toutes sessiles et à lobes lancéolés-linéaires, entiers ou incisés. Tiges ascendantes ou dressées. Souche courte, verticale, munie de fibres radicales sur toute sa surface et au sommet des débris des anciennes feuilles. — Se distingue en outre de l'espèce précédente par son port moins roide ; par ses poils longs et étalés qui recouvrent presque toutes les parties de la plante ; par ses feuilles plus molles, maculées de blanc.

Très-commun dans les bois de tous les terrains et jusqu'au sommet des Vosges, où il devient nain. ♃. Mai, jusqu'en automne.

15. R. repens *L. Sp. 779. (Renoncule rampante.)*— Sépales ovales-oblongs, velus, *étalés*. Pétales à écaille nectarifère en

cœur renversé et plus étroite que l'onglet. Carpelles en tête globuleuse, glabres, faiblement bordés, plans sur les faces, jaunâtres ; bec grêle, *arqué* au sommet. Réceptacle tuberculeux, un
peu velu. Pédoncules *sillonnés*. Feuilles toutes pétiolées, à l'exception de la supérieure, *ovales-oblongues dans leur pourtour*,
pinnati-bipinnatiséquées, à segments incisés-dentés et pétiolulés,
le segment moyen *toujours plus longuement*. Tiges rampantes ou
dressées, plus ou moins longues et rameuses. Souche courte, oblique, non bulbeuse, couverte de fibres radicales. — Plante plus
ou moins velue, à poils étalés ou appliqués ; à feuilles plus ou
moins grandes ; à fleurs grandes.

Prés humides, fossés ; très-commun. ♃. Mai-septembre.

16. R. bulbosus *L. Sp. 779. (Renoncule bulbeuse.)* — Sépales ovales-oblongs, velus, *réfléchis*. Pétales à écaille nectarifère
courte, tronquée, presque aussi large que l'onglet. Carpelles en
tête globuleuse, glabres, finement ponctués, fortement bordés,
plans sur les faces, jaunâtres ; bec *large*, crochu au sommet.
Réceptacle tuberculeux, un peu velu. Pédoncules *sillonnés*.
Feuilles radicales longuement pétiolées, *ovales-oblongues dans
leur pourtour*, pinnati-bipinnatiséquées, à segments trifides-cré-
nelés, le segment moyen *pétiolulé*. Tiges dressées, rarement
étalées, jamais rampantes. Souche courte, verticale, *bulbiforme*,
munie inférieurement d'un faisceau de fibres radicales.—Plante
plus ou moins velue.

Très-commun partout. ♃. Mai-juillet.

17. R. philonotis *Ehrh. Beitr. 2, p. 145. (Renoncule des
mares.)* — Sépales oblongs, velus, *réfléchis*. Pétales à écaille
nectarifère tronquée, moins large que l'onglet. Carpelles nombreux, en tête globuleuse, glabres, lenticulaires, bordés d'une
côte saillante verte ; les faces planes, brunes, munies d'un ou
de plusieurs rangs de tubercules qui manquent quelquefois ;
bec large, court, *droit, beaucoup plus court* que la moitié des
carpelles. Réceptacle un peu tuberculeux, velu. Pédoncules
sillonnés. Feuilles inférieures pétiolées, *orbiculaires ou ovales
dans leur pourtour, pinnatiséquées*, plus rarement bipinnatiséquées, à segments incisés-crénelés, le segment moyen pétiolulé ;
le pétiole commun dilaté et longuement engaînant à la base ;
feuilles supérieures sessiles, divisées en lanières lancéolées-

linéaires. Tiges dressées ou étalées. Racine *fibreuse*. — Plante polymorphe, d'un vert pâle, velue.

Commun dans les champs sablonneux et humides ; au bord des mares. ⊙. Mai-septembre.

18. **R. arvensis** *L. Sp. 780.* (*Renoncule des champs.*) — Sépales oblongs, velus, *étalés*. Pétales à écaille nectarifère grande, triangulaire, aussi large que l'onglet. Carpelles 3-8, très-grands, obovés, comprimés, atténués à la base, bordés d'une côte très-prononcée, hérissée, ainsi que les faces latérales, de pointes, de tubercules ou de rides disposées en réseau (*R. arvensis β inermis Koch, Syn. 18*); bec presque droit, subulé, *plus long* que la moitié des carpelles. Réceptacle velu. Pédoncules *non sillonnés*. Feuilles inférieures pétiolées, *oblongues dans leur pourtour, à 3 segments tri-quadrifides, pétiolulés ;* les supérieures presque sessiles et à segments linéaires ; toutes dilatées et engaînantes à leur base. Tige dressée, arrondie, peu rameuse, pleine. Racine fibreuse. — Plante d'un vert pâle, glabre, un peu velue ; à fleurs assez petites.

Commun dans les moissons. ⊙. Mai-juin.

7. FICARIA *Dill.*

Fleurs régulières. Calice à 3, plus rarement à 4-5 sépales caducs, *non prolongés en éperon*. *Une corolle ;* 6-12 pétales à onglet plan, *pourvus d'une fossette nectarifère.* Carpelles nombreux, sessiles, *non terminés en bec*, disposés en tête globuleuse ; stigmate *sessile*. Graine dressée. — *Tiges feuillées ;* feuilles alternes. *Involucre nul.*

1. **F. ranunculoïdes** *Mœnch, Meth. 215; R. Ficaria L. Sp. 774.* (*Ficaire Renoncule.*) — Sépales ovales, concaves, étalés. Pétales à écaille émarginée, recouvrant la fossette nectarifère. Carpelles obovés, convexes sur les faces, munis de quelques poils courts et caducs. Réceptacle glabre. Pédoncules sillonnés. Feuilles toutes pétiolées, en cœur à la base, réniformes ; les inférieures entières ou sinuées ; les supérieures fortement anguleuses. Tiges peu rameuses, dressées, couchées ou même radicantes. Souche verticale, tronquée, extrêmement courte, munie de fibres grêles et de fibres épaissies en massue. — Plante tout à fait glabre ; à

feuilles un peu épaisses, luisantes, souvent marquées à leur centre d'une tache brune longitudinale et quelquefois pourvues à leur aisselle de bulbilles reproducteurs ; à fleurs souvent solitaires, d'un jaune doré.

Commun dans les prés, les fossés, les haies et les bois humides. ♃. Avril-mai.

Tribu III. Helleboreæ *DC. Syst. 1, p. 306.* — Calice à préfloraison imbricative. Anthères extrorses. Un ou plusieurs carpelles polyspermes, déhiscents. — Feuilles alternes ou radicales.

8. Caltha *L.*

Fleurs *régulières*. Calice à 5 sépales pétaloïdes, *caducs. Pas de corolle ni d'involucre.* Carpelles 5-10, libres, *sessiles*, verticillés sur un seul rang. Graines *bisériées*. — Plantes vivaces, à tiges herbacées, feuillées, multiflores.

1. C. palustris *L. Sp. 784.* (*Populage des marais.*) — Sépales ovales, obtus. Carpelles un peu divergents, oblongs, comprimés, ridés transversalement et pourvus de trois nervures dorsales ; bec faisant suite au bord externe et un peu courbé en dehors. Feuilles inférieures orbiculaires-oblongues, profondément en cœur à la base, crénelées, un peu épaisses, luisantes, longuement pétiolées ; les supérieures réniformes, sessiles ; toutes dilatées à la base en une gaine scarieuse et auriculée. Tige dressée ou ascendante, simple ou rameuse, sillonnée, fistuleuse. Souche verticale, tronquée, extrêmement courte, munie de fibres longues, épaisses, fasciculées. — Plante glabre ; à fleurs grandes, terminales, d'un jaune doré, peu nombreuses.

Commun le long des ruisseaux et dans les prairies humides. ♃. Avril-mai, dans la plaine, mais jusqu'en septembre dans les hautes Vosges, où cette plante a les fleurs plus petites.

9. Trollius *L.*

Fleurs *régulières*. Calice à 5-15 sépales pétaloïdes, *caducs. Une corolle* ; pétales très-petits, *non éperonnés*, à limbe *linéaire et plan*, munis sur l'onglet d'une fossette nectarifère sans écaille. *Involucre nul.* Carpelles nombreux, libres, *sessiles*, verticillés sur plusieurs rangs. Graines *bisériées.* — Plantes vivaces, rappelant les Renoncules par le port et se rapprochant des Hellébores par les caractères.

1. T. europæus *L. Sp. 782. (Trolle boule d'or.)*— Sépales au nombre de 12-15, disposés sur plusieurs rangs, concaves, connivents, elliptiques, obtus. Pétales égalant presque les étamines. Carpelles linéaires-oblongs, presque cylindriques, ridés transversalement dans leur moitié supérieure et pourvus d'une côte dorsale saillante ; bec court, un peu courbé en dedans et faisant suite au bord externe. Graines petites, noires, anguleuses. Feuilles d'un vert sombre, palmatiséquées, à 5 segments divergents, rhomboïdaux, trifides et incisés-dentés ; les inférieures longuement pétiolées ; les supérieures sessiles. Tige dressée, unipauciflore. Souche oblique, courte, couverte de fibres radicales grêles, noirâtres et munie des débris des anciennes feuilles. — Plante glabre ; à fleurs grandes, presque globuleuses, terminales, jaunes veinées de vert extérieurement.

Escarpements des hautes Vosges ; Ballons de Soultz et de Giromagny (*Hermann*), Hohneck (*Mougeot*) ; descend dans la vallée de Munster. ♃. Juin-juillet.

10. ERANTHIS *Salisb.*

Fleurs *régulières.* Calice à 6-8 sépales pétaloïdes, *caducs. Une corolle ;* pétales très-petits, *non éperonnés, tubuleux,* nectariformes, bilabiés. *Un involucre* placé sous la fleur et simulant un calice. Carpelles 5-6, libres, *pédicellés,* verticillés sur un seul rang. Graines *unisériées.* — Plantes vivaces, à hampe nue, uniflore, à feuilles toutes radicales.

1. E. hyemalis *Salisb. Trans. soc. Linn. v. 8, p. 303; Helleborus hyemalis L. Sp. 783. (Eranthis d'hiver.)* — Involucre monophylle, analogue au limbe des feuilles radicales. Sépales étalés, presque aussi longs que l'involucre, oblongs-obovés. Carpelles un peu divergents, oblongs, comprimés, ridés transversalement et pourvus d'une nervure dorsale ; bec court et grêle, faisant suite au bord externe. Graines jaunâtres, un peu anguleuses et finement chagrinées. Feuilles longuement pétiolées, molles, orbiculaires, divisées jusqu'à la base en 3 segments multifides. Souche épaisse, charnue, noueuse, oblique, couverte de fibres radicales grêles. — Plante glabre ; à sépales jaunes, d'un tissu mou ; à feuilles paraissant après les fleurs.

Ruines du château de Landsberg, sur le revers oriental des Vosges. ♃. Février-mars.

11. Helleborus *L.*

Fleurs *régulières*. Calice à 5 sépales pétaloïdes, *persistants.* *Une corolle ;* pétales très-petits, *non éperonnés, tubuleux*, nectariformes, bilabiés. *Involucre nul.* Carpelles 3-10, libres, *sessiles,* verticillés sur un seul rang. Graines *bisériées.* — Plantes vivaces, à feuilles pédatiséquées.

{ Tige marquée de cicatrices à la base, très-feuillée au-dessus. .
. . . . *H. fœtidus* (n° 1).
{ Tige sans cicatrices, nue jusqu'aux rameaux. *H. viridis* (n° 2).

1. H. fœtidus *L. Sp. 784.* (*Hellébore fétide.*) — Sépales *connivents,* concaves. Pétales de *moitié moins longs* que les étamines. Carpelles larges et renflés, pourvus d'une nervure dorsale prolongée en bec subulé. Graines brunes, ovoïdes, lisses. Feuilles *toutes caulinaires,* coriaces, pétiolées, à 7-11 segments atténués à la base, lancéolés, dentés en scie ; feuilles supérieures devenant peu à peu *bractéiformes,* entières, jaunâtres. Tige *vivace,* épaisse, dressée, nue et marquée de cicatrices dans le bas, *très-feuillée au-dessus.* Souche *fusiforme,* épaisse, charnue. — Plante glabre, d'un aspect sombre, exhalant une odeur fétide due à la présence de petites glandes verdâtres qui recouvrent les bractées, les sépales, mais surtout les pédoncules ; à feuilles persistantes pendant l'hiver ; à fleurs nombreuses, penchées, verdâtres.

Commun en Lorraine sur les coteaux calcaires. ♃. Février-avril.

2. H. viridis *L. Sp. 784.* (*Hellébore vert.*)— Sépales *étalés,* à peine concaves. Pétales *égalant* les étamines. Carpelles larges et renflés, pourvus d'une nervure dorsale prolongée en bec subulé. Graines brunes, ovoïdes, lisses. Feuilles *radicales* longuement pétiolées, à 9-13 segments lancéolés, aigus, dentés en scie, les latéraux soudés à leur base ; feuilles caulinaires sessiles, vertes, *toutes à 3 segments* tri-quadrifides. Tige *annuelle,* dressée, un peu rameuse au sommet, *nue* jusqu'aux rameaux, mais entourée à la base de quelques *écailles* membraneuses. Souche *courte,* noirâtre. — Se distingue en outre de l'espèce précédente par ses fleurs beaucoup plus grandes, au nombre de 3 à 5 ; par ses pédoncules non glanduleux ; par ses feuilles moins coriaces.

Très-rare ; haies et lieux pierreux, sur le grès. Sarrebourg, à Niederviller, Schneckenbüch ; Phalsbourg (*de Baudot*) ; vallée de la Bruche (*Oberlin*). ♃. Mars-avril.

12. NIGELLA *L.*

Fleurs *régulières*. Calice à 5 sépales pétaloïdes, onguiculés, *caducs. Une corolle;* pétales petits, *non éperonnés*, *plans*, munis d'une fossette nectarifère recouverte par une écaille. Carpelles 3 et plus, *sessiles*, plus ou moins soudés, verticillés sur un seul rang. Graines *bisériées.* — Plantes annuelles, à feuilles finement découpées.

1. **N. arvensis** *L. Sp. 753.* (*Nigelle des champs.*) — Pas d'involucre. Sépales étalés, longuement onguiculés, à limbe ovale, apiculé, réticulé-veiné. Pétales ordinairement 8, petits, onguiculés, à limbe bifide. Anthères apiculées. Carpelles 3-7, soudés jusqu'au milieu, un peu divergents au sommet, étroits, tuberculeux sur les faces et pourvus de trois nervures dorsales ; bec grêle, contourné en spirale, presque aussi long que le carpelle. Graines noires, triangulaires, chagrinées. Feuilles bi-tripinnatiséquées ; à segments étroitement linéaires, aigus ; les feuilles supérieures sessiles. Tige dressée, striée, un peu rugueuse dans le bas, divisée dès son milieu en rameaux étalés et anguleux. Racine grêle, presque simple, pivotante. — Plante glabre ; à fleurs d'un blanc bleuâtre, terminales.

Peu commun et exclusivement dans les moissons, par conséquent vraisemblablement introduit avec les graines de céréales et naturalisé en Lorraine. Nancy, à Tomblaine, Maxéville, Champigneulles, Bouxières-aux-Dames et Pixérécourt (*Soyer-Willemet*), Maron, Frouard ; Liverdun (*Monard*) ; Pont-à-Mousson et Château-Salins (*Léré*), Dieuze. Metz, au Sablon, côte de Sommy, la Maxe (*Holandre*) ; Marly, Gorze, Waville (*Taillefert*), Ars-sur-Moselle (*Monard*) ; Coin-sur-Seille ; Delme (*Warion.* Bar-le-Duc ; Saint-Mihiel (*Léré*), Pagny-sur-Meuse ; Etain (*Warion*) ; Verdun. Neufchâteau et Mirecourt (*Mougeot*) ; côte d'Essey (*Berher*). ☉. Juillet-août.

13. AQUILEGIA *L.*

Fleurs *régulières*. Calice à 5 sépales pétaloïdes, *caducs. Une corolle;* 5 pétales *infundibuliformes*, tronqués obliquement, *tous prolongés à la base en éperons saillants entre les sépales.* Carpelles 5, *sessiles*, un peu soudés à la base, verticillés sur un seul rang. Graines *bisériées.* — Plantes vivaces, à feuilles biternatiséquées.

1. A. vulgaris *L. Sp. 752. (Ancolie commune.)* — Sépales lancéolés, acuminés, ou plus souvent (chez nous) ovales et obtus (*A. platisepala Rchb. Fl. exc. 748*), dressés ou étalés, pubescents extérieurement. Pétales à limbe plus court que les sépales et que les éperons courbés en crochet du côté interne. Etamines nombreuses, à 8-10 filets stériles, plissés, à bords réfléchis en dehors, entourant les ovaires, plus courts et plus larges que les filets fertiles. Carpelles velus-glanduleux, obtusément trièdres ; bec grêle, plus court que la moitié du carpelle. Graines noires, finement ridées, oblongues, avec une côte saillante longitudinale. Feuilles à segments presque arrondis, incisés-crénelés, pétiolulés, celui du milieu plus longuement ; les radicales longuement pétiolées ; les caulinaires 2-3 , souvent toutes sessiles. Tige dressée, arrondie, rameuse au sommet. Souche oblique, brune, épaisse, souvent rameuse. — Plante plus ou moins pubescente, mais non visqueuse ; à feuilles un peu glauques en dessous ; 5-10 fleurs grandes, bleues, plus rarement roses, penchées ; le pédoncule redressé à la maturité des fruits.

Commun dans les bois de tous les terrains. ♃. Mai-juin.

14. Delphinium *L.*

Fleurs *irrégulières*. Calice à 5 sépales pétaloïdes ; le supérieur *prolongé en éperon*. Pétales 4, irréguliers, quelquefois soudés ; *les 2 supérieurs prolongés en éperon renfermé dans celui du calice*. Carpelles 5 (souvent un seul par avortement), sessiles, libres. Graines bisériées. — Feuilles palmatilobées.

1. D. consolida *L. Sp. 748. (Dauphinelle consoude.)* — Fleurs en grappes courtes, lâches et peu fournies. Pédoncules très-étalés, 3-4 fois plus longs que les bractées et munis de 2 ou 3 bractéoles subulées. Sépales pubescents ; le supérieur à éperon conique, horizontal, plus long que le limbe. Pétales soudés par leurs onglets. Carpelle glabre, solitaire, oblong ; bec grêle, aussi long que la moitié du carpelle. Graines grisâtres, anguleuses, couvertes d'écailles membraneuses. Feuilles inférieures pétiolées ; les supérieures sessiles ; toutes découpées en lanières linéaires, très-étroites, aiguës. Tige grêle, arrondie, dressée, peu feuillée ; rameaux divariqués. Racine simple , pivotante. — Plante un peu pubescente ; à fleurs élégantes, de couleur bleue, rarement roses ou blanches.

Commun dans les moissons et ne se trouve que là, par conséquent introduit et naturalisé chez nous. ⊙. Juin-août.

15. Aconitum *L.*

Fleurs *irrégulières*. Calice à 5 sépales pétaloïdes ; le supérieur très-grand, *en forme de capuchon*, recouvrant la corolle. Pétales 5, très-irréguliers ; *les 2 supérieurs à onglet allongé et disposés en cornet éperonné au sommet ;* les inférieurs souvent avortés. Carpelles 3-5, sessiles, libres. Graines bisériées. — Feuilles palmatilobées.

Pédoncules étalés ; feuilles supérieures sessiles............. .... *A. lycoctonum* (n° 1). Pédoncules dressés-appliqués ; feuilles toutes pédonculées. ... . *A. Napellus* (n° 2).

1. **A. lycoctonum** *L. Sp. 750. (Aconit tue-loup.)*— Fleurs en grappe oblongue ; pédoncules *étalés*. Sépales pubescents ; le supérieur dressé, prolongé en tube, arrondi au sommet, resserré au milieu (*A. vulparia Rchb. Fl. exc. 737*), un peu dilaté à l'ouverture, atténué en bec antérieurement. Pétales supérieurs *dressés*, à éperon filiforme et *courbé en crosse*. Carpelles petits, oblongs, glabres. Graines *obtusément* trièdres, ridées transversalement sur *toutes les faces*. Feuilles radicales et caulinaires inférieures pétiolées, palmatilobées, à 5-7 lobes plus ou moins profonds, cunéiformes à la base, trifides-dentés au sommet ; les supérieures plus petites, *sessiles*. Tige simple, dressée, fistuleuse, anguleuse. Souche oblique, épaisse, brune, souvent rameuse, *couverte de fibres radicales cylindriques*. — Plante couverte surtout dans le haut de poils jaunâtres ; à feuilles maculées de blanc à la base de leurs divisions ; à fleurs jaunes.

Assez rare dans les bois du calcaire jurassique. Nancy, aux Fonds-de-Morvaux, tranchée de Laxou ; bois de Rogéville (*Mathieu*) ; Pont-à-Mousson (*Léré*); Toul (*Husson*). Metz, aux vallons des Genivaux, de Montvaux, à Gorze (*Holandre*) ; vallée de Mance (*Warion*). Verdun, à Moulainville, Chatillon (*Doisy*). Neufchâteau (*Mougeot*). Plus commun dans les escarpements et les vallées des hautes Vosges sur le granit, depuis le Champ-du-Feu jusqu'au ballon de Giromagny. ♃. Juin-juillet.

2. **A. Napellus** *L. Sp. 751. (Aconit Napel.)* — Fleurs en grappe terminale, longue, serrée, spiciforme ; pédoncules *dressés-appliqués*. Sépales pubescents ; le supérieur *courbé en cas-*

que, prolongé en bec antérieurement. Pétales supérieurs inclinés sur leur onglet et *dirigés horizontalement*, munis d'un éperon droit, *un peu courbé* au sommet. Carpelles oblongs, glabres, appliqués contre l'axe de l'épi. Graines trièdres, pourvues d'angles *aigus*, ridées transversalement *sur une seule face*. Feuilles toutes *pétiolées* (les supérieures moins longuement), palmatiséquées, à 5-7 segments atténués à la base, bi-trifides, incisés au sommet. Souche épaisse, divisée en rameaux courts, munis chacun de 2-3 racines *charnues* et *fusiformes*. — Plante presque glabre ; à feuilles plus fermes, plus découpées que dans l'espèce précédente ; à tige plus roide, simple, beaucoup plus feuillée ; à fleurs bleues, quelquefois blanches.

Commun dans les hautes Vosges, sur le granit, Hohneck, Ballons ; la forme à fleurs blanches au Hohneck (*Mougeot*). ♃. Juillet-août.

Tribu IV. Pæoniæ *DC. Prodr. 1, p. 64.* — Calice à préfloraison imbricative. Anthères introrses. Un ou plusieurs carpelles polyspermes et déhiscents, ou bacciformes et indéhiscents. — Feuilles alternes.

16. Actæa *L.*

Fleurs régulières. Calice à 4 sépales pétaloïdes, caducs. Corolle à 4 pétales, quelquefois avortés. Stigmate sessile. Carpelle unique, bacciforme, polysperme. Graines bisériées.

1. A. spicata *L. Sp. 722.* (*Actée en épi.*) — Sépales ovales, blanchâtres. Pétales spatulés, avec un long onglet. Etamines à filets épaissis au sommet. Baie ovoïde, d'abord verte, puis noire, luisante. Graines nombreuses, planes, semi-circulaires, jaunâtres. Feuilles pétiolées, triangulaires dans leur pourtour, bi-triternatiséquées, à segments ovales, acuminés, incisés-dentés, sessiles ou pétiolulés ; celui du milieu toujours plus longuement. Tige dressée, grêle, simple, nue dans le bas, munie dans le haut de 2 ou 3 feuilles. Souche épaisse, brunâtre, pourvue de fibres radicales fortes. — Plante presque glabre, à fleurs blanches, petites, disposées ordinairement en 2 grappes pédonculées, ovales, serrées, dont l'une est opposée à la feuille supérieure, et l'autre plus tardive naît à son aisselle.

Assez commun dans les bois du calcaire jurassique ; chaîne des Vosges sur le grès et le granit, à Bitche, Dabo, Champ-du-Feu, Hohneck, Ballons. ♃. Mai-juin.

II. BERBÉRIDÉES.

Fleurs hermaphrodites, régulières. Calice à sépales libres, placés sur 2 rangs, ordinairement au nombre de 6. Corolle à 6 pétales, bisériés et paraissant opposés aux sépales, ordinairement munis de 2 glandes vers l'onglet, rarement prolongés en éperon. Etamines en nombre égal à celui des divisions florales, libres, hypogynes, opposées aux pétales ; anthères extrorses, biloculaires, chaque loge s'ouvrant par une valvule de la base au sommet. Stigmate subsessile, discoïde. Ovaire unique, uniloculaire, plurioligosperme. Le fruit est une baie, plus rarement une capsule. Graines insérées à la base de la loge ou à la suture ventrale. Embryon droit, très-petit, niché dans un albumen corné ; radicule contiguë et parallèle au hile.

1. BERBERIS *L.*

Calice à 6 sépales pétaloïdes et caducs, muni à sa base de 2-3 petites bractées. Corolle à 6 pétales pourvus de 2 nectaires vers l'onglet. Etamines 6, à filets articulés à leur base. Baie à 2-3 graines.

1. B. vulgaris *L. Sp. 472.* (*Vinettier commun.*) — Sépales étalés. Pétales obtus, concaves, connivents. Baie ovoïde-oblongue, à la fin rouge. Graines 2, oblongues, brunes, chagrinées, un peu déprimées au sommet. Feuilles roides, élégamment veinées en dessous, munies de dentelures atténuées en cils roides ; celles des tiges fleuries obovées, rétrécies en pétiole court et articulé très-près de sa base, fasciculées ; au-dessous de chaque faisceau une épine ordinairement tripartite ; feuilles des jeunes tiges alternes, arrondies et même émarginées à leur base, portées sur des pétioles grêles, longs, articulés au sommet et dépourvus d'épine à leur base (*B. cretica Willm. Phyt. 1461 ; B. vulgaris monstroso-petiolata Soy.-Will. Cat. et Obs. p. 15*). — Arbuste rameux, à épiderme grisâtre ; à fleurs jaunes, d'une odeur forte, disposées en grappes penchées et axillaires.

Commun dans les bois, les haies. ♄. Mai-juin.

NOTA. L'articulation des feuilles explique très-bien l'articulation des filets des étamines et doit favoriser leur irritabilité.

Nous n'indiquons pas ici l'*Epimedium alpinum* L. Cette espèce des Hautes-Alpes a été plantée au Hohneck dans les Vosges par M. Mougeot et à Nancy au bord du bois de Boudonville.

III. NYMPHÉACÉES.

Fleurs hermaphrodites, régulières. Calice à 4-5 sépales. Corolle à pétales nombreux, disposés sur plusieurs rangs. Étamines libres, insérées à la base de l'ovaire ou sur sa surface par l'intermédiaire d'un disque hypogyne qui l'enveloppe et lui est adhérent, en nombre indéterminé, à filets plus ou moins pétaloïdes ; anthères adnées, biloculaires, s'ouvrant en long. Stigmates en nombre égal à celui des loges, disposés en rayonnant et formant un disque sessile. Ovaire unique, multiloculaire, à loges polyspermes. Capsule bacciforme, indéhiscente. Graines nombreuses, insérées sur les parois des cloisons et enveloppées dans une substance pulpeuse. Embryon droit, enfermé dans le sac embryonaire ; albumen farineux ; radicule dirigée vers le hile. — Plantes aquatiques.

Calice à 4 sépales ; fleurs blanches...... *Nymphæa* (no 1).
Calice à 5 sépales ; fleurs jaunes......... *Nuphar* (no 2).

1. NYMPHÆA *Neck.*

Calice à 4 sépales *caducs*. Pétales insérés sur la base de l'ovaire, *dépourvus de fossette nectarifère*, devenant de plus en plus petits de l'extérieur à l'intérieur et se transformant en étamines. Étamines insérées *à diverses hauteurs* sur le disque qui enveloppe l'ovaire et fait corps avec lui. Fruit marqué des *cicatrices* produites par la chute des étamines et des pétales.

1. N. alba *L. Sp.* 7*29.* (*Nénuphar blanc.*)— Sépales ovales-oblongs, plans, étalés, d'un vert foncé en dessous, blancs en dessus et sur les bords. Pétales ovales, obtus, embriqués, d'autant plus grands qu'ils sont plus extérieurs ; ceux de la série externe dépassant sensiblement le calice. Étamines à filets pétaloïdes, d'autant plus larges qu'ils sont plus extérieurs ; anthères linéaires, allongées, non dépassées par le filet. Disque des stigmates convexe au centre, pourvu sur les bords de crénelures arrondies, infléchies. Capsule non rétrécie en col, écailleuse à sa surface. Graines ovoïdes, recouvertes d'une enveloppe transparente et réticulée. Feuilles à limbe ovale-arrondi, coriace, entier sur les bords, mais divisé à la base et jusqu'au milieu de sa longueur en 2 lobes obtus ou un peu aigus, presque parallèles ;

une stipule oblongue, membraneuse, obtuse, opposée à la base du pétiole arrondi. — Plante à peu près glabre ; à fleurs grandes, élégantes, blanches, odorantes ; à feuilles lisses et luisantes en dessus, souvent colorées de pourpre en dessous.

α *Genuina Nob.* Fleurs grandes, atteignant un décimètre.

β *Minor DC. Syst. 2, p. 56.* Fleurs de 5-6 centim., à pétales moins nombreux ; feuilles beaucoup plus petites.

Mares et rivières. Rare près de Nancy, dans la Moselle à Pont-Saint-Vincent, Méréville, dans le Sanon à Dombasle, dans le Madon à Ceintrey ; Toul (*Husson*) ; Sarrebourg, Niederviller, Schneckenbüch (*de Baudot*). Metz, dans la Seille au-dessous de Granges-aux-Ormes ; étang de la Max (*Holandre*) ; Fleur-Moulin (*Taillefert*) ; dans l'Orne à Auboué ; étang de Longeville-lès-Saint-Avold (*Monard et Taillefert*) ; Bitche, à l'étang de Haspelscheidt et à Sarralbe (*Warion*). Verdun (*Doisy*) ; Saint-Mihiel (*Vincent*). Vosges, marais de la plaine (*Mougeot*). La var. β à Sarrebourg, à Verdun. ♃. Juin-août.

2. Nuphar *Sm.*

Calice à 5 sépales *persistants*. Pétales insérés sous l'ovaire, *pourvus d'une fossette nectarifère* sur le dos au-dessous du sommet. Etamines insérées sous l'ovaire. Capsule globuleuse, *lisse.*

> Pétales insensiblement atténués à la base ; disque des stigmates entier...................... *N. lutea* (n° 1).
> Pétales brusquement contractés en onglet ; disque des stigmates lobé..................... *N. pumila* (n° 2).

1. N. lutea *Sibth. et Sm. Prodr. fl. græc. 1, p. 361; Nymphæa lutea L. Sp. 729.* (*Nuphar jaune.*) — Sépales suborbiculaires, concaves, connivents, verdâtres en dehors, jaunes en dedans et sur les bords. Pétales obovés, *insensiblement atténués* à la base, 3 fois plus courts que le calice. Etamines courbées en dehors. Disque des stigmates *entier* ou *un peu ondulé* sur les bords, fortement ombiliqué au centre. Capsule rétrécie en col au sommet. Graines ovoïdes, d'un blanc jaunâtre, lisses et luisantes. Feuilles submergées minces et molles, presque transparentes, plissées-ondulées ; feuilles flottantes à limbe ovale, coriace, finement tuberculeux supérieurement (à l'état sec), entier sur les bords, mais divisé à la base et jusqu'au tiers de sa longueur en 2 lobes arrondis et presque parallèles ; pétiole obtusément *onguleux-triquètre* vers le haut, dilaté à la base en une gaîne membraneuse ; pas de stipules. — Plante à peu près glabre ; à fleurs jaunes, odorantes, plus petites que dans l'espèce précédente et s'épanouissant souvent un peu au-dessus de la surface de l'eau.

Commun dans les rivières, les mares profondes et même les ruisseaux. ♃. Mai-août.

2. **N. pumila** Sm. *Engl. bot. 2292; N. vogesiaca Huss. Ch. 321 (Nuphar nain.)* — Sépales ovales, concaves, connivents, verdâtres en dehors, jaunes sur les bords et en dedans. Pétales suborbiculaires, *brusquement contractés en onglet,* beaucoup plus courts que le calice. Étamines courbées en dehors. Disque des stigmates *lobé,* tantôt jusqu'à la base (*N. Spennerianum Gaud. Helv. 3, p. 439*); tantôt seulement jusqu'au milieu (*N. minima, β asterogyna Spenn. Fl. od. bot. Zeit. 10, 1, 114, tab. 1-2*), fortement ombiliqué au centre. Capsule rétrécie en col au sommet. Graines olivâtres. Feuilles submergées minces, molles, transparentes, ondulées-plissées ; feuilles flottantes à limbe coriace, finement tuberculeux supérieurement (à l'état sec), velutomenteux en dessous, puis glabrescent, ovale, entier sur les bords, mais divisé à la base dans les 2/5 de sa longueur en 2 lobes arrondis parallèles ou un peu divergents ; pétiole comprimé, *ancipité,* dilaté à la base en une gaîne membraneuse ; pas de stipules. — Plante beaucoup plus petite que la précédente dans toutes ses parties ; fleurs égalant celles du *Caltha palustris.*

Lacs de Gérardmer, de Longemer, de Retournemer, de Blanchemer, étang du Frankenthal ; sur les bords de la Moselle dans les eaux mortes en amont de Remiremont (*Taillefert*). ♃. Juin-août.

IV. PAPAVÉRACÉES.

Fleurs hermaphrodites, régulières. Calice à 2 sépales libres, caducs. Corolle à 4 pétales disposés sur 2 rangs, à préfloraison chiffonnée ou imbricative. Étamines libres, hypogynes, en nombre indéterminé ; anthères introrses, biloculaires, s'ouvrant en long. Stigmates sessiles, au nombre de deux ou en nombre plus grand et disposés en rayonnant sur un disque épigyne. Ovaire unique, libre, uniloculaire, polysperme, à placentas ordinairement saillants et formant des cloisons incomplètes. Le fruit est sec, capsulaire et s'ouvre par des pores ou des valves. Graines insérées sur toute la surface des cloisons incomplètes. Embryon droit, niché dans un albumen charnu-huileux ; radicule dirigée

vers le hile. — Plantes contenant un suc propre coloré, narco-
tique ou narcotico-âcre.

> Stigmates 4 à 20 ; capsule globuleuse ou oblongue, s'ouvrant
>   par des pores...................... *Papaver* (n° 1).
> Stigmates 2 ; capsule linéaire, s'ouvrant par des valves....
> .... *Chelidonium* (n° 2).

1. Papaver *L.*

Sépales concaves, renfermant les pétales *plissés irrégulière-*
ment avant leur épanouissement. Stigmates 4-20, disposés en
rayonnant sur un disque sessile et lobé. Capsule globuleuse ou
oblongue, s'ouvrant ordinairement par des *pores* placés sous les
stigmates, et présentant intérieurement des *demi-cloisons* parié-
tales qui supportent les graines. Celles-ci réniformes, finement
alvéolées, dépourvues d'arille. — Plantes contenant dans toutes
leurs parties un suc laiteux ; fleurs solitaires et terminales, réfléchies avant leur épanouissement.

> 1 ⎰ Feuilles caulinaires amplexicaules..................... 2
>   ⎱ Feuilles caulinaires non amplexicaules.................. 3
>
> 2 ⎰ Lobes du disque stigmatifère entiers et écartés...........
>   ⎟ .... *P. somniferum* (n° 1).
>   ⎱ Lobes du disque stigmatifère dentés et contigus..........
>   .... *P. setigerum* (n° 2).
>
> 3 ⎰ Capsule globuleuse ou subglobuleuse................... 4
>   ⎱ Capsule oblongue-en-massue......................... 5
>
> 4 ⎰ Capsule lisse...................... *P. Rhœas* (n° 3).
>   ⎱ Capsule hérissée de pointes.......... *P. hybridum* (n° 6).
>
> 5 ⎰ Filets des étamines filiformes.......... *P. dubium* (n° 4).
>   ⎱ Filets des étamines claviformes....... *P. Argemone* (n° 5).

1. **P. somniferum** *L. Sp. 726.* (*Pavot somnifère.*) — Sépales glabres. Pétales externes aussi larges que longs. Étamines
à filets blancs, *épaissis en massue* au sommet non apiculé. Stigmates 10 à 12, élargis et creusés d'une fossette à leur extrémité
externe, *fortement épaissis* vers le milieu de leur longueur,
rayonnant sur un disque lobé ; lobes profonds, arrondis, *entiers,*
écartés. Capsule indéhiscente, glabre, grosse, subglobuleuse ou
oblongue , quelquefois stipitée. Graines blanches ou noires.
Feuilles profondément sinuées, dentées ou crénelées ; les caulinaires *embrassant la tige par 2 oreillettes.* Tige forte, fistuleuse,

le plus souvent simple, dressée. —Plante à peu près glabre, très-glauque ; à fleurs grandes ; à pétales tout à fait blancs, rougeâtres ou rosés avec une tache d'un violet noir à leur base.

Cultivé et souvent subspontané. ⊙. Juin-juillet.

Nota. C'est la plante qui en Lorraine et en Alsace fournit l'huile d'œillette. En Artois, c'est l'espèce suivante qui est cultivée pour en extraire ce produit.

2. **P. setigerum** *DC. Fl. fr. 5. p. 585 ; P. hortense Huss. Chard. p. 39; Godr. Fl. lorr. éd. 1, t. 1, p. 36. (Pavot porte-soie.)* — Sépales glabres (dans la plante cultivée) ou hérissés de poils roides. Pétales externes aussi larges que longs. Etamines à filets blancs, *épaissis en massue* au sommet non apiculé. Stigmates 10-12, linéaires, étroits, *non épaissis* vers leur milieu, beaucoup moins saillants, non creusés d'une fossette, rayonnant sur un disque lobé ; lobes plus larges et plus minces que dans l'espèce précédente, *contigus*, irrégulièrement crénelés au sommet. Capsule déhiscente, glabre, de la grosseur d'une noix, toujours globuleuse et stipitée. Graines noires, très-rarement blanches. Feuilles incisées-dentées ; les caulinaires *embrassant la tige par 2 oreillettes*. Tige rameuse, dressée. — Moins développée dans toutes ses parties que l'espèce précédente, elle offre en outre sur ses pédoncules et à l'extrémité des dents des feuilles, des poils roides qu'elle perd par la culture.

Cultivé comme plante d'ornement et complétement naturalisé dans nos jardins. ⊙. Juin-juillet.

3. **P. Rhœas** *L. Sp. 726. (Pavot Coquelicot.)* — Sépales couverts de longs poils étalés. Pétales larges, les 2 extérieurs se touchant par les bords. Etamines à filets purpurins, *filiformes*. Stigmates 8-10, sur un disque *régulièrement lobé*, les lobes *se recouvrant l'un l'autre*. Capsule *subglobuleuse ou obovée, arrondie à la base*, glabre. Graines brunes. Feuilles *non embrassantes* à la base, pinnatipartites, à lobes oblongs-lancéolés, aigus, incisés-dentés ; les inférieures pétiolées. Tige dressée, rameuse. — Plante rude au toucher, hérissée de poils roides et très-finement barbus ; à pétales rouges, tachés de noir vers l'onglet ou concolores.

Commun dans les moissons, où il se trouve exclusivement ; dès lors vraisemblablement introduit et naturalisé chez nous. Il en est de même des espèces suivantes. ⊙. Mai-juillet.

4. P. dubium *L. Sp. 726. (Pavot douteux.)*— Sépales couverts de longs poils étalés. Pétales suborbiculaires. Filets des étamines purpurins, *filiformes*. Stigmates 6-10, sur un disque superficiellement lobé, à lobes *écartés* les uns des autres. Capsule *oblongue-en-massue, insensiblement atténuée du sommet vers la base*, lisse. Graines brunes. Feuilles *non embrassantes* à la base, pinnatipartites, à lobes linéaires-lancéolés, aigus, dentés ou entiers ; les inférieures pétiolées. Tige dressée, rameuse. — Plante velue, à pédoncules allongés, ordinairement couverts de poils appliqués, à pétales rouges, tachés de noir vers l'onglet.

Commun dans les moissons. ☉. Avril-juin.

5. P. Argemone *L. Sp. 725. (Pavot Argémone.)*—Sépales glabres ou munis de quelques poils dressés. Pétales étroits, longuement atténués en coin à la base. Etamines à filets d'un violet-noir, luisants, *épaissis en massue* au sommet surmonté *d'une pointe* courte et fine qui porte l'anthère. Stigmates 4-6 sur un disque *irrégulièrement sinué*, mais *non lobé*. Capsule *oblongue en massue, atténuée* à la base, marquée de *sillons* longitudinaux correspondant aux stigmates. Graines noires, plus étroites et plus allongées que dans les espèces précédentes. Feuilles *non embrassantes* à la base, bipinnatiséquées, à segments linéaires, aigus ; les radicales pétiolées, plus longues à proportion que les caulinaires. Une ou plusieurs tiges dressées ou étalées, grêles, un peu rameuses au sommet. — Plante rude au toucher, hérissée ordinairement de poils roides, étalés, finement barbus ; à pédoncules allongés, couverts de poils appliqués ; à pétales rouges, tachés de noir à l'onglet.

α Vulgare Nob. Capsule hérissée de pointes sétacées, tuberculeuses à leur base, dressées.

β Glabrum Koch, Syn. 29. Capsule non hérissée.

Commun dans les moissons. ☉. Mai-juin.

6. P. hybridum *L. Sp. 725. (Pavot hybride.)* — Sépales couverts de poils roides. Pétales obovés. Filets des étamines violets, luisants, *épaissis en massue* au sommet surmonté *d'une pointe* courte et fine qui porte l'anthère. Stigmates 4-8, sur un disque bien moins large que la capsule, *sinué-lobulé*. Capsule *ovoïde-globuleuse, arrondie* à la base, munie de 5 à 8 bandes longitudinales, lisses, alternant avec des bandes hérissées de pointes sétacées et étalées-arquées. Graines noires. Feuilles *non embrassantes* à la base, bipinnatipartites, à segments linéaires-lancéolés ; les inférieures pétiolées. Tiges dressées ou étalées, rameuses au sommet. — Plante plus ou moins velue ; à pédoncules munis de poils appliqués ; à pétales rouges.

Très-rare ; moissons du département de la Meuse (*Doisy*) où il s'est naturalisé. ☉. Mai-juillet.

2. CHELIDONIUM *L.*

Sépales concaves, renfermant les pétales *roulés régulièrement* autour des organes reproducteurs avant leur épanouissement. Style très-court ; 2 stigmates obliques, incombants. Capsule en forme de silique, à *2 valves s'ouvrant* de bas en haut et se séparant de *2 placentas pariétaux* placés entre elles. Graines ovoïdes, superficiellement alvéolées, munies *d'un appendice* en crête. — Plantes contenant dans toutes leurs parties un suc jaunâtre.

1. Ch. majus *L. Sp. 723.* (*Grande Chélidoine.*) — Sépales jaunâtres, acuminés. Pétales obovés, entiers. Etamines à filets épaissis vers le sommet aigu. Capsule linéaire, toruleuse. Graines olivâtres. Feuilles molles, glauques en dessous, pinnatiséquées, à 5-11 segments ovales, incisés-crénelés, ordinairement pétiolulés, quelquefois à segments eux-mêmes pinnatifides et à divisions étroites (*Ch. laciniatum Mill. Dict. 2*). Tige dressée, un peu anguleuse, rameuse, pourvue de quelques poils mous articulés. Souche épaisse, oblique. — Plante à fleurs jaunes, disposées en ombelle et portées sur des pédoncules inégaux.

Commun sur les vieux murs et dans les lieux pierreux ; la forme à feuilles laciniées sur les vieux murs de l'hôpital militaire de Nancy (*Vincent*). ♃. Mai-août.

V. **FUMARIÉES.**

Fleurs hermaphrodites, irrégulières. Calice à 2 sépales petits, membraneux, caducs. Corolle à 4 pétales, souvent adhérents au sommet, à préfloraison imbricative. Etamines 6, hypogynes, soudées par leurs filets en deux faisceaux, portant chacun 3 anthères, dont les latérales sont uniloculaires et l'intermédiaire biloculaire. Style filiforme ; stigmate à 2 lèvres. Ovaire libre, unique, uniloculaire, mono-polysperme. Fruit sec, tantôt monosperme et indéhiscent, tantôt polysperme et s'ouvrant en deux valves. Graines insérées sur un placenta pariétal. Embryon très-petit, niché dans un albumen charnu ; radicule rapprochée du hile. — Plantes herbacées, renfermant un suc aqueux.

{ Fruit polysperme, s'ouvrant en 2 valves... *Corydalis* (nº 1).
{ Fruit monosperme, indéhiscent.......... *Fumaria* (nº 2).

1. CORYDALIS *DC.*

Pétales 4 ; l'inférieur à limbe plan ; le supérieur longuement éperonné. Fruit en forme de *silique, linéaire, polysperme, s'ouvrant en 2 valves.* Graines pourvues d'une arille, lisses, luisantes.

1 { Grappe terminale ; fleurs blanches ou purpurines.......... 2
  { Grappe oppositifoliée ; fleurs jaunes....... *C. lutea* (nº 4).

2 { Tige munie d'une écaille au-dessous des feuilles caulinaires.. 3
  { Tige dépourvue d'écaille au-dessous des feuilles caulinaires..
  { .... *C. cava* (nº 1).

3 { Pédoncule 3 fois plus court que le fruit.. *C. fabacea* (nº 2).
  { Pédoncule de la longueur du fruit....... *C. solida* (nº 3).

1. C. cava *Schweigg. et Kœrt. Fl. Erlang. 2, p. 44 ; C. tuberosa DC. Fl. fr. 4, p. 637. (Corydale creuse.)* — Fleurs en grappe *terminale, toujours dressée* et s'allongeant après la floraison ; bractées ovales-lancéolées, entières. Sépales *bifides-dentés*, petits ou avortés. Pétale supérieur à limbe fortement échancré ; éperon *épaissi, arrondi et courbé* au sommet ; appendice nectarifère *libre seulement à son extrémité* obtuse. Graines noires, portant une arille qui égale *la moitié* de leur circonférence. Pédicelles *trois fois plus courts* que la capsule. Feuilles pétiolées, triangulaires dans leur pourtour, biternatiséquées, à segments pétiolulés, oblongs, incisés. Une ou plusieurs tiges fistuleuses, *dépourvues d'écaille* au-dessous des feuilles. Souche formant un tubercule *creux*, muni de fibres grêles et éparpillées *sur toute sa surface*. — Plante glauque, d'un tissu tendre ; à fleurs purpurines, blanches ou panachées.

Commun dans les haies, les bois. ♃. Avril-mai.

2. C. fabacea *Pers. Syn. 2, p. 269. (Corydale à bractées arrondies.)* — Intermédiaire entre l'espèce précédente et la suivante, il se distingue : 1º du *C. cava* par l'éperon *droit et atténué au sommet ;* par sa tige *munie d'une écaille* au-dessous des feuilles ; par son tubercule *plein*, pourvu de fibres radicales *à sa base seulement* ; 2° du *C. solida* par ses pédicelles plus épais, *3 fois plus courts* que la capsule ; par son style non fléchi à angle droit pendant la floraison ; par sa capsule plus large ; 3° de tous les deux par ses fleurs beaucoup plus petites, en grappe serrée qui ne s'allonge pas après la floraison, mais *se réfléchit* au moment de la fructification ; par ses feuilles moins découpées ; par sa taille plus petite. — Fleurs purpurines.

α *Genuina Nob.* Bractées ovales-arrondies, entières.

β *Digitata Koch, Deutsch. Fl. 5, p. 59.* Bractées incisées-digitées. *C. pumila Host, Fl. Aust. 2, p. 304.*

Rare ; hautes Vosges, escarpements du Hohneck, sur le granit. ♃. Avril-mai.

3. **C. solida** *Smith, Engl. Fl. 3, p. 353 ; C. bulbosa DC. Fl. fr. 4, p. 637. (Corydale solide.)* — Fleurs en grappe *terminale, toujours dressée*, et s'allongeant après la floraison ; bractées ordinairement incisées. Sépales *entiers* ou avortés. Pétale supérieur à limbe faiblement échancré ; éperon *aminci*, mais à peine courbé au sommet ; appendice nectarifère *libre dans toute sa longueur*, atténué en pointe. Graines noires, portant une arille égale *au quart* de leur circonférence. Pédicelles *aussi longs* que la capsule. Feuilles pétiolées, triangulaires dans leur pourtour, biternatiséquées, à segments plus profondément lobés que dans l'espèce précédente. Une ou rarement 2 tiges pleines, *pourvues* au-dessous des feuilles d'une et quelquefois de deux *écailles*. Souche formant un tubercule *solide*, entouré d'une enveloppe membraneuse et muni *à sa base seulement* de fibres radicales. — Fleurs purpurines, plus rarement blanches.

α *Genuina Nob.* Bractées en coin, incisées-digitées.

β *Integrata Godr. Fl. lorr. éd. 1, t. 1, p. 40.* Bractées ovales-arrondies, entières. *C. intermedia Mérat, Fl. par. 4ᵉ éd. 2, p. 568.*

Bois des terrains calcaires. Nancy, côte Sainte-Geneviève, fonds de Toul, Tomblaine (*Soyer-Willemet*) ; Pont-à-Mousson (*Léré*) ; Lunéville, au bois Sainte-Anne (*Guibal*). Metz, Basse-Montigny, vallon de Montvaux (*Holandre*) ; Rodemack (*abbé Cordonnier*). Bar (*Doisy*). Neufchâteau et Mirecourt (*Mougeot*) ; Rambervillers (*Billot*) ; se trouve aussi dans les terrains siliceux, au Hohneck dans les hautes Vosges. La var. β très-rare ; Nancy, bois de Tomblaine. ♃. Avril.

Nota. Les bractées entières ou incisées ne constituent pas dans ce genre un caractère solide, ce qui nous a empêché d'admettre comme espèce le *C. intermedia* de Mérat. Nous avons observé cette forme vivante ; elle se lie au type par une foule d'intermédiaires. On ne peut y voir non plus une hybride des *C. cava* et *solida*, puisque, à part les bractées entières, elle n'a rien du *C cava* et croît du reste dans des localités où cette dernière espèce manque.

4. C. lutea *DC. Fl. fr. 4, p. 638. (Corydale jaune.)* — Fleurs en grappes *oppositifoliées* par le développement rapide du rameau axillaire, *dressées* et s'allongeant pendant la floraison ; bractées petites, membraneuses, linéaires, acuminées. Sépales érodés-denticulés. Pétale supérieur entier ; éperon court, *obtus*, courbé ; appendice nectarifère courbé et filiforme. Graines noires, granuleuses, portant une arille qui égale le quart de leur circonférence. Pédicelles *égalant* la capsule. Feuilles pétiolées, triangulaires dans leur pourtour, bi-tripinnatiséquées, à segments pétiolulés, obovés ou oblongs, incisés ou entiers. Tiges nombreuses, diffuses. Souche rameuse, grêle. — Fleurs jaunes.

Sur les vieux murs à Plombières (*Vincent*). ♃. Mai-septembre.

2. Fumaria *L.*

Pétales 4 ; l'inférieur à limbe caréné ; le supérieur pourvu d'un éperon très-court. Fruit en forme de *silicule globuleuse, monosperme, indéhiscente*. Graine dépourvue d'arille.

1	Fruit tronqué au sommet........... *F. officinalis* (n° 1).	
	Fruit arrondi au sommet...............................	2
2	Fruit apiculé.................. *F. parviflora* (n° 4).	
	Fruit mutique.....................................	3
3	Sépales plus larges que les pédicelles. *F. densiflora* (n° 2.)	
	Sépales plus étroits que les pédicelles. *F. Vaillantii* (n° 3).	

1. F. officinalis *L. Sp. 984. (Fumeterre officinale.)* — Fleurs en grappes lâches, allongées, terminales ou opposées aux feuilles. Sépales ovales-lancéolés, dentés, *plus larges* que les pédicelles et égalant en longueur *le tiers* des pétales. Ecaille nectarifère *roulée sur elle-même* au sommet. Silicule *plus large que longue*, un peu rugueuse à sa surface (sur le sec), *tronquée* au sommet. Pédicelles dressés-étalés. Feuilles bipinnatiséquées, à segments *plans*, linéaires, aigus ou obtus-mucronés. Tige flexueuse, rameuse, dressée ou couchée, fistuleuse, anguleuse. —

Plante un peu glauque, s'accrochant quelquefois, par ses pétioles recourbés, aux végétaux voisins ; fleurs purpurines.

Commun dans les champs, les vignes, les jardins. ⊙. Mai-septembre.

2. F. densiflora *DC ! Cat. hort. monsp. p. 113. (Fumeterre à fleurs agglomérées.)* — Fleurs en grappes denses, terminales ou oppositifoliées. Sépales grands, ovales-orbiculaires, *beaucoup plus larges* que les pédicelles et égalant presque en longueur la moitié des pétales. Ecaille nectarifère *courbée*. Silicule subglobuleuse, *arrondie* au sommet, un peu rugueuse. Pédicelles très-étalés. Feuilles finement bipinnatiséquées, à segments *canaliculés*, très-étroits, linéaires, aigus. Tige dressée ou diffuse, rameuse. — Plante un peu glauque, à fleurs purpurines, plus petites que dans l'espèce précédente.

Montagne des Capucins à Saint-Mihiel (*Léré*). ⊙. Juillet.

3. F. Vaillantii *Lois. Not. p. 102. (Fumeterre de Vaillant.)* — Fleurs en grappes courtes, pauciflores, terminales ou opposées aux feuilles. Sépales linéaires, aigus, dentés, *plus étroits* que les pédicelles, *dix fois* plus courts que les pétales. Ecaille nectarifère *courbée* au sommet. Silicule *globuleuse*, à sommet *arrondi*, *non apiculé* à la maturité. Pédicelles dressés-étalés. Feuilles bipinnatiséquées, à segments *plans*, linéaires, aigus. Tige grêle, rameuse, dressée ou diffuse, anguleuse. — Plante glauque, à fleurs, silicules et graines plus petites que dans l'espèce précédente ; à segments des feuilles étroits et aigus ; fleurs roses.

Peu commun, champs calcaires ou sablonneux. Nancy, au Champ-le-Bœuf, Clairlieu, Champigneules, Malzéville, Tomblaine, Bouxières-aux-Dames ; Pont-à-Mousson (*Léré*) ; Bouzanville. Metz (*Varion*) ; Bitche, Rorbach, Wittring, Eppingen, Séding et Sarreguemines (*Schultz*). Saint-Mihiel (*Léré*). ⊙. Juin-août.

4. F. parviflora *Lam. Dict. 2, p. 567. (Fumeterre à petites fleurs).* — Se distingue du *F. Vaillantii* par ce qui suit : fleurs plus petites, un peu tachées de pourpre au sommet, du reste tout à fait blanches ; sépales ovales, aigus, incisés-dentés, *plus larges* que les pédicelles, *5-6 fois plus courts* que les pétales ; silicule *globuleuse*, à sommet *apiculé* ; feuilles plus finement découpées, à segments *canaliculés*. — Plante plus grêle, plus diffuse.

Très-rare. A Metz (*Varion*) ; Hayange dans la Moselle sur la côte des vignes. Saint-Mihiel, au camp des Romains (*Léré*). ⊙. Juin-septembre.

VI. CRUCIFÈRES.

Fleurs hermaphrodites, régulières ou presque régulières. Calice à 4 sépales distincts, caducs ; les 2 latéraux insérés un peu plus bas, souvent un peu bossus à leur base. Corolle à 4 pétales disposés en croix, alternes avec les sépales, rétrécis en onglet, égaux ou les extérieurs à limbe plus grand. Etamines 6, hypogynes, libres, inégales ; les deux qui sont opposées aux sépales latéraux plus courtes ; les 4 autres égales entre elles, rapprochées par paires ; anthères biloculaires, introrses, s'ouvrant en long. Style court ou nul ; stigmate entier ou bilobé. Ovaire unique, libre, biloculaire ou plus rarement uniloculaire, à loges polyspermes ou rarement monospermes ; placentas pariétaux. Le fruit est une silique ou une silicule, le plus souvent à 2 loges séparées par une cloison mince longitudinale et s'ouvrant en deux valves ; plus rarement le fruit est indéhiscent ou se partage en articles transversaux monospermes. Graines dépourvues d'albumen. Embryon huileux ; cotylédons plans, pliés en long ou roulés de haut en bas ; radicule rapprochée du hile, diversement placée relativement aux cotylédons. — Plantes à feuilles alternes, à fleurs disposées en grappes terminales.

1 { Fruit au moins 4 fois plus long que large (silique).......... 2
Fruit n'étant pas 4 fois plus long que large (silicule)........ 12

2 { Silique articulée, indéhiscente ou se divisant en articles transversaux...................... *Raphanus* (n° 1).
Silique non articulée, s'ouvrant en 2 valves.............. 3

3 { Trois nervures sur le dos des valves................... 4
Une seule nervure sur le dos des valves................... 5
Pas de nervure sur le dos des valves.................. 11

4 { Style comprimé, ensiforme ; graines globuleuses..........
.... *Sinapis* (n° 2).
Style conique ; graines ovoïdes........ *Sisymbrium* (n° 9).

5 { Silique cylindrique.................. 6
Silique tétragone.................. 7
Silique comprimée.................. 9

6 { Style non contracté à la base ; graines globuleuses........
.... *Brassica* (n° 4).
Style contracté à la base ; graines ovoïdes..............
.... *Hirschfeldia* (n° 3).

7 { Stigmate bilobé.................. *Cheiranthus* (n° 6).
Stigmate entier ou émarginé.................. 8

— 43 —

24 { Graines solitaires dans chaque loge..... *Lepidium* (n° 27).
{ Graines 2 à 8 dans chaque loge.................... 25

25 { Silicules échancrées ou bilobées au sommet. *Thlaspi* (n° 25).
{ Silicules entières au sommet........ *Hutschinsia* (n° 26).

Trib. 1. RAPHANEÆ *DC. Syst. 2, p. 649.* — Silique articulée, indéhiscente ou se divisant en articles transversaux. Cotylédons pliés en long et renfermant la radicule dans leur sinus.

1. RAPHANUS *L.*

Calice à deux sépales bossus à la base. Style conique. Silique à section transversale orbiculaire, évalve, biarticulée ; l'article inférieur court, stérile ou oblitéré ; l'article supérieur, qui est véritablement le style, beaucoup plus long, renfermant plusieurs graines, tantôt à mésocarpe spongieux et non séparable en articles, tantôt à mésocarpe dur et se séparant en plusieurs articles monospermes. Graines globuleuses, pendantes, alveolées. Cotylédons condupliqués, bilobés au sommet, embrassant la radicule.

NOTA. L'article inférieur stérile forme le véritable ovaire et présente deux loges et une cloison ; l'article supérieur est le style qui renferme les graines dans une cavité irrégulière ; mais les placentas naissent à leur place normale, c'est-à-dire, sur les côtés de la cloison de l'article inférieur du fruit et se prolongent dans la cavité du style pour donner insertion aux graines. C'est, dans le règne végétal, un véritable exemple de gestation extra-utérine. On observe aussi souvent, dans les *Brassiceœ*, une ou plusieurs graines nichées dans la base du style.

{ Siliques enflées, ne se séparant pas en articles..........
{ .... *R. sativus* (n° 1).
{ Siliques moniliformes, se séparant en articles..........
{ .... *R. Raphanistrum* (n° 2).

1. **R. sativus** *L. Sp. 935.* (*Radis cultivé.*) — Calice appliqué, bossu à la base ; sépales étroits, plus courts que les pétales. Pétales à limbe étalé, obtus, un peu plus court que l'onglet. Siliques étalées-dressées, striées longitudinalement, enflées, *à tissu spongieux, ne se séparant pas en articles.* Graines brunes, alvéolées. Feuilles inférieures lyrées ; les supérieures oblongues, dentées ou incisées-dentées. Tige dressée, fistuleuse, arrondie, feuillée, rameuse ; rameaux étalés. — Plante hérissée de poils roides, insérés sur des glandes ; à fleurs grandes, blanches ou violettes, veinées.

α *Radicula DC. Syst. 2, p. 663.* Racine charnue, petite, blanche, rose ou rouge (*Radis*).

β *Niger DC. l. c.* Racine charnue, compacte, grosse, très-âcre, ordinairement noire extérieurement (*Radis d'automne*).

Cultivé et quelquefois subspontané. ⊙. Mai-juin.

2. R. Raphanistrum *L. Sp. 935.; Raphanistrum arvense Wallr. sched. 336; Godr. Fl. lorr. éd. 1, t. 1, p. 81.* (*Radis Ravenelle.*) — Calice appliqué, bossu à la base ; sépales lancéolés, plus courts que les pétales. Pétales à limbe étalé, obtus ou émarginé, veiné, un peu plus court que l'onglet. Siliques dressées, striées longitudinalement, moniliformes, *à tissu dur, se séparant à la maturité en plusieurs articles monospermes.* Graines brunes, alvéolées. Feuilles inférieures lyrées ; les supérieures oblongues, fortement dentées. Tige dressée, arrondie, feuillée, rameuse ; rameaux étalés. — Plante hérissée de poils roides, insérés sur des glandes ; à fleurs grandes, blanches ou jaunes, élégamment veinées de violet.

Très-commun ; moissons. ⊙. Juin-juillet.

Trib. 2. BRASSICEÆ *DC. Syst. 2, p. 581.* — Silique non articulée, s'ouvrant en 2 valves. Cotylédons pliés en long et renfermant la radicule dans leur sinus.

2. SINAPIS *L.*

Calice égal à sa base. Style comprimé, ensiforme. Silique déhiscente, linéaire ou oblongue, à valves très-convexes, emboîtées par leur sommet dans la base du style, munies sur le dos *de trois nervures saillantes et rapprochées.* Graines globuleuses, unisériées. Cotylédons condupliqués, *bilobés* au sommet, embrassant la radicule.

1 { Feuilles supérieures sessiles, incisées-dentées . . . .
. . . . *S. arvensis* (n° 1).
Feuilles supérieures pétiolées, pinnatipartites 2

2 { Sépales dressés ; style beaucoup plus court que les valves . . .
. . . . *S. Cheiranthus* (n° 2).
Sépales étalés ; style égalant les valves ou plus long . . . . . .
. . . . *S. alba* (n° 3).

1. S. arvensis *L. Sp. 933.* (*Moutarde des champs.*) — Sépales *étalés horizontalement.* Siliques étalées, plus rarement dressées, bosselées, glabres ou hérissées de poils réfléchis, munies de 3 fortes nervures sur le dos des valves. Style *égalant* la silique ou un peu plus court qu'elle, renfermant souvent une graine à sa base. Graines globuleuses, noires et *lisses*. Feuilles ovales, inégalement dentées ; les inférieures pétiolées, souvent lyrées ; les supérieures *sessiles*, plus étroites et à dents plus aiguës. Tige dressée, un peu anguleuse ; rameaux étalés.— Plante plus ou moins hérissée de poils blancs, roides, articulés, ou glabre ; à fleurs jaunes, assez grandes.

Commun dans les lieux cultivés. ⊙. Juin-juillet.

2. **S. Cheiranthus** *Koch, Deutsch. Fl. 4, p. 717; Brassica Cheiranthus Vill. Dauph. 3, p. 332 ; Sinapis cheiranthoïdes Hol. Fl. Mos. 57.* (*Moutarde Giroflé.*)—Sépales *dressés, connivents*, munis au sommet de quelques poils roides. Siliques plus ou moins étalées, glabres, à 3 fortes nervures sur le dos des valves. Style ancipité, *6-8 fois plus court* que la silique, renfermant quelquefois une graine à sa base. Graines globuleuses, brunes, *finement alvéolées*. Feuilles *toutes pétiolées*, pinnatipartites ; les radicales étalées en rosette, à segments oblongs, irrégulièrement sinués-crénelés ; feuilles caulinaires peu nombreuses, à segments étroits, linéaires, entiers. Tige dressée, arrondie, simple ou un peu rameuse au sommet ; rameaux dressés. — Plante plus ou moins hérissée dans le bas de poils roides, blancs, étalés, non articulés ; fleurs assez grandes, jaunes.

Champs sablonneux sur le grès vosgien à Bitche (*Schultz*); Carling et Saint-Avold (*Monard et Taillefert*). ⊙. Juin-août.

3. **S. alba** *L. Sp. 934.* (*Moutarde blanche.*)— Sépales *étalés horizontalement.* Siliques très-étalées, hérissées, bosselées, à 5 nervures saillantes sur le dos des valves. Style très-comprimé, *décurrent* sur la silique, *l'égalant* ou *plus long* qu'elle, pourvu sur chaque face de trois nervures rapprochées, renfermant quelquefois une graine à sa base. Graines globuleuses, jaunes, *finement alvéolées*. Feuilles lyrées-pinnatifides, à 5-7-9 lobes inégalement dentés. Tige dressée, rameuse, couverte surtout dans le bas de poils blancs, roides, articulés, réfléchis. — Feuilles velues ; fleurs jaunes.

Çà et là dans les moissons. Plante introduite accidentellement chez nous et naturalisée. ⊙. Juin-juillet.

3. Hirschfeldia *Mœnch.*

Calice égal à la base. Style conique, contracté à la base. Silique déhiscente, *linéaire-cylindrique*, à valves convexes, munies *d'une nervure* dorsale et de veines anastomosées. Graines ovoïdes, unisériées. Cotylédons condupliqués, *émarginés* au sommet, embrassant la radicule.

1. H. adpressa *Mœnch, Meth. 264; Sinapis incana L. Sp. 934. (Moutarde blanchâtre.)* — Sépales très-étalés. Siliques appliquées contre l'axe, courtes, glabres ou un peu velues. Style renflé au-dessus de la base, puis aminci au sommet, muni de nervures longitudinales, beaucoup plus court que les valves. Graines brunes, lisses. Feuilles d'un vert blanchâtre, toutes pétiolées ; les inférieures lyrées, à lobes ovales et sinués-crénelés ; les supérieures oblongues ou lancéolées. Tige dressée, rude, à rameaux étalés. — Plante plus ou moins velue ; fleurs petites, jaunes.

Champs de luzerne sur le coteau de Champigneulles près de Nancy et à Sarrebourg. Introduite, sans aucun doute, avec des semences de luzerne du midi. ☉. Juin-septembre.

4. Brassica *L.*

Calice égal à la base. Style conique ou tétragone. Silique déhiscente, *linéaire-cylindrique*, à valves convexes, munies *d'une nervure* dorsale et de veines anastomosées. Graines globuleuses, unisériées. Cotylédons condupliqués, *bilobés* au sommet, embrassant la radicule.

1 { Feuilles supérieures embrassant la tige par 2 oreillettes..... 3
  { Feuilles supérieures non embrassantes................. 2

2 { Siliques écartées de l'axe floral....... *B. oleracea* (n° 1).
  { Siliques appliquées contre l'axe......... *B. nigra* (n° 4).

3 { Siliques étalées horizontalement ; feuilles inférieures glabres..
  { .... *B. Napus* (n° 3).
  { Siliques dressées-étalées ; feuilles inférieures hérissées.....
  { .... *B. Rapa* (n° 2).

1. B. oleracea *L. Sp. 932. (Chou potager.)* — Sépales *dressés*, égalant l'onglet des pétales. Pétales à limbe plus long et plus étroit que dans les espèces suivantes. Étamines *toutes* dressées, dont 2 à peine plus courtes. Siliques *dressées* sur des pédicelles étalés. Graines globuleuses, lisses. Feuilles glauques ; les inférieures lyrées, pétiolées, *toujours glabres ;* les supérieures oblongues, sessiles, *jamais embrassantes ni en cœur à la base.* — Fleurs jaunes, rarement blanches. On en cultive un grand nombre de variétés ; tels sont les choux verts, les choux de Milan, les choux-cabus, les choux-fleurs, les choux-raves, etc.

Cultivé et quelquefois subspontané. ☉. Mai-juin.

2. B. asperifolia *Lam. Dict. 1, p. 746 ; B. Rapa Koch, Deutsch. Fl. 4, p. 709 ; Godr. Fl. lorr. éd. 1, t. 1. p. 43.* (*Chou rave.*) — Sépales *étalés,* plus longs que l'onglet des pétales. Pétales à limbe largement obové, plus long que l'onglet. Etamines courtes *écartées,* égalant la moitié des étamines longues. Siliques *dressées-étalées,* un peu toruleuses, longues de 3 centim. Graines globuleuses, lisses. Feuilles inférieures vertes, lyrées, pétiolées, *hérissées de poils roides,* insérés sur des glandes ; les supérieures oblongues, entières, un peu glauques, glabres, *embrassantes et en cœur à la base.* — Fleurs jaunes.

α *Oleifera DC. Prodr. 1, 214.* Racine grêle, non charnue. (*Navette*).

β *Esculenta Godr. Gren. Fl. fr. 1, p. 77.* Racine épaissie, charnue, fusiforme ou en toupie. *B. Rapa L. Sp. 931.* (*Rave.*)

Cultivé et quelquefois subspontané. ☉ et ☉. Avril-mai.

3. B. Napus *L. Sp. 931.* (*Chou Navet.*) — Sépales *étalés,* plus longs que l'onglet des pétales. Pétales à limbe largement obové, égalant l'onglet. Etamines courtes *écartées,* dépassant la moitié des étamines longues. Siliques *étalées à angle droit,* longues de 7-8 cent. Graines globuleuses, lisses. Feuilles glauques et *glabres ;* les inférieures lyrées, pétiolées ; les supérieures oblongues, un peu rétrécies au-dessus de leur base qui est dilatée, *creusée en cœur et embrassante.* — Fleurs jaunes, un peu plus grandes que dans l'espèce précédente.

α *Oleifera DC. Syst. 2, p. 591.* Racine grêle, non charnue (*Colza*).

β *Esculenta DC. l. c.* Racine charnue, fusiforme, rétrécie au-dessous du collet (*Navet*).

Cultivé et subspontané. ☉ et ☉. Avril-mai.

4. B. nigra *Koch, Deutsch. Fl. 4, p. 713 ; Sinapis nigra L. Sp. 933. (Moutarde noire.)* — Sépales *étalés*, égalant l'onglet des pétales. Ceux-ci à limbe obové, plus courts que l'onglet. Siliques *dressées-appliquées*, quadrangulaires, n'égalant pas 2 centimètres. Graines globuleuses, noires, finement alvéolées. Feuilles inférieures lyrées, dentées, à lobe terminal grand, obtus, sinué ou lobé ; les supérieures pétiolées, *non embrassantes*, incisées-dentées ou entières. Tige dressée, glauque ; rameaux divariqués. — Plante hérissée, surtout dans le bas, de poils blancs, roides, articulés ; à pédicelles écartés au moment de la floraison, appliqués lors de la fructification ; à fleurs jaunes.

Çà et là dans les champs ; plante introduite et naturalisée en Lorraine. ☉. Juin-août.

5. DIPLOTAXIS *DC.*

Calice égal à la base. Style court, comprimé. Silique déhiscente, *linéaire, comprimée*, à valves convexes, munies *d'une nervure* dorsale et de veines anastomosées. Graines ovoïdes, unibisériées. Cotylédons condupliqués, *tronqués ou émarginés* au sommet, embrassant la radicule.

1 ⎰ Grappe munie de bractées à sa base... *D. bracteata* (nᵒ 4).
  ⎱ Grappe dépourvue de bractées..................... 2

2 ⎰ Sépales étalés ; tige très-feuillée.... *D. tenuifolia* (nᵒ 1).
  ⎱ Sépales dressés ; tige feuillée seulement à la base........ 3

3 ⎰ Sépales de moitié moins longs que le pédoncule..........
  .... *D. muralis* (nᵒ 2).
  ⎱ Sépales égalant le pédoncule........ *D. viminea* (nᵒ 3).

Sect. 1. SISYMBRIASTRUM *Godr. et Gren. Fl. de France, 1, p. 80.* — Graines comprimées, disposées sur 2 rangs.

1. D. tenuifolia *DC. Syst. 2, p. 628 ; Sisymbrium tenuifolium L. Sp. 917. (Diplotaxe à feuilles menues.)* — Fleurs en grappe dépourvue de bractées et devenant très-longue à la maturité. Sépales *étalés*, trois à quatre fois plus courts que le pédoncule. Style *non contracté* à la base. Siliques égalant presque les pédoncules. Feuilles un peu épaisses ; les inférieures pétiolées, pinnatipartites ou pinnatifides, à lobes écartés, entiers ou incisés-dentés ; feuilles supérieures moins divisées ou même entières. Tige *sousfrutescente à la base*, dressée ou ascendante, *très-feuillée* jusqu'aux ramifications supérieures. Souche *vivace*, épaisse, fusiforme. — Plante presque glabre, un peu glauque ; fleurs jaunes, grandes, odorantes.

Rare en Lorraine; collines arides, vieux murs. Nancy, sur les murs de la Citadelle. Metz, au Saulcy (*Holandre*) ; Montmédy. Neufchâteau (*Mougeot*). ♃. Mai-octobre.

2. **D. muralis** *DC. Syst. 2, p. 634 ; Sisymbrium murale L. Sp. 918. (Diplotaxe des murailles.)* — Fleurs en grappe dépourvue de bractées. Sépales *dressés*, de moitié moins longs que le pédoncule. Style *non contracté* à la base. Siliques deux ou trois fois plus longues que les pédoncules. Feuilles pétiolées, sinuées-dentées ou pinnatipartites ; les inférieures en rosette. Tige *herbacée dès la base*, dressée ou ascendante, *feuillée seulement inférieurement*. Racine grêle, *annuelle*. — Plante munie de quelques poils réfléchis ; fleurs jaunes, bien plus petites que dans l'espèce précédente.

Très-rare; champs, le long des murs. Rambervillers (*Billot*). ☉. Mai-septembre.

3. **D. viminea** *DC. Syst. 2, p. 635 ; Sisymbrium vimineum L. Sp. 919. (Diplotaxe des vignes.)* — Fleurs en grappe dépourvue de bractées. Sépales *dressés*, égalant le pédoncule. Style *contracté à la base*. Siliques deux ou trois fois plus longues que les pédoncules. Feuilles pétiolées, sinuées-lyrées ou pinnatifides, *presque toutes rapprochées en rosette*. Tiges *herbacées dès la base*, grêles, très-étalées. Racine mince, *annuelle*. — Plante entièrement glabre ; fleurs très-petites, jaunes.

Vignes et champs sablonneux. Toul et Pont-à-Mousson (*Léré*). ☉. Juin-juillet.

Sect. 2. ERUCASTRUM Spenn. Fl. frib. 945. — Graines comprimées, disposées sur un seul rang.

4. **D. bracteata** *Godr. et Gren. Fl. de France, 1, p. 81; Brassica ochroleuca Soy.-Willem. ann. sc. nat. ser. 2, t. 2, p. 116; Godr. Fl. lorr., éd. 1, t. 1, p. 44. (Diplotaxe à bractées.)* — Fleurs en grappe munie de bractées inférieurement. Sépales dressés, égalant le pédoncule. Siliques étroites, arquées, bosselées. Feuilles pinnatipartites, à segments oblongs, inégalement crénelés, étalés à angle droit ; les segments inférieurs non embrassants. Tige herbacée, dressée. — Plante plus ou moins velue ; fleurs d'un blanc jaunâtre.

Champs, lieux incultes. Nancy, au Champ-le-Bœuf, Liverdun ; Lay-Saint-Christophe (*Monard*) ; Toul. Metz, à la Citadelle et au Saulcy (*Holandre*) ; Kœching (*Warion*) ; Rosbruck près de Forbach (*Monard et Taillefert*) ; Bitche (*Schultz*). Meuse, sur les côtes de la Woëvre, Haudiomont (*Holandre*). ♃. Avril-octobre.

Trib. 3. Cheirantheæ *Godr. et Gren. Fl. de France, 1, p. 82.* — Silique non articulée, s'ouvrant en 2 valves. Cotylédons plans ; radicule dorsale ou latérale.

6. Cheiranthus *R. Brown.*

Calice bossu à la base. Pétales égaux, entiers. Style conique ; stigmate *bipartite.* Silique *linéaire-tétragone ;* valves convexes, *carénées, munies d'une forte nervure dorsale.* Graines unisériées, comprimées, ailées. Cotylédons plans ; radicule latérale.

1. Ch. Cheiri *L. Sp. 924.(Giroflée Violier.)*— Calice dressé-appliqué. Pétales un peu émarginés, plus longs que les sépales. Siliques dressées, blanchâtres, couvertes de poils appliqués, longues de 4-5 centim., terminées en bec conique. Graines brunes, obovées. Feuilles un peu fermes, entières, lancéolées, mucronées au sommet, atténuées à la base, d'un vert pâle en-dessous. Tige sous-frutescente, anguleuse, dressée, plus ou moins rameuse. Souche ligneuse. — Plante toute couverte de petits poils appliqués ; à fleurs assez grandes, jaunes, odorantes.

Sur les vieux murs. Anciennes fortifications de Nancy ; Custines, Liverdun ; Pont-à-Mousson et Vic (*Léré*). Remparts de Metz, de Verdun, de Neufchâteau. ♃. Mai-juin.

7. Erysimum *L.*

Calice égal ou un peu bossu à la base. Pétales égaux, entiers. Style cylindrique ; stigmate *entier ou échancré.* Silique linéaire-tétragone ; valves convexes, *carénées, munies d'une forte nervure dorsale.* Graines unisériées, oblongues, non ailées. Cotylédons plans ; radicule *dorsale.*

1 { Feuilles embrassant la tige par 2 oreillettes.............
.... *E. perfoliatum* (n° 3).
Feuilles atténuées à la base, non embrassantes........... 2

2 { Siliques vertes ; stigmate entier.. *E. cheiranthoïdes* (n° 1).
Siliques blanchâtres ; stigmate bilobé. *E. cheiriflorum* (n° 2).

Sect. 1. Erysimastrum DC. Syst. 2, p. 494. Pétales à limbe étalé. Feuilles caulinaires non embrassantes.

1. E. cheiranthoïdes *L. Sp. 923. (Vélar Giroflée.)* — Calice égal à la base, *moins long* que le pédoncule. Pétales à limbe obové, étalé. Stigmate petit, *entier*. Grappe fructifère allongée, à pédoncules filiformes, très-étalés. Siliques assez courtes, un peu redressées sur le pédoncule, *vertes;* valves munies sur leurs faces externe et *interne* de poils quadrifides appliqués; cloison non alvéolée, munie d'une veine longitudinale. Graines jaunâtres, ovales-oblongues. Feuilles oblongues-lancéolées, atténuées aux deux extrémités, entières ou un peu denticulées, couvertes de petits poils appliqués et trifides; les inférieures pétiolées, mais détruites au moment de la floraison. Tige roide, dressée, arrondie, striée, très-feuillée, couverte de poils en navette. — Plante d'un vert gai; à fleurs jaunes, inodores, les plus petites du genre.

Commun; moissons, décombres. ☉. Juin-septembre.

2. E. cheiriflorum *Wallr. Sched. 367; E. odoratum Koch! Deutsch. Fl. 4, p. 685; Godr. Fl. lorr., éd. 1, t. 1, p. 51. (Vélar à fleurs de Violier.)* — Calice faiblement bossu à la base, *plus long* que le pédoncule. Pétales à limbe arrondi, étalé. Stigmate *bilobé*. Grappe fructifère roide et longue, à pédoncules épais, étalés-dressés ainsi que les siliques. Celles-ci plus ou moins longues, *blanchâtres avec les angles verts;* valves munies extérieurement de petits poils en navette, *glabres* et luisantes à leur face interne; cloison non alvéolée ni veinée. Graines jaunâtres, ovoïdes. Feuilles un peu coriaces, oblongues-lancéolées, sinuées-denticulées, couvertes de poils appliqués et trifides; les inférieures rétrécies en pétiole, mais desséchées au moment de la floraison. Tiges anguleuses, roides, dressées, couvertes de poils en navette.— Fleurs un peu odorantes, petites ou grandes (*E. lanceolatum α clusianum Soy.-Will. Obs., p.142*), d'un jaune serin ou d'un jaune vif, et rappelant alors celles du *Cheiranthus Cheiri.*

α *Denticulatum Koch, Fl. od. bot. Zeit. 1841.* Feuilles radicales dentées.

β *Dentatum Koch, l. c.* Feuilles radicales profondément sinuées-dentées, presque roncinées. *E. carniolicum Dolliner, ap. Koch, Syn. p. 51; E. lanceolatum β firmum Soy.-Will. l. c!*

Commun en Lorraine dans les bois, sur les murs, les coteaux de tout
la région jurassique. ⊙. Juin-juillet.

Sect. 2. CORINGIA DC. Syst. 2, p. 507. Pétales à limbe
dressé ; feuilles caulinaires en cœur-embrassantes.

3. E. perfoliatum *DC. Syst. 2, p. 508 ; Brassica orien-*
talis L. Sp. 931. (Vélar perfolié.) — Calice égalant le pédoncule, faiblement bossu à la base. Pétales à limbe étroit, dressé,
obové, insensiblement atténué en onglet. Stigmate petit, entier.
Grappe fructifère lâche, à pédoncules étalés, ainsi que les siliques.
Celles-ci très-longues, atténuées au sommet, glabres ; valves veinées latéralement ; cloison élégamment alvéolée. Graines ova-
laires, brunes, chagrinées. Feuilles entières ; les radicales obovées, rétrécies en pétiole ; les caulinaires elliptiques, faiblement
émarginées au sommet, embrassantes et creusées en cœur à la
base. Tige dressée, un peu flexueuse, simple ou rameuse, arrondie, feuillée. — Plante glabre et glauque ; à feuilles un peu
épaisses ; à fleurs blanchâtres.

Champs secs, principalement dans les terrains calcaires. Plante introduite avec les graines de céréales et naturalisée. ⊙. Mai-juin.

8. BARBAREA *R. Brown.*

Calice égal à la base. Pétales égaux, entiers. Stigmate *entier*
ou un peu émarginé. Siliques *linéaires-tétragones ;* valves *caré-*
nées, munies d'une forte nervure dorsale. Graines unisériées,
un peu comprimées, non ailées. Cotylédons plans ; radicule *laté-*
rale ou oblique.

⎰ Feuilles supérieures ovales, dentées.... *B. vulgaris* (n° 1).
⎱ Feuilles supérieures oblongues, pinnatifides. *B. patula* (n° 2).

1. B. vulgaris *R. Brown, Kew., éd. 2, t. 4, p. 109 ; Ery-*
simum Barbarea L. Fl. suec., éd. 2, p. 233. (Barbarée com-
mune.) — Sépales lâches. Siliques dressées ou étalées, souvent
un peu inclinées d'un côté, plus épaisses que le pédoncule.
Feuilles luisantes, souvent violacées en dessous ; les radicales
lyrées, à segment terminal grand, orbiculaire et échancré à la
base, à segments latéraux décroissants de haut en bas ; feuilles
caulinaires embrassantes ; les supérieures *ovales, à dents pro-*
fondes et inégales. Tige dressée, rameuse au sommet. Racine

rameuse. — Plante glabre ou quelquefois velue ; fleurs jaunes.

α *Campestris Fries, Nov. 205.* Grappe fructifère assez dense ; siliques courtes, presque dressées.

β *Arcuata Fries, l. c.* Grappe fructifère lâche ; siliques plus longues, arquées, étalées.

Commun dans les fossés, sur le bord des routes, les lieux humides. La var. β rare ; Nancy, aux Fonds de Toul ; Mirecourt. ☉. Avril-juin.

2. B. patula *Fries, Nov. mant. 3, p. 76; B. præcox Godr. Fl. lorr., éd. 1, t. 1, p. 54. (Barbarée étalée.)* — Sépales lâches. Siliques allongées, étalées, presque aussi épaisses que le pédoncule. Feuilles luisantes ; les radicales lyrées, à segment terminal ovale, à segments latéraux nombreux, décroissants de haut en bas. Feuilles caulinaires toutes *oblongues, pinnatipartites ;* les supérieures à segment terminal *étroit* et *cunéiforme,* à segments inférieurs embrassant la tige. Tige dressée, rameuse. — Plante d'un vert gai, presque glabre ; fleurs d'un jaune pâle.

Rare et vraisemblablement introduit. Nancy, à la Poudrerie. ☉. Mai-juin.

9. Sisymbrium *L.*

Calice égal à la base. Pétales égaux, entiers. Stigmate *entier ou émarginé.* Silique *cylindrique ;* valves convexes, *munies de trois nervures.* Graines uni-bisériées, non ailées. Cotylédons plans ; radicule dorsale.

1 { Fleurs blanches. 2
    { Fleurs jaunes. 5

2 { Fleurs axillaires. . . . . *S. supinum* (n° 2).
    { Fleurs en grappe terminale nue. . . . . *S. Alliaria* (n° 5).

3 { Siliques appliquées contre l'axe. . . . . *S. officinale* (n° 1).
    { Siliques étalées. 4

4 { Sépales étalés ; feuilles roncinées-pinnatifides. . . . .
   { . . . . *S. pannonicum* (n° 5).
   { Sépales dressés ; feuilles bi-tripinnatiséquées. . . . .
   { . . . . *S. sophia* (n° 4).

Sect. 1. Chamæplium Wallr. Sched. 376. — Siliques coniques, épaissies à la base, atténuées au sommet.

1. S. officinale *Scop. Carn. 2, p. 26; Erysimum officinale L. Sp. 922. (Sisymbre officinal.)* — Fleurs en *grappe ter-*

minale nue, brièvement pédonculées. Sépales dressés, velus. Pétales obovés-cunéiformes. Siliques *exactement appliquées*, courtes, coniques, velues. Graines *unisériées*, verdâtres, luisantes, faiblement ponctuées, tronquées obliquement aux deux extrémités. Feuilles toutes pétiolées ; les inférieures *roncinées-pinnatifides*, à 5-7 lobes inégalement crénelés ; les supérieures *hastées ;* les radicales étalées en rosette. Tige *dressée*, roide, arrondie, souvent brunâtre, couverte de poils mous simples et réfléchis, ordinairement rameuse dès le milieu ; rameaux étalés à angle droit. — Fleurs petites, jaunâtres.

Commun sur les décombres, le long des murs, dans les vignes, etc. ⊙. Juin-septembre.

2. **S. supinum** *L. Sp. 917; Braya supina Koch, Syn. 50; Godr. Fl. lorr., éd. 1, t. 1, p. 50. (Sisymbre couché.)* — Fleurs *solitaires à l'aisselle de toutes les feuilles*, brièvement pédonculées. Sépales dressés. Pétales obovés-cunéiformes. Siliques *dressées, un peu arquées* en dehors, courtes, coniques, hérissées dans leur jeunesse. Graines *bisériées*, jaunâtres, mates, élégamment alvéolées, ovoïdes. Feuilles brièvement pétiolées, *pinnatiséquées*, à segments écartés, entiers ou sinués-crénelés. Tiges rameuses, *couchées* et disposées en cercle. — Plante un peu rude et velue ; fleurs petites, blanches.

Rare ; coteaux du calcaire jurassique. Metz, à Lorry, Saint-Quentin, les Genivaux (*Holandre*) ; Plappeville (*Warion*) ; Moulins, Bayonville (*Taillefert*) ; Auboué et Briey (*Monard* et *Taillefert*). Verdun ; Commercy. Neufchâteau (*Mougeot*). ⊙. Juillet-août.

Sect. 2. Irio DC. Syst. 2, p. 463. — Siliques cylindriques, non épaissies à la base.

3. **S. pannonicum** *Jacq. Coll. 1. 70. (Sisymbre de Pannonie.)* — Sépales *très-étalés*, glabres. Pétales à limbe oblong-obové, dépassant les sépales, égalant presque les pédoncules. Grappe fructifère à pédoncules de 6-10 mil., presque *aussi épais* que le fruit. Siliques très-étalées, écartées, roides, très-longues, à 3 nervures sur le dos des valves et paraissant striées en long ; bord placentaire épais ; cloison spongieuse, *sans nervure, bosselée*. Graines petites, ovoïdes-anguleuses, brunes, *lisses*. Feuilles inférieures *roncinées-pinnatifides*, à lobes ovales ou

lancéolés, dentés, et munis à la base de leur bord inférieur d'une *dent ascendante ;* les supérieures pinnatiséquées, à segments linéaires, entiers. Tige arrondie, dressée, feuillée, rameuse vers le haut ; rameaux très-étalés. — Plante hérissée dans le bas de poils roides, simples, articulés, étalés ; fleurs d'un vert pâle.

Sur les collines de grès vosgien près de Mutzig (*Nestler*). ⊙. Mai-juin.

4. **S. sophia** *L. Sp. 922.* (*Sisymbre sagesse.*) — Sépales *dressés,* pubescents, jaunâtres. Pétales deux ou trois fois plus courts que les pédoncules, à limbe spatulé, étroit, plus court que les sépales. Grappe fructifère très-longue, à pédoncule de 8-10 mill., *filiformes.* Siliques très-étalées, grêles, arquées en dedans, un peu toruleuses, munies d'une nervure sur le dos des valves ; bord placentaire étroit ; cloison mince, *plane, à deux nervures* flexueuses. Graines ovoïdes, jaunâtres, *lisses.* Feuilles *bi-tripinnatiséquées,* à segments fins, entiers ou incisés. Tige arrondie, dressée, très-feuillée, souvent rameuse dans le haut ; rameaux étalés. — Plante d'un vert blanchâtre, toute couverte de poils mous, étalés ou en étoile ; à fleurs petites, d'un jaune pâle.

Bords des chemins et des rivières, décombres. Nancy, à Tomblaine, Pont-d'Essey (*Soyer-Willemet*) ; Pont-à-Mousson (*Léré*) ; Toul (*Husson*); Sion-Vaudémont ; Lunéville (*Guibal*) ; Marsal et Sarrebourg (*de Baudot*). Metz, à Montigny, Saint-Privat, Longeau, Côte de Saint-Blaise (*Holandre*) ; Sierck (*Warion*) ; Argency (*Taillefert*). Sampigny (*Pierrot*). Neufchâteau, Mirecourt et Charmes (*Mougeot*). ⊙. Mai-automne.

5. **S. Alliaria** *Scop. Carn. 2, p. 26 ; Erysimum Alliaria L. Sp. 922; Alliaria officinalis DC. Syst. 2, p. 488.* (*Sisymbre Alliaire.*) — Sépales *dressés,* glabres, blancs, mais verdâtres au sommet, égalant presque les pédoncules. Pétales à limbe obové-cunéiforme. Grappe fructifère longue, à pédoncules de 4-10 mill., épais, très-étalés. Siliques redressées sur les pédoncules, écartées, un peu toruleuses, munies sur le dos des valves d'une forte nervure longitudinale et de deux veines latérales qui s'anastomosent çà et là avec le bord et la nervure médiane. Cloison très-mince, *sans nervure.* Graines tronquées obliquement aux deux extrémités, fortement *striées en long,* noires, luisantes. Feuilles toutes pétiolées ; les inférieures *réniformes en cœur,* inégalement et profondément crénelées ; les supérieures ovales, acuminées, à dents aiguës et séparées par des sinus arrondis. Une ou plusieurs tiges assez fortes, dressées, feuillées,

couvertes dans le bas de poils blancs simples et étalés, un peu rameuses au sommet; rameaux un peu étalés. — Fleurs blanches.

Commun le long des chemins, des haies, au bord des bois. ♃. Avril-mai.

10. Nasturtium *R. Brown.*

Calice égal à la base. Pétales égaux, entiers. Stigmate *entier.* Silique *cylindrique, un peu comprimée;* valves convexes, *sans nervures dorsales.* Graines bisériées, non ailées. Cotylédons plans; radicule latérale.

1 { Fleurs blanches....................... *N. officinale* (nº 1).
{ Fleurs jaunes.. 2

2 { Siliques plus longues que les pédoncules. *N. sylvestre* (nº 2).
{ Siliques plus courtes que les pédoncules.. *N. anceps* (nº 3).

1. **N. officinale** *R. Brown, Hort. Kew.,* 2ᵉ *éd.,t. 4, p.119; Sisymbrium Nasturtium L. Sp. 916.* (*Cresson officinal.*) — Calice lâche; à sépales ovales, obtus, scarieux au sommet, de moitié plus courts que les pétales. Siliques *linéaires, subcylindriques,* souvent un peu arquées, bosselées, étalées à angle droit ou même réfléchies, *plus longues* que les pédoncules. Graines arrondies, brunes, élégamment alvéolées. Feuilles pinnatiséquées, à 1-2-3-4 paires de segments oblongs, inéquilatères; le supérieur plus grand, ovale, sinué-denté, faiblement en cœur à la base et émarginé au sommet; le pétiole embrassant la tige par 2 petites oreillettes aiguës. Tige le plus souvent radicante à la base, rameuse, anguleuse, fistuleuse. — Plante d'un vert luisant, ordinairement glabre; à feuilles un peu épaisses; à fleurs *blanches,* disposées en grappes lâches, terminales ou opposées aux feuilles.

Commun dans les ruisseaux. ♃. Juin-août.

2. **N. sylvestre** *R. Brown, l. c.; Sisymbrium sylvestre L. Sp. 916.* (*Cresson sauvage.*) — Calice étalé, à sépales ovales, obtus, plus courts que les pétales. Siliques *linéaires, subcylindriques,* souvent un peu arquées, étalées-dressées, longues de 1 1/2 à 2 centim., *dépassant* les pédoncules. Graines très-petites, ovales, brunes et presque lisses. Feuilles pinnatiséquées ou pinnatifides, à segments ordinairement lancéolés, incisés-dentés;

pétiole quelquefois auriculé. Tiges sillonnées, rameuses, dressées. Souche grêle, rameuse, rampante. — Plante polymorphe, ordinairement glabre, quelquefois velue dans le bas; à fleurs *d'un jaune vif.*

Commun au bord des eaux, dans les lieux inondés pendant l'hiver. ♃. Mai-août.

3. N. anceps *DC. Prodr. 1, p. 137 (non Rchb); Sisymbrium anceps Wahlenb. Upsal., p. 223.(Cresson à fruit ancipité.)* — Se distingue du précédent par ses fleurs plus grandes; par son stigmate plus épais; par ses siliques *plus courtes* que les pédoncules, *comprimées-ancipitées;* par ses feuilles plus grandes; par sa végétation plus robuste.

Assez rare. Bords de la Meurthe, à Champigneules; îles de la Moselle, à Frouard. Metz (*Warion*). ♃. Juin.

11. ARABIS *L.*

Calice égal ou bossu à la base. Pétales égaux, entiers. Stigmate *entier.* Silique *linéaire, comprimée* ou *plane;* valves *munies d'une seule nervure dorsale.* Graines uni-bisériées, souvent ailées. Cotylédons plans; radicule latérale, rarement dorsale.

1	Feuilles caulinaires embrassant la tige par 2 oreillettes......	2
	Feuilles non embrassantes............................	5
2	Siliques droites et dressées............................	3
	Siliques tordues sur elles-mêmes et réfléchies dans leur partie supérieure...................... *A. Turrita* (nº 6).	
3	Siliques rapprochées de l'axe........................	4
	Siliques écartées de l'axe....... *A. brassicæformis* (nº 1).	
4	Feuilles radicales denticulées; graines unisériées.......... .... *A. sagittata* (nº 2).	
	Feuilles radicales profondément sinuées-dentées; graines bisériées........................ *A. perfoliata* (nº 3).	
5	Feuilles radicales lyrées-pinnatifides..... *A. arenosa* (nº 5).	
	Feuilles radicales entières ou sinuées-dentées............ .... *A. Thaliana* (nº 4).	

1. A. brassicæformis *Wallr. Sched. 359; Brassica alpina L. Mant. 95. (Arabette à feuilles de chou.)* — Calice égal à la base. Grappe fructifère lâche, à pédoncules roides et *étalés.* Siliques redressées sur le pédoncule, *comprimées-tétragones,* à valves non bosselées et munies d'une nervure dorsale saillante.

Graines ovales, presque aiguës, non ponctuées, *non ailées.*
Feuilles coriaces, lisses ; les radicales *entières ou à peine dentées,*
longuement pétiolées ; les caulinaires dressées, très-entières,
lancéolées, embrassant la tige par *deux oreillettes arrondies.*
Tige simple, roide, dressée. — Plante de 5-10 décim., glabre,
d'un vert foncé ; fleurs blanches.

Sur les coteaux du calcaire jurassique. Nancy, à Boudonville, Malzé-
ville, Fonds de Toul, Liverdun, Pompey, Maron (*Soyer-Willemet*) ;
Toul ; Boucq (*de Lambertye*) ; Pont-à-Mousson (*Salle*). Metz, à Fèves,
Lorry, les Genivaux (*Holandre*), Montvaux, Vaux, Bayonville, Ars-sur-
Moselle (*Taillefert*). Verdun ; Saint-Mihiel (*Léré*). Neufchâteau (*Mou-
geot*). Rare dans les Vosges granitiques, ruines du château de Wasser-
bourg, Soulzbach (*Kirschléger*), Cernay et Guebwiller (*Muhlenbeck*),
Holhhattstad (*Blind*). ♃. Mai-juin.

2. **A. sagittata** *DC. Fl. fr. suppl., p. 592; A. hirsuta
Godr. Fl. lorraine, éd. 1, t. 1, p. 55. (Arabette sagittée.)*
— Calice presque égal à la base. Grappe fructifère très-
allongée, à pédoncules *dressés.* Siliques dressées, *comprimées,*
souvent un peu inclinées du même côté, à valves bosselées
et munies d'une nervure dorsale plus ou moins apparente.
Graines unisériées, finement ponctuées, ovales, *étroitement
ailées.* Feuilles *dentées,* presque glabres ou velues ; les radicales
en rosette dense ; les caulinaires dressées, non appliquées inférieurement, prolongées à la base en *deux oreillettes étalées en
dehors.* Tiges dressées, roides, simples ou quelquefois rameuses
sous la grappe, plus ou moins pourvues de poils simples ou
rameux, étalés. — Plante polymorphe, de 2-12 décim.; fleurs
petites, blanches.

α *Genuina Nob.* Siliques 4-5 fois plus longues que les pédoncules.

β *Longisiliqua Koch, Syn. éd. 1, p. 39.* Siliques 9-10 fois
plus longues que les pédoncules. *A. longisiliqua Wallr.
Sched. 359.*

Très-commun sur les coteaux du calcaire jurassique en Lorraine. Rare
dans la chaîne des Vosges. ☉. Mai-juin.

3. **A. perfoliata** *Lam. Dict. 1, p. 219; Turritis glabra L.
Sp. 930. (Arabette perfoliée.)* — Calice lâche, égal à la base.
Grappe fructifère très-allongée, à pédoncules *appliqués.* Siliques
dressées, souvent un peu inclinées du même côté, *comprimées,*

à valves non bosselées et munies d'une nervure dorsale. Graines très-petites, bisériées, ovoïdes, finement ponctuées, *non ailées*. Feuilles radicales étalées en rosette, pétiolées, *profondément sinuées-dentées*, velues, flétries à la maturité ; les caulinaires dressées, glabres, lancéolées, embrassant la tige par *deux oreillettes obtuses*. Tige dressée, roide, très-feuillée, peu rameuse. — Plante de 5-10 décim., un peu glauque ; fleurs d'un blanc-jaunâtre.

Assez commun dans les bois de tous les terrains. ☉. Juin-juillet.

4. A. Thaliana *L. Sp. 929; Sisymbrium Thalianum Gaud. Fl. helv. 4, p. 348; Godr. Fl. lorr., éd. 1, t. 1, p. 49. (Arabette de Thalius.)* — Calice égal à la base. Grappe fructifère très-allongée, à pédoncules *très-étalés*, filiformes. Siliques redressées sur le pédoncule, grêles, *comprimées*, non bosselées, un peu arquées. Graines très-petites, jaunes, luisantes, *non ailées*. Feuilles radicales en rosette, atténuées en pétiole, oblongues, *entières* ou *sinuées-dentées;* les caulinaires petites, peu nombreuses, *sessiles*, lancéolées. Tige grêle, dressée, rameuse. — Plante plus ou moins couverte de poils rameux ; fleurs très-petites, blanches.

Commun dans les champs sablonneux. ☉. Avril-août.

5. A. arenosa *Scop. Carn. 2, p. 32, tab. 40; Sisymbrium arenosum L. Sp. 919. (Arabette des sables.)* — Calice à 2 sépales un peu bossus à la base. Grappe fructifère bien fournie, à pédoncules filiformes, *très-étalés*. Siliques dressées-étalées, *comprimées*, à valves bosselées. Graines ovales, *un peu ailées* au sommet. Feuilles radicales en rosette, étalées, *lyrées-pinnatifides*, à lobes nombreux ; les caulinaires sessiles, *atténuées à la base*, dentées ou entières. Une ou plusieurs tiges grêles, dressées ou étalées. — Plante plus ou moins hérissée ; fleurs lilas, rarement blanches.

α *Genuina Nob.* Lobes des feuilles étalés à angle droit ; fleurs égalant celles du *Cardamine pratensis*.

β *Runcinata Nob.* Lobes des feuilles dirigés en bas ; fleurs beaucoup plus petites.

Commun dans toute la chaîne des Vosges sur le sol siliceux. Plus rare sur les coteaux du calcaire jurassique. Nancy, aux Fonds Saint-Barthélémy et à Liverdun (*Soyer-Willemet*) ; Pont-à-Mousson (*Léré*) ; Rosières-aux-Salines; Lunéville. Moyeuvre, sur le chemin de la Bourdeloise. Commercy ; Saint-Mihiel. ☉. Mai-septembre.

6. A. Turrita *L. Sp. 930 ; Turritis ochroleuca Lam. Fl. fr., éd. 1, t. 2, p. 490. (Arabette tourette.)* — Calice presque égal à la base. Grappe fructifère allongée, feuillée inférieurement, unilatérale, à pédoncules épais et *dressés*. Siliques planes-comprimées, très-longues, *courbées en arc et penchées, tordues sur leur axe* à leur quart inférieur ; valves faiblement bosselées, épaissies sur les bords. Graines ovales, brunes *avec une aile* jaunâtre. Feuilles *sinuées-dentées ;* les radicales grandes, obovées, flétries à la floraison ; les caulinaires embrassant la tige par *deux oreillettes arrondies.* Tige dressée, roide, simple ou un peu rameuse au sommet. — Plante de 3-6 décim., plus ou moins velue et quelquefois blanchâtre ; fleurs d'un blanc-jaunâtre.

Forêts des montagnes, rochers. Très-rare dans les Vosges à la vallée de Steinbach près de Thann (*Muhlenbeck*). ⊙ Mai-juin.

12. Cardamine *L.*

Calice égal à la base. Pétales égaux, entiers. Stigmate petit, *entier.* Silique *linéaire, comprimée par le dos ;* valves *planes, dépourvues de nervure dorsale, se roulant en dehors avec élasticité* au moment de la maturité. Graines unisériées, comprimées, rarement ailées, suspendues à des funicules *filiformes*. Cotylédons *plans,* ovales, entiers ; radicule latérale.

1 { Pétales à limbe obové, étalé ; des stolons.............. 2
  { Pétales à limbe étroit, dressé ; pas de stolons 3

2 (Segments des feuilles caulinaires supérieures linéaires et
  { entiers...................... *C. pratensis* (no 1).
  (Segments des feuilles caulinaires obovés et dentés.........
  (............................... *C. amara* (no 2).

3 (Feuilles caulinaires embrassant la tige par 2 oreillettes......
  { .... *C. impatiens* (no 3).
  (Feuilles caulinaires sans oreillettes.................... 4

4 (Fleurs dépassées par les siliques immédiatement inférieures..
  { .... *C. hirsuta* (no 4).
  (Fleurs non dépassées par les siliques.. *C. sylvatica* (no 5).

1. C. pratensis *L. Sp. 915. (Cardamine des prés.)* — Calice lâche, à sépales ovales, scarieux au sommet. Pétales à limbe *étalé, obové,* à onglet court et ailé. Siliques étalées-dressées, à peu près aussi longues que les pédoncules. Graines ovoïdes, brunâtres. Feuilles pinnatiséquées ; les radicales longuement pétiolées, à segments pétiolulés, ovales ou arrondis, brièvement ciliés, le supérieur plus grand, souvent réniforme ; les caulinaires supérieures à segments linéaires et *entiers; * pétiole *sans oreillettes* à la base. Tige dressée, un peu flexueuse, arrondie, simple, peu feuillée. Souche *horizontale, prémorse, émettant des stolons.* — Plante presque glabre ; à fleurs grandes, élégantes, blanches ou lilas, disposées en grappe simple ou quelquefois rameuse.

Commun dans les prés, les bois humides de tous les terrains. ♃. Avril-mai.

2. C. amara *L. Sp. 915. (Cardamine amère.)* — Calice lâche, à sépales ovales, scarieux au sommet. Pétales à limbe *étalé, obové,* atténué peu à peu en onglet court et ailé. Siliques étalées, presque aussi longues que les pédoncules. Graines ovoïdes, brunes. Feuilles pinnatiséquées, à 2-4 paires de segments obovés et *sinués-dentés;* pétiole *sans oreillettes* à la base. Une ou plusieurs tiges dressées, flexueuses, sillonnées-anguleuses, simples, très-feuillées. Souche *rampante, munie de stolons.* — Plante glabre ou velue ; fleurs grandes, blanches, plus rarement violettes, disposées en grappe rameuse ; anthères violettes.

Commun au bord des ruisseaux dans les vallées de la chaîne des Vosges sur le grès vosgien. Plus rare dans les terrains d'alluvion. Nancy, à Montaigu, le Montet, prairie Saint-Jean, Pixerécourt, Fonds de Toul (*Soyer-Willemet*) ; Pont-à-Mousson ; Château-Salins (*Léré*) ; Rosières-aux-Salines ; Raon-lès-L'eau (*Suard*). Metz, sur la Cheneau, vallons de Saulny, de Lorry, de Montvaux, au Polygone (*Holandre*) ; vallée de Maule (*Taillefert*). Saint-Mihiel (*Léré*) ; Commercy, à l'étang de Vignot, la cense d'Aunoy (*Maujean*) ; forêt d'Argonne (*Doisy*). La forme à fleurs violettes à Rosières-aux-Salines (*Suard*). ♃. Avril-mai.

3. C. impatiens *L. Sp. 914. (Cardamine impatiente.)* — Calice lâche, à sépales linéaires-oblongs. Pétales très-caducs, ou même avortés, à limbe *étroit, obové, dressé,* à onglet court. Siliques très-grêles, roides, étalées, 2-3 fois plus longues que les pédoncules. Style grêle, conique. Graines petites, ovoïdes, jaunâtres. Feuilles pinnatiséquées ; segments nombreux, ciliés, mucronulés, la plupart incisés-dentés et pétiolulés ; pétiole muni à sa base de *deux oreillettes* étroites, arquées, ciliées, réfléchies et embrassant la tige. Tige dressée, grêle, sillonnée-anguleuse, simple ou plus souvent rameuse, très-feuillée ; *stolons nuls.* Racine *annuelle, fibreuse.* — Plante presque glabre, à feuilles

molles ; à fleurs très-petites, blanches, très-nombreuses, disposées en grappes souvent rameuses.

Assez rare. Bois du calcaire jurassique. Nancy, aux Fonds de Toul, le
Montet, rochers vis-à-vis de Maron (*Soyer-Willemet*). Moyeuvre, au
vallon du Conroy (*Herpin*). Bar, au bois de Savonnière (*Humbert*).
Neufchâteau (*Mougeot*). Sur le grès bigarré et vosgien, à Sarreguemines
(*Lasaulce*) et sur le versant oriental de la chaîne des Vosges. ⊙. Mai-
juin.

4. **C. hirsuta** *L. Sp. 915.* (*Cardamine velue.*) — Calice
lâche, à sépales linéaires-oblongs. Pétales à limbe *dressé, obové*,
s'atténuant peu à peu en un onglet cunéiforme. Etamines *quatre*. Siliques dressées sur des pédoncules étalés et de moitié
moins longs qu'elles. Style épais, égalant en longueur le diamètre
de la silique ou plus court. Graines petites, ovoïdes, brunes.
Feuilles pinnatiséquées, à 3-5 paires de segments ciliés et mucronulés ; ceux des feuilles radicales pétiolulés, arrondis, le supérieur plus grand, quelquefois réniforme ; ceux des feuilles
caulinaires ovales ou linéaires, entiers ; pétiole *sans oreillettes* à
sa base ; les feuilles caulinaires plus petites que les radicales.
Une ou plusieurs tiges anguleuses, dressées ou ascendantes ;
stolons nuls. Racine *annuelle, pivotante, rameuse seulement à
son extrémité, fibreuse*. — Plante velue ; fleurs très-petites,
blanches, longuement *dépassées* par les siliques immédiatement
inférieures ; tiges peu feuillées.

Très-rare sur le calcaire jurassique. Nancy, aux Fonds de Toul
(*Soyer-Willemet*) ; Thiaucourt (*Valentin*). Gussainville près d'Etain
(*Warion*). ⊙. Avril-mai.

5. **C. sylvatica** *Link, in Hoffm. Phyt. Blatt., t. 1, p. 50; C.
hirsuta β sylvestris Godr. Fl. lorr., éd. 1, t. 1, p. 59.* (*Cardamine des bois.*) — Se distingue du précédent, avec lequel il
a été longtemps confondu, par ses fleurs qui *ne sont pas dépassées* par les siliques immédiatement inférieures ; par ses *six* étamines ; par ses siliques en grappe plus lâche, plus redressées sur
les pédoncules ; par ses graines plus grosses ; par ses feuilles
caulinaires plus nombreuses, plus grandes que les radicales, à
segments plus nombreux, plus larges, ordinairement pétiolulés
et sinués-dentés ; par sa *souche vivace, oblique, entièrement couverte de radicelles capillaires*.

Assez commun dans les forêts de la chaîne des Vosges sur le grès et
sur le granit, depuis Bitche jusqu'à Giromagny. ♃. Mai-juillet.

13. Dentaria *L.*

Calice égal à la base. Pétales égaux, entiers. Stigmate *entier*. Silique *linéaire-lancéolée, comprimée par le dos;* valves *planes, dépourvues de nervure dorsale, se roulant en dehors avec élasticité* au moment de la maturité. Graines unisériées, comprimées, non ailées, suspendues à des funicules *dilatés*. Cotylédons un peu concaves, *enroulés par les bords,* ovales, entiers ; radicule latérale.

{ Feuilles palmatiséquées.............. *D. digitata* (n° 1).
{ Feuilles pinnatiséquées. .... *D. pinnata* (n° 2).

1. D. digitata *Lam. Dict. 2, p. 268. (Dentelaire à feuilles digitées.)* — Calice coloré, dressé-appliqué. Pétales à limbe obové. Siliques planes, étalées-dressées, en grappe courte. Feuilles toutes pétiolées, *palmatiséquées,* à 5-7 segments lancéolés, acuminés, dentés-en-scie. Tige dressée, feuillée seulement sous la grappe. Souche articulée, charnue, écailleuse. — Plante glabre, à fleurs grandes, roses ou violettes.

Assez rare. Forêts du revers oriental des Vosges ; vallées de Guebwiller et de Steinbach. ♃. Avril-mai.

2. D. pinnata *Lam. Dict. 2, p. 268. (Dentelaire à feuilles digitées.)* — Calice vert, dressé-appliqué. Pétales à limbe largement obové. Siliques planes, étalées-dressées, en grappe courte. Feuilles toutes pétiolées, *pinnatiséquées,* à 3-5-7 segments lancéolés et dentés en scie. Tige dressée, nue dans le bas, munie de 3-4 feuilles dans le haut. Souche articulée, charnue, écailleuse. — Plante glabre, à fleurs grandes, élégantes, blanches ou légèrement lilas.

Forêts rocailleuses du versant oriental des hautes Vosges : Champ du Feu, Ribeauvillé, vallées de Munster, de Guebwiller, de Steinbach, etc. Plus rare sur le calcaire jurassique : Nancy, forêt de Haie et Pont-à-Mousson (*Willemet père*) ; bois de Rogéville (*Mathieu*) ; Liverdun (*Monard* et *Taillefert*) ; bois de Puvenel près de Dieulouard (*Puiseux*); Blénod-lès-Toul (*Hussenot*), et à Boucq (*de Lambertye*). Metz, à Châtel, aux Genivaux, Ars, Gorze (*Holandre*) ; Vaux, Arnaville (*Taillefert*), Saulny (*Monard*). Verdun et Commercy (*Doisy*) ; Saint-Mihiel (*Larzillières*). Neufchâteau (*Mougeot*). ♃. Mars-avril.

Trib. 4. **Alyssineæ** *DC. Syst. 2, p. 280.* — Silicule non articulée, comprimée par le dos, à cloison aussi large que le grand diamètre du fruit. Cotylédons plans.

14. LUNARIA *L.*

Calice à 2 sépales bossus à la base. Pétales égaux, entiers. Étamines dépourvues d'aile ou d'appendice. Silicule *déhiscente, longuement stipitée*, comprimée par le dos, *elliptique*, à valves *planes, sans nervure*. Graines bisériées, comprimées. Cotylédons plans, ovales, entiers ; radicule latérale.

1. L. rediviva *L. Sp. 911. (Lunaire vivace.)* — Calice dressé-appliqué, à sépales violets. Pétales à limbe obové, étalé, entier. Silicules longuement stipitées, à la fin pendantes, atténuées-aiguës aux 2 extrémités, réticulées. Graines réniformes, bordées. Feuilles toutes pétiolées, profondément en cœur à la base, acuminées, doublement dentées. Tige dressée, un peu anguleuse, rameuse en haut. — Plante de 6-10 décim., un peu velue ; à feuilles grandes ; à fleurs élégantes, violettes, en petites grappes terminales ; silicules très-grandes.

Bois et escarpements de la chaîne des Vosges : Hohneck, Ballons de Soultz et de Saint-Maurice (*Mougeot*), vallées de Munster, de Saint-Amarin, de Guebwiller (*Kirschléger*) ; vallée de la Vologne entre Grange et Gérardmer (*Mougeot*), cascade du Nydeck (*Nestler*) ; Dabo et Saint-Quirin (*de Baudot*). Plus rare sur le calcaire jurassique : Nancy, aux Fonds de Toul (*Suard*), rive gauche de la Moselle entre Sexey-aux-Forges et Pierre (*Monnier*). ♃. Mai-juin.

15. ALYSSUM *L.*

Calice égal à la base. Pétales égaux, entiers ou bifides. Étamines à filets ordinairement ailés ou dentés. Silicule *déhiscente, non stipitée, comprimée par le dos, orbiculaire ou elliptique*, à valves *convexes ou planes, sans nervure*. Graines solitaires ou peu nombreuses, ovales, comprimées. Cotylédons plans, ovales, entiers ; radicule latérale.

{ Pétales entiers.................... *A. calycinum* (n° 1).
{ Pétales bifides.................... *A. incanum* (n° 2).

1. A. calycinum *L. Sp. 908. (Alysson calicinal.)* — Calice *persistant*, un peu velu et cilié, à sépales étroits. Pétales *presque linéaires, entiers, tronqués*, sans onglet distinct. Filets des étamines longues dépourvus de dent et *d'aile*, les étamines courtes munies à leur base d'une dent subulée. Silicules faiblement émarginées, *déprimées* aux bords, couvertes dans leur jeunesse de petits poils rayonnés, un peu plus courtes que les pédoncules étalés. Graines brunes, faiblement bordées. Feuilles oblongues-obovées, atténuées à la base, entières, dressées. Une ou plusieurs tiges un peu dures, nues dans le bas, très-feuillées dans le haut, simples ou rameuses sous la grappe. — Plante d'une couleur cendrée, toute couverte de petits poils rayonnés ; à fleurs très-petites, nombreuses, d'abord jaunes, puis blanches, disposées en grappe à la fin aussi longue que la tige.

Commun sur le calcaire jurassique et dans l'alluvion ; plus rare sur le grès vosgien. ⊙. Mai-juin.

2. A. incanum *L. Sp. 908.* (*Alysson blanchâtre.*) — Calice *caduc*, à sépales blanchâtres, oblongs, scarieux sur les bords. Pétales *obovés*, atténués en onglet, *bifides, à deux lobes obtus et un peu écartés*. Filets des étamines longues *ailés à la base*, non dentés ; les étamines courtes munies d'une dent. Silicules un peu enflées, *non déprimées* sur les bords, couvertes de poils fins rayonnés, plus courtes que les pédoncules dressés. Graines brunes, ovales. Feuilles oblongues-lancéolées, entières ou plus rarement un peu dentées, dressées ; les inférieures atténuées en pétiole. Tiges dressées, arrondies, rameuses au sommet, très-feuillées. — Plante d'un vert blanchâtre, toute couverte de poils en étoile ou en navette ; fleurs blanches.

Rare dans la chaîne des Vosges ; au Kaisersberg, dans le val d'Orbey sur la Weiss (*Mougeot*). ⊙. Juin-septembre.

16. Draba *L.*

Calice égal à la base. Pétales égaux, entiers ou bilobés. Etamines à filets dépourvus d'ailes et d'appendices. Silicule *déhiscente, non stipitée, comprimée par le dos, ovale ou oblongue*, à valves *convexes, non bordées, munies d'une nervure dorsale*. Graines bisériées, ovales, comprimées. Cotylédons plans, ovales, entiers ; radicule latérale.

{ Pétales bifides ; feuilles toutes radicales... *D. verna* (n° 1).
{ Pétales entiers ; tige feuillée.......... *D. muralis* (n° 2).

1. D. verna *L. Sp. 896* ; *Erophila vulgaris DC. Syst. 2, p. 356* ; *Godr. Fl. lorr., éd. 1, t. 1, p. 66.* (*Drave printanière.*) — Calice lâche, à sépales ovales, scarieux sur les bords.

Pétales se terminant brusquement en onglet court, *divisés au-delà du milieu en deux lobes obtus*. Silicules suborbiculaires, elliptiques ou oblongues, plus courtes que les pédicelles étalés-dressés. Graines brunes, ovales. Feuilles *toutes radicales*, lancéolées, *longuement atténuées à la base*, entières ou munies de deux dents profondes de chaque côté (*var. Krockeri Rchb. Fl. exc. 665.*), disposées en rosette. Tiges souvent nombreuses, grêles, nues, souvent un peu rougeâtres dans le bas. — Plante de 3-15 centim.; à feuilles plus ou moins couvertes de poils bi-trifides, assez larges ou très-étroites ; à fleurs petites, blanches, en grappe flexueuse.

Commun dans tous les terrains. ☉. Mars-avril.

2. D. muralis *L. Sp. 643; Dois. Fl. Meuse, 594! (Drave des murailles.)* — Calice lâche, à sépales ovales-oblongs, scarieux sur les bords. Pétales arrondis, *entiers*. Silicules oblongues-elliptiques, plus courtes que les pédicelles grêles et étalés. Graines bisériées, brunes, ovales. Feuilles radicales obovées, atténuées en pétiole, superficiellement dentées au sommet, formant une rosette lâche ; les *caulinaires* ovales, aiguës, fortement dentées, *embrassant la tige par deux oreillettes* arrondies. Tige simple ou un peu rameuse au sommet. — Plante hérissée surtout dans le bas de poils courts, simples ou bifurqués ; fleurs très-petites, blanches.

Champs sablonneux. Verdun, à Thierville (*Doisy!*); Sampigny (*Pierrot!*). Neufchâteau (*Mougeot*). ☉. Mai-juin.

17. Roripa *Scop.*

Calice égal à la base. Pétales égaux, entiers. Etamines à filets dépourvus d'aile ou d'appendice. Silicule *déhiscente, oblongue, ou globuleuse, un peu comprimée par le dos*, à valves *convexes dès les bords et dépourvues de nervure dorsale*. Graines bisériées. Cotylédons plans, ovales, entiers ; radicule latérale.

1 {	Feuilles caulinaires supérieures pinnatiséquées............	2
	Feuilles caulinaires supérieures entières................	3
2 {	Silicules égalant les pédoncules.... *R. nasturtioïdes* (n° 1).	
	Silicules beaucoup plus courtes que les pédoncules........	
	.... *R. pyrenaïca* (n° 2).	
3 {	Fleurs jaunes................... *R. amphibia* (n° 3).	
	Fleurs blanches................. *R. rusticana* (n° 4).	

1. R. nasturtioïdes *Spach, Vég. phanerog. 6, p. 506;*
Sisymbrium palustre Leyss. Fl. hal. 679; Nasturtium palustre
DC. Syst. 2, p. 191; Godr. Fl. lorr., éd. 1, t. 1, p. 62.
(Roripe faux-cresson.) — Calice étalé, à sépales ovales, obtus,
colorés, *aussi longs* que les pétales. Siliques *linéaires-ellipti-*
ques, assez épaisses, étalées à angle droit et même un peu réfléchies, longues de 6-8 millim., *égalant* les pédoncules. Graines
bisériées, jaunâtres, ovales, finement ponctuées. Feuilles toutes
pinnatiséquées, à segments nombreux, lancéolés, dentés, décurrents sur le rachis par leur bord supérieur; le segment supérieur plus grand, lobé; pétiole dilaté à la base en oreillettes
arrondies. Tiges dressées, sillonnées; rameaux nombreux, étalés.
Racine *verticale, fibreuse*. — Plante glabre; à fleurs plus petites
et plus pâles que dans les autres espèces.

Lieux humides. Nancy, à Maxéville, Boudonville; Saint-Nicolas-de-
Port (*Soyer-Willemet*); Lunéville (*Guibal*); Château-Salins (*Léré*);
Dieuze, Sarrebourg (*de Baudot*). Metz, au Pâté, ruisseau de la Cheneau, les Etangs (*Holandre*), Grigy (*Monard* et *Taillefert*), Aubécourt
près de Remilly (*Monard*); Bitche (*Warion*). Commercy (*Maujean*);
Verdun, aux bords de la Meuse (*Doisy*). Vosges, commun dans toute la
région montagneuse (*Berher*). ☉. Juin-septembre.

2. R. pyrenaïca *Spach, Vég. phan. 6, p. 508; Sisymbrium*
pyrenaïcum L. Sp. 916; Nasturtium pyrenaïcum R. Brown,
Hort. Kew. éd. 2, t. 4, p. 110; Godr. Fl. lorr., éd. 1, t. 1,
p. 63. (Roripe des Pyrénées.) — Calice étalé, à sépales oblongs,
colorés, *un peu plus courts* que les pétales. Siliques *elliptiques*,
arrondies, très-étalées, mais jamais réfléchies, longues de 3-4
mill., *quatre fois plus courtes* que les pédoncules. Graines unisériées, brunes, élégamment alvéolées. Feuilles radicales longuement pétiolées, tantôt entières, arrondies ou obovées, quelquefois en cœur à la base, tantôt lyrées, ordinairement détruites
au moment de la floraison; les caulinaires *pinnatiséquées*, à 7-
11 segments écartés, linéaires, très-étroits, entiers; les 2 segments
inférieurs embrassant la tige comme par deux oreillettes. Tiges
grêles, flexueuses, dressées, rameuses au sommet. Souche *ver-*
ticale, fibreuse. — Plante un peu velue inférieurement, glabre
supérieurement; fleurs jaunes, en grappes plus courtes que dans
les espèces voisines.

Toutes les vallées du versant oriental des Vosges. ♃. Mai-juin.

3. R. amphibia *Bess. en. pl. Volh., p. 27; Sisymbrium am-*

phibium L. Sp. 917; Nasturtium amphibium R. Brown, Hort. Kew., éd. 2, t. 4, p. 110; Godr. Fl. lorr., éd. 1, t, 1, p. 63. (*Roripe amphibie.*) — Calice étalé, à sépales ovales-oblongs, jaunâtres, *plus courts* que les pétales. Siliques étalées à angle droit, longues de 3-6 millim., *trois ou quatre fois plus courtes* que les pédoncules. Graines irrégulièrement bisériées, ovales, brunes et presque lisses. Feuilles toutes lancéolées, *entières* (*var.* α *indivisum DC. Syst. 2, p. 197*), ou bien les inférieures pectinées-pinnatifides et les supérieures *entières* (*var.* β *variifolium DC. l. c.*), toutes atténuées en pétiole souvent auriculé à la base (*var.* γ *auriculatum DC. l. c.*). Tige dressée ou un peu couchée à la base, ordinairement épaisse, fistuleuse, sillonnée ; rameaux étalés-dressés. Souche courte, *prémorse,* poussant des stolons rampants. — Fleurs d'un jaune vif.

α *Longisiliquum Nob.* Siliques elliptiques, atténuées aux deux extrémités ; style 2-3 fois plus court que la silique. *N. riparium Wallr. Sched. 373; Cochlearia amphibia* α *siliquis ellipticis Led. Fl. Rossic. 1, p. 160.*

β *Rotundisiliquum Nob.* Siliques globuleuses ; style presque aussi long qu'elles. *N. aquaticum Wallr. l. c.; Cochlearia amphibia* β *siliquis suborbiculatis Led. l. c.*

Commun dans les lieux humides de tous les terrains. ♃. Juin-juillet.

4. R. rusticana *Godr. et Gren. Fl. France, 1, p. 127; Cochlearia Armoracia L. Sp. 904; Armoracia rusticana Fl. der Wett. 2, p. 426; Godr. Fl. lorr., éd. 1, t. 1, p. 64.* (*Raifort rustique.*) — Calice lâche, à sépales ovales, obtus, *de moitié plus courts* que les pétales. Silicules renflées, *globuleuses, beaucoup plus courtes* que les pédoncules étalés. Graines 5-6 dans chaque loge. Feuilles radicales grandes, longuement pétiolées, ovales-oblongues, en cœur à la base, crénelées ; les caulinaires inférieures pinnatifides ; les supérieures lancéolées, *crénelées,* ou linéaires, *entières.* Tige dressée, assez épaisse, sillonnée, fistuleuse, rameuse au sommet. Souche *charnue,* épaisse, *cylindrique,* âcre, poussant des stolons souterrains. — Plante tout à fait glabre ; à rameaux nus ; à feuilles vertes, un peu épaisses et luisantes ; à fleurs blanches.

Prairies humides, où il s'est naturalisé. Nancy, prairies des bords de la Meurthe jusqu'à Frouard, à Sainte-Anne près de Laxou ; Toul, au bastion Saint-Mansuy (*Husson*) ; Sarrebourg, abonde le long du ruisseau du Stock, depuis l'Étang jusqu'à Langatte (*de Baudot*). Bouzonville, le long de la Nied (*Léo*) ; Sarreguemines (*Warion*). ♃. Mai-juin.

18. CAMELINA *Crantz*.

Calice égal à la base. Pétales égaux, entiers. Etamines à filets dépourvus d'aile et d'appendice. Silicule *déhiscente, obovée ou turbinée, déprimée sur les bords,* à valves *très-convexes, munies d'une nervure dorsale,* contractées au sommet en *un prolongement* étroit qui embrasse la base du style. Graines bisériées. Cotylédons plans, ovales, entiers ; radicule dorsale.

1 { Silicules à valves molles, à peine déprimées aux bords......
.... *C. fœtida* (n° 1).
Silicules à valves dures, déprimées aux bords............. 2

2 { Fleurs jaunes ; grappe fructifère courte et assez dense......
.... *C. sativa* (n° 2).
Fleurs d'un jaune pâle ; grappe fructifère allongée et lâche...
.... *C. sylvestris* (n° 3).

1. C. fœtida *Fries, Nov. mant. 3, p. 70; C. dentata Godr. Fl. lorr., éd. 1, t. 1, p. 68. (Caméline fétide.)* — Calice lâche. Pétales à limbe étroit, obtus. Silicules mûres jaunâtres, *obovées, renflées, à bords peu saillants et obtus ;* à valves *molles,* réticulées et munies d'une faible nervure dorsale. Graines jaunâtres. Feuilles caulinaires linéaires-oblongues, sinuées-dentées ou pinnatifides. Tige dressée, rameuse au sommet. — Se distingue en outre de l'espèce suivante par ses feuilles plus longues, plus étroites et plus molles ; par ses silicules plus grandes, se rapprochant davantage de la forme globuleuse, étalées en grappe plus lâche et plus allongée ; par ses valves plus minces ; par ses graines plus grosses.

Introduit et naturalisé chez nous, mais exclusivement dans les champs de lin. ☉. Juin-juillet.

2. C. sativa *Fries, Nov. mant. 3, p. 72. (Caméline cultivée.)* — Calice lâche. Pétales à limbe étroit, obtus. Silicules mûres jaunâtres, *pyriformes,* atténuées à la base, *étroitement déprimées sur les bords ;* valves *dures,* réticulées et parcourues par une nervure dorsale. Graines jaunâtres. Feuilles caulinaires moyennes oblongues-lancéolées, auriculées à la base, entières ou dentées. Tige dressée, cylindrique, simple ou rameuse. — Plante peu velue, à poils courts, bi-trifides ; à fleurs jaunes, disposées en grappe peu allongée.

Cultivé et subspontané dans les moissons. ☉. Juin-juillet.

3. C. sylvestris *Wallr. Sched. 347; C. microcarpa Andrz. in DC. Syst. 2, p. 517. (Caméline sauvage.)* — Calice lâche. Pétales étroits, oblongs-cunéiformes. Silicules mûres grisâtres, pyriformes, plus petites et moins oblongues que dans l'espèce précédente, *plus largement déprimées sur les bords ;* valves dures, finement ponctuées et parcourues par une nervure dorsale. Graines brunes. Feuilles caulinaires nombreuses, lancéolées, presque entières, auriculées à la base. Tige dressée, simple ou rameuse. — Plante roide et grêle, velue ; à grappe fructifère bien plus longue que dans l'espèce précédente ; fleurs d'un jaune pâle.

Assez rare ; moissons. Nancy, sur le calcaire jurassique , au Champ-le-Bœuf, Champigneules, Liverdun, Rogéville ; Pont-à-Mousson ; Toul ; Château-Salins ; Sarrebourg sur le muschelkalk (*de Baudot*). Metz, à Belletanche, Borny, Colombé, Saulny, Rupt de Mad (*Holandre*) ; Gorze (*Taillefert*). Saint-Mihiel (*Léré*). Neufchâteau (*de Baudot*) ; Ramber-villers (*Billot*). ⊙. Juin-juillet.

19. Neslia *Desv.*

Calice presque égal à la base. Pétales égaux, entiers. Etamines à filets dépourvus d'aile et d'appendice. Silicule *indéhiscente, globuleuse, déprimée sur les bords, très-convexe* sur les faces, *munies d'une forte nervure* s'atténuant brusquement au sommet en *un prolongement* étroit qui embrasse la base du style. Une seule graine non ailée. Cotylédons arrondis, plans d'un côté, convexes de l'autre ; radicule dorsale.

1. N. paniculata *Desv. Journ. bot. 3, p. 162; Myagrum paniculatum L. Sp. 894. (Neslie paniculée.)* — Calice dressé, presque égal à la base. Pétales obovés-cunéiformes. Silicules réticulées-rugueuses extérieurement, à parois dures, osseuses. Graines ovales-globuleuses, jaunâtres. Feuilles toutes entières, ou faiblement dentées ; les inférieures oblongues, atténuées en pétiole ; les caulinaires moyennes et supérieures lancéolées, aiguës, embrassantes et auriculées à la base. Tige flexueuse, dressée, grêle, arrondie, simple ou plus souvent très-rameuse dans sa moitié supérieure ; rameaux très-étalés. — Plante ordinairement couverte de poils bi-trifides ; fleurs très-petites, d'un jaune pâle.

Dans les moissons exclusivement, et vraisemblablement introduite et

naturalisée. Nancy, au Champ-le-Bœuf, Velaine, Champigneules, Saul-
xures, Liverdun; Toul, Villers-le-Sec; Pont-à-Mousson; Château-Salins
(*Léré*). Metz, à Borny, Colombey, Woippy (*Holandre*); Gorze (*Tail-
lefert*); Fleur-Moulin (*Monard* et *Taillefert*). Clermont en Argonne
(*Doisy*), Sampigny (*Pierrot*); Saint-Mihiel (*Léré*). Neufchâteau (*de
Baudot*). ⊙. Juin-juillet.

Trib. 5. Calepineæ *Godr. et Gren. Fl. de France, 1, p.
132.* — Silicule non articulée, globuleuse, sans cloison. Cotylédons pliés en long sur les côtés.

20. Calepina *Adans.*

Calice égal à la base. Pétales inégaux, obovés-cunéiformes.
Etamines à filets dépourvus d'aile et d'appendice. Stigmate sessile. Silicule indéhiscente, globuleuse, prolongée au sommet en
bec court, munie de 4 côtes disposées en croix, uniloculaire, à
une seule graine globuleuse. Cotylédons ovales, échancrés, pliés
sur les bords qui embrassent la radicule.

1. C. Corvini *Desv. Journ. bot., 3, p. 162; Bunias coch-
learioïdes DC. Fl. fr., 4, p. 721. (Calépine de Corvini.)* —
Calice dressé-appliqué, égal à la base. Pétales un peu inégaux,
obovés-cunéiformes. Silicules réticulées-rugueuses, à parois dures,
osseuses. Feuilles radicales étalées en cercle sur la terre, lyrées,
pétiolées; les caulinaires oblongues, obtuses, entières ou un peu
dentées, embrassant la tige par 2 oreillettes aiguës. Tige penchée
au sommet avant la floraison, grêle, dressée, simple ou rameuse
dans sa moitié supérieure; rameaux étalés. — Plante glabre, un
peu glauque; fleurs blanches.

Rare; moissons. Metz, à Bloury, la Grange-aux-Ormes, Borny, Magny
(*Holandre*). Verdun, entre Moulainville et Chatillon (*Doisy!*). ⊙. Mai-
juin.

Trib. 6. Iberideæ *Godr. et Gren. Fl. de France, 1, p. 133.*
— Silicule non articulée, comprimée par le côté, à cloison beaucoup moins large que le grand diamètre du fruit. Cotylédons plans.

21. Isatis *L.*

Calice égal à la base. Pétales entiers, égaux. Etamines à filets
dépourvus d'aile ou d'appendice. Stigmate sessile. Silicule indé-

hiscente, ovale ou oblongue, comprimée par le côté et plane sur les faces, uniloculaire ; valves naviculaires, ailées sur le dos. Graines 1-2, subcylindriques. Cotylédons oblongs, entiers, un peu concaves ; radicule *dorsale*.

1. **I. tinctoria** *L. Sp. 936. (Pastel des teinturiers.)* — Calice étalé, égal à la base, à sépales ovales-oblongs. Pétales à limbe obové, étalé, à onglet court. Silicules un peu atténuées à la base, obtuses ou émarginées au sommet. Graines lisses. Feuilles glauques, ciliées ; les radicales longuement pétiolées, obtuses ; les caulinaires lancéolées, embrassant la tige par 2 oreillettes aiguës. Tige arrondie, dressée, très-rameuse au sommet. — Plante presque glabre ; à fleurs jaunes, petites, très-nombreuses.

Autrefois cultivé, et naturalisé dans les moissons. Nancy ; Frouard ; Pont-à-Mousson ; Sarrebourg. Metz. Bar-le-Duc ; Saint-Mihiel, Commercy. Neufchâteau (*Mougeot*). ☉. Mai-juin.

22. BISCUTELLA *L.*

Calice égal à la base, plus rarement à 2 sépales éperonnés. Pétales entiers, *égaux*. Étamines à filets dépourvus d'aile et d'appendice. Silicule *déhiscente*, comprimée par le côté, plane sur les faces, *échancrée à la base ;* valves orbiculaires, ailées sur le dos. Graines solitaires dans chaque loge, comprimées. Cotylédons ovales, entiers, plans ; radicule *latérale*. ·

1. **B. lævigata** *L. Mant. 225. (Lunetière lisse.)* — Fleurs en grappe composée, corymbiforme, s'allongeant à peine à la maturité. Sépales concaves, ovales, colorés ; les deux extérieurs un peu bossus à la base. Pétales oblongs-obovés, entiers, munis de 2 oreillettes au-dessus de l'onglet court. Silicules grandes, planes, échancrées en cœur à la base et au sommet, glabres ou finement hérissées, membraneuses sur la carène. Feuilles radicales nombreuses, hérissées sur les deux faces, oblongues-lancéolées, entières ou sinuées-dentées, longuement atténuées en pétiole ; les caulinaires peu nombreuses, sessiles, petites, entières. Tiges dressées, un peu rameuses au sommet. Souche épaisse, dure, tortueuse. — Fleurs jaunes, odorantes.

Rare ; sur le granit dans quelques points de la chaîne des Vosges, Dambach, château d'Ortenstein, Scherviller et cascade du Nydeck (*Kirschléger*). ♃. Juillet-août.

23. Iberis *L.*

Calice égal à la base. Pétales entiers, *très-inégaux*. Etamines à filets dépourvus d'aile et d'appendice. Silicule *déhiscente*, comprimée par le côté, ovale, échancrée ou bilobée au sommet; valves carénées sur le dos et souvent ailées. Graines solitaires dans chaque loge, ovoïdes. Cotylédons ovales, entiers, plans; radicule *latérale*.

> Feuilles caulinaires oblongues-cunéiformes, dentées........
> .... *I. amara* (n° 1).
> Feuilles caulinaires linéaires, entières.... *I. Violleti* (n° 2).

1. **I. amara** *L. Sp. 906.* (*Ibéride amère.*) — Fleurs en grappes serrées, s'allongeant à la maturité. Calice étalé, à sépales concaves, un peu inégaux à la base, obovés, scarieux sur les bords. Pétales oblongs, obtus; les intérieurs une fois plus longs que le calice, les extérieurs beaucoup plus longs; onglet court et grêle. Silicules ovales-orbiculaires, atténuées au sommet, à dents assez longues, un peu plus courtes que le style et formant un angle de 60-90°. Graines jaunâtres, ovoïdes, comprimées, lisses. Feuilles *écartées*, *étalées-dressées*, oblongues, *non calleuses* au sommet, longuement atténuées à la base, *toutes* munies de chaque côté et au-dessous du sommet de *2-3 dents obtuses*, ne laissant sur la tige après leur chute que des *cicatrices superficielles;* les feuilles supérieures *semblables* aux inférieures, seulement un peu plus étroites. Une ou plusieurs tiges roides, dressées ou ascendantes, un peu flexueuses à la base, plus ou moins rameuses; rameaux courts, épais, atteignant à la même hauteur. — Plante un peu pubescente dans le bas; fleurs blanches, plus rarement violettes.

α *Genuina Godr. Fl. lorr., éd.1, t. 1, p. 72.* Plante verte; feuilles larges.

β *Minor Koch Syn. 70.* Plante violette; feuilles plus étroites; silicules, graines et fleurs plus petites.

Très-commun dans les moissons. ☉. Juillet-septembre.

2. **I. Violleti** *Soy.-Will. in Godr. Fl. lorr., éd. 1, t. 1, p. 72.* (*Ibéride de Viollet.*) — Fleurs en grappes serrées, s'allongeant un peu à la maturité. Calice étalé, à sépales concaves, un peu inégaux à la base, obovés, scarieux et colorés sur les

bords. Pétales obovés-cunéiformes, obtus, se terminant en onglet long; les extérieurs beaucoup plus grands. Silicules ovales-orbiculaires, rétrécies au sommet, à dents assez longues, égalant le style et formant un angle assez ouvert (100-110°). Graines jaunâtres, ovoïdes, comprimées, lisses. Feuilles *nombreuses, rapprochées,* charnues, coriaces par la dessiccation, *très-étalées et même réfléchies,* très-caduques, et laissant sur la tige des *cicatrices saillantes* qui lui donnent un aspect *fortement tuberculeux;* feuilles inférieures lancéolées, atténuées à la base, ayant une ou deux dents vers le sommet; les moyennes et les supérieures *très-entières,* linéaires, courtes, terminées par un *mucron calleux.* Tige très-feuillée, dure, épaisse, tantôt simple à la base, tantôt se divisant au-dessus d'elle en rameaux nombreux, roides, étalés, très-rapprochés, tous égaux; la tige principale et les rameaux se subdivisent au sommet seulement en rameaux courts, épais, atteignant à la même hauteur. — Plante glabre, d'un vert un peu sombre, d'un aspect rabougri, ne dépassant pas la taille de l'*I. amara,* mais à silicules et à graines plus petites; fleurs assez grandes, lilas.

Pelouses et carrières sur le calcaire jurassique moyen, à Saint-Mihiel, bords de la forêt de Champagne (*Viollet*) et dans le bois depuis Fresnes jusqu'aux Paroches (*Léré*). ☉. Juillet-août.

24. Teesdalia *R. Brown.*

Calice égal à la base. Pétales entiers, *un peu inégaux.* Etamines à filets munis à leur base et du côté interne d'une *écaille membraneuse.* Silicule *déhiscente,* comprimée par le côté, orbiculaire, échancrée au sommet; valves carénées sur le dos, un peu ailées au sommet. Graines géminées dans chaque loge, ovoïdes. Cotylédons ovales, entiers, plans; radicule *latérale.*

1. **T. nudicaulis** *R. Brown, Hort. Kew., éd. 2, t. 4, p. 83; T. Iberis DC. Syst. 2, p. 392; Godr. Fl. lorr., éd. 1, t. 1, p. 71; Iberis nudicaulis L. Sp. 903.* (*Téesdolie à tige nue.*) — Calice étalé, égal à la base, à sépales obtus, élargis inférieurement. Pétales inégaux; les deux intérieurs un peu émarginés, égalant le calice; les deux extérieurs plus longs, obovés. Silicules presque orbiculaires, un peu convexes d'un côté, concaves de l'autre, étroitement ailées, un peu émarginées. Graines jaunâtres, ovoïdes, lisses. Feuilles radicales nombreuses, étalées en rosette, pétiolées,

lyrées-pinnatifides, à lobes obtus et entiers; les caulinaires petites, sessiles, entières ou peu dentées. Une ou plusieurs tiges herbacées; la tige unique ou la tige centrale dressée, roide, aphylle; les tiges latérales étalées, un peu feuillées. — Plante presque glabre; à fleurs blanches, très-petites, en grappes d'abord serrées, puis devenant aussi longues que la tige.

Commun sur le grès vosgien, dans toute la chaîne des Vosges. Plus rare dans les terrains d'alluvion. Nancy, à Montaigu; Rosières-aux-Salines (*Soyer-Willemet*); Lunéville (*Guibal*). Metz, à Frescati (*Holandre*); Saint-Avold (*Monard* et *Taillefert*). ⊙. Avril-mai.

25. THLASPI *Dillen.*

Calice égal à la base. Pétales *égaux*, entiers. Étamines à filets dépourvus d'aile et d'appendice. Silicule *déhiscente*, comprimée par le côté, oblongue, obovée ou orbiculaire, échancrée ou bilobée au sommet; valves carénées sur le dos, souvent ailées. Graines ovoïdes. Cotylédons ovales, entiers, plans; radicule *latérale.*

1	Anthères jaunes..	2
	Anthères d'un violet noir............ *Th. alpestre* (n° 4).	
2	Silicules orbiculaires ou en cœur renversé...............	3
	Silicules triangulaires........ *Th. Bursa-pastoris* (n° 5).	
3	Tiges dressées; style plus court que l'échancrure du fruit....	4
	Tiges couchées en cercle sur la terre; style plus long que l'échancrure du fruit............ *Th. montanum* (n° 3).	
4	Silicules orbiculaires; oreillettes des feuilles petites et aiguës. .... *Th. arvense* (n° 1).	
	Silicules en cœur renversé; oreillettes des feuilles grandes et obtuses.................... *Th. perfoliatum* (n° 2).	

1. Th. arvense *L. Sp. 901.* (*Tabouret des champs.*) — Calice lâche, à sépales obtus, de moitié plus courts que les pétales. Pétales égaux, tronqués ou un peu émarginés au sommet. Silicules grandes, *orbiculaires*, très-comprimées et presque planes, largement ailées, profondément bifides au sommet. Stigmate *presque sessile.* Graines 5-6 dans chaque loge, brunes, ovales, comprimées, fortement *striées en arc.* Feuilles radicales obovées, pétiolées, ordinairement desséchées au moment de la floraison; les caulinaires oblongues, sinuées-dentées, embrassant la tige pa deux petites oreillettes aiguës. Une ou plusieurs tiges *herbacées* *dressées*, anguleuses, simples ou rameuses au sommet. — Plante glabre, à odeur alliacée ; à fleurs blanches.

Commun ; moissons, décombres. ☉. Mai-septembre.

2. Th. perfoliatum *L. Sp. 902. (Tabouret perfolié.)* — Calice lâche, coloré, à sépales ovales, obtus, plus courts que les pétales. Pétales égaux, obovés-cunéiformes. Silicules *en cœur renversé*, ailées, un peu convexes d'un côté, concaves de l'autre, profondément échancrées au sommet. Style petit, *beaucoup moins long* que la profondeur de l'échancrure. Graines 4 dans chaque loge, jaunes, ovoïdes, *lisses*. Feuilles un peu glauques et épaisses, entières ou denticulées ; les radicales obovées, pétiolées, étalées sur la terre, ordinairement desséchées au moment de la floraison ; les caulinaires oblongues, profondément en cœur à la base, embrassant la tige par deux longues oreillettes obtuses. Une ou plusieurs tiges *herbacées, dressées*, arrondies, simples ou plus souvent rameuses dès à la base. — Plante glabre ; à fleurs blanches.

Commun ; champs arides, bois, surtout dans les terrains calcaires. ☉. Avril-mai.

3. Th. montanum *L. Sp. 902. (Tabouret de montagne.)* — Calice lâche, à sépales obtus, 1-2 fois plus courts que les pétales. Pétales un peu inégaux, arrondis ou faiblement émarginés au sommet. Silicules *en cœur renversé, arrondies à la base*, un peu convexes d'un côté, concaves de l'autre, ailées, émarginées au sommet. Style filiforme, *beaucoup plus long* que l'échancrure. Graines 2 dans chaque loge, brunes, ovales, *lisses*. Feuilles un peu épaisses, entières ou munies de quelques dents ; les inférieures étalées en rosette, persistantes, obovées, pétiolées ; celles des rameaux beaucoup plus petites, embrassant la tige par deux petites oreillettes arrondies. Tiges ordinairement nombreuses, *subligneuses*, allongées, filiformes, *appliquées en cercle sur la terre*, feuillées au sommet, produisant chacune un ou plusieurs rameaux fleuris, herbacés, annuels, dressés, simples.— Plante glabre ; à fleurs blanches, plus grandes que dans les deux espèces précédentes.

Peu commun ; bois du calcaire jurassique, toujours à l'exposition ouest. Nancy, aux Fonds de Toul (*Soyer-Willemet*), Maron, Pompey ; Liverdun (*Monard* et *Taillefert*). Metz, à la Côte d'Ars, rochers à Rosselange, à Jœuf (*Holandre*). Commercy, à la Côte de Bussy (*Maujean*);

forêt de Champagne à Saint-Mihiel (*Léré*). Versant oriental des Vosges, toujours sur les terrains calcaires, à Soultzmatt, Westhalten, Osenbach (*Kirschléger*). ♃. Avril-mai.

4. **Th. alpestre** *L. Sp. 903.* (*Tabouret alpestre.*) — Calice étalé, à sépales obtus, une fois plus courts que les pétales. Pétales étroitement obovés, arrondis au sommet. Anthères d'un violet noir. Silicules *obovées, cunéiformes à la base,* ailées au sommet, convexes d'un côté, concaves de l'autre, creusées au sommet d'une échancrure ouverte et peu profonde. Style *égalant* l'échancrure ou *un peu plus long.* Graines 4 à 8 dans chaque loge, brunes, *lisses.* Feuilles entières ou un peu dentées ; les inférieures en rosette, obovées, pétiolées ; les supérieures lancéolées, embrassant la tige par 2 oreillettes obtuses. Tiges dressées, simples, herbacées. Souche vivace, rameuse, à divisions courtes. — Plante glabre, un peu glauque ; fleurs petites, blanches, quelquefois lavées de rose.

α *Genuinum.* Fleurs petites ; style dépassant l'échancrure. *Th. ambiguum Jord! in Archiv. Fl. de France et d'Allemagne, p. 161.*

β *Grandiflorum Nob.* Fleurs plus grandes ; style égalant l'échancrure. *Th. præcox Mut. Fl. fr. 1, p. 100, non Wulf.; Th. vogesiacum Jord! l. c., p. 159.*

Vosges. La var. α dans les escarpements du Hohneck et dans les rocailles au sommet du Ballon de Soultz (*Mougeot*). La var. β à Bussang (*Tocquaine*), à Vagnier, où elle est abondante sur les bords de la Moselle (*Berher*). ♃. Avril-juin.

Rem. La plante du Ballon de Soultz, que j'ai revue sur place en 1855, m'a paru intermédiaire entre les deux variétés.

5. **Th. Bursa-pastoris** *L. Sp. 903.* (*Tabouret Bourse à pasteur.*) — Calice dressé, à sépales ovales, plus courts que les pétales. Pétales à limbe obové, étalé, à onglet court. Silicules *triangulaires,* arrondies sur les angles, émarginées près du style *très-court.* Graines 20-24, petites, brunes, ovales, comprimées, *très-finement ponctuées.* Feuilles radicales en rosette, rétrécies en pétiole dilaté à la base, entières, dentées ou pinnatifides ; les caulinaires plus petites, sessiles, embrassent la tige par deux petites oreillettes. Tige dressée, *herbacée,* un peu sillonnée, simple ou rameuse, souvent pubescente dans le bas. — Plante polymorphe ; à feuilles ordinairement ciliées et souvent couvertes sur les deux faces de petits poils en étoile ; à fleurs petites, blanches.

Commun partout. ☉. Mars-décembre.

26. Hutschinsia *R. Brown*.

Calice égal à la base. Pétales *égaux*, entiers. Etamines à filets dépourvus d'aile ou d'appendice. Silicule *déhiscente*, comprimée par le côté, elliptique, non échancrée au sommet ; valves carénées sur le dos, jamais ailées. Graines ovoïdes. Cotylédons ovales, entiers, plans ; radicule *latérale*.

1. H. petræa *R. Brown, Hort. Kew.*, éd. *2, t. 4, p. 82.* (*Hutschinsie des rocailles.*) — Calice très-ouvert. Pétales dépassant peu le calice, spatulés. Style nul. Silicules elliptiques-oblongues, arrondies aux deux extrémités. Graines 2 dans chaque loge. Feuilles pinnatipartites, à segments pétiolulés, nombreux, oblongs, acuminés ; les feuilles radicales pétiolées, disposées en rosette ; les caulinaires sessiles. Tige dressée, herbacée, filiforme, souvent très-rameuse à la base ou simple. Racine très-grêle. — Petite plante presque glabre ; fleurs très-petites, blanches.

Lieux arides. Neufchâteau (*Mougeot*). Vallée de Dabo (*Wydler*). Versant oriental des Vosges ; Rouffach, Westhalten, Guebwiller. ⊙. Avril-mai.

27. Lepidium *L.*

Calice égal à la base. Pétales *égaux*, entiers. Etamines quelquefois réduites à 2, dépourvues d'aile et d'appendice. Silicule *déhiscente*, comprimée par le côté, souvent échancrée au sommet ; valves ailées ou non ailées. Graines solitaires dans chaque loge, ovoïdes ou oblongues. Cotylédons ovales, entiers, ou rarement trifides, plans ; radicule *dorsale*.

1 { Feuilles inférieures pinnatifides........................ 2
  { Feuilles inférieures entières ou dentées................. 3

2 { Pédoncules dressés-appliqués ; silicules ailées au sommet....
  { .... *L. sativum* (n° 1).
  { Pédoncules très-étalés; silicules non ailées. *L. ruderale* (n° 2).

3 { Feuilles caulinaires embrassant la tige par 2 oreillettes...... 4
  { Feuilles caulinaires non embrassantes.. *L. latifolium* (n° 4).

4 { Silicules plus longues que larges, ovales, arrondies à la base.
  { .... *L. campestre* (n° 3).
  { Silicules plus larges que longues, didymes, échancrées à la
  { base............................. *L. Draba* (n° 5).

1. L. sativum *L. Sp. 899.* (*Passerage cultivé.*) — Fleurs disposées en grappes simples, terminales ou latérales, très-étroites, s'allongeant beaucoup pendant la floraison, à pédoncules *dressés-appliqués*. Calice un peu étalé, à sépales obovés, scarieux sur les bords. Pétales à limbe obtus, étalé, à onglet grêle. Silicules *suborbiculaires*, arrondies à la base, *lisses*, comprimées, *largement ailées au sommet*, échancrées en deux lobes arrondis, rapprochés, un peu plus longs que le style. Graines d'un jaune foncé, ovoïdes-oblongues, lisses. Feuilles inférieures profondément *pinnatifides*, à lobes obtus, entiers ou incisés-dentés ; les feuilles supérieures ordinairement linéaires, *entières, non embrassantes*. Tige arrondie, feuillée, dressée, rameuse. — Plante un peu glauque, fétide ; fleurs blanches, petites.

Cultivé et subspontané. ☉. Juin-juillet.

2. **L. ruderale** *L. Sp. 900. (Passerage des décombres.)* — Fleurs disposées en grappes simples, étroites, s'allongeant pendant la floraison, placées au sommet des rameaux, ou un peu au-dessus de leur bifurcation, à pédoncules *très-étalés, épars* sur la partie supérieure des rameaux. Calice lâche, à sépales étroits, blancs-scarieux sur les bords. Pétales ordinairement avortés. Étamines 2. Silicules *ovales*, arrondies à la base, lisses, comprimées, carénées, mais *non ailées*, échancrées au sommet en deux lobes rapprochés. Stigmate sessile. Graines d'un jaune vif, ovoïdes, lisses. Feuilles radicales en rosette, pétiolées, *pinnatifides* à lobes linéaires aigus entiers ou un peu dentés, desséchées au moment de la floraison ; les caulinaires inférieures conformes ; les supérieures linéaires, entières, atténuées à la base, *non embrassantes*. Tige arrondie, grêle, très-feuillée, dressée, très-rameuse au sommet. — Plante à odeur de chou, très-brièvement velue et un peu rude ; fleurs très-petites.

Peu commun ; décombres, bords des chemins. Nancy, Rosières-aux-Salines (*Suard*) ; Lunéville (*Guibal*) ; Château-Salins (*Léré*), Vic, Marsal, Dieuze (*Soyer-Willemet*). Metz, à la Citadelle, le Sablon, le Saulcy (*Holandre*). Sampigny (*Pierrot*). Mirecourt, sur les sables des rives du Madon (*Mougeot*). ☉. Juillet-août.

3. **L. campestre** *R. Brown, Hort. Kew., éd. 2, t. 4, p. 88; Thlaspi campestre L. Sp. 902. (Passerage des champs.)* — Fleurs disposées en grappes terminales, simples, étroites, s'allongeant beaucoup pendant la floraison, à pédoncules *étalés à angle droit* ou un peu réfléchis. Calice un peu étalé, à sépales obovés, obtus, blancs-scarieux sur les bords. Pétales à limbe obové, étalé,

à onglet grêle et long. Silicules *ovales*, arrondies à la base, *écailleuses* à la surface, glabres ou un peu velues, *fortement ailées au sommet*, échancrées en deux lobes obtus et peu divergents. Style court. Graines d'un brun noir mat, ovoïdes, finement striées. Feuilles radicales pétiolées, obovées, obtuses, lyrées à lobes obtus, ou plus rarement entières, elliptiques, ordinairement desséchées au moment de la floraison ; les caulinaires sessiles, dressées, *oblongues*, souvent dentelées, *embrassant la tige par deux oreillettes* étroites. Une ou plusieurs tiges très-feuillées, dressées, roides, simples ou rameuses au sommet.— Plante d'un vert-blanchâtre, couverte de poils mous ; fleurs blanches, petites.

Commun ; champs, bords des chemins, décombres. ⊙. Juin-juillet.

4. L. latifolium *L. Sp. 899. (Passerage à larges feuilles.)* —· Fleurs disposées en grappes *oblongues*, composées, très-fournies, à pédoncules étalés, filiformes, *fasciculés* au sommet des rameaux. Calice étalé, à sépales ovales, blancs-scarieux, dans leur moitié supérieure. Pétales à limbe obové, étalé, à onglet court. Silicules *orbiculaires*, *arrondies à la base*, à peine échancrées au sommet, couvertes de quelques poils mous et très-fins, à valves lisses, carénées, mais *non ailées*. Style très-court et quelquefois nul ; stigmate très-gros. Graines très-petites, ovoïdes, brunes. Feuilles d'un vert glauque, un peu épaisses ; les radicales *ovales*, *obtuses*, *dentées en scie*, longuement pétiolées ; les caulinaires oblongues-lancéolées, atténuées en pétiole d'autant plus court qu'on se rapproche du sommet de la tige ; les supérieures étroites, mucronées, entières sur les bords, *non embrassantes*. Tige dressée, flexueuse, très-feuillée, rameuse au sommet. — Feuilles plus grandes, tige plus forte, silicules et graines plus petites que dans aucune de nos espèces ; fleurs blanches.

Plante introduite et naturalisée. Bords de la Moselle, entre Pompey et Liverdun (*Suard*); Pont-à-Mousson (*Léré*); Toul (*Husson*). ♃. Juin-juillet.

5. L. Draba *L. Sp. 1ª ed. 645 ; Cochlearia Draba L. Sp. 2ª ed. 904. (Passerage Drave.)* — Fleurs disposées en grappe composée, *corymbiforme*, à pédoncules étalés, filiformes, *épars* sur la partie supérieure des rameaux. Calice étalé, à sépales ovales, blancs-scarieux sur les bords. Pétales à limbe ovale, étalé, à onglet grêle et long. Silicules *plus larges que longues*, en cœur, *échancrées à la base*, entières au sommet, glabres ; valves naviculaires, gonflées, veinées, carénées, mais *non ailées*. Style égalant la moitié de la cloison en longueur. Graines ovoïdes, brunes. Feuilles d'un vert glauque ; les radicales *oblongues*, *inégalement sinuées-dentées*, atténuées en pétiole, détruites au moment de la floraison ; les caulinaires sessiles, dressées, ovales-oblongues, embrassant la tige par *deux oreillettes* aiguës. Tige dressée, très-feuillée, rameuse au sommet. — Plante d'un vert blanchâtre, couverte de petits poils appliqués-réfléchis ; fleurs blanches.

Plante introduite et naturalisée. Nancy, près le Pont-d'Essey. Autrefois sur les remparts de Metz, près de la porte des Allemands (*Holandre*). ♃. Mai-juin.

Trib. 7. SENEBIEREÆ *Godr. et Gren. Fl. de France, 1, p. 153.* — Silicule non articulée, comprimée par le côté, à cloison beaucoup moins large que le grand diamètre du fruit. Cotylédons pliés en travers.

28. SENEBIERA *Pers.*

Calice égal à la base. Pétales entiers, égaux. Etamines dépourvues d'aile et d'appendice. Silicule indéhiscente, didyme, comprimée par le côté ; valves soudées, globuleuses, non carénées ni ailées. Graines solitaires dans chaque loge. Cotylédons linéaires, entiers, pliés en travers ; radicule dorsale.

1. **S. Coronopus** *Poir. Dict., t. 7, p. 76 ; Cochlearia Coronopus L. Sp. 904.* (*Senebière corne de cerf.*) — Calice étalé, à sépales ovales, obtus. Pétales à limbe obtus, étalé, à onglet large. Silicules plus larges que longues, émarginées à la base, déprimées longitudinalement dans leur milieu, munies surtout vers leur pourtour de larges plis sinueux. Style court, pyramidal. Graines jaunâtres, lisses. Feuilles pétiolées, un peu glauques, pinnatifides, à lobes étroits, entiers ou dentés au sommet. Tiges nombreuses, appliquées en cercle sur la terre, comprimées, rameuses. — Plante glabre ; à fleurs blanches, très-petites.

Commun ; fossés, décombres, bords des chemins. ⊙. Juin-août.

Trib. 8. RAPISTREÆ *Godr. et Gren. Fl. de France, 1, p. 155.* — Silicule articulée, non comprimée ; articles uniloculaires. Cotylédons pliés en long, renfermant entre eux la radicule.

29. Rapistrum *Boerh.*

. Calice bossu à la base. Pétales entiers, égaux. Silicule à deux articles uniloculaires ; le supérieur globuleux, monosperme ; l'inférieur oblong, stérile ou à une seule graine ovoïde. Cotylédons pliés en long, embrassant la radicule.

1. R. rugosum *DC. Syst. 2, p. 427; Myagrum rugosum L. Sp. 893. (Rapistre ridé.)* — Calice étalé. Pétales à limbe étalé, obtus ou faiblement émarginé. Silicules dures, osseuses, hérissées, dressées-appliquées ; l'article supérieur pourvu de côtes longitudinales, se terminant par un style grêle et plus long que lui. Graines brunes, lisses, à funicule très-court. Feuilles inférieures pétiolées, lyrées ; les supérieures plus petites, sessiles, oblongues. Tige dressée, cylindrique, peu feuillée, simple, ou plus souvent très-rameuse ; rameaux divariqués. — Plante un peu velue ; fleurs jaunes.

Plante introduite et naturalisée. Bord des chemins à Buthegnémont, près de Nancy. ⊙. Juin-juillet.

VII. CISTINÉES.

Fleurs hermaphrodites, régulières. Calice à 3-5 sépales libres, persistants, inégaux. Corolle à 5 pétales, à préfloraison tordue. Étamines libres, hypogynes, en nombre indéterminé ; anthères introrses, biloculaires, s'ouvrant en long. Style terminal, simple, caduc. Ovaire unique, libre, uniloculaire ou plus rarement incomplétement pluriloculaire, polysperme, à placentas pariétaux ou plus rarement axilles. Le fruit est une capsule s'ouvrant en 3-5 valves qui portent sur leur milieu les placentas ou les demi-cloisons. Graines ovoïdes ou globuleuses. Embryon droit, condupliqué, ou tordu en spirale, niché dans un albumen farineux ; radicule opposée au hile. — Plantes herbacées ou arbrisseaux, à feuilles ordinairement opposées, à fleurs en grappes scorpioïdes.

1. Helianthemum *DC.*

Calice à 5 sépales, dont les 2 extérieurs plus petits. Capsule loculicide, s'ouvrant en 3 valves.

{ Feuilles pourvues de stipules.......... *H. vulgare* (n° 1).
{ Feuilles sans stipules............... *H. Fumana* (n° 2).

1. **H. vulgare** *Gaertn. Fruct. 1, p. 371; Cistus Helianthe-mum L. Sp. 744. (Hélianthème commun.)* — Fleurs *disposées en grappe* d'abord roulée en crosse et serrée, puis s'allongeant et se redressant par l'épanouissement successif des fleurs ; pédoncules épaissis au sommet, aussi longs que le calice, d'abord dressés, puis réfléchis. Calice appliqué, plus court que la corolle, à sépales extérieurs très-petits, atténués à la base ; les intérieurs ovales, obtus, mucronulés, inéquilatères, à 3-4 côtes longitudinales saillantes, blancs-scarieux sur un de leurs bords. Pétales largement arrondis au sommet. Style *épaissi par le haut,* 2-3 fois plus long que l'ovaire. Capsule subglobuleuse, velue. Graines brunes. Feuilles pétiolées, opposées ; les supérieures *elliptiques* ou *oblongues,* ordinairement un peu réfléchies sur les bords ; les inférieures petites, presque arrondies ; toutes *pourvues de deux stipules* plus longues que le pétiole. Tiges ligneuses, nues et couchées à la base, herbacées, grêles et tomenteuses au sommet. — Plante plus ou moins velue ; à poils simples ou fasciculés en étoile.

α *Tomentosum Koch, Syn. p. 81.* Feuilles blanches-tomenteuses en dessous, vertes en dessus.

β *Hirsutum Koch, l. c.* Feuilles d'un vert obscur des deux côtés, pourvues en dessous de poils disséminés ; corolle une fois plus grande que le calice. *H. obscurum Pers. Syn. 2, p. 79.*

γ *Grandiflorum Koch, l. c.* Feuilles comme dans la variété précédente ; corolle deux fois plus grande que le calice. *H. grandiflorum DC., Fl. fr. 4, p. 821.*

Commun, bois, collines, bruyères. La var. α dans les terrains siliceux. La var. β sur le calcaire jurassique. La var. γ escarpements du Hohneck dans les hautes Vosges. ♃. Juin-août.

2. **H. Fumana** *Mill. Dict. n° 6. (Hélianthème à feuilles menues.)* — Fleurs solitaires, *extra-axillaires,* placées en petit nombre à la partie supérieure des rameaux, mais *jamais disposées en grappe ;* pédicelles d'abord dressés, puis réfléchis. Calice appliqué, rougeâtre, plus court que la corolle, à sépales extérieurs linéaires ; les intérieurs ovales, aigus, munis de 3-4 côtes vertes ou brunes. Pétales obovés. Style *non épaissi* par le haut, trois fois plus long que l'ovaire. Capsule subglobuleuse, glabre et luisante. Graines brunes, trois fois plus grosses que celles du *H. vulgare.* Feuilles sessiles, éparses, rapprochées, *étroitement linéaires,* brièvement cuspidées, planes en dessus, convexes en

dessous ; *stipules nulles.* Tiges ligneuses, tortueuses, décombantes, très-rameuses.

Très-rare ; coteaux calcaires. Nancy, à Malzéville (*Royer*, 1843). ♭. Juin-juillet.

VIII. VIOLARIÉES.

Fleurs hermaphrodites, irrégulières. Calice à 5 sépales libres, persistants, ordinairement appendiculés à leur base. Corolle à 5 pétales onguiculés, à préfloraison contournée. Etamines 5, libres, hypogynes ; anthères introrses, biloculaires, s'ouvrant en long, appliquées sur l'ovaire, appendiculées au sommet. Style terminal, simple, persistant. Ovaire unique, libre, uniloculaire, polysperme. Le fruit est une capsule s'ouvrant en trois valves qui portent sur leur milieu les placentas. Graines ovoïdes ou globuleuses. Embryon droit, niché dans un albumen charnu ; radicule dirigée vers le hile. — Fleurs solitaires, penchées.

1. Viola *Tourn.*

Calice à sépales inégaux, les 2 inférieurs plus étroits, tous appendiculés à leur base. Pétales irréguliers ; l'inférieur plus large, prolongé à la base en un éperon creux, qui loge 2 appendices nectariformes naissant de la base des étamines inférieures.

1 { Deux pétales dirigés en haut......................... 2
{ Quatre pétales dirigés en haut....................... 10

2 { Style aigu et courbé au sommet...................... 3
{ Style épaissi au sommet et se terminant par un disque oblique.
.... *V. palustris* (n° 9).

3 { Ovaire velu.. 4
{ Ovaire glabre....................................... 7

4 { Pétales tous échancrés............... *V. hirta* (n° 1).
{ Pétales supérieurs entiers........................... 5

5 { Fleurs blanches avec l'éperon violet.. *V. hirto-alba* (n° 2).
{ Fleurs entièrement blanches ou entièrement violettes....... 6

6 { Feuilles d'un vert pâle.................. *V. alba* (n° 3).
{ Feuilles d'un vert foncé............. *V. odorata* (n° 4).

7 { Eperon 3 à 4 fois plus long que les appendices du calice....
{ .... *V. sylvatica* (n° 5).
{ Eperon simplement plus long que les appendices du calice... 8

Sect. 1. HYPOCARPEA Nob. — Capsules globuleuses, velues, couchées sur la terre ; style aigu et courbé au sommet ; les deux pétales supérieurs seuls dirigés en haut.

1. V. hirta *L. Sp. 1324. (Violette hérissée.)* — Fleurs *inodores*, portées sur des pédoncules munis ordinairement au-dessous de leur milieu de deux petites bractées linéaires, aiguës et ciliées. Sépales ovales ou ovales-oblongs, arrondis au sommet. Pétales *tous échancrés*, les deux latéraux fortement barbus. Feuilles d'un vert foncé, crénelées, en cœur ou en cœur-oblongues ; stipules linéaires, aiguës, fortement ciliées-glanduleuses, soudées au pétiole par leur base. *Pas de tiges aériennes, ni de stolons.* Rhizome épais, noueux, écailleux, rameux, indéterminé. — Plante plus ou moins velue ; à feuilles tantôt petites, plus courtes que les pédoncules (*V. hirta var. α fraterna Rchb. Fl. exc. 705*), ou les égalant (*V. hirta var. β vulgaris Rchb. l. c.*), tantôt 3-4 fois plus longues que les pédoncules et à limbe très-développé (dans les bois ombragés); à fleurs vernales ordinairement stériles, violettes, lilas, et à fleurs plus tardives fertiles et le plus souvent apétales (*V. hirta var. apetala DC. Fl. fr. suppl. 617*).

Très-commun ; bois, prairies, dans tous les terrains. ♃. Avril ; fleurit souvent de nouveau en septembre et porte alors fleurs et fruits.

2. V. hirto-alba *Gren. et Godr. Fl. de France, t. 1, p. 176; V. adulterina Godr. Thèse sur l'hybrid. p. 18; V. collina Suard, Cat. pl. de la Meurthe, p. 44, non Bess. (Violette hybride.)* — Fleurs *inodores*, portées sur des pédoncules munis ordinairement au-dessus de leur milieu de deux petites bractées linéaires, aiguës et ciliées. Sépales ovales-oblongs, arrondis au sommet. Pétale inférieur un peu échancré ; les autres *entiers ;* les deux latéraux fortement barbus. Feuilles vertes ; les radicales en cœur, fortement échancrées à la base ; les caulinaires plus petites, *subréniformes*, non acuminées ; stipules lancéolées, acuminées, ciliées-glanduleuses, soudées au pétiole par leur base. Une ou plusieurs *tiges latérales* couchées, *non radicantes, herbacées, portant des fleurs l'année même de leur développement.* Rhizome court, noueux, écailleux, rameux. — Fleurs blanches, avec l'éperon violet.

Bois du calcaire jurassique, toujours en société des *V. alba* et *hirta.* Nancy, au bois de Boudonville et de Malzéville. ♃. Avril.

3. **V. alba** *Bess. Prim. Fl. Galic. 1, p. 171. (Violette blanche.)*— Fleurs *odorantes*, portées sur des pédoncules munis, beaucoup au-dessus de leur milieu, de deux petites bractées linéaires, aiguës et ciliées. Sépales oblongs, atténués au sommet obtus. Pétale inférieur échancré, *les autres entiers*, les deux latéraux peu barbus. Feuilles d'un vert très-pâle et jaunâtre ! ; les radicales en cœur, profondément échancrées à la base, à pétiole allongé, et courbé en arc vers sa partie supérieure ; les caulinaires plus petites, faiblement émarginées à leur base, *presque triangulaires*, acuminées ; stipules linéaires, aiguës, ciliées-glanduleuses, soudées au pétiole par leur base. Une ou plusieurs *tiges latérales* couchées, *non radicantes, herbacées, portant des fleurs l'année même de leur développement.* Rhizome ordinairement court, épais, noueux, écailleux, rameux. — Plante plus ou moins velue, à fleurs vernales blanches et stériles, et à fleurs plus tardives fertiles et apétales.

Bois du calcaire jurassique. Nancy, à Boudonville, Malzéville, Vandœuvre, Maron, Fonds de Toul, Liverdun ; Toul. Metz, à Lorry, Lessy, Vigneules, vallée de Montvaux (*Taillefert*) ; Hayange, Moyeuvre, Rombas. ♃. Mars-avril.

4. **V. odorata** *L. Sp. 1324. (Violette odorante.)* — Fleurs *odorantes*, portées sur des pédoncules munis le plus souvent vers leur milieu de 2 petites bractées linéaires, aiguës et ciliées. Sépales ovales-oblongs, arrondis au sommet. Les quatre pétales supérieurs *entiers*, les deux latéraux fortement barbus, l'inférieur seul échancré. Feuilles d'un vert foncé, crénelées, en cœur ; celles des stolons de l'année *subréniformes ;* stipules ovales, acuminées, ciliées-glanduleuses, soudées au pétiole par leur base et plus larges que dans les espèces précédentes. *Tiges latérales* souvent très-longues, couchées, *radicantes, frutescentes, portant des fleurs l'année qui suit celle de leur dévelop-*

pement. Rhizome ordinairement court, épais, noueux, écailleux, rameux. — Plante ordinairement moins velue que les espèces précédentes ; à fleurs vernales stériles, violettes ou blanches (*V. odorata var. alba Auct.*), et à fleurs tardives fertiles le plus souvent apétales.

Commun dans les haies, le long des chemins. Se trouve aussi avec les deux espèces précédentes dans les bois du calcaire jurassique près de Nancy ! ♃. Avril.

Sect. 2. TRIGONOCARPEA Nob. — Capsules ovoïdes-trigones, glabres, portées sur des pédoncules dressés ; style aigu et courbé au sommet ; les 2 pétales supérieurs seuls dirigés en haut.

5. **V. sylvatica** *Fries, Fl. hall. p. 64; V. sylvestris Godr. Fl. lorr., éd. 1, t. 1, p. 86, non Lam. (Violette des bois.)* — Fleurs *inodores*, portées sur des pédoncules munis au-dessus de leur milieu de 2 petites bractées sétacées et à peine ciliées. Sépales très-aigus. Pétales entiers ; les deux latéraux fortement barbus ; l'inférieur à éperon obtus, *3-4 fois plus long* que les appendices du calice. Capsule *aiguë* au sommet. Feuilles *ovales* ou *subréniformes, profondément* en cœur à la base, *un peu acuminées* au sommet, crénelées ; stipules linéaires, aiguës, frangées-ciliées, les inférieures longuement soudées au pétiole par leur base. Tiges dressées, ou un peu couchées à la base, grêles, trigones. Rhizome ordinairement court, brun, écailleux, *indéterminé*. — Plante presque glabre ; à fleurs d'un violet pâle, quelquefois tout à fait blanches.

α *Genuina Nob.* Pétales étroits ; éperon violet, entier ; feuilles en cœur ou subréniformes.

β *Riviniana Koch, Syn. 84.* Pétales beaucoup plus larges que dans la variété précédente ; éperon blanchâtre, échancré, canaliculé inférieurement ; feuilles en cœur. *V. Riviniana Rchb. Fl. exc. p. 706.*

Commun partout dans les bois. ♃. Avril-mai ; fleurit de nouveau en septembre.

6. **V. canina** *L. Sp. 1324. (Violette de chien.)* — Fleurs *inodores*, portées par des pédoncules munis très-près de la fleur de deux petites bractées linéaires, aiguës, à peine ciliées. Sépales très-aigus. Pétales entiers ; les deux latéraux un peu barbus ; l'inférieur ordinairement plus court et à éperon large, comprimé

latéralement, obtus, *simplement plus long* que les appendices du calice. Capsule *tronquée, apiculée* au sommet. Feuilles *ovales-oblongues, non acuminées, un peu* en cœur à la base, faiblement crénelées, à pétiole *nullement ailé ;* stipules linéaires, aiguës, un peu frangées-ciliées, *beaucoup plus courtes* que les pétioles. Tiges *couchées à la base,* puis dressées, grêles, tri-gones. Rhizome grêle, rameux, *déterminé.* — Plante glabre ; à fleurs toutes pourvues de pétales, d'un bleu pâle, mais d'un blanc jaunâtre à l'onglet.

Peu commun ; lieux sablonneux et tourbeux. Nancy, à Montaigu, la Malgrange (*Monnier*), bois de Tomblaine; Lunéville, à la forêt de Vitri-mont (*Suard*); commun sur le grès à Sarrebourg (*de Baudot*) et sans doute dans toute la chaîne des Vosges. Metz, à la ferme de la Maxe, Creutzwald et Uberhern (*Holandre*); Bitche (*Schultz*). Rambervillers (*Billot*); sables de la Moselle à Epinal (*Monnier*). ♃. Mai-juin.

7. **V. stricta** *Hornem. Fl. dan. tab. 812.* (*Violette roide.*)—

Est voisin du *V. canina*, mais s'en distingue par les caractères suivants : éperon de la fleur plus court, vert ; capsule munie d'angles moins proéminents ; feuilles plus rétrécies supérieure-ment, à pétiole *évidemment ailé* au sommet ; stipules foliacées, plus grandes ; celles des feuilles médianes *égalant la moitié du pétiole ;* les stipules supérieures *égalant le pétiole tout entier;* tiges *dressées dès la base.* — Plante robuste, à fleurs grandes, d'un bleu pâle, non odorantes.

Lieux humides des forêts de sapins et de bouleaux sur le grès vosgien à Bitche (*Schultz*). ♃. Mai-juin.

8. **V. mirabilis** *L. Sp. 1326.* (*Violette étonnante.*) —

Fleurs *odorantes,* très-suaves, portées par des pédoncules munis de 2 petites bractées linéaires, aiguës et non ciliées. Sépales très-aigus, plus larges que dans les deux espèces précédentes. Pétales entiers; les deux latéraux fortement barbus ; l'inférieur à éperon obtus, *une fois plus long* que les appendices du calice. Capsule *acuminée* au sommet. Feuilles *en cœur-réniformes, un peu acuminées,* crénelées ; les inférieures longuement pétiolées ; les supérieures plus petites, presque sessiles ; stipules ovales, acu-minées, non frangées, les inférieures longuement soudées au pétiole par leur base. Tiges très-courtes lors de l'apparition des premières fleurs, puis se développant, dressées, flexueuses, tri-gones, munies d'une ligne de poils sur l'un des angles. Rhi-zome court, épais, brun, écailleux, rameux. — Plante presque glabre ; à feuilles d'abord, roulées sur les bords ; à fleurs d'un bleu pâle ; les radicales ordinairement stériles ; les caulinaires fertiles, le plus souvent apétales.

Commun dans les bois du calcaire jurassique. Nancy, à Malzéville, Boudonville, Vandœuvre, Liverdun (*Soyer-Willemet*) ; Pont-à-Mousson (*Salle*) ; Boucq (*de Lambertye*) ; Toul. Metz, à Saulny, Lorry, Châtel, Vaux (*Holandre*) ; Hayange, Moyeuvre, Rombas ; Gorze, vallée du Rupt de Mad, Creutzwald (*Monard* et *Taillefert*). Saint-Mihiel, vallée des Carmes, Marbotte, Saint-Aynau, Apremont (*Léré*). Neufchâteau (*Mougeot*). ♃. Avril-mai.

Sect. 3. PLAGIOSTIGMA *Nob.* — Capsules ovoïdes-trigones, glabres, portées par des pédoncules dressés ; style épaissi au sommet et se terminant par un disque oblique ; les deux pétales supérieurs seuls dirigés en haut.

9. V. palustris *L. Sp. 1324.* (*Violette des marais.*) — Fleurs inodores, portées par des pédoncules munis vers leur milieu de deux petites bractées, dressés, mais arqués au sommet pendant la fructification. Sépales ovales, obtus. Pétales entiers ; les latéraux faiblement barbus ; l'inférieur veiné, prolongé en éperon obtus, un peu plus long que les appendices du calice. Capsule glabre, ovoïde-trigone. Feuilles arrondies-réniformes, superficiellement crénelées, longuement pétiolées ; stipules libres, ovales, acuminées, faiblement denticulés-glanduleuses. Tiges nulles. Rhizome grêle, blanchâtre, écailleux, rameux, longuement rampant. — Plante glabre ; à feuilles d'abord enroulées ; à fleurs petites, d'un bleu pâle, veinées de violet.

Commun dans les marais de la chaîne des Vosges, sur le grès vosgien et le granit. Plus rare dans la plaine. Dombasle, Rosières-aux-Salines (*Suard*) ; Lunéville (*Guibal*). Metz, aux Etangs (*Holandre*). ♃. Mai-juin.

Sect. 4. POGONOSTYLOS *Nob.* — Capsules ovoïdes-trigones, glabres, portées par des pédoncules dressés ; style épaissi au sommet en un stigmate grand, urcéolé, muni à sa base de 2 faisceaux de poils ; 4 pétales dirigés en haut.

10. V. tricolor *L. Sp. 1326.* (*Violette tricolore.*) — Fleurs inodores, portées par des pédoncules munis *sur la courbure* de deux bractéoles un peu ciliées à la base. Sépales très-aigus. Les quatre pétales supérieurs entiers ; les deux latéraux barbus ; l'inférieur large, échancré, prolongé en éperon obtus et simplement plus long que les appendices du calice. Capsule glabre, ovoïde-trigone. Feuilles ovales ou ovales-oblongues, fortement crénelées, atténuées en pétiole ; les inférieures souvent en cœur à la base ; stipules très-grandes, un peu adhérentes au pétiole, oblongues, *pinnatifides* à lobe terminal *ovale, très-grand, crénelé*, analogue aux feuilles et pour la forme et pour la grandeur. Tiges dressées, ou ascendantes, *non filiformes à la base*, triangulaires. Pas de rhizome ; racine fibreuse, *annuelle*. — Plante glabre ou un peu velue ; à fleurs plus ou moins grandes, jaunes ou violettes, toutes fertiles ; à pédoncules fructifères dressés puis arqués au sommet.

α *Vulgaris Koch, Syn. 87.* Corolle plus grande que le calice, bigarrée de violet et de jaune ou tout à fait jaune.

β *Arvensis Koch, l. c.* Corolle à peine aussi longue que le calice, d'un jaune blanchâtre, quelquefois tachetée de violet.

γ *Minima Gaud. Helv. 2, p. 210.* Corolle jaunâtre, plus petite que le calice ; plante naine (5 cent.), brièvement velue.

Commun dans les moissons. ⊙. Mai-octobre.

11. **V. lutea** *Sm. Brit. 1, p. 248; V. calcarata Willm. Phyt. 1069, non L.; V. elegans Kirschl. Mém. de la soc. de Strasb.* (*Violette jaune.*) — Se distingue du *V. tricolor* par ce qui suit : fleurs ordinairement plus grandes, à éperon plus grêle, dépassant un peu les appendices du calice ; bractéoles placées bien *au-dessous de la courbure* du pédoncule ; stipules ovales dans leur pourtour, *palmatifides* à segments *tous linéaires, non crénelés ;* les extérieurs moins longs et plus étroits que ceux du milieu. Tiges *filiformes et rampantes* à la base, puis dressées, épaissies, plus molles, ordinairement simples. Rhizome *vivace*. — Plante élégante, plus grêle que la précédente ; à tiges plus ou moins élevées ; à fleurs jaunes, violettes ou panachées, plus rarement blanches.

Commun ; pelouses des hautes Vosges, sur le granit, depuis Sainte-Marie-aux-Mines jusqu'au Ballon de Saint-Maurice. ♃. Juin-août.

IX. RÉSÉDACÉES.

Fleurs hermaphrodites , irrégulières. Calice à 4-7 sépales brièvement soudés inférieurement, persistants, non appendiculés à leur base. Corolle à 4-7 pétales inégaux, dont les supérieurs multifides, et les inférieurs petits et entiers, étalés pendant la préfloraison. Etamines 10 à 30, ordinairement libres, insérées sur un disque charnu hypogyne ; anthères introrses, biloculaires, s'ouvrant en long. Stigmates 3 à 6 sur des styles très-courts. Ovaire libre, ordinairement unique, uniloculaire, polysperme ; placentas pariétaux. Le fruit est une capsule s'ouvrant au sommet par 3 à 6 petites fentes. Graines réniformes. Embryon arqué ou plié ; albumen nul ; radicule rapprochée du hile. — Fleurs en grappes terminales.

1. Reseda *L.*

Ovaire toujours unique, uniloculaire. Capsule à 3-4 angles, 3-4 cuspidés.

1 ⎧ Filets des étamines épaissis à la base, subulés au sommet...
  ⎨ .... *R. luteola* (n° 1).
  ⎩ Filets des étamines épaissis au sommet............ 2

2 ⎧ Feuilles caulinaires pinnatipartites........ *R. lutea* (n° 2).
  ⎨ Feuilles entières ou quelques-unes trifides. *R. Phyteuma* (n° 3).

1. R. luteola *L. Sp. 643.* (*Réséda Gaude.*) — Calice à *quatre* divisions oblongues, obtuses, appliquées. Ordinairement trois pétales, le supérieur concave, tronqué au sommet, muni sur le dos d'un appendice à 5-7 lanières. Étamines 20-24, toutes étalées, à filets *épaissis à la base, subulés au sommet ;* écaille nectarifère glabre. Capsule petite, ovale, *arrondie* à la base, toruleuse-noueuse sur les angles, s'ouvrant par quatre dents acuminées. Graines *lisses,* luisantes. Feuilles oblongues-lancéolées, *toutes entières,* mais pourvues de chaque côté de leur base d'une petite dent en forme d'épine ; les inférieures rétrécies en pétiole ; les radicales en rosette. Tige fistuleuse, anguleuse, roide, dressée. — Plante glabre ; à fleurs petites, d'un jaune pâle, en grappe serrée et allongée.

Lieux arides, décombres, bords des chemins. ☉. Juillet-août.

2. R. lutea *L. Sp. 645.* (*Réséda jaune.*) — Calice à *six* divisions linéaires, obtuses, étalées. Ordinairement six pétales ; les deux supérieurs concaves, échancrés au sommet, brièvement ciliés, munis sur le dos de deux appendices bi-trifides. Étamines 16-20, à filets rudes, *épaissis vers le sommet ;* les inférieures réfléchies ; écaille nectarifère velue. Capsule ovale, *arrondie* à la base, un peu anguleuse, s'ouvrant par trois dents courtes. Graines *lisses,* luisantes. Feuilles ondulées sur les bords, longuement atténuées à la base, pourvues de chaque côté de la base

d'une petite dent en forme d'épine ; les inférieures entières,
obtuses ou trifides ; les supérieures *pinnatipartites* ou bipinnatipartites. Plusieurs tiges couchées à la base, puis dressées, anguleuses, fistuleuses, rameuses, munies ainsi que les feuilles
d'aspérités blanchâtres. — Fleurs d'un vert jaunâtre.

Lieux arides et pierreux. Commun dans les terrains calcaires ; rare
sûr le grès. ☉. Juin-août.

3. **R. Phyteuma** *L. Sp. 645.* (*Réséda Raponcule.*)— Calice
à *six* divisions oblongues, obtuses, étalées. Ordinairement six
pétales ; les deux supérieurs concaves, tronqués au sommet,
munis sur le dos d'un appendice à 9-11 lanières. Etamines 18-20,
à filets *épaissis vers le sommet;* les inférieures réfléchies ; écaille
nectarifère velue. Capsule grande, obovée, *atténuée à la base,*
à peine anguleuse, s'ouvrant par trois dents acuminées. Graines
rugueuses. Feuilles oblongues-obovées, obtuses, longuement
atténuées à la base, entières ; quelques-unes seulement *trilo-*
bées. Une ou plusieurs tiges pleines, anguleuses, dressées-
étalées. — Plante un peu pubescente; à fleurs blanchâtres, en
grappe devenant plus longue que les tiges.

Rare et exclusivement dans les champs de luzerne, par conséquent
introduit. Nancy, à Maxéville (*Soyer-Willemet*), Vandœuvre (*Vincent*),
Neufchâteau (*Mougeot*). ☉. Juin-août.

X. DROSÉRACÉES.

Fleurs hermaphrodites, régulières. Calice à 5 sépales libres.
Corolle à 5 pétales réguliers, à préfloraison imbricative. Etamines
libres, hypogynes, en nombre égal à celui des pétales ou en
nombre double ; anthères extrorses, biloculaires, s'ouvrant en
long. Styles en nombre égal à celui des placentas, entiers ou
bifides ; stigmates entiers ou échancrés. Ovaire libre, uniloculaire, à placentas pariétaux. Le fruit est une capsule s'ouvrant
en 3-5 valves, à déhiscence loculicide. Graines allongées, à épisperme lâche et prolongé à chaque extrémité au-delà de l'a-
mande. Embryon droit, plus ou moins enveloppé par l'albumen
charnu ; radicule dirigée vers le hile.

Fleurs dépourvues d'écailles nectarifères ; feuilles munies de
poils glanduleux.................... *Drosera* (n° 1).
Fleurs pourvues d'écailles nectarifères laciniées ; feuilles glabres........................... *Parnassia* (n° 2).

1. DROSERA *L.*

Pétales marcescents. Etamines 5. Ecailles nectarifères *nulles.* Styles 3, rarement 4 ou 5, *bifides.* Capsule uniloculaire, s'ouvrant en 3, plus rarement en 4-5 valves ; placentas pariétaux. — Fleurs en grappe ; feuilles munies de poils glanduleux rougeâtres.

1 { Scape courbé à la base............ *D. intermedia* (n° 4).
{ Scape dressé dès la base.......................... 2

2 { Feuilles à limbe arrondi......... *D. rotundifolia* (n° 1).
{ Feuilles à limbe obové.... *D. rotundifolio-anglica* (n° 2).
{ Feuilles à limbe linéaire-oblong........ *D. anglica* (n° 3).

1. D. rotundifolia *L. Sp. 402. (Rossolis à feuilles rondes.)* — Sépales appliqués-connivents à la maturité, linéaires, obtusiuscules, plus courts que les pétales. Stigmates *renflés en tête,* entiers, blancs. Capsule oblongue, non sillonnée, *dépassant le calice.* Graines très-petites, étroitement fusiformes, *finement striées* en long, à épisperme lâche, prolongé aux deux extrémités. Feuilles en rosette, *appliquées* sur la terre, à limbe *orbiculaire, brusquement rétréci* en pétiole non cilié, mais un peu velu en dessus. Scape *dressé* dès la base, grêle, dépassant de beaucoup la longueur des feuilles. — Fleurs blanches.

Commun dans les marais tourbeux de la chaîne des Vosges, sur le grès et sur le granit, depuis Bitche jusqu'au Ballon de Saint-Maurice. Se trouve en outre près de Lunéville, marais de Chantecheux (*Guibal*), forêt de Vitrimont (*Suard*). Metz, à Woippy, les Etangs (*Holandre*). Saint-Avold, au bois de Hombourg-l'Evêque (*Krémer*). ♃. Juillet-août.

2. D. rotundifolio-anglica *Schiede, Pl. hybrid., p. 69; D. obovata Mert. et Koch, Deutschl. Fl. 2, p. 502; Godr. Fl. lorr., éd. 1, t. 1, p. 92. (Rossolis à feuilles obovées.)* — Sépales appliqués-connivents à la maturité, linéaires, obtus, plus courts que les pétales. Stigmates *en massue,* entiers ou bifides, blanchâtres. Capsule ovoïde, non sillonnée, de *moitié plus courte* que le calice. Graines *avortées.* Feuilles *dressées,* à *limbe obové, insensiblement atténué* à la base, à pétiole mollement cilié. Scape *dressé* dès la base, ordinairement une fois plus long que les feuilles. — Fleurs blanches.

Toujours en société des *D. rotundifolia* et *anglica.* Marais tourbeux des hautes Vosges, au lac de Lispach (*Hussenot*), Fain du grand Etang

et autres localités des environs de Gérardmer (*Mougeot*). Entre Sarre-
bruck et Forbach (*Schultz*). ♃. Juillet-août.

Rem. Les motifs, pour lesquels nous considérons cette plante comme
une production hybride, sont discutés dans notre travail intitulé : Observations sur le *Drosera obovata*, inséré dans les *Mémoires de l'Académie de Stanislas* pour l'année 1855.

3. D. anglica *Huds. Angl. 135.* (*Rossolis d'Angleterre.*)
— Sépales appliqués-connivents à la maturité, linéaires, obtus,
plus courts que les pétales. Stigmates *en massue*, entiers, blanchâtres. Capsule obtusément anguleuse, bosselée, non sillonnée,
plus longue que le calice. Graines très-petites, oblongues-ovoïdes,
un peu rugueuses, à épisperme lâche et prolongé aux 2 extrémités.
Feuilles *dressées*, à limbe *linéaire-oblong, insensiblement atténué*
à la base, à pétiole peu ou pas cilié. Scape *dressé* dès la base,
ordinairement une fois plus long que les feuilles. — Fleurs
blanches.

Marais tourbeux des hautes Vosges, au lac de Lispach (*Hussenot*),
Blanchemer et dans les marais des environs de Gérardmer (*Mougeot*).
♃. Juillet-août.

4. D. intermedia *Hayn. in Schrad. Journ. 1801, p. 37.*
(*Rossolis intermédiaire.*) — Sépales appliqués, étalés au sommet à la maturité, obovés, très-obtus, plus courts que les pétales.
Stigmates *plans, émarginés* au sommet, rougeâtres. Capsule
pyriforme, à 3-4 sillons. Graines ovales-oblongues, *fortement
tuberculeuses*, à épisperme exactement appliqué. Feuilles *dressées*, à limbe *obové-cunéiforme, insensiblement atténué* en pétiole
tout à fait glabre. Scape *courbé à la base*, puis dressé, dépassant
à peine les feuilles au moment de la floraison.

Commun dans les marais tourbeux de la chaîne des Vosges, dans les
terrains de grès, depuis Bitche jusqu'au Ballon de Saint-Maurice. Très-
rare dans les marais de la plaine ; Lunéville (*Guibal*). ♃. Juillet-août.

2. PARNASSIA *L.*

Pétales caducs. Etamines 5. Ecailles nectarifères *frangées* et
opposées aux pétales. Styles 4, très-courts ; stigmates *entiers*.
Capsule uniloculaire, s'ouvrant en 3-4 valves ; placentas pariétaux. — Fleurs solitaires et terminales ; feuilles glabres.

1. P. palustris *L. Sp. 391.* (*Parnassie des marais.*) —
Calice étalé, à sépales ovales ou ovales-oblongs, obtus, beaucoup

plus courts que les pétales. Pétales marqués de veines conniventes; écailles nectarifères onguiculées, à 9-13 cils glanduleux
au sommet. Capsule ovale. Feuilles radicales pétiolées, à limbe
en cœur, muni de nervures convergentes; une seule feuille
caulinaire embrassante. Tiges simples, dressées, anguleuses.
Racine épaisse, horizontale. — Plante glabre; à fleur grande,
blanche.

Commun dans les prairies des vallées de la chaine des Vosges, depuis
Bitche jusqu'au Ballon de Saint-Maurice. Plus rare dans la plaine : Nancy
au vallon de Bouxières-aux-Dames (*Soyer-Willcmet*); Lunéville, à
Chantcheux (*Guibal*). Verdun à Sommedieu, Genicourt (*Doisy*); Sampigny (*Pierrot*). ♃. Août-septembre.

XI. **PYROLACÉES.**

Fleurs hermaphrodites, régulières ou peu irrégulières. Calice
à 5 sépales brièvement soudés à leur base. Corolle à 5 pétales
réguliers, à préfloraison imbricative. Etamines 10, libres, hypogynes; anthères extrorses, biloculaires, s'ouvrant par des pores
terminaux. Style simple; stigmate entier ou lobé. Ovaire libre,
à 5 loges polyspermes, à placentas spongieux et axilles. Le fruit
est une capsule s'ouvrant en 5 valves, à déhiscence loculicide.
Graines oblongues, à épisperme lâche et prolongé à chaque extrémité au-delà de l'amande. Embryon droit, niché au centre d'un
albumen charnu; radicule dirigée vers le hile.

1. PYROLA *Tourn.*

Pétales étalés ou connivents en cloche, caducs. Etamines
dressées ou ascendantes. Capsule à 5 angles.

1 | Feuilles alternes; fleurs en grappe...................... 2
  | Feuilles opposées ou verticillées; fleur solitaire...........
  | .... *P. uniflora* (n° 4).

2 | Style réfléchi, plus long que la corolle. *P. rotundifolia* (n° 1).
  | Style droit, plus court que la corolle...... *P. minor* (n° 2).
  | Style droit, plus long que la corolle...... *P. secunda* (n° 5).

1. P. rotundifolia *L. Sp. 567.* (*Pyrole à feuilles rondes.*)
— Fleurs penchées, brièvement pédonculées, en longue grappe
terminale. Calice profondément divisé en lanières *lancéolées, très-
aiguës* et plus courtes que la corolle. Pétales étalés, un peu

inégaux, obovés, blancs, veinés. Style rose, *réfléchi*, arqué et épaissi au sommet, *plus long* que la corolle ; stigmate muni de 5 tubercules dressés, *entouré à sa base par un anneau*, ne dépassant pas la largeur du style. Capsule *réfléchie*, à sutures tomenteuses. Feuilles grandes, longuement pétiolées, *alternes*, dressées, arrondies ou ovales, à peine sensiblement crénelées, coriaces, luisantes, un peu décurrentes sur le pétiole ; celui-ci triquètre, plus long que le limbe. Tige anguleuse, ascendante, munie à sa base de 6-12 feuilles rapprochées, et au-dessus de 2-3 écailles brunes, embrassantes, écartées. Souche grêle, longuement rampante, rameuse, émettant souvent des rejets courts et feuillés. — Fleurs assez grandes, blanches, odorantes, très-ouvertes.

Commun dans les bois du calcaire jurassique de la Meurthe, de la Moselle, de la Meuse et des Vosges. Plus rare sur le lias, à Pont-à-Mousson (*Léré*). ♃. Juin-juillet.

2. P. minor *L. Sp. 567*. (*Pyrole fluette*.) — Se distingue du *P. rotundifolia* par les caractères suivants : fleurs de moitié plus petites, en grappe plus serrée ; lanières du calice larges, *triangulaires, acuminées;* pétales égaux, concaves, rapprochés ; style *droit*, très-court, *ne dépassant pas* la corolle ; stigmate à 5 divisions étalées en étoile, deux fois plus large que le style et *non entouré par un anneau ;* capsule *réfléchie ;* feuilles d'un vert plus pâle, d'une consistance plus molle, moins luisantes, et ordinairement plus évidemment crénelées ; plante moins élevée. — Fleurs blanches ou rougeâtres, presque campanulées.

Bois ; commun sur le grès vosgien dans toute la chaîne des Vosges. Rare sur le calcaire jurassique : Nancy, à Chavigny.; Pont-à-Mousson, bois de Puvenelle et de Villers-sous-Prény (*Léré*). Argonne (*Doisy*). ♃. Juin-juillet.

3. P. secunda *L. Sp. 568*. (*Pyrole unilatérale*.) — Fleurs penchées, brièvement pédonculées, en grappe terminale, serrée, unilatérale. Calice à lanières larges, *triangulaires*, finement dentelées, beaucoup plus courtes que la corolle. Pétales égaux, concaves, rapprochés. Style *droit*, *plus long* que la corolle ; stigmate patelliforme, muni de 5 tubercules peu saillants, deux fois plus large que le style, et *non entouré par un anneau.* Capsule *réfléchie*, à sutures tomenteuses. Feuilles *alternes*, pétio-

5

lées, étalées, d'un vert gai, un peu luisantes, ovales-lancéolées, finement dentées en scie ; pétiole plus court que le limbe. Tige ascendante, feuillée dans sa moitié inférieure, munie d'une ou de plusieurs écailles dans sa moitié supérieure. Souche grêle, longuement rampante, émettant souvent des rejets courts et feuillés. — Fleurs petites, blanches, presque campanulées.

Très-rare. Vosges, dans la vallée de la Vologne au-dessous de Gérardmer (*Mougeot!*). ♃. Juin-juillet.

4. **P. uniflora** *L. Sp. 568. (Pyrole uniflore.)* — Fleur penchée, solitaire au sommet de la tige. Calice à lanières *ovales, obtuses,* blanchâtres, finement frangées, beaucoup plus courtes que la corolle. Pétales plans, ovales-arrondis, très-étalés. Style d'un vert pâle, *droit ;* stigmate à 5 lobes dressés, plus large que le style et *non entouré par un anneau.* Capsule *dressée,* non tomenteuse sur les sutures. Feuilles *opposées ou verticillées,* pétiolées, molles, d'un vert pâle, dentées en scie, arrondies, décurrentes sur le pétiole, presque spatulées ; pétiole égalant le limbe. Tige ascendante, feuillée à sa base, nue ou pourvue d'une écaille dans sa partie supérieure. Souche grêle, longuement rampante. — Fleur blanche, beaucoup plus grande que dans les espèces précédentes.

Très-rare. Vosges, dans la vallée de la Vologne (*Mougeot!*). ♃. Juin-juillet.

Nota. Le *P. umbellata L.,* indiqué par Oberlin au Ban-de-la-Roche, n'a pas été retrouvé ; il se rencontre en Alsace dans la forêt de Haguenau.

XII. MONOTROPÉES.

Fleurs hermaphrodites, régulières. Calice à 4-5 sépales soudés à leur base. Corolle à 4-5 pétales réguliers, munis d'un court éperon à leur base, marcescents, à préfloraison imbricative. Etamines libres, hypogynes, en nombre double de celui des pétales ; anthères uniloculaires, s'ouvrant en travers. Style simple ; stigmate discoïde, crénelé. Ovaire libre, à 4-5 loges polyspermes, à placentas axiles. Le fruit est une capsule s'ouvrant en 4-5 valves, à déhiscence loculicide. Graines oblongues, à épisperme lâche et prolongé à chaque extrémité au-delà de l'amande. Embryon dépourvu de cotylédons.

1. MONOTROPA *L.*

Les caractères sont ceux de la famille.

1. M. Hypopitys *L. Sp. 555. (Monotrope sucepin.)* — Fleurs brièvement pédonculées, réunies en grappe terminale, feuillée, serrée et penchée au moment de la floraison, plus lâche et dressée au moment de la fructification. Calice à divisions analogues aux feuilles, planes, lancéolées, atténuées à la base. Pétales un peu plus longs, jaunes, dressés, un peu étalés et dentés au sommet, brièvement éperonnés à la base. Style court, cylindrique ; stigmate infundibuliforme, très-large, à 4-5 angles. Capsule ovale, sillonnée extérieurement. Feuilles squammiformes, transparentes, ovales-oblongues. Tige simple, dressée, arrondie, un peu épaissie et plus feuillée à la base. Souche vivace, écailleuse. — Plante d'un jaune pâle dans toutes ses parties ; fleur terminale quinaire ; les latérales quaternaires.

α *Glabra Roth, Tent. 2, p. 461.* Plante tout à fait glabre. *M. Hypophegea Wallr. Sched. 191.*

β *Hirsuta Roth, Tent. l. c.* Tous les organes floraux velus. *M. Hypopitys Wallr. l. c.*

Peu commun ; dans les bois de tous les terrains. ♃. Juillet-août.

XIII. POLYGALÉES.

Fleurs hermaphrodites, irrégulières. Calice à 5 sépales libres, très-inégaux, disposés sur deux rangs. Corolle à 3 pétales inégaux, à onglets longuement soudés par l'intermédiaire des filets des étamines ; les latéraux entiers ; l'inférieur plus grand, concave, à limbe trifide ou lacinié. Étamines 8, soudées par leurs filets en un tube fendu au sommet en 2 faisceaux égaux et opposés ; anthères uniloculaires, s'ouvrant par un pore terminal. Style simple, tubuleux, bilabié au sommet et portant le stigmate sur la lèvre inférieure. Ovaire libre, à deux loges monospermes ; ovules fixés à la cloison au-dessous du sommet. Le fruit est une capsule comprimée latéralement, à déhiscence loculicide. Graines pourvues d'une caroncule lobée. Embryon droit ou presque droit, niché dans un albumen charnu ; radicule dirigée vers le hile.

1. POLYGALA *L.*

Calice persistant, à 3 sépales petits, et les deux autres très-grands, pétaloïdes (*ailes*). Capsule en cœur renversé ou obovée-en-cœur, très-comprimée latéralement, carénée et amincie sur le dos. Graines munies d'une caroncule trilobée.

1 { Feuilles supérieures plus grandes que les inférieures........ 2
{ Feuilles supérieures plus petites que les inférieures......... 3

2 { Bractées non proéminentes au sommet de la grappe........
{ .... *P. vulgaris* (n° 1).
{ Bractées proéminentes au sommet de la grappe...........
{ .... *P. comosa* (n° 2).

3 { Feuilles inférieures opposées, non rapprochées en rosette....
{ .... *P. depressa* (n° 5).
{ Feuilles inférieures alternes, rapprochées en rosette........ 4

4 { Tiges filiformes, nues et longuement couchées à la base.....
{ .... *P. calcarea* (n° 5).
{ Tiges feuillées dès la base, dressées ou étalées...........
{ .... *P. austriaca* (n° 4).

1. P. vulgaris *L. Sp. 986.* (*Polygala commun.*) — Fleurs en grappe ordinairement allongée, lâche et souvent unilatérale ; bractées ovales, acuminées, ciliées ; les latérales *de moitié moins longues* que le pédoncule au moment de l'épanouissement des fleurs ; la bractée moyenne l'égalant, *mais jamais proéminente au-dessus de la grappe.* Ailes elliptiques ou obovées, mucronulées, marquées de trois nervures réunies au sommet par deux veines en arcade, veinées-réticulées sur les bords. Capsule exactement en cœur renversé. Feuilles toutes éparses, les inférieures obovées ; celles des rameaux linéaires-lancéolées, *plus longues et plus étroites que les inférieures.* Une ou plusieurs tiges herbacées, dressées-étalées. Souche courte, rameuse. — Plante finement pubescente ; à fleurs plus ou moins grandes, bleues, roses, plus rarement blanches ou verdâtres, d'abord dressées, puis étalées ou réfléchies. Les ailes sont quelquefois ciliées.

α *Major Koch, Deutschl. Fl. 5, p. 71.* Fleurs en grappe allongée, lâche ; feuilles étroites. *P. vulgaris Rchb. Icon. f. 52 et 53.*

β *Alpestris Koch, l. c.* Fleurs en grappe courte, serrée ; feuilles très-larges ; plante naine.

La var. α très-commune dans les bois, sur tous les terrains. La var. β dans les escarpements des hautes Vosges, au Hohneck, au Ballon de Soultz. ♃. Mai-juillet.

2. **P. comosa** *Schk. 2, tab. 294; P. vulgaris β comosa Soy.-Will. Cat., p. 143. (Polygala chevelu.)* — Très-voisin du précédent; il s'en distingue facilement par ses bractées latérales lancéolées, *égalant le pédoncule;* par sa bractée moyenne linéaire, aigue, *proéminente au sommet de la grappe* avant l'épanouissement des fleurs; par ses ailes moins veinées; par ses fleurs en grappes plus serrées et jamais dirigées d'un seul côté. — Varie, comme la précédente espèce, à ailes plus larges que la capsule ou plus étroites; à fleurs roses, rarement bleues, quelquefois blanches (*P. Lejeunii Boreau, Fl. centr., éd. 2, p. 71*), grandes ou petites; à tiges dressées, étalées ou couchées.

Bois du calcaire jurassique près de Nancy, à Boudonville, Malzéville, Fonds de Toul, Laxou, Avant-Garde de Pompey. Sur le lias près de Metz, au bois de Colombé (*Holandre*). Sur le muschelkalk à Sarrebourg (*de Baudot*); près de Bitche à Rorbach (*Schultz*). ♃. Mai-juin.

3. **P. calcarea** *Schultz, exsic. cent. 2, n° 151; P. amara Willm. Phyt. 843; Dois. 649, non L. (Polygala des terrains calcaires.)* — Fleurs en grappes terminales, lâches; bractées ovales, acuminées, *plus courtes que le pédoncule;* la moyenne un peu plus grande, *jamais proéminente* au sommet de la grappe. Ailes obovées, mucronulées, à trois nervures réunies au sommet par deux veines en arcade, veinées-réticulées sur les bords. Capsule exactement en cœur renversé. Feuilles inférieures étalées, rapprochées presque en rosette, larges et obovées; celles des rameaux fleuris linéaires, atténuées à la base, dressées, *plus courtes* et *beaucoup plus étroites* que les inférieures. Tiges ordinairement très-nombreuses, subligneuses, allongées, filiformes, appliquées en cercle sur la terre, feuillées au sommet, produisant chacune 1-6 rameaux herbacés, dressés, fleuris et quelques rameaux stériles filiformes et couchés. — Plante presque glabre, à saveur herbacée; à fleurs assez grandes, d'un bleu foncé avec l'appendice en pinceau décoloré, plus rarement roses ou blanches; à bractées moins caduques que dans les espèces précédentes.

Commun dans les bois du calcaire jurassique de la Meurthe, de la Meuse, de la Moselle et des Vosges. Sur le muschelkalk aux environs de Bitche (*Schultz*). ♃. Mai-juillet.

4. P. austriaca *Crantz, Austr. fasc. 5, p. 439, tab. 2.*
(*Polygala d'Autriche.*) — Fleurs petites, en grappes terminales
étroites; bractées lancéolées, très-caduques; les latérales *plus
courtes* que le pédoncule, la moyenne l'égalant et *jamais proéminente* au-dessus de la grappe. Ailes oblongues ou obovées,
ordinairement plus étroites et souvent plus courtes que la capsule
mûre, marquées de trois nervures qui *ne s'anastomosent pas*
au sommet, veinées, mais *non réticulées* sur les bords. Feuilles
inférieures étalées, rapprochées le plus souvent en rosette, larges
et obovées; celles des rameaux oblongues, en coin à la base,
beaucoup plus petites que les inférieures. Ordinairement une
tige très-courte, subligneuse, produisant 1-10 rameaux herbacés
et dressés. — Se distingue en outre de l'espèce précédente par
sa saveur amère; par ses fleurs et ses capsules beaucoup plus
petites et par ses feuilles raméales plus grandes.

α *Genuina.* Fleurs petites; capsules arrondies à leur base.
β *Uliginosa Fl. lorr.,. éd. 1, t. 1, p. 96.* Fleurs petites;
capsule en coin à la base. *P. uliginosa Rchb. Icon. f. 40, 41.*

Assez rare. La var. α sur les collines sèches du calcaire jurassique
près de Nancy, au vallon de Maxéville, au Montet, à Maron, à Blénod-
lès-Toul, Foug; Pont-à-Mousson (*Léré*). Verdun, aux bois Saint-Michel, de
la Renarderie, de Moulainville; Saint-Mihiel (*Larzillière*); Pagny-sur-
Meuse, Neufchâteau, Liffol-le-Grand. Sur le muschelkalk près de Sarreguemines et de Bitche (*Schultz*). La var. β abondante dans les prés
marécageux et tourbeux entre Bitche et Rorbach (*Schultz*); se trouve
aussi dans les marais de Saint-Aignan près de Saint-Mihiel (*Léré*). ⚥.
Mai-juin.

5. P. depressa *Wenderoth ex Koch, Deutschl. Fl.5, p. 73;
P. vulgaris δ cæspitosa Soyer-Willemet, Obs., p. 291 (Polygala déprimé.)* — Fleurs en petites grappes lâches, d'abord terminales, puis paraissant latérales par suite du développement d'un
rameau latéral; bractées très-petites, ovales, acuminées, *plus
courtes* que le pédoncule, *jamais proéminentes* au-dessus de la
grappe. Ailes oblongues-elliptiques, ordinairement plus étroites
et plus longues que les capsules mûres, marquées de trois nervures réunies au sommet par deux veines en arcade, veinées-
réticulées sur les bords. Capsule brusquement atténuée à la base.
Feuilles inférieures *opposées*, obovées, atténuées à la base;
celles des rameaux fleuris alternes, d'autant plus longues
qu'elles sont plus supérieures; celles-ci lancéolées, atténuées à
la base, *toujours plus grandes* que les inférieures; feuilles des

rameaux stériles opposées. Tiges allongées, filiformes, couchées et subligneuses, produisant chacune un ou plusieurs rameaux herbacés, *couchés*, stériles ou fleuris. — Plante à fleurs d'un blanc-bleuâtre, saveur de la plante *herbacée*.

Commun sur le grès et le granit, dans les prairies tourbeuses des vallées des Vosges, depuis Bitche jusqu'au Ballon de Saint-Maurice et Remiremont. Plus rare dans la plaine ; Rosières-aux-Salines (*Suard*) ; Lunéville au bois Sainte-Anne (*Guibal*). ♃. Mai-juin.

XIV. SILÉNÉES.

Fleurs hermaphrodites, rarement dioïques, régulières. Calice persistant, gamosépale, tubuleux, à 5 dents dont la préfloraison est imbricative. Corolle à 5 pétales, alternes avec les dents du calice, onguiculés et insérés avec les étamines au sommet d'un thécaphore plus ou moins développé. Etamines 10, plus rarement 5, souvent un peu réunies à la base par leurs filets ; anthères biloculaires, s'ouvrant en long. Styles 2-5, portant le stigmate au bord interne. Ovaire libre, stipité, uniloculaire, mais souvent avec des traces de cloisons à sa base, polysperme ; placenta central libre, au moins dans sa partie supérieure. Le fruit est le plus souvent une capsule qui s'ouvre au sommet par des dents en nombre égal à celui des styles ou en nombre double ; plus rarement le fruit est une baie. Graines réniformes ou scutiformes. Embryon périphérique ou latéral ; albumen central ou latéral, farineux. — Plantes à tige articulée, à feuilles opposées.

1 { Calice muni d'écailles à la base ; graines scutiformes........ .... *Dianthus* (n° 1).
Calice nu à la base ; graines réniformes................. 2

2 { Styles 2 ; calice dépourvu de nervures commissurales....... 3
Styles 3 ou 5 ; calice pourvu de nervures commissurales..... 4

3 { Calice à tube cylindrique............. *Saponaria* (n° 2).
Calice à tube pentagonal............. *Gypsophila* (n° 3).

4 { Capsule à valves en nombre double de celui des styles...... .... *Silene* (n° 4).
Capsule à valves en nombre égal à celui des styles........ 5

5 { Styles correspondant aux commissures du fruit ; déhiscence loculicide........................ *Viscaria* (n° 5).
Styles correspondant à la ligne médiane des valves ; déhiscence septicide........................ *Lychnis* (n° 6).

Trib. 1. DIANTHEÆ *A. Braun, Fl. od. bot. Zeit. 1843,* n° 22. — Calice dépourvu de nervures commissurales.

1. DIANTHUS *L.*

Calice longuement tubuleux, à 5 dents, *muni à sa base de 2-6 écailles* opposées et appliquées. Corolle à 5 pétales brusquement contractés en onglet linéaire, à limbe émarginé, denté ou frangé. Etamines 10. Styles 2. Capsule cylindrique ou ovoïde, s'ouvrant au sommet en 4 valves. Graines *scutiformes*, ovales, convexes d'un côté, concaves de l'autre avec une crête longitudinale saillante, portant l'ombilic *au centre d'une des faces.*

1 { Fleurs fasciculées.................................... 2
{ Fleurs solitaires.................................... 5

2 { Bractées sèches, obtuses............................ 3
{ Bractées herbacées, acuminées, subulées............. 4

3 { Calice à dents obtuses ; fleurs très-petites..........
{ .... *D. prolifer* (n° 1).
{ Calice à dents aiguës ; fleurs assez grandes...........
{ .... *D. carthusianorum* (n° 4).

4 { Feuilles égales ; plante velue........ *D. Armeria* (n° 2).
{ Feuilles contractées au-dessus de la base ; plante glabre.....
{ .... *D. barbatus* (n° 5).

5 { Pétales à limbe frangé.............. *D. superbus* (n° 5).
{ Pétales à limbe denté.............. *D. deltoïdes* (n° 6).

1. D. prolifer *L. Sp. 587.* (*Œillet prolifère.*) — Fleurs *réunies en tête serrée* dans une enveloppe formée de trois paires de bractées *elliptiques, lisses, sèches*, membraneuses, jaunâtres ; les intérieures *plus longues* que le calice, obtuses ; les extérieures *de moitié plus courtes*, mucronées. Calice étroit, strié à la base, à 5 petites dents *obtuses*. Pétales à limbe obové, émarginé. Capsule ellipsoïde, se divisant jusqu'au milieu en 4 dents étalées au sommet. Feuilles *linéaires, aiguës*, rudes sur les bords, *brièvement* connées à la base, à une forte nervure. Une ou plusieurs tiges simples, quelquefois rameuses, roides, anguleuses, un peu rudes au sommet ; la principale dressée ; les latérales ascendantes. — Plante glabre ; à fleurs petites, purpurines. La capsule déchire le calice à la maturité.

α *Genuinus Nob.* Fleurs 3-12 dans chaque capitule ; tiges de 2-4 décimètres.

β *Nanus Nob.* Fleurs 2 dans chaque capitule ; tiges de 5-8 centimètres. *D. diminutus Dois. Fl. Meuse, p. 400.*

Commun dans les sables siliceux et calcaires. ☉. Juillet-août.

2. D. Armeria *L. Sp. 586.* (*Œillet velu.*) — Fleurs 3-6, *fasciculées;* bractées *herbacées,* velues, *sillonnées, lancéolées, subulées ;* les extérieures *plus longues, dressées-appliquées,* dépassant le calice. Calice strié, velu, à 5 dents *très-aiguës* et égalant le tiers du tube. Pétales à limbe obové, irrégulièrement denté. Capsule presque cylindrique, se divisant au-delà du milieu en 4 dents réfléchies au sommet. Feuilles *linéaires-lancéolées, un peu obtuses,* rudes sur les bords, *non contractées, mais brièvement* connées à la base, à 3-7 nervures. Une ou plusieurs tiges simples ou rameuses, roides, dressées, arrondies. — Plante mollement velue ; à fleurs petites ; à pétales purpurins, maculés de blanc, un peu velus.

Commun au bord des bois, dans tous les terrains. ☉. Juillet-août.

3. D. barbatus *L. Sp. 586.* (*Œillet barbu.*) — Fleurs nombreuses, *étroitement fasciculées;* bractées *herbacées,* glabres, mais ciliées et un peu rudes sur les bords ; les intérieures *ovales, brusquement atténuées en une longue pointe subulée,* égalant le calice ; les extérieures *plus longues, linéaires, subulées, étalées.* Calice strié, glabre, à 5 dents lancéolées, *acuminées,* 3 fois plus courtes que le tube. Pétales à limbe obové, irrégulièrement denté. Capsule cylindrique, se divisant au-delà du milieu en 4 dents réfléchies au sommet. Feuilles *lancéolées, acuminées, aiguës,* rudes sur les bords, munies d'une forte nervure dorsale et veinées latéralement, *contractées au-dessus de la base* et *brièvement connées* au-dessous. Une ou plusieurs tiges simples, lisses, dressées, arrondies. — Plante glabre ; à fleurs petites ; à pétales rosés, striés et maculés de blanc, un peu velus.

Rare ; collines calcaires. Neufchâteau (*Mougeot !*). ♃. Juillet-août.

4. D. carthusianorum *L. Sp. 586.* (*Œillet des Chartreux.*) — Fleurs 3-5, *fasciculées;* bractées *sèches,* jaunâtres, un peu ondulées au bord, *obovées, obtuses, aristées;* les extérieures plus longuement ; *toutes plus courtes* que le calice. Calice strié, glabre, à 5 dents courtes, lancéolées, *aiguës.* Pétales à limbe cunéiforme, irrégulièrement denté. Capsule cylindrique, se divisant au-delà du milieu en 4 dents réfléchies au sommet. Feuilles linéaires, aiguës, rudes sur les bords, *connées jusqu'au quart ou au tiers* de leur longueur, à plusieurs nervures. Une ou plusieurs tiges simples, dressées, un peu anguleuses. — Plante glabre ; à fleurs assez grandes ; limbe des pétales pourpre, veiné, un peu velu.

α *Genuinus Nob.* Fleurs 3-5 en tête.

β *Uniflorus Nob.* Une seule fleur ; plante naine.

Commun ; prés, collines sèches, bois, dans presque tous les terrains. ♃. Juin-septembre.

5. **D. superbus** *L. Sp. 589.* (*Œillet superbe.*) — Fleurs *solitaires* à l'extrémité des rameaux ; deux paires de bractées *herbacées*, glabres, ovales, acuminées ; les extérieures plus courtes ; les intérieures *égalant le quart* du tube du calice. Calice strié, à cinq dents courtes, lancéolées. Pétales à limbe *finement et profondément frangé*. Capsule longuement cylindrique, divisée au sommet en 4 dents étalées. Feuilles linéaires-lancéolées, un peu rudes sur les bords, très-brièvement connées, à 3-5 nervures. Une ou plusieurs tiges ordinairement rameuses au sommet, arrondies, *dressées*. — Plante très-élégante ; à fleurs odorantes, d'un rose pâle, un peu velues vers la gorge ; pétales plus grands, feuilles plus molles et capsule plus longue que dans les espèces précédentes et que dans la suivante.

Prairies humides et tourbeuses. Commun sur le grès, dans toute la chaîne des Vosges. Plus rare dans les terrains calcaires ou dans les marnes irisées : Sandronvillers, Lunéville au bois Sainte-Anne, la Faisanderie (*Guibal*), Rosières-aux-Salines et Vic (*Suard*), Chambrey, Burthecourt, Château-Salins (*Léré*) ; Rambervillers (*Billot*). ♃. Juillet-septembre.

6. **D. deltoïdes** *L. Sp. 586.* (*Œillet deltoïde.*) — Fleurs *solitaires* à l'extrémité des rameaux ; deux paires de bractées *sèches*, jaunâtres ou brunes, ovales, aristées ; les extérieures plus courtes ; les intérieures *égalant la moitié* du tube du calice. Calice strié, à cinq dents lancéolées, acuminées. Pétales à limbe *denté*. Capsule cylindrique, divisée au sommet en quatre dents étalées. Feuilles un peu rudes sur les bords et sur les nervures, brièvement connées, trinerviées ; celles des tiges fleuries linéaires-lancéolées ; celles des tiges stériles plus courtes, obtuses, atténuées à la base. Tiges nombreuses, *couchées à la base*, puis redressées, grêles, arrondies, rameuses au sommet. — Plante gazonnante, finement pubescente ; à fleurs petites, glabres à la

gorge, roses ou rouges, munies d'une ligne transversale plus foncée et de points blancs.

Lieux incultes et siliceux. Bitche, à Engelshardt, Haspelscheidt, Sturzelbronn (*Schultz*); Saint-Avold (*Holandre*); Porcelette, forêt de Zang (*Monard* et *Taillefert*). Dans les hautes Vosges, le Tillot (*Mougeot et Nestler*); Ballon de Soultz (*Kirschléger*); Remiremont, Vagney (*docteur Berher*). ♃. Juin-septembre.

2. SAPONARIA *L.*

Calice tubuleux, à tube *cylindrique, dépourvu d'écailles à sa base*, à 5 dents. Corolle à 5 pétales longuement onguiculés et à onglet linéaire, ailé; limbe tronqué, émarginé ou denté. Etamines 10. Styles 2. Capsule oblongue, s'ouvrant au sommet en 4 valves. Graines *réniformes*, portant l'ombilic *sur le côté*.

1. S. officinalis *L. Sp. 584. (Saponaire officinale.)* — Calice tronqué et ombiliqué à la base, oblong, non anguleux, à 5 dents courtes, acuminées, inégales. Pétales à limbe très-étalé, obové, entier, couronné, à onglet plus long que le calice. Capsule brièvement stipitée, conique, aiguë, se divisant jusqu'au cinquième en quatre dents réfléchies en dehors. Graines comprimées, réniformes, élégamment chagrinées. Feuilles lancéolées, aiguës, trinerviées, atténuées à la base, un peu rudes sur les bords. Tiges rameuses, dures à la base, dressées, arrondies. Souche rampante, subligneuse. — Plante glabre ou à peine pubescente; à fleurs odorantes, d'un rose pâle, disposées en têtes serrées à l'extrémité des rameaux.

Commun; bords des routes, décombres. ♃. Juillet-août.

3. GYPSOPHILA *L.*

Calice tubuleux, à tube *pentagonal*, dépourvu d'écailles à sa base, à 5 dents. Corolle à 5 pétales, plus ou moins onguiculés. Etamines 10. Styles 2. Capsule ovoïde, s'ouvrant en 4 valves. Graines *réniformes*, portant l'ombilic *sur le côté*.

Feuilles supérieures élargies et en cœur à la base......... .... *G. Vaccaria* (nº 1).
Feuilles supérieures atténuées à la base, non en cœur...... .... *G. muralis* (nº 2).

1. G. Vaccaria *Sibth. et Sm. Fl. græc. prodr. 1, p. 279;* Saponaria Vaccaria *L. Sp. 585; Godr. Fl. lorr., éd. 1, t. 1, p. 118. (Gypsophile des vaches.)* — Calice blanchâtre, d'abord tubuleux, puis *renflé, subglobuleux*, à 5 angles saillants et verts, à 5 dents courtes, acuminées. Pétales sans coronule, convergents vers la gorge, à limbe un peu étalé, obové, irrégulièrement denté, à onglet *égalant* le calice. Capsule brièvement stipitée, ovoïde, se divisant jusqu'au milieu en quatre valves dressées. Graines grandes, globuleuses, finement tuberculeuses. Feuilles à une nervure; les inférieures rétrécies au-dessus de la base; les supérieures lancéolées, aiguës, *en cœur* à la base; les oreillettes *soudées* avec celles de la feuille opposée. Tige simple, dressée, roide, arrondie, très-feuillée. Racine grêle, pivotante. — Plante glabre, un peu glauque; à fleurs d'un rose élégant, disposées en panicule lâche. L'endocarpe se sépare à la maturité du reste de la capsule.

Exclusivement dans les moissons et par conséquent naturalisé chez nous. ☉. Juin-juillet.

2. G. muralis *L. Sp. 583. (Gypsophile des murs.)* — Calice bigarré de blanc et de vert, tubuleux, *jamais renflé*, à 5 angles, à dents courtes, obtuses. Pétales sans coronule, à limbe tronqué, émarginé ou denté, *plus long* que le calice, à onglet *presque nul*. Capsule brièvement stipitée, ovoïde, tronquée à la base, fendue jusqu'au milieu en quatre valves. Graines noires, luisantes, finement chagrinées. Feuilles étroitement linéaires, *atténuées aux deux extrémités*, connées, glabres. Tige dressée, divisée dès son milieu, ou même dès sa base, en rameaux fins, divariqués. — Plante très-grêle, brièvement pubescente dans sa moitié inférieure; fleurs petites, éparses, roses, veinées, inclinées sur le pédoncule filiforme.

Commun dans les champs sablonneux. ☉. Juillet-septembre.

Trib. 2. Lychnideæ *A. Braun, Fl. od. bot. Zeit. 1843, n° 22.* — Calice muni de nervures commissurales.

4. Silene *L.*

Calice tubuleux, à tube cylindrique ou ventru, à 5 dents. Corolle à 5 pétales onguiculés, à onglet cunéiforme, à limbe ordinairement bifide. Etamines 10. Styles 3 ou 5. Capsule ovoïde ou globuleuse, à valves *en nombre double* de celui des styles, à déhiscence *septicide et loculicide*. Graines réniformes, portant l'ombilic sur le côté.

1 {
Fleurs en grappe spiciforme, unilatérale.. *S. gallica* (n° 3).
Fleurs en panicule trichotome........................ 2
Fleurs en panicule dichotome, avec fleur alaire............ 3
}

2 {
Fleurs dressées ; pétales sans coronule.... *S. Otites* (n° 4).
Fleurs penchées ; pétales munis d'une coronule...........
.... *S. nutans* (n° 5).
}

3 {
Calice à 10 nervures.............................. 5
Calice à 20 ou 30 nervures......................... 4
}

4 {
Calice vésiculeux ; pétales à limbe bipartite............
.... *S. inflata* (n° 1).
Calice renflé-conique ; pétales à limbe petit, émarginé......
.... *S. conica* (n° 2).
}

5 {
Styles 3 ; filets des étamines glabres................. 6
Styles 5 ; filets des étamines velus.................. 7
}

6 {
Calice à dents obtuses ; pétales à limbe émarginé.........
.... *S. rupestris* (n° 6).
Calice à dents subulées ; pétales à limbe bifide..........
.... *S. noctiflora* (n° 7).
}

7 {
Calice à dents obtuses ; valves de la capsule dressées......
.... *S. pratensis* (n° 8).
Calice à dents aiguës ; valves de la capsule réfléchies en dehors.
.... *S. diurna* (n° 9).
}

1. **S. inflata** *Sm. Fl. brit. 467 ; Cucubalus Behen L. Sp. 591.* (*Siléné enflé.*) — Fleurs en *panicule dichotome*, avec une fleur alaire. Calice ovale, *vésiculeux*, mince, un peu ombiliqué à la base, à *vingt nervures inégales et anastomosées* dès la base, à dents *courtes, triangulaires, aiguës*. Pétales *sans coronule*, à préfloraison imbricative, à limbe court, étalé, *bifide* jusqu'à la base. Styles *trois*. Capsule assez longuement stipitée, globuleuse, à dents étalées. Graines réniformes, arrondies sur le dos, fortement tuberculeuses. Feuilles elliptiques-oblongues ou lancéolées, ciliées-denticulées ou glabres ; les inférieures pétiolées. Tiges couchées à la base, puis redressées, arrondies, plus ou moins rameuses, à nœuds supérieurs écartés. Souche ligneuse, rameuse. — Plante souvent dioïque, glauque, glabre ou un peu velue ; à fleurs blanches, assez grandes, penchées, en panicule lâche.

α *Genuina Nob*. Toutes les feuilles atténuées à la base.

β *Montana Nob*. Feuilles supérieures largement ovales, acuminées, arrondies à la base.

Commun dans les moissons, les prés secs de tous les terrains. La var. β bois à Sarrebourg, à Nancy. ♃. Juillet-août.

2. **S. conica** *L. Sp. 598.* (*Siléné conique*.) — Fleurs en petite *panicule dichotome* dès la base, avec une fleur alaire. Calice tronqué et ombiliqué à la base, tubuleux, puis *renflé, conique, à trente nervures égales et convergentes au sommet*, à dents *longuement subulées*, un peu plus courtes que le tube. Pétales *munis d'une coronule*, à préfloraison tordue, à limbe petit, étalé, *émarginé*. Styles *trois*. Capsule *sessile*, ovoïde-conique, à dents dressées. Graines finement chagrinées, grisâtres, arrondies-réniformes, déprimées sur le dos large. Feuilles linéaires-lancéolées ; les radicales flétries au moment de la floraison. Tige dressée, arrondie, simple ou rameuse. Racine grêle, rameuse. — Plante brièvement velue ; à fleurs petites, roses, dressées.

Rare ; lieux sablonneux et secs. Nancy, grèves de la Moselle à Frouard (*Suard*) ; Liverdun (*Mathieu*). Metz, au Saulcy, digue de Wadrineau, Frescati (*Holandre*), Olgy, Argency (*Taillefert*). ☉. Juin-juillet.

3. **S. gallica** *L. Sp. 595.* (*Siléné de France.*) — Fleurs en une ou deux *grappes géminées, spiciformes, unilatérales* et distiques ; pédoncules plus courts que le calice. Calice tubuleux, puis *ovoïde et contracté au sommet*, à *dix nervures* plus ou moins hérissées, à dents larges à la base, subulées au sommet et égalant la moitié du tube. Pétales à préfloraison tordue, munis *d'une coronule*, à limbe petit, entier, denté ou émarginé. Styles *trois*. Capsule ovoïde, arrondie à la base, brièvement stipitée, s'ouvrant par des dents un peu réfléchies. Graines noires, réniformes avec un bord épais et saillant sur les côtés, élégamment ridées. Feuilles oblongues, ciliées. Tiges dressées et droites, arrondies, simples ou plus rarement rameuses. Racine grêle et simple. — Plante visqueuse au sommet, pourvue de 2 sortes de poils, les uns courts, glanduleux, les autres plus longs, blancs, articulés ; fleurs petites, rosées ou blanches. Plante polymorphe, qui a donné lieu à la création d'espèces, qui ne sont en réalité que des variétés.

Champs sablonneux. Entre Dombasle et Rosières-aux-Salines (*Soyer-Willemet*) ; Lunéville à l'étang de Mondon (*Guibal*). Epinal, Vagney (*docteur Berher*) ; Rambervillers (*Billot*). ☉. Juin-juillet.

4. **S. Otites** *Sm. Fl. brit. 469; Cucubalus Otites L. Sp. 594.*
(*Siléné dioïque.*) — Fleurs dressées, *en grappe étroite, pyra-*
midale; pédoncules fins, ordinairement plus longs que le calice.
Calice campanulé, puis *ovoïde et contracté au sommet, à dix*
nervures, à dents très-courtes et *arrondies.* Pétales à préfloraison
tordue, *dépourvus de coronule,* linéaires, *entiers.* Styles *trois.*
Capsule *sessile,* ovoïde, à dents étalées. Graines finement chagrinées, réniformes, *déprimées sur le dos* large. Feuilles ciliées;
les radicales spatulées, en gazon; les caulinaires peu nombreuses,
linéaires, courtes. Tiges dressées, arrondies, grêles, simples, à
nœuds écartés. Souche épaisse, ligneuse. — Plante souvent
dioïque, finement pubescente dans le bas; à fleurs petites, verdâtres, fasciculées le long des rameaux et paraissant verticillées.

Rare; collines du calcaire jurassique. Nancy, château de Frouard
(*Soyer-Willemet*); Chavigny (*Bard*). Neufchâteau (*Mougeot*). Dans la
Meuse près de Varennes (*Soyer-Willemet*). ♃. Juillet-août.

5. **S. nutans** *L. Sp. 596.* (*Siléné penché.*) — Fleurs penchées du même côté, *en grappe large, trichotome,* allongée.
Calice tronqué et atténué à la base, tubuleux, puis *renflé en*
massue, à dix nervures saillantes, à dents *courtes, lancéolées,*
aiguës. Pétales à préfloraison tordue, *munis d'une coronule,* à
limbe étalé ou réfléchi, profondément *bifide.* Capsule brièvement
stipitée, ovoïde, à dents étalées. Graines réniformes, *arrondies*
sur le dos, fortement tuberculeuses. Feuilles ciliées à la base;
les radicales en gazon, elliptiques, acuminées, pétiolées; les
supérieures lancéolées. Tiges dressées, peu feuillées, arrondies.
Souche ligneuse, rameuse. — Plante velue, glanduleuse au
sommet; à fleurs blanches, plus rarement roses.

Commun; coteaux, bois montagneux, dans tous les terrains. ♃. Juin-
juillet.

6. **S. rupestris** *L. Sp. 602.* (*Siléné des rochers.*) — Fleurs
dressées, *en panicule dichotome,* avec une fleur alaire. Calice
obconique, très-ouvert au sommet, un peu ombiliqué à la base,
à dix nervures, à dents courtes, *ovales, obtuses.* Pétales à préfloraison tordue, *munis d'une coronule, émarginés,* à limbe en
cœur renversé. Capsule ovoïde, brièvement stipitée, à dents
courtes, étalées. Graines réniformes, noires et luisantes, un peu
déprimées sur le dos, élégamment ridées. Feuilles un peu glauques, lisses; les caulinaires ovales-lancéolées, aiguës; les radi-

cales linéaires-oblongues, obtuses, ordinairement flétries au moment de la floraison. Tiges nombreuses, dressées-étalées, grêles, très-rameuses, à nœuds rapprochés. Souche mince, peu rameuse. — Plante glabre et grêle ; à pédoncules filiformes ; à fleurs petites, blanches ou rosées.

Commun sur les rochers et dans les escarpements des hautes Vosges, sur le granit et le gré ; Ballons de Soultz et de Saint-Maurice, Hohneck, Saut-des-Cuves, etc. (*Mougeot et Nestler*) ; descend dans les vallées des deux versants et jusque sur les bords de la Moselle à Epinal (*docteur Berher*). ♃. Juillet-août.

7. **S. noctiflora** *L. Sp. 599. (Siléné de nuit.)* — Fleurs un peu penchées, *en panicule dichotome*, avec une fleur alaire. Calice tronqué à la base, tubuleux, devenant *ventru à son mi lieu*, à *dix côtes dont cinq plus faibles*, à dents *subulées* et égalant la moitié du tube. Pétales à préfloraison tordue, *munis d'une coronule*, à limbe étalé, *divisé jusqu'au milieu* en deux lobes dentelés au sommet. Capsule ovoïde-conique, brièvement stipitée, à dents étalées. Graines réniformes, planes sur le dos, fortement tuberculeuses. Feuilles supérieures lancéolées, aiguës ; les inférieures obovées, atténuées en pétiole. Tige arrondie, simple ou un peu rameuse au sommet, dressée. Racine simple et grêle. — Plante mollement velue, glanduleuse au sommet ; à fleurs ouvertes la nuit ; à pétales jaunâtres inférieurement, rosés supérieurement.

Champs sur le calcaire jurassique, le lias et les marnes irisées. Nancy, à Tomblaine, Saulxures, Champigneules (*Soyer-Willemet*) ; Rosières-aux-Salines ; Sion-Vaudémont ; Pont-à-Mousson (*Léré*) ; Nomeny (*Monnier*) ; Dieuze, à Tarquimpol ; Lunéville (*Guibal*) ; Sarrebourg, à Gondrexange, Bisping (*de Baudot*). Metz, à Plantières, Plappeville (*Holandre*), la Grange aux Ormes (*Segretain*), le Sablon et Woippy (*de Marcilly*) ; Ranguevaux, Moyeuvre, Hayange ; Conflans (*Warion*). Bar (*Humbert*) ; Commercy (*Maujean*) ; Saint-Mihiel (*Léré*) ; Gussainville près d'Etain (*Warion*) ; Verdun, à Dieue, Ancemont. Mirecourt (*Mougeot*) ; Rambervillers (*Billot*). ☉. Juillet-septembre.

8. **S. pratensis** *Godr. et Gren. Fl. de France, 1, p. 216; Lychnis vespertina Sibth. Fl. oxon., p. 146; Godr. Fl. lorr., éd. 1, t. 1, p. 123. (Siléné des prés.)* — Fleurs dioïques, dressées, ou un peu penchées, *en panicule dichotome*, avec une fleur alaire. Calice tubuleux, un peu en massue dans les fleurs mâles, se renflant et *devenant ovoïde* dans les fleurs femelles, à dix côtes dont cinq plus faibles, à dents lancéolées, *obtuses*,

subitement élargies à la base. Pétales à préfloraison tordue, *munis d'une coronule,* à limbe étalé, *bifide.* Etamines à filets velus inférieurement. Styles *cinq.* Capsule *sessile,* ovoïde-conique, à dix dents *dressées.* Graines réniformes, fortement tuberculeuses. Feuilles un peu ondulées; les supérieures *lancéolées, acuminées;* les inférieures pétiolées. Tiges arrondies, ascendantes, roides. — Plante velue, un peu glanduleuse et visqueuse au sommet; à pédoncules épaissis dans les fleurs femelles; à fleurs blanches, rarement roses, odorantes, s'ouvrant le soir.

Commun; prés, bords des champs et des routes, dans tous les terrains. ☉. Juin-septembre.

9. **S. diurna** *Godr. et Gren. Fl. de France, 1, p. 217; Lychnis diurna Sibth. Fl. oxon., p. 146; Godr. Fl. lorr., éd. 1, t. 1, p. 124.* (Siléné de jour.) — Fleurs dioïques, dressées ou un peu penchées, *en panicule dichotome,* avec une fleur alaire. Calice tubuleux, un peu en massue dans les fleurs mâles, se renflant et *devenant ovoïde* dans les fleurs femelles, à dix côtes dont cinq plus faibles, à dents lancéolées, *aiguës.* Pétales à préfloraison tordue, *munis d'une coronule,* à limbe étalé, *bifide.* Etamines à filets velus inférieurement. Capsule *sessile,* ovoïde, à dix dents *roulées* en dehors. Graines réniformes, fortement tuberculeuses. Feuilles supérieures *ovales, acuminées;* les inférieures pétiolées. — Se distingue en outre de la précédente espèce par ses tiges plus faibles, plus longuement velues, brunâtres dans le haut, ainsi que les calices; par ses feuilles beaucoup plus larges et plus molles; par ses fleurs plus petites, lilas, inodores, s'ouvrant le jour.

Prés et bois humides. ♃. Mai-septembre.

Nota. Pour comprendre les motifs qui nous ont engagé à réunir ces deux dernières espèces au genre *Silene,* il faut consulter notre travail intitulé : *Observations critiques sur l'inflorescence considérée comme base d'un arrangement méthodique des espèces du gerre Silene,* inséré dans les Mémoires de l'Académie de Nancy, 1846, p. 135. Nous ne faisons du reste ici, que ce qui a été fait par Fenlz (*Verbreit. Alsin. tab. synopt. et in Ledeb. Fl. rossic. 1, p. 340*) au sujet des Alsinées. La question est positivement la même.

5. Viscaria *Rohl.*

Calice tubuleux, à tube cylindrique, à 5 dents. Corolle à 5 pétales onguiculés, à onglet cunéiforme, à limbe plan, émarginé ou bilobé. Etamines 10. Styles 5, correspondant aux commissures du fruit. Capsule ovoïde, pourvue à sa base de rudiments de cloisons, à valves *en nombre égal* à celui des styles, à déhiscence *loculicide*. Graines réniformes, portant l'ombilic sur le côté.

1. **V. purpurea** *Wimm. Fl. von Schlesien, p. 67; Lychnis Viscaria L. Sp. 625; Godr. Fl. lorr., éd. 1, t. 1, p. 125.* (*Viscarie purpurine*.) — Fleurs rapprochées et formant une panicule trichotome et oblongue. Calice tubuleux, un peu en massue, à dix nervures, à dents courtes, ovales, aiguës. Pétales munis d'une coronule, à limbe tronqué ou superficiellement émarginé, ondulé au bord. Capsule ovoïde, incomplétement 5-loculaire à la base. Graines réniformes, tuberculeuses. Feuilles linéaires-lancéolées, ciliées à la base; les inférieures longuement atténuées en pétiole. Tiges arrondies, dressées, simples. — Plante presque glabre, brune et visqueuse dans sa moitié supérieure; à fleurs lilas.

Prairies sèches. Commun sur le grès vosgien à Sarrebourg et à Dabo (*de Baudot*); à Bitche (*Holandre*). Plus rare sur le calcaire jurassique; Nancy, à Brabois (*Soyer-Willemet*); Commercy, Sampigny, Lironville (*Maujean*). ⽟. Mai-juin.

6. Lychnis *L.*

Calice tubuleux, à tube cylindrique, à la fin ovoïde, à cinq dents. Corolle à 5 pétales onguiculés, à onglet linéaire, à limbe plan, entier ou lobé. Etamines 10. Styles 5, correspondant à la ligne médiane des valves du fruit. Capsule ovoïde, à valves *en nombre égal* à celui des styles, à déhiscence *septicide*. Graines réniformes, portant l'ombilic sur le côté.

Pétales à limbe entier, dépourvus de coronule............ .... *L. Githago* (n° 1). Pétales à limbe quadrifide, munis d'une coronule......... .... *L. Flos-cuculli* (n° 2).

1. **L. Githago** *Lam. Dict. 3, p. 643; Agrostemma Githago L. Sp. 626.* (*Lychnide Nielle*.) — Calice épais, ovoïde, se renflant après la floraison, à 10 côtes, à dents linéaires, aiguës, plus longues que le tube, caduques à la maturité du fruit. Pétales *dépourvus de coronule*, à limbe *tronqué ou superficiellement*

émarginé, à onglet courbé en gouttière. Capsule sessile, ovoïde, à 5 dents dressées. Graines grosses, triquètres, fortement tuberculeuses. Feuilles linéaires, aiguës. Tige arrondie, dressée, peu rameuse. Racine pivotante, annuelle. — Plante d'un vert un peu blanchâtre, couverte de poils longs, mous, appliqués ; à fleurs grandes, violettes, veinées. Dans la capsule mûre l'endocarpe se sépare.

Exclusivement dans les moissons et par conséquent introduit et naturalisé. ⊙. Juin-juillet.

2. **L. Flos-cuculli** *L. Sp. 625.* (*Lychnide fleur de coucou.*) — Fleurs en panicule lâche, dichotome. Calice tubuleux, ovoïde après la floraison, à dix nervures, à dents lancéolées, aiguës. Pétales *munis d'une coronule*, à limbe étalé, *divisé jusqu'au milieu en quatre lanières linéaires.* Capsule sessile, ovoïde, à cinq dents dressées, quelquefois bifides. Graines réniformes, petites, fortement tuberculeuses. Feuilles inférieures oblongues, longuement atténuées en pétiole ; les supérieures sessiles, lancéolées ou linéaires-lancéolées, dressées. Tiges roides, dressées, fortement cannelées, rudes au sommet, brunâtres ainsi que les calices et couvertes de poils réfléchis. Souche rameuse, émettant des stolons. — Fleurs roses.

Commun dans les prés et les bois, sur tous les terrains. ♃. Mai-juillet.

XV. ALSINÉES.

Fleurs hermaphrodites, régulières. Calice persistant, à 4 ou 5 sépales libres ou à peine soudés à la base, à préfloraison imbricative. Corolle à 4 ou 5 pétales alternes avec les sépales. Étamines hypogynes ou subpérigynes, libres, en nombre égal à celui des pétales et alternant avec eux, ou en nombre double ; anthères biloculaires, s'ouvrant en long. Styles 2 à 5, distincts. Ovaire libre, sessile, uniloculaire, polysperme ; placenta central libre. Le fruit est une capsule, s'ouvrant par des dents ou par des valves en nombre égal à celui des styles ou en nombre double. Graines globuleuses, réniformes ou lenticulaires. Embryon périphérique, annulaire ou en spirale ; albumen central farineux. — Plantes à tiges articulées, à feuilles opposées.

1 { Capsule à valves en nombre égal à celui des styles........ 2
  { Capsule à valves ou à dents en nombre double de celui des
    styles... 4

2 { Feuilles dépourvues de stipules 5
{ Feuilles munies de stipules............ *Spergula* (n° 5).

3 { Sépales ovales, sans nervures apparentes... *Sagina* (n° 1).
{ Sépales acuminés, fortement nerviés........ *Alsine* (n° 2).

4 { Capsule tubuleuse................... *Cerastium* (n° 9).
{ Capsule ovoïde.................................. 5

5 { Pétales à limbe entier, émarginé ou dentelé............. 6
{ Pétales à limbe bifide ou bipartite................... 8

6 { Fleurs en ombelle................... *Holosteum* (n° 7).
{ Fleurs axillaires ou en panicule................... 7

7 { Graines munies d'une strophiole à l'ombilic............
{ .... *Mœhringia* (n° 4).
{ Graines dépourvues de strophiole à l'ombilic...........
{ .... *Arenaria* (n° 5).

8 { Trois styles..................... *Stellaria* (n° 6).
{ Cinq styles..................... *Malachium* (n° 8).

Trib. 1. SABULINEÆ *Fenzl, in Endl. gen., p. 963.* — Capsule divisée jusqu'à la base en valves en nombre égal à celui des styles. Feuilles dépourvues de stipules.

1. SAGINA *L.*

Calice à 4 ou 5 sépales *ovales, concaves, sans nervures.* Corolle à 4 ou 5 pétales entiers ou émarginés, quelquefois avortés. Étamines 4 ou 5 ou plus rarement 10. Styles 4 ou 5. Capsule *subglobuleuse,* divisée jusqu'à la base en 4 ou 5 valves. Graines nombreuses, réniformes, non ailées.

1 { Sépales très-étalés après l'anthèse..................... 2
{ Sépales appliqués sur l'ovaire après l'anthèse............. 3

2 { Tiges couchées et radicantes....... *S. procumbens* (n° 3).
{ Tiges étalées ou diffuses, non radicantes.. *S. apetala* (n° 1).

3 { Pétales très-petits ou avortés.......... *S. ciliata* (n° 2).
{ Pétales égalant le calice............ *S. subulata* (n° 4).
{ Pétales une fois plus longs que le calice.. *S. nodosa* (n° 5).

1. S. apetala *L. Mant. 559. (Sagine apétale.)* — Pédoncules capillaires, dressés ou un peu arqués au sommet, glabres ou pubescents-glanduleux. Sépales ordinairement tous obtus, *étalés* après la floraison. Pétales *très-petits ou avortés.* Capsule divisée jusqu'à la base en *quatre* valves. Graines très-petites, réniformes, avec un sillon sur le dos. Feuilles subulées, aristées, ciliées. Tiges très-rameuses, étalées ou diffuses, *jamais radicantes*. — Fleurs très-petites.

Commun dans les champs sablonneux. ☉. Mai-octobre.

2. **S. ciliata** *Fries, Nov., p. 59 et Herb. norm. fasc. 1, n° 42!* (*Sagine ciliée.*) — Pédoncules capillaires, dressés ou un peu arqués au sommet, glabres ou pubescents-glanduleux (*S. patula Jord! Obs. pl. France, fasc. 1, p. 25, tab. 3, f. A.*) Sépales en partie obtus, en partie aigus et mucronés, *appliqués sur la capsule* après la floraison. Pétales *très-petits ou avortés.* Capsule divisée jusqu'à la base en *quatre* valves. Graines très-petites, réniformes, avec un large sillon sur le dos. Feuilles subulées, aristées, plus ou moins ciliées (même suivant Fries). Tiges très-rameuses, étalées ou diffuses, *jamais radicantes.* — Fleurs plus grandes que dans l'espèce précédente.

Champs. Hayange dans le vallon situé derrière la Côte des Vignes, sur l'alluvion siliceuse ; Bitche sur le grès vosgien. ☉. Mai-octobre.

NOTA. Nous n'avons pas hésité à réunir le *Sagina patula Jord.* au *S. ciliata Fries.* Si l'on compare les descriptions de ces deux auteurs, on pourrait croire ces plantes différentes : mais la comparaison que nous avons pu faire des échantillons reçus de MM. Jordan et Fries, nous ont convaincu, que certains caractères, indiqués comme distinctifs des deux parts, ne sont pas absolus. Les pédoncules sont droits ou un peu arqués sur les deux plantes et souvent sur le même individu. Deux sépales sont ordinairement aigus, mucronés et même arqués au sommet, plus souvent cependant dans les échantillons de Fries. Les cils des feuilles existent quelquefois sur les échantillons de M. Jordan et peuvent manquer sur le *S. ciliata* de Fries, de l'aveu même de cet auteur : *cilia foliorum,* dit-il (*Nov. p. 60*), *plus minus distincta, sæpè deciduæ.* Le caractère saillant et constant, qui distingue le *S. ciliata* du *S. apetala,* se trouve dans les sépales appliqués sur la capsule dans la première espèce et étalés à angle droit dans la seconde.

3. **S. procumbens** *L. Sp. 185.* (*Sagine couchée.*) — Pédoncules *courbés en crochet* à leur sommet après la floraison, puis redressés, glabres. Sépales ovales, obtus, *étalés* après la floraison. Pétales caduques, *de moitié moins longs* que le calice. Ordinairement 4 styles. Capsule divisée jusqu'à la base en *quatre* valves. Graines petites, réniformes, avec un sillon sur le dos. Feuilles sétacées, aristées, *glabres.* Tiges couchées, à la fin *radicantes.* — Plante glabre, rampante, très-rameuse dès la base ; à feuilles inférieures fasciculées ; à fleurs petites, verdâ-

tres, quelquefois à divisions quinaires (*Spergula subulata Dois. Fl. Meuse, p. 427, non Swartz*).

Commun dans les lieux sablonneux et humides. ♃. Mai-octobre.

4. **S. subulata** *Wimmer, Fl. von Schles., p. 76; S. Spergula Godr. Mém. Acad. Nancy, 1841, p. 106 et Fl. lorr., éd. 1, t. 1, p. 100; Spergula subulata Swartz, Act. Holm. 1789, p. 45. (Sagine subulée.)* — Pédoncules capillaires, *courbés au sommet* après la floraison, puis redressés. Sépales lancéolés, obtus, *appliqués* sur la capsule. Pétales *égalant* le calice. Styles 5. Capsule divisée profondément en *cinq* valves. Graines réniformes, munies d'un sillon sur le dos. Feuilles linéaires, subulées, planes supérieurement, aristées; les supérieures ordinairement fasciculées. Tiges grêles, couchées-ascendantes, rameuses. — Plante un peu velue; fleurs blanches; port du *S. apetala*.

Champs sablonneux. Cette plante, qui se rencontre à Bains, non loin des limites des Vosges, se trouvera sans doute dans ce département. ♃. Juillet-août.

5. **S. nodosa** *Fenzl, Verbreit. Alsin. tab. synopt., p. 18; Godr. Mém. Acad. Nancy, 1841, p. 106; Spergula nodosa L. Sp.630. (Sagine noueuse.)* — Pédoncules *dressés*, capillaires. Sépales obtus, *appliqués* sur la capsule. Pétales *une fois aussi longs* que le calice. Styles 5. Capsule divisée profondément en *cinq* valves. Graines réniformes, avec un sillon sur le dos. Feuilles linéaires-filiformes, brièvement aristées; les supérieures très-courtes, fasciculées. Tiges filiformes, simples ou rameuses, pauciflores, étalées en cercle sur la terre et plus ou moins redressées. — Plante le plus souvent glabre; à fleurs blanches, assez grandes, terminales.

Lieux tourbeux. Très-rare près de Nancy, à la papeterie de Champigneules (*Suard*). Neufchâteau (*de Baudot*). ♃. Juin-août.

2. ALSINE *Wahl.*

Calice à 5 sépales *lancéolés, plans, acuminés, nerviés.* Pétales 5, entiers. Étamines 10, plus rarement 5. Capsule *oblongue*, divisée jusqu'à la base en 3 valves. Graines nombreuses, réniformes, non ailées.

1. A. tenuifolia *Wahlnb. Helv. 87; Arenaria tenuifolia L. Sp. 607. (Alsine à feuilles menues.)* — Pédoncules filiformes, dressés. Sépales lancéolés, subulés, à trois nervures. Pétales ovales, atténués à la base, plus courts que le calice. Graines luisantes, finement chagrinées, avec un sillon dorsal. Feuilles planes, subulées, élargies à la base, brièvement aristées, à trois nervures. Une ou plusieurs tiges rameuses, multiflores. — Plante le plus souvent glabre, ordinairement brunâtre dans le bas; à fleurs blanches; à sépales maculés au sommet.

Commun dans les champs calcaires et sablonneux. ⊙. Juin-septembre.

Trib. 2. Sperguleæ *Gren. et Godr. Fl. de France, 1, p. 274.* — Capsule divisée jusqu'à la base en valves en nombre égal à celui des styles. Feuilles munies de stipules.

3. Spergula *Bartl.*

Calice à 5 sépales ovales ou lancéolés, concaves. Pétales 5, entiers. Etamines 10, plus rarement 5. Styles 3 ou 5. Capsule subglobuleuse, divisée jusqu'à la base en 3 ou 5 valves. Graines comprimées, lenticulaires, souvent ailées.

Nota. Nous réunissons sous ce genre la plupart des *Spergula* de Linné et les *Spergularia* de Person, qui ne diffèrent que par le nombre des styles et, ce qui en est la conséquence, par le nombre des divisions de la capsule. Du moment où le nombre des styles est variable dans la famille des Alsinées, comme nous croyons l'avoir démontré (*Mémoires de l'Acad. de Nancy, 1841, p. 108*), ce caractère ne peut plus être considéré comme générique. Aujourd'hui, du reste, on s'accorde à placer dans le genre *Sagina* des espèces à 4 et à 5 styles. Si l'on veut être conséquent, il faut faire de même pour les *Spergula* et *Spergularia*.

1 { Fleurs blanches. 2
{ Fleurs purpurines. 4

2 { Cinq styles; stipules obtuses. 5
{ Trois styles; stipules acuminées, aiguës. *Sp. segetalis* (n° 3).

3 { Pétales obtus; graines rugueuses. . . . . *Sp. arvensis* (n° 1).
{ Pétales aigus; graines lisses. . . . . . . *Sp. pentandra* (n° 2).

4 { Graines rugueuses, toutes aptères; feuilles planes. . . . .
{ . . . . *Sp. rubra* (n° 4).
{ Graines lisses, les inférieures ailées; feuilles demi-cylindriques.
{ . . . . *Sp. marina* (n° 5).

1. Sp. arvensis *L. Sp. 630. (Spargoute des champs.)* — Pétales *obtus.* Styles 5. Capsule dépassant le calice, divisée en 5 valves soudées à la base. Graines comprimées, noires, *étroitement bordées d'une aile lisse*, finement *rugueuses*, munies de petites papilles jaunes en massue. Feuilles linéaires, fasciculées, étalées, mutiques, parcourues à la face inférieure par un *sillon;* stipules courtes, *obtuses.* Une ou plusieurs tiges fortement noueuses, dressées ou étalées, simples ou rameuses au sommet, vertes ou quelquefois violâtres ainsi que les calices. — Fleurs blanches.

α *Vulgaris Koch, Syn. 110.* Plante plus ou moins couverte de poils glanduleux. *Sp. vulgaris Bœnningh. Fl. Monast. p. 135.*

β *Maxima Koch, Syn. l. c.* Plante glabre, plus élevée; à capsules et graines 3 fois plus grosses. *Sp. maxima Bœnningh. l. c.*

La var. α commune dans les champs sablonneux. La var. β rare et introduite par la culture; exclusivement dans les champs de lin de Riga; Nancy (*Monnier*). ☉. Juin-juillet.

2. Sp. pentandra *L. Sp. 630. (Spargoute à cinq anthères.)* — Pétales *aigus.* Styles 5. Capsule dépassant le calice, divisée en 5 valves soudées à la base. Graines comprimées, noires, *lisses*, bordées d'une *aile large, membraneuse, rayée, blanche,* fendue à l'ombilic. Feuilles linéaires, fasciculées, étalées, mutiques, *sans sillon;* stipules courtes, *obtuses.* — Se distingue en outre du précédent par ses tiges moins nombreuses, plus grêles, pauciflores et dont l'article supérieur est très-allongé; par ses feuilles beaucoup plus courtes; enfin par sa floraison très-précoce.

Rare; champs sablonneux. Nancy, à Montaigu (*Suard*). Epinal (*docteur Berher*). ☉. Avril.

3. Sp. segetalis *Vill. Dauph. 3, p. 657; Alsine segetalis L. Sp. 390; Arenaria segetalis Dois. Fl. Meuse, p. 407. (Spargoute des moissons.)* — Rameaux fleuris divariqués, arqués au sommet, *non feuillés.* Sépales lancéolés, *aigus*, blancs-scarieux, *pourvus d'une nervure dorsale* verte et saillante. Pétales obtus, *de moitié moins longs* que le calice. Styles 3. Capsule égalant le calice, divisée jusqu'à la base en 3 valves. Graines très-petites, brunes, *tuberculeuses, toutes sans aile et sans rebord.* Feuilles non fasciculées, *cylindriques, filiformes,* aristées;

stipules *longuement acuminées, aiguës,* souvent fendues. Tiges dressées dès la base, très-rameuses. — Plante très-grêle, à pédoncules très-fins, glabres ainsi que toute la plante ; à fleurs petites, blanches.

Rare ; moissons. Saint-Mihiel, Sampigny (*Pierrot*). ☉. Juin-juillet.

4. **Sp. rubra** *D. Dietr. Syn. 1, 1598; Alsine rubra Wahl. Ups. 151; Arenaria rubra Willm. Phyt. 511. (Spargoute à fleurs rouges.)* — Rameaux fleuris dressés, *feuillés.* Sépales lancéolés, *obtus,* blancs-scarieux sur les bords, *sans nervure dorsale* apparente. Pétales obtus, *aussi longs* que le calice. Styles 3. Capsule égalant le calice, divisée jusqu'à la base en 3 valves. Graines brunes, *finement tuberculeuses, toutes sans aile,* mais pourvues sur deux de leurs faces d'un bord épais. Feuilles le plus souvent fasciculées, linéaires, aristées, *planes des deux côtés;* stipules *longuement acuminées, aiguës,* souvent fendues. Tiges étalées en cercle sur la terre, puis ascendantes. — Plante ordinairement rougeâtre dans le bas ; à pédoncules courts, munis ainsi que les calices de poils glanduleux ; à fleurs rouges.

Commun dans les champs sablonneux et un peu humides. ☉. Mai-septembre.

5. **Sp. marina** *Bartl. in Godr. Fl. lorr.,* éd. *1, t. 1, p. 104; Arenaria marina Roth, Tentam. 2, p. 482; Hol. Fl. Moselle, p. 103. (Spargoute maritime.)* — Rameaux fleuris dressés, *feuillés.* Sépales lancéolés, *obtus,* blancs-scarieux sur les bords, *sans nervure dorsale* apparente. Pétales obtus, aussi longs que le calice. Styles 3. Capsule égalant le calice, divisée jusqu'à la base en 3 valves. Graines plus grosses et plus arrondies que dans le précédent, *lisses* et dont les 2 ou 3 placées au fond de la capsule sont entourées *d'une aile membraneuse,* blanche, rayée et dentelée. Feuilles rarement fasciculées, linéaires, *demi-cylindriques,* mutiques ou faiblement mucronées ; stipules larges, *longuement acuminées, aiguës,* souvent fendues. Tiges étalées en cercle sur la terre, puis ascendantes. — Plante à fleurs et à capsules plus grandes que dans le *Sp. rubra* et à feuilles plus longues ; fleurs rouges.

Marais salants. Vic, Marsal, Dieuze (*Soyer-Willemet*), Château-Salins (*Léré*), Moyenvic. Rosbruck et Cocheren près de Forbach (*Holandre*); Diemeringen près de Bitche, Sarralbe (*Schultz*), Salzbronn (*Warion*). ☉. Juin-septembre.

Trib. 3. STELLARINEÆ *Fenzl, in Endl. gen., p. 966.* — Capsule à valves ou à dents en nombre double de celui des styles. Feuilles sans stipules.

4. MOEHRINGIA *L.*

Calice à 4 ou 5 sépales ovales, acuminés. Pétales 4 ou 5, *entiers.* Etamines 10, rarement moins. Styles 2 ou 3. Capsule *ovoïde, divisée jusqu'à la base en 4 ou 6 valves.* Graines lisses, luisantes, *pourvues d'une strophiole* à l'ombilic.

1. M. trinervia *Clairv. Man. d'herb., p. 150; Arenaria trinervia L. Sp. 605. (Méringie trinerviée.)* — Pédoncules d'abord dressés, puis étalés et courbés à leur sommet épaissi. Sépales largement scarieux sur les côtés, à trois nervures rapprochées, la moyenne carénée et ciliolée. Pétales blancs, elliptiques, obtus, de moitié moins longs que le calice. Capsule ovoïde, à dents se roulant en dehors. Graines lenticulaires, noires, lisses, finement striées vers le bord. Feuilles ovales, mucronulées, finement ciliées, à 3-5 nervures; les inférieures pétiolées. Tiges faibles, nombreuses, très-rameuses, étalées en cercle sur la terre, couvertes ainsi que les pédoncules de poils réfléchis.

Commun dans les bois de tous les terrains. ☉. Mai-juin.

5. ARENARIA *L.*

Calice à 5 sépales ovales, acuminés. Pétales 5, *entiers ou émarginés.* Etamines 10. Styles 3. Capsule *ovoïde, s'ouvrant au sommet par 6 dents* plus ou moins profondes. Graines orbiculaires-réniformes, chagrinées, *sans strophiole* à l'ombilic.

Sépales ovales; capsule ovoïde, renflée à la base......... .... *A. serpillifolia* (n° 1).
Sépales lancéolés; capsule oblongue-conique, non renflée à la base..................... *A. leptoclados* (n° 2).

1. A. serpillifolia *L. Sp. 606; A. sphærocarpa Ten! Syll. p. 219. (Sabline à feuilles de Serpolet.)* — Grappe lâche, flexueuse; pédoncules pubescents, grêles, mais roides, une fois plus longs que la capsule. Sépales *ovales, acuminés,* munis de 3 ou 5 nervures hérissées de poils courts et roides. Capsule *ovoïde, renflée à la base, rétrécie un peu brusquement au som-*

met. Graines grisâtres, déprimées sur le dos, fortement chagrinées. Feuilles sessiles, brièvement hérissées; les caulinaires moyennes ovales, aiguës. Tiges très-rameuses, étalées.— Plante d'un vert grisâtre; fleurs blanches.

Très-commun dans tous les terrains. ⊙. Juin-août.

2. A. leptoclados *Guss. Syn. fl. sicul. 2, p. 824; A. serpillifolia var. genuina Godr. Fl. lorr., éd. 1, t. 1, p. 103. (Sabline grêle.)* — Grappe lâche, droite; pédoncules pubescents, presque capillaires, une fois plus longs que la capsule. Sépales *lancéolés, longuement acuminés,* munis de 1 ou 3 nervures hérissées de poils courts. Capsule *oblongue-conique, non enflée à la base,* plus longue proportionnément que dans l'espèce précédente. Graines plus petites, finement chagrinées. Feuilles brièvement hérissées; les caulinaires moyennes ovales, aiguës; les inférieures un peu atténuées à la base. Tiges grêles, rameuses, étalées. — Plante plus grêle dans toutes ses parties que la précédente. Je n'ai pas vu d'intermédiaires entre les deux espèces, bien qu'elles croissent souvent dans les mêmes lieux.

Principalement dans les champs sablonneux. Nancy, à Tomblaine, Montaigu. ⊙. Juin-août.

6. STELLARIA *L.*

Calice à 5 sépales lancéolés. Pétales 5, *bifides ou bipartites.* Etamines 10, insérées sur un disque hypogyne plus ou moins évident. Styles 3. Capsule *ovoïde-globuleuse, s'ouvrant au-delà du milieu en 6 valves.* Graines réniformes, *dépourvues de strophiole.*

1 { Bractées herbacées............................... 2
{ Bractées scarieuses.............................. 4

2 { Pétales une fois plus longs que le calice; tige non pourvue
{ d'une ligne de poils longitudinale.................. 3
{ Pétales plus courts que le calice ou l'égalant; tige munie d'une
{ ligne de poils longitudinale.......... *St. media* (n° 5).

3 { Feuilles ovales-en-cœur............. *St. nemorum* (n° 1).
{ Feuilles linéaires-lancéolées......... *St. Holostea* (n° 2).

4 { Pétales plus courts que le calice, à lobes divergents........
{ .... *St. uliginosa* (n° 6).
{ Pétales plus longs que le calice, à lobes contigus.......... 5

5 { Bractées ciliées.................. *St. graminea* (n° 3).
{ Bractées non ciliées................ *St. glauca* (n° 4).

1. St. nemorum *L. Sp. 603. (Stellaire des bois.)* — Pédoncules *droits*, étalés horizontalement après la floraison, à la fin redressés ; bractées *herbacées*. Sépales *aigus, à une nervure*. Pétales du double plus longs que le calice, divisés jusqu'aux trois quarts en deux lobes *divergents*. Capsule dépassant le calice, s'ouvrant le plus souvent en six valves égales. Feuilles molles, *en cœur, acuminées;* les inférieures et celles des rameaux stériles *longuement pétiolées*. Tiges ascendantes, épaisses, cassantes. — Plante d'un vert clair, mollement velue ; à fleurs grandes, blanches, en panicule lâche et divariquée.

Bois humides. Commun sur le grès et le granit dans toute la chaîne des Vosges, depuis Bitche jusqu'au Ballon de Saint-Maurice. Plus rare dans les terrains calcaires : Nancy à la forêt de Haie (*Soyer-Willemet*). Forêt de Mangienne, près de Spincourt (*Humbert*) et non à Bar-le-Duc. ♃. Mai-juillet.

2. St. Holostea *L. Sp. 603. (Stellaire holostée.)* — Pédoncules étalés horizontalement et *courbés* au sommet après la floraison ; bractées *herbacées*. Sépales *aigus, sans nervure*. Pétales du double plus longs que le calice, divisés jusqu'au milieu en deux lobes *rapprochés*. Capsule globuleuse, égalant le calice, divisée presque jusqu'à la base en six valves égales. Feuilles *toutes sessiles, linéaires-lancéolées, longuement acuminées*, un peu coriaces, très-étalées, rudes sur les bords et sur la nervure médiane. Tiges roides, ascendantes, cassantes, quadrangulaires au moins dans le bas. — Plante verte, brièvement velue dans le haut ; à fleurs grandes, blanches, en panicule divariquée.

Commun dans les haies, les bois de tous les terrains. ♃. Avril-juin.

3. St. graminea *L. Sp. 604; Larbrea graminea Godr. Fl. lorr., éd. 1, t. 1, p. 107. (Stellaire graminée.)* — Pédoncules étalés horizontalement et *courbés* au sommet après la floraison ; bractées *scarieuses, ciliées*. Sépales *aigus, à 3 nervures*. Pétales plus longs que le calice ou l'égalant, divisés jusqu'à la base en *deux lobes rapprochés*. Capsule dépassant les sépales, se divisant jusqu'aux 3/4 en 6 valves. Feuilles *sessiles, lancéolées*, ciliées et un peu rudes à la base. Tiges à *4 angles aigus*, nombreuses, grêles, flexueuses, diffuses. — Plante glabre, d'un vert clair ; à fleurs nombreuses, blanches, plus ou moins grandes, en panicule terminale et fortement divariquée.

α *Genuina Nob.* Feuilles étroites, linéaires-lancéolées.

β *Latifolia Nob.* Feuilles ovales-lancéolées; fleurs grandes; plante plus forte.

Commun dans les prés, les champs, les bois de tous les terrains. La var. β près de Nancy, à la Malgrange (*Soyer-Willemet*) et à Dognéville près d'Epinal (*docteur Berher*). ♃. Mai-juillet.

4. **St. glauca** *Wither. Arrang. 1, p. 420; Larbrea glauca Godr. Fl. lorr., éd. 1, t. 1, p. 107.* (*Stellaire glauque.*) — Diffère de la précédente espèce par ses fleurs plus grandes, moins nombreuses, en panicule *moins diffuse;* par ses bractées *non ciliées;* par ses tiges *dressées,* non flexueuses; par ses feuilles plus longues, *linéaires,* tout à fait glabres; enfin par un *rameau feuillé* qui se développe sous la panicule pendant et après la floraison. — Fleurs blanches.

α *Genuina Nob.* Feuilles glauques.

β *Viridis Nob.* Feuilles vertes. *Stellaria Dilleniana Roth, ex Koch, Syn. p. 119.*

Assez rare; prés humides. Nancy, à Tomblaine (*Soyer-Willemet*), Malzéville (*Hussenot*); Rosières-aux-Salines (*Suard*). Metz, au Polygone, La Maxe (*Holandre*), au Sauley (*Monard*); Bitche (*Schultz*). Forêt de Mangienne près de Spincourt. Vosges (*Mougeot*). La var. β près de Roville et de Bayon (*de Baudot*); Dognéville près d'Epinal (*docteur Berher*). ♃. Juin-juillet.

5. **St. media** *Vill. Dauph. 3, p. 615; Larbrea media Godr. Mém. Acad. Nancy, 1841, p. 106.* (*Stellaire moyenne.*) — Pédoncules étalés horizontalement et *courbés* au sommet après la floraison; bractées *herbacées.* Sépales *obtus, à une nervure.* Pétales ordinairement plus courts que le calice, divisés jusqu'à la base en *deux lobes écartés.* Capsule dépassant le calice, divisée jusqu'au milieu en six valves. Feuilles *ovales, brièvement acuminées,* les inférieures *pétiolées.* Tiges *arrondies,* munies *d'une ligne longitudinale de poils* alternant d'un nœud à l'autre, couchées et radicantes à la base, puis redressées, rameuses, tendres et cassantes. — Plante polymorphe, d'un vert clair; à fleurs blanches, en panicules lâches et terminales.

Commun; champs, fossés, décombres. ☉. Toute l'année.

6. **St. uliginosa** *Murr. Prod. stirp. Gott. p. 55; Larbrea aquatica St-Hil. Mém. plac. p. 81; Godr. Fl. lorr., éd. 1, t. 1, p. 107.* (*Stellaire aquatique.*) — Pédoncules droits, horizontaux après la floraison, à la fin redressés; bractées *scarieuses,*

glabres. Sépales *aigus, à 3 nervures.* Pétales plus courts que le calice, divisés jusqu'à la base en *deux lobes divergents.* Capsule longuement atténuée à la base, égalant ou dépassant les sépales, divisée jusqu'aux 3/4 en 6 valves. Feuilles *sessiles, elliptiques-lancéolées,* un peu épaisses, ciliées à la base. Tiges *quadrangulaires,* nombreuses, cassantes, rameuses, diffuses. — Plante d'un vert glauque, glabre ; à fleurs petites, en panicules peu fournies, axillaires et terminales.

Commun ; fossés, ruisseaux, lieux humides. ☉. Juin-juillet.

7. Holosteum *L.*

Calice à 5 sépales lancéolés. Pétales 5, *entiers ou denticulés.* Etamines 3-5, rarement plus, munies d'un pore nectarifère dorsal. Styles 3. Capsule *ovoïde, divisée à la fin profondément en 6 valves.* Graines ovales, comprimées, *convexes sur une face, concaves sur l'autre avec une crête longitudinale* dans la concavité.

1. H. umbellatum *L. Sp. 130.* (*Holostée en ombelle.*) — Fleurs en ombelle ; 5-7 pédoncules inégaux, réfléchis après la floraison, puis redressés ; bractées scarieuses sous l'ombelle. Sépales lancéolés, un peu scarieux sur les bords, de moitié plus courts que les pétales. Capsule à valves roulées en dehors au sommet. Feuilles radicales et caulinaires inférieures atténuées en un large pétiole ; les supérieures sessiles, oblongues. Une ou plusieurs tiges souvent rougeâtres, un peu velues-glanduleuses, simples, roides, dressées ou étalées, portant deux paires de feuilles, nues dans le haut. — Plante glauque ; fleurs blanches, rarement roses.

Commun dans les champs sablonneux. ☉. Mars-mai.

8. Malachium *Fries.*

Calice à 5 sépales lancéolés. Pétales 5, *bifides.* Etamines 10. Styles 5. Capsule *ovoïde, s'ouvrant en 5 valves bifides.* Graines réniformes.

1. M. aquaticum *Fries, Fl. hall. p. 77; Stellaria penta-gyna Gaud. helv. 3, p. 179; Godr. Fl. lorr., éd. 1, t. 1, p. 105; Cerastium aquaticum L. Sp. 629.* (*Malachie aquatique.*)

— Pédoncules étalés horizontalement et courbés au sommet après la floraison. Sépales obtus, à une nervure. Pétales plus longs que le calice, divisés presque jusqu'à la base en deux lobes divergents. Capsule dépassant un peu le calice, s'ouvrant le plus souvent en dix valves, les divisions étant alternativement plus profondes. Feuilles ovales, acuminées, en cœur à la base, ondulées ; celles des rameaux stériles toutes pétiolées. Tiges couchées ou grimpantes, rameuses, épaisses, cassantes. — Plante d'un vert clair, velue-visqueuse ; à fleurs assez grandes, blanches, en panicule divariquée.

α *Scandens Nob.* Plante de 6-8 décimètres, grimpant après les buissons ; feuilles des tiges fleuries toutes sessiles. *Cerastium scandens Lej. Fl. Spa.*

β *Arenaria Nob.* Plante de 1-3 décimètres, moins développée dans toutes ses parties ; tiges couchées ou ascendantes ; feuilles inférieures des tiges fleuries pétiolées, tronquées à la base ; panicule peu fournie.

La var. α commune au bord des fossés et des ruisseaux, dans les buissons. La var. β dans les sables de la Moselle et de la Meurthe. ♃. Juin-septembre.

9. CERASTIUM *L.*

Calice à 5 ou plus rarement à 4 sépales ovales ou lancéolés. Pétales 5 ou 4, *bifides, entiers ou émarginés.* Etamines 10, plus rarement 8, 5 ou 4. Styles 3, 4 ou 5. Capsule *cylindrique, longuement tubuleuse, s'ouvrant au sommet par 6, 8 ou 10 dents.*

1 { Pétales entiers ou un peu émarginés ; plante glabre........
.... *C. quaternellum* (n° 1).
Pétales bifides ; plante velue ou glanduleuse............. 2

2 { Sépales obtus................................... 5
Sépales aigus.................................... 5

5 { Trois styles............... *C. anomalum* (n° 2).
Cinq styles.................................... 4

4 { Pétales 2-5 fois plus longs que le calice.. *C. arvense* (n° 7).
Pétales égalant le calice ou à peine plus longs............
.... *C. vulgatum* (n° 8).

5 { Sépales barbus au sommet........................ 6
Sépales glabres au sommet........................ 7

<pre>
  ⎧ Pétales velus à l'onglet ; étamines à filets glabres.........
  ⎪ .... C. viscosum (n° 3).
6 ⎨ Pétales glabres à l'onglet ; étamines à filets velus.........
  ⎩ .... C. brachypetalum (n° 4).
  ⎧ Bractées toutes scarieuses...... C. semidecandrum (n° 5).
7 ⎨ Bractées inférieures toujours entièrement herbacées........
  ⎩ .... C. alsinoïdes (n° 6).
</pre>

1. C. quaternellum *Fenzl, in Bluff et Fingerh. Comp. Fl. germ., éd. 2, t. 1, p. 748; Mœnchia erecta Fl. der Wetter. 1, p. 219; Godr. Fl. lorr., éd. 1, t. 1, p. 108. (Céraiste tétramère.)* — Pédoncules *dressés, droits*, très-allongés ; bractées nulles ou à peine scarieuses. Sépales *entiers ou à peine émarginés*, scarieux sur les bords. Pétales blancs, lancéolés, entiers, de moitié plus courts que le calice. Etamines 4. Styles 4. Capsule s'ouvrant par *huit* dents égales et à la fin roulées en dehors. Feuilles radicales atténuées en pétiole et disposées en rosette ; les caulinaires sessiles, linéaires-lancéolées. — Plante un peu glauque, glabre ; à une ou plusieurs tiges dressées, bitriflores, portant 2 ou 3 paires de feuilles.

Peu commun ; lieux sablonneux. Nancy, à Montaigu (*Soyer-Willemet*); Dombasle (*Suard*); Château-Salins (*Léré*). Metz, à Woippy (*Holandre*). Epinal, Mirecourt, Bruyères (*Mougeot*); Rambervillers (*Billot*). ☉. Avril-mai.

2. C. anomalum *Waldst. et Kit. Pl. rar. Hung. 1, p.21, tab. 22; Stellaria viscida M. Bieb. Fl. taur. 1, p. 342. (Céraiste anomale.)* — Pédoncules *plus longs* que le calice, *dressés;* bractées linéaires-lancéolées, *toutes entièrement herbacées* et glanduleuses même au sommet. Sépales oblongs-lancéolés, étroitement scarieux sur les bords, à sommet *glabre et obtus.* Pétales *bifides,* une fois aussi longs que le calice. Etamines 10, à filets *glabres.* Styles 3. Capsule s'ouvrant par *six* dents. Graines fortement tuberculeuses. Tiges dressées ou un peu couchées à la base, non radicantes. — Plante glanduleuse-visqueuse, surtout au sommet.

Prairies humides. Château-Salins, Vic, Moyenvic, Marsal (*Léré*). Metz, au Saulcy (*Soleirol*). ☉. Mai-juin.

3. C. viscosum *Fries, Nov. 125; C. glomeratum Thuill. Par. p. 226; Hol. Fl. Moselle, p. 113. (Céraiste visqueuse.)* — Pédoncules *plus courts* que le calice, *étalés* après la floraison et un peu courbés au sommet; toutes les bractées *herbacées.*

Sépales étroitement lancéolés, non scarieux du moins à leur bord extérieur, *barbus* au sommet. Pétales *bifides*, égalant le calice, ou plus longs, *velus au-dessus de l'onglet*. Etamines 5-10, à filets *glabres*. Styles 5. Capsule s'ouvrant par *dix* dents. Graines petites, tuberculeuses. Tiges dressées-étalées. — Plante brièvement velue ; à feuilles arrondies ou ovales ; à fleurs petites, réunies en panicule d'abord très-serrée (*C. glomeratum Thuill.*), puis étalée et lâche ; à capsules luisantes, jaune-paille, plus étroites que dans toutes les autres espèces.

α *Glanduloso-viscosum Fries, l. c.* Poils glanduleux au sommet des tiges et sur les calices.

β *Eglanduloso-villosum Fries, l. c.* Pas de glandes au sommet des poils.

Commun dans les fossés, les champs humides. La var. β rare à Nancy ; commune à Sarrebourg (*de Baudot*). ☉. Avril-août.

4. C. brachypetalum *Desp. in Pers. Syn. 1, p. 520. (Céraiste à courts pétales.)* — Pédoncules *2 ou 3 fois plus longs* que le calice, courbés au sommet, *étalés-dressés ;* toutes les bractées *herbacées.* Sépales lancéolés, non scarieux du moins à leur bord externe, *longuement barbus* au sommet. Pétales *bifides,* de moitié plus courts que le calice, rarement plus longs, *glabres à l'onglet.* Etamines 10, à filets munis de *longs poils.* Styles 5. Capsule s'ouvrant par *dix* dents. Graines tuberculeuses. Tiges dressées-étalées. — Plante d'un vert blanchâtre, hérissée de longs poils mous.

α *Glandulosum Koch, Deutsch. Fl. 3, p. 340.* Panicule et calice munis de poils glanduleux.

β *Eglandulosum Koch, l. c.* Pas de poils glanduleux.

Collines du calcaire jurassique. Nancy, à la Croix-Gagnée, Maxéville, Pompey (*Soyer-Willemet*). Metz et Hayange. Commercy ; Saint-Mihiel (*Léré*). Sur le muschelkalk à Bitche et à Sarreguemines (*Schultz*). Plus rare sur le grès vosgien, à Phalsbourg (*de Baudot*). La var. β très-rare ; sur l'alluvion près de Nancy. ☉. Mai-juin.

5. C. semidecandrum *L. Sp. 627. (Céraiste à cinq anthères.)* — Pédoncules *2-4 fois plus longs* que le calice, *roides, réfractés* après la floraison, se redressant ensuite ; toutes les bractées *scarieuses* dans leur tiers ou leur moitié supérieure, *lacérées-denticulées* et glabres à leur sommet. Sépales lancéolés, largement scarieux sur les bords et au sommet *glabre et érodé-denté.* Pétales plus courts que le calice. Etamines 5, rarement

10, à filets *glabres*. Styles 5. Capsule s'ouvrant par *dix* dents. Graines finement tuberculeuses. Tiges grêles, dressées, étalées. — Plante velue-glanduleuse, d'un vert pâle ; à bractées moins larges que dans le *C. alsinoïdes*.

Peu commun ; lieux sablonneux. Nancy, à Montaigu, Heillecourt, Tomblaine ; Rosières-aux-Salines ; Pont-à-Mousson (*Léré*). Metz, au Saulcy, Polygone (*Holandre*); Sarreguemines, Rorbach; Bitche (*Schultz*). Epinal, Châtel (*docteur Berher*) ; Rambervillers (*Billot*). ⊙. Avril-mai.

6. C. alsinoïdes *Lois. in Pers. Syn. 1, p. 521; C. glutinosum Fries, Nov. p. 132; Soy.-Will. Mém. de l'Acad. de Nancy, 1838, p. 48. (Céraiste fausse alsine.)* — Pédoncules *1 1/2 ou deux fois plus longs* que le calice, *courbés en arc* à leur sommet et *étalés horizontalement* après la floraison, se redressant ensuite ; bractées *herbacées*, ou les supérieures étroitement scarieuses sur les bords. Sépales lancéolés, étroitement scarieux sur les bords, à sommet *acuminé et glabre*. Pétales *bifides*, égalant le calice, plus rarement une fois plus longs (*C. alsinoïdes γ petaloideum Grenier. Monogr. de Cerast, p.31*). Etamines 5 ou 10, à filets *glabres*. Styles 5. Capsule s'ouvrant par *dix* dents. Graines brunes, plus ou moins tuberculeuses. Tige centrale dressée ; les latérales ascendantes, jamais radicantes. — Plante très-velue, glutineuse.

α Obscurum Godr. Fl. lorr., éd. 1, t. 1, p. 110. Toutes les bractées herbacées ; calices grands ; plante robuste, d'un vert obscur, souvent rougeâtre dans sa moitié inférieure ; port du *C. vulgatum. C. obscurum Chaub. in St.-Am. Fl. Agén. p. 180, tab. 4.*

β Pallens Godr. l. c. Bractées supérieures étroitement scarieuses ; calices plus petits ; graines de moitié moins grandes ; plante grêle, d'un vert pâle ; port du *C. semidecandrum. C. pumilum Koch, Syn. 122, non Curtis.*

La var. α commune sur les coteaux secs du calcaire jurassique de la Meurthe, de la Moselle, de la Meuse et des Vosges ; rare dans l'alluvion. La var. β commune sur l'alluvion, dans les prés et les champs sablonneux, près de Nancy et de Metz ; abondante sur le grès vosgien et bigarré à Bitche (*Schultz*); à Sarrebourg (*de Baudot*) et probablement dans toute la chaîne des Vosges ; rare sur le calcaire jurassique à Boudonville et Laxou près de Nancy, en société avec la var. α, dont elle reste très-distincte. ⊙. Avril-mai.

7. C. arvense *L. Sp. 628. (Céraiste des champs.)* — Pédoncules *2-3 fois plus longs* que les sépales, *dressés, mais* *un peu courbés au sommet ; toutes* les bractées ovales, *scarieuses au sommet, ciliées.* Sépales ovales-oblongs, largement scarieux sur les bords et au sommet *glabre et obtus.* Pétales *bifides,* 2 ou 3 fois plus longs que le calice. Etamines 10, à filets *glabres.* Styles 5. Capsule s'ouvrant par *dix* dents. Graines fortement tuberculeuses. Tiges stériles gazonnantes ; tiges fleuries ascendantes et nues supérieurement. Souche vivace, émettant des jets radicants. — Plante ordinairement velue ; à feuilles lancéolées ou linéaires-lancéolées, ciliées à leur base, souvent munies à leur aisselle d'un faisceau de petites feuilles ; à fleurs grandes, veinées.

α *Glandulosum Nob.* Plante velue-glanduleuse au sommet.

β *Eglandulosum Nob.* Plante velue, non glanduleuse.

Commun partout. La var. α dans les lieux secs. La var. β dans les lieux humides. ♃. Avril-juin.

8. C. vulgatum *Wahlnb. Suec. 289.* (*Céraiste commune.*) — *Pédoncules 2 ou 3 fois plus longs* que le calice, *dressés-étalés, un peu courbés au sommet ;* bractées ovales ; les *supérieures scarieuses et glabres* au sommet. Sépales elliptiques, largement scarieux sur les bords et au sommet *glabre et obtus.* Pétales *bifides,* égalant le calice ou un peu plus longs. Etamines 10, à filets *glabres.* Styles 5. Capsule s'ouvrant par *dix* dents. Graines fortement tuberculeuses. Tiges latérales couchées et radicantes à la base, puis dressées. — Plante polymorphe, d'un vert sombre, velue ; poils des calices et des feuilles tuberculeux à leur base.

α *Eglandulosum Nob.* Plante velue ; feuilles linéaires-lancéolées.

β *Glandulosum Koch, Deutsch. Fl. 3, p. 336.* Diffère de la var. α par les poils glanduleux qui recouvrent la plante.

γ *Alpinum Koch, Deutsch. Fl. 3, p. 336.* Plante velue ; feuilles ovales ; fleurs plus grandes.

La var. α commune partout. La var. β très-rare ; coteaux de Vandœuvre près de Nancy (*Suard*). La var. γ rare ; remparts de Sarrebourg (*de Baudot*). ⊙. Avril-novembre.

XVI. ÉLATINÉES.

Fleurs hermaphrodites, régulières. Calice persistant à 3, 4 ou 5 sépales soudés à la base, à préfloraison imbricative. Corolle à

pétales en nombre égal à celui des divisions calicinales et alternant avec elles. Etamines hypogynes, libres, ordinairement en
nombre double de celui des pétales ; anthères biloculaires, s'ouvrant en long. Styles courts, en nombre égal à celui des loges.
Ovaire libre, sessile, à 3, 4 ou 5 loges, polyspermes ; placénta-
tion axile. Le fruit est une capsule, s'ouvrant par des valves en
nombre égal à celui des loges, à déhiscence septicide. Graines
cylindriques, droites ou arquées. Embryon allongé ; albumen
nul. — Plantes aquatiques, herbacées, à tiges articulées, à
feuilles opposées ou verticillées.

1. Elatine *L.*

Calice à 3 ou 4 divisions. Pétales 3 ou 4. Etamines 3, 4, 6
ou 8. Capsule à 3 ou 4 loges. Graines striées en long et transversalement rugueuses.

{ Feuilles opposées................. *E. hexandra* (n° 1).
{ Feuilles verticillées............. *E. Alsinastrum* (n° 2).

1. E. hexandra *DC. Fl. fr. 5, p. 609. (Elatine à six
étamines.)* — Fleurs *alternes*, pédonculées ; le pédoncule de la
longueur du fruit ou plus long. Calice à trois divisions obtuses.
Pétales 3, arrondis, plus longs que le calice. Etamines 6.
Capsule à trois loges et à trois valves, ombiliquée au sommet.
Graines noires, cylindriques-anguleuses, striées en travers, légèrement courbées. Feuilles uniformes, *opposées*, atténuées en un
court pétiole. Tiges nombreuses, grêles, très-rameuses, couchées
ou dressées (*E. Hydropiper Dois! Fl. Meuse, p. 338, non
Schk.*) — Plante très-petite, glabre et tendre ; à fleurs petites,
axillaires, ordinairement roses.

Bords limoneux des étangs. Commun près de Sarrebourg à l'étang du
Stock et près de Dieuze à l'étang de Lindre (*de Baudot*). Bitche
(*Schultz*). Verdun (*Doisy*). ⊙. Juillet-août.

2. E. Alsinastrum *L. Sp. 526. (Elatine fausse alsine.)*
— Fleurs *verticillées*, sessiles ou très-brièvement pédonculées.
Calice à quatre divisions obtuses. Pétales 4, arrondis, plus
longs que le calice. Etamines 8. Capsule à quatre loges et à
quatre valves, ombiliquée au sommet. Graines jaunâtres, du
reste semblables à celles de l'espèce précédente. Feuilles *verticillées, sessiles ;* les inférieures submergées, linéaires-lancéolées,

à une nervure, réunies 8-10 par verticille ; les supérieures croissant hors de l'eau, beaucoup plus larges, ovales-obtuses, réunies 3 ou 4 par verticille et munies de 3-5 nervures. Tiges dressées ou ascendantes, fistuleuses, épaisses, pourvues de nœuds rapprochés, simples ou rameuses. — Plante beaucoup plus développée que l'espèce précédente et ayant quelque chose du port de l'*Hippuris vulgaris ;* fleurs blanches.

Dans les marais. Neufchâteau (*Mougeot*). ♃. Juillet-août.

XVII. **LINÉES.**

Fleurs hermaphrodites, régulières. Calice persistant, à 4 ou 5 sépales, à préfloraison imbricative. Corolle à 4 ou 5 pétales alternant avec les divisions calicinales, à préfloraison tordue. Etamines hypogynes, en nombre égal à celui des divisions florales et alternes avec les pétales ; anthères biloculaires, s'ouvrant en long. Styles 4 ou 5. Ovaire libre, sessile, à 4 ou 5 loges subdivisées en deux logettes uniovulées par une fausse cloison incomplète. Le fruit est une capsule globuleuse, s'ouvrant en 4 ou 5 valves bifides, à déhiscence septicide. Graines ovales, comprimées, luisantes. Embryon droit ou arqué ; albumen nul ; radicule parallèle au hile. — Feuilles entières, sans stipules.

{ Sépales 4, trifides...................... *Radiola* (nº 1).
{ Sépales 5, entiers...................... *Linum* (nº 2).

1. RADIOLA *Dillen.*

Calice à *quatre* sépales soudés à la base, *trifides.* Pétales 4. Etamines 4. Capsule à 4 loges divisées en 2 logettes communiquant par une large ouverture centrale.

1. R. linoïdes *Gmel. Syst. 1, p. 289. (Radiole faux-lin.)* — Dents des divisions calicinales très-aiguës. Pétales égalant le calice, obovés, entiers, obtus. Feuilles très-étalées, opposées, sessiles, ovales, aiguës, à une nervure. Tige filiforme, rameuse-dichotome dès la base, diffuse. — Plante très-petite, glabre ; à fleurs blanches, pédicellées, solitaires à l'aisselle des bifurcations ou rapprochées à l'extrémité des rameaux.

Rare ; champs sablonneux. Nancy, à Dombasle (*Soyer-Willemet*)**; Lunéville, à Croismare** (*Guibal*)**; Neuvillers** (*Bard*)**. Carling, Ham-sous-Vanberg** (*Ménard* et *Taillefert*)**; Bitche, à la Main-du-Prince, Haspel-**

scheidt, ferme de Rochatte, sur le Pfaffenberg (*Schultz*). Saint-Mihiel, au bois de Billémont, Sampigny (*Pierrot*). Neufchâteau et Grandvillers (*Mougeot*); entre Rambervillers et Bruyères (*Billot*). ☉. Juillet-août.

2. Linum *L.*

Calice à *cinq* sépales distincts et *entiers*. Pétales 5, Etamines 5. Capsule à 5 loges divisées en deux logettes communiquant par une ouverture centrale.

1 { Feuilles opposées.............. *L. catharticum* (n° 1).
{ Feuilles éparses..................................... 2

2 { Sépales ciliés-glanduleux; fleurs d'un lilas pâle...........
{ .... *L. tenuifolium* (n° 2).
{ Sépales non ciliés-glanduleux; fleurs bleues ou blanches.... 3

5 { Sépales tous acuminés, aigus; plante annuelle............
{ .... *L. usitatissimum* (n° 5).
{ Sépales, du moins les intérieurs, ovales, obtus; plante vivace. 4

4 { Pédoncules fructifères dressés.......... *L. Leonii* (n° 5).
{ Pédoncules fructifères arqués en dehors. *L. austriacum* (n° 4).

1. L. catharticum *L. Sp. 401.* (*Lin purgatif.*) — Sépales *elliptiques, subulés,* bordés de glandes stipitées, munis d'une forte nervure dorsale. Pétales une fois plus longs que le calice, obovés, souvent émarginés. Capsule globuleuse, égalant le calice. Graines ovales, comprimées, non marginées. Feuilles *opposées,* étalées, planes, à une nervure, bordées de fines dentelures; les inférieures oblongues-obovées; les supérieures linéaires-lancéolées. Tiges couchées à la base, puis redressées, grêles. Racine grêle, rameuse. — Fleurs blanches, petites, en corymbe.

Commun dans les prés, les bois, dans tous les terrains. ☉. Juillet-août.

2. L. tenuifolium *L. Sp. 398.* (*Lin à feuilles menues.*) — Sépales *elliptiques, longuement subulés,* bordés vers le milieu de *glandes stipitées,* et munis d'une forte nervure dorsale. Pétales trois fois plus longs que le calice, entiers, obovés, souvent un peu acuminés au sommet. Pédoncules fructifères *dressés.* Capsule globuleuse, acuminée, *égalant* le calice. Graines ovales, comprimées, non marginées. Feuilles nombreuses, *éparses,* étalées-dressées, un peu roides, linéaires, subulées, à une nervure, à bords un peu roulés en dessus et munis de fines dentelures. Tiges couchées à la base, puis redressées, roides, très-feuillées. Souche ligneuse.— Plante souvent un peu pubescente dans le bas; fleurs assez grandes, d'un lilas pâle et sale, disposées en corymbe.

Commun sur les coteaux secs, sur le calcaire jurassique dans nos quatre départements. A Schweyen près de Bitche sur le muschelkalk (*Schultz*). ♃. Juin-juillet.

3. L. Leonii *Schultz, Fl. od. bot. Zeit. 1838, 2, p. 664; L. montanum Dois. Fl. Meuse, p. 310, non Schleich.* (*Lin de Léo.*) — Sépales *non ciliés-glanduleux*, à 3 nervures qui n'atteignent pas le sommet; les extérieurs lancéolés, acuminés; les *intérieurs ovales, obtus,* un peu scarieux sur les bords. Pétales trois fois plus longs que le calice, légèrement crénelés au sommet. Pédoncules fructifères *dressés, roides.* Capsule grosse, globuleuse, *une fois plus longue* que les sépales. Graines ovales, comprimées, à peine marginées et seulement dans une petite étendue. Feuilles *éparses,* linéaires-lancéolées, mucronées, lisses sur les bords; les supérieures dressées; les inférieures plus courtes, plus rapprochées, étalées ou même réfléchies. Tiges nombreuses, simples, décombantes à la base, dressées au sommet pendant la floraison, puis couchées au moment de la fructification. Souche longue, presque ligneuse. — Plante tout à fait glabre, de 8-15 centimètres de haut; à fleurs grandes, d'un beau bleu foncé, solitaires ou réunies 3-5 au sommet des tiges.

Sur les coteaux secs du calcaire jurassique. Metz, à Châtel, Ars, Ancy, Onville (*Holandre*); à Novéant sur la côte Quaraille (*Léré*); Gorze (*Grandeau*), Bayonville, Waville (*Taillefert*). Verdun, à la côte Saint-Michel, de la Renarderie, de Moulainville (*Doisy*). ♃. Juillet-août.

4. L. austriacum *L. Sp. 399.* (*Lin d'Autriche.*) — Sépales *ovales, obtus,* très-brièvement mucronés, *non ciliés-glanduleux,* à 3 nervures qui n'atteignent pas le sommet. Pétales trois fois plus longs que le calice, faiblement crénelés au sommet. Pédoncules fructifères *courbés, réfléchis.* Capsule globuleuse, *une fois plus longue* que les sépales. Graines ovales, comprimées, non marginées. Feuilles *éparses,* linéaires-lancéolées, mucronées, atténuées à la base; les supérieures dressées; les inférieures plus courtes, plus rapprochées, étalées. Tiges nombreuses, un peu rameuses au sommet, dressées ou ascendantes. Souche longue, presque ligneuse. — Plante glabre; à feuilles ordinairement ponctuées-pellucides; à fleurs grandes, bleues, veinées, axillaires et terminales, formant une grappe qui s'allonge considérablement à la maturité.

Très-rare. Nancy, au bord des bois de Houdelmont. Saint-Mihiel, à la côte Sainte-Marie (*Larzillière*) et au-dessus de la Vierge-des-Prés (*Léré*). ♃. Juin-juillet.

5. L. usitatissimum *L. Sp. 397.* (*Lin cultivé.*) — Sépales *ovales, acuminés, non glanduleux* sur les bords, à 3 nervures, les latérales n'atteignant pas le sommet. Pétales trois fois plus longs que le calice, arrondis et crénelés au sommet. Pédoncules fructifères *dressés*. Capsule globuleuse, acuminée, *égalant* le calice. Graines ovales, comprimées, non marginées. Feuilles *éparses*, étalées-dressées, planes, linéaires, à une faible nervure, lisses aux bords ; les supérieures subulées, atténuées à la base. Racine grêle, émettant une seule tige dressée. — Fleurs bleues, assez grandes, en corymbe.

Cultivé et souvent subspontané dans les prairies. ☉. Juillet-août.

XVIII. TILIACÉES.

Fleurs hermaphrodites, régulières. Calice caduc, à 5 sépales, à préfloraison valvaire. Corolle à 5 pétales, alternes avec les sépales, à préfloraison imbricative. Étamines hypogynes, libres, nombreuses ; anthères biloculaires, s'ouvrant en long. Style simple. Ovaire libre, à 5 loges biovulées ; placentation axille. Le fruit est ligneux, indéhiscent, uniloculaire par refoulement des cloisons et par avortement de plusieurs ovules. Graines ovoïdes. Embryon droit, niché dans un albumen charnu ; cotylédons foliacés ; radicule rapprochée du hile.

1. TILIA *L.*

Calice à 5 sépales. Pétales 5. Étamines en nombre indéfini. Stigmates 5. Fruit globuleux, à 1 ou 2 graines. — Arbres à feuilles alternes, inéquilatères, à stipules caduques, à fleurs en corymbe simple et dont le pédoncule commun est longuement soudé à une bractée membraneuse.

1 { Feuilles glabres en dessous ; bourgeons glabres.......... 1
{ Feuilles velues en dessous ; bourgeons velus............. 5

2 { Feuilles glauques en dessous ; capsule mince, fragile.......
{ .... *T. sylvestris* (n° 1).
{ Feuilles vertes en dessous ; capsule épaisse, ligneuse.......
{ .... *T. intermedia* (n° 2).

5 { Capsule à côtes à peine sensibles........ *T. rubra* (n° 5).
{ Capsule à côtes épaisses et saillantes. *T. platyphylla* (n° 4).

1. T. sylvestris *Desf. Hort. Paris. p. 152. (Tilleul à petites feuilles.)* — Capsule subglobuleuse, de la grosseur d'un pois, velue-tomenteuse, *dépourvue de côtes saillantes,* à parois *membraneuse et fragile.* Graines brunes et lisses. Bourgeons glabres. Feuilles brusquement acuminées, *glabres des deux côtés,* vertes en dessus, *glauques* en dessous et barbues aux aisselles des nervures. — Branches étalées, formant une tête conique ; rameaux glabres, verdâtres ou jaunâtres ; bractées longuement pétiolées ; fleurs petites, d'un blanc sale.

Peu commun. Nancy, au bois de Boudonville, de Champigneules, de Tomblaine, Fonds de Toul ; Lunéville (*Guibal*) ; Sarrebourg (*de Baudot*). Metz, au bois de Gorze (*Holandre*). Verdun (*Doisy*). Rambervillers, forêt de Romont (*Billot*). Planté sur nos promenades. ♄. Juillet.

2. T. intermedia *DC. Prod. 1, p. 513. (Tilleul intermédiaire.)* — Se distingue de la précédente espèce par ses fleurs un peu plus grandes ; par ses fruits deux fois plus gros, à parois *épaisse et ligneuse;* par ses feuilles vertes en dessous, plus brièvement pétiolées.

Peu commun. Nancy, au bois de Champigneules (*Suard*). ♄. Juillet.

3. T. rubra *DC! Cat. Hort. Monsp. p. 150. (Tilleul rouge.)* — Capsule subglobuleuse, acuminée, velue-tomenteuse, à côtes *à peine sensibles,* à parois *dure, ligneuse.* Graines brunes et lisses. Bourgeons velus. Feuilles suborbiculaires, à base oblique en cœur, vertes des deux côtés, mollement velues en dessous et barbues à l'aisselle des nervures. — Branches dressées, formant une tête pyramidale ; rameaux lisses, rougeâtres, velus ; une ou 2 fleurs, rarement 3 sur chaque pédoncule ; bractées décurrentes presque jusqu'à la base du pédoncule.

Rare. Nancy, au bois de Maxéville. ♄. Juillet.

4. T. platyphylla *Scop. Carn. 641. (Tilleul à grandes feuilles.)* — Capsule tomenteuse, à côtes *épaisses, saillantes,* à parois *épaisse, résistante, ligneuse.* Graines brunes et lisses. Bourgeons velus. Feuilles suborbiculaires ou ovales, acuminées, ordinairement en cœur à la base, vertes et mollement velues en dessous, barbues à l'aisselle des nervures. — Branches dressées, formant une tête pyramidale ; rameaux velus, ponctués ou verruqueux, d'un vert cendré ; 3-7 fleurs sur chaque pédoncule, grandes, d'un blanc jaunâtre.

α *Genuina Nob.* Capsules ellipsoïdes, velues-tomenteuses.

β *Corallina Spach, Ann. sc. nat. 2, p. 334.* Capsules glo-buleuses, couvertes d'un tomentum serré et très-court. *T. coral-lina Rchb! Fl. exc. 829.*

Très-commun dans les bois montagneux. ♄. Juin.

XIX. MALVACÉES.

Fleurs hermaphrodites, régulières. Calice persistant, gamosé-pale, à 5 et plus rarement à 3 ou 4 divisions et à préfloraison valvaire, pourvu le plus souvent d'un calicule formé de bractées. Corolle à 5 pétales brièvement soudés par leur onglet et avec la base du tube staminal, à préfloraison tordue. Etamines hypo-gynes, nombreuses, à filets soudés en un tube qui recouvre l'ovaire et renferme les styles, libres seulement à leur sommet ; anthères uniloculaires, s'ouvrant par une fente transversale. Styles en nombre égal à celui des carpelles, soudés en colonne à leur base, libres supérieurement. Ovaire libre, sessile, formé de carpelles plus ou moins nombreux soudés en verticille autour de l'axe floral plus ou moins développé, uni ou pluriovulés ; pla-centation axille. Le fruit est sec et se sépare en ses différents carpelles qui s'ouvrent au bord interne, ou plus rarement les carpelles s'ouvrent sur leur face dorsale. Graines réniformes. Embryon arqué ; cotylédons plissés longitudinalement ; radicule rapprochée du hile ; albumen mucilagineux, mince. — Plantes à feuilles alternes, munies de stipules.

Calicule formé de 3 folioles libres.......... *Malva* (n° 1).
Calicule formé de 6 à 9 folioles soudées à leur base........
.... *Althæa* (n° 2).

1. MALVA *L.*

Calice à 5 divisions, muni d'un calicule formé de *trois folioles libres.* Pétales 5. Fruit orbiculaire, déprimé, ayant la forme d'un disque crénelé au bord, se séparant en carpelles monos-permes.

1 ⎰ Fleurs solitaires à l'aisselle des feuilles ; capsule noircissant à la maturité.................................. 2
  ⎱ Fleurs fasciculées à l'aisselle des feuilles ; capsule ne noircis-sant pas à la maturité.............................. 3

2 { Folioles du calicule ovales ; plante munie de poils fasciculés.. .... *M. Alcea* (no 1).
Folioles du calicule linéaires ; plante munie de poils simples.. .... *M. moschata* (no 2).

5 { Capsule glabre, réticulée ; pédoncules fructifères dressés.... .... *M. sylvestris* (no 3).
Capsule velue, lisse ; pédoncules fructifères courbés........ .... *M. rotundifolia* (no 4).

1. M. Alcea *L. Sp. 971.* (*Mauve Alcée.*) — Fleurs *solitaires* à l'aisselle des feuilles et fasciculées à l'extrémité des rameaux. Folioles du calicule *ovales, aiguës*, ciliées, couvertes ainsi que le calice intérieur de poils *étoilés*. Pétales en cœur renversé, sinués-crénelés au sommet, atténués à la base en un onglet *étroit* et barbu sur les côtés. Tube des étamines velu. Carpelles arrondis sur les côtés, *glabres*, un peu carénés sur le dos et ridés en travers, *noircissant* à la maturité. Axe floral prolongé *en cône épais au-dessus* des carpelles. Feuilles rudes ; les radicales en cœur-arrondies, lobées-crénelées ; les caulinaires plus ou moins profondément palmatilobées, à lobes rhomboïdaux, trifides et incisés-dentés. Tiges dressées, arrondies, rameuses, couvertes de poils *étoilés*. — Plante à fleurs grandes, roses.

α *Genuina Nob.* Feuilles caulinaires divisées jusqu'à la base en cinq lobes trifides, incisés-dentés.

β *Multidentata Koch, Syn. 129.* La même que la précédente variété, mais les feuilles caulinaires à lobes pinnatifides finement découpés.

γ *Fastigiata Koch, Fl. od. bot. Zeit. 1841, p. 520.* Feuilles caulinaires à cinq lobes aigus, dentés, n'atteignant pas le milieu.

Commun dans les bois montagneux. ♃. Juillet-août.

2. M. moschata *L. Sp. 971.* (*Mauve musquée.*) — Fleurs *solitaires* à l'aisselle des feuilles et fasciculées à l'extrémité des rameaux. Folioles du calicule *linéaires, atténuées aux deux extrémités*, ciliées, couvertes ainsi que le calice intérieur de poils longs étalés et *simples*. Pétales en cœur renversé, denticulés au sommet, à onglet *large*, barbu sur les côtés. Tube des étamines velu. Carpelles arrondis sur les côtés, *fortement hérissés* sur le dos, *noircissant* à la maturité ; axe floral *creusé en entonnoir*, muni au centre d'un *petit apiculum qui n'atteint pas* les carpelles. Feuilles radicales réniformes, faiblement lobées-crénelées ; les caulinaires palmatipartites et à cinq lobes pinnatifides,

incisés-dentés. — Se distingue en outre du précédent par ses
tiges moins élevées, couvertes de longs poils simples, *étalés*,
insérés sur des glandes; par ses feuilles répandant l'odeur du
musc en se desséchant; par ses fleurs plus petites; par son calice
extérieur à sépales beaucoup plus étroits.

Plus rare que le précédent et toujours dans les terrains quartzeux.
Dans toute la chaîne des Vosges sur le grès. Très-rare dans la plaine,
au bord des bois sablonneux; Nancy à Montaigu (*Soyer-Willemet*);
Lunéville (*Guibal*). ♃. Juillet-août.

3. **M. sylvestris** *L. Sp. 960.* (*Mauve sauvage.*) — Fleurs
fasciculées à l'aisselle des feuilles et au sommet des rameaux.
Folioles du calicule oblongues, longuement ciliées. Calice couvert de poils fasciculés, à dents triangulaires, *dressées* après la
floraison. Pétales trois fois plus longs que le calice, *cunéiformes*,
à sommet profondément échancré, à onglet velu sur les côtés.
Tube des étamines couvert de *poils courts en étoile*. Carpelles
glabres, jaunes à la maturité, anguleux sur les côtés, *réticulés-
veinés* sur le dos; axe floral prolongé en cône étroit, dépassant
un peu les carpelles. Pédoncules dressés après la floraison.
Toutes les feuilles en cœur arrondies, à 5 ou 7 lobes obtus,
dentés, n'atteignant pas le milieu. Tiges étalées, arrondies, rameuses. — Plante couverte de poils longs, étalés, souvent fasciculés, insérés sur des glandes; à fleurs grandes, violettes.

Commun; haies, décombres, dans tous les terrains. ☉. Juillet-août.

4. **M. rotundifolia** *L. Sp. 969; M. vulgaris Fries, Nov.
219; Godr. Fl. lorr., éd. 1, t. 1, p. 130.* (*Mauve à feuilles
arrondies.*) — Fleurs *fasciculées* à l'aisselle des feuilles. Folioles du calicule linéaires, aiguës, ciliées. Calice couvert de
poils en étoile, à dents triangulaires, *réfléchies* sur l'ovaire après
la floraison. Pétales 2 ou 3 fois plus longs que le calice, *obovés*,
profondément échancrés, à onglet velu sur les côtés. Tube des
étamines couvert de petits *poils simples*. Carpelles *velus, jaunes*
à la maturité, *lisses*, faiblement marginés; axe floral *creusé*
au sommet, muni au centre d'un petit apiculum qui n'atteint
pas les carpelles. Pédoncules doublement courbés à la fructification. Toutes les feuilles arrondies, profondément en cœur à
la base, superficiellement lobées, crénelées-dentées. Tige centrale dressée; les latérales couchées; toutes arrondies, épaisses,
rameuses. — Plante plus ou moins couverte de poils souvent

fasciculés, insérés sur des glandes ; à fleurs blanchâtres, veinées de rose, plus petites que dans l'espèce précédente.

Commun dans les lieux incultes et autour des habitations. ☉. Juin-septembre.

2. Althæa *L.*

Calice à 5 divisions, muni d'un calicule *gamophyle à 6-9 lobes*. Pétales 5. Fruit orbiculaire, déprimé, ayant la forme d'un disque crénelé au bord, se séparant en carpelles monospermes.

Pédoncules uniflores ; feuilles palmatipartites............ .... *A. hirsuta* (nº 1). Pédoncules multiflores ; feuilles superficiellement lobées..... .... *A. officinalis* (nº 2).

1. A. hirsuta *L. Sp. 965.* (*Guimauve hérissée.*) — Calicule à 6-8 divisions profondes. Calice à 5 lobes lancéolés, longuement acuminés, trinerviés. Pétales à peine plus longs que le calice, obovés, superficiellement émarginés, barbus à l'onglet. Carpelles *glabres*, fortement ridés, arrondis sur le dos ; axe floral hérissé supérieurement et prolongé en un petit apiculum qui ne dépasse pas les carpelles. Pédoncules axillaires, *uniflores*. Feuilles inférieures réniformes en cœur, à cinq lobes superficiels arrondis et crenelés ; les supérieures *palmatipartites*, à 5-3 lobes oblongs et incisés-crénelés, *vertes* et munies de *quelques poils* à la face inférieure. Tige centrale dressée, les latérales couchées à la base ; toutes arrondies. Racine grêle, pivotante. — Plante rude au toucher, hérissée de longs poils roides et mêlés de petits poils en étoile ; à fleurs solitaires, d'un rose pâle.

Peu commun ; champs pierreux des terrains calcaires. Nancy, à Laxou, Malzéville, Dommartemont, Pompey, Liverdun, Maron ; Toul ; Pont-à-Mousson ; Lunéville, à Léomont, Erbéviller (*Guibal*) ; Bayon ; Sion-Vaudémont ; Vic ; Sarrebourg (*de Baudot*). Metz, à Magny, vallons de Saint-Julien et de Vallières, les Genivaux (*Holandre*) ; Gorze, Arnaville, Onville, Waville (*Taillefert*), Piblange, Drogny (*Monard*) ; sur le mus-chelkalk à Sarreguemines et à Bitche (*Schultz*). Verdun, aux côtes Saint-Michel et de la Renarderie ; Commercy. Neufchâteau, Châtel (*Mougeot*) ; Rambervillers, à Moyémont, côte d'Essey (*Billot*) ; Charmes et Dognéville (*docteur Berher*). ☉. Juillet-août.

2. A. officinalis *L. Sp. 966.* (*Guimauve officinale.*) — Calice à 7-9 divisions étroites, lancéolées, subulées. Calice quinquéfide, à lobes ovales, acuminées. Pétales plus longs que le calice, obovés, superficiellement émarginés, barbus et épaissis à l'onglet. Carpelles *mollement velus*, un peu ridés, plans sur le dos; axe floral prolongé au sommet en un petit apiculum qui dépasse un peu les carpelles. Pédoncules axillaires, *multiflores*. Feuilles inférieures en cœur à la base; les supérieures ovales, à 5-3 lobes *superficiels*, aigus, doublement dentés, le supérieur plus grand; toutes *blanchâtres, fortement tomenteuses* ainsi que toute la plante. Tiges dressées, arrondies. Souche épaisse, rameuse. — Espèce molle au toucher; à fleurs petites, fasciculées, d'un blanc rosé.

Prés salés. Assez commun à Château-Salins (*Léré*), Vic, Marsal, Dieuze. Déjà signalé par Buch'oz comme commun sur les bords de la Seille. ♃. Juillet-août.

XX. GÉRANIÉES.

Fleurs hermaphrodites, régulières ou irrégulières. Calice persistant, à 5 sépales libres, à préfloraison imbricative. Corolle à 5 pétales, égaux ou inégaux, alternes avec les sépales, à préfloraison tordue. Étamines hypogynes, au nombre de 10, toutes fertiles ou 5 d'entre elles dépourvues d'anthères, à filets un peu soudés à leur base; anthères biloculaires, s'ouvrant en long. Styles 5, libres à la base et au sommet, soudés dans le reste de leur étendue à l'axe floral prolongé en bec. Ovaire libre, sessile, formé de 5 carpelles biovulés, distincts entre eux, mais soudés par leur bord interne à l'axe floral; placentation axile. Le fruit est sec, à 5 carpelles monospermes par avortement, se détachant de l'axe floral avec une bandelette linéaire qui se roule avec élasticité et présentant leur suture ventrale ouverte. Graines globuleuses. Albumen nul; embryon conduppliqué; cotylédons foliacés; radicule rapprochée du hile. — Plantes à tiges articulées; feuilles pourvues de stipules.

Fleurs régulières; 10 étamines fertiles... *Geranium* (n° 1).
Fleurs irrégulières; 5 étamines fertiles.... *Erodium* (n° 2).

1. GERANIUM *L'Hérit.*

Pétales *égaux*. Étamines 10, fertiles, dont 5 opposées aux pétales plus courtes. Carpelles *arrondis* au sommet, se détachant de la base au sommet avec le style qui les surmonte; celui-ci *glabre à la face interne et se roulant en cercle* à la maturité.

1. G. Robertianum *L. Sp. 955. (Géranion herbe à Robert.)* — Pédoncules biflores ; pédicelles *étalés* après la floraison. Calice à sépales étroitement appliqués, *longuement* aristés. Pétales *entiers*, à limbe étalé, une fois plus long que le calice, longuement onguiculé, non cilié. Etamines à filets lancéolés, subulés, glabres. Carpelles un peu pubescents, *fortement ridés* surtout au sommet, se séparant de leurs arêtes à la maturité, mais y restant suspendus par deux paquets de poils longs et soyeux. Graines *lisses*. Feuilles à limbe *pentagonal*, divisé *jusqu'à la base* en 3-5 lobes pétiolulés et *bipinnatifides*. Tiges dressées, rameuses. Racine *pivotante*. — Plante fétide, ordinairement rougeâtre, couverte de longs poils blancs, flexueux, articulés, glanduleux ; à pétales légèrement purpurins, parcourus par trois veines longitudinales blanchâtres.

Commun ; haies, vieux murs, bois dans tous les terrains. ☉. Mai-août.

2. G. molle *L. Sp. 955*. (*Géranion mou*.) — Pédoncules biflores ; pédicelles *réfléchis* après la floraison. Calice à sépales dressés-étalés, *très-brièvement* aristés. Pétales *échancrés en cœur*, étalés, dépassant le calice (rarement une fois plus longs), finement ciliés au-dessus de l'onglet. Etamines à filets lancéolés-subulés, glabres. Carpelles glabres, *finement et également ridés*, se séparant de leurs arêtes à la maturité et tombant sur le sol. Graines *lisses*. Feuilles à limbe *arrondi-réniforme*, profondément échancré à la base, divisé *jusqu'au milieu* en 5-9 lobes obtus et *crénelés*. Tiges flexueuses ; rameaux étalés. Racine *pivotante*. — Plante toute couverte de poils mous, blancs, étalés, inégaux, non articulés ; à pétales d'un pourpre vif en dessus, d'un rose pâle en dessous.

Très-commun ; bords des chemins, décombres, vignes, dans tous les terrains. ☉. Mai-octobre.

3. G. pyrenaïcum *L. Mant. 257*. (*Géranion des Pyrénées*.) — Pédoncules biflores ; pédicelles *réfléchis* après la floraison. Calice à sépales étalés, à peine aristés. Pétales *contigus*, exactement *en cœur renversé*, une fois plus longs que le calice, *fortement barbus* au-dessus de l'onglet *très-court*. Etamines à filets lancéolés-subulés, finement ciliés. Carpelles fortement pubescents, *non ridés*, se séparant de leurs arêtes à la maturité et tombant sur le sol. Graines *lisses*. Feuilles à limbe arrondi-réniforme, profondément échancré à la base, divisé jusqu'au milieu en 5-9 lobes obtus et incisés-crénelés. — Confondu souvent avec l'espèce précédente, il s'en distingue en outre par son port plus robuste ; sa racine épaisse, charnue, vivace ; ses rameaux moins étalés ; ses fleurs beaucoup plus grandes ; par les glandes sessiles et serrées qui couvrent la partie supérieure des tiges, les pédoncules et les calices ; enfin par son inflorescence, chaque fleur paraissant successivement terminale, parce que les boutons supérieurs sont réfléchis sur la tige et dépassés par la fleur épanouie de toute la longueur de son pédoncule. Fleurs purpurines, quelquefois blanches.

Commun sur les coteaux du calcaire jurassique. Nancy, Toul, Pont-à-Mousson (*Soyer-Willemet*). Metz. Verdun, Saint-Mihiel (*Léré*), Commercy. Neufchâteau et Mirecourt. Descend quelquefois sur l'alluvion et jusqu'au bord des rivières ; se retrouve dans les vallées granitiques des Vosges. ♃. Mai-août.

4. **G. pusillum** *L. Sp. 957.* (*Géranion fluet.*) — Pédoncules biflores ; pédicelles *réfléchis* après la floraison. Calice à sépales ovales, aigus, quelquefois très-brièvement aristés. Pétales *écartés*, dépassant à peine le calice, *émarginés, rétrécis en onglet long, finement cilié.* Etamines à filets lancéolés, subulés, finement ciliés. Carpelles fortement pubescents, *non ridés*, se séparant de leurs arêtes à la maturité et tombant sur le sol. Graines *lisses*, plus petites que dans toutes les espèces précédentes. Feuilles à limbe arrondi-réniforme, profondément échancré à la base, divisé au-delà du milieu en 5-7 lobes incisés-crénelés. — Cette plante a beaucoup de rapport avec le *G. pyrenaïcum*, mais elle est beaucoup plus petite dans toutes ses parties et s'en distingue en outre par sa racine faible, annuelle ; par ses tiges grêles, finement pubescentes-glanduleuses ; par ses bractées herbacées ; par ses pétales d'un violet pâle, cunéiformes.

Commun ; prés, bords des chemins, dans tous les terrains. ⊙. Juillet-septembre.

5. **G. dissectum** *L. Sp. 956.* (*Géranion découpé.*) — Pédoncules biflores ; pédicelles *réfléchis* après la floraison. Calice à sépales *plans*, aristés, étalés. Pétales en *cœur renversé*, égalant les arêtes du calice, *barbus* au-dessus de l'onglet. Etamines à filets subulés, *dilatés brusquement en une base ovale* et ciliée. Carpelles *lisses*, couverts de poils simples et de poils glanduleux, *non carénés*, pourvus d'une *pointe sétacée* à leur commissure inférieure, ne se détachant pas de leurs arêtes à la maturité, et lançant au dehors la graine qu'ils renferment. Graines *alvéolées*. Feuilles à limbe arrondi-réniforme, divisé presque jusqu'à la base en cinq lobes incisés en lanières étroites. Tige fortement sillonnée, dressée ou couchée, couvertes ainsi que les pétioles de poils réfléchis. Racine *pivotante*. — Calices et arêtes des fruits couverts de poils étalés et glanduleux ; pétales lilas.

Commun dans les champs, les bois, dans tous les terrains. ⊙. Mai-juillet.

6. **G. columbinum** *L. Sp. 956.* (*Géranion colombin.*) — Pédoncules biflores ; pédicelles *réfléchis* après la floraison. Calice

à sépales *courbés en dehors*, aristés, appliqués contre le fruit. Pétales *oblongs*, *émarginés* ou quelquefois *crénelés* au sommet, égalant les arêtes du calice, *barbus* au-dessus de l'onglet. Etamines à filets *lancéolés-subulés*, un peu ciliés. Carpelles lisses, presque glabres, *carénés* sur le dos, pourvues de *deux paquets de poils* à leur commissure inférieure, ne se détachant pas de leurs arêtes à la maturité et lançant au dehors la graine qu'ils renferment. Graines *alvéolées*. Feuilles à limbe arrondi-réniforme, divisé presque jusqu'à la base en cinq lobes incisés en lanières étroites. — Se distingue au premier coup d'œil de la précédente espèce par ses fleurs plus grandes ; par ses pédicelles grêles, beaucoup plus allongés ; par ses calices couverts de poils dressés-appliqués.

Commun dans les bois, les haies, au bord des chemins, dans tous les terrains. ⊙. Mai-juillet.

7. G. rotundifolium *L. Sp. 957.* (*Géranion à feuilles rondes.*) — Pédoncules biflores ; pédicelles *réfléchis* après la floraison. Calice à sépales *plans*, brièvement aristés, étalés. Pétales *cunéiformes*, *obtus ou tronqués* au sommet, plus longs que le calice, *non barbus* vers l'onglet. Etamines à filets *lancéolés*, *subulés*, glabres. Carpelles *lisses*, couverts de poils étalés, *non carénés*, pourvus de *deux paquets de poils* à leur commissure inférieure, ne se détachant pas de leurs arêtes à la maturité, mais lançant au dehors la graine qu'ils renferment. Graines *alvéolées*. Feuilles à limbe arrondi-réniforme, divisé jusqu'au milieu en 5-7 lobes incisés-crénelés. — Tige arrondie, rameuse dès la base, couverte ainsi que les pétioles, les calices et les arêtes du fruit de poils mous, étalés, en grande partie glanduleux ; pétales rougeâtres.

Peu commun ; principalement sur le calcaire jurassique. Nancy, à la Croix-Gagnée, Turique, Malzéville, Bouxières-aux-Dames, Pompey, Liverdun, Maron. Metz (*Holandre*). Verdun (*Doisy*) ; commun à Saint-Mihiel (*Léré*). Neufchâteau ; Mirecourt (*Mougeot*). ⊙. Mai-septembre.

8. G. sanguineum *L. Sp. 958.* (*Géranion sanguin.*) — Pédoncules uniflores, plus rarement biflores ; pédicelles *inclinés* après la floraison, puis *courbés en arc au sommet* au moment de la fructification. Calice à sépales étalés, aristés. Pétales en cœur renversé, une fois plus longs que le calice, velus vers l'onglet sur les bords et *sur la face supérieure*. Etamines à filets *insen-*

siblement dilatés et un peu ciliés dans leur moitié inférieure. Carpelles *lisses,* finement glanduleux et hérissés de quelques poils, barbus à leur commissure inférieure, ne se détachant pas de leurs arêtes à la maturité, mais lançant au dehors la graine qu'ils renferment. Graines *très-finement alvéolées.* Feuilles presque arrondies dans leur pourtour, palmatipartites, à 5-7 segments cunéiformes et trifides. Tige dressée, arrondie, rameuse dès la base, pourvue, ainsi que presque toute la plante, de quelques poils longs étalés ; rameaux étalés. Souche *horizontale.* — Fleurs grandes, purpurines, veinées.

Rare. Sur les collines de grès vosgien près de Bitche, à Stutzzelbronn, Bœrenthal (*Schultz*). ♃. Juin-automne.

9. G. pratense *L. Sp. 954.* (*Géranion des prés.*) — Pédoncules biflores ; pédicelles *réfléchis* après la floraison. Calice à sépales étalés, aristés. Pétales obovés-cunéiformes, une fois plus longs que le calice, ciliés vers l'onglet, mais *glabres* sur les faces. Étamines à filets *brusquement dilatés* à leur tiers inférieur en une base *large, ovale,* un peu ciliée. Carpelles lisses, velus, barbus à leur commissure inférieure, ne se détachant pas de leurs arêtes à la maturité, mais lançant au dehors la graine qu'ils renferment. Graines *alvéolées.* Feuilles en cœur à la base, divisées profondément en 5-7 lobes aigus, incisés-dentés. Tige dressée, anguleuse, munie de poils courts et réfléchis. Souche *horizontale.* — Plante d'un port élégant, très-développée dans toutes ses parties ; les pédoncules, les calices et les arêtes des valves couverts de poils étalés et glanduleux ; fleurs grandes, à pétales bleus, étalés.

Rare; prés et bords des bois. Nancy, au Montet, Sandronvillers (*Soyer-Willemet*); Baraques de Toul; prairie entre Champigneules et Frouard; Pont-à-Mousson (*Salle*); Vézelise (*de Baudot*); Sarrebourg (*Guibal*). Metz, à la Citadelle, Grimont (*Warion*); ruisseau de Saint-Julien, fortifications, vallon de Montvaux (*Holandre*); ruisseau de Maizières (*Warion*); la Maxe (*de Marcilly*); Marange-Sylvange (*l'abbé Cordonnier*). Neufchâteau (*Mougeot*). |♃. Juillet-août.

10. G. sylvaticum *L. Sp. 953.* (*Géranion des bois.*) — Pédoncules biflores ; pédicelles *dressés* après la floraison. Calice à sépales étalés, plus étroits et moins longuement aristés que dans l'espèce précédente. Pétales plus petits, obovés-cunéiformes, une fois plus longs que le calice, *velus sur les faces* au-dessus de l'onglet. Étamines à filets *lancéolés, subulés,* velus. Carpelles *lisses*, velus, barbus à leur commissure inférieure, ne se détachant pas de leurs arêtes à la maturité, mais lançant au dehors la graine qu'ils renferment. Graines *finement alvéolées*. Feuilles en cœur à la base, divisées profondément en 5-7 lobes aigus, incisés-dentés. Tige dressée, anguleuse, munie de poils courts et réfléchis. Souche *horizontale*. — Fleurs d'un bleu violet.

Très-rare dans les terrains calcaires. Nancy, à Saudronvillers (*Monnier*); Longwy (*Holandre*). Plus commun dans les terrains de grès; Bitche, à Stutzzelbronn (*Schultz*); et dans les hautes Vosges où il descend souvent dans les prairies des vallées (*Mougeot*). ♃. Juin-juillet.

11. G. palustre *L. Sp. 954.* (*Géranion des marais.*) — Pédoncules biflores, très-allongés; pédicelles *réfléchis* après la floraison. Calice à sépales étalés, aristés. Pétales obovés, *entiers*, une fois plus longs que le calice, *ciliés* au-dessus de l'onglet. Etamines à filets ciliés dans leur partie inférieure. Carpelles *lisses*, velus, barbus à leur commissure inférieure, ne se détachant pas de leurs arêtes à la maturité, mais lançant au dehors la graine qu'ils renferment. Graines *finement alvéolées*. Feuilles pentagonales dans leur pourtour, divisées en 5 lobes rhomboïdaux et incisés-dentés. Tige dressée ou ascendante, hérissée de poils réfléchis; rameaux étalés. Souche épaisse, *horizontale*. — Fleurs grandes, purpurines.

Rare; prairies humides. Bords de la Moselle à Epinal; Bussang et Saint-Maurice dans les Vosges (*Tocquaine*). ♃. Juillet-août.

2. Erodium *L'Hérit.*

Pétales *un peu inégaux*. Etamines 10, dont 5 toujours stériles. Carpelles présentant chacun au sommet *deux dépressions latérales*, se détachant de l'axe floral avec le style qui les surmonte; celui-ci *velu à la face interne et se roulant en spirale*.

Fleurs blanches ou rosées; calice dépourvu de poils glanduleux. . . . . *E. cicutarium* (n° 1).
Fleurs lilas; calice muni de poils glanduleux. . . . . *E. pimpinellæfolium* (n° 2).

1. E. cicutarium *L'Hérit. in Ait. Hort. Kew., éd.1, t. 2, p. 414; E. cicutarium β chærophyllum Godr. Fl. lorr., éd. 1, t. 1, p. 140; Geranium cicutarium L. Sp. 951.* (*Erodion cicutain.*) — Pédoncules multiflores; bractées ovales, acuminées, scarieuses et ciliées. Sépales oblongs, munis de petits poils rares et appliqués, *non glanduleux*. Pétales *un peu plus longs que le calice*, inégaux, oblongs-obovés, blancs ou rosés, jamais maculés au-dessus de l'onglet. Carpelles couverts de poils roux, appliqués et dirigés de deux côtés ; dépressions du sommet orbiculaires, avec un sillon concentrique au-dessous ; arêtes formant 6 à 7 tours de spire. Feuilles velues, oblongues, pinnatiséquées, à segments le plus souvent alternes, ovales et profondément incisés-dentés, à découpures *linéaires et très-aiguës ;* les feuilles moyennes sessiles ou presque sessiles. Tiges longuement couchées en cercle sur la terre. Racine pivotante. — Plante d'un vert pâle.

Commun le long des chemins et dans les lieux incultes, principalement dans les terrains calcaires. ☉. Mai-août.

2. E. pimpinellæfolium *Sibth. Fl. oxon. p. 211 (1794), non Willd. ; E. cicutarium α pimpinellæfolium Godr. Fl. lorr., éd. 1, t. 1, p. 140; E. commixtum Jord. Archiv. de la Flore de France et d'Allemagne, p. 164. (Erodion à feuilles de Boucage.)* — Pédoncules pourvus de fleurs moins nombreuses que dans l'espèce précédente ; bractées ovales, acuminées, scarieuses et ciliées. Sépales oblongs, munis de petits poils appliqués et de poils plus longs, étalés, *glanduleux au sommet*. Pétales *une fois plus longs* que le calice, inégaux, obovés, lilas ; les deux pétales supérieurs ordinairement maculés au-dessus de l'onglet d'une tache jaunâtre et parsemée de petites linéoles noires. Carpelles couverts de poils roux, appliqués et dirigés de deux côtés ; dépressions du sommet orbiculaires, avec un sillon concentrique au-dessous ; arêtes formant 6 à 7 tours de spire. Feuilles finement velues et ciliées, ovales ou oblongues, plus longuement pédonculées que dans l'espèce précédente, pinnatiséquées, à segments ovales, le plus souvent opposés et incisés-dentés, à découpures *courtes, spathulées, obtuses ou brièvement acuminées*. Tiges longuement couchées, puis redressées. Racine pivotante. — Voisin du précédent, il en diffère constamment par son port et par les caractères, peu saillants il est vrai, que nous avons indiqués.

Champs, bords des chemins, toujours dans les terrains siliceux. Nancy, Montaigu, Tomblaine, sous Bouxières-aux-Dames, Dombasle, Lunéville, Sarrebourg. Metz ; Bitche. Epinal, Remiremont et toute la chaîne des Vosges. ☉. Mai-août.

XXI. HYPÉRICINÉES.

Fleurs hermaphrodites, régulières. Calice persistant, à 4 ou 5 sépales libres ou brièvement soudés à la base, quelquefois inégaux, à préfloraison valvaire. Corolle à 4 ou 5 pétales alternes avec les sépales, plus ou moins inéquilatères, à préfloraison tordue. Etamines hypogynes, nombreuses, soudées par leurs filets en 3 ou 5 faisceaux ; anthères biloculaires, s'ouvrant en long. Styles 3 ou 5, libres. Ovaire libre, sessile, formé de 3 ou 5 carpelles, tantôt à 3 ou 5 loges polyspermes et à placentas axilles, tantôt uniloculaire, à placentas pariétaux. Le fruit est ordinairement une capsule s'ouvrant par des valves, à déhiscence septicide ; plus rarement le fruit est bacciforme. Graines munies d'une enveloppe lâche. Albumen nul ; embryon droit ; radicule rapprochée du hile. — Plantes à feuilles opposées et dépourvues de stipules.

Glandes hypogynes nulles ; capsule triloculaire............. .... *Hypericum* (n° 1). Glandes hypogynes pétaloïdes ; capsule uniloculaire........ .... *Elodes* (n° 2).

1. HYPERICUM *L.*

Calice à 5 sépales libres ou brièvement soudés à la base. Etamines indéterminées, soudées par leurs filets en 3 ou plus rarement 5 faisceaux. Glandes hypogynes *nulles*. Capsule *triloculaire*, rarement quinqueloculaire, s'ouvrant par 3 et rarement par 5 valves.

1 { Tiges arrondies ; sépales glanduleux sur les bords.......... 2
  { Tiges anguleuses ; sépales non glanduleux sur les bords..... 4

2 { Sépales aigus.. 3
  { Sépales obtus.................... *H. pulchrum* (n° 3).

3 { Feuilles sessiles, demi-embrassantes ; tige glabre.......... .... *H. montanum* (n° 1).
  { Feuilles brièvement pétiolées ; tige velue............... .... *H. hirsutum* (n° 2).

4 { Tiges à deux angles................................. 5
  { Tiges à quatre angles............................... 6

5 { Sépales obtus, mucronés.......... *H. humifusum* (n° 4).
  { Sépales aigus, subulés........... *H. perforatum* (n° 5).

$$6 \begin{cases} \text{Sépales non acuminés, ni subulés ; tige non ailée} \ldots \ldots \ldots \\ \ldots \ldots \ldots \ldots \ldots \ldots \ldots \ldots \text{\textit{H. quadrangulum}} \text{ (n}^\circ \text{ 6).} \\ \text{Sépales acuminés, subulés ; tige ailée \textit{H. tetrapterum} (n}^\circ \text{ 7).} \end{cases}$$

1. H. montanum *L. Sp. 1105. (Millepertuis de montagne.)* — Fleurs en grappe *serrée et ovoïde.* Sépales *lancéolés, aigus,* bordés de *dents glanduleuses* au sommet. Pétales *une fois plus longs* que le calice. Anthères munies d'un point noir. Graines noires, *finement alvéolées.* Feuilles lisses ou rudes en dessous, en cœur à la base, *demi-embrassantes,* ovales-oblongues, discolores, bordées en dessous de points noirs ; les supérieures seules ponctuées-pellucides. Tige simple, *arrondie, dressée.* — Plante glabre ; à feuilles supérieures écartées ; à fleurs pâles, brièvement pédicellées, réunies en panicule oblongue, étroite, assez serrée.

Bois montagneux sur toute la formation jurassique de la Lorraine ; sur le grès et le granit dans la chaîne entière des Vosges. ♃. Juin-août.

2. H. hirsutum *L. Sp. 1105. (Millepertuis velu.)* — Fleurs en grappe *allongée, pyramidale.* Sépales *linéaires, aigus,* bordés de *dents glanduleuses* au sommet. Pétales *une fois plus longs* que le calice, munis vers le sommet d'un ou de plusieurs points noirs. Anthères tout à fait jaunes. Graines jaunâtres, couvertes de *petites papilles.* Feuilles ovales-oblongues, obtuses, *brièvement pétiolées,* discolores, toutes ponctuées-pellucides. — Se distingue en outre de la précédente espèce par sa tige couverte de poils étalés et cloisonnés ; par ses feuilles molles, pubescentes, souvent un peu émarginées, rapprochées et munies à leur aisselle d'un faisceau de petites feuilles ; par ses calices moins grands ; par ses fleurs d'un jaune doré ; enfin par ses graines plus allongées.

α *Genuinum Nob.* Fleurs aussi grandes que dans l'espèce précédente.

β *Parviflorum Soy.-Will. Obs. p. 145.* Fleurs de moitié plus petites.

Bois des terrains calcaires ; Nancy ; Metz ; Verdun ; Saint-Mihiel ; Neufchâteau ; Rambervillers (*Billot*). Dans les terrains siliceux, à Gérardmer (*Berher*). Epinal, Rambervillers (*Mougeot*). ♃. Juin-août.

3. H. pulchrum *L. Sp. 1106. (Millepertuis élégant.)* — Fleurs en grappe *allongée, pyramidale.* Sépales *obovés, obtus,* bordés de *glandes sessiles.* Pétales *3 à 4 fois plus longs* que le calice, munis sur les bords de points noirs. Anthères tout à fait jaunes. Graines jaunâtres, *finement ponctuées*. Feuilles *sessiles*, obtuses, discolores, un peu coriaces, fortement ponctuées-pellucides ; celles des tiges principales ovales, obtuses, creusées en cœur et élargies à la base en deux oreillettes arrondies ; celles des jeunes rameaux étroites, oblongues, arrondies à la base. Tiges *arrondies*, *dressées*, grêles, ordinairement rougeâtres, portant à chaque aisselle des feuilles un petit rameau stérile. — Plante glabre, à fleurs d'un jaune doré, quelquefois rougeâtres extérieurement.

Commun dans les terrains de grès : Phalsbourg, Sarrebourg, Badonviller (*de Baudot*). Sarreguemines et Bitche (*Schultz*) et dans toute la chaine des Vosges (*Mougeot*). Se retrouve dans les bois sablonneux de la plaine : Nancy, à Tomblaine, Heillecourt (*Soyer-Willemet*) ; Lunéville, forêts de Mondon et de Vitrimont (*Guibal*) ; Metz, à Woippy, Colombé, Borny, les Etangs (*Holandre*) ; Bar-le-Duc et Saint-Mihiel (*Doisy*). ♃. Juillet-août.

4. H. humifusum *L. Sp. 1105.* (*Millepertuis couché.*) — Fleurs en petite grappe lâche, *corymbiforme*, feuillée. Sépales *elliptiques, obtus avec un court mucron*, non bordés, mais munis à la face inférieure de points noirs épars. Pétales un peu plus longs que le calice ou l'égalant, ponctués de noir sur les bords. Anthères tout à fait jaunes. Graines petites, noirâtres, finement alvéolées. Feuilles elliptiques, obtuses, concolores, bordées de points noirs ; les supérieures seules faiblement ponctuées-pellucides. Tiges filiformes, *un peu comprimées, à deux angles*. — Beaucoup plus petite que les précédentes et que les suivantes ; s'en distingue en outre par ses étamines moins nombreuses (15 à 20) ; par ses fleurs plus petites ; par ses graines de moitié plus courtes.

α *Genuinum Nob.* Beaucoup de tiges couchées, étalées en cercle sur la terre.

β *Liottardi Vill. Dauph. 3, p. 504.* Une à trois tiges plus grêles et plus petites, dressées ; feuilles plus molles ; ordinairement quatre pétales.

Commun dans les sables siliceux et humides. ♃. Juin-septembre.

5. H. perforatum *L. Sp. 1104.* (*Millepertuis perforé.*) — Fleurs en grappe *corymbiforme*. Sépales *lancéolés, subulés*, non bordés. Pétales 2 à 3 fois plus longs que le calice, ponctués de noir sur les bords. Anthères munies d'un point noir. Graines noirâtres, alvéolées. Feuilles oblongues, obtuses, concolores, bordées de points noirs, toutes fortement ponctuées-pellucides. Tige ordinairement forte et très-rameuse, dressée, *à deux angles peu saillants*. — Plante glabre ; à fleurs grandes, d'un jaune doré, nombreuses.

α *Genuinum Nob.* Feuilles ovales-oblongues ou obovées.

β *Angustifolium Gaud. Helv. 4, p. 628*. Feuilles linéaires, à bords un peu réfléchis.

Commun dans tous les terrains. ♃. Juin-août.

6. H. quadrangulum *L. Fl. Suec. 679, non DC. (Mille-pertuis tétragone.)* — Fleurs en grappe *corymbiforme*. Sépales *elliptiques;* les trois extérieurs *obtus;* les deux intérieurs un peu aigus ; tous munis de quelques points noirs à la face inférieure. Pétales 1 à 2 fois plus longs que le calice, pourvus en dessous de points et de linéoles noirs. Anthères noires au sommet. Graines jaunâtres, très-finement alvéolées. Feuilles ovales, obtuses, concolores, munies de points noirs en dessous ; celles des tiges principales demi-embrassantes ; les supérieures seules un peu ponctuées-pellucides. Tiges dressées, fistuleuses, *à quatre angles peu saillants et non ailés*. — Plante glabre, moins roide que la précédente, très-feuillée, plus ou moins rameuse ; à bourgeons d'un rouge intense ; à fleurs grandes, d'un jaune doré.

Commun au bord des ruisseaux dans les terrains de grès. Sarrebourg (*de Baudot*). Sarreguemines et Bitche (*Schultz*). Bruyères, Epinal, Saint-Dié et dans toute la chaîne des Vosges (*Mougeot*). ♃. Juillet-août.

7. H. tetrapterum *Fries, Nov. 236; H. quadrangulum DC. Fl. fr. 4, p. 862; Soy.-Will. Obs. p. 145, non L. (Millepertuis à quatre ailes.)* — Fleurs en grappe *corymbiforme*. Sépales *lancéolés, acuminés, subulés*, munis de quelques points noirs. Pétales une fois plus longs que le calice, pourvus de quelques points noirs sur les bords. Anthères noires au sommet. Graines jaunâtres, finement alvéolées. Feuilles à paires écartées, ovales, obtuses, concolores, munies de points noirs en dessous, toutes demi-embrassantes et ponctuées-pellucides. Tiges dressées, *à quatre angles saillants et ailés;* ailes ponctuées de noir. — Fleurs plus petites et plus pâles que dans le précédent.

Commun dans les fossés, les prés, les bois humides de tous les terrains. ♃. Juillet-août.

2. Elodes *Spach.*

Calice à 5 sépales soudés à la base. Etamines 15, soudées par leurs filets en 3 faisceaux. Glandes hypogynes, *pétaloïdes, bifides,* au nombre de 3. Capsule *uniloculaire,* s'ouvrant en 3 valves.

1. **E. palustris** *Spach, Ann. sc. nat. ser. 2, t. 5, p. 171; Hypericum Elodes L. Sp. 1106; Godr. Fl. lorr., éd. 1, t. 1, p. 136. (Elodie des marais.)* — Grappe pauciflore. Sépales ovales, aigus, bordés de cils glanduleux purpurins. Pétales quatre fois plus longs que le calice. Anthères tout à fait jaunes. Graines brunes, ovales, striées longitudinalement. Feuilles demi-embrassantes et un peu en cœur à la base, presque orbiculaires, souvent émarginées au sommet, finement ponctuées-pellucides. Tiges rampantes, fixées au sol par de longues radicelles, émettant des rameaux courts, dressés, presque simples. — Plante d'un vert blanchâtre, velue-tomenteuse.

Commun dans les rigoles des prairies des Vosges : Saint-Dié, Epinal, Rambervillers, Bruyères, Grange, Corcieux, Remiremont, etc. ♃. Juillet-août.

XXII. **BALSAMINÉES.**

Fleurs hermaphrodites, irrégulières. Calice caduc, à 5 sépales libres, dont 2 latéraux très-petits ou avortés et le supérieur plus grand, bossu ou éperonné à sa base. Corolle à 5 pétales alternant avec les sépales, inégaux ; l'inférieur grand, concave, orbiculaire, libre ; les 4 autres plus petits, soudés par paire et formant de chaque côté une lame bifide. Etamines 5, hypogynes, alternant avec les pétales, cohérentes au sommet par leurs filets et embrassant l'ovaire ; anthères biloculaires, s'ouvrant en long. Stigmate sessile, entier ou à 5 lobes. Ovaire libre, sessile, formé de 5 carpelles et d'abord à 5 loges polyspermes ; placentas axiles. Le fruit est une capsule uniloculaire par la destruction des cloisons, s'ouvrant par 5 valves qui se séparent avec élasticité en se roulant sur elles-mêmes et projettent au loin les graines ; plus rarement le fruit est une baie. Graines pendantes. Albumen nul ; embryon droit ; cotylédons charnus ; radicule courte, tournée vers le hile.

1. Impatiens *L.*

Calice à sépale supérieur éperonné à sa base. Stigmate à cinq lobes. Capsule fusiforme, s'ouvrant avec élasticité ; déhiscence loculicide.

1. **I. Noli-tangere** *L. Sp. 1329. (Impatiente n'y touchez pas.)* — Fleurs penchées, à éperon courbé au sommet. Capsule grêle, anguleuse, pendante. Graines ovales-oblongues, striées. Feuilles alternes, pétiolées, molles, ovales, crénelés, souvent munies à la base du limbe de quelques dents subulées. Tige dressée, rameuse, épaissie à ses nœuds. — Plante glabre ; à pédoncules grêles, étalés, plus courts que les feuilles, portant 3 ou 4 fleurs jaunes, les latérales ne s'épanouissant pas, mais fertiles.

Commun le long des ruisseaux sur le grès et le granit dans toute la chaîne des Vosges. Plus rare dans les bois de la plaine et toujours sur l'alluvion : Nancy, rive gauche de la Moselle vis-à-vis Messein, Morteau près de Rosières (*Soyer-Willemet*) ; bois de Florange à la source d'un ruisseau qui se jette dans la Fensch près de l'usine dite la Fenderie, Sarralbe (*Warion*), forêt de la Houve près de Creutzwald (*Monard* et *Taillefert*) ; Forêt d'Argonne (*Doisy*). ☉. Juillet-août.

XXIII. **OXALIDÉES**

Fleurs hermaphrodites, régulières. Calice persistant, quinque-partite, à préfloraison imbricative. Corolle à 5 pétales égaux, alternes avec les divisions calicinales, à préfloraison tordue. Eta-mines hypogynes, au nombre de 10, à filets brièvement soudés à leur base ; anthères biloculaires, s'ouvrant en long. Styles 5, libres ou soudés à leur base ; stigmates entiers ou fendus. Ovaire libre, sessile, formé de 5 carpelles, à 5 loges mono-polyspermes ; placentas axilles. Le fruit est une capsule membraneuse, à déhis-cence loculicide, à valves restant adhérentes à l'axe. Graines enveloppées par une arille charnue. Albumen épais et charnu ; embryon droit ou arqué, placé dans l'axe de l'albumen ; radicule rapprochée du hile.

1. Oxalis *L.*

Les caractères sont ceux de la famille.

1. **O. Acetosella** *L. Sp. 620. (Oxalide Alleluia.)* — Pédon-cules radicaux, uniflores, munis vers leur milieu d'une petite bractée bifide. Calice à segments oblongs, un peu obtus, ciliés. Pétales obovés, brusquement élargis au-dessus de l'onglet, 3 à

4 fois plus longs que le calice. Capsule ovoïde, acuminée. Graines à côtes ondulées. Feuilles trifoliolées, à folioles largement en cœur renversé, à pétiole long, articulé au-dessus de sa base, qui est ovale et ciliée. Pas de tiges ou quelques tiges latérales grêles, couchées, stériles. Souche rameuse, couverte d'écailles charnues. — Plante délicate, d'une saveur acide dans toutes ses parties, mollement pubescente ; à folioles se pliant en deux et se réfléchissant sur le pédoncule pendant la nuit et par les temps humides ; à fleurs élégantes ; à pétales blancs ou rosés, jaunes à l'onglet, veinés de pourpre.

Commun dans les bois ombragés et humides. ♃. Avril-mai.

XXIV. ACÉRINÉES.

Fleurs hermaphrodites ou plus rarement unisexuées, régulières. Calice caduc, gamosépale 4-5 partite, à préfloraison imbricative. Corolle à 4 ou 5 pétales alternant avec les divisions calicinales, insérés au bord d'un disque charnu hypogyne, à préfloraison imbricative. Etamines 4 à 12, le plus souvent 8, insérées sur le disque hypogyne, libres ; anthères biloculaires, s'ouvrant en long. Style simple ; stigmate bifide. Ovaire libre, sessile, formé de deux carpelles, biloculaire, bilobé, à loges mono-bispermes. Le fruit est formé de deux samares indéhiscentes, monospermes, soudées à leur base, libres et prolongées en aile au sommet ; placentas axilles. Graines ascendantes. Albumen nul ; embryon plié ou enroulé ; cotylédons foliacés ; radicule tournée vers le hile. — Arbres à feuilles opposées.

1. ACER L.

Fleurs polygames. Calice quinquepartite. Pétales 5. Etamines à filets subulés. — Feuilles simples, palmatinerviées.

1 { Fleurs en corymbe dressé........................... 2
  { Fleurs en grappe allongée, pendante. *A. pseudoplatanus* (nº 2).

2 { Lobes des feuilles aigus et séparés par un sinus arrondi.....
  { .... *A. platanoïdes* (nº 1).
  { Lobes des feuilles obtus et séparés par des sinus aigus......
  { .... *A. campestre* (nº 3).

1. A. platanoïdes *L. Sp. 1496.* (*Erable plane.*) — Fleurs en *corymbe dressé.* Calice à divisions oblongues, obtuses, glabres. Pétales spatulés, brièvement onguiculés, à peine plus longs que le calice. Etamines à filets *glabres*. Ovaire glabre. Fruit glabre intérieurement, à ailes larges, un peu *courbées en dessous, très-écartées*. Feuilles *vertes et luisantes* en dessous, un peu en cœur à la base, à cinq lobes *sinués-dentés;* les dents grandes, longuement acuminées; les sinus des lobes arrondis. Bourgeons rouges et glabres. — Grand arbre à écorce lisse; à fleurs d'un vert clair, se développant avec les feuilles.

Commun sur le grès vosgien dans toute la chaîne des Vosges. Plus rare sur le calcaire jurassique; dans les grands bois près de Nancy, forêt de Haie (*Soyer-Willemet*); Bricy et Gorze (*Holandre*) ; Bar-le-Duc et Commercy (*Doisy*). ♄. Avril-mai.

2. **A. pseudoplatanus** *L. Sp. 1495. (Erable Sycomore.)* — Fleurs *en grappe allongée, pendante.* Calice à divisions oblongues, obtuses, velues. Etamines à filets *velus* inférieurement. Ovaire velu. Fruit devenant glabre à l'extérieur, velu intérieurement; les ailes courbées *en dedans* à la base, puis *parallèles*. Feuilles *opaques et blanchâtres en dessous*, en cœur à la base, à cinq lobes inégalement *dentés en scie;* les dents petites, obtuses; les sinus des lobes toujours aigus. Bourgeons verts, velus. — Grand arbre à écorce lisse; à fleurs d'un vert clair, plus petites et moins précoces que dans l'espèce précédente, se développant avec les feuilles.

Plus commune que l'espèce précédente et dans les mêmes localités. ♄. Mai-juin.

3. **A. campestre** *L. Sp. 1497. (Erable commun.)* — Fleurs *en corymbe dressé.* Calice à divisions linéaires, obtuses, velues. Etamines à filets *glabres.* Ovaire velu ou plus rarement glabre. Fruit glabre intérieurement; les ailes *étalées horizontalement* et même un peu réfléchies. Feuilles vertes et *opaques* en dessous. en cœur à la base, à 3-5 lobes *obtus, bi-trifides au sommet ;* les sinus des lobes aigus. Bourgeons pubescents. — Arbre moins élevé que les précédents; à écorce grisâtre, fendillée, subéreuse; à fleurs et à feuilles plus petites.

Commun dans les bois de toutes les régions. ♄. Mai.

XXV. AMPÉLIDÉES.

Fleurs hermaphrodites ou unisexuées, régulières. Calice caduc, gamosépale, à 4 ou 5 dents, quelquefois très-entier. Corolle à

4 ou 5 pétales alternant avec les divisions calicinales, insérés au bord d'un disque charnu hypogyne, à préfloraison valvaire. Etamines 4 ou 5, insérées sur le disque hypogyne, opposées aux pétales, libres; anthères biloculaires, s'ouvrant en long. Style simple, court; stigmate capité. Ovaire libre, sessile, à 2-6 loges mono-bispermes; placentas axilles. Le fruit est une baie oligosperme. Graines ascendantes. Albumen cartilagineux, renfermant à sa base l'embryon droit; radicule dirigée vers le hile. — Arbustes sarmenteux.

1. Vitis *L.*

Calice à 5 dents courtes. Pétales 5, agglutinés au sommet et se séparant de la fleur comme une coiffe. Etamines 5. Baie à une ou deux loges.

1. V. vinifera *L. Sp. 293.* (*Vigne porte-vin.*) — Pétales verdâtres, obovés, très-caducs. Etamines à filets subulés. Baies blanches, jaunâtres ou noires. Feuilles glabres ou velues en dessous, pétiolées, à limbe profondément en cœur à la base, palmatilobé, à cinq lobes sinués-dentés. — Fleurs odorantes, disposées en grappes composées, serrées, opposées aux feuilles, d'abord dressées, puis pendantes, quelquefois avortées et transformées en vrilles rameuses.

Cultivé et souvent subspontané. ♄. Juin.

XXVI. HIPPOCASTANÉES.

Fleurs hermaphrodites ou unisexuées, irrégulières. Calice caduc, gamosépale, à 5 divisions inégales, à préfloraison imbricative. Corolle à 5 pétales (plus rarement 4 par avortement), inégaux, onguiculés, insérés au bord d'un disque hypogyne, à préfloraison imbricative. Etamines 7, plus rarement 6 ou 8, insérées sur le disque, libres; anthères biloculaires, s'ouvrant en long. Style simple, réfléchi; stigmate aigu. Ovaire libre, sessile, formé de 3 carpelles, à 3 loges bispermes. Le fruit est une capsule coriace-charnue, s'ouvrant en 3 valves; déhiscence loculicide. Graines 1 à 3, dressées, très-grandes et pourvues d'un hile très-large. Albumen nul; cotylédons très-épais; radicule rapprochée du hile.

1. ÆSCULUS *L.*

Fleurs polygames. Calice à tube campanulé. Etamines ascendantes. Capsule hérissée de pointes roides.

1. Æ. Hippocastanum *L. Sp. 488.* (*Marronnier d'Inde.*) — Fleurs en thyrse pyramidal, compacte, dressé. Pétales ondulés, d'un blanc rosé. Etamines à filets velus à la base. Feuilles d'un beau vert, pétiolées, digitées, à 7 ou 9 folioles oblongues, acuminées, longuement en coin inférieurement, dentées. Grand arbre à tête ovale, touffue.

Introduit et naturalisé. ♄. Mai.

XXVII. EMPÉTRÉES.

Fleurs dioïques ou polygames, régulières. Calice persistant, à 2 ou 3 sépales libres, à préfloraison imbricative. Corolle à pétales en nombre égal à celui des divisions calicinales et alternant avec elles, marcescents. Etamines hypogynes, libres, en nombre égal à celui des pétales et alternant avec eux, rudimentaires ou nulles dans les fleurs femelles ; anthères biloculaires, s'ouvrant en long. Style court ou nul ; stigmate lobé. Ovaire libre, sessile sur un disque charnu, formé de deux ou d'un plus grand nombre de carpelles, à plusieurs loges monospermes ; placentas axilles. Le fruit est une drupe ; noyaux osseux, libres ou soudés à l'axe. Graines dressées. Albumen épais et charnu ; embryon droit, niché dans l'axe de l'albumen ; radicule voisine du hile. — Arbrisseaux, à feuilles alternes et persistantes.

1. EMPETRUM *Tourn.*

Calice entouré à sa base de 6 bractées, à 3 sépales. Pétales 3. Etamines 3. Drupe à 6 ou 9 noyaux.

1. E. nigrum *L. Sp. 1450.* (*Camarine à fruits noirs.*) — Fleurs petites, sessiles, placées au-dessous du sommet des rameaux et à l'aisselle des feuilles ; bractées oblongues, plus grandes que les divisions du calice. Pétales obovés. Etamines à filets beaucoup plus longs que les pétales. Drupe globuleuse, à la fin noire. Graines oblongues, blanchâtres, finement ridées. Feuilles très-brièvement pétiolées, éparses ou presque verticillées, rapprochées, petites, linéaires-oblongues, épaisses et coriaces, d'un vert foncé, munies d'une ligne blanche sur le dos, et sur les bords d'aspérités très-fines. Tige décombante, très-rameuse ; rameaux ascendants, ligneux, nus à la base, très-feuillés dans le reste de leur longueur. — Arbuste de très-petite taille, glabre ; fleurs roses.

Commun dans les tourbières des hautes Vosges, sur le granit : Hohneck, Gazon-du-Fin près du Lac-Noir ; Gazon-Martin près de la barraque de Tanache, Montabey, le Valtin, etc. (*Mougeot*). ♄. Avril-mai.

XXVIII. **CÉLASTRINÉES.**

Fleurs hermaphrodites ou unisexuées par avortement, régulières. Calice persistant, gamosépale, à 4 ou 5 divisions égales et à préfloraison imbricative. Corolle à 4 ou 5 pétales, alternes avec les divisions calicinales, insérés sous un disque charnu et hypogyne, à préfloraison imbricative. Etamines en nombre égal à celui des pétales et alternant avec eux, libres, insérées tantôt au-dessous du disque, tantôt sur le disque lui-même ; anthères biloculaires, s'ouvrant en long. Style simple et court ; stigmate un peu lobé. Ovaire sessile, libre ou soudé par sa base avec le disque, formé de 3-5 carpelles, à 3-5 loges mono-bispermes. Le fruit est une capsule, qui s'ouvre en 3-5 valves, qui portent les cloisons sur leur milieu ; déhiscence loculicide. Graines dressées, pourvues d'une arille. Albumen épais, charnu ; embryon droit, fixé dans l'axe de l'albumen ; radicule voisine du hile. — Arbres ou arbustes.

1. Evonymus *Tourn.*

Calice à 4 ou 5 divisions. Pétales 4 ou 5. Etamines 4 ou 5. Capsule à 3-5 angles.

1. E. europæus *L. Sp. 286, var. α. (Fusain d'Europe.)* — Fleurs 2-4, en grappes axillaires. Calice à 4 segments demi-circulaires, concaves, à la fin réfléchis. Pétales étalés, oblongs, blanchâtres, très-caducs, à bords réfléchis. Capsule verte, à la fin rouge, à 4 ou 5 angles obtus et non ailés. Graines ovoïdes, lisses, blanchâtres, complétement enveloppées d'une arille orangée. Feuilles opposées, elliptiques, acuminées, finement dentées, brièvement pétiolées. Jeunes rameaux lisses, quadrangulaires. — Arbuste glabre.

Commun dans les bois, les haies. ♄. Mai-juin.

ORDRE II. DIALYPÉTALES PÉRIGYNES.

Fleurs à pétales et à étamines insérés sur le calice toujours gamosépale. Ovaire tantôt libre, tantôt soudé au tube du calice.

XXIX. RHAMNÉES.

Fleurs hermaphrodites, rarement unisexuées, régulières. Calice gamosépale, à tube persistant, à limbe divisé en 4 ou 5 segments, à préfloraison valvaire. Corolle à 4 ou 5 pétales égaux, alternes avec les divisions calicinales, insérés au bord d'un disque périgyne qui revêt le tube du calice; pétales rarement nuls. Étamines 4 ou 5, libres, opposées aux pétales et insérées avec eux au bord du disque; anthères biloculaires, s'ouvrant en long. Styles 2-4, plus ou moins longuement soudés; stigmates libres ou soudés. Ovaire libre ou plus rarement soudé par sa base au tube du calice, formé de 2-4 carpelles, à 2-4 loges monospermes. Le fruit est une drupe, à 2-4 noyaux coriaces-cartilagineux, monospermes et indéhiscents; plus rarement le fruit est une samarre. Graines dressées. Albumen mince, charnu; embryon droit; radicule dirigée vers le hile. — Arbres ou arbrisseaux.

1. RHAMNUS *L.*

Calice à tube urcéolé. Pétales plans. Ovaire libre. Drupe globuleuse. Graines creusées d'un sillon dorsal profond, ou d'une échancrure latérale.

Enveloppes florales quaternaires; feuilles crénelées........ .... *R. cathartica* (n° 1). Enveloppes florales quinaires; feuilles entières............ .... *R. Frangula* (n° 2).

1. R. cathartica *L. Sp. 279. (Nerprun purgatif.)* — Fleurs dioïques, *tétrandres*, disposées au nombre de 3-5 à la base des jeunes rameaux et portées sur des pédoncules en apparence fasciculés. Calice à 4 segments lancéolés et à *trois nervures*. Pétales 4, petits, verdâtres. Style *bi-trifide*. Fruit globuleux, vert, puis noir. Feuilles opposées ou fasciculées, ovales, *crénelées*, à nervures peu nombreuses et *convergentes;* rameaux opposés, les plus anciens terminés par *une épine*. — Arbuste glabre, à rameaux grisâtres, très-étalés.

Peu commun ; bois des terrains calcaires. Nancy, Liverdun, Pont-à-
Mousson, Lunéville, Sarrebourg. Metz. Verdun. Neufchâteau, Rambervillers. ħ. Mai-juin.

2. R. Frangula *L. Sp. 280.* (*Nerprun Bourdaine.*) —
Fleurs hermaphrodites, *pentandres*, au nombre de 2-5 à l'aisselle des feuilles. Calice à cinq segments lancéolés, blanchâtres,
sans nervures. Pétales 5, blancs, ovales, onguiculés. Style
entier. Fruit globuleux, rouge, puis noir. Feuilles alternes,
ovales, acuminées, *entières*, à nervures nombreuses, *divergentes*; rameaux alternes, *non épineux*. — Arbuste glabre, à
rameaux ponctués.

Très-commun dans les bois, les haies. ħ. Mai-juin.

XXX. **PAPILIONACÉES.**

Fleurs hermaphrodites, irrégulières. Calice persistant, gamosépale, à 5 segments (rarement 4 par soudure de deux d'entre
eux), quelquefois disposés en deux lèvres, à préfloraison imbricative ou valvaire. Corolle irrégulière, papilionacée, à 5 pétales
alternes avec les divisions calicinales, insérés sur le tube du
calice, libres ou plusieurs adhérents entre eux ; le supérieur
(*étendard*) plus grand, plié en long dans le bouton et enveloppant les autres pétales ; les deux latéraux (*ailes*) appliqués
sur les inférieurs ; les deux pétales inférieurs quelquefois libres,
le plus souvent soudés par leur bord interne et simulant un
pétale unique (*carène*). Étamines 10, périgynes, monadelphes
ou diadelphes (la supérieure libre et les 9 autres soudées par
leurs filets) ; anthères biloculaires, s'ouvrant en long. Style simple ; stigmate terminal, oblique ou latéral. Ovaire libre, sessile
ou stipité, formé par un seul carpelle uniloculaire, polysperme,
rarement monosperme, à placenta pariétal. Le fruit est une
gousse tantôt uniloculaire, plus rarement biloculaire par l'introflexion d'une des sutures, polysperme et s'ouvrant en deux
valves, tantôt séparée en plusieurs loges par des étranglements
transversaux et se séparant à la maturité en articles monospermes ;
plus rarement la gousse est monosperme, indéhiscente ou irrégulièrement déhiscente. Graines bisériées. Albumen nul ou presque
nul ; embryon arqué ; cotylédons épais ; radicule rapprochée du
hile. — Feuilles alternes, le plus souvent munies de stipules.

Trib. 1. GENISTEÆ *DC. Prodr. 2, p. 115.* — Etamines monadelphes. Gousse non articulée, uniloculaire. Cotylédons épigés. Feuilles uni-trifoliolées ou digitées.

1. ULEX *L.*

Calice *divisé jusqu'à la base en deux lèvres;* la supérieure à deux dents; l'inférieure tridentée. Pétales peu inégaux; l'étendard à limbe oblong, dressé. Etamines monadelphes. Style un peu courbé au sommet; stigmate capité. Gousse ovoïde, enflée, oligosperme. — Arbrisseaux épineux; feuilles unifoliolées.

1. U. europæus Sm. *Fl. brit.*, p. 756. (*Ajonc d'Europe.*)
— Fleurs brièvement pédonculées, solitaires ou géminées, axillaires, munies sous le calice de deux bractées arrondies et beaucoup plus larges que le pédoncule. Calice coloré, très-velu, nervié, à deux lèvres carénées et presque aussi longues que la corolle; la supérieure bidentée, l'inférieure tridentée. Etendard brièvement onguiculé, ovale. Style long, courbé, glabre. Gousse oblongue, comprimée, très-velue. Graines ovoïdes, comprimées, lisses, luisantes, olivâtres, échancrées à l'ombilic ovale. Feuilles coriaces, simples, sessiles, linéaires, aiguës, cuspidées; stipules nulles. Tige ligneuse, dressée, sillonnée, très-rameuse; les rameaux anguleux, roides, tous armés au sommet d'une épine jaunâtre et vulnérante. Racine grosse et courte. — Fleurs jaunes, rapprochées au sommet des branches.

Rare. Nancy, au vallon de Bouxières-aux-Dames, Montaigu, Lancuveville; Saint-Quirin et Sarrebourg (*de Baudot*); Lutzelbourg. Metz, à la côte Saint-Quentin (*Holandre*). Clermont en Argonne (*Doisy*). Epinal sur la route de Docelle (*Berher*); Rambervillers, à Autrey (*Billot*). ♄. Mai-juin.

Obs. L'*Ulex nanus*, qui ne croît pas en Lorraine, a une racine déliée, rameuse, qui s'étend dans le sol; aussi cette plante est-elle difficile à arracher, tandis que l'*Ulex Europæus* peut être facilement déraciné. C'est un caractère distinctif entre ces deux espèces, qui n'est pas indiqué dans notre Flore de France.

2. SAROTHAMNUS *Wimm.*

Calice tubuleux, *à deux lèvres courtes;* la supérieure à deux dents; l'inférieure tridentée. Pétales très-inégaux; l'étendard à limbe orbiculaire, dressé. Etamines monadelphes; filets non épaissis au sommet. Style fortement courbé et *roulé sur lui-même;* stigmate *capité.* Gousse linéaire-oblongue, comprimée, longuement exserte. — Arbustes non épineux; feuilles trifoliolées.

1. S. scoparius *Wimm. Fl. von Schles.*, 278; *Spartium scoparium L. Sp. 996.* (*Genet à balais.*) — Fleurs longuement pédonculées, solitaires ou géminées, formant par leur rapprochement une grappe lâche, allongée et dressée, toutes pourvues à leur base de 2 ou 3 feuilles simples, obovées et obtuses. Calice à lèvres ovales; la supérieure superficiellement bidentée; l'inférieure tridentée. Etendard arrondi, échancré au sommet, dressé. Style velu dans sa moitié inférieure. Gousse linéaire-oblongue, noire, couverte de longs poils sur les bords. Graines ovoïdes, comprimées, lisses et luisantes, olivâtres. Feuilles inférieures pétiolées, trifoliolées; les supérieures sessiles, simples. Tige ligneuse, dressée, flexible, anguleuse, verte, très-rameuse. — Plante noircissant par la dessiccation; fleurs jaunes, grandes.

Commun sur le grès vosgien et bigarré, ainsi que sur le granit dans toute la chaîne des Vosges. Plus rare dans la plaine et toujours dans les terrains d'alluvion siliceuse. ♄. Mai-juin.

3. Genista *L.*

Calice tubuleux, *à deux lèvres porrigées;* la supérieure à deux dents ; l'inférieure tridentée. Pétales inégaux; l'étendard à limbe étroit, oblong. Etamines monadelphes; filets non épaissis au sommet. Style *courbé au sommet;* stigmate *oblique.* Gousse oblongue ou linéaire, comprimée, exserte. — Arbustes; feuilles unifoliolées.

1 {
Tige ailée, non épineuse............... *G. sagittalis* (n° 1).
Tige non ailée, mais épineuse....... *G. germanica* (n° 4).
Tige ni ailée, ni épineuse.......................... 2

2 {
Grappe unilatérale ; gousse velue........ *G. pilosa* (n° 2).
Grappe non unilatérale ; gousse glabre. *G. tinctoria* (n° 5).

1. **G. sagittalis** *L. Sp. 998. (Genet à tiges ailées.)* — Fleurs en grappe dense, terminale ; une bractée linéaire-subulée sous chaque pédoncule pourvu en outre de 2 bractéoles. Calice à lèvre supérieure divisée jusqu'à sa base en 2 dents lancéolées, acuminées; lèvre inférieure divisée *jusqu'au tiers* en 3 dents plus étroites. Corolle à étendard brièvement onguiculé, à limbe ovale en cœur, égalant la carène. Gousse oblongue, comprimée, *velue,* noircissant à la maturité. Graines 4 ou 5, ovoïdes, comprimées, luisantes, olivâtres, un peu échancrées à l'ombilic. Feuilles peu nombreuses, sessiles, ovales-lancéolées, aiguës ou obtuses, sans stipules. Tiges herbacées, nombreuses, dressées, presque simples; les tiges fleuries à *trois ailes foliacées* et interrompues à l'insertion des feuilles ; les tiges non florifères comprimées, *planes, à deux ailes;* toutes naissant d'une souche ligneuse et *largement rampante* sous le sol. — Feuilles et calices velus; fleurs jaunes.

Commun ; collines sèches.; bois montagneux dans tous les terrains.
ђ. Mai-juin.

2. G. pilosa *L. Sp. 999.* (*Genet velu.*) — Fleurs solitaires
ou géminées au centre de faisceaux de feuilles, formant une
grappe unilatérale ; pédoncules *égalant* le calice. Calice à lèvre
supérieure divisée jusqu'à sa base en 2 dents lancéolées; lèvre
inférieure *brièvement tridentée*. Corolle couverte de *poils blancs
soyeux et appliqués*, à étendard brièvement onguiculé, à limbe
ovale, un peu émarginé au sommet, égalant la carêne. Gousse
linéaire-oblongue, comprimée, *velue*. Graines 3-7, arrondies,
comprimées, lisses, olivâtres. Feuilles brièvement pétiolées,
oblongues-obovées, sans stipules. Tiges *ligneuses*, dressées ou
ascendantes, striées dans le haut, très-rameuses et très-feuillées.
— Calice, pédicelles et face inférieure des feuilles couverts de
poils soyeux appliqués ; fleurs jaunes.

Commun ; bois montagneux, surtout dans la formation jurassique de
la Meurthe, de la Meuse et des Vosges ; plus rare dans la Moselle. Se
retrouve dans les Vosges et sur le grès et le granit. ђ. Mai-juin.

3. G. tinctoria *L. Sp. 998.* (*Genet des teinturiers.*) —
Fleurs en grappes serrées, terminales; bractées foliacées, linéaires-
lancéolées, plus longues que les pédoncules pourvus en outre
de deux bractéoles. Calice à lèvre supérieure divisée jusqu'à sa
base en deux dents triangulaires et subulées; lèvre inférieure
divisée *jusqu'à sa base* en trois dents plus étroites et rapprochées.
Corolle à étendard brièvement onguiculé, à limbe ovale-arrondi
à la base, dressé, égalant la carêne. Gousse linéaire, comprimée,
droite ou un peu courbée, *glabre*, noircissant à la maturité.
Graines 6-12, arrondies, comprimées, lisses, brunes, échancrées
à l'ombilic. Feuilles sessiles, lancéolées ou linéaires-lancéolées ;
stipules petites, subulées. Tige *ligneuse*, striée, dressée ou
ascendante, très-rameuse et très-feuillée ; rameaux *non ailés*.
— Plante peu velue ; fleurs jaunes.

Commun ; bords des bois, dans tous les terrains. ђ. Juin-juillet.

4. G. germanica *L. Sp. 999.* (*Genet d'Allemagne.*) —
Fleurs disposées en grappes au sommet des rameaux ; bractées à
peine visibles, toujours plus courtes que les pédoncules. Calice
à lèvre supérieure divisée jusqu'à sa base en deux dents lancéolées, très-aiguës ; lèvre inférieure *divisée jusqu'au milieu* en
trois dents plus étroites. Corolle à étendard brièvement onguiculé,

à limbe ovale, en cœur à la base, d'abord dressé, puis renversé en arrière, beaucoup plus court que la carène. Gousse ovale-oblongue, comprimée, *velue*, noircissant à la maturité. Graines 2 ou 3, arrondies, comprimées, lisses, olivâtres, un peu échancrées à l'ombilic. Feuilles lancéolées, très-brièvement pétiolées, sans stipules. Tige *ligneuse*, dressée ou ascendante, nue à la base, très-rameuse et très-feuillée vers le sommet, *pourvue d'épines* simples ou pinnatifides, courbées en dehors. — Plante très-velue, à fleurs jaunes, assez petites.

Assez commun dans les bois de la chaîne des Vosges sur le grès vosgien et le granit. Descend quelquefois dans la plaine : Rambervillers (*Billot*); Creutzwald (*Holandre*); Dieuze, à la forêt de Guermange et de Lindre (*Soyer-Willemet*). ♃. Mai-juin.

4. Cytisus *L.*

Calice tubuleux, *à deux lèvres divariquées;* la supérieure tronquée ou à deux dents; l'inférieure tridentée. Pétales très-inégaux; l'étendard à limbe ovale, dressé. Étamines monadelphes; filets non épaissis au sommet. Style *courbé au sommet;* stigmate *oblique.* Gousse linéaire-oblongue, comprimée, exserte. — Arbustes; feuilles trifoliolées ou unifoliolées.

Feuilles trifoliolées; tige dressée..... *C. Laburnum* (n° 1).
Feuilles unifoliolées : tiges couchées.. *C. decumbens* (n° 2).

1. C. Laburnum *L. Sp. 1041. (Cytise faux-ébénier.)* — Fleurs assez longuement pédonculées, disposées en grappes latérales *pendantes*, naissant au centre d'un faisceau de feuilles. Calice à tube tronqué et ombiliqué à la base, à lèvre supérieure bifide, l'inférieure plus longue, tridentée. Corolle à étendard dressé, arrondi et échancré au sommet. Gousse jaunâtre, couverte de poils appliqués, oblongue, bosselée sur les faces, stipitée. Graines ovoïdes, faiblement comprimées, brunes, munies à leur surface de petites fossettes irrégulières. Feuilles toutes pétiolées et *trifoliolées;* celles des jeunes rameaux alternes; celles des vieilles branches fasciculées; folioles elliptiques, entières, mucronulées, glabres en dessus, couvertes en dessous de poils appliqués. Tige *dressée*, très-rameuse au sommet. — Arbre dont les rameaux ont l'écorce lisse et verte; fleurs jaunes.

Bois montagneux. Nancy, à Boudonville, entre Maxéville et Champigneules; Liverdun; Château-Salins (*Léré*). Metz, à Vigneulle et à Saulny (*Holandre*). ♃. Avril-mai.

2. C. decumbens *Walp. Rep. 5, p. 504; Genista Halleri Reyn. Act. Laus. 1, p. 211; Godr. Fl. lorr., éd. 1, t. 1, p. 154. (Cytise couché.)* — Fleurs solitaires ou réunies 3 ou 4 au centre de faisceaux de feuilles, longuement pédonculées et formant une grappe *unilatérale.* Calice à lèvre supérieure *superficiellement bifide,* l'inférieure brièvement tridentée. Corolle à étendard brièvement onguiculé, à limbe largement ovale, un peu émarginé au sommet. Gousse linéaire-oblongue, comprimée, velue. Graines 3 à 7, arrondies, comprimées, lisses, olivâtres. Feuilles pétiolées, *unifoliolées,* à foliole oblongue-obovée, velue en dessous; stipules nulles. Tiges ligneuses, *couchées-diffuses,* striées dans le haut, très-feuillées, peu rameuses. — Arbuste couché sur la terre; fleurs jaunes.

Sur les coteaux du calcaire jurassique. Villers-le-Sec près de Toul. Metz, sur les côtes de Plappeville et de Lessy (*Holandre*), Mont-Saint-Quentin au-dessus de Scy (*de Marcilly*). Verdun, Moulainville. Commun à Neufchâteau (*de Baudot*). ♄. Mai-juillet.

5. Ononis *L.*

Calice tubuleux, *campanulé, non bilabié,* à cinq divisions profondes. Pétales inégaux; l'étendard à limbe grand, ovale, *étalé sur les côtés.* Etamines monadelphes; filets épaissis au sommet. Style *ascendant* à partir du milieu; stigmate *capité.* Gousse courte, enflée, exserte ou incluse.

1 { Pédoncules articulés et aristés......... *O. Natrix* (n° 1).
{ Pédoncules ni articulés, ni aristés..................... 2

2 { Calice plus court que la gousse; tiges dressées..........
{ .... *O. campestris* (n° 2).
{ Calice plus long que la gousse; tiges couchées, rampantes...
{ .... *O. procurrens* (n° 3).

1. O. Natrix *L. Sp. 1008. (Bugrane gluante.)* — Fleurs axillaires et solitaires, formant au sommet des rameaux une grappe feuillée; pédoncules *articulés et aristés.* Calice à dents étroites, longuement acuminées, presque égales, de moitié plus courtes que la gousse. Etendard à limbe presque orbiculaire. Style long, subulé, glabre. Gousse *linéaire-oblongue,* velue, jaunâtre. Graines 6-8, arrondies, olivâtres, finement tuberculeuses. Feuilles toutes pétiolées; les inférieures trifoliolées, les supérieures unifoliolées; folioles ovales ou ovales-oblongues, dentées dans leur moitié supérieure ; stipules ovales, acuminées, aiguës, ordinairement entières. Tiges frutescentes, dressées ou ascendantes, rameuses, *sans épines*. — Plante toute couverte de poils mous, étalés, articulés et de poils plus courts glanduleux ; fleurs grandes, d'un jaune vif, avec l'étendard élégamment veiné de pourpre.

Sur les coteaux du calcaire jurassique. Nancy, à Villers (*Suard*); Pont-à-Mousson (*Couteau*). Gorze (*Holandre*). Verdun, à la Côte-Saint-Michel, Haudonville, route de Metz et de Saint-Mihiel (*Doisy*); Saint-Mihiel (*Vincent*), côte Sainte-Marie, côte de Bar, Ménonville (*Warion*); Commercy, Bussy (*Maujean*). Neufchâteau (*Mougeot*). ♃. Juin-juillet.

2. **O. campestris** *Koch et Ziz, Cat. pl. palat. 22; O. spinosa Wallr. Sched., p. 379; Godr. Fl. lorr., éd. 1, t. 1, p. 156. (Bugrane champêtre.)* — Fleurs axillaires et solitaires dans la partie supérieure des rameaux ; pédoncules *non articulés ni aristés*. Calice à dents linéaires-lancéolées, presque égales, *plus courtes* que la gousse, à la fin étalées. Étendard à limbe presque orbiculaire. Style long, subulé, glabre. Gousse *ovale*, comprimée, velue, jaunâtre. Graines 1-3, arrondies, brunes, tuberculeuses. Feuilles inférieures trifoliolées ; les supérieures unifoliolées ; folioles oblongues, dentées au sommet, en coin et entières à la base ; stipules ovales, acuminées et dentées au sommet. Tiges frutescentes, *dressées*, très-rameuses, *munies d'un grand nombre d'épines*, dont les unes terminent les rameaux, les autres sont axillaires. Souche forte, simple, pénétrant verticalement en terre. — Plante non fétide, plus ou moins couverte de poils mous, articulés, étalés, ordinairement disposés sur une ou deux lignes le long des tiges et mêlés sur les calices et sur les feuilles de poils plus courts et glanduleux ; fleurs nombreuses, écartées, roses, élégamment veinées de pourpre ou blanches.

Commun ; lieux arides et pierreux, bords des chemins, dans tous les terrains. ♃. Juin-septembre.

2. **O. procurrens** *Wallr. Sched. 381; O. arvensis Willm. Phyt. 853. (Bugrane rampante.)* — Diffère de l'espèce précédente par les dents du calice *plus longues* que la gousse ; par ses folioles ovales ou arrondies, rarement en coin à la base ; par ses tiges nues, *radicantes et longuement rampantes* à la base, puis largement étalées ; par sa taille plus robuste, son aspect plus triste, son odeur fétide ; par ses poils glanduleux beaucoup plus nombreux.

α Genuina Nob. Rameaux pourvus d'épines.

β Mitis Koch, Deutsch. Fl. 5, p. 117. Rameaux dépourvus d'épines. *O. mitis Gmel. Fl. Bad. 3, p. 162.*

Commun ; champs calcaires et pierreux. ♃. Juin-juillet.

Trib. 2. VULNERARIEÆ *Godr. et Gren. Fl. de France, t. 1, p. 378.* — Etamines monadelphes. Gousse non articulée, uniloculaire. Cotylédons épigés. Feuilles imparipinnées.

6. ANTHYLLIS *L.*

Calice tubuleux, souvent accrescent et enflé, à 5 dents. Pétales inégaux ; l'étendard à limbe ovale, dressé ; carène obtuse. Etamines monadelphes ; filets épaissis au sommet. Style arqué ; stigmate capité. Gousse stipitée, ovoïde ou oblongue, incluse.

A. vulneraria *L. Sp. 1012. (Anthyllide vulnéraire.)* — Fleurs disposées en capitules solitaires ou géminés, terminaux et axillaires ; le pédoncule commun très-court, courbé en arc, portant les fleurs sur sa convexité, pourvu à sa base d'une bractée palmatifide, à 5 ou 7 lanières et à son sommet d'une seconde bractée trifide ; les pédicelles très-courts, munis d'une bractéole subulée, brunâtre. Calice à tube ovale-oblong, un peu comprimé latéralement ; dents très-inégales ; les trois inférieures plus courtes, lancéolées, subulées ; les deux supérieures ovales, soudées l'une à l'autre presque jusqu'au sommet. Etendard à limbe ovale, dressé, de moitié plus court que l'onglet. Gousse stipitée, monosperme, obovée, comprimée, veinée, brune. Graine ovoïde, lisse, olivâtre. Feuilles radicales munies de 1-3-5 folioles entières, dont la supérieure très-grande ; les caulinaires peu nombreuses, à 7-13 folioles ; stipules très-petites. Tiges nombreuses, simples, couchées ou ascendantes. — Plante toute couverte de poils courts, appliqués ; fleurs jaunes.

Commun ; prés secs, collines. ♃. Mai-juin.

Trib. 3. TRIFOLIEÆ *DC. Prodr. 2, p. 171.* — Etamines diadelphes. Gousse non articulée, uniloculaire. Cotylédons épigés. Feuilles trifoliolées.

7. MEDICAGO *L.*

Calice campanulé, quinquefide. Corolle *caduque ;* carène ob-

tuse. Etamines diadelphes ; filets *non épaissis* au sommet. Style filiforme. Gousse polysperme, rarement oligosperme, exserte, *courbée en rein, en faulx ou en hélice, indéhiscente ou s'ouvrant par le bord externe.*

Obs. Dans les espèces à gousse contournée en hélice, nous avons eu soin, comme nous l'avons fait dans la Flore de France, d'indiquer le sens dans lequel tourne cette courbe, l'observateur étant supposé placé au centre du fruit. MM. Soyer-Willemet et Gay ont rencontré quelques exceptions. Il en est de même, du reste, chez quelques espèces de Mollusques, appartenant au genre *Helix*, ce qui n'a pas empêché les zoologistes de considérer le sens dans lequel tourne la spire comme un caractère spécifique, et l'exception comme une anomalie. Il nous semble qu'il doit en être de même des fruits des luzernes ; car si on se fonde sur une monstruosité pour affaiblir ou même détruire la valeur d'un caractère spécifique, il est peu de ces caractères qui puissent résister à de semblables considérations, surtout dans le règne végétal où les faits tératologiques sont bien plus fréquents que chez les animaux. Les monstruosités n'affectent que l'individu et nullement l'espèce.

1 { Gousse non hérissée d'épines........................ 2
Gousse hérissée d'épines........................ 5

2 { Gousse réniforme................. *M. lupulina* (n° 1).
Gousse falciforme................. *M. falcata* (n° 2).
Gousse en cercle ou en hélice................. 3

3 { Fleurs en grappes fournies ; gousse plane sur les faces...... 4
Fleurs de 1 à 3 au sommet du pédoncule commun ; gousse concave sur une face, convexe de l'autre.............
.... *M. scutellata* (n° 5).

4 { Fleurs variant du jaune au violet ; tiges couchées à la base...
.... *M. falcato-sativa* (n° 3).
Fleurs violettes, jamais jaunes ; tiges dressées dès la base...
.... *M. sativa* (n° 4).

5 { Corolle ayant les ailes plus longues que la carène.........
.... *M. polycarpa* (n° 6).
Corolle ayant les ailes plus courtes que la carène......... 6

6 { Tiges couchées ; gousse munie d'un sillon au bord externe...
.... *M. maculata* (n° 7).
Tiges dressées ou étalées ; gousse à bord externe obtus, sans sillon......................... *M. minima* (n° 8).

1. M. lupulina *L. Sp. 1097 ; Melilotus lupulina Desv. Obs. pl. d'Angers, p. 166 ; Godr. Fl. lorr., éd. 1, t. 1, p. 168. (Luzerne lupuline.)* — Fleurs en petit *capitule serré, ovoïde-globuleux ;* pédicelles *plus longs* que le tube du calice. Calice à dents inégales, acuminées. Etendard beaucoup plus long que les ailes. Gousse *réniforme*, mono-bisperme, noircissant à la maturité, *convexe* sur les faces, *dépourvue d'épines et de nervure submarginale*, contournée à son sommet, réticulée-veinée. Graines ovoïdes, jaunâtres, munies d'un tubercule près de l'ombilic. Feuilles à folioles obovées, obtuses ou un peu échancrées, mucronulées, dentées dans leur moitié supérieure ; stipules ovales, acuminées, ordinairement munies à leur base de quelques dents, dont une plus saillante. — Plante peu velue ; à tiges grêles, un peu anguleuses, rameuses ; la tige centrale dressée, les latérales étalées ou couchées ; pédoncule commun plus long que les feuilles ; fleurs petites, jaunes.

α *Vulgaris Koch, Syn. 161.* Gousse glabre ou munie de poils appliqués.

β *Willdenowiana Koch, l. c.* Gousses munies de poils étalés, articulés, glanduleux. *Medicago Wildenowii Bœnningh. Fl. monast. 226.*

Commun dans tous les terrains. La var. α sur les coteaux calcaires. La var. β dans les prairies de la plaine. ☉. Mai-automne.

2. **M. falcata** *L. Sp. 1096. (Luzerne en faucille.)* — Fleurs en grappe courte, *subglobuleuse;* pédicelles *plus longs* que le tube du calice. Calice à dents subulées, égales. Etendard plus long que les ailes. Gousse linéaire, comprimée, *courbée en faulx* et un peu tordue sur elle-même, *plane* sur les faces, *dépourvue d'épines et de nervure submarginale*, finement réticulée-veinée et couverte de poils appliqués. Graines ovoïdes, jaunâtres, creusées à l'ombilic. Feuilles à folioles oblongues-obovées, souvent un peu échancrées, mucronées et dentées au sommet ; stipules ovales-lancéolées, subulées au sommet ; les inférieures pourvues à leur base d'un appendice aigu, réfléchi et souvent de quelques dents. Tiges dures, un peu anguleuses, rameuses, *couchées à la base*, redressées au sommet. — Plante un peu velue ; à pédoncule commun plus long que les feuilles ; fleurs jaunes.

Commun dans les prés secs, sur les coteaux arides, au bord des chemins, surtout dans les terrains calcaires et sur le lias. ♃. Juin-automne.

3. **M. falcato-sativa** *Rchb. Fl. excurs., p. 504; M. falcata β versicolor Godr. Fl. lorr., éd. 1, t. 1, p. 169; M. media Pers. Syn. 2, p. 356. (Luzerne hybride.)* — Se

distingue : 1° du *M. falcata* par sa gousse *courbée en cercle et formant un tour complet;* 2° du *M. sativa* par sa grappe plus courte et par ses tiges *couchées* à la base ; 3° de tous les deux par ses fleurs d'abord jaunes, puis verdâtres, ensuite violettes.

Assez commun en société des *M. falcata* et *sativa.* Nancy, Boudonville, Maxéville, Tomblaine, etc. Metz, sur les remparts de la ville ; Thionville (*Warion*). ♃. Juin-automne.

4. **M. sativa** *L. Sp. 1096.* (*Luzerne cultivée.*) — Fleurs en *grappe oblongue;* pédicelles *plus courts* que le tube du calice. Calice à dents subulées, égales. Etendard plus long que les ailes. Gousse *courbée en hélice,* tournant à droite et formant deux tours et demi, réticulée-veinée, *plane* sur les faces, *dépourvue d'épines et de nervure submarginale,* pubescente. Graines ovoïdes, creusées à l'ombilic. Feuilles à folioles elliptiques ou oblongues, dentées au sommet; stipules ovales, longuement acuminées. Tiges un peu anguleuses, rameuses, *dressées dès la base.* — Plante presque glabre; pédoncule commun plus long que les feuilles ; fleurs violettes ou bleuâtres.

Cultivé et souvent subspontané. ♃. Juin-automne.

5. **M. scutellata** *All. Ped. 1155.* (*Luzerne à scutelles.*) — Pédoncule commun *aristé,* portant une à trois fleurs ; pédicelles *plus courts* que le tube du calice. Calice à dents lancéolées, subulées, égales. Etendard beaucoup plus long que les ailes. Gousse *convexe inférieurement, concave supérieurement, dépourvue d'épines et de nervure submarginale,* réticulée-veinée, velue-glanduleuse, *contournée en hélice,* tournant à droite et formant 6 tours étroitement appliqués, à bord mince. Graines jaunâtres, grosses, réniformes, fortement échancrées à l'ombilic. Feuilles à folioles obovées, pourvues de dents très-aiguës dans leur moitié supérieure; stipules ovales, acuminées, dentées. Tiges un peu anguleuses, étalées ou couchées, simples ou rameuses. — Plante velue-glanduleuse; à pédoncules communs plus courts que les feuilles ; à fleurs jaunes, l'étendard pourvu d'une ligne brune.

Très-rare ; seulement dans les luzernes ou les moissons et par conséquent introduit. Nancy, à Bouxières-aux-Dames (*Suard*). Dans les Vosges (*Mougeot*). ☉. Mai-juin.

6. **M. polycarpa** *Willd. Enum. hort. berol. suppl., p. 52.* (*Luzerne à fruits nombreux*). — Pédoncule commun *non aristé,*

portant de 3 à 10 fleurs. Etendard beaucoup plus long que les ailes ; celles-ci *plus longues* que la carène. Gousse *plane* sur les faces, *pourvue d'un double rang d'épines ou de tubercules et d'une nervure submarginale, fortement réticulée*, noircissant à la maturité, *contournée en hélice*, tournant à droite et formant de 2 à 4 tours lâchement appliqués ; épines larges et comprimées à la base, munies de chaque côté d'une dépression longitudinale. Graines jaunâtres, réniformes, fortement échancrées à l'ombilic. Feuilles à folioles obovées ou en cœur renversé, mucronées et crénelées au sommet ; stipules dentées ou laciniées, à dents *sétacées*. Tiges couchées, rameuses. — Plante glabre ; pédoncules grêles, plus courts que les feuilles au moment de la floraison ; fleurs petites, jaunes.

α *Vulgaris Bentham, Cat. Pyr., p. 101.* Epines du fruit terminées en crochet, et égalant la moitié du diamètre de la gousse. *M. denticulata Willd. Sp. 3, p. 1414.*

β *Brevispina Bentham, l. c.* Epines du fruit droites, plus courtes que dans la var. précédente. *M. apiculata Willd. Sp. 3, p. 1414.*

γ *Tuberculata Godr. et Gren. Fl. de France, t. 1, p. 390.* Epines du fruit réduites à de simples tubercules.

Moissons des terrains argilo-calcaires. Nancy, à Tomblaine, Pont-d'Essey, la Malgrange, la Poudrerie, Bouxières-aux-Dames (*Soyer-Willemet*) ; Toul. Metz, ferme de la Maxe, Borny, Woippy (*Holandre*) ; Pommerieux. Verdun (*Doisy*). Neufchâteau (*Mougeot*). ☉. Mai-juin.

7. M. maculata *Willd. Sp. 3, p. 1412.* (*Luzerne tachée.*) — Pédoncule commun *aristé*, portant de 2 à 5 fleurs. Etendard beaucoup plus long que les ailes ; celles-ci *plus courtes* que la carène. Gousse *plane* sur les faces, qui deviennent blanchâtres à la maturité, *pourvue d'un double rang d'épines et d'une nervure submarginale, finement veinée, contournée en hélice*, tournant à droite et formant 4 à 5 tours lâchement appliqués ; épines comprimées à la base, arquées, pourvues de chaque côté d'une dépression longitudinale. Graines jaunâtres, réniformes, échancrées à l'ombilic. Feuilles à folioles largement obovées-en-coin, mucronées, finement crénelées au sommet, quelquefois échancrées, plus souvent comme tronquées et presque triangulaires ; stipules dentées-laciniées, à dents *lancéolées, subulées*. Tiges couchées, rameuses. — Se distingue en outre de la précédente espèce par les poils fins, mous, articulés qui recouvrent la tige, les pétioles et les pédoncules ; par ses folioles aussi larges que longues, ordinairement marquées d'une tache noire à leur centre ; par ses graines dont l'échancrure est placée non pas au milieu, mais plus près d'une des extrémités.

Prairies des terrains argilo-calcaires. Nancy, à Tomblaine, Essey, Malzéville, la Malgrange, Rosières (*Soyer-Willemet*) ; Pont-à-Mousson (*Léré*) ; Dieuze. Metz, fossés de la citadelle (*Taillefert*), au Saulcy, Ban-St-Martin (*Holandre*) ; Thionville (*de Marcilly*). Verdun (*Doisy*). Neufchâteau (*Mougeot*). ⊙. Mai-juin.

8. M. minima *Lam. Dict. 3, p. 636. (Luzerne naine.)* — Pédoncule commun *aristé*, portant de 2 à 5 fleurs. Etendard beaucoup plus long que les ailes ; celles-ci *plus courtes* que la carène. Gousse *plane et lisse* sur les faces, *jaunâtre* à la maturité, *pourvue d'un double rang d'épines et d'une nervure submarginale*, *contournée en hélice*, tournant à droite et formant 3 à 5 tours ; épines très-larges et comprimées à la base, courbées en crochet, pourvues de chaque côté d'une dépression longitudinale. Graines jaunâtres, réniformes, échancrées à l'ombilic. Feuilles à folioles obovées, dentelées au sommet ; stipules ovales, aiguës ; les supérieures *entières*. Tiges dressées ou étalées. — Plante couverte de poils blancs, appliqués, non articulés ; fleurs jaunes, petites.

Rare. Nancy, à Dieulouard (*Troup*) ; remparts de Phalsbourg (*de Baudot*). Metz, au Saulcy, Sablon, Montigny, Bloury, la Grange-aux-Ormes (*Holandre*), mont Saint-Quentin au-dessus de Fey (*de Marcilly*). Commercy, au champ de manœuvre (*Maujean*). ⊙. Mai-juin.

8. MELILOTUS *Tourn.*

Calice campanulé, quinquefide. Corolle *caduque ;* carène *obtuse.* Etamines diadelphes ; filets *non épaissis* au sommet. Style filiforme. Gousse mono-tétrasperme, exserte, *ovoïde ou oblongue, droite, indéhiscente.*

1 { Pétales égaux ; gousse munie de poils appliqués............
.... *M. macrorhiza* (n° 1).
Pétales inégaux ; gousse glabre........................ 2

2 { Fleurs blanches....................... *M. alba* (n° 2).
Fleurs jaunes. 3

3 { Corolle ayant les ailes plus longues que la carène ; fleurs en longues grappes lâches........... *M. officinalis* (n° 3).
Corolle ayant les ailes égales à la carène ; fleurs en grappe courte et serrée............... *M. parviflora* (n° 4).

1. M. macrorhiza *Pers. Syn. 2, p. 348; M. officinalis DC! Prod. 2, p. 186. (Mélilot à grosse racine.)* — Fleurs en longues grappes pédonculées. Calice campanulé. Pétales *égaux.* Gousse *brièvement stipitée*, obovée, comprimée sur les bords, réticulée, noircissant à la maturité, à bord supérieur relevé en carène *aiguë*, munie de *poils appliqués.* Graines une ou deux, brunes, finement tuberculeuses (à une forte loupe), à ombilic fortement creusé. Feuilles moyennes à folioles elliptiques-oblongues; stipules toutes sétacées. Tiges dressées, rameuses. Souche longue et épaisse. — Fleurs toujours jaunes, odorantes.

α *Genuina Nob.* Folioles à dents aiguës; étendard veiné. *Trifolium macrorhizum Waldst. et Kit. Pl. rar. Hung. 1, tab. 26.*

β *Palustris Koch, Syn. 166.* Folioles à dents très-courtes; étendard non veiné. *Trifolium palustre Waldst. et Kit. l. c.*

Lieux humides, bords des ruisseaux et des rivières, surtout dans les terrains argileux. ☉. Juillet-septembre.

2. M. alba *Lam. Dict. 4, p. 63; M. leucantha DC. Fl. fr. 5, p. 564. (Mélilot blanc.)* — Fleurs en longues grappes pédonculées. Calice campanulé. Etendard *plus long* que les ailes; celles-ci *égalant* la carène. Gousse *sessile*, obovée, à bord supérieur *obtus*, réticulée, *glabre*, devenant brune à la maturité. Graines une ou deux, brunes, lisses, à ombilic à peine creusé. Feuilles moyennes à folioles oblongues-obovées, obtuses, dentées; stipules toutes sétacées. Tiges dressées, rameuses. Racine pivotante. — Fleurs toujours blanches, inodores.

Assez rare; prairies. Nancy, à Jarville, Tomblaine (*Monnier*); Dombasle, Rosières (*Suard*); Pont-à-Mousson (*Léré*); Château-Salins (*Léré*). Metz (*Holandre*), vallée de Mance, Arnaville, Gorze, Magny (*Monard et Taillefert*), au Sablon (*l'abbé Cordonnier*). Commercy, Euville, Vertuscy (*Maujean*); Saint-Mihiel (*Léré*). Neufchâteau (*Mougeot*). ☉. Juillet-septembre.

3. M. officinalis *Lam. Dict. 4, p. 63; M. diffusa DC. Fl. fr. 5, p. 664. (Mélilot officinal.)* — Fleurs en longues grappes pédonculées. Calice un peu bossu à la base. Etendard *plus long* que les ailes; celles-ci *dépassant* la carène. Gousse *brièvement stipitée*, ovale, à bord supérieur *obtus*, ridée transversalement, *glabre*, verdâtre à la maturité. Graines une ou deux, olivâtres, lisses, à ombilic à peine creusé. Feuilles moyennes à folioles obovées, obtuses, dentelées; stipules inférieures lancéolées, subulées, entières ou quelquefois dentées. Tiges dressées, très-rameuses. Racine pivotante. — Se distingue en outre de la précédente espèce par ses tiges plus grêles, par ses feuilles plus courtes et plus larges; fleurs odorantes, jaunes.

Commun dans les moissons, le long des chemins, dans tous les terrains. ☉. Juillet-septembre.

4. M. parviflora *Desf. Atl. 2, p. 192. (Mélilot à petites fleurs.)* — Fleurs en grappes courtes, serrées, pédonculées. Calice campanulé. Etendard *un peu plus long* que les ailes; celles-ci *égalant* la carène. Gousse *sessile*, globuleuse, à bord supérieur obtus, réticulée-rugueuse, *glabre*. Graines une ou deux, ovoïdes, finement tuberculeuses. Feuilles inférieures à folioles obovées et presque entières; les supérieures à folioles rhomboïdales et dentées; stipules acuminées, subulées, quelquefois dentelées à la base. Tiges dressées, rameuses, grêles. Racine pivotante. — Fleurs jaunes, très-petites.

Exclusivement dans les luzernes et par conséquent introduite. Rambervillers (*Billot*). ☉. Juin-juillet.

9. Trifolium *L.*

Calice campanulé, quinquefide. Corolle *marcescente; carène obtuse*. Etamines diadelphes; filets *faiblement épaissis* au sommet. Style filiforme. Gousse mono-tétrasperme, incluse, *ovoïde ou oblongue, indéhiscente ou se rompant irrégulièrement.*

1 { Calice à tube resserré et velu à la gorge................ 2
  { Calice à tube ouvert et glabre à la gorge............... 9

2 { Tube du calice muni de 10 nervures..................... 3
  { Tube du calice muni de 20 nervures..................... 8

3 { Calice à dents égales............................... 4
  { Calice à dents inégales............................. 5

4 { Calice à dents plumeuses et plus longues que la corolle.....
  { .... *T. arvense* (n° 1).
  { Calice à dents velues et plus courtes que la corolle........
  { .... *T. incarnatum* (n° 2).

5 { Calice à tube ventru à la maturité...... *T. striatum* (n° 3).
  { Calice à tube non ventru............................. 6

6 { Fleurs jaunâtres.............. *T. ochroleucum* (n° 4).
  { Fleurs purpurines ou blanches....................... 7

7 { Etendard aigu ; tiges couchées......... *T. medium* (n° 5).
Etendard échancré ; tiges dressées..... *T. pratense* (n° 6).

8 { Grappe globuleuse ; dent inférieure du calice de moitié moins
longue que la corolle.............. *T. alpestre* (n° 7).
Grappe oblongue ; dent inférieure du calice égalant la corolle.
.... *T. rubens* (n° 8).

9 { Fleurs sessiles, non réfléchies........................ 10
Fleurs pédicellées, à la fin réfléchies.................. 11

10 { Calice non vésiculeux ; tiges ascendantes. *T. montanum* (n° 9).
Calice vésiculeux ; tiges rampantes.. *T. fragiferum* (n° 10).

11 { Fleurs blanches ou rosées ; gousses sessiles.............. 12
Fleurs jaunes ; gousses stipitées...................... 13

12 { Calice à dents supérieures contiguës ; tiges rampantes......
.... *T. repens* (n° 11).
Calice à dents supérieures séparées par un sinus arrondi ; tiges
ascendantes.................. .. *T. elegans* (n° 12).

13 { Fleurs en capitules serrés ; étendard plissé.............. 14
Fleurs en capitules lâches ; étendard lisse..............
.... *T. procumbens* (n° 15).

14 { Feuilles à folioles également pétiolulées ; rameaux dressés...
.... *T. aureum* (n° 13).
Feuilles à foliole terminale plus longuement pétiolulée que les
latérales ; rameaux divariqués..... *T. agrarium* (n° 14).

1. T. arvense *L. Sp. 1083. (Trèfle des champs.)* — Fleurs sessiles, réunies en capitules solitaires, à la fin oblongs-cylindriques, pédonculés. Calice à tube *resserré et velu* à la gorge, pourvu de *dix* nervures, à dents *égales*, finement subulées, plumeuses, *plus longues* que le tube et que *la corolle*, *étalées* à la maturité. Gousse sessile, monosperme, subglobuleuse, à parois minces et ordinairement déchirées par le développement de la graine. Graine ovoïde, jaune-verdâtre. Feuilles à folioles étroites, atténuées à la base ; celles des feuilles supérieures dentées et mucronées au sommet ; stipules se terminant par une *pointe finement sétacée*. Tige dressée, très-rameuse. Racine mince et simple. — Plante grêle, d'un vert blanchâtre, mollement velue ; à feuilles brièvement pétiolées ; à capitules très-velus et très-nombreux ; à fleurs petites, d'abord blanches, puis rosées.

Très-commun dans tous les terrains. ⊙. Juillet-septembre.

2. T. incarnatum *L. Sp. 1083. (Trèfle incarnat.)* —

Fleurs sessiles, réunies en capitules solitaires, ovales-oblongs, pédonculés. Calice à tube *resserré et velu* à la gorge, pourvu de *dix* nervures, à dents *égales*, roides, lancéolées, subulées, plus longues que le tube, mais *plus courtes que la corolle*, à la fin *étalées en étoile*. Gousse sessile, ovoïde, monosperme, s'ouvrant par un opercule. Graine ovalaire, jaunâtre. Feuilles à folioles obovées-cunéiformes, entières ou crénelées sur les bords ; stipules ovales, *obtuses ou un peu aiguës*, dentelées. Tige dressée, peu feuillée, simple. Racine grêle, fusiforme. — Plante d'un vert clair, velue ; à feuilles molles, assez longuement pétiolées ; à stipules souvent bordées de violet ; à fleurs d'un rouge éclatant dans la plante cultivée, blanches ou rosées (*T. Molinieri Balbis*, *Cat. Hort. taur. 1813*) dans la plante spontanée.

Prairies. Nancy, à Tomblaine (*Soyer-Willemet*) ; Bouxières-aux-Dames ; Pont-à-Mousson (*Léré*) ; Pompey (*Monard*). Metz, au Saulcy (*Holandre*), Frescati ; Forbach (*Warion*) ; Saint-Avold (*Taillefert*). Bar-le-Duc (*Maujean*). Vallée de la Moselle près d'Epinal (*Mougeot*). ☉. Juin-juillet.

3. **T. striatum** *L. Sp. 1068.* (*Trèfle strié.*) — Fleurs sessiles, réunies en capitules oblongs, à la fin cylindriques, solitaires, sessiles, terminaux ou axillaires. Calice à tube *ventru* à la maturité, *resserré et velu* à la gorge, pourvu de *dix* nervures, à dents *inégales*, sétacées, roides, un peu élargies à la base, à la fin *étalées ;* l'inférieure plus longue, n'égalant pas le tube. Gousse sessile, subglobuleuse, monosperme, à parois minces, ordinairement déchirées par le développement de la graine. Graine ovoïde, luisante, jaunâtre. Feuilles supérieures à folioles obovées-en-coin, dentelées et souvent mucronées au sommet ; les inférieures à folioles en cœur renversé ; la partie libre des stipules ovale, *brusquement terminée* par une pointe sétacée et *dressée*. Tiges flexueuses, se divisant en rameaux courts. Racine grêle et simple. — Plante d'un vert blanchâtre, mollement velue ; fleurs petites, rosées.

Peu commun ; prairies. Nancy, à Tomblaine, Montaigu (*Suard*) ; Roville (*Bard*) ; Pont-à-Mousson (*Léré*). Metz, au Saulcy, Lessy, Frescati (*Holandre*). Epinal ; Neufchâteau (*Mougeot*). ☉. Juin-juillet.

4. **T. ochroleucum** *L. Syst. 3, p. 233.* (*Trèfle jaunâtre.*) — Fleurs sessiles, réunies en capitules solitaires, globuleux, ensuite ovoïdes, sessiles ou pédonculés. Calice à tube *resserré et velu* à la gorge, pourvu de *dix* nervures, à dents *inégales*,

sétacées ; l'inférieure plus longue, *courbée en dehors* à la maturité, égalant le tube et atteignant à peine la moitié de la corolle. Gousse sessile, obovée, sillonnée à la base, monosperme, s'ouvrant par un opercule. Graine ovoïde, brune. Feuilles caulinaires à folioles elliptiques, entières sur les bords ; les radicales à folioles obovées, échancrées au sommet ; la partie libre des stipules étroitement *lancéolée, subulée, dressée.* Tiges couchées à la base, puis redressées, peu feuillées, simples ou rameuses. Souche épaisse, rameuse. — Plante mollement velue, d'un vert blanchâtre, gazonnante ; à feuilles molles ; à fleurs jaunâtres.

Peu commun ; prés secs. Nancy, à Saint-Charles, la Chartreuse, Tomblaine, Heillecourt (*Soyer-Willemet*), bois de Boudonville ; Toul, Chaudeney (*Husson et Gély*) ; Pont-à-Mousson ; Lunéville (*Guibal*) ; Château-Salins (*Léré*) ; Sarrebourg (*de Baudot*). Metz, à Jouy, Frescati, Moyeuvre (*Holandre*), la Maxe (*Monard*) ; Sarreguemines ; Sarralbe, Rémering (*Box*). Bar-le-Duc (*Humbert*). Rambervillers (*Billot*) ; Dompaire (*docteur Berher*). ♃. Juin-juillet.

5. **T. medium** *L. Fl. suec. ed. 2, p. 558.* (*Trèfle intermédiaire.*) — Fleurs sessiles, réunies en capitules solitaires, plus rarement géminés, globuleux, ordinairement pédonculés. Calice à tube *resserré et velu* à la gorge, pourvu de *dix* nervures, à dents *inégales*, sétacées, *dressées* à la maturité ; les deux latérales de la longueur du tube ; l'inférieure de moitié moins longue que la corolle. Gousse sessile, obovée, bivalve, monosperme. Graine ovoïde, jaunâtre. Feuilles à folioles elliptiques, élégamment veinées, munies de dentelures obtuses et à peine visibles ; la partie libre des stipules *lancéolée, aiguë*, entière, *écartée* du pétiole. Tiges flexueuses, étalées ou couchées, rameuses. Souche rampante. — Diffère en outre de l'espèce suivante par ses feuilles glauques en dessous ; par ses stipules herbacées ; par ses fleurs plus grandes, en capitules plus lâches ; par son calice à tube glabre ; fleurs purpurines.

Commun dans les bois, surtout dans les terrains calcaires ou argileux. ♃. Juin-juillet.

6. **T. pratense** *L. Sp. 1082.* (*Trèfle des prés.*) — Fleurs sessiles, réunies en capitules solitaires ou géminés, globuleux, paraissant sessiles à l'aisselle des deux feuilles supérieures opposées, ou évidemment pédonculés. Calice à tube *resserré et velu* à la gorge, pourvu de *dix* nervures, à dents *inégales*, sétacées, *dressées* à la maturité ; les quatre supérieures de la longueur du

tube, l'inférieure de moitié moins longue que la corolle. Gousse sessile, obovée, mono-bisperme, s'ouvrant par un opercule. Graine ovoïde, brunâtre. Feuilles à folioles ordinairement ovales, toujours entières ; celles des feuilles inférieures souvent en cœur renversé et plus petites (*T. heterophyllum Lej. Rev., p. 158*); la partie libre des stipules *brusquement terminée* par une pointe sétacée et *appliquée*. Tige dressée, pleine ou fistuleuse, simple ou rameuse. Souche rameuse. — Plante presque glabre, gazonnante, plus robuste lorsqu'elle est cultivée (*T. sativum Rchb. Fl. exc. 494*); à stipules membraneuses, blanchâtres, veinées de vert ou de violet ; à feuilles molles, couvertes en dessous de poils appliqués, et munies souvent en dessus d'une tache blanchâtre et semi-lunaire sur chaque foliole ; à fleurs purpurines, plus rarement blanches.

Commun dans les prairies de tous les terrains ; cultivé partout. ☉. Mai-septembre.

7. T. alpestre *L. Sp. 1082.* (*Trèfle alpestre.*) — Fleurs sessiles, réunies en capitules solitaires, plus rarement géminés, *globuleux*, paraissant sessiles à l'aisselle des deux feuilles supérieures opposées. Calice à tube *resserré et velu* à la gorge, pourvu de *vingt* nervures, à dents *très-inégales*, sétacées, dressées à la maturité ; les deux latérales *de la longueur* du tube, l'inférieure *de moitié moins longue* que la corolle. Gousse sessile, obovée, bivalve, mono-bisperme. Graine ovoïde, jaunâtre. Feuilles à folioles oblongues-lancéolées, élégamment veinées, munies de dentelures *obtuses et à peine visibles;* la partie libre des stipules *subulée*, entière. Tige dressée, roide, toujours simple. Souche rameuse. — Plante couverte de poils mous; à fleurs pourpres, plus rarement blanches (*T. alpestre, β bicolor Rchb. Fl. exc. 495*).

Commun dans les bois du calcaire jurassique. Nancy. Metz. Verdun ; Commercy. Neufchâteau. Plus rare sur le grès vosgien ; Bitche (*Schultz*). ♃. Juin-août.

8. T. rubens *L. Sp. 1081.* (*Trèfle rougeâtre.*) — Fleurs sessiles, réunies en capitules le plus souvent géminés, *oblongs*, ordinairement pédonculés. Calice à tube *resserré et velu* à la gorge, pourvu de *vingt* nervures, à dents *très-inégales*, sétacées, dressées à la maturité ; les deux latérales *plus courtes* que le tube, l'inférieure *égalant* la corolle. Gousse sessile, obovée, bivalve, mono-bisperme. Graine ovoïde, lisse, jaunâtre. Feuilles à folioles oblongues-lancéolées, élégamment veinées, munies dans leur pourtour de petites dents *cuspidées et courbées* à leur sommet ; la partie libre des stipules *lancéolée, acuminée* et dentelée. Tige dressée, roide. Souche brièvement rameuse. — Plante plus robuste que la précédente ; à feuilles plus coriaces, plus brièvement pétiolées, glabres ainsi que la tige ; dents du calice hérissées de poils longs et étalés ; fleurs pourpres et grandes.

Commun dans les bois du calcaire jurassique. ♃. Juin-juillet.

9. T. montanum *L. Sp. 1087. (Trèfle de montagne.)* — Fleurs sessiles, *à la fin réfléchies*, disposées en capitules serrés, d'abord globuleux, puis ovoïdes. Calice à tube *élargi et glabre* à la gorge, *non vésiculeux*, à dents *inégales*, lancéolées, subulées, vertes, presque égales. Gousse sessile, barbue au sommet, ellipsoïde, mono-bisperme. Graines jaunes ou brunâtres. Feuilles coriaces ; les supérieures sessiles ; toutes à folioles oblongues-elliptiques, munies de dentelures subulées et dirigées vers le sommet ; stipules étroites, brièvement engaînantes, lancéolées, subulées. Tiges *ascendantes*, sillonnées. Souche épaisse et longue. — Plante velue, blanchâtre, peu rameuse ; à fleurs petites, blanches.

Prés montagneux ; bords des bois. Rare sur le calcaire jurassique. Nancy, à Vandœuvre, Laxou (*Soyer-Willemet*), Bouxières-aux-Dames, Pont-à-Mousson (*Léré*). Metz, à Lorry, Châtel, Vaux, Ars (*Holandre*), Gorze, Pagny-sous-Prény (*Taillefert*), les Genivaux (*Monard*) ; Sarralbe, Schattenhof (*Box*). Verdun, au bois de la Renarderie, de Sommedieu, de Saint-Michel (*Doisy*) ; Saint-Mihiel (*Warion*). Neufchâteau (*Mougeot*). Plus commun sur le grès à Bitche, à Sarrebourg et dans le reste de la chaîne des Vosges. ♃. Mai-juillet.

10. T. fragiferum *L. Sp. 1086. (Trèfle fraise.)* — Fleurs *brièvement pédicellées*, réunies en capitules tous axillaires, serrés, d'abord hémisphériques, puis globuleux, munis d'un involucre monophylle multifide. Calice *à deux lèvres*, la supérieure velue, réticulée-veinée, disposée en casque et à la fin *renflée en vésicule*, à 2 dents subulées et dirigées en bas ; lèvre inférieure tridentée. Gousse sessile, irrégulièrement ovoïde, comprimée, bivalve, mono-bisperme. Graines arrondies, jaunes ou brunâtres. Feuilles à folioles ovales, obtuses ou émarginées, munies vers le sommet de dentelures à peine visibles et vers la base de dents subulées et incombantes ; stipules grandes, engaînantes, lancéolées, subulées. Tige *rampante*. — Plante à peine velue ; à feuilles toutes longuement pétiolées ; à folioles fortement veinées sur les bords ; à capitules grossissant beaucoup à la maturité, élégamment réticulés-veinés, blancs ou rougeâtres, ressemblant à une fraise ; à fleurs roses, quelquefois blanches.

Commun ; prairies, bords des chemins, dans tous les terrains. ♃. Juin-octobre.

11. T. repens *L. Sp. 1080.* (*Trèfle rampant.*) — Fleurs *longuement pédicellées, à la fin réfléchies*, réunies en capitules lâches, presque globuleux. Calice à tube *élargi et glabre* à la gorge, *non bilabié*, muni de *dix* nervures, à dents lancéolées, subulées, blanches et membraneuses ; les deux supérieures un peu plus longues, *contiguës*, égalant le tube. Gousse sessile, linéaire, un peu atténuée à la base, bosselée, comprimée. Graines 3 ou 4, brunâtres. Feuilles à folioles obovées ou rhomboïdales, obtuses ou faiblement émarginées, munies de dents subulées, d'autant plus longues qu'elles sont plus inférieures ; stipules longuement engaînantes, brusquement subulées. Tige *rampante*. — Plante glabre ; à feuilles toutes longuement pétiolées ; à pédoncules longs, axillaires, fortement sillonnés ; à fleurs blanches, quelquefois un peu rosées.

Commun ; prairies, dans tous les terrains. ♃. Mai-automne.

12. T. elegans *Savi ! Bot. etrusc. 4, p. 42 ; T. hybridum Willm. Phyt. 904, non L.* (*Trèfle élégant.*) — Fleurs *longuement pédicellées, à la fin réfléchies*, réunies en capitules lâches, presque globuleux. Calice à tube *élargi et glabre* à la gorge, muni de *cinq* nervures, à dents subulées, vertes ; les deux supérieures un peu plus longues, *séparées par un sinus arrondi*, plus longues que le tube. Gousse sessile, linéaire, comprimée, trois fois plus longue que large. Graines 2 ou 3, lenticulaires, échancrées. Feuilles à folioles obovées ou rhomboïdales, obtuses ou faiblement émarginées, munies de chaque côté de 40 dents subulées et d'autant plus longues qu'elles sont plus inférieures ; stipules brièvement engaînantes, lancéolées, subulées, souvent dentées. Tiges *couchées inférieurement, puis redressées*. — Plante presque glabre, rameuse ; à feuilles supérieures brièvement pétiolées ; à fleurs roses et à capitules plus petits que dans l'espèce précédente.

Prés et bords des bois. Nancy, sur l'alluvion recouvrant le lias à

Tomblaine, Montaigu, Heillecourt (*Soyer-Willemet*); forêt de Haie;
Lunéville; Pont-à-Mousson (*Holandre*); commun sur le muschelkalk à
Sarrebourg, et à Saint-Quirin (*de Baudot*). Bitche sur le muschelkalk,
Schweyen, Mittelbach, Wattweiler, à la ferme de Schatz (*Schultz*). Woël
dans la Meuse (*Warion*). Mirecourt (*de Baudot*); Rambervillers (*Billot*);
Epinal (*docteur Berher*). ♃. Juin-juillet.

Obs. Pour comprendre les dénominations données aux espèces qui
suivent, il faut consulter le travail que j'ai publié avec M. Soyer-Willemet
(*Mémoires de l'Académie de Stanislas, pour 1846, page 195*) sur
les Trèfles de la section *Chronosemium* et les nouvelles observations
sur le même sujet insérées dans le même recueil (*Mémoires de l'Académie de Stanislas, pour 1852, p. 124*), par M. Soyer-Willemet seul.

13. T. aureum *Poll. Fl. palat. 2, p. 344; T. agrarium
Schreb. ap. Sturm, Fl. germ. 16; Godr. Fl. lorr., éd. 1, t.
1, p. 165, non L. (Trèfle doré.)* — Fleurs *pédicellées, réfléchies,* réunies en capitules multiflores, *serrés,* ovales-globuleux.
Calice à tube *ouvert et glabre* à la gorge, muni de *cinq* nervures,
à dents toutes lancéolées-linéaires, *très-inégales;* les deux supérieures plus courtes. Etendard *strié,* largement obové, émarginé,
à la fin étalé *et courbé en cuillère;* ailes *divergentes.* Gousse
stipitée, ovoïde, monosperme. Graine arrondie, jaunâtre. Feuilles
à folioles rhomboïdales, obtuses ou émarginées, dentelées dans
leur moitié supérieure, très-brièvement mais *également* pétiolulées; stipules à base *étroite,* longuement soudées au pétiole,
lancéolées, très-aiguës. Tiges droites, dressées, rameuses, à rameaux dressés. — Fleurs jaunes, puis brunes et luisantes.

Bois et pâturages montagneux. Nancy, bois de Boudonville; Roville
(*Soyer-Willemet*); côte de Delme, Château-Salins, Pont-à-Mousson
(*Léré*); Sarrebourg (*de Baudot*). Metz, à Woippy, Borny (*Holandre*);
les Etangs, Gorze, St-Avold (*Taillefert* et *Monard*); Hayange; Bitche
(*Schultz*). Epinal, Bruyères, Mirecourt (*Mougeot*), Gérardmer (*Berher*),
Rambervillers (*Billot*). ♃. Juin-juillet.

14. T. agrarium *L. Sp. 1087; T. procumbens Sm. Fl.
brit. 792; Godr. Fl. lorr., éd. 1, t. 1, p. 165, non L.
(Trèfle des champs.)* — Fleurs *pédicellées, réfléchies,* réunies
en capitules de 40 fleurs environ, *serrés,* ovales ou arrondis.
Calice à tube *ouvert et glabre* à la gorge, muni de *cinq* nervures,
à dents *très-inégales;* les trois inférieures lancéolées, subulées;
les deux supérieures courtes, presque triangulaires. Etendard
strié, largement obové, émarginé, à la fin étalé et *courbé en
cuillère;* ailes divergentes. Gousse et graine comme dans l'es-

pèce précédente. Feuilles à folioles obovées-cunéiformes, obtuses ou émarginées, dentelées dans leur moitié supérieure; la moyenne *plus longuement* pétiolulée; stipules demi-ovales, aiguës, à *base large* et arrondie, brièvement soudées au pétiole. Tiges dressées, rameuses; rameaux divergents. — Diffère en outre de la précédente espèce par son port moins robuste; par ses stipules beaucoup plus courtes; par ses fleurs et ses capitules plus petits.

α *Majus Koch, Syn. 175.* Capitules assez gros; fleurs d'un jaune vif; pédoncule égalant la feuille. *T. campestre Schreb. ap. Sturm, Fl. germ. 16.*

β *Minus Koch, l. c.* Capitules de moitié plus petits; fleurs d'un jaune pâle; pédoncule une fois plus long que la feuille. *T. procumbens Schreb. l. c.*

Très-commun dans les champs, les prés de tous les terrains. ⊙. Mai-automne.

15. T. procumbens *L. Sp. 1088; T. filiforme DC. Fl. fr. 4, p. 556; Godr. Fl. lorr., éd. 1, t. 1, p. 165, non L. (Trèfle couché.)* — Fleurs *pédicellées, réfléchies,* réunies en capitules de dix fleurs au moins, *très-lâches,* hémisphériques. Calice à tube *ouvert et glabre* à la gorge, à dents *très-inégales,* toutes lancéolées-linéaires; les deux supérieures très-courtes. Etendard *lisse,* oblong, *plié en deux;* ailes *parallèles.* Gousse stipitée, obovée, monosperme. Graine ovoïde, jaunâtre. Feuilles à folioles obovées-cunéiformes, émarginées, dentelées dans leur moitié supérieure; la moyenne plus longuement ou également pétiolulée; stipules ovales, acuminées, *élargies à la base.* Tiges filiformes, couchées, rameuses, à rameaux dressés. — Plante polymorphe, couchée ou quelquefois dressée; pédoncules filiformes; fleurs jaunes, plus petites et plus étroites que dans le *T. procumbens.*

Commun; prairies, bords des chemins, dans tous les terrains. ⊙. Mai-automne.

Obs. M. Doisy indique dans la forêt d'Argonne, près de Clermont, le *T. squarrosum;* je n'ai pas vu d'échantillon authentique.

10. Tetragonolobus *Scop.*

Calice quinquefide. Corolle *caduque;* carène *rostrée.* Etamines diadelphes; filets inégaux, *alternativement dilatés* au sommet.

Style épaissi au sommet. Gousse polysperme, *cylindrique, munie de quatre ailes foliacées, déhiscente,* à valves *se roulant en spirale.*

T. siliquosus *Roth, Tent. 1, p. 323; Lotus siliquosus L. Sp. 1089. (Tétragonolobe à siliques.)* — Fleurs solitaires, plus rarement géminées au sommet d'un long pédoncule axillaire ou terminal, pourvues à leur base d'une feuille trifoliolée, plus rarement unifoliolée, sessile et sans stipules. Calice à dents ciliées ; les deux supérieures plus larges et un peu plus courtes. Etendard à limbe orbiculaire, émarginé, dépassant les ailes ; carène terminée en bec. Gousse cylindrique, ailée, brune. Graines lenticulaires, olivâtres, séparées par des cloisons membraneuses et très-minces ; ombilic arrondi. Feuilles d'un vert un peu glauque, toutes également et brièvement pétiolées, à trois folioles presque sessiles, entières, obovées-cunéiformes ; les latérales obliques ; stipules ovales, un peu soudées au pétiole et plus longues que lui. Tiges ordinairement couchées à la base, puis redressées, simples ou peu rameuses. — Plante un peu velue ; à fleurs grandes, jaunes, veinées de brun sur l'étendard.

Prés et bois humides. Saint-Avold, Host le Haut (*Box*). Bar-le-Duc (*Humbert*) ; Saint-Mihiel (*Léré*). ♃. Mai-juin.

11. Lotus *L.*

Calice quinquefide. Corolle *caduque ;* carène *rostrée.* Etamines diadelphes ; filets inégaux, *alternativement dilatés* au sommet. Style *atténué* au sommet. Gousse polysperme, *cylindrique, dépourvue d'ailes, déhiscente,* à valves *se roulant en spirale.*

1 { Dents du calice conniventes avant l'anthèse ; souche non stolonifère. 2
{ Dents du calice réfléchies avant l'anthèse ; souche stolonifère. . . . . *L. uliginosus* (n° 3).

2 { Bord inférieur de la carène courbé ; feuilles à folioles obovées. . . . . *L. corniculatus* (n° 1).
{ Bord inférieur de la carène droit ; feuilles à folioles linéaires. . . . . *L. tenuis* (n° 2).

1. **L. corniculatus** *L. Sp. 1092. (Lotier corniculé.)* — Fleurs 4 ou 6, étalées horizontalement, disposées en ombelle sur un long pédoncule et pourvues à leur base d'une feuille ternée et sans stipules. Calice à dents presque égales, triangulaires,

subulées, *conniventes avant l'anthèse.* Etendard à limbe *orbicu-laire,* dressé ; ailes *ovales, élargies au milieu, fortement cour-bées au bord inférieur,* ne couvrant pas complétement la carène ; celle-ci *brusquement atténuée* dès son milieu en un bec dressé. Gousse brune et ponctuée de blanc à la maturité. Graines ovoïdes, lisses, olivâtres, tachées de noir. Feuilles d'un vert glauque en dessous, toutes à 3 folioles presque sessiles, obovées, entières ; stipules plus longues que le pétiole. Tiges couchées à la base, puis redressées, pleines, un peu anguleuses, rameuses. Souche courte, *non rampante,* ni *stolonifère.* — Plante poly-morphe ; fleurs jaunes, avec l'étendard souvent taché de pourpre.

Commun dans les prés, les bois de tous les terrains. ♃. Mai-octobre.

2. L. tenuis *Kit. in Willd. Enum. hort. berol. 797 ; L. corniculatus* β *tenuifolius Godr. Fl. lorr., éd. 1, t. 1, p. 158. (Lotier grêle.)* — Se distingue du précédent par ses fleurs moins nombreuses et portées sur des pédoncules filiformes ; par sa co-rolle dont les ailes sont *oblongues,* bien plus étroites et *non courbées au bord inférieur;* par ses gousses plus minces ; par ses tiges plus grêles et plus rameuses ; par ses feuilles et ses sti-pules linéaires, aiguës. — Plante glabre ou presque glabre ; fleurs jaunes.

Assez commun dans les prairies humides. ♃. Juin-août.

3. L. uliginosus *Schkuhr, Handb. 2, p. 412, tab. 211 ; L. major Sm. Engl. Fl. 3, p. 313; Godr. Fl. lorr., éd. 1, t. 1, p. 158. (Lotier des marécages.)* — Fleurs 6 à 12, étalées horizontalement, disposées en ombelle sur un pédoncule long et épais et pourvues à leur base d'une feuille ternée sans stipules. Calice à dents presque égales, linéaires-lancéolées, *réfléchies avant l'anthèse.* Etendard à limbe *ovale,* dressé ; ailes *obovées, non courbées au bord inférieur,* couvrant complétement la ca-rène ; celle-ci *insensiblement atténuée* en bec ensiforme. Gousse brune à la maturité. Graines globuleuses, déprimées. Feuilles glauques en dessous, à folioles obovées-cunéiformes ou les su-périeures rhomboïdales ; stipules plus longues que le pétiole. Tiges dressées ou ascendantes, fistuleuses. Souche à divisions *longuement rampantes, émettant des stolons.* — Plante plus élevée que les précédentes ; fleurs jaunes.

Commun dans les fossés, les prés humides de tous les terrains. ♃. Juillet-août.

Trib. 4. ASTRAGALEÆ *DC. Prodr. 2, p. 273.* — Etamines diadelphes. Gousse non articulée, plus ou moins complétement biloculaire par l'introflexion d'une des sutures. Cotylédons épigés. Feuilles imparipinnées.

12 ASTRAGALUS *L.*

Calice à 5 dents. Carène obtuse. Etamines diadelphes. Gousse complétement ou incomplétement biloculaire par l'introflexion de la suture inférieure.

{ Gousses vésiculaires, ovoïdes............ *A. Cicer* (n° 1).
{ Gousses linéaires-trigones........ *A. glycyphyllos* (n° 2).

1. **A. Cicer** *L. Sp. 1067.* (*Astragale pois-chiche.*) — Fleurs sessiles, dressées, réunies en grappe ovoïde. Calice hérissé de poils noirs, à tube se déchirant à la maturité, à dents un peu inégales, subulées. Etendard à limbe ovale, émarginé. Gousses *presque sessiles, vésiculeuses, ovoïdes,* creusées d'un sillon sur *l'une et l'autre* suture, couvertes de poils longs étalés blancs ou noirs, noircissant à la maturité, terminées brusquement par un bec subulé. Graines lenticulaires, jaunâtres, luisantes. Feuilles à 11-21 folioles ovales ou ovales-oblongues ; stipules supérieures soudées en un seul corps opposé aux feuilles. Tiges flexueuses, couchées, diffuses, rameuses. — Plante d'un vert un peu blanchâtre, pourvue de poils appliqués ; fleurs d'un jaune pâle.

Rare. Lunéville, carrières à plâtre de Léomont (*Guibal*). Verdun, au pied de la côte Saint-Michel (*Doisy*) ; entre Commercy et Sorcy (*Holandre*) ; Bussy, Sampigny, Vadonville, Lérouville (*Warion*) ; Pagny-sur-Meuse (*Zienkowiz*) ; Saint-Mihiel, à Fresne et à la vallée des Carmes (*Léré*). ⚇. Juin-juillet.

2. **A. glycyphyllos** *L. Sp. 1067.* (*Astragale réglisse.*) — Fleurs pédicellées, réunies en grappe ovoïde et s'allongeant un peu à la maturité. Calice glabre, à tube ne se déchirant pas, à dents un peu inégales, linéaires, acuminées. Etendard à limbe ovale, émarginé. Gousses *stipitées, linéaires-trigones,* acuminées, *arquées,* creusées d'un sillon profond sur le bord externe, glabre, brunes à la maturité. Graines réniformes, fauves. Feuilles à 7-15 folioles ovales, obtuses ; stipules supérieures libres. Tiges flexueuses, couchées. — Plante presque glabre ; fleurs jaunes, passant au jaune-verdâtre.

Commun ; bois des terrains calcaires. ⚇. Juin-juillet.

Nota. M. Doisy indique, sur le témoignage du docteur Taylor, l'*A. hypoglottis L.* en Argonne ; il est fort douteux que cette plante existe dans le département de la Meuse.

Trib. 5. Galegeæ *DC. Prodr. 2, p. 243.* — Etamines diadelphes. Gousse non articulée, uniloculaire. Cotylédons épigés. Feuilles imparipinnées.

13. Colutea *L.*

Calice à 5 dents *non disposées en deux lèvres.* Carène *tronquée* au sommet. Stigmate *latéral.* Gousse stipitée, *enflée-vésiculeuse,* membraneuse, polysperme.

C. arborescens *L. Sp. 1045. (Baguenaudier arbrisseau.)* — Fleurs pédicellées, réunies 2-6 en grappe au sommet d'un pédoncule axillaire plus court que la feuille. Calice couvert de poils noirs appliqués, à tube court, à dents très-inégales, l'inférieure plus longue. Etendard à limbe en cœur renversé, dressé et renversé en arrière, beaucoup plus long que l'onglet ; ailes étroites, plus courtes que la carène. Gousse très-grande, pendante, ovoïde, acuminée au sommet, à parois membraneuses, transparentes, finement veinées. Graines très-nombreuses, presque lenticulaires, brunes, lisses. Feuilles à 5-11 folioles obovées ou arrondies, souvent faiblement émarginées, un peu glauques en dessous ; stipules petites, lancéolées. — Arbrisseau de 2 à 3 mètres, dressé, très-rameux ; fleurs jaunes, assez grandes.

Très-rare ; bois du calcaire jurassique. Nancy, à Maxéville ; Pompey (*Troup*), Liverdun, Blénod-les-Toul (*Suard*). Saint-Mihiel, à la fontaine des Carmes (*Léré*). ♄, Mai-juin.

14. Robinia *DC.*

Calice à 5 dents, *subbilabié.* Carène *aiguë.* Stigmate *terminal.* Gousse stipitée, *non vésiculeuse,* allongée, comprimée, polysperme, bivalve.

R. Pseudo-acacia *L. Sp. 1043. (Robinier faux-acacia.)* — Fleurs en grappes axillaires, pendantes. Calice pubescent, à tube ventru, à dents inégales, les inférieures acuminées. Etendard à limbe orbiculaire, dressé. Feuilles imparipinnées, à 11-21 folioles elliptiques et munies chacune d'une petite stipelle ;

pétiole commun pourvu à sa base de deux aiguillons stipulaires. Arbre élevé. — Fleurs ordinairement blanches, odorantes.

Introduit et complétement naturalisé dans les parcs, les bois, etc. ♄. Juillet.

Trib. 6. Phaseoleæ *DC. Prodr. 2, p. 381.* — Etamines diadelphes, tordues en spirale avec la carène. Gousse non articulée, uniloculaire. Cotylédons épigés. Feuilles trifoliolées.

15. Phaseolus *L.*

Calice à 5 dents, bilabié. Carène tordue en spirale avec le style. Celui-ci barbu au sommet. Gousse allongée, comprimée, polysperme, bivalve.

P. vulgaris *L. Sp. 1016. (Haricot commun.)* — Fleurs en grappe axillaire, pédonculée, plus courte que la feuille ; deux bractéoles ovales, plus courtes que le calice, placées à la base de chaque fleur. Calice à lèvre supérieure à deux dents courtes, rapprochées ; l'inférieure tridentée. Etendard arrondi, aussi long et une fois plus large que les ailes. Etamine libre pourvue vers sa base d'une petite écaille subulée. Gousse oblongue, lisse, comprimée, terminée en bec aigu. Graines ordinairement réniformes, blanches ou diversement colorées. Feuilles à folioles acuminées ; la supérieure plus longuement pétiolulée, rhomboïdale ; les latérales obliquement ovales. Tige anguleuse, rameuse, volubile. — Plante légèrement pubescente ; fleurs blanches, jaunâtres ou lilas.

Cultivé. ☉. Juillet-août.

Trib. 7. Vicieæ *DC. Prodr. 2, p. 353.* — Etamines monadelphes ou diadelphes. Gousse non articulée, uniloculaire. Cotylédons hypogés. Feuilles paripinnées ou réduites à une phyllode.

16. Vicia *L.*

Calice à 5 dents. Etamines à tube *tronqué très-obliquement* au sommet. Style *comprimé d'avant en arrière*, presque plan, *barbu* sous le stigmate. Gousse polysperme, oblongue, *tronquée obliquement* au sommet aux dépens du bord inférieur, *prolongée en bec,* déhiscente, bivalve. Graines globuleuses. — Fleurs solitaires ou géminées à l'aisselle des feuilles, ou en grappes axillaires le plus souvent brièvement pédonculées.

1 — Fleurs en grappes longuement pédonculées ; étamines diadelphes. **2**
— Fleurs solitaires, géminées ou en grappes brièvement pédonculées ; étamines monadelphes. **3**

2 — Grappes étalées à angle droit ; feuilles à folioles inférieures appliquées contre la tige. . . . . *V. pisiformis* (n° 1).
— Grappes dressées-étalées ; feuilles à folioles inférieures écartées de la tige. . . . . *V. dumetorum* (n° 2).

3 — Ovaire stipité. **4**
— Ovaire sessile. **6**

4 — Etendard glabre. **5**
— Etendard velu. . . . . *V. hybrida* (n° 5).

5 — Fleurs bleuâtres ou blanches ; ovaire glabre. . . . .
. . . . *V. sepium* (n° 3).
— Fleurs jaunes : ovaire velu. . . . . *V. lutea* (n° 4).

6 — Fleurs blanches, avec une tache noire ; tiges dressées. . . . . .
. . . . *V. faba* (n° 9).
— Fleurs violettes ; tiges couchées ou grimpantes. **7**

7 — Ovaire glabre ; graines tuberculeuses. *V. lathyroïdes* (n° 8).
— Ovaire velu; graines lisses. **8**

8 — Gousse linéaire, noircissant à la maturité. . . . .
. . . . *V. angustifolia* (n° 6).
— Gousse oblóngue, jaunâtre à la maturité. . *V. sativa* (n° 7).

1. V. pisiformis *L. Sp. 1034.* (*Vesce faux-pois.*) — Fleurs dix à quinze, *en grappe serrée, unilatérale,* longuement pédonculée, *étalée à angle droit,* plus courte que la feuille. Calice à dents subulées, plus courtes que le tube ; les deux supérieures courbées l'une vers l'autre. Etendard arrondi et émarginé au sommet, à limbe plus court que l'onglet et dépassant à peine les ailes. Style *également* velu tout autour dans sa moitié supérieure. Gousse assez large, brune, glabre. Graines globuleuses, *mates,* brunes; ombilic linéaire, aussi long que la moitié de la circonférence de la graine. Feuilles terminées en vrille rameuse; quatre paires de folioles très-grandes, brièvement pétiolulées, largement ovales, obtuses *et glabres, lisses sur les bords,* terminées par une pointe courbée ; les deux folioles inférieures placées à la base de la feuille et *appliquées* contre la tige ; stipules demi-sagittées, dentées, *réfléchies.* Tige anguleuse, grimpante, peu rameuse, glabre ainsi que toute la plante. — Plante d'un vert pâle, remarquable par sa taille et par sa ressemblance avec le *Pisum sativum;* fleurs pendantes, jaunes-verdâtres.

Bois du calcaire jurassique. Nancy, à Boudonville, Fonds de Toul, Champigneules, Chavigny (*Soyer-Willemet*); Liverdun, Pompey, Frouard, Maron; Pont-à-Mousson (*Salle*); Château-Salins (*Léré*). Metz, à Saulny, Lorry, Châtel, Vaux, Fey (*Holandre*), Montvaux, Gorze, Magny (*Taillefert* et *Monard*); Guénetrange près de Thionville (*Warion*); Hayange, Moyeuvre, Briey, Rosselange, Rombas. Verdun, aux bois de Sommedieu et de la côte Saint-Michel (*Doisy*); Saint-Mihiel (*Léré*). Neufchâteau (*Mougeot*). ♃. Mai-juin.

2. **V. dumetorum** *L. Sp. 1035.* (*Vesce des buissons.*) — Fleurs trois à sept, *en grappe lâche, unilatérale,* longuement pédonculée, *étalée-dressée,* ordinairement plus longue que la feuille. Calice à dents triangulaires, subulées, plus courtes que le tube ; les deux supérieures courbées l'une vers l'autre. Etendard à limbe obové, émarginé, plus court que l'onglet et dépassant un peu les ailes. Style velu tout autour dans sa moitié supérieure, mais *longuement barbu* sous le stigmate. Gousse assez large, brune, glabre. Graines globuleuses, d'un brun foncé, *luisantes;* ombilic linéaire, plus long que la moitié de la circonférence de la graine. Feuilles terminées en vrille rameuse; 4 ou 5 paires de folioles brièvement pétiolulées, ovales, obtuses, *rudes et finement ciliées sur les bords,* terminées par une pointe fine et droite; les deux folioles inférieures *écartées* de la tige; stipules semi-lunaires, fortement dentées, *dressées-appliquées.* — Diffère en outre du précédent par sa taille moins élevée; sa tige plus faible; ses folioles plus molles et beaucoup moins grandes; par ses fleurs d'abord purpurines, puis d'un jaune sale; par ses gousses plus longues, plus longuement atténuées au sommet; enfin par sa ressemblance avec le *V. sepium.*

Hautes Vosges sur le granit; vallée de Munster (*Kirschléger*). Plus rare dans les terrains calcaires; Metz, au vallon de Montvaux (*Soleirol*). ♃. Juillet-août.

3. **V. sepium** *L. Sp. 1038.* (*Vesce des haies.*) — Fleurs deux à cinq, *en grappe* brièvement pédonculée, beaucoup plus courte que la feuille. Calice oblique, à dents larges à la base, brusquement subulées, inégales; les deux supérieures plus courtes, dressées. Etendard à limbe obové, dressé, *glabre,* émarginé, presque aussi long que les ailes. Style *barbu* sous le

stigmate. Gousse *stipitée*, dressée ou réfléchie, linéaire-oblongue, *lisse*, glabre, noircissant à la maturité. Graines globuleuses, lisses, grisâtres ou jaunâtres, tachetées de noir ; ombilic linéaire, aussi long que les deux tiers de la circonférence de la graine. Feuilles terminées en vrille rameuse ; 5 ou 7 paires de folioles mucronulées, décroissantes de la base au sommet ; stipules semi-sagittées, entières ou un peu dentées, souvent maculées. Tige faible, flexueuse, anguleuse, fistuleuse, rameuse. — Plante peu velue ; fleurs bleuâtres, veinées de pourpre ou blanches (*V. sepium γ albiflora Gaud. Helv. 4, p. 518*).

α *Vulgaris Koch, Syn. 196*. Folioles ovales, obtuses ou faiblement émarginées.

β *Montana Koch, l. c.* Folioles ovales-lancéolées, presque aiguës.

Commun ; haies, buissons, prairies, dans tous les terrains. ♃. Avril-automne.

4. **V. lutea** *L. Sp. 1037*. (*Vesce jaune*.) — Fleurs *solitaires ou géminées*, *axillaires*, brièvement pédicellées. Calice oblique, à dents lancéolées, subulées, inégales ; les deux supérieures plus courtes, courbées l'une vers l'autre ; l'inférieure plus longue que le tube. Étendard *glabre*, à limbe ovale, émarginé, plus court que les ailes. Style *barbu* sous le stigmate. Gousse *stipitée*, réfléchie, elliptique-oblongue, couverte de poils *fortement tuberculeux* à leur base. Graines arrondies, un peu comprimées, lisses, d'un brun clair avec des taches noires ; ombilic linéaire, égalant le quart de la circonférence de la graine. Feuilles terminées en vrille rameuse ; 5 ou 7 paires de folioles *oblongues ou linéaires*, *arrondies* et mucronulées au sommet ; stipules à 1 ou 2 lobes lancéolés, entiers, et dont un est maculé au centre. Tiges anguleuses, peu rameuses, faibles. — Plante ordinairement peu velue ; fleurs jaunes.

Très-rare ; haies et moissons. Nancy, au bois des Fourneaux vers Fléville (*Monnier*), Tomblaine (*Suard*). Metz, à Magny, la Maison-Rouge (*Léo*) ; plaine de Thionville vis-à-vis Malroy (*de Marcilly*). Mirecourt (*Mougeot*). ☉. Juin-juillet.

5. **V. hybrida** *L. Sp. 1037*. (*Vesce hybride*). — Très-voisin de l'espèce précédente, il s'en distingue par les caractères suivants : fleurs *toujours solitaires*, jamais géminées ; dents supérieures du calice non courbées l'une vers l'autre ; étendard *très-velu* ; gousse couverte de *poils égaux* à la base ; graines d'un

brun foncé ; ombilic linéaire, égalant le huitième de la circonférence de la graine ; folioles *oblongues-obovées, rétuses ou échancrées,* mucronulées ; stipules non maculées ; tiges plus fortes. —
Fleurs jaunes, souvent veinées de pourpre.

Moissons de l'Argonne, près de Neuvilly, Sampigny (*Doisy*). ☉. Mai-
juin.

6. **V. angustifolia** *Roth, Tent. fl. germ. 1, p. 310; V.
polymorpha Godr. Fl. lorr., éd. 1, t. 1, p. 179. (Vesce à folioles étroites.)* — Fleurs *solitaires ou géminées, axillaires,*
brièvement pédicellées. Calice régulier, à dents lancéolées, subulées, presque aussi longues que le tube. Etendard en cœur
renversé, plus long que les ailes. Style allongé, *barbu* sous le
stigmate. Gousse *sessile,* dressée ou étalée, linéaire, *noircissant
à la maturité,* plus ou moins couverte dans sa jeunesse de poils
fauves appliqués. Graines *lisses, globuleuses,* d'un brun-jaunâtre, plus ou moins couvertes de taches brunes ou noires ou entièrement noires ; ombilic linéaire, égalant le quart de la circonférence de la graine. Feuilles terminées en vrille rameuse ; 4 à
7 paires de folioles brièvement pétiolulées, mucronées ; stipules
lancéolées, acuminées, maculées au centre, munies d'un appendice denté et courbé en dehors. Tiges anguleuses, rameuses. —
Plante ordinairement peu velue ; fleurs plus ou moins grandes,
violettes.

α *Segetalis Koch, Syn. 217.* Feuilles moyennes et supérieures à folioles larges, oblongues-elliptiques, tronquées ou
arrondies au sommet ; gousses plus larges, fendant le calice à
la maturité ; plante plus forte. *V. segetalis Thuill. Fl. par. éd.
2, p. 367.*

β *Bobartii Koch, Syn. 217.* Feuilles moyennes et supérieures
à folioles étroites, linéaires ; gousses très-étroites, ne déchirant
pas le calice en mûrissant ; plante très-grêle.

La var. α commune dans les moissons. La var. β plus rare. ☉. Mai-
juin.

7. **V. sativa** *L. Sp. 1037 (excl. var. β). (Vesce cultivée.)*
— Fleurs *solitaires ou géminées, axillaires,* brièvement pédicellées. Calice régulier, à dents linéaires, subulées, égalant le
tube. Etendard en cœur renversé, plus long que les ailes. Style
allongé, *barbu* sous le stigmate. Gousse *sessile,* dressée, oblongue, *jaunâtre à la maturité,* velu. Graines *lisses, arrondies,*

un peu comprimées; ombilic linéaire, égalant le sixième de la circonférence de la graine. Feuilles terminées en vrille rameuse; 5 à 7 paires de folioles oblongues-obovées, ordinairement échancrées; stipules variables. Tiges anguleuses, rameuses. — Plante plus velue et plus développée que la précédente; fleurs plus grandes, violettes.

α *Genuina Nob.* Stipules inférieures et moyennes appendiculées.

β *Integristipulata Nob.* Stipules toutes dépourvues d'appendice denté. Cultivé sous le nom de *Vesce d'hiver. V. Remrevillensis Huss. Ch. Nanc. p. 98.*

Commun dans les moissons de tous les terrains. ☉. Mai-juin.

8. **V. lathyroïdes** *L. Sp. 1037.* (*Vesce fausse gesse.*) — Fleurs *solitaires, axillaires,* presque sessiles. Calice régulier, à dents lancéolées, subulées, presque aussi longues que le tube. Etendard obové, un peu émarginé, plus long que les ailes. Style très-court, *barbu* sous le stigmate. Gousse *sessile,* dressée, linéaire, *noircissant à la maturité,* glabre. Graines *globuleuses-cubiques, tuberculeuses,* brunes; ombilic égalant le dixième de la circonférence de la graine. Feuilles terminées en pointe ou en vrille, tantôt simple, tantôt rameuse; 2 à 4 paires de folioles brièvement pétiolulées, obovées-oblongues, échancrées ou tronquées, mucronulées; stipules semi-sagittées, entières, non maculées. Tiges grêles, courtes, rameuses, étalées. — Plante peu velue; fleurs petites, violettes.

Rare; lieux sablonneux. Nancy, à la vanne de Jarville (*Suard*); Roville (*Bard*). Sarralbe (*Warion*); Bitche (*Schultz*). Commercy, Sampigny (*le curé Pierrot*). Commun dans les sables de la Moselle, à Epinal et à Chatel-sur-Moselle (*docteur Berher*); Charmes (*Mougeot*). ☉. Avril-mai.

9. **V. Faba** *L. Sp. 1039.* (*Vesce Fève.*) — Fleurs deux à cinq, *en grappe* presque sessile et beaucoup plus courte que la feuille. Calice oblique, à dents inégales; les inférieures lancéolées, acuminées; les deux supérieures plus courtes, courbées l'une vers l'autre. Style allongé, *barbu* sous le stigmate. Gousse oblongue, enflée, pubescente, d'abord verte et charnue, ensuite noire. Graines séparées par un tissu cellulaire blanc, grandes, oblongues, déprimées des deux côtés, d'un brun clair; ombilic noir, linéaire, placé à l'extrémité *la plus étroite* de la graine. Feuilles terminées par une pointe sétacée; une à trois paires de

folioles elliptiques-oblongues, obtuses, mucronulées, entières, épaisses ; stipules appendiculées, dentées, maculées au centre. Tige simple ou à peine rameuse, dressée, épaisse. — Plante glabre, anguleuse ; fleurs grandes, blanches, mais avec une tache noire sur les ailes.

Cultivé. ⊙. Juin-juillet.

Nota. M. *Guibal* a trouvé une seule fois près de Lunéville le *Vicia peregrina L.* et M. *Aubry*, près de Bruyères, le *V. syriaca L.* ; ces plantes avaient sans doute été introduites par la culture.

17. Cracca *Riv.*

Calice à 5 dents. Etamines à tube *tronqué très-obliquement* au sommet. Style *comprimé latéralement*, pubescent au sommet, mais *non barbu*. Gousse bi-polysperme, oblongue, *tronquée obliquement* au sommet aux dépens du bord inférieur, *prolongée en bec*, déhiscente, bivalve. Graines globuleuses. — Fleurs en grappes axillaires, pédonculées.

1 — Calice à dents inégales ; étendard à limbe dressé............ 2
— Calice à dents égales ; étendard à limbe porrigé...........
.... *C. minor* (n° 5).

2 — Etendard à limbe aussi long que l'onglet.. *C. major* (n° 1).
— Etendard à limbe une fois plus long que l'onglet..........
.... *C. tenuifolia* (n° 2).
— Etendard à limbe de moitié plus court que l'onglet........ 3

3 — Grappe non plumeuse avant l'anthèse ; toutes les fleurs s'ouvrant en même temps................ *C. varia* (n° 3).
— Grappe plumeuse avant l'anthèse ; fleurs s'ouvrant successivement de bas en haut................ *C. villosa* (n° 4).

1. **C. major** *Frank. Specul. p. 11; Vicia Cracca L. Sp. 1035; Godr. Fl. lorr.,* éd. 1, t. 1, p. 175. (*Cracca à grandes fleurs.*) — Fleurs quinze à vingt, *s'ouvrant successivement de bas en haut*, disposées en grappe unilatérale, *triangulaire-oblongue*, aussi longue ou plus longue que la feuille. Calice à base oblique, mais *non bossue*. Etendard en cœur renversé, presque aussi long que les ailes, à limbe *égalant* l'onglet. Gousse *stipitée*, glabre, brune. Graines *globuleuses*, mates, brunes, un peu marbrées ; ombilic linéaire, égalant *le tiers* de la circonférence de la graine. Feuilles terminées en vrille rameuse ; 10 paires de folioles ovales-oblongues, obtuses, ou étroitement

linéaires, aiguës (*V. Kitaibeliana Rchb. exsicc. n° 768!*);
stipules semi-sagittées, entières. — Plante grimpante, couverte
de poils appliqués; à souche rampante; à tige grêle, fistuleuse,
rameuse, anguleuse; à feuilles blanchâtres, soyeuses en dessous;
à fleurs bleues.

Commun; bords des ruisseaux et des rivières, dans tous les terrains.
♃. Juin-août.

2. C. tenuifolia *Godr. et Gren. Fl. de France, t. 1, p.
469; Vicia tenuifolia Roth, Tent. fl. germ. 1, p. 309; Godr.
Fl. lorr., éd. 1, t. 1, p. 176; Vicia sylvatica Dois. Fl. Meuse,
p. 669! (Cracca à feuilles tenues.)* — Fleurs nombreuses, *s'ouvrant successivement de bas en haut*, disposées en grappe unilatérale, *triangulaire-oblongue*, lâche, plus longue que la feuille.
Calice à base oblique, mais *non bossue*. Etendard en cœur renversé, presque aussi long que les ailes, à limbe *une fois plus
long que l'onglet*. Gousse *stipitée*, glabre, brune. Graines *ovoïdes*, noires, plus grosses que dans l'espèce précédente; ombilic
linéaire, *égalant le quart* de la circonférence de la graine.
Feuilles terminées en vrille rameuse; 10 paires de folioles
linéaires-oblongues ou linéaires, larges ou très-étroites; stipules
semi-hastées, entières. — Plante grimpante, couverte de poils
appliqués; fleurs allongées, d'un bleu pâle, rarement blanches.

Commun dans les bois du calcaire jurassique. Nancy, à Boudonville,
Champigneules, Pompey, Fonds de Toul, Neuvillers, Maron; Toul et
Pont-à-Mousson; Lunéville (*Guibal*). Dans la Moselle, à Hayange et à
Moyeuvre. Verdun, à Chatillon, Belrupt (*Doisy*). Neufchâteau et Mire-
court. ♃. Juillet-août.

3. C. varia *Godr. et Gren. Fl. de France, t. 1, p. 469;
Vicia villosa β glabrescens Koch, Syn. éd. 1, p. 194; Godr.
Fl. lorr., éd. 1, t. 1, p. 176. (Cracca varié.)* — Fleurs douze
à vingt-cinq, *s'ouvrant toutes ensemble, étalées horizontalement*,
disposées en grappe unilatérale, *rhomboïdale-oblongue*, *non plumeuse* avant l'anthèse, un peu plus longue que la feuille. Calice
bossu à la base, à dents linéaires, subulées. Etendard en cœur
renversé, égalant les ailes, à limbe redressé, *une fois plus court*
que l'onglet. Gousse *stipitée*, ovale-oblongue, *une fois plus large*
que dans les deux espèces précédentes. Graines *globuleuses,
comprimées*, mates, brunes; ombilic linéaire, égalant *la huitième
partie* de la circonférence de la graine. Feuilles terminées en
vrille rameuse; 5 à 7 paires de folioles linéaires, obtuses ou ai-

guës, mucronées; stipules semi-sagittées, entières. — Fleurs violettes avec les ailes beaucoup plus pâles ou blanches.

Plante introduite depuis dix ans et devenue très-commune dans les moissons. Nancy, à Tomblaine, Bosserville, Pont-d'Essey, Champigneules, Liverdun, Frouard, Saulxures. ⊙. Mai-juillet.

4. **C. villosa** *Godr. et Gren. Fl. de France, t. 1, p. 470; Vicia villosa α genuina Godr. Fl. lorr., éd. 1, t. 1, p. 176. (Cracca velu.)* — Se distingue du précédent, dont il est très-voisin, par les caractères suivants : grappe *plumeuse* avant l'anthèse, plus longue et plus fournie, égalant la feuille, à fleurs pendantes; *les inférieures déjà flétries lorsque les supérieures s'ouvrent;* dents du calice couvertes de longs poils étalés, l'inférieure plus longue que le tube; ailes bleues; feuilles à folioles et à stipules généralement plus larges. — Plante vivace, plus robuste.

Très-rare. Coteau de Vandœuvre près de Nancy (*Suard*). Mirecourt (*Gaulard*). ♃. Juillet.

5. **C. minor** *Riv. Tetr. irr. tab. 63, f. 2; Ervum hirsutum L. Sp. 1039; Ervilia vulgaris Godr. Fl. lorr., éd. 1, t. 1, p. 173. (Cracca à petites fleurs.)* — Fleurs 3 à 8, très-petites, en grappe unilatérale plus courte que la feuille et terminée par une arête. Calice *régulier*, à dents subulées, un peu inégales, atteignant le milieu de la corolle. Etendard ovale, *dirigé en avant*, à peine plus long que les ailes. Gousse *sessile*, velue, bisperme, noircissant à la maturité. Graines subglobuleuses, jaunâtres, parsemées de points noirs; ombilic linéaire, égalant *le tiers* de la circonférence de la graine. Feuilles terminées en vrille rameuse; 8 à 10 paires de folioles linéaires, tronquées ou un peu échancrées avec un court mucron; stipules linéaires-lancéolées, munies d'une ou de plusieurs dents longues et sétacées. — Plante grimpante, très-grêle, un peu velue; à tiges faibles, flexueuses, anguleuses, très-rameuses; à fleurs très-petites, blanches ou légèrement bleuâtres.

Commun dans tous les terrains. ⊙. Juin-juillet.

18. ERVUM *L.*

Calice à 5 dents. Etamines à tube *tronqué très-obliquement* au sommet. Style *un peu comprimé d'avant en arrière*, pubescent au sommet, *non barbu*. Gousse oligosperme, linéaire, *arrondie au sommet, non prolongée en bec*. Graines globuleuses. Grappes axillaires, pédonculées, pauciflores.

Grappe égalant la feuille, à l'aisselle de laquelle elle naît....
.... *E. tetraspermum* (nº 1).
Grappe une fois plus longue que la feuille à l'aisselle de laquelle elle naît................ *E. gracile* (nº 2).

1. **E. tetraspermum** *L. Sp. 1039. (Ers tétrasperme.)* — Une, plus rarement deux fleurs au sommet d'un pédoncule *égalant* la feuille et très-rarement terminé par une arête. Calice à dents très-inégales ; les inférieures lancéolées, subulées ; les deux supérieures plus courtes, presque triangulaires, atteignant à peine la base de l'étendard. Étendard émarginé, dressé, à peine plus long que les ailes. Gousse presque cylindrique, glabre, d'un brun-jaunâtre à la maturité. Graines 3 ou 5, globuleuses, brunes, tachetées de noir ; ombilic *ovale-oblong*, égalant *le cinquième* de la circonférence de la graine. Feuilles terminées en vrille simple ou bifide ; 3 à 5 paires de folioles linéaires, *obtuses*, mucronulées ; stipules semi-hastées. — Plante grimpante ; à tiges faibles, anguleuses, rameuses ; à fleurs petites, lilas, veinées de violet.

Commun ; moissons. ☉. Juin-juillet.

2. **E. gracile** *DC. Cat. hort. Monsp. 109. (Ers grêle.)* — Voisine de l'espèce précédente, elle s'en distingue par ses fleurs ordinairement plus grandes, disposées en grappe unilatérale au nombre de 2 à 5 ; par son pédoncule commun à la fin *une fois plus long* que la feuille et terminé par une arête ; par sa gousse ordinairement plus allongée, contenant jusqu'à six graines ; par l'ombilic *ovale-arrondi, n'atteignant pas le dixième* de la circonférence de la graine ; par ses folioles plus longues, plus atténuées au sommet, toujours *aiguës et mucronées ;* enfin par son port plus robuste.

Commun dans les moissons sur le lias et le muschelkalk. Nancy, à Heillecourt, Fléville, Tomblaine, Saulxures ; Lunéville (*Guibal*) ; Pont-à-Mousson et Château-Salins (*Léré*) ; Sarrebourg (*de Baudot*). Metz, à Colombé, Borny, Fey (*Holandre*) ; Flévy, Onville, Grigy, etc. (*Monard et Taillefert*) ; Sarreguemines et Bitche (*Schultz*). Commercy (*Maujean*). Mirecourt (*de Baudot*) ; Châtel-sur-Moselle (*docteur Berher*). ☉. Juin-juillet.

19. Lens *Tourn.*

Calice quinquépartite. Etamines à tube *tronqué très-oblique-ment* au sommet. Style *comprimé d'avant en arrière, muni d'une ligne de poils sur sa face supérieure.* Gousse mono-bisperme, courte, *rhomboïdale, échancrée* sous le sommet aux dépens du bord inférieur, *prolongée en bec,* déhiscente, bivalve. Graines lenticulaires. — Grappes axillaires, pédonculées, pauci-flores.

1. **L. esculenta** *Mœnch, Meth. p. 131; Ervum Lens L. Sp. 1039.* (*Lentille cultivée.*) — Une à trois fleurs au sommet d'un pédoncule égalant presque la feuille et terminé par une arête. Calice à dents linéaires, subulées, quatre fois plus longues que le tube, mais égalant la corolle. Etendard émarginé, plus long que les ailes. Gousse comprimée, glabre. Graines arrondies, comprimées. Feuilles terminées en vrille simple ou bifide; 5 à 7 paires de folioles oblongues-obovées, ou oblongues-linéaires, arrondies, rétuses ou faiblement émarginées au sommet, très-brièvement mucronées; stipules lancéolées, presque entières. — Plante pubescente, à tiges quadrangulaires, dressées, rameuses; à fleurs petites, blanches, veinées de lilas.

α *Vulgaris Nob.* Graines jaunâtres, carénées sur les bords.

β *Subsphærosperma Nob.* Graines trois fois plus petites, brunes, tachetées de noir, arrondies sur les bords; plante plus petite dans toutes ses parties. *Ervum dispermum Roxb. ex Willd. Enum. p. 766.*

Cultivé; la var. β sous le nom de Lentillon. ☉. Juin-juillet.

20. Pisum *L.*

Calice à 5 dents. Etamines à tube *tronqué transversalement* au sommet. Style genouillé à sa base, arqué, *canaliculé en des-sous, comprimé latéralement* au sommet, velu en dessus. Gousse polysperme, oblongue, *tronquée obliquement* au sommet aux dépens du bord inférieur, *prolongée en bec court,* déhiscente, bivalve. Graines globuleuses ou anguleuses.

{ Fleurs blanches..................... *P. sativum* (n° 1).
{ Fleurs à ailes purpurines............ *P. arvense* (n° 2).

1. P. sativum *L. Sp. 1026. (Pois cultivé.)* — Une ou deux fleurs sur un pédoncule se terminant par une pointe, et beaucoup plus court que la feuille. Calice à dents ovales, acuminées. Corolle *tout à fait blanche;* étendard à limbe beaucoup plus large que long, échancré, dressé, plus long que les ailes. Gousse coriace. Graines *globuleuses, uniformément jaunâtres.* Feuilles d'un vert glauque, étalées horizontalement ; 2 à 3 paires de folioles ovales, obtuses, un peu émarginées, mucronulées, presque entières sur les bords ; pétiole cylindrique, fistuleux, terminé par une vrille rameuse ; stipules ovales, crénelées et arrondies, *non maculées* à leur base, plus grandes que les folioles inférieures. Tige faible, grimpante. — Fleurs grandes.

Cultivé et souvent subspontané. ☉. Mai-juillet.

2. P. arvense *L. Sp. 1027. (Pois des champs.)* — Une ou deux fleurs sur un pédoncule se terminant par une pointe et plus court que la feuille. Calice à dents lancéolées, acuminées. Corolle à étendard dressé, échancré, *bleuâtre,* plus long que les ailes ; celles-ci *purpurines;* carène d'un vert jaunâtre. Gousse coriace. Graines *anguleuses, grisâtres, ponctuées de brun ou presque noires.* Feuilles d'un vert glauque, étalées horizontalement ; 2 paires de folioles ovales ou oblongues, mucronulées, entières ou dentelées ; pétiole cylindrique, fistuleux, terminé par une vrille rameuse ; stipules ovales-oblongues, dentées à leur base, *maculées de violet* près de la tige, plus grandes que les folioles inférieures. Tige grimpante. — Fleurs grandes.

Exclusivement dans les moissons et par conséquent introduit et naturalisé. ☉. Mai-juillet.

21. Lathyrus *L.*

Calice à 5 dents. Etamines à tube *tronqué transversalement* au sommet. Style *comprimé d'avant en arrière, canaliculé en dessous,* élargi au sommet, pubescent à la face supérieure. Gousse polysperme, oblongue ou linéaire, *tronquée obliquement* au sommet aux dépens du bord inférieur, *prolongée en bec,* déhiscente, bivalve. Graines globuleuses ou anguleuses.

1 { Feuilles caulinaires dépourvues de folioles. 2
  { Feuilles caulinaires pourvues de folioles. 3

1. **L. Nissolia** *L. Sp.* *1029.* (*Gesse de Nissole.*) — Fleurs
une, plus rarement deux sur un pédoncule grêle, plus court
que la feuille. Calice à tube pourvu de *dix* nervures, à dents
lancéolées, subulées, *inégales ;* l'inférieure plus longue égalant
le tube. Gousse jaunâtre, couverte de poils appliqués, *droite,*
comprimée, étroite, veinée sur les faces, parcourue sur le bord
placentaire par trois côtes peu saillantes. Graines globuleuses ou
ovoïdes, anguleuses, brunes, *verruqueuses ;* ombilic ovale, très-
court. Feuilles à pétiole *élargi en phyllode linéaire,* aiguë,
mucronée au sommet, *dépourvue de folioles,* ressemblant à une
feuille de graminée ; stipules *courtes, subulées.* Une ou plusieurs
tiges ordinairement simples, grêles, dressées, roides. Racine
mince, verticale.— Plante presque glabre, d'un vert gai ; fleurs
purpurines.

Rare ; introduit et naturalisé dans les moissons, d'où il s'est étendu sur les bords des bois voisins. Nancy, à Montaigu, Bosserville (*Soyer-Willemet*), Saulxures, Pont-à-Mousson ; Toul (*Husson et Gély*) ; Lunéville et Blâmont (*de Baudot*). Metz, au Ban Saint-Martin ; bois de Fey et de Marieulles (*Holandre*) ; Woippy, mont Saint-Quentin (*Monard*) ; Chatillon-sur-Grimont (*de Marcilly*) ; Sarreguemines (*Schultz*). Verdun, à Ornes et Moulainville (*Doisy*). Neufchâteau, Châtel-sur-Moselle (*Mougeot*) ; Epinal (*docteur Berher*) ; Rambervillers, entre Bédon et Châtel (*Billot*). ☉. Mai-juillet.

2. **L. Aphaca** *L. Sp. 1029.* (*Gesse sans feuilles.*) — Fleurs une, très-rarement deux sur un pédoncule plus long que le pétiole. Calice à tube pourvu de *vingt* nervures, à dents linéaires-lancéolées, très-aiguës, *presque égales* entre elles, beaucoup plus longues que le tube. Gousse jaunâtre, glabre, *courbée en faulx*, comprimée, veinée en réseau sur les faces, parcourue sur le bord placentaire par trois côtes peu saillantes. Graines ovoïdes, *lisses*, brunes, tachetées de jaune ou entièrement noires ; ombilic ovale, très-court. Feuilles à pétiole *filiforme*, terminé *en vrille* simple ou rameuse, *dépourvu de folioles;* stipules *grandes, ovales*, munies à leur base de deux oreillettes dirigées en dehors, et simulant deux feuilles opposées et sessiles. Tiges flexueuses, couchées ou grimpantes, rameuses. Racine mince, fibreuse. — Plante glabre, un peu glauque ; fleurs jaunes, veinées de noir sur l'étendard.

Commun ; moissons ; vraisemblablement introduit. ☉. Juin-juillet.

3. **L. pratensis** *L. Sp. 1033.* (*Gesse des prés.*) — Fleurs trois à huit, en grappe sur un pédoncule plus long que la feuille. Calice à tube pourvu de *vingt* nervures, à dents triangulaires, subulées au sommet, un peu *inégales*, les supérieures plus courtes, courbées l'une vers l'autre. Gousse linéaire-oblongue, comprimée, élégamment veinée sur les faces, *noircissant* à la maturité. Graines globuleuses ou oblongues, lisses, jaunâtres, tachetées de brun ; ombilic linéaire, égalant *le sixième* de la circonférence de la graine. Feuilles à pétiole non ailée, terminé *en vrille; une seule paire de folioles* lancéolées, acuminées, mucronées, munies de trois nervures ; stipules grandes, ovales-lancéolées, munies à la base de deux oreillettes aiguës, réfléchies. Tige quadrangulaire. Souche rampante. — Plante grimpante, plus ou moins rameuse ; fleurs jaunes, veinées de violet sur l'étendard, tantôt toutes dirigées d'un même côté, tantôt disposées sans ordre.

α *Genuinus Nob.* Plante presque glabre, verte.

β *Velutinus DC. Fl. fr. Suppl. p. 575.* Plante un peu blanchâtre, couverte, même sur les gousses, de poils appliqués.

Commun ; haies, prairies, bois, dans tous les terrains. ♃. Juin-juillet.

4. **L. palustris** *L. Sp. 1034.* (*Gesse des marais.*) — Fleurs deux à huit, en grappe sur un pédoncule plus long que la feuille. Calice à dents *inégales;* les supérieures courtes, triangulaires, convergentes. Gousse linéaire-oblongue, comprimée, obliquement réticulée-veinée, glabre, *noircissant* à la maturité. Graines globuleuses, lisses, brunes, tachées de noir ; ombilic linéaire, égalant *le quart* de la circonférence de la graine. Feuilles à pétiole *non ailé,* terminé *en vrille* simple ou rameuse ; *deux ou trois paires de folioles* oblongues ; stipules très-petites, semi-sagittées. Tige grêle, *ailée,* grimpante. Souche vivace, sans stolons. — Plante glabre, d'un vert pâle ; fleurs purpurines, puis bleues.

Très-rare ; marais. Dieuze (*Leprieur*). ♃. Juillet-août.

5. **L. tuberosus** *L. Sp. 1033.* (*Gesse tubéreuse.*) — Fleurs trois à cinq, en grappe lâche sur un pédoncule plus long que la feuille. Calice à dents lancéolées, acuminées, *inégales;* les supérieures plus courtes, écartées l'une de l'autre. Gousse linéaire, presque cylindrique, glabre, *veinée en réseau* sur les faces, *jaunâtre* à la maturité, munie sur le dos de trois côtes peu saillantes. Graines globuleuses ou ovoïdes, souvent anguleuses, brunes, *lisses* et mates ; ombilic *ovale, très-court.* Feuilles à pétiole court, *non ailé,* terminé *en vrille* rameuse ; *une seule paire de folioles* obovées-oblongues, mucronulées, munies en dessous de veines anastomosées et d'une *nervure* dorsale ; stipules étroites, semi-sagittées, acuminées. Tige quadrangulaire, *non ailée,* rameuse, couchée ou grimpante. Souche grêle, rampante, munie de tubercules. — Plante glabre ; à feuilles glaucescentes en dessous ; fleurs grandes, d'un rose vif et d'une odeur agréable.

Commun dans les champs à sol calcaire et argileux. ♃. Juillet-août.

6. **L. hirsutus** *L. Sp. 1032.* (*Gesse hérissée.*) — Fleurs une, ou plus souvent deux ou trois, sur un pédoncule 2 ou 3 fois plus long que la feuille. Calice à dents ovales, acuminées, *presque égales* entre elles, et aussi longues que le tube. Gousse linéaire, presque cylindrique, *non veinée* sur les faces, brune, couverte de poils insérés sur des glandes, carénée sur le dos.

Graines globuleuses, brunes, *fortement tuberculeuses ;* ombilic *ovale, court.* Feuilles à pétiole court, *non ailé,* terminé *en vrille* rameuse ; *une seule paire de folioles* elliptiques ou oblongues-linéaires, mucronées, munies en dessous de veines anastomosées et *d'une nervure* dorsale ; stipules étroites, semi-sagittées, acuminées. Tige *étroitement ailée,* grimpante, un peu rameuse. Racine mince, fibreuse. — Plante un peu velue ; fleurs violettes, devenant bleues.

Commun dans les moissons de tous les terrains. ☉. Juin-juillet.

7. L. sylvestris *L. Sp. 1033. (Gesse sauvage.)* — Fleurs quatre à dix, en grappe lâche sur un pédoncule ordinairement plus long que la feuille. Calice à dents lancéolées, acuminées, *inégales ;* les supérieures plus courtes. Gousse linéaire-oblongue, comprimée, *veinée* sur les faces, jaunâtre, glabre, parcourue sur le bord placentaire par trois côtes peu saillantes et denticulées. Graines globuleuses ou oblongues, brunes, tachetées de noir, *superficiellement verruqueuses ;* ombilic *linéaire,* égalant *la moitié* de la circonférence de la graine. Feuilles à pétiole *ailé,* terminé *en vrille* rameuse ; *une seule paire de folioles* très-allongées, un peu rudes sur les bords, mucronées, *à trois nervures ;* stipules étroites, semi-sagittées, acuminées. Tige *fortement ailée.* — Plante couchée ou grimpante, rameuse, glabre ; fleurs assez grandes ; l'étendard rose en dedans, plus pâle et marqué d'une tache verte en dehors ; les ailes pourpres au sommet ; la carène verdâtre.

α *Genuinus Nob.* Folioles linéaires-lancéolées.

β *Latifolius Peterm. Fl. Lips. p. 545.* Folioles lancéolées, beaucoup plus larges. *L. latifolius* Mult. auct., *non L.*

Commun dans les bois montagneux des terrains calcaires. ♃. Juillet-août.

Nota. Le véritable *L. latifolius* L., plante du midi et de l'ouest de la France, qu'on cultive dans nos jardins, se distingue du *L. sylvestris,* non par la largeur des folioles, caractère très-variable, mais par ses fleurs d'une belle couleur *rouge,* ordinairement plus grandes ; par ses gousses munies sur le dos de 5 côtes lisses ; par ses graines plus fortement verruqueuses ; par l'ombilic qui n'égale que le tiers de la circonférence de la graine ; par le style plus large ; par l'aspect glauque de toute la plante.

8. L. sativus *L. Sp. 1030. (Gesse cultivée.)* — Fleurs *solitaires* sur un pédoncule plus long que la feuille. Calice à dents *presque égales*, lancéolées, acuminées, deux fois plus longues que le tube. Gousse oblongue, courbée sur les deux bords, plane sur les faces, glabre, fauve à la maturité, *muni de deux ailes* sur le bord placentaire. Graines anguleuses, comprimées, d'un blanc-verdâtre, *lisses; ombilic ovale-oblong*. Feuilles à pétiole *étroitement ailé*, terminé *en vrille* simple ou rameuse, *à une seule paire* de folioles lancéolées ou linéaires-lancéolées, acuminées; stipules semi-sagittées. Tige *étroitement ailée*, couchée ou grimpante. Racine grêle, annuelle. — Plante glabre; fleurs grandes, blanches, roses ou bleuâtres.

Exclusivement dans les moissons, par conséquent introduit et naturalisé. Château-Salins (*Léré*). Neufchâteau, Mirecourt. ☉. Mai-juin.

9. **L. vernus** *Wimm. Fl. von Schles. 166; Orobus vernus L. Sp. 1028.* (*Gesse printanière.*) — Fleurs trois à sept, en grappe ordinairement plus longue que la feuille. Calice à dents inégales, lancéolées, acuminées; les supérieures plus courtes, un peu courbées l'une vers l'autre. Gousse un peu comprimée, glabre, *brune* à la maturité. Graines globuleuses ou anguleuses, jaunâtres, souvent tachées de brun. Feuilles à pétiole *non ailé, non terminé en vrille, à deux ou quatre paires de folioles* ovales, *longuement acuminées*, aiguës, *luisantes et d'un vert clair* en dessous; stipules *ovales-lancéolées*, prolongées à la base en une oreillette aiguë. Tige dressée, simple, *anguleuse*. Souche épaisse, noueuse; *stolons nuls*. — Plante peu feuillée; fleurs bleues, grandes.

Commun; bois du calcaire jurassique. Nancy, à Vandœuvre, Boudonville, Fonds de Toul, Chavigny; Frouard (*Monard* et *Taillefert*), Liverdun, etc.; Pont-à-Mousson, Jezainville (*Léré*). Commercy et Saint-Mihiel (*Maujean*). Neufchâteau (*Mougeot*). ♃. Avril-mai.

10. **L. macrorhizus** *Wimm. Fl. von Schles. 166; Orobus tuberosus L. Sp. 1028.* (*Gesse à grosse racine.*) — Fleurs deux à quatre, en grappe égalant ou dépassant la feuille. Calice à dents très-inégales; les inférieures lancéolées et aiguës, les supérieures plus courtes, courbées l'une vers l'autre. Gousse presque cylindrique, glabre, *noircissant* à la maturité. Graines globuleuses, jaunes ou rougeâtres. Feuilles à pétiole *non terminé en vrille, à deux ou quatre paires de folioles* mucronulées, mais *non acuminées, d'un vert glauque et mat* en dessous; stipules *lancéolées*, prolongées à la base en une oreillette aiguë. Tige

couchée à la base, puis ascendante, presque simple, *ailée*. Souche *tuberculeuse*, poussant des *stolons*. — Fleurs plus petites que dans l'espèce précédente, rouges, mais passant bientôt au bleu-verdâtre.

α *Genuinus Nob.* Folioles oblongues-lancéolées.

β *Divaricatus DC. Prodr. 2, p. 379.* Folioles elliptiques.

γ *Tenuifolius DC. l. c.* Folioles linéaires, aiguës. *Orobus tenuifolius Roth, Tent. fl. germ. 1, p. 305.*

Commun ; bois, dans tous les terrains. ♃. Avril-mai.

11. L. niger *Wimm. Fl. von Schles. 166; Orobus niger L. Sp. 1028.* (*Gesse noire.*) — Fleurs quatre à huit, en grappe sur un pédoncule dépassant la feuille. Calice à dents inégales ; les supérieures très-courtes, triangulaires, convergentes. Gousse linéaire, un peu comprimée, finement veinée, couverte d'abord de petites papilles rougeâtres, *noircissant* à la maturité. Graines ovoïdes, brunes ; ombilic linéaire, égalant *le tiers* de la circonférence de la graine. Feuilles à pétiole *non ailé, non terminé en vrille,* à *quatre ou six paires de folioles* elliptiques ou oblongues, obtuses ou aiguës ; stipules linéaires, sétacées. Tige *non ailée,* dressée. Souche à divisions épaisses et fasciculées. — Plante noircissant ordinairement par la dessiccation ; fleurs purpurines, passant ensuite au bleu livide.

Assez rare ; bois du calcaire jurassique. Nancy, à Lay-Saint-Christophe (*Soyer-Willemet*), Bouxières-aux-Dames, Malzéville. Moyeuvre et Sierck (*Holandre*) ; sur le grès vosgien à Bitche (*Schultz*). Bar-le-Duc (*Humbert*). Neufchâteau (*Mougeot*). ♃. Juin-juillet.

Nota. La réunion des *Orobus* aux *Lathyrus* est d'autant plus rationnelle, que M. Soyer-Willemet m'a montré dans son herbier plusieurs *Lathyrus,* entre autres l'*angulatus,* dont une partie des vrilles est transformée en folioles. (*Voir à ce propos les observations de Lamarck, Dict. 4, p. 624.*)

Trib. 8. Hedysareæ *DC. Prodr. 2, p. 307.* — Etamines diadelphes. Gousse se divisant transversalement à la maturité en articles monospermes. Cotylédons épigés. Feuilles imparipinnées.

22. Coronilla *Neck.*

Calice à 5 dents. Carène *prolongée en bec.* Etamines à filets alternativement dilatés au sommet. Gousse polysperme, articulée, *cylindrique, à 2, 4 ou 6 angles.* Graines ovoïdes ou oblongues.

1 { Stipules libres.. 2
{ Stipules soudées en une seule oppositifoliée.............. 3

2 { Fleurs jaunes ; gousses pendantes...... *C. Emerus* (n° 1).
{ Fleurs lilas ou blanches ; gousses dressées. *C. varia* (n° 2).

3 { Tige couchée ; feuilles à 7 ou 9 folioles.. *C. minima* (n° 3).
{ Tige dressée ; feuilles à 3 ou 5 folioles. *C. scorpioïdes* (n° 4).

1. C. Emerus *L. Sp. 1146. (Coronille faux Séné.)* —
Fleurs portées sur des pédicelles *plus courts* que le calice, réunies au nombre de 2 ou 3 au sommet d'un long pédoncule axillaire. Calice à tube court, évasé, à dents très-courtes ; les trois inférieures triangulaires, à base large ; les deux supérieures soudées presque jusqu'au sommet et formant une lèvre supérieure concave. Étendard à limbe arrondi, échancré, dressé ; onglet *trois fois plus long* que le calice, pourvu *d'une petite écaille* vers le milieu de sa face inférieure. Gousse *pendante*, *arrondie*, striée, très-grêle, longue, obscurément articulée. Graines cylindriques, luisantes. Feuilles à 5 ou 7 folioles obovées, presque égales, obtuses ou faiblement émarginées ; les deux inférieures *écartées de la tige*; stipules *libres*, petites. Tiges *dressées*, rameuses, *frutescentes*. — Arbrisseau glabre ; fleurs jaunes.

Assez rare ; bois du calcaire jurassique. Nancy, à Houdelmont (*Soyer-Willemet*) ; Liverdun (*Mathieu*). ♄. Mai-juillet.

2. C. varia *L. Sp. 1038. (Coronille bigarrée.)* — Fleurs portées sur des pédicelles *deux fois plus longs* que le calice, réunies au nombre de 12 à 15 au sommet d'un long pédoncule axillaire. Calice à tube court, évasé, comprimé, à dents très-courtes ; les trois inférieures triangulaires, acuminées ; les deux supérieures soudées jusqu'au milieu. Étendard à limbe ovale, non échancré, dressé, à onglet *deux fois plus long* que le calice et *dépourvu d'écaille*. Gousse *dressée*, très-grêle, longue, *tétragone*, très-fragile à ses articulations. Graines cylindriques, brunes. Feuilles à 15-25 folioles presque égales, ou décroissantes par le haut, ovales ou oblongues, souvent un peu émarginées, mucronulées ; les deux inférieures *placées contre la tige*; stipules *libres*, petites, marcescentes. Tiges *herbacées, couchées, diffuses*, rameuses, fistuleuses et anguleuses. — Plante glabre ; fleurs panachées de blanc et de lilas.

Commun dans les bois et sur les coteaux du calcaire jurassique. Nancy, Metz, Verdun, Neufchâteau. ♃. Juin-juillet.

3. C. minima *L. Sp. 1048. (Coronille naine.)* — Fleurs portées sur des pédicelles *égalant* le calice, réunies au nombre de 6 à 12 sur un long pédoncule axillaire. Calice à tube court, évasé, à dents très-courtes; les trois inférieures réduites à trois mucrons écartés; les deux supérieurs entièrement soudés et formant une lèvre supérieure tronquée et entière. Etendard à limbe largement obové, dressé; onglet *un peu plus long* que le calice, *dépourvu d'écaille*. Gousse *pendante, tétragone*, striée, grêle, fragile à ses articulations. Feuilles à 7 ou 9 folioles obovées, presque égales, apiculées; les deux inférieures *placées contre la tige;* stipules *soudées en une seule oppositifoliée*, petite. Tiges grêles, couchées, frutescentes à la base, rameuses. — Plante glabre, d'un vert un peu glauque; fleurs jaunes.

Coteaux du calcaire jurassique. Neufchâteau (*Mougeot*). ♃. Avril-mai.

4. C. scorpioïdes *Koch, Syn. 188; Ornithopus scorpioïdes L. Sp. 1049. (Coronille scorpion.)* — Fleurs portées sur des pédicelles *plus courts* que le calice, réunies au nombre de 2, 3 ou 4 au sommet d'un pédoncule axillaire. Calice à tube court, évasé, à dents très-courtes, triangulaires et à large base; les deux supérieures soudées presque jusqu'au sommet. Etendard à limbe arrondi, à onglet *dépourvu d'écaille, égalant* le calice. Gousse *pendante*, très-grêle, longue, *tétragone*, striée, articulée. Graines cylindriques. Feuilles à 3 ou 5 folioles un peu épaisses; la supérieure grande, obovée; les inférieures plus petites, arrondies, *placées contre la tige* et ressemblant à des stipules; stipules membraneuses, petites, *soudées en une seule oppositifoliée*. Tige *entièrement herbacée, dressée*, presque simple. — Plante glabre et glauque; fleurs petites, jaunes.

Très-rare; coteaux calcaires. Nancy, à Malzéville (*Soyer-Willemet*). Neufchâteau (*Mougeot*). ⊙. Mai-juin.

23. ORNITHOPUS *Desv.*

Calice à 5 dents. Carène *arrondie et non prolongée* au sommet. Etamines à filets alternativement dilatés au sommet. Gousse polysperme, articulée, *linéaire, comprimée latéralement*. Graines oblongues.

1. O. perpusillus *L. Sp. 1049. (Ornithope délicat.)* — Fleurs presque sessiles, réunies au nombre de 3 à 7 au sommet d'un long pédoncule axillaire. Calice à dents presque égales, lancéolées, aiguës, trois fois plus courtes que le tube. Etendard à limbe ovale, à onglet égalant le calice. Gousse velue, formée d'articles ovales et réticulés-veinés. Graines ovales, comprimées, jaunâtres. Feuilles à 5-25 folioles petites, ovales, obtuses, mucronulées; stipules petites, entières. Tiges ordinairement nombreuses, étalées-couchées. — Plante très-velue et très-grêle dans toutes ses parties; à fleurs très-petites, blanchâtres avec l'étendard veiné de rouge.

Lieux sablonneux. Assez rare dans l'alluvion. Nancy (*Soyer-Willemet*); Dombasle et Rosières-aux-Salines (*Suard*); Lunéville (*Guibal*). Ham sous Varrberg (*Taillefert* et *Monard*). En Argonne et à Sampigny (*Doisy*). Plus commun dans la région des grès; à Bitche (*Schultz*); à Saint-Avold (*Holandre*); à Bisten (*Box*), à Badonviller et à Abreschwiller (*de Baudot*); à Rambervillers (*Billot*); Epinal, Châtel-sur-Moselle, Bruyères. ⊙. Mai-juin.

24. HIPPOCREPIS *L.*

Calice à 5 dents. Carène *prolongée en bec*. Etamines à filets alternativement dilatés au sommet. Gousse polysperme, articulée, *linéaire, comprimée latéralement, creusée sur le bord interne d'échancrures* plus ou moins profondes et correspondant aux graines. Graines oblongues, arquées.

1. **H. comosa** *L. Sp. 1050. (Hippocrépide en ombelle.)* — Fleurs portées sur des pédicelles plus courts que le calice, réunies au nombre de 6 à 12 au sommet d'un pédoncule sillonné, terminal ou axillaire. Etendard à limbe arrondi, un peu échancré, dressé, à onglet deux fois plus long que le calice. Gousse allongée, couverte sur les parties correspondantes aux graines de petits tubercules rougeâtres. Graines olivâtres. Feuilles à 9-15 folioles obovées ou oblongues, obtuses ou faiblement émarginées, mucronulées; stipules petites, ovales, aiguës, étalées. Tiges nombreuses, rameuses et frutescentes à la base, couchées ou ascendantes. Souche ligneuse. — Plante glabre; à fleurs jaunes, veinées d'orangé sur l'étendard.

Commun; bois montagneux et collines calcaires. ♃. Mai-juillet.

25. ONOBRYCHIS *Tourn.*

Calice à 5 dents. Carène *tronquée obliquement* au sommet.

Etamines à filets non épaissis au sommet. Gousse *à un seul article*, indéhiscente, *comprimée latéralement, réticulée sur les faces, à bord interne droit, à bord externe arqué, caréné*, souvent épineux ou denté. Graines réniformes.

1. O. sativa *Lam. Fl. fr. 2, p. 652; Hedysarum Onobrychis L. Sp. 1059. (Esparcette cultivée ou Sainfoin.)* — Fleurs nombreuses, disposées en longue grappe au sommet d'un pédoncule axillaire, sillonné et une fois plus long que la feuille. Calice à dents un peu inégales, subulées, plus longues que le tube. Etendard à limbe obové, émarginé, insensiblement terminé en onglet. Gousse dressée, pubescente, aussi large que longue, carénée et brièvement aculéolée sur son bord inférieur. Graine réniforme, brune, lisse. Feuilles à 11-25 folioles oblongues ou linéaires, obtuses, mucronulées; stipules membraneuses, ovales, finement acuminées, en partie soudées entre elles. Tiges nombreuses, dressées, simples, striées. — Plante un peu pubescente; à fleurs roses, élégamment veinées de rouge.

Cultivé et souvent spontané sur les coteaux calcaires. ♃. Mai-juillet.

XXXI. AMYGDALÉES.

Fleurs hermaphrodites, régulières. Calice libre, caduc, quinquefide, à préfloraison imbricative. Corolle périgyne, à pétales en nombre égal à celui des divisions calicinales et alternant avec elles, brièvement onguiculés, à préfloraison tordue. Etamines libres, périgynes, au nombre de 20 à 30; anthères biloculaires, s'ouvrant en long. Style simple; stigmate capité. Ovaire libre, uniloculaire, mono-bisperme. Le fruit est une drupe charnue, à noyau osseux. Graine pendante au sommet du funicule qui naît de la base de la loge. Embryon droit; cotylédons charnus; albumen nul. — Arbres ou arbustes; feuilles alternes, munies de stipules libres et caduques.

Fleurs rouges; noyau creusé d'anfractuosités. *Persica* (n° 1).
Fleurs blanches; noyau lisse............. *Prunus* (n° 2).

1. PERSICA *Tourn.*

Fruit très-charnu, globuleux; noyau *creusé d'anfractuosités.* — Feuilles condupliquées dans le bouton.

1. P. vulgaris *Mill. Dict. 3, p. 465; Amygdalus Persica L. Sp. 676. (Pêcher commun.)* — Fleurs naissant avant les feuilles, sessiles, solitaires, rarement géminées, placées sous les bourgeons à feuilles. Calice campanulé. Fruit mou, succulent, globuleux, couvert d'un duvet court et serré. Feuilles lancéolées, doublement dentées, portées sur un pétiole très-court. — Arbre de moyenne taille; à rameaux élancés, rougeâtres; à fleurs d'un rose vif.

Généralement cultivé. ♄. Mai-avril.

2. PRUNUS *L.*

Fruit charnu, globuleux ou ovoïde; noyau *lisse sur les faces*, muni de 3 côtes saillantes sur l'un des bords. — Feuilles roulées en cornet dans le bouton.

1 ⎰ Fleurs solitaires ou géminées....................... 2
  ⎨ Fleurs fasciculées................................. 5
  ⎱ Fleurs en grappe................................... 6

2 ⎰ Ovaire glabre..................................... 3
  ⎱ Ovaire velouté................. *P. Armeniaca* (n° 4).

3 ⎰ Pédoncules glabres; rameaux épineux... *P. spinosa* (n° 1).
  ⎱ Pédoncules pubescents; rameaux non épineux........... 4

4 ⎰ Style glabre; fruit globuleux.......... *P. insititia* (n° 2).
  ⎱ Style velu à la base; fruit ovoïde..... *P. domestica* (n° 3).

5 ⎰ Feuilles pubescentes en dessous......... *P. avium* (n° 5).
  ⎱ Feuilles glabres en dessous.......... *P. Cerasus* (n° 6).

6 ⎰ Fleurs en longues grappes penchées...... *P. Padus* (n° 7).
  ⎨ Fleurs en grappes courtes, corymbiformes, dressées........
  ⎱ .... *P. Mahaleb* (n° 8).

Sect. 1. PRUNUS Tourn. Inst. 622, tab. 398. — Fleurs solitaires ou géminées. Drupe glabre, couverte d'une efflorescence glauque.

1. P. spinosa *L. Sp. 681. (Prunier épineux.)* — Fleurs paraissant avant les feuilles, plus rarement en même temps (*P. fruticans Weih. in Bot. Zeit. t. 9, p. 748*); pédoncules glabres, *ordinairement solitaires*. Calice à segments lancéolés, obtus, denticulés. Pétales ovales, obtus. Style nu. Fruit *globuleux, dressé*, noir, très-acerbe. Feuilles obovées-lancéolées, dentelées en scie. — Arbuste très-rameux ; les rameaux latéraux courts, spinescents, étalés à angle droit. M. Suard a trouvé à Champigneules, près de Nancy, une forme à fruits plus gros ; c'est le *P. spinosa β macrocarpa Wallr. Sched. 217.*

Commun ; haies, buissons, bois, dans tous les terrains. ♄. Avril-mai.

2. P. insititia *L. Sp. 680.* (*Prunier sauvage.*) — Se distingue : 1° du *P. spinosa* par ses pédoncules plus longs, pubescents, *souvent géminés;* par ses fleurs plus grandes ; par les divisions du calice plus larges, ovales-arrondies ; par ses fruits plus gros, plus précoces, noirs ou jaunes marbrés de rouge, *penchés;* 2° du *P. domestica* par son style nu ; par ses fruits *globuleux;* 3° de tous les deux par ses rameaux plus épais, grisâtres, pubescents ; par sa floraison un peu plus tardive. — C'est de cette espèce, suivant Koch, que proviennent toutes les variétés de pruniers à fruits globuleux que l'on cultive dans les jardins.

Assez rare. Nancy, à Pompey, Maxéville (*Suard*) ; Sainte-Geneviève, Champigneules, côte de Toul, la Croix-Gagnée. Metz, Saint-Julien, Colombé, Jury ; Sarralbe, Eich, Fénétrange (*Warion*) ; vignes de Hayange. ♄. Avril-mai.

3. P. domestica *L. Sp. 680.* (*Prunier cultivé.*) — Fleurs paraissant avant les feuilles ; pédoncules pubescents, *souvent géminés.* Calice à segments ovales, obtus, denticulés. Pétales ovales-oblongs, d'un blanc-verdâtre. Style velu à la base. Fruit *oblong, penché,* jaune, rougeâtre ou violet, doux. Feuilles elliptiques, crénelées.

On en cultive dans nos jardins une foule de variétés. ♄. Avril-mai.

Sect. 2. ARMENIACA *Tourn. Inst. 623, tab. 399* — Fleurs solitaires ou géminées. Drupe veloutée.

4. P. Armeniaca *L. Sp. 679.* (*Abricotier.*) — Fleurs paraissant avant les feuilles ; pédoncules presque nuls, solitaires, cachés par les bractées. Fruit globuleux, jaune ou jaune-rougeâtre, sucré. Feuilles ovales, acuminées, doublement dentées, un peu en cœur à la base ; pétiole glanduleux. — Arbre à rameaux étalés, non spinescents ; à fleurs blanches.

Cultivé. ♄. Mars-avril.

Sect. 3. CERASUS *Juss. Gen. 340.* — Fleurs fasciculées ou en grappe. Drupe glabre et non glauque.

5. **P. avium** *L. Sp. 680; Cerasus avium DC. Fl. fr. 4, p. 482. (Cerisier des oiseaux.)* — Fleurs *fasciculées*, se développant avec les feuilles et sortant de bourgeons dont les écailles sont ciliées-glanduleuses. Calice à segments ovales, obtus, réfléchis. Pétales arrondis. Fruit *globuleux*, gros comme un pois, *doux*, variant du rouge au noir. Feuilles fasciculées au sommet de rameaux courts, obovées, acuminées, un peu plissées, doublement crénelées, *pubescentes* en dessous; pétiole pourvu au sommet de deux glandes rougeâtres; stolons nuls. — Grand arbre, à branches étalées-dressées; à fleurs blanches. Suivant M. Koch, le *Cerasus juliana DC. Fl. fr.*, dont les fruits sont connus sous le nom de guignes, et le *Cerasus duracina DC. l. c.*, dont les fruits portent celui de bigarreaux, ne seraient que des variétés à gros fruits de l'espèce de nos bois.

Commun; bois montagneux. ♄. Avril-mai.

6. **P. Cerasus** *L. Sp. 679. (Cerisier commun.)* — Diffère du précédent par les caractères suivants : fruits *acidules* ou *acides, globuleux, déprimés*, rouges; feuilles planes, *glabres* dès leur jeunesse, luisantes, coriaces, toujours acuminées; tige moins élevée; rameaux plus grêles, plus étalés, souvent fléchis; racine stolonifère. — M. Koch rapporte à cette espèce la cerise aigre commune, le gobet, la griotte.

Cultivé et quelquefois subspontané, près de Nancy, par exemple, au-dessus de Boudonville, au bord du bois. ♄. Avril-mai.

7. **P. Padus** *L. Sp. 677; Cerasus Padus DC. Fl. fr. 4, p. 480. (Cerisier à grappes.)* — Fleurs se développant avec les feuilles en *longues grappes* latérales, *cylindriques, penchées*, pourvues de quelques feuilles à leur base. Calice à segments *frangés-glanduleux*, presque réfléchis. Pétales obovés. Fruits globuleux, noirs, gros comme un pois, très-acerbes. Feuilles alternes, obovées, acuminées, finement dentées et glabres; pétiole pourvu de deux glandes au sommet. — Arbre à rameaux étalés, bruns, ponctués de blanc; à fleurs blanches, odorantes.

Commun dans les bois humides de la chaîne des Vosges depuis Bitche jusqu'au Ballon de Saint-Maurice. Se retrouve dans les bois de la plaine, à Rambervillers (*Billot*); à Lunéville, au bois d'Hériménil, forêt de Vitrimont (*Guibal*), bois de Sandronvillers (*Monnier*). ♄. Mai.

8. **P. Mahaleb** *L. Sp. 678; Cerasus Mahaleb Mill. Dict. n° 4. (Cerisier de Sainte-Lucie.)* — Fleurs se développant avec

les feuilles et disposées en grappes *courtes, corymbiformes*, peu fournies, *dressées*, pourvues de quelques feuilles à leur base. Calice à segments ovales, obtus, réfléchis, *non ciliés*. Pétales ovales. Fruits ovales-globuleux, noirs, gros comme un pois. Feuilles fasciculées, arrondies, brièvement acuminées, finement dentées, glabres et luisantes ; pétiole quelquefois pourvu d'une ou de deux glandes à son sommet. — Arbuste très-rameux ; à rameaux très-étalés, grisâtres ; à fleurs blanches.

Commun dans les bois du calcaire jurassique de la Meurthe, de la Moselle, de la Meuse et des Vosges. ♃. Mai-juin.

XXXII. ROSACÉES.

Fleurs hermaphrodites, ou rarement unisexuelles par avortement, régulières. Calice libre, persistant, quadri-quinquéfide, à préfloraison valvaire. Corolle périgyne, à pétales en nombre égal à celui des divisions calicinales et alternant avec elles, brièvement onguiculés, à préfloraison imbricative. Etamines libres, périgynes, en nombre indéfini, plus rarement défini et réduit à cinq ; anthères biloculaires, s'ouvrant en long. Styles simples ; stigmates simples. Ovaires plus ou moins nombreux, verticillés ou en tête, libres, uniloculaires, le plus souvent monospermes. Les fruits sont tantôt des carpelles monospermes, indéhiscents, secs ou plus rarement bacciformes, tantôt des capsules s'ouvrant par la suture ventrale. Graines dressées ou pendantes. Embryon droit ; cotylédons charnus ; albumen nul. — Herbes, arbrisseaux ou arbres, à feuilles alternes, à stipules soudées en partie au pétiole.

1. Calice à tube concave et ouvert...... 2
   Calice à tube turbiné, resserré à la gorge par un anneau.... *Rosa* (n° 8).

2. Calice dépourvu de calicule...... 3
   Calice pourvu d'un calicule...... 4

3. Ovaires verticillés, polyspermes ; plante non épineuse...... *Spiræa* (n° 1).
   Ovaires en tête, monospermes ; plantes épineuses...... *Rubus* (n° 7).

4. Etamines 5 ; réceptacle concave...... *Sibbaldia* (n° 5).
   Etamines 20 et plus ; réceptacle conique...... 5

5. Pétales lancéolés, acuminés...... *Comarum* (n° 3).
   Pétales orbiculaires ou en cœur renversé...... 6

6 { Styles terminaux, s'accroissant après l'anthèse et persistants.
.... *Geum* (n° 2).

Styles latéraux, ne s'accroissant pas, caducs............. **7**

7 { Réceptacle ne devenant pas charnu...... *Potentilla* (n° 4).
Réceptacle devenant charnu........... *Fragaria* (n° 6).

Trib. 1. Spireæ *DC. Prodr. 2, p. 541.* — Carpelles ordinairement 5 ou plus, plus rarement moins, verticillés, secs, s'ouvrant par le bord interne, à deux graines ou plus.

1. Spiræa *L.*

Calice à 5 divisions, dépourvu de calicule. Pétales 5. Styles terminaux. Les autres caractères sont ceux de la tribu.

1 { Fleurs en corymbe............................... **2**
Fleurs en panicule................. *S. Aruncus* (n° 3).

2 { Etamines plus longues que les pétales ; carpelles glabres....
.... *S. Ulmaria* (n° 1).
Etamines plus courtes que les pétales ; carpelles velus......
.... *S. Filipendula* (n° 2).

1. S. Ulmaria *L. Sp. 702. (Spirée ornière.)* — Fleurs hermaphrodites, disposées en *corymbe* terminal. Calice à segments ovales, obtus, réfléchis. Pétales arrondis, longuement onguiculés. Etamines *plus longues* que les pétales, à filets un peu épaissis au sommet. Capsules 5-9, glabres, *contournées en spirale* les unes autour des autres. Feuilles *pinnatiséquées, interrompues,* à 5-9 segments lancéolés, doublement dentés et sessiles ; le terminal pétiolulé, beaucoup plus grand, palmatifide ; *stipules* demi-circulaires, auriculées, dentées. Tige dressée, sillonnée, rameuse au sommet. — Fleurs blanches.

α *Tomentosa Gaud. Helv. 3, p. 332.* Feuilles blanchestomenteuses en dessous.

β *Denudata Gaud. l. c.* Feuilles vertes et glabres en dessous. *S. denudata Hayn. Arz. gen. 8, tab. 31.*

Commun ; prés et bois humides, bords des rivières, dans tous les terrains. ♃. Juin-juillet.

2. S. Filipendula *L. Sp. 436. (Spirée Filipendule.)* — Se distingue du précédent par ce qui suit : fleurs plus grandes ; calice souvent rougeâtre ; pétales obovés, très-brièvement onguiculés ; étamines *plus courtes* que les pétales ; capsules velues, *dressées, appliquées* les unes contre les autres; feuilles beaucoup plus étroites, *pinnatiséquées, interrompues*, à segments beaucoup plus nombreux et plus finement divisés. Tige peu feuillée. Souche dont les fibres sont renflées çà et là en tubercules. — Plante glabre.

Bois du calcaire jurassique; descend aussi dans les prairies des bords de la Meurthe et de la Moselle. Nancy, Toul, Pont-à-Mousson. Metz, au Saulcy, Jouy, les Genivaux (*Holandre*); bois d'Arnaville (*Warion*), Saulny et Gorze (*Taillefert*), La Maxe (*de Marcilly*). Commercy, Pagny-sur-Meuse; Void (*Maujean*); Lerouville et Saint-Mihiel (*Léré*); Sampigny (*Pierrot*). Neufchâteau, Liffol-le-Grand (*Mougeot*). ♃. Juin-juillet.

3. **S. Aruncus** *L. Sp. 702. (Spirée barbe de chèvre.)* — Fleurs dioïques, disposées en petits *épis cylindriques* et formant par leur réunion une *panicule* terminale grande. Calice à segments lancéolés, aigus, étalés. Pétales oblongs-obovés. Etamines *plus longues* que les pétales, à filets non épaissis au sommet. Capsules 3 ou 4, glabres, *dressées*. Feuilles grandes, triangulaires dans leur pourtour, *bi-tripinnatiséquées*, à segments opposés, ovales, finement acuminés, doublement et inégalement dentés en scie; le terminal et souvent les inférieurs pétiolulés; *stipules nulles*. Tige dressée, sillonnée, un peu flexueuse au sommet, peu rameuse. — Fleurs blanches, très-petites.

Dans les hautes Vosges, Ballons de Soultz et de Saint-Maurice, Hohneck, Rosberg, Remiremont, Epinal, Saint-Dié, etc. (*Mougeot* et *Nestler*); à Bitche (*Schultz*). ♃. Juin-juillet.

Trib. 2. Dryadeæ *Vent. tab. 3, p. 349.* — Carpelles nombreux, monospermes, secs ou drupacés, disposés en tête sur un réceptacle sec ou charnu, indéhiscents.

2. Geum *L.*

Calice à 5 divisions, *muni d'un calicule*. Pétales 5, *arrondis*. Styles *terminaux, s'accroissant après l'anthèse, persistants*, souvent plumeux. Carpelles *secs*, réunis en tête globuleuse sur un réceptacle conique, *non charnu*. Graine ascendante; radicule infère.

Pétales obovés en coin; carpophore nul................................ *G. urbanum* (n° 1).
Pétales plus larges que longs; carpophore aussi long que le calice........................... *G. rivale* (n° 2).

1. G. urbanum *L. Sp. 716. (Benoite commune.)* — Fleurs *dressées*. Calice à segments étalés, à la fin *réfléchis*. Pétales 5, jaunes, *obovés-en-coin*, aussi longs ou plus longs que le calice. Carpophore *nul*. Carpelles oblongs, velus, surmontés du style crochu et nu au sommet, genouillé *à son quart supérieur;* réceptacle velu. Feuilles lyrées-pinnatifides, à 3-7 lobes incisés-dentés; les supérieurs plus grands, ventrus à leur bord inférieur; stipules grandes, arrondies, dentées ou incisées-dentées. Tige dressée ou ascendante. Souche courte, sentant le gérofle, pourvue de fibres radicales longues.

Commun; haies, buissons, bois, dans tous les terrains. ♃. Juillet-août.

2. G. rivale *L. Sp. 717. (Benoite des ruisseaux.)* — Fleurs *penchées*. Calice à segments *dressés-appliqués*. Pétales jaunes, veinés de rouge, longuement onguiculés, à limbe *plus large que long*, égalant le calice. Carpophore *aussi long* que le calice. Carpelles oblongs, velus, surmontés du style crochu et velu au sommet, genouillé *vers son milieu;* réceptacle velu. Feuilles radicales à lobes plus rapprochés que dans l'espèce précédente et entremêlés d'appendices dentés; feuilles caulinaires moins nombreuses et moins divisées; stipules beaucoup plus petites, dentées ou entières. Tige dressée, brunâtre au sommet, ainsi que le calice.

Bords des ruisseaux dans les hautes Vosges, Hohneck, Ballon de Soultz; descend jusqu'à Bruyères (*Mougeot*). Verdun, au bois de Belleville, Fresne (*Doisy*); Saint-Mihiel (*Léré*); Commercy (*Maujean*). ♃. Mai-juin.

3. SIBBALDIA *L.*

Calice à 5 divisions, *muni d'un calicule*. Pétales 5, *lancéolés*. Etamines *cinq*. Styles *latéraux*, courts, *caducs*. Carpelles *secs*, au nombre de 5 à 10, réunis sur un réceptacle concave, *non charnu*. Graine pendante; radicule supère.

1. S. procumbens *L. Sp. 307. (Sibbaldie couchée.)* — Fleurs réunies au nombre de 3-6 en petites cymes terminales. Calice à tube hémisphérique, à segments mucronulés, élégamment veinés en réseau, d'abord étalés, puis dressés à la maturité. Pétales plus courts que le calice. Carpelles ovoïdes, luisants; réceptacle velu. Feuilles d'un vert glauque, un peu velues, pétiolées, fasciculées au sommet des rameaux, dépassant ou éga-

lant les grappes de fleurs ; folioles obovées-cunéiformes, tronquées et tridentées au sommet, du reste entières ; la terminale
plus longuement pétiolulée ; stipules lancéolées, longuement
adhérentes au pétiole. Tiges nombreuses, rameuses, brunes,
couchées, feuillées seulement au sommet, mais couvertes dans le
reste de leur étendue des débris des anciennes feuilles.— Plante
gazonnante ; fleurs petites, verdâtres.

Escarpements des hautes Vosges, sur le granit, au Hohneck (*Mougeot*
1821). ♃. Juillet-août.

4. POTENTILLA *L*.

Calice à 5, rarement à 4 divisions, *muni d'un calicule*. Pétales
5, rarement 4, *orbiculaires ou en cœur renversé*. Étamines
vingt ou plus. Styles *latéraux*, courts, *caducs*. Carpelles *secs*,
nombreux, disposés en tête sur un réceptacle convexe, *non
charnu*. Graine pendante ; radicule supère.

1 { Feuilles palmatiséquées............................... 2
{ Feuilles pinnatiséquées............................... 8

2 { Fleurs blanches....................................... 3
{ Fleurs jaunes.. 4

3 { Pétales échancrés en cœur ; feuilles caulinaires trifoliolées...
{ .... *P. Fragariastrum* (n° 1).
{ Pétales non échancrés en cœur ; feuilles caulinaires unifoliolées.
{ .... *P. micrantha* (n° 2).

4 { Feuilles caulinaires toutes sessiles.. *P. Tormentilla* (n° 3).
{ Feuilles caulinaires inférieures pétiolées............... 5

5 { Feuilles blanches-argentées en dessous ; pétales échancrés en
{ cœur................... *P. argentea* (n° 4).
{ Feuilles vertes en dessous ; pétales non échancrés en cœur.. 6

6 { Divisions du calicule plus courtes et plus étroites que celles
{ du calice ; carpelles lisses........................ 7
{ Divisions du calicule plus longues que celles du calice ; car-
{ pelles tuberculeux................ *P. reptans* (n° 7).

7 { Tiges entièrement couchées ; segments des feuilles à dent ter-
{ minale plus courte et plus étroite que les autres.........
{ .... *P. verna* (n° 5).
{ Tiges dressées ou ascendantes ; segments des feuilles à dents
{ toutes égales.............. *P. salisburgensis* (n° 6).

8 { Fleurs jaunes... 9
{ Fleurs blanches................... *P. rupestris* (n° 10).

9 { Feuilles soyeuses-argentées en dessous ou des deux côtés ;
    carpelles lisses................. *P. anserina* (n° 8).
    Feuilles vertes sur les deux faces ; carpelles ridés.........
    .... *P. supina* (n° 9).

1. P. Fragariastrum *Ehrh. Herb. 146; P. Fragaria DC. Fl. fr. 4, p. 468; P. splendens Dois. Fl. Meuse, p. 477 (non Ram.); Fragaria sterilis L. Sp. 709. (Potentille Fraisier.)* — Fleurs *blanches.* Calice à divisions uniformément vertes, acuminées, dressées à la maturité, *plus grandes* que celles du calicule. Pétales 5, *échancrés en cœur* au sommet, ordinairement plus longs que le calice. Carpelles mûrs finement ridés, assez gros, ovales, longuement velus à l'ombilic ; réceptacle très-velu. Feuilles radicales *trifoliolées*, à folioles presque sessiles ; les latérales ovales ; la moyenne obovée-en-coin ; toutes munies de larges dents dans leur moitié supérieure ; la dent terminale très-courte et très-étroite ; une ou deux feuilles caulinaires *trifoliolées;* stipules lancéolées, acuminées, entières, membraneuses. Tiges grêles, biflores, couchées ou ascendantes, *plus longues* que les feuilles radicales au moment de la floraison, naissant à l'aisselle des feuilles de la rosette ; axe *indéterminé.* Souche épaisse, *munie de stolons* souvent très-allongés. — Plante très-velue ; à feuilles soyeuses-argentées en dessous, les radicales formant gazon.

Commun ; bois montagneux, dans tous les terrains. ♃. Avril-mai.

2. P. micrantha *DC. Fl. fr. 4, p. 468. (Potentille à petites fleurs.)* — Se distingue de l'espèce précédente par les caractères suivants : divisions du calice pourvues intérieurement à leur base d'une tache purpurine, *égalant ou dépassant à peine* le calicule ; pétales obovés, *entiers ou superficiellement émarginés,* plus courts que le calice ; carpelles plus petits, plus étroitement imbriqués, formant un capitule moins gros ; feuilles radicales à trois folioles pétiolulées et pourvues de dents plus fines, plus aiguës, plus nombreuses ; la dent supérieure un peu plus courte, mais aussi large que les voisines ; une feuille caulinaire *unifoliolée;* stipules brunes, une fois plus larges, ovales, acuminées ; tiges grêles, *plus courtes* que les feuilles radicales au moment de la floraison ; *stolons nuls.* — Plante d'un vert plus sombre.

Hautes Vosges, principalement sur le versant oriental, surtout dans les vallées de Munster, de Guebwiller, de St-Amarin, etc. ♃. Avril-mai.

3. **P. Tormentilla** *Sibth. Oxon. p. 162; Tormentilla erecta L. Sp. 716. (Potentille Tormentille.)* — Fleurs *jaunes*. Calice à divisions lancéolées, plus larges que celles du calicule. Pétales ordinairement 4, quelquefois 5 ou 3, *en cœur renversé*, munis à l'onglet d'une tache safranée, plus longs que le calice. Carpelles mûrs lisses, ovales, glabres; réceptacle très-velu. Feuilles radicales pétiolées, détruites au moment de la floraison; les caulinaires toutes sessiles, *trifoliolées*, oblongues, en coin à la base, pourvues dans leur moitié supérieure de dents profondes et aiguës; stipules tri-quinquefides, imitant deux folioles. Tiges grêles, couchées ou ascendantes, plus ou moins rameuses, très-feuillées, naissant à l'aisselle des feuilles de la rosette; axe *indéterminé*. Souche épaisse, ligneuse, brune. — Plante un peu velue; à feuilles vertes, plus pâles en dessous; à pédoncules grêles, axillaires; à fleurs petites.

Commun; bois, tourbières, prairies montagneuses, dans tous les terrains. ♃. Juin-juillet.

4. **P. argentea** *L. Sp. 712. (Potentille argentée.)* — Fleurs *jaunes*. Calice à divisions lancéolées, plus larges que celles du calicule. Pétales 5, obovés-en-coin, *à peine émarginés*, aussi longs et plus longs que le calice. Carpelles mûrs finement ridés, ovales, glabres; réceptacle très-velu. Feuilles radicales et caulinaires inférieures pétiolées, les supérieures sessiles, *palmatiséquées*, à cinq folioles oblongues, longuement cunéiformes, étroites et entières à la base, *profondément incisées* en lanières étroites, quelquefois un peu dentées, *réfléchies sur les bords;* stipules brièvement adhérentes au pétiole, longuement acuminées, entières ou bi-tridentées. Tiges étalées en cercle, *ascendantes*, feuillées, naissant du bourgeon terminal; axe *déterminé*. Souche dure, fibreuse. — Plante tomenteuse; à feuilles ordinairement blanches en dessous et quelquefois même en dessus (*P. argentea β impolita Rchb. Fl. exc. 594*); à fleurs disposées en corymbe.

Lieux sablonneux. Nancy, à Montaigu, Méréville (*Soyer-Willemet*); Maxéville; Liverdun (*Mathieu*); Toul (*Husson et Gély*); commun à Dombasle, Roville, Bayon, Lunéville, Sarrebourg (*de Baudot*). Metz, fortifications, le Sablon (*Holandre*), la Grange-aux-Ormes (*Segrétain*); Bitche (*Warion*). Commercy, Sampigny (*Pierrot*). Rambervillers (*Billot*); Epinal, Vagney (*docteur Berher*). Rare sur le calcaire jurassique: Nancy, à la Croix-Gagnée. ♃. Juin-juillet.

5. P. verna *L. Sp. 712. (Potentille printanière.)* — Fleurs *jaunes*. Calice à divisions lancéolées, plus larges que celles du calicule. Pétales 5, *en cœur renversé*, plus longs que le calice. Carpelles mûrs presque lisses, ovales, glabres ; réceptacle très-velu. Feuilles radicales et caulinaires inférieures pétiolées ; les radicales *palmatiséquées*, à 5-7 folioles obovées-cunéiformes, *planes* sur les bords, entières dans leur tiers inférieur, *dentées* dans les deux tiers supérieurs ; les dents étalées, la supérieure *plus courte* et *plus étroite;* stipules longuement adhérentes au pétiole ; celles des feuilles radicales et des tiges stériles munies d'oreillettes *étroitement linéaires-subulées;* celles des tiges fleuries lancéolées. Tiges *couchées*, quelquefois radicantes, formant avec les feuilles un gazon circulaire épais, naissant à l'aisselle des feuilles de la rosette ; axe *indéterminé*. Souche ligneuse, brune, rameuse. — Plante couverte de poils dressés-étalés, roides, insérés sur des glandes ; à pédoncules axillaires ; à feuilles d'un vert foncé ; à pétales uniformément jaunes ou pourvus d'une tache safranée à l'onglet (*P. verna β crocea Koch, Syn. 217*).

Commun ; lieux secs, collines, bois, dans tous les terrains. ♃. Avril-mai et quelquefois encore en juillet et en août.

6. P. salisburgensis *Hœnck, in Jacq. Coll. 2, p. 68, 1788. (Potentille du Salzbourg.)* — Fleurs *jaunes*. Calice à divisions lancéolées, plus larges que celles du calicule. Pétales 5, *en cœur renversé*, plus longs que le calice. Carpelles mûrs presque lissés, ovales, glabres ; réceptacle très-velu. Feuilles *planes* sur les bords, d'un vert gai, plus longuement pétiolées que dans le précédent ; les radicales *palmatiséquées*, toujours à cinq folioles, *jamais à sept;* celles-ci plus largement obovées, munies au sommet seulement de 5-7 dents étalées et *toutes égales en largeur;* stipules *largement ovales*. Tiges plus élevées, moins rameuses, moins feuillées, *dressées ou ascendantes*, naissant à l'aisselle des feuilles de la rosette ; axe *indéterminé*. — Plante mollement velue, à fleurs plus grandes, d'un jaune doré plus vif que dans l'espèce précédente.

α *Firma Koch, Syn. 216*. Folioles se recouvrant par leurs bords, à dents larges ; tige épaisse. *P. sabauda DC. Fl. fr. 4, p. 458*.

β *Gracilior Koch, l. c.* Folioles plus étroites, un peu écartées l'une de l'autre, à dents plus petites ; tiges filiformes. *P. fili-*

*formis DC. Fl. fr. suppl., p. 542; P. sabauda β salisburgensis
Soy.- Will. Obs., p. 58.*

Escarpements des hautes Vosges, sur le granit et la grauwack, au
Hohneck, Ballon de Soultz (*Mougeot* et *Nestler*). ♃. Juin-août.

7. P. reptans *L. Sp. 714. (Potentille rampante.)* — Fleurs
jaunes. Calice à divisions lancéolées, plus courtes que celles du
calicule. Pétales *en cœur renversé*, plus longs que le calice.
Carpelles mûrs un peu tuberculeux, ovales, glabres; réceptacle
très-velu. Feuilles toutes pétiolées, *pédalées*, à 3-5 folioles obovées-en-coin, dentées presque jusqu'à la base; stipules entières
ou incisées. Tiges très-longues, flagelliformes, simples, *couchées*,
naissant à l'aisselle des feuilles de la rosette; axe *indéterminé.*
Souche épaisse, noire. — Plante couverte de poils appliqués; à
feuilles naissant 2 ou 3 à chaque nœud; à pédoncules axillaires
solitaires ou géminés, aussi longs que les feuilles; à fleurs
grandes.

Commun; bords des chemins, décombres des terrains calcaires et argileux. Ne se trouve pas dans les terrains de grès (*Mougeot*). ♃. Juin-
août.

8. P. anserina *L. Sp. 710. (Potentille ansérine.)* — Fleurs
jaunes. Calice à divisions lancéolées, *égales* à celles du calicule;
celles-ci souvent dentées ou incisées. Pétales *ovales*, ondulés sur
les bords, veinés-plissés à la face inférieure, plus longs que le
calice. Carpelles mûrs très-gros, ovales, *lisses*, canaliculés faiblement sur le dos; réceptacle très-velu. Feuilles radicales
grandes, formant gazon, *pinnatiséquées, interrompues;* segments
nombreux, ovales-oblongs, dentés presque jusqu'à la base; stipules incisées. Tiges flagelliformes, rampantes et radicantes,
naissant à l'aisselle des feuilles de la rosette; axe *indéterminé.*
Souche rameuse. — Plante velue, à feuilles soyeuses-argentées
en dessous, souvent aussi en dessus (*P. anserina γ concolor
DC. Prodr. 2, p. 582*); à fleurs grandes, portées sur des pédoncules axillaires.

Commun le long des routes et des habitations, dans les prés des terrains calcaires et argileux. ♃. Mai-juillet; fleurit de nouveau en automne.

9. P. supina *L. Sp. 711. (Potentille couchée.)* — Fleurs
d'un jaune pâle. Calice à divisions ovales, aiguës, *plus larges*
et plus courtes que celles du calicule; celles-ci lancéolées, souvent dentées. Pétales obovés, *un peu émarginés*, presque aussi

longs que le calice. Carpelles mûrs ovales, *ridés*, glabres ; réceptacle velu. Feuilles inférieures longuement pétiolées, *pinnatiséquées*, à 7-11 segments fortement incisés-dentés, les supérieurs *décurrents* sur le pétiole commun ; stipules ovales, entières. Tiges allongées, couchées, très-rameuses, continuant l'axe floral *déterminé*. Racine grêle, fusiforme. — Plante d'un vert clair, peu velue ; à pédoncules axillaires ou terminaux, courts, à la fin courbés en bas ; à fleurs petites.

Peu commun ; lieux sablonneux. Nancy, à Saulxures, Tomblaine ; Lunéville, au Champ de Mars (*Suard*); Dieuze, à Tarquinpol ; Sarrebourg, Buhl, Sarraltroff (*de Baudot*). Metz, dans les saussaies de la Moselle, à Corny (*Holandre*). Saint-Mihiel (*Maujean*). ☉. Juillet-automne.

10. P. rupestris *L. Sp. 711. (Potentille des rochers.)* — Fleurs *blanches*. Calice à divisions lancéolées, plus longues et plus larges que celles du calicule. Pétales *arrondis*, plus longs que le calice. Carpelles petits, ovales-oblongs, *lisses* et glabres ; réceptacle peu velu. Feuilles inférieures longuement pétiolées, *pinnatiséquées*, à 5-7 segments d'autant plus petits qu'ils sont plus inférieurs, ovales, obtus, inégalement et doublement dentés ; le terminal pétiolulé, en coin et entier à la base. Feuilles supérieures sessiles, triséquées ; stipules ovales, entières ou un peu dentées. Tiges dressées, peu feuillées, arrondies, rameuses-dichotomes au sommet, naissant du bourgeon terminal ; axe *déterminé*. — Plante pubescente, glanduleuse au sommet ; à feuilles radicales nombreuses, étalées-dressées ; à fleurs grandes et blanches.

Hautes Vosges, principalement sur le versant oriental près de Wettelsheim, entre Riquewyhr et Hunawyhr sur le grès vosgien (*Kirschléger*). ♃. Mai-juillet.

5. Comarum *L.*

Calice à 5 divisions, *muni d'un calicule*. Pétales 5, *lancéolés*, acuminés. Etamines 20 ou plus. Styles *latéraux, marcescents*. Carpelles *secs*, nombreux, disposés en tête sur un réceptacle convexe, *accrescent et presque charnu* à la maturité. Graine pendante ; radicule supère.

1. C. palustre *L. Sp. 718; Potentilla Comarum Scop. Carn. 1, p. 359. (Comaret des marais.)* — Calice à divisions étalées ou réfléchies, ovales, acuminées, beaucoup plus larges et plus longues que celles du calicule. Pétales beaucoup plus courts que le calice, lancéolés, acuminés. Carpelles subglobuleux, lisses; réceptacle alvéolé, brièvement velu. Feuilles pinnatisé-quées, à 5-7 segments rapprochés, oblongs, glauques en dessous, fortement dentés, un peu coriaces. Tiges ascendantes. Souche rampante, pourvue de fibres radicales verticillées. — Plante ordinairement pubescente ; à fleurs purpurines.

Marais tourbeux. Commun dans toute la chaîne des Vosges depuis Bitche jusqu'au Ballon de Saint-Maurice. Plus rare dans la plaine : Nancy, à Montaigu, Tomblaine ; Lunéville, à Chanteheux, étangs du Mondon (*Guibal*); Metz, au bois de Borny (*Holandre*), la Grange-aux-Bois (*Warion*), Pange (*l'abbé Cordonnier*); Sarralbe (*Warion*); Ram-bervillers (*Billot*) ; Commercy, Sampigny (*Pierrot*). ♃. Juin-juillet.

6. FRAGARIA *L.*

Calice à 5 divisions, *muni d'un calicule*. Pétales 5, *obovés-orbiculaires*. Etamines 20 ou plus. Styles *latéraux, marcescents.* Carpelles *secs*, très-nombreux, disposés en tête sur un réceptacle ovoïde, qui s'accroît et devient *charnu* à la maturité. Graine pendante ; radicule supère.

1 { Calice dressé-appliqué après l'anthèse... *F. collina* (n° 2).
  { Calice étalé ou réfléchi après l'anthèse.................. 2

2 { Segments latéraux des feuilles sessiles.... *F. vesca* (n° 1).
  { Segments latéraux des feuilles pétiolulés.. *F. magna* (n° 3).

1. F. vesca *L. Sp. 709.* (*Fraisier comestible.*) — Calice à divisions *étalées ou réfléchies* au moment de la fructification. Fruit globuleux ou ovoïde-conique, *élargi* à la base, rouge, aromatique ; réceptacle *pourvu de carpelles jusqu'à sa base.* Feuilles trifoliolées, à folioles ovales, blanches-argentées en des-sous, dentées sur les bords ; les latérales *sessiles.* — Plante velue ; à tige sans feuilles ou à une seule feuille placée à l'ori-gine de ses divisions ; pédoncules couverts de poils étalés ou ap-pliqués ; pétales blancs avec l'onglet jaune.

Commun; bois, dans tous les terrains. ♃. Mai-juin.

2. F. collina *Ehrh. Beit. 7, p. 26.* (*Fraisier des collines.*) — Calice à divisions *appliquées* au moment de la fructification. Fruit globuleux ou obové, rouge, *rétréci et dépourvu de car-pelles à la base.* Feuilles trifoliolées, à folioles ovales ou ovales-en-coin, blanches-argentées en dessous, dentées sur les bords.— Ressemble beaucoup au précédent, mais s'en distingue en outre par ses pédoncules plus grêles, plus élancés, et par son calice qui devient ordinairement rougeâtre à la maturité du fruit.

α *Genuina.* Feuilles à folioles latérales sessiles.

β *Hagenbachiana Godr. Mém. Acad. de Stanislas, 1849, p. 315.* Feuilles à folioles toutes pétiolulées. *F. Hagenbachiana Lang in Koch, Taschenb., p. 163.*

Commun dans les bois du calcaire jurassique. Nancy, Metz, Neufchâteau, Mirecourt et sans doute aussi dans le département de la Meuse. La var. β Nancy à Boudonville, bois vers le Champ-le-Bœuf. ♃. Mai-juin.

3. **F. magna** *Thuill. Fl. par. 254; F. elatior Ehrh. Beit. 7, p. 23; Godr. Fl. lorr., éd. 1, t. 1, p. 206; F. calycina Soy.-Will. Cat. p. 150. (Fraisier élevé.)*— Calice à divisions *étalées ou réfléchies* au moment de la fructification. Fruit ovoïde, *rétréci et dépourvu de carpelles à la base,* rougeâtre d'un côté, blanchâtre de l'autre. Feuilles trifoliolées, à folioles ovales, plus pâles en dessous, dentées sur les bords ; les latérales *pétiolulées.* — Plante beaucoup plus développée dans toutes ses parties que les deux espèces précédentes, couverte de poils étalés horizontalement ou même réfléchis sur les tiges, les pétioles et les pédoncules ; pétales blancs avec l'onglet jaune ; fleurs ordinairement stériles dans nos bois, mais fructifiant dans nos jardins.

Commun dans les bois montagneux des terrains calcaires. Nancy, à Maxéville (*Suard*), Ludres (*Monnier*), le Montet, Fonds de Toul, etc.; Liverdun ; Pont-à-Mousson (*Léré*) ; Sarrebourg (*de Baudot*). Metz, au bois des Etangs, Vaux (*Holandre*), Argency, Plappeville (*Taillefert*), Gorze (*Monard*). Rambervillers (*Billot*), Mirecourt, Neufchâteau (*Mougeot*). ♃. Mai-juin.

7. Rubus *L.*

Calice à 5 divisions, *dépourvu de calicule,* à tube ouvert, plan et n'enveloppant pas les carpelles. Pétales 5, orbiculaires, obovés ou oblongs. Etamines nombreuses. Styles presque terminaux. Carpelles nombreux, *formés d'un péricarpe charnu et d'un noyau osseux* et ridé, disposés en tête sur un *réceptacle charnu,* ovoïde ou discoïde. Graine pendante ; radicule supère.

1 { Stipules libres ; réceptacle discoïde.... *R. saxatilis* (n°1).
{ Stipules soudées au pétiole par leur base ; réceptacle ovoïde.. **2**

17 { Grappe étalée ; feuilles à foliole terminale ovale.........
.... *R. hirtus* (n° 13).
Grappe divariquée ; feuilles à foliole terminale rhomboïdale...
.... *R. rudis* (n° 14). }

18 { Feuilles vertes des deux côtés....................... 19
Feuilles blanches-tomenteuses en dessous............... 22 }

19 { Tige plane sur les faces........................... 20
Tige canaliculée sur les faces au sommet................. 21 }

20 { Tige arquée-décombante ; pétiole canaliculé en dessus.......
.... *R. vulgaris* (n° 16).
Tige dressée, arquée au sommet ; pétiole plan en dessus...
.... *R. piletostachys* (n° 23). }

21 { Tige arquée-décombante ; pétales ovales, contractés en onglet
court......................... *R. micans* (n° 17).
Tige dressée, arquée au sommet ; pétales obovés, longuement atténués à la base........ *R. sylvaticus* (n° 24). }

22 { Pétales atténués à la base............................ 23
Pétales arrondis à la base, brusquement contractés en onglet
court.. 24 }

23 { Tige plane sur les faces dans toute son étendue ; pédoncules
divariqués.................... *R. discolor* (n° 18).
Tige canaliculée sur les faces seulement au sommet ; pédoncules étalés-dressés............. *R. tomentosus* (n° 20).
Tige canaliculée sur les faces dans toute son étendue ; pédoncules dressés................ *R. thyrsoïdeus* (n° 21). }

24 { Tige arquée-décombante ; feuilles à foliole terminale orbiculaire-rhomboïdale....... ...... *R. collinus* (n° 19).
Tige dressée, arquée au sommet ; feuilles à foliole terminale
ovale.................... *R. rhamnifolius* (n° 22). }

25 { Calice réfléchi à la maturité ; grappe allongée, étroite, à longs
pédoncules.................................. 26
Calice dressé-appliqué à la maturité ; grappe courte, à courts
pédoncules............. • .... 27 }

26 { Tige canaliculée sous les pétioles ; feuilles plissées.......
.... *R. fruticosus* (n° 25).
Tige non canaliculée ; feuilles non plissées ....
.... *R. suberectus* (n° 26). }

27 { Pétales atténués à la base ; pétioles plans en dessus........
.... *R. nitidus* (n° 27).
Pétales brusquement contractés en onglet court ; pétioles ca-
naliculés en dessus................ *R. affinis* (n° 28). }

Sect. 1. HERBACEI Arrhen. Monogr. Rubor. Sueciæ. p. 52.
— Stipules libres, naissant de la tige. Carpelle se séparant du réceptacle discoïde. Feuilles palmatiséquées ou palmatinerviées.

1. **R. saxatilis** *L. Fl. suec. ed. 2., p. 173. (Ronce des rochers.)* — Fleurs trois à six, terminales, presque en ombelle, et une ou deux solitaires naissant souvent de l'aisselle des feuilles supérieures; pédoncules dressés. Calice à segments lancéolés, acuminés, à la fin réfléchis. Pétales petits, dressés, linéaires-oblongs. Fruit rouge, luisant, formé de carpelles peu nombreux, gonflés. Graines semi-orbiculaires, très-grandes. Feuilles trifoliolées, à folioles latérales sessiles; stipules ovales. Tige florifère dressée, simple, presque sans aiguillons; tiges foliifères flagelliformes, couchées, anguleuses, munies d'aiguillons faibles et sétacés.— Plante grêle et petite, d'un vert gai, un peu velue; feuilles supérieures dépassant les fleurs blanches. La tige foliifère périt en hiver; mais de sa base elle émet 1 ou 2 rameaux herbacés, qui représentent les tiges florifères.

Bois du calcaire jurassique. Nancy, rive gauche de la Moselle, vis-à-vis de Villers-le-Sec (*Soyer-Willemet*), Boudonville, Fonds de Toul (*Suard*), Vallon du Champ-le-Bœuf, Fonds de Morvaux, tranchée de Laxou; Toul (*Husson et Gély*), Foug; Boucq (*de Lambertye*). Metz à Lorry, Vaux, Montvaux (*Holandre*), Hayange; Bitche (*Schultz*). St.-Mihiel (*Vincent*); Commercy (*Maujean*); Verdun (*Doisy*). Commun dans les escarpements des hautes Vosges, sur le granit au Hohneck, Ballon de Soultz (*Mougeot et Nestler*). ♃. Mai-juin.

Sect. 2. FRUTICOSI VERI Arrhen. Monogr. Rubor. Sueciæ, p. 15. — Stipules soudées au pétiole par leur base. Carpelles adhérents au réceptacle conique. Feuilles palmatiséquées.

2. **R. cæsius** *L. Fl. suec. ed. 2, p. 172; DC! Fl. fr. 4, p. 474. (Ronce bleuâtre.)* — Fleurs en petites grappes terminales corymbiformes; pédoncules grêles, dressés, inégaux, souvent fasciculés. Calice non aculéolé, à segments longuement acuminés et *appliqués* sur le fruit mur. Pétales *ovales*, chiffonnés. Fruit noir, *couvert d'une poussière glauque*, formé de carpelles peu nombreux, mais gros. Feuilles *toutes trifoliolées*; la foliole médiane ovale ou rhomboïdale; les latérales *subsessiles*; pétiole commun grêle, *canaliculé*, muni d'aiguillons rares, fins

et droits. Rameaux fleuris dressés, flexueux, pourvus d'aiguillons fins, tantôt rares, tantôt très-nombreux (*R. ferox Vest, in Tratt. Monogr., Rosac. 3, p. 40*). Tige foliifère mince, *couchée dans toute sa longueur, régulièrement arrondie de la base au sommet*, glabre et *glauque*, non glanduleuse, munie d'aiguillons fins, droits, sétacés, non vulnérants, si ce n'est ceux du sommet qui sont arqués et réfléchis. — Plante peu élevée ; fleurs blanches.

α *Mollis Godr. Fl. Lorr., éd. 1, t. 1, p. 208.* Feuilles molles, minces, vertes, non ridées, presque glabres.

β *Agrestis Weih. et Nées, Rubi germ., p. 106.* Feuilles épaisses, plus résistantes, ridées, velues en dessous. *R. cœsius Lois ! Fl. Gall. 1, p. 364.*

Commun dans tous les terrains. La var. α dans les lieux ombragés. La var. β dans les champs arides. ♄. Mai-juillet.

3. **R. serpens** *Godr. et Gren. Fl. de France, t. 1, p. 538 ; R. dumetorum β glandulosus Godr. Fl. lorr., éd. 1, t. 1, p. 209.* (*Ronce couchée.*) — Fleurs en grappe courte et corymbiforme ; pédoncules grêles, non fasciculés, très-étalés. Calice verdâtre, fortement aculéolé, à segments *réfléchis* à la maturité. Pétales *ovales*, chiffonnés. Fruit noir, luisant, *non glauque*, formé de gros carpelles. Feuilles minces, molles, vertes, *toutes trifoliolées ;* la foliole médiane ovale, acuminée, souvent en cœur à la base ; les latérales *subsessiles*, le plus souvent bilobées ; pétiole commun *un peu canaliculé*, muni d'aiguillons fins et arqués. Rameaux fleuris dressés, glanduleux et pourvus d'aiguillons fins et droits. Tige foliifère *couchée dans toute sa longueur* et serpentant parmi les herbes, arrondie à la base, obtusément anguleuse au sommet, non glauque, velue et glanduleuse, pourvue d'aiguillons nombreux, grêles, non vulnérants, droits, si ce n'est au sommet où ils sont arqués. — Plante robuste ; fleurs blanches.

Bois sablonneux. Nancy, à Tomblaine et à Saulxure. ♄. Juin.

4. **R. nemorosus** *Hayne, Arzneyg. 3, tab. 10 ; Arrhen ! Rubi Suec. p. 45 ; Fries ! Summ. Scand. p. 168, non Sonder ! ; R. dumetorum var. sylvestris Godr. Fl. lorr., éd. 1, t. 1, p. 209.* (*Ronce des buissons.*) — Fleurs en grappe simple ou peu rameuse, allongée ou corymbiforme ; pédoncules grêles, non fasciculés, étalés-dressés. Calice grisâtre, peu ou pas aculéolé, à

segments *réfléchis* à la maturité. Pétales *obovés*, chiffonnés. Fruit noir, luisant, *non glauque*, formé de carpelles gros et peu nombreux. Feuilles caulinaires *à cinq* folioles ; la terminale longuement pétiolulée, rhomboïdale ; les latérales inférieures *subsessiles ;* pétiole commun grêle, *canaliculé*, muni d'aiguillons fins et arqués. Rameaux fleuris dressés, grêles, portant souvent des feuilles quinées, pourvus d'aiguillons arqués, tantôt rares, tantôt très-nombreux (*R. ferox Bœnningh. Fl. monast. n° 637.*) Tige foliifère grêle, allongée, *couchée dans toute sa longueur*, arrondie à la base, obtusément anguleuse au sommet, glauque, glabre et non glanduleuse, munie d'aiguillons peu nombreux, coniques, vulnérants, droits si ce n'est au sommet où ils sont arqués. — Fleurs blanches, rarement roses.

α *Glabratus Arrhen. Rubi Suec. p. 46.* Feuilles d'un vert pâle, pubescentes.

β *Tomentosus Arrhen. l. c.* Feuilles blanches-tomenteuses en dessous.

Commun dans les bois. Nancy, Tomblaine, Boudonville, Fonds de Toul, Liverdun, etc. ; Pont-à-Mousson. Hayange. ♭. Mai-juin.

5. R. corylifolius *Sm. Fl. brit. p. 542 ; Arrhen ! Rubi Suec. p. 16; Fries ! Summ. p. 168. (Ronce à feuilles de coudrier.)* — Fleurs en grappe rameuse, corymbiforme; pédoncules non fasciculés, étalés. Calice grisâtre, à segments *réfléchis* à la maturité. Pétales *obovés ,* chiffonnés. Fruit noir , non *glauque*, formé de gros carpelles. Feuilles minces, veinées en travers, vertes et pubescentes en dessus, plus pâles et veloutées en dessous ; les caulinaires à *cinq* folioles ou à *trois folioles dont les latérales bilobées ;* la foliole terminale grande, ovale en cœur; les latérales inférieures *subsessiles ;* pétiole commun *canaliculé*, pubescent, muni d'aiguillons fins et droits. Rameaux fleuris étalés, velus, portant des feuilles trifoliolées, pourvus d'aiguillons courts, coniques et droits. Tige foliifère robuste, s'allongeant beaucoup, *arquée-décombante*, arrondie si ce n'est au sommet qui devient anguleux, non glauque, glabre, munie de nombreux aiguillons coniques et droits. — Fleurs blanches ou roses.

Rare. Nancy, à la carrière de Balin. ♭. Juin.

6. R. Wahlbergii *Arrhen. Rubi Suec. p. 43 ; Fries ! Summ. p. 167 ; R. dumetorum Weih et Nées Rubi germ.*

p. 98, ex parte ; Godr. Fl. lorr., éd. 1, t. 1, p. 208 ; R. plicatus Hol ! Fl. Moselle, éd. 1, p. 265, non Weih. et Nées ; R. corylifolius var. α DC. ! Prodr. 2, p. 559 ; R. corylifolius var. tiliœfolia Wallr ! Sched. p. 231, non Sm. (*Ronce de Wahlberg.*) — Fleurs en grappe rameuse, corymbiforme ; pédoncules courts et étalés. Calice grisâtre, à segments *réfléchis* à la maturité. Pétales *orbiculaires*, chiffonnés. Fruit noir, luisant, *non glauque*, formé de carpelles gros et nombreux. Feuilles plissées, pubescentes ou quelquefois blanches-tomenteuses en dessous ; les caulinaires à *cinq* folioles ; la terminale grande, orbiculaire, brusquement acuminée, échancrée en cœur à la base ; les deux inférieures ovales, *subsessiles;* pétiole commun épais, *plan en dessus*, muni d'aiguillons robustes, courbés en faulx. Rameaux fleuris étalés munis de feuilles à trois folioles, et pourvus d'aiguillons forts, arqués, souvent nombreux. Tige foliifère robuste, *arquée-décombante*, arrondie à la base, obtusément anguleuse au sommet, glabre, munie d'aiguillons forts, nombreux, vulnérants, élargis à la base, puis coniques, droits si ce n'est au sommet où ils sont arqués. — Plante de grande taille ; fleurs blanches.

Assez commun ; haies, buissons. Nancy, Pont-à-Mousson, Toul, Sarrebourg. Metz. Neufchâteau. ♄. Mai-juin.

7. R. Godronii *Lecoq et Lamotte, Cat. Auvergne, p.151 ; R. Wahlbergii Godr. Fl. Lorr. éd. 1, t. 1, p. 209, non Arrhen. ; R. fruticosus var. intermedius Hol. Fl. Moselle, suppl. p. 58.* (*Ronce de Godron.*) — Fleurs en grappe rameuse, pyramidale, interrompue ; pédoncules très-étalés. Calice grisâtre, à segments réfléchis à la maturité. Pétales *obovés, atténués à la base,* chiffonnés. Fruit noir, luisant, formé de carpelles nombreux et de moyenne grosseur. Feuilles vertes et pubescentes en dessous ou quelquefois un peu blanchâtres, un peu coriaces ; les caulinaires à cinq folioles ; la terminale *orbiculaire*, brusquement et longuement acuminée ; les latérales inférieures *pétiolulées;* pétiole commun ferme, plan en dessus, pourvu d'aiguillons *robustes et crochus.* Rameaux fleuris dressés, munis de feuilles dont la plupart sont à cinq folioles, armés d'aiguillons forts, vulnérants, dilatés à la base, droits, un peu inclinés. Tige foliifère robuste, *arquée-décombante, arrondie à la base, obtusément anguleuse au milieu, anguleuse et canaliculée au sommet*, glabre, armée d'aiguillons gros, vulnérants, nombreux, élargis à la base, droits si ce n'est au sommet où *ils sont arqués.* — Plante de grande taille ; fleurs roses.

Rare. Nancy, à la Malgrange. Metz, au bois de Woippy. ♭ Juin-juillet.

8. **R. vestitus** *Weih. et Nées ! Rubi germ. p. 81, tab. 33; Sonder ! Fl. Hamburg., p. 278; R. vinetorum Hol ! Fl. Moselle, éd. 1, p. 267 ; R. diversifolius Lindley ! Syn. éd. 1, p. 93. (Ronce poilue.)* — Fleurs en grappe rameuse, pyramidale, dense ; pédoncules divariqués. Calice grisâtre, aciculé, à segments *réfléchis* à la maturité. Pétales *orbiculaires,* chiffonnés. Fruit noir, luisant, formé de carpelles de moyenne grosseur et nombreux. Feuilles vertes ou blanchâtres et veloutées en dessous ; les caulinaires à cinq folioles ; la terminale *orbiculaire,* brièvement acuminée ; les latérales inférieures ovales, *pétiolulées;* pétiole commun ferme, plan en dessus, muni d'aiguillons nombreux et courbés en faulx. Rameaux fleuris dressés, munis de feuilles toutes à trois folioles, armés d'aiguillons nombreux, forts, vulnérants, droits, mais un peu inclinés. Tige foliifère robuste, *arquée-décombante,* striée, *régulièrement et obtusément anguleuse de la base au sommet, velue* et armée d'aiguillons nombreux, vulnérants, élargis à la base, *tous uniformément droits.* — Fleurs blanches ou roses.

Haies, vignes, bois. Très-commun dans toute la région calcaire. Se retrouve aussi dans la région granitique à Plombières, à Gérardmer, etc. ♭. Juin-juillet.

9. **R. Lejeunii** *Weih. et Nées, Rub. germ., p. 79, tab. 3, non Sonder. (Ronce de Lejeune.)* — Se distingue de l'espèce précédente par ses grappes plus grandes, plus compactes ; par ses fleurs plus grandes ; par ses pétales *étroitement obovés, atténués à la base;* par ses feuilles velues, mais non blanches-veloutées en dessous ; par ses folioles plus allongées ; par sa tige plus longue, armée d'aiguillons plus inégaux et plus nombreux, couverte de glandes pédicellées ; par ses fruits plus gros ; par ses feuilles caulinaires *quinées;* par ses tiges *obtusément anguleuses;* par ses aiguillons beaucoup plus forts. — Plante d'un vert pâle ; fleurs d'un beau rose.

Très-rare. Nancy, à la Malgrange. ♃. Juillet.

10. **R. Schleicheri** *Weih. et Nées, Rubi germ., p. 68, tab. 23; R. glandulosus Schleich ! pl. helv. exsicc., non Bell.*

(*Ronce de Schleicher.*) — Fleurs en grappe simple ou rameuse ; rameaux et pédoncules très-étalés. Calice grisâtre, aciculé, à segments *réfléchis* à la maturité. Pétales *obovés*, atténués à la base. Fruit luisant, noir, formé de petits carpelles. Feuilles vertes et pubescentes en dessus, plus pâles, mollement velues et un peu veloutées en dessous ; les caulinaires *à trois* folioles ; la terminale elliptique, acuminée ; les latérales pétiolulées ; pétiole commun plan en dessus, velu et muni de petits aiguillons droits et inclinés. Rameaux fleuris flexueux, dressés, munis de petits aiguillons épars, droits et inclinés, un peu glanduleux vers le haut. Tige foliifère grêle, *arquée-décombante, arrondie à la base, obtusément anguleuse au sommet*, striée, velue, glanduleuse, aciculée et pourvue d'aiguillons droits, inclinés, très-inégaux et dont les plus grands sont relativement petits. — Fleurs élégantes, roses, plus rarement blanches.

Bois d'Atton près de Pont-à-Mousson. ♄. Juin.

11. R. Sprengelii *Weih. et Nées! Rubi germ., p. 32, tab. 10; Sonder! Fl. Hamburg., p. 275, non Fries! (Ronce de Sprengel.)* — Fleurs en grappe simple ou peu rameuse, très-lâche, pauciflore, presque corymbiforme ; pédoncules étalés. Calice grisâtre, aciculé, à segments *réfléchis* à la maturité. Pétales *obovés*, longuement atténués à la base, chiffonnés. Fruit petit, luisant, noir, souvent penché à la maturité. Feuilles vertes des deux côtés, molles, pubescentes en dessous ; les caulinaires et les raméales *toutes à trois folioles ;* la terminale ovale, acuminée ; les latérales *pétiolulées ;* pétiole commun grêle, plan en dessus, muni de petits aiguillons crochus. Rameaux fleuris grêles, dressés, munis d'aiguillons fins dont les inférieurs crochus et les supérieurs arqués et inclinés. Tige foliifère grêle, *entièrement couchée, arrondie, à peine anguleuse au sommet*, striée, velue, armée de petits aiguillons élargis à la base, dont les inférieurs crochus et les supérieurs inclinés. — Fleurs petites, élégantes, roses.

Rare ; bois. Sarrebourg (*de Baudot*). Dans la Moselle, forêt de Remilly (*Warion*). ♄. Juillet.

12. R. glandulosus *Bell. Append. ad Fl. pedem., p. 24; Fries! Summa, p. 167; R. Bellardi Weih. et Nées! Rubi germ., p. 27, tab. 44; R. hybridus Vill.! Dauph. 3, p. 559; R. villosus α glandulosus DC.! Prodr. 2, p. 563. (Ronce* *glanduleuse.*) — Fleurs en grappe rameuse, multiflore, lâche, flexueuse ; pédoncules étalés, fortement glanduleux et aciculés. Calice vert ou brun, couvert de glandes et de fins aiguillons, à segments *dressés* à la maturité. Pétales *étroits, oblongs, atténués à la base.* Fruit noir, luisant, formé de carpelles petits et nombreux. Feuilles vertes, souvent pubescentes sur les deux faces, réticulées-nerviées en dessous ; les caulinaires et les raméales à trois folioles ; la terminale *elliptique*, brusquement acuminée ; les latérales *pétiolulées ;* pétiole commun *plan en dessus et même cylindrique au sommet*, couvert de glandes et d'aiguillons *fins et droits.* Rameaux fleuris dressés, flexueux, couverts de glandes stipitées et d'aiguillons inégaux, sétacés, droits. Tige foliifère *entièrement couchée, régulièrement arrondie de la base au sommet*, striée, glanduleuse et couverte d'aiguillons *droits, sétacés, non vulnérants.* — Plante robuste ; fleurs blanches.

α *Genuinus Godr. Fl. lorr., éd. 1, t. 1, p. 210.* Feuilles coriaces, d'un vert foncé, presque glabres.

β *Umbrosus Godr. l. c.* Feuilles molles, d'un vert pâle, un peu velues en dessous ou des deux côtés.

γ *Micranthus Godr. et Gren. Fl. France, 1, p. 542.* La variété précédente, mais à fleurs et à fruits beaucoup plus petits, à segments du calice longuement appendiculés. *R. rosaceus Weih et Nées, Rubi germ., p. 85.*

Bois montagneux. La var. α commune sur les terrains siliceux de la chaîne des Vosges. La var. β sur les coteaux calcaires : Nancy, à la forêt de Haie ; Fonds de Toul ; Pont-à-Mousson. La var. γ à Plombières. ♄. Juillet.

13. R. hirtus *Weih. et Nées, Rubi germ., p. 95, tab. 43.* (*Ronce hérissée.*) — Fleurs en grappe rameuse, multiflore, feuillée à la base et quelquefois jusqu'au sommet (*R. foliosus Weih. et Nées, Rubi germ., p. 74*) ; pédoncules étalés. Calice grisâtre, glanduleux et aciculé, à segments *réfléchis* à la maturité. Pétales *étroits, oblongs, atténués à la base.* Fruit noir, luisant, formé de nombreux carpelles. Feuilles vertes des deux côtés, plus rarement cendrées ou blanchâtres en dessous, plissées-nerviées ; les caulinaires à trois, plus rarement à cinq folioles ; la terminale ovale, acuminée, souvent en cœur à la base ; les latérales *pétiolulées ;* pétiole commun *plan en dessus*, couvert de glandes et d'aiguillons *fins et arqués.* Rameaux fleuris dressés, portant des feuilles à trois folioles, munis de glandes et d'aiguillons subulés, élargis à la base, *droits, inclinés.* Tige foliifère *arquée-décombante, arrondie à la base, anguleuse avec faces planes dans le reste de sa longueur,* striée, plus ou moins velue, glanduleuse, armée d'aiguillons assez robustes, vulnérants, élargis à la base, droits, si ce n'est les supérieurs qui sont arqués. — Plante polymorphe ; fleurs petites, blanches.

α *Genuinus Godr. Fl. lorr., éd. 1, t. 1, p. 211.* Grappe large, fortement glanduleuse et aciculée ; feuilles vertes.

β *Gracilis Godr. et Gren. Fl. de France, 1, p. 544.* Grappe lâche, munie d'aiguillons plus petits et moins nombreux, très-glanduleux ; fleurs petites ; feuilles pâles ou blanchâtres en dessous. *R. Menkii Weih. et Nées, Rubi germ., p. 66, tab. 22.*

γ *Cinereus Godr. et Gren. l. c.* Grappe très-lâche, plus allongée, velue, peu glanduleuse et faiblement aculéolée ; fleurs petites ; feuilles pâles. *R. Guntheri Weih. et Nées, Rubi germ. p. 63, tab. 21.*

Commun dans les bois de tous les terrains. ♄. Juin-juillet.

14. R. rudis *Weih. et Nées ! Rubi germ., p. 91, tab. 40.* (*Ronce rude.*) — Fleurs en grappe rameuse, large, multiflore, glanduleuse et aculéolée ; rameaux et pédoncules divariqués. Calice grisâtre, glanduleux et aculéolé, à segments *réfléchis* à la maturité. Pétales *linéaires-oblongs, atténués à la base.* Fruit petit, noir, luisant, formé de carpelles nombreux. Feuilles vertes des deux côtés, plus rarement blanchâtres en dessous, planes, le plus souvent à cinq folioles, *toutes pétiolées,* rhomboïdales, *cunéiformes à la base ;* pétiole commun *plan en dessus,* glanduleux, muni d'aiguillons *droits et inclinés.* Rameaux fleuris dressés, grêles, portant des feuilles à trois folioles, glanduleux, pourvus d'aiguillons *droits et inclinés.* Tige foliifère *couchée, régulièrement anguleuse, avec les faces planes de la base au sommet,* fortement striée, glanduleuse, armée d'aiguillons inégaux, élargis à la base, vulnérants, tous droits et un peu inclinés. — Fleurs petites, roses.

Bois du calcaire jurassique et du lias. Nancy, Tomblaine, Boudonville, Fonds de Toul, Maron, Liverdun, Pompey ; Brin-sur-Seille ; Pont-à-Mousson. Thionville, Florange, Hayange. Neufchâteau (*Mougeot*). ♄. Juin-juillet.

15. P. radula *Weih. et Nées, Rubi germ., p. 89, tab. 39; Arrhen! Rubi Suec., p. 35; Fries! Summ., p. 166; Sonder!*

Fl. Hamb., *p. 280.* (*Ronce ratissoire.*) — Fleurs en grappe rameuse, grande, multiflore, glanduleuse et pourvue d'aiguillons épars, longs, grêles, droits et inclinés ; rameaux divariqués ; pédoncules étalés. Calice grisâtre, glanduleux, aculéolé à la base, à segments *réfléchis* à la maturité. Pétales *orbiculaires-obovés.* Fruit noir, luisant, formé de carpelles nombreux. Feuilles vertes et glabres en dessus, pubescentes, plus pâles ou d'un vert grisâtre en dessous ; les caulinaires à *cinq folioles;* la terminale ovale-orbiculaire, acuminée, tronquée ou un peu en cœur à la base ; les latérales pétiolulées ; pétiole commun *canaliculé en dessus,* velu et glanduleux, armé d'aiguillons *crochus.* Rameaux fleuris allongés, étalés, portant des feuilles à trois folioles, velus, glanduleux, aciculés et pourvus d'aiguillons épars, *allongés, inclinés.* Tige foliifère *arquée-décombante, anguleuse avec les faces planes de la base au sommet,* striée, velue, fortement glanduleuse-aciculée, ce qui la rend très-rude au toucher, armée d'aiguillons épars, forts, allongés, élargis à la base, droits. — Fleurs grandes, blanches ou rosées.

Rare ; bois. Nancy, Fonds de Toul ; Dieuze. Plombières (*Vincent*). ♄. Juillet.

16. **R. vulgaris** *Weih. et Nées, Rubi germ., p. 38, tab. 14; Sonder! Fl. Hamb., p. 275 (excl. var. γ et δ); Wirtgen! Herb. Rub. rhen. n° 36.* (*Ronce commune.*)— Fleurs en grappe simple ou rameuse, peu ou pas glanduleuse, mais aculéolée ; rameaux et pédoncules étalés. Calice grisâtre, aculéolé, à segments *réfléchis* à la maturité. Pétales *ovales.* Fruit noir, luisant, formé de carpelles nombreux. Feuilles vertes, glabres ou pubescentes en dessus, plus pâles, et pubescentes en dessous ; les caulinaires à cinq folioles ; la terminale ovale ou ovale-orbiculaire, acuminée, non élargie sous le sommet ; les latérales inférieures *pétiolulées;* pétiole commun *superficiellement canaliculé* en dessus, velu, muni d'aiguillons nombreux, *courbés en faulx dans le bas, crochus dans le haut.* Rameaux fleuris dressés, portant des feuilles à trois et à cinq folioles, velus, pourvus d'aiguillons *arqués,* souvent rapprochés les uns des autres, plus longs dans le haut. Tige foliifère *arquée-décombante, régulièrement anguleuse avec les faces planes de la base au sommet,* striée, velue, souvent pourvue de petites glandes éparses et sessiles, armée d'aiguillons robustes, vulnérants, le plus souvent placés sur les angles et rapprochés par groupes, velus à leur

base, droits, si ce n'est les supérieurs qui sont courbés en faulx.
— Fleurs grandes, blanches.

α *Genuinus.* Feuilles pubescentes et vertes en dessous; la
foliole terminale un peu rétrécie à sa base.

β *Carpinifolius.* Feuilles pubescentes-veloutées et d'un vert
pâle en dessous; la foliole terminale arrondie ou un peu en
cœur à la base, qui n'est pas rétrécie. *R. carpinifolius Weih.
et Nées! Rubi germ., p. 35, tab. 13; Rchb! Fl. excurs., p.
602; Godr. et Gren. Fl. de France, 1, p. 547.*

γ *Velutinus.* Feuilles grandes, veloutées et d'un vert pâle en
dessous; la foliole terminale arrondie ou un peu en cœur à la
base. *R. velutinus Weih! in Rchb. Fl. germ. exsicc. n° 785.*

Peu commun en Lorraine. La var. α, Nancy, forêt de Haie; Thionville, bois de Florange. La var. β, Nancy, bois de Tomblaine. La var. γ.
Sarrebourg, Phalsbourg. ♃. Juin-juillet.

17. R. micans *Godr. et Gren. Fl. de France, 1, p. 546.*
(*Ronce brillante.*) — Fleurs en grappe rameuse, large, un peu
lâche, velue, glanduleuse et aculéolée; rameaux et pédoncules
étalés. Calice grisâtre, aculéolé et glanduleux, à segments *réfléchis* à la maturité. Pétales *ovales, contractés en onglet court.*
Fruit petit, à la fin noir, tardif, formé de carpelles petits et
nombreux. Feuilles grandes, vertes en dessus, d'un vert pâle et
veloutées en dessous; les caulinaires à trois ou cinq folioles; la
terminale ovale, acuminée, non élargie au-dessous du sommet,
un peu en cœur à la base; les latérales pétiolulées; pétiole commun *plan en dessus,* muni d'aiguillons *crochus.* Rameaux fleuris
dressés, longs, flexueux, velus, aculéolés et pourvus d'aiguillons
droits et inclinés. Tige foliifère robuste, *arquée-décombante,
obtusément anguleuse à la base, anguleuse et canaliculée sur
les faces au sommet,* striée, peu velue, munie de glandes sessiles, armée d'aiguillons très-inégaux, la plupart petits et cas-
sants, les autres plus grands et vulnérants, tous droits.— Fleurs
petites, blanches ou rosées.

Nancy, le long du parc de la Malgrange. ♃. Juin.

18. R. discolor *Weih. et Nées, Rubi germ., p. 46, tab.
20; Arrhen! Rubi succ., p. 32; Fries! Summ., p. 165;
Sonder! Fl. hamb., p. 277; R. fruticosus DC.! Prodr. 2,
p. 560, non L.* (*Ronce discolore.*) — Fleurs en grappe rameuse,
grande, multiflore, dense, un peu glanduleuse, aculéolée; ra-

meaux et pédoncules divariqués. Calice blanchâtre, non glanduleux, à peine aculéolé, à segments *réfléchis* à la maturité. Pétales
larges, *obovés, atténués à la base.* Fruit noir, luisant, formé de
carpelles petits et nombreux. Feuilles glabres et d'un vert foncé
en dessus, blanches-tomenteuses en dessous, fortement nerviées ;
les caulinaires à cinq folioles ; la terminale obovée-orbiculaire,
élargie et brusquement acuminée au sommet ; les latérales pétiolulées ; pétiole commun *superficiellement canaliculé* en dessus, pourvu d'aiguillons *crochus.* Rameaux fleuris dressés, portant des feuilles à trois folioles, pourvus d'aiguillons élargis à la
base, *droits et courbés,* plus longs sous la grappe. Tige foliifère
*arquée-décombante, régulièrement anguleuse de la base au
sommet,* striée, glabre ou plus rarement velue (*R. villicaulis
Weih. et Nées, Rubi germ., p. 43*), non glanduleuse, armée
d'aiguillons robustes, vulnérants, nombreux, élargis à la base,
droits, inclinés et courbés. — Fleurs blanches ou roses.

Commun dans les haies, les buissons, les bois. ♄. Juin-juillet.

19. R. collinus *DC.! Hort. Monsp., p. 139 et Fl. fr. 5,
p. 545. (Ronce des collines.)* — Fleurs en grappe allongée,
rameuse, multiflore, tomenteuse, aculéolée ; rameaux et pédoncules étalés-dressés. Calice blanc, tomenteux, non glanduleux,
ni aciculé, à segments *réfléchis* à la maturité. Pétales *obovés-
orbiculaires, arrondis à la base, brusquement contractés en
onglet court.* Fruit petit, noir, luisant, formé de carpelles assez
gros et nombreux. Feuilles blanches-tomenteuses en dessous,
d'un vert cendré et veloutées en dessus ou plus rarement vertes
et glabres (*R. arduenensis Lej.! Fl. Spa, 2, p. 317*) ; les
caulinaires à cinq folioles ; la terminale orbiculaire-rhomboïdale,
brièvement acuminée, mais non brusquement ; les latérales inférieures brièvement pétiolulées ; pétiole commun *presque plan en
dessus,* muni d'aiguillons *crochus.* Rameaux fleuris dressés, portant des feuilles à cinq et à trois folioles, armés d'aiguillons
courts, dilatés à la base, *crochus.* Tige foliifère *arquée-décombante, anguleuse à la base, anguleuse-canaliculée dans le reste
de son étendue,* faiblement striée, un peu velue, non glanduleuse, armée d'aiguillons courts, robustes, élargis à la base, droits
et inclinés, si ce n'est au sommet de la tige où ils sont crochus.
— Fleurs blanches.

Nancy, vignes de Laxou. ♄. Juin-juillet.

20. R. tomentosus *Borckh. in Ræmers Neu. bot. Mag. st. 1; DC.! Prodr. 2, p. 561. (Ronce tomenteuse.)* — Fleurs en grappe allongée, rameuse, multiflore, étroite, dense, tomenteuse, non glanduleuse, mais abondamment aciculée ; rameaux et pédoncules étalés-dressés. Calice blanc-tomenteux, non glanduleux, ni aculéolé, à segments réfléchis à la maturité. Pétales *étroits, obovés-oblongs, longuement atténués à la base.* Fruit petit, noir, luisant, formé de carpelles nombreux. Feuilles blanches-tomenteuses sur les deux faces ou plus rarement la face supérieure est cendrée et glabre (*R. tomentosus β glabratus Godr. Fl. lorr., éd. 1, t. 1, p. 213*), à cinq folioles ; la terminale obovée, aiguë ou plus rarement obtuse (*R. obtusifolius Willd. ex Tratt. Monogr. Rosac. 3, p. 46*), quelquefois allongée et bordée de grosses dents (*R. canescens DC.! Hort. monsp., p. 139*) ; les latérales pétiolulées ; pétiole commun *canaliculé en dessus,* muni d'aiguillons nombreux et *crochus.* Rameaux fleuris dressés, grêles, portant des feuilles à trois folioles, munis d'aiguillons *arqués* et d'aiguillons *crochus.* Tige foliifère *arquée-décombante, anguleuse à la base, anguleuse-canaliculée dans le reste de son étendue,* peu striée, glabre, armée d'aiguillons courts, élargis à la base, droits dans le bas de la tige, arqués au milieu, crochus au sommet. — Fleurs petites, blanches.

Bois du calcaire jurassique. Nancy, à Boudonville, Champigneules, Fonds de Toul, Liverdun, Pompey, Maron ; Foug (*Husson*) ; Pont-à-Mousson (*Léré*). Côtes de la Woëvre près de Hattonchatel (*Holandre*) ; Saint-Mihiel (*Léré*) ; Verdun (*Doisy*). Neufchâteau (*Mougeot*). ♭. Juin-juillet.

21. R. thyrsoïdeus *Wimm. Fl. von Schles., p. 131; Sonder! Fl. hamburg., p. 274, excl. var.; R. candicans Rchb. Fl. excurs., p. 601; Wirtgen! Herb. rub. rhen. n° 5. (Ronce en thyrse.)* — Fleurs en grappe simple ou rameuse, allongée, étroite, lâche, velue, peu aculéolée ; pédoncules allongés, dressés. Calice blanchâtre, non glanduleux, ni aculéolé, à segments *réfléchis* à la maturité. Pétales *obovés, atténués à la base.* Fruit noir, luisant, formé de carpelles peu nombreux. Feuilles vertes en dessus, brièvement tomenteuses et blanchâtres en dessous ; les caulinaires à cinq folioles ; la terminale ovale ou ovale-oblongue, un peu rétrécie à la base ; les latérales pétiolulées ; pétiole commun *superficiellement canaliculé en dessus,* pourvu d'aiguillons *crochus.* Rameaux fleuris dressés, portant des feuilles à trois et à cinq folioles, munis d'aiguillons crochus. Tige foliifère *dressée, arquée au sommet, anguleuse et profondément canaliculée dans toute son étendue*, striée, glabre, non glanduleuse, armée d'aiguillons vulnérants, élargis à la base, droits si ce n'est au sommet de la tige où ils sont arqués.— Fleurs blanches. .

Bois ; assez commun, surtout dans le calcaire jurassique. ♄ Juin-juillet.

22. R. rhamnifolius *Weih. et Nées, Rubi germ. p. 21, tab. 6; R. thyrsoïdeus β rhamnifolius Godr. Fl. lorr., éd. 1, t. 1, p. 214.* (*Ronce à feuilles de Nerprun.*) — Se distingue du précédent par sa grappe plus large et plus serrée, à pédoncules plus étalés ; par ses pétales *orbiculaires, brusquement contractés en onglet court;* par ses folioles plus ovales, non rétrécies à la base, la terminale quelquefois même orbiculaire et en cœur à la base ; par sa tige plus fortement arquée, *anguleuse avec faces planes dans sa partie inférieure, anguleuse-caniculée dans sa partie supérieure.* — Plante robuste ; fleurs blanches ou roses.

Très-commun dans les haies, les bois, dans toute la région jurassique. ♄ Juin-juillet.

23. R. piletostachys *Godr. et Grenier, Fl. de France, 1, p. 548.* (*Ronce à grappe feutrée.*) — Fleurs en grappe simple, ou rameuse, interrompue, feuillée à la base, à peine aculéolée, mais couverte de poils feutrés ; rameaux et pédoncules étalés-dressés. Calice blanchâtre, tomenteux, non glanduleux, ni aculéolé, à segments *réfléchis* à la maturité. Pétales *obovés-oblongs, longuement atténués à la base.* Fruit noir, luisant, formé de carpelles nombreux. Feuilles molles, vertes des deux côtés, pubescentes en dessous ; les caulinaires à cinq folioles ; la terminale ovale-en-cœur, acuminée ; les latérales *pétiolulées ;* pétiole commun *plan en dessus vers le bas, cylindrique au sommet,* pourvu d'aiguillons fins, *arqués, inclinés.* Rameaux fleuris dressés, portant des feuilles à trois et quelquefois à cinq folioles, pourvus d'aiguillons rares et fins, *presque droits, inclinés.* Tige foliifère *dressée, arquée au sommet, régulièrement anguleuse avec les faces planes de la base au sommet,* striée, velue, munie de glandes sessiles, armée d'aiguillons peu nombreux, vulnérants, élargis à la base, droits, mais un peu inclinés au sommet de la tige. — Fleurs roses ou blanches.

Bois. Nancy. Metz. ♄ Juin.

24. R. sylvaticus *Weih. et Nées, Rubi germ. p. 41, tab. 15.* (*Ronce des bois.*) — Fleurs en grappe rameuse, large, allongée, interrompue, feuillée à la base, pubescente, munie d'aiguillons rares et longs; rameaux et pédoncules étalés-dressés. Calice blanchâtre, à peine aculéolé, à segments *réfléchis* à la maturité. Pétales *obovés, longuement atténués à la base.* Fruit gros, noir, luisant, formé de carpelles nombreux. Feuilles d'un vert gai des deux côtés, minces, un peu pubescentes en-dessous; les caulinaires grandes, à *cinq folioles ;* la terminale ovale, longuement acuminée, dilatée et échancrée en cœur à la base ; les latérales pétiolulées; pétiole commun *presque plan en dessus,* muni d'aiguillons *crochus.* Rameaux fleuris dressés, allongés, flexueux, portant des feuilles quinées, munis d'aiguillons *un peu arqués et inclinés.* Tige foliifère *dressée, arquée au sommet, anguleuse avec faces planes inférieurement, mais anguleuse et canaliculée sur les faces au sommet,* striée, presque glabre, non glanduleuse, armée d'aiguillons robustes, vulnérants, élargis à la base, droits ou courbés. — Plante de taille élevée ; fleurs grandes, blanches.

Bois. Nancy, à Vandœuvre, forêt de Haie ; Pont-à-Mousson. ♄. Juillet.

25. R. fruticosus *L. Fl. Suec. éd. 2, p. 172; Arrhen! Rub. Suec. p. 23 ; Fries! Summ. p. 164 ; Sonder! Fl. hamburg. p. 272, excl. var β.; R. corylifolius Lois! Fl. gall. 1, p. 365.* (*Ronce frutescente.*) — Fleurs en grappes nombreuses, terminant les rameaux et rarement la tige, *simples et étroites,* lâches, pubescentes, peu ou pas aculéolées ; pédoncules grêles, allongés, étalés-dressés. Calice vert avec une bordure blanche à ses divisions, non glanduleux, ni aciculé, à segments *réfléchis* à la maturité. Pétales *ovales.* Fruit petit, noir, luisant, formé de carpelles petits et nombreux. Feuilles vertes en dessus, d'un vert plus pâle et pubescentes en dessous, *plissées en long ;* les caulinaires à cinq folioles ; la terminale ovale, acuminée, un peu en cœur à la base ; les moyennes brièvement pétiolulées ; les latérales inférieures *presque sessiles ;* pétiole commun superficiellement canaliculé, muni d'aiguillons *crochus.* Rameaux fleuris étalés, alternes et presque distiques, munis de feuilles à trois folioles, pourvus d'aiguillons *crochus.* Tige foliifère *dressée, arquée au sommet, anguleuse dans toute sa longueur, mais canaliculée sous l'insertion des pétioles,* glabre, munie de quelques glandes sessiles, armée d'aiguillons épars, vulnérants, élargis à la base, droits si ce n'est au sommet de la tige où ils sont arqués. — Plante robuste, élégante ; fleurs blanches ou rosées.

Bois des terrains calcaires et argileux. Nancy, bois de Tomblaine, Fonds de Toul ; Pont-à-Mousson ; Château-Salins (*Léré*) ; Lunéville, forêt de Mondon et de Vitrimont. Metz, au bois de Woippy (*Holandre*). St.-Mihiel (*Léré*). Epinal, Vagney (*docteur Berher*). ♃ Juin.

26. R. suberectus *Anders. Trans. of linn. soc. 11. tab. 16* ; *Arrhen ! Rubi Suec. p. 19* ; *Fries ! Summ. p. 164* ; *Rchb ! Fl. germ. exsicc. n° 780* ; *R. fastigiatus Weih. et Nées, Rub. germ. p. 16, tab. 2* ; *Wirtgen ! herb. Rub. rhen. n° 1, 2 et 31* ; *R. nitidus Sm. Engl. Fl. 2, p. 40* ; *Holandre ! Fl. Moselle p. 266, non Waldst. et Kit.* (Ronce dressée.) — Très-voisin du précédent, il s'en distingue nettement par les caractères suivants : grappe à pédoncules plus grêles et plus étalés ; fruit d'un noir rougeâtre ; feuilles *non plissées* ; les raméales à folioles ovales et non rhomboïdales ; tige foliifère *arrondie à la base, anguleuse dans le reste de son étendue, mais non canaliculée sous les pétioles*. Se sépare du *R. nitidus* par sa grappe *constamment simple* et plus lâche, à pédoncules fins et plus allongés ; par son calice non aciculé à la base ; par ses feuilles *minces et non coriaces*, à folioles bien plus grandes, plus brusquement et plus longuement acuminées ; par sa tige foliifère beaucoup plus épaisse, plus anguleuse au sommet, moins ligneuse et farcie d'une grande quantité de moelle, ce qui la rend *compressible*. — Fleurs blanches.

Bois. Pont-à-Mousson ; Château-Salins (*Léré*). Metz, au bois de Woippy (*Holandre*). Plombières (*Vincent*). ♃ Juin-juillet.

27. R. nitidus *Weih. et Nées, Rubi germ. p. 19, tab. 4, non Sm. nec Holandre.* (Ronce luisante.) — Fleurs en grappe terminale ordinairement rameuse à sa base, courte, feuillée inférieurement, pubescente, aciculée ; pédoncules courts, étalés-dressés. Calice vert, avec une bordure blanche à ses divisions, non glanduleux, un peu aciculé à sa base, à segments *appliqués sur le fruit* à la maturité. Pétales *obovés, atténués à la base.* Fruit petit, noir, luisant, formé de carpelles petits et nombreux. Feuilles vertes et luisantes en dessus, plus pâles et finement soyeuse en dessous, *non plissées, fermes* ; les caulinaires à cinq folioles petites ; la terminale ovale, brièvement acuminée, ar-

rondie ou faiblement échancrée à sa base ; les latérales inférieures
pétiolulées; pétiole commun *plan en dessus,* muni d'aiguillons
crochus. Rameaux fleuris étalés, flexueux, munis de feuilles
à trois folioles toutes ovales aigües et non acuminées, pourvus
d'aiguillons *crochus,* assez nombreux. Tige foliifère *dressée,*
arquée seulement au sommet, obtusément anguleuse dans toute
son étendue, non canaliculée, glabre, armée d'aiguillons
vulnérants, allongés, grêles et droits. — Fleurs blanches ou
rosées.

Bois de la chaîne des Vosges, sur le grès et sur le granit. Bruyères,
Granges, Liésey, Gérardmer, etc. ♄. Juin-juillet.

28. R. affinis *Weih. et Nées ! Rubi germ. p. 22, tab. 3 ;*
Arrhen ! Rub. Suec. p. 25; Fries ! Summ. p. 165; Sonder !
Fl. hamburg. p. 273. (*Ronce voisine.*) — Fleurs en grappe
terminale *rameuse,* grande et lâche, multiflore, feuillée inférieurement, pubescente, aculéolée ; pédoncules courts, étalés. Calice
verdâtre avec une bordure blanche à ses divisions, velu, non
glanduleux, ni aciculé, à segments *appliqués sur le fruit* à la
maturité. Pétales *ovales-orbiculaires, brusquement contractés*
en onglet court. Fruit gros, noir, luisant, formé d'un petit nombre de carpelles *gonflés.* Feuilles d'un vert obscur en dessus,
plus pâles et pubescentes en dessous, *non plissées,* fermes ; les
caulinaires à cinq folioles ; la terminale ovale-orbiculaire, brusquement acuminée, élargie et creusée en cœur à la base ; les
latérales *pétiolulées;* pétiole commun *canaliculé en dessus,* muni
d'aiguillons nombreux, robustes et *crochus.* Rameaux fleuris
étalés, portant des feuilles à trois et à cinq folioles, munis d'aiguillons robustes et *arqués.* Tige foliifère *dressée, arquée au*
sommet, anguleuse avec les faces planes, mais un peu canali-
culée au sommet, glabre, non glanduleuse, armée d'aiguillons
vulnérants, très-dilatés à la base, droits si ce n'est au sommet de
la tige où ils sont arqués. — Fleurs blanches.

Bois. Nancy. Plombières, Gérardmer. ♄. Juin-juillet.

Sect. 3. IDÆI Arrhen. Monog. Rub. Suec. p. 11. — Stipules
soudées au pétiole par leur base. Carpelles se séparant du réceptacle conique. Feuilles pinnatiséquées.

29. R. idæus *L. Fl. Suec. p. 446.* (*Ronce Framboisier.*)
— Fleurs axillaires et terminales fasciculées ; pédoncules d'abord

dressés, puis penchés. Pétales étroitement obovés, longuement onguiculés, plans, dressés. Fruit odorant, agréable au goût, rouge, plus rarement jaune, velu. Graines petites, semi-orbiculaires. Feuilles ternées, ou pinnées à cinq folioles molles, un peu plissées, blanches-tomenteuses en dessous; foliole terminale ovale, acuminée, en cœur à la base. Tige foliifère glauque-pruineuse, dressée, mais arquée au sommet, un peu flexueuse, régulièrement arrondie, couverte de petits aiguillons sétacés et droits. — Fleurs petites, blanches.

Commun. Bois montagneux, dans tous les terrains. ♃. Mai-juin.

Trib. 3. Roseæ *DC. Prodr. 2, p. 596.* — Carpelles nombreux, monospermes, osseux, renfermés dans le tube du calice, indéhiscents.

8. Rosa *L.*

Calice dépourvu de calicule, à tube urcéolé, rétréci à la gorge par un anneau calleux et devenant charnu à la maturité, à 5 segments souvent pinnatiséqués. Pétales 5. Etamines nombreuses. Styles latéraux. Carpelles nombreux, secs, insérés au fond du tube du calice et entremêlés de poils. Graine pendante; radicule supère. — Feuilles imparipinnées.

1 {	Stipules toutes conformes.........................	2
	Stipules supérieures des rameaux fleuris plus larges que les autres...	4
2 {	Styles distincts.................................	3
	Styles soudés en une colonne qui égale les étamines....... .... *R. arvensis* (n° 2).	
3 {	Fleurs purpurines; fruit rouge, dressé... *R. gallica* (n° 1).	
	Fleurs blanches; fruit à la fin noir, dressé.............. .... *R. pimpinellifolia* (n° 3).	
	Fleurs roses; fruit rouge, penché....... *R. alpina* (n° 4).	
4 {	Fleurs purpurines; plante glauque-pruineuse............ .... *R. rubrifolia* (n° 6).	
	Fleurs roses ou blanches; plante verte ou grisâtre........	5
5 {	Tous les aiguillons droits ou presque droits..............	6
	Tous les aiguillons ou une partie des aiguillons évidemment courbés.. ..	7

— 247 —

6 { Feuilles simplement dentées ; stipules des rameaux non florifères conniventes par leurs bords et presque tubuleuses...
.... *R. cinnamomea* (n° 5).
Feuilles triplement dentées; stipules des rameaux non florifères planes...... 11

7 { Feuilles glabres ou pubescentes en dessous............. 8
Feuilles blanches-tomenteuses en dessous............... 12

8 { Feuilles à folioles non glanduleuses à leur face inférieure.... 9
Feuilles à folioles glanduleuses à leur face inférieure....... 11

9 { Feuilles à dents incombantes, surtout au sommet des folioles. 10
Feuilles à dents étalées........... *R. psilophylla* (n° 9).

10 { Carpelles plus longs que leur stipe.... *R. ramulosa* (n° 7).
Carpelles plus courts que leur stipe...... *R. canina* (n° 8).

11 { Feuilles à folioles cunéiformes à la base. *R. sepium* (n° 11).
Feuilles à folioles arrondies à la base. *R. rubiginosa* (n° 12).

12 { Feuilles à folioles glabres sur les deux faces, à dents incombantes.................... *R. trachyphylla* (n° 10).
Feuilles à folioles glabres en dessus, pubescentes en dessous,
à dents étalées-dressées.......... *R. fœtida* (n° 13),

13 { Pétales ciliés ; fruit penché......... *R. pomifera* (n° 16).
Pétales non ciliés ; fruit dressé....................... 14

14 { Feuilles à folioles munies en dessous de glandes stipitées....
.... *R. Seringeana* (n° 14).
Feuilles à folioles dépourvues de glandes ou munies en dessous
de petites glandes sessiles........ *R. tomentosa* (n° 15).

Sect. 1. Rosæ nobiles *Koch, Syn. éd. 2, p. 254.* — Ovaires entièrement sessiles.

1. R. gallica *L. Sp.* 704. (*Rosier de France.*) — Fleurs ordinairement solitaires, quelquefois géminées, à pédoncules glanduleux. Calice à segments un peu pinnatiséqués, non appendiculés au sommet, *caduques à la maturité.* Styles distincts, *plus courts* que les étamines. Calice fructifère dressé, à tube subglobuleux, rouge. Carpelles sessiles. Feuilles à 5-7 folioles, arrondies ou elliptiques, coriaces, d'un vert foncé en dessus, d'un vert pâle en dessous, triplement dentées en scie ; dents larges, *glanduleuses* ainsi que les nervures principales de la feuille ; stipules conformes, linéaires-oblongues, à oreillettes acuminées, *divergentes.* Aiguillons ordinairement nuls sur les vieilles tiges, mais nombreux sur les tiges de l'année, très-inégaux ; les uns sétacés et souvent glanduleux ; les autres plus grands, comprimés à la base, un peu courbés en faux. — Petit arbuste très-élégant, facile à reconnaître par sa souche longuement rampante, produisant des tiges nombreuses, grêles, dures, formant un buisson lâche, étendu et peu élevé ; fleurs grandes, odorantes, purpurines.

Très-rare. Vic et Haraucourt-sur-Seille dans les bois (*Léré*) ; forêt entre Lindre et Guermange. Metz, à la côte St-Quentin (*Holandre*). Sur le revers oriental des Vosges, à Soulzbach, Ribeauvillé, Scherwiller, etc. (*Kirschléger*) ; Mirecourt (*Gaulard*). ♄. Juin.

2. **R. arvensis** *Huds. Angl. ed. 2, p. 219. (Rosier des champs.)*— Fleurs solitaires ou en corymbe, à pédoncules longs, glabres ou rarement glanduleux. Calice à segments pinnatiséqués, non appendiculés au sommet, *caducs* à la maturité. Styles soudés en un faisceau *qui égale* les étamines. Calice fructifère dressé, à tube subglobuleux, *rouge*. Carpelles sessiles. Feuilles à 5-7 folioles arrondies ou elliptiques, minces, glabres, glauques en dessous, simplement dentées ; les dents larges, *non glanduleuses ;* stipules conformes, linéaires-oblongues, à oreillettes acuminées *dressées*. Aiguillons des tiges presque égaux, peu dilatés et peu comprimés à la base, courbés en faux. — Arbrisseau à rameaux allongés, grêles, flagelliformes ; fleurs blanches.

α *Genuina Nob.* Tiges couchées ; fleurs ordinairement solitaires. *R. repens Reyn. Mém. Laus. 1, p. 69.*

β *Scandens Nob.* Tiges dressées ; fleurs disposées en corymbe et pourvues chacune de plusieurs bractées.

Commun ; bois, haies, dans tous les terrains. ♄. Juin.

3. **R. pimpinellifolia** *DC. Prodr. 2, p. 608. (Rosier pimprenelle.)* — Fleurs solitaires, à pédoncules glabres ou hispides. Calice à segments entiers, non appendiculés, persistants à la maturité. Styles distincts, *plus courts* que les étamines. Calice fructifère dressé, à tube déprimé-globuleux, à la fin noir. Carpelles du centre presque sessiles. Feuilles à 5-9 folioles arrondies ou ovales, petites, d'un vert plus pâle en dessous, simplement dentées ; dents *non glanduleuses ;* stipules conformes, étroites, linéaires-cunéiformes, munies d'oreillettes *divergentes*. Aiguillons très-inégaux, ordinairement très-nombreux, tous finement subulés et droits. — Arbrisseau bas, dressé, très-rameux ; fleurs blanches, odorantes.

α *Genuina Nob.* Pédoncules glabres ; tiges épineuses.

β *Spinosissima Koch, Syn. éd. 1, p. 222.* Pédoncules et tiges très-épineux. *R. spinosissima L. Sp. 705.*

γ *Mitissima Koch, l. c.* Plante dépourvue d'aiguillons. *R. balloniana Herm. manuscript. ex Nestler !*

Coteaux secs du calcaire jurassique : Toul ; Metz, côte de Waville, Rupt de Mad (*Holandre*), côte de Rudemont (*Warion et Ducolombier*); Commercy, Saint-Mihiel (*Holandre*), Verdun (*Doisy*) ; Neufchâteau (*Mougeot*). Sur les marnes irrisées à Château-Salins (*Léré*), entre Lunéville et Traudes (*Soyer-Willemet*). Sur le grès, à Bruyères (*Mougeot*). Sur le granit, au Champ du feu, Soulzbach, Hohneck, ballon de Soultz et de Saint-Maurice (*Mougeot et Nestler*). ♄. Juin-juillet.

Sect. 2. Cinnamomeæ Koch, Syn. ed. 2, p. 248. — Ovaires brièvement stipités, le stipe n'égalant pas la moitié de la longueur de l'ovaire.

4. R. alpina *L. Sp. 703. (Rosier des Alpes.)* — Fleurs ordinairement solitaires, à pédoncules glabres ou glanduleux. Calice à segments entiers, terminés par un long appendice lancéolé, persistants à la maturité. Calice fructifère rouge, *réfléchi.* Carpelles du centre brièvement stipités. Feuilles à 7-9-11 folioles d'un vert pâle en dessous, oblongues-elliptiques, triplement dentées en scie ; dents glanduleuses, *écartées;* stipules ciliées-glanduleuses ; celles des rameaux fleuris *en coin à la base,* très-élargies au sommet ; celles des rameaux stériles *planes,* étroites, linéaires, munies d'oreillettes divergentes. Aiguillons des jeunes tiges nombreux, droits, sétacés, disparaissant sur les vieilles tiges et n'existant pas sur les rameaux. — Arbuste élégant ; pétioles très-grêles ; fleurs roses.

α *Genuina Nob.* Feuilles, calice et pédoncules glabres.

β *Pubescens Koch, Syn. éd. 2, p. 248.* La même forme que la précédente, mais à feuilles pubescentes en dessous.

γ *Pyrenaica DC.! Prodr. 2, p. 611.* Pédoncules et calices hérissés-glanduleux. *R. pyrenaica Gouan, Ill. tab. 19, p. 31.*

Commun dans les hautes Vosges, sur le granit et la grauwacke: Sainte-Marie-aux-Mines, Ballons de Soultz et de St-Maurice, Hohneck et Rotabac (*Mougeot*); descend dans les vallées de Munster, de Enchwiller, de St-Amarin, de la Vologne. ♄. Mai-juillet.

Obs. Bien que dans les Vosges, le *Rosa alpina* ait toujours le fruit (calice fructifère) oblong, il n'en est pas de même dans les Alpes où on le rencontre quelquefois à fruit pyriforme, ou globuleux, ou même globuleux-déprimé. La forme du fruit varie dans toutes les Roses et ne constitue pas un caractère spécifique.

5. R. cinnamomea *L. Sp. 703.* (*Rosier canelle.*) — Fleurs ordinairement solitaires, à pédoncules glabres et courts. Calice à segments ordinairement entiers, terminés par un appendice lancéolé, et *persistants* à la maturité. Calice fructifère à tube gros comme un pois, globuleux, rouge, pulpeux dès le mois d'août, *dressé.* Feuilles à 5 ou 7 folioles ovales-oblongues, cendrées en dessous, simplement dentées; dents non glanduleuses, *écartées;* stipules supérieures des rameaux fleuris *dilatées;* celles des rameaux stériles linéaires, *conniventes par leurs bords,* et *presque tubuleuses,* à oreillettes acuminées étalées. Aiguillons des jeunes tiges très-inégaux, finement subulés, caducs, droits. Rameaux colorés en brun-cannelle. — Fleurs roses, très-odorantes.

Subspontané dans les haies. Nancy, à Heillecourt, Roville; Château-Salins. Metz à la côte Saint-Quentin, bois de Châtel, vallon de Montvaux, vignes au-dessus de Novéant (*Holandre*), Scy-Chazelles, côte de Rudemont et Gorze (*Warion et Ducolombier*). Mirecourt (*de Baudot*). ♭. Mai-juin.

6. R. rubrifolia *Vill. Dauph. 3, p. 549; R. glauca Pourr! Act. Toulouse, 3, p. 326.* (*Rosier à feuilles rougeâtres.*) — Fleurs ordinairement en corymbe, rarement solitaires, à pédoncules glabres. Calice à segments *entiers ou un peu pinnatiséqués,* terminés par un appendice lancéolé, *caducs* à la maturité. Calice fructifère à tube globuleux, rouge, pulpeux dès le mois d'août, presque transparent, *dressé.* Carpelles du centre brièvement stipités. Feuilles à 5 ou 7 folioles elliptiques, simplement dentées en scie; dents étroites, acuminées; les supérieures *convergentes* l'une vers l'autre; stipules supérieures des rameaux fleuris *dilatées,* elliptiques; celles des rameaux stériles *planes,* en coin à la base, à oreillettes acuminées, divergentes. Aiguillons des tiges peu nombreux, comprimés à la base, un peu courbés en faulx. — Se distingue en outre de toutes les espèces voisines par la teinte glauque-pruineuse de la plante, par la couleur purpurine des bractées, des stipules, des pétioles et des jeunes feuilles; diffère en outre de l'espèce précédente par ses feuilles dentées comme celles du *R. canina* et par ses fruits une fois plus gros. Fleurs petites, *rouges.*

Escarpements des hautes Vosges, sur le granit et la grauwacke: Ballon de Soultz, Champ du feu, Hohneck, hautes chaumes de Péris, au Lauchen (*Mougeot*). ♭. Juin.

7. R. ramulosa *Nob.* (*Rosier rameux.*) — Fleurs solitaires, géminées ou ternées, à pédoncules glabres ou hérissés-glandu- leux. Calice rougeâtre, ainsi que l'extrémité des rameaux flori- fères, à segments *pinnatiséqués* et munis d'un appendice étroit, étalés-réfléchis, *caducs* à la maturité. Corolle à pétales *non ci- liés*. Calice fructifère à tube ovoïde, rouge et *dressé*. Carpelles du centre brièvement stipités. Feuilles d'un vert gai en dessus, plus pâles en dessous, entièrement glabres, à 5 ou 7 folioles ovales-lancéolées, rétrécies aux deux bouts, pliées en deux suivant leur longueur, simplement dentées en scie, à dents *incombantes ;* stipules supérieures des rameaux fleuris *dilatées, plus larges que les autres ;* celles des rameaux stériles *planes*, étroites et li- néaires, munies d'oreillettes triangulaires et étalées. Aiguillons assez nombreux, dilatés et comprimés à la base, courbés en faulx. — Arbrisseau très-rameux, à rameaux courts ; pétioles grêles ; fleurs de moyenne grandeur, *rosées*.

Assez commun dans les haies. Nancy, Croix-Gagnée, vallon de Maxé- ville, Turique et côte de Toul, Malzéville, La Malgrange, Heillecourt, Maron. Se retrouvera sans doute sur d'autres points de la Lorraine. ♭. Juin.

Obs. Cette plante ressemble beaucoup pour le port au *Rosa cynorrho- don canina leptophylla Wallr !* *Ros. p. 223*, mais les carpelles du centre, dans la plante du monographe allemand, sont longuement stipi- tés, ce qui l'exclut de la section des *Rosæ cinnamomeæ*.

Sect. 3. CANINÆ Koch, Syn. éd. 2, p. 250. — Ovaires longuement stipités, le stipe égalant la longueur de l'ovaire.

8. R. canina *L. Sp. 704.* (*Rosier de chien.*) — Fleurs soli- taires ou géminées, plus rarement en corymbe. Calice à segments pinnatiséqués, réfléchis, à la fin caducs. Corolle à pétales *non ciliés*. Calice fructifère à tube ovoïde, rarement globuleux, rouge et *dressé* à la maturité, ne devenant pulpeux qu'après les premières gelées. Carpelles du centre longuement stipités. Feuilles vertes ou glauques, luisantes ou opaques en dessous, à 5 ou 7 folioles ovales, acuminées, *simplement dentées en scie*, à dents supérieures *incombantes ;* stipules supérieures des ra- meaux fleuris fortement dilatées, acuminées, dressées. Aiguil- lons *presque égaux*, très-forts, dilatés à la base, comprimés laté- ralement, subitement atténués en une longue pointe *courbée en faulx*. — Arbrisseau dressé, à rameaux sarmenteux, étalés, allongés ; à fleurs odorantes, roses ou blanches, de moyenne grandeur.

α *Vulgaris Koch, Deutschl. Fl. 3, p. 466.* Pétioles, folioles, pédoncules et tube du calice tout à fait glabres.

β *Hirtella Gren. et Godr. Fl. de France, 1, p. 558.* Pétioles et folioles glabres ; pédoncules et tube du calice hérissés-glanduleux. *R. Andegavensis Desv. Jour. 1813, p. 115.*

γ *Collina Koch, l. c. (ex parte).* Pétioles velus et glanduleux; folioles pubescentes en dessous ; pédoncules et tube du calice hérissés-glanduleux. *R. collina Jacq. Austr. tab. 197.*

δ *Dumetorum Koch, l. c.* Pétioles velus ; folioles pubescentes en dessous ; pédoncules et tube du calice glabres. *Rosa dumetorum Thuill.! Fl. Paris, p. 250.*

Commun ; bois, haies, buissons, dans toute la Lorraine. ♄. Juin.

Obs. Nous n'avons pu considérer le *Rosa dumetorum Thuill.* comme espèce distincte du *R. canina L.*, bien que l'auteur de la flore des environs de Paris, l'en sépare par son fruit globuleux (*fructibus globosis*). Mais, comme nous l'avons déjà fait observer, la forme du calice fructifère peut varier dans toutes les espèces de Roses et l'échantillon lui-même de l'herbier de Thuillier, que nous avons vu chez M. Delessert, a cet organe évidemment ovoïde.

9. **R. psilophylla** *Rau, Enum. Rosac. p. 101. (Rosier à feuilles glabres.)* — Fleurs solitaires ou géminées, et le plus souvent en corymbe. Calice à segments pinnatiséqués, munis d'un appendice allongé et linéaire-lancéolé, réfléchis, à la fin caducs. Corolle à pétales *non ciliés.* Calice fructifère le plus souvent ovoïde, rouge et *dressé* à la maturité. Carpelles du centre longuement stipités. Feuilles à 5 ou 7 folioles *glabres,* glauques en dessous, grandes, largement ovales, non ou brièvement acuminées, à dents *étalées* et pourvues sur leur bord externe de *dentelures* glanduleuses ; stipules supérieures des rameaux fleuris fortement dilatées, acuminées, dressées, dentées-glanduleuses. Aiguillons souvent géminés sous l'insertion des feuilles, robustes, comprimés et très-élargis à la base, *arqués.* — Arbrisseau élevé, à rameaux allongés, dressés-arqués ; fleurs grandes, rosées.

α *Genuinus.* Pédoncules glanduleux. C'est la forme décrite par Rau.

β *Nudus.* Pédoncules non glanduleux.

Rare ; haies. Nancy, route d'Essey. ♄. Juin.

10. R. trachyphylla *Rau, Enum. Rosac. p. 124.* (*Rosier à feuilles rudes.*) — Fleurs solitaires, géminées ou ternées. Calice rougeâtre, ainsi que l'extrémité des rameaux florifères, à segments glanduleux sur la face externe et sur les bords, pinnatiséqués, munis d'un appendice allongé et très-étroit, étalés-réfléchis, à la fin caducs. Corolle à pétales *non ciliés.* Calice fructifère ovoïde-globuleux, rouge et *dressé* à la maturité. Carpelles du centre longuement stipités. Feuilles vertes et luisantes sur les deux faces, *glabres,* mais glanduleuses sur le pétiole, à 5 ou 7 folioles ovales-lancéolées, aigües, *triplement dentées en scie* et glanduleuses aux bords, à dents *incombantes ;* stipules supérieures des rameaux fleuris rougeâtres, très-dilatées, à oreillettes acuminées, dressées, très-glanduleuses aux bords. Aiguillons peu nombreux, comprimés et élargis à la base, *presque droits.* — Arbrisseau très-rameux ; pédoncules ordinairement hérissés-glanduleux ; fleurs élégantes, grandes, d'un beau rose.

Rare. Nancy, à la carrière de Balin, où je l'ai observée pour la première fois en 1850. ♃. Juin.

11. R. sepium *Thuill ! Fl. Paris, p. 252.* (*Rosier des haies.*) — Fleurs solitaires, géminées ou en corymbe. Calice à segments velus sur la face externe, glanduleux sur les bords, finement pinnatiséqués, munis d'un appendice étroit, étalés, tardivement caducs. Corolles à pétales *non ciliés.* Calice fructifère à tube ovoïde-oblong (dans l'échantillon de l'herbier de Thuillier), mais chez nous le plus souvent ovoïde-globuleux, devenant tardivement rouge, dressé à la maturité. Carpelles du centre longuement pédicellés. Feuilles d'un vert luisant et comme vernissées sur les deux faces, *fortement glanduleuses sur l'inférieure, odorantes,* à 5 ou 7 folioles *obovées-oblongues, cunéiformes à la base,* aigües, *triplement dentées en scie,* à dents *très-étalées ;* stipules supérieures des rameaux fleuris peu dilatées, à oreillettes courtes et étalées. Aiguillons *presque égaux,* élargis à la base, *tous arqués.* — Arbrisseau élevé, rameux, à rameaux allongés, formant un buisson lâche. Fleurs de médiocre grandeur, d'un rose pâle ou blanches.

Haies, bois. Assez commun en Lorraine. ♃. Juin.

12. R. rubiginosa *L. Mant. 2, p. 564* (*Rosier rouillé.*) — Fleurs solitaires ou en corymbe. Calice à segments glanduleux sur la face externe et sur les bords, pinnatiséqués, munis d'un appendice étroit, réfléchis, à la fin caducs. Corolle à pétales *non ciliés*. Calice fructifère à tube ovoïde ou globuleux, rouge et *dressé* à la maturité. Carpelles du centre longuement stipités. Feuilles vertes ou rougeâtres, luisantes et comme vernissées, le plus souvent glabres en dessus, pubescentes et *fortement glanduleuses* en dessous, *exhalant une forte odeur* de pomme de reinette, à 5 ou 7 folioles ovales ou ovales-orbiculaires, aiguës ou obtuses, *arrondies à la base, triplement dentées en scie*, à dents *très-étalées ;* stipules supérieures des rameaux fleuris dilatées, à oreillettes aiguës et divergentes. Aiguillons ordinairement très-nombreux, *très-inégaux, droits, arqués ou crochus* souvent sur le même rameau. — Arbrisseau très-rameux, à rameaux courts, formant un buisson dense et peu élevé ; fleurs petites, d'un rose vif.

α *Genuina*. Tube du calice glabre.

β *Hispida*. Tube du calice hérissé-glanduleux. *R. pseudo-rubiginosa Lej. Fl. Spa, 1, p. 229.*

Commun ; haies, bois. ♄. Juin.

13. R. fœtida *Bast ! Fl. de Maine et Loire, suppl., p. 29 ; R. montana Hol ! Fl. Moselle, éd. 1, p. 254, non Chaix in Vill. (Rosier fétide.)* — Fleurs solitaires ou géminées. Calice à segments fortement glanduleux sur la face externe et sur les bords, fortement pinnatiséqués, munis d'un appendice étroit et denticulé-glanduleux, réfléchis, à la fin *caducs.* Corolle à pétales *non ciliés*. Calice fructifère, à tube ordinairement ovoïde, hérissé-glanduleux ainsi que le pédoncule, rouge et *dressé* à la maturité, répandant une *odeur fétide* quand on les froisse (suivant *DC.*). Carpelles du centre longuement stipités. Feuilles quelquefois rougeâtres dans leur jeunesse, à 5-7 folioles *glabres et luisantes en dessus, pubescentes et grisâtres en dessous* où elles sont munies sur les nervures principales de quelques glandes sessiles, ovales, aiguës, *arrondies à la base, triplement dentées en scie*, à dents *étalées-dressées ;* stipules supérieures des rameaux fleuris dilatées, à oreillettes aiguës et dressées. Aiguillons peu nombreux, *presque égaux, à peu près droits*. Arbrisseau rameux, à longs rameaux sarmenteux, formant un buisson lâche et élevé. — Fleurs de médiocre grandeur, d'un rose clair.

Rare ; haies. Metz, côte d'Ancy-sur-Moselle, côte Saint-Quentin, bois de Borny, de Fey (*Holandre*). Mirecourt, au bois de Ravenelle (*de Baudot*). ♄. Juin.

14. R. Seringeana *Nob.; R. tomentosa var. α Seringe! in DC. Prodr. 2, p. 618; Rchb. pl. germ. exsicc. n° 2568 (sub R. terebinthinacea).* (*Rosier de Seringe.*) — Fleurs solitaires, géminées ou ternées. Calice à segments glanduleux sur la face externe et sur les bords, pinnatiséqués, munis d'un appendice étroit, réfléchis, à la fin *caducs*. Corolle à pétales *non ciliés*. Calice fructifère à tube ovoïde et contracté au sommet (sur mes échantillons), plus ou moins hérissé-glanduleux ainsi que le pédoncule, rouge et dressé à la maturité. Carpelles du centre longuement stipités. Feuilles à 5-7 folioles *pubescentes en dessus, grisâtres, finement tomenteuses et munies de petites glandes stipitées en dessous,* un peu visqueuses sur cette face et répandant par le froissement *une odeur de térébenthine,* ovales, aiguës, *arrondies à la base, triplement dentées en scie,* à dents *étalées-dressées;* stipules supérieures des rameaux fleuris dilatées, à oreillettes aiguës et étalées. Aiguillons peu nombreux, *presque égaux, à peu près droits.* Arbrisseau rameux, à rameaux allongés, portant un buisson élevé et lâche. — Fleurs assez grandes, d'un beau rose.

Rare. Nancy, bois de Crévic. ♄. Juin.

Obs. Cette plante n'est pas le *R. terebinthinacea Bess.*, comme le pense Reichenbach; l'examen de la plante de Besser m'a prouvé qu'elle n'est pas autre chose que le *Rosa tomentosa;* c'est aussi l'opinion de Koch.

15. R. tomentosa *Sm. Fl. brit. 2, p. 539, et Engl. bot. tab. 990.* (*Rosier tomenteux.*) — Fleurs solitaires, géminées ou en corymbe. Calice à segments glanduleux sur la face externe et sur les bords, pinnatiséqués, munis d'un appendice linéaire ou linéaire-lancéolé, réfléchis, à la fin *caducs*. Corolle à pétales *non ciliés*. Calice fructifère à tube ovoïde, ou plus souvent (chez nous) globuleux (*R. subglobosa Sm. Engl. Bot.*), hérissé-glanduleux, mais quelquefois glabre, porté sur un pédoncule toujours hérissé, rouge et *dressé* à la maturité. Carpelles du centre longuement stipités. Feuilles d'un aspect grisâtre, *tomenteuses sur les deux faces* et munies quelquefois en dessous de petites glandes *sessiles* et cachées par le tomentum, *ovales,* aiguës, arrondies à la base, *triplement* dentées en scie, à dents *étalées-dressées;* stipules supérieures des rameaux fleuris dilatées, à oreillettes acuminées et dressées. Aiguillons *presque* *égaux et à peu près droits.* Arbrisseau rameux, formant un buisson élevé et touffu. — Fleurs de moyenne grandeur, d'un rose clair.

Commun, bois montagneux. ♄. Juillet.

16. R. pomifera *Hermann, Diss. p. 17. (Rosier pomifère.)* — Fleurs solitaires ou géminées. Calice à segments très-glanduleux sur la face externe et sur les bords, pinnatiséqués, munis d'un appendice linéaire ou linéaire-lancéolé, à la fin redressés et *persistants.* Corolle à pétales *denticulés-ciliés.* Calice fructifère à tube très-gros, globuleux, fortement hérissé-glanduleux, ainsi que le pédoncule, rouge, pulpeux et *penché* à la maturité. Feuilles d'un aspect grisâtre, *pubescentes en dessus, mollement tomenteuses en dessous,* à 5-7 folioles *oblongues-elliptiques,* doublement dentées en scie, à dents *très-étalées ;* stipules supérieures des rameaux fleuris dilatées, à oreillettes étalées. Aiguillons *presque égaux, droits.* Arbrisseau élevé, rameux. — Fleurs d'un beau rose.

Rare ; haies et bois. Nancy (*Soyer-Willemet*). Metz. Dans la chaîne des Vosges, le Nideck (*Nestler*), vallée de Munster, ballon de Soultz. ♄. Juillet.

XXXIII. SANGUISORBÉES.

Fleurs hermaphrodites ou polygames, régulières. Calice gamosépale libre, à tube persistant, turbiné, et resserré au sommet par un anneau, induré à la maturité, à limbe formé de 4 ou 5 segments disposés sur un seul rang, ou de 8 ou 10 disposés sur deux rangs, à préfloraison valvaire ou imbricative. Corolle nulle ou périgyne et à 5 pétales égaux. Etamines libres, au nombre de 1 à 20, insérées à la gorge du calice ; anthères biloculaires, s'ouvrant en long. Styles terminaux ou basilaires, libres ; stigmates capités ou bilobés. Ovaires 1 ou 2, libres, uniloculaires, monospermes. Le fruit est formé d'un ou de deux akènes indéhiscents, renfermés dans le tube du calice. Graine renversée ou ascendante. Albumen nul ; radicule supère. — Plantes herbacées.

1 { Tube du calice hérissé de soies crochues au sommet ; une corolle.............................. *Agrimonia* (n° 1).
{ Tube du calice nu ; corolle nulle........................ 2

2 { Calice à 4 segments égaux............................... 5
{ Calice à 8 segments alternativement inégaux...........
{ .... *Alchemilla* (n° 4).

$$3 \begin{cases} \text{Etamines } 4 \dots\dots\dots\dots \textit{Sanguisorba} \text{ (n° 2).} \\ \text{Etamines 15 à 20} \dots\dots\dots \textit{Poterium} \text{ (n° 3).} \end{cases}$$

1. Agrimonia *Tourn.*

Fleurs hermaphrodites. Calice muni sur son tube de *soies crochues* au sommet, à 5 segments unisériés, *persistants* et à la fin connivents. Corolle *à 5 pétales* entiers. Étamines 12 à 15. Styles terminaux. Ovaires 2, à ovule renversé. — Fleurs en grappe spiciforme.

$$\begin{cases} \text{Soies inférieures du tube du calice ascendantes} \dots\dots\dots \\ \dots\dots\dots\dots\dots\dots \textit{A. Eupatorium} \text{ (n° 1).} \\ \text{Soies inférieures du tube du calice réfléchies} \dots\dots\dots \\ \dots\dots\dots\dots\dots \textit{A. odorata} \text{ (n° 2).} \end{cases}$$

1. A. Eupatorium *L. Sp. 643.* (*Aigremoine Eupatoire.*) — Fleurs disposées en une grappe allongée, lâche surtout à la base ; pédoncules articulés au sommet et pourvus à l'articulation de deux bractéoles opposées. Calice à tube *obconique*, pourvu de sillons *profonds* qui se prolongent presque jusqu'à sa base et couvert de soies crochus au sommet dont les inférieures sont *ascendantes*, à segments ovales, aigus, trinerviés. Pétales obovés, étalés. Calice fructifère réfléchi sur le pédoncule. Akènes blancs, ovoïdes, comprimés sur une face. Feuilles velues en dessus, cendrées-tomenteuses en dessous, pinnatiséquées, à segments ovales et munis jusqu'à la base de dents larges et profondes, entremêlés d'appendices dentées ou entiers ; stipules grandes, embrassantes, incisées-dentées. Tige dressée, simple ou un peu rameuse. Souche rameuse. — Plante velue ; fleurs jaunes.

Commun ; haies, buissons, bords des routes. ♃ Juin-août.

2. A. odorata *Mill. Dict. n° 3 ; Godr. Fl. lorr. éd. 1, t. 3, p. 227.* (*Aigremoine odorante.*) — Fleurs en grappe courte et plus compacte que dans l'espèce précédente ; pédoncules articulés au sommet et pourvus à l'articulation de deux bractéoles opposées. Calice à tube court, aussi large que long, *globuleux, companulé,* muni de sillons *superficiels* et pourvu de soies crochues au sommet dont les extérieures *réfléchies*. Pétales obovés, étalés. Calice fructifère réfléchi sur le pédoncule. Akènes plus gros que dans l'espèce précédente et de même forme. Feuilles pubescentes en dessous et munies de petits points brillants résineux, pinnatiséquées, à segments ovales et munis jusqu'à la base de dents larges et profondes, entremêlées d'appendices dentés ou entiers ; stipules grandes, embrassantes, incisées-dentées. Tige dressée, ordinairement simple. Souche rameuse. — Plante plus odorante que la précédente.

Lieux humides des terrains siliceux. Sarrebourg. St-Dié, Bruyères, Bitche. ♃. Juin-août.

2. Sanguisorba *L.*

Fleurs hermaphrodites. Calice *nu sur le tube*, à 4 segments unisériés, à la fin *caducs*. Corolle *nulle*. Etamines 4. Styles terminaux. Ovaire unique, à ovule renversé. — Fleurs en épi.

1. S. officinalis *L. Sp. 169. (Sanguisorbe officinale.)* — Fleurs en épi ovale; bractées lancéolées, aiguës, égalant les fleurs. Calice à tube contracté et velu au sommet, à limbe à quatre segments elliptiques, d'un pourpre brun, plus longs que le tube, caducs. Etamines égalant les divisions calicinales. Calice fructifère induré, quadrangulaire-ailé, lisse sur les faces. Feuilles d'un vert glauque et veinées en dessous, à 7 ou 13 folioles régulièrement dentées, en cœur-ovales-oblongues, pétiolulées et souvent munies à leur base de deux stipelles ovales et dentées. Tige dressée, élancée, presque anguleuse, rameuse au sommet. Souche grêle, rampante. — Plante glabre.

Prairies humides sur les grès vosgien et bigarré, ainsi que sur le granit dans toute la chaîne des Vosges ; monte jusque dans les escarpements du Hohneck. ♃. Juillet-août.

3. Poterium *L.*

Fleurs polygames ou monoïques, les fleurs femelles étant placées dans l'épi au-dessus des fleurs mâles. Calice *nu sur le tube*, à 4 segments unisériés, à la fin *caducs*. Corolle *nulle*. Etamines 15 ou 20, longues et pendantes au dehors. Styles terminaux. Ovaires 2, à ovule renversé. — Fleurs en épi ovoïde ou globuleux, dense.

Calice fructifère à tube réticulé sur les faces............ .... *P. dictyocarpum* (nº 1). Calice fructifère à tube muriqué sur les faces............ .... *P. muricatum* (nº 2).

1. P. dictyocarpum *Spach, Ann. Sc. nat. 1846, p. 34; P. Sanguisorba L. Sp. 1411 (ex parte); Godr. Fl. lorr. éd. 1, t. 1, p. 224. (Pimprenelle à fruit réticulé.)* — Fleurs en épis globuleux, denses, terminaux. Calice fructifère à tube tétragone, *rétriculé en réseau* sur les faces et dont les angles sont *obtus et saillants*, à segments étalés, ovales-orbiculaires. Feuilles imparipinnées, à 15 ou 25 folioles pétiolulées, ovales ou orbiculaires, tronquées ou en cœur à la base, fortement dentées. Tiges dressées, anguleuses, rameuses au sommet. — Plante glabre ou velue dans le bas, quelquefois glaucescente (*P. glaucescens Rchb. Fl. excurs. p. 610*).

Commun dans les prés et dans les bois. ♃. Juin-juillet.

2. P. muricatum *Spach, l. c. (Pimprenelle à fruit muriqué.)* — Fleurs en épis globuleux, denses, terminaux. Calice fructifère à tube tétragone, *creusé sur les faces de fossettes limitées par des crêtes denticulées* et dont les angles sont *relevés en ailes* entières ou dentées, à segments étalés, ovales-orbiculaires. Feuilles imparipinnées, à 15 ou 25 folioles pétiolulées, ovales ou orbiculaires, tronquées ou en cœur à la base, fortement dentées. Tiges dressées, anguleuses, rameuses au sommet. — Plante glabre ou velue à la base.

Nancy (*Vincent*); Pont-à-Mousson (*Salle*). ♃. Juin-juillet.

4. ALCHEMILLA *Tourn.*

Fleurs hermaphrodites. Calice *nu sur le tube*, à 8 segments *bisériés*, à la fin *caducs*. Corolle *nulle*. Etamines 1 ou 4. Styles *basilaires*. Ovaires 2 ou 4, à ovule ascendant.

1 { Feuilles vertes en dessous............................ 2
{ Feuilles blanches-argentées en dessous.. *A. alpina* (n° 2).

2 { Fleurs en grappes corymbiformes, terminales............
{ .... *A. vulgaris* (n° 1).
{ Fleurs en glomérules axillaires....... *A. arvensis* (n° 3).

1. A. vulgaris *L. Sp. 168. (Alchimille commune.)* — Fleurs en *grappes corymbiformes*, *terminales*. Calice à tube campanulé. Carpelle mûr ovoïde, aigu, égalant le style. Feuilles *réniformes*, *plissées* de la base à la circonférence, *superficiellement* divisées en 5 ou 9 lobes *semi-orbiculaires*, dentés *dans toute leur étendue;* les dents ovales, acuminées, terminées par un faisceau de poils ; feuilles radicales longuement pétiolées; stipules conniventes-tubuleuses. Tige dressée. Souche épaisse, ligneuse, brune. — Fleurs petites, d'un vert-jaunâtre.

α *Genuina Nob.* Plante glabre.

β *Subsericea Koch, Syn. éd. 1, p. 231.* Feuilles velues-soyeuses en dessous.

Bois humides. Très-commun sur les terrains de grès et sur le granit dans toute la chaîne des Vosges. Plus rare dans les terrains calcaires : Nancy, Chavigny, le camp d'Afrique, bois de Faux près de Réméréville, Château-Salins (*Léré*), St.-Nicolas-de-Port (*Billot*), Lunéville au bois d'Hériménil et de Fraimbois (*Guibal*); Metz, vallons de Montvaux et des Genivaux (*Holandre*) et de Saulny (*Segretain*), Pange (*l'abbé Cordonnier*), forêt de Moyeuvre, Hayange, Malancourt, Rosselange, Fénétrange et Vibersviller, Manderen près de Sierck (*Warion*). ♃. Mai-juillet.

2. A. alpina *L. Sp. 179.* (*Alchimille des Alpes.*) — Fleurs *verticillées* le long des rameaux et formant des *épis interrompus.* Calice à tube subglobuleux. Carpelle mûr ovoïde, aigu, un peu plus long que le style. Feuilles *orbiculaires*, non *plissées*, blanches-argentées et luisantes en dessous, divisées *presque jusqu'à la base* en 5 ou 9 segments *ovales-oblongs, entiers à la base*, dentés seulement au sommet; dents acuminées, conniventes, terminées par un faisceau de poils ; feuilles radicales longuement pétiolées ; stipules conniventes-tubuleuses. Tiges dressées. Souche épaisse, ligneuse, brune. — Fleurs petites, d'un vert-jaunâtre.

Escarpements des hautes Vosges : Hohneck, Rotabac, Rosberg. ♃. Juin-août.

3. A. arvensis *Scop. Carn. 1, p. 115; Aphanes arvensis L. Sp. 179.* (*Alchimille des champs.*) — Fleurs *axillaires, fasciculées.* Calice à tube campanulé, à divisions externes extrêmement petites. Carpelle mûr ovoïde, aigu, un plus long que le style. Feuilles *planes, en coin à la base*, divisées jusqu'au milieu en trois lobes cunéiformes, tri-quadrifides ; les radicales nulles au moment de la floraison; stipules conniventes, formant un tube évasé. Tiges couchées ou ascendantes. Racine grêle. — Beaucoup plus petite que la précédente espèce dans toutes ses parties.

Commun dans les champs de tous les terrains. ☉. Mai-juillet.

XXXIV. **POMACÉES.**

Fleurs hermaphrodites, régulières. Calice gamosépale, à tube soudé avec l'ovaire et resserré au sommet par un anneau charnu, à limbe divisé en 5 segments persistants ou caducs, à préfloraison imbricative. Corolle périgyne, à 5 pétales distincts et égaux, alternant avec les divisions calicinales. Etamines en nombre indéfini, insérées avec les pétales sur la gorge du calice ; anthères biloculaires, s'ouvrant en long. Styles en nombre égal à celui des loges de l'ovaire ; stigmates simples. Ovaire unique, formé de 5 feuilles carpellaires, plus rarement de 3 ou de 2, soudées entre elles et avec le tube du calice, à 5, 3, 2 loges renfermant chacune un ou deux ovules ; placentation axille. Le fruit est charnu, à endocarpe coriace ou osseux. Graines ascendantes. Albumen nul ; embryon droit, à cotylédons épais ; radicule infère. — Arbres ou arbustes, à feuilles alternes, munies de stipules.

1 { Disque épigyne dilaté ; fruit à noyaux osseux............ 2
  { Disque épigyne non dilaté ; fruit sans noyaux............ 4

2 { Plante non épineuse ; noyaux faisant saillie au-dessus du disque
  { .... *Cotoneaster* (n° 2).
  { Plante épineuse ; noyaux ne faisant pas saillie au-dessus du
  { disque... 3

3 { Disque épigyne moins large que le diamètre transversal du fruit.
  { .... *Cratægus* (n° 1).
  { Disque épigyne aussi large que le diamètre transverval du fruit.
  { .... *Mespilus* (n° 3).

4 { Ovaire à loges polyspermes............ *Cydonia* (n° 4).
  { Ovaire à loges mono-bispermes...................... 5

5 { Ovaire à loges simples...................... 6
  { Ovaire à loges divisées par une cloison incomplète........
  { .... *Aronia* (n° 7).

6 { Fleurs fasciculées, en ombelle simple........ *Pyrus* (n° 5).
  { Fleurs en corymbe composé............ *Sorbus* (n° 6).

1. Cratægus *L.*

Calice à tube urcéolé, à segments persistants. Pétales orbiculaires. Styles 2-5, libres ou quelquefois soudés en un seul. Fruit à disque épigyne *dilaté* entre les segments du calice, mais *n'égalant pas* le diamètre transversal du fruit ; *noyaux osseux,*

mono-bispermes, complétement enveloppés par le péricarpe. —
Arbuste épineux.

{ Pédoncules glabres; 2-3 styles...... *C. oxyacantha* (n° 1).
{ Pédoncules velus; un seul style...... *C. monogyna* (n° 2).

1. C. oxyacantha *L. Sp. 683. (Aubépine épineuse.)* —
Fleurs en corymbe, à pédoncules *glabres.* Calice à segments
réfléchis. Pétales concaves, un peu plissés sur les bords au-dessus
de l'onglet. *Deux* ou *trois* styles libres; stigmates disciformes.
Fruits ovoïdes ou globuleux, rouges, fades. Feuilles concolores,
luisantes, obovées, à peine lobées, ou plus ou moins profondément divisées; stipules foliacées, courbées en faux. Tige très-
rameuse, à rameaux *glabres.* — Arbuste épineux; fleurs blanches, plus rarement rosées.

Commun; haies, bois, dans tous les terrains. ♭. Mai.

2. C. monogyna *Jacq. Fl. austr. tab. 292, f. 1; C. oxya-*
cantha β monostyla Godr. Fl. lorr., éd.1, t.1, p. 226. (Aubé-
pine à un seul style.) — Fleurs en corymbe, à pédoncules
velus. Calice à segments réfléchis. Pétales concaves, un peu
plissés sur les bords au-dessus de l'onglet. *Un seul* style (par
soudure); stigmate disciforme. Fruits ovoïdes ou globuleux,
rouges, fades. Feuilles discolores, d'un vert glauque en dessous,
plus coriaces que dans l'espèce précédente, tantôt presque entières,
tantôt trifides, tantôt profondément divisées; stipules foliacées,
courbées en faux. Tige très-rameuse, à rameaux *velus.* — Arbuste épineux; fleurs blanches.

Commun; haies, bois, dans tous les terrains. ♃. Juin.

2. Cotoneaster *Medik.*

Calice à tube urcéolé, à segments persistants. Pétales ovales.
Styles 3-5, libres. Fruit à disque épigyne *dilaté* entre les segments du calice, mais *n'égalant pas* le diamètre transversal du
fruit; 3 à 5 *noyaux osseux, mono-bispermes* et dont *la moitié*
supérieure fait saillie au-dessus du disque. — Arbustes non
épineux.

1. C. vulgaris *Lindl. Trans. Lin. soc. 13, p. 101; Mes-*
pilus Cotoneaster L. Sp. 686. (Cotonéaster commun.) —Fleurs
solitaires, géminées ou plus rarement ternées à l'aisselle des
feuilles, brièvement pédonculées, d'abord dressées, puis pen-

chées. Calice turbiné, à segments arrondis, scarieux sur les bords. Pétales concaves, ovales, dressés, un peu plus longs que les divisions calicinales. Ordinairement 3 styles. Fruit réfléchi, globuleux, luisant, rouge, fade, de la grosseur d'un pois. Feuilles largement ovales, arrondies à la base, mucronulées au sommet, vertes et glabres en dessus, blanches-tomenteuses en dessous, très-brièvement pétiolées. — Petit arbrisseau rameux, très-feuillé ; fleurs blanches, rosées extérieurement.

Escarpements des hautes Vosges sur le granit, Ballon de Soultz, Hohneck (*Mougeot et Nestler*, 1807!). ♄. Avril-mai.

3. Mespilus *L.*

Calice à tube turbiné, à segments foliacés et persistants. Pétales presque orbiculaires. Styles 5, libres. Fruit à disque épigyne *dilaté* entre les segments du calice et *égalant* le diamètre transversal du fruit ; *5 noyaux osseux, mono-bispermes, complétement enveloppés par le péricarqe.* — Arbres épineux à l'état sauvage.

1. **M. germanica** *L. Sp. 684. (Néflier d'Allemagne.)* — Fleurs solitaires, terminales, presque sessiles. Calice tomenteux, à lanières linéaires-lancéolées plus longues que le tube. Pétales concaves, un peu ondulés sur les bords. Fruits pubescents, gros, subglobuleux, déprimés, bruns, acerbes, puis acidules. Feuilles brièvement pétiolées, oblongues-elliptiques, obtuses ou acuminées, finement dentées dans leur moitié supérieure, velues en dessous. — Fleurs blanches.

Bois du calcaire jurassique. Nancy, Lay-St-Christophe, Pont-St-Vincent (*Suard*). Metz, Châtel, Lessy (*Holandre*). Verdun, Moulainville, Chatillon ; forêt d'Argonne (*Doisy*). Neufchâteau (*Mougeot*). ♄. Mai.

4. Cydonia *Tourn.*

Calice à tube campanulé, à segments foliacés et persistants. Pétales orbiculaires. Styles 5, libres. Fruit à disque épigyne, *non dilaté*, à 5 loges *polyspermes*, à endocarpe *coriace.* — Arbres non épineux.

1. **C. vulgaris** *Pers. Syn. 2, p. 40; Pyrus Cydonia L. Sp. 687. (Cognassier commun.)* — Fleurs solitaires, subsessiles.

Calice tomenteux, à tube ovoïde, à segments lancéolés, bordés de dentelures glanduleuses. Pétales orbiculaires. Fruit pyriforme ou globuleux, couvert d'un duvet floconneux. Feuilles ovales, entières, tomenteuses en dessous ; stipules petites, glanduleuses aux bords. — Arbre à tronc tortueux.

Cultivé et quelquefois subspontané dans les haies. ♃. Mai.

Obs. Le Cognassier cultivé en Lorraine est une race distincte de la plante sauvage. Celle-ci a le fruit globuleux, non rétréci à sa base, dépourvu de côtes, bien moins profondément ombiliqué au sommet, à segments calicinaux très-étalés et appliqués sur le fruit. Dans la plante cultivée, le fruit est pyriforme, muni de côtes, à ombilic profond, à segments calicinaux dressés-connivents.

5. Pyrus *L.*

Calice à tube urcéolé, à segments persistants. Pétales suborbiculaires. Styles 5, libres. Fruit à disque épigyne *non dilaté*, à 5 loges *simples, bispermes*, à endocarpe *coriace*. — Arbres et arbustes.

1. Feuilles à limbe aussi long que le pétiole ; styles libres..... .... *P. communis* (nº 1). Feuilles à limbe une fois plus long que le pétiole ; styles soudés à la base.. 2

2. Feuilles blanches-tomenteuses en dessous.. *P. Malus* (nº 2). Feuilles vertes en dessous et à la fin glabres. *P. acerba* (nº 5).

1. P. communis *L. Sp. 686. (Poirier commun.)* — Fleurs fasciculées, presque en ombelle simple ; pédoncules grêles, allongés, *velus ou glabres*, ainsi que le tube du calice. Pétales glabres. Styles 5, *libres*. Fruit *acerbe*, petit, globuleux ou turbiné, *jamais ombiliqué* à la base. Feuilles velues-aranéeuses dans leur jeunesse, *glabres et luisantes* dans l'âge adulte, à limbe arrondi ou ovale, acuminé, *finement denté, aussi long* que le pétiole. — Arbre pyramidal ; à rameaux spinescents dans l'état sauvage, à fleurs blanches.

Commun dans les bois. ♃. Avril-mai.

2. P. Malus *DC. Prodr. 2 p. 635. (Pommier doucin.)* — Fleurs fasciculées, presque en ombelle simple ; pédoncules courts, épais, *tomenteux*, ainsi que le tube du calice. Pétales velus à leur face supérieure. Styles 5, *soudés* à la base. Fruit *de saveur douce*, globuleux ou globuleux-déprimé, toujours om-

biliqué à l'insertion du pédoncule. Feuilles *blanches et tomenteuses en dessous*, même dans leur entier développement, à limbe
ovale, acuminé, *obtusément denté, une fois plus long* que le pétiole. Bourgeons *cotonneux*. Racine forte, *rameuse, fixant soli-
dement la plante au sol*. — Arbre moins élevé que le précédent,
mais plus robuste que le suivant ; à branches étalées ; à rameaux
épineux dans l'état sauvage ; à pétales grands, blancs en dessus,
lavés de rose en dessous.

Assez rare ; bois. Nancy, vallon de Maxéville. ♄. Mai.

Nota. Cette plante est connue des Horticulteurs sous le nom de
Doucin et fournit, suivant M. Monnier, les sujets sur lesquels on greffe
les variétés de Pommier que l'on élève à plein vent. (*Voyez le Bon
Cultivateur de Nancy. 1840, p. 336.*)

3. **P. acerba** *DC. Prodr. 2, p. 635.* (*Pommier paradis.*)
— Il se distingue du précédent, auquel beaucoup d'auteurs le
réunissent comme variété, par les caractères suivants : pédoncules plus minces, *glabres* ou *pubescents* ainsi que le tube du
calice ; pétales plus petits ; fruit *acerbe* ; feuilles *vertes en dessous*,
d'abord pubescentes sur les nervures, puis tout à fait *glabres* ;
bourgeons *velus*, mais *non cotonneux* ; racine courte, *pivotante,
presque simple, se laissant facilement arracher.* — Plante moins
développée que la précédente ; à rameaux plus grêles ; à fleurs
plus petites, blanches ou un peu rosées en dehors.

Commun ; bois, dans tous les terrains. ♄. Mai.

Nota. Cette plante est connue des Horticulteurs sous le nom de *Paradis* et fournit, suivant M. Monnier, les sujets sur lesquels on greffe
les variétés de [Pommier que l'on élève en quenouille ou en espalier.
(*Voy. le Bon Cultivateur de Nancy, l. c.*)

6. Sorbus *L.*

Calice à tube urcéolé, à segments persistants. Pétales suborbiculaires. Styles 5, libres. Fruit à disque épigyne *non dilaté*,
à 5 loges *simples, bispermes*, mais réduites par avortement à
1-5 graines, à endocarpe *membraneux et mou*. — Arbres et
arbustes.

1 { Feuilles dentées ou superficiellement lobées............... 2
  { Feuilles pinnatiséquées................................. 6

2 { Fleurs roses ; pétales dressés.. **S.** *Chamæmespilus* (n° 1).
  { Fleurs blanches ; pétales étalés........................ 3

3 { Feuilles tomenteuses en dessous..................... 4
  { Feuilles glabres sur les deux faces... **S.** *torminalis* (n° 5).

4 { Feuilles dentées ou lobées, à lobes décroissants vers le bas..
  { .... **S.** *Aria* (n° 2).
  { Feuilles lobées, à lobes décroissants vers le haut.......... 5

5 { Feuilles ovales-orbiculaires dans leur pourtour, à dents très-
  {   étalées........................ **S.** *latifolia* (n° 3).
  { Feuilles ovales-oblongues dans leur pourtour, à dents dressées.
  { .... **S.** *scandica* (n° 4).

6 { Fruit globuleux, bourgeons tomenteux.. **S.** *aucuparia* (n° 6).
  { Fruit pyriforme, bourgeons glabres.... **S.** *domestica* (n° 7).

1. S. Chamæmespilus *Crantz, Austr. p. 83; Pyrus Chamæmespilus DC. Prodr. 2, p. 637 ; Godr. Fl. lorr., éd. 1, t. 1, p. 229.* (*Sorbier nain.*) — Fleurs en corymbe rameux, petit, un peu cotonneux. Pétales velus à l'onglet, *dressés.* Styles 2, velus à la base. Fruits ovoïdes, d'un rouge jaunâtre. Feuilles *elliptiques*, aiguës, atténuées et entières à la base, *finement et doublement dentées en scie* dans le reste de leur pourtour, tomenteuses en dessous dans leur jeunesse, puis glabres, munies de glandes en dessous sur les nervures principales. — Petit arbuste élégant, très-rameux, très-feuillé ; à fleurs roses, en corymbe serré, tomenteux, terminal, entouré de feuilles dressées; à fruits de la grosseur de ceux du *Cratægus oxyacantha.*

Dans les escarpements des hautes Vosges, sur le granit : Hohneck (*Mougeot 1823 !*). ♭. Juin-juillet.

2. S. Aria *Crantz, Austr. p. 46; Pyrus Aria Ehrh. Beitr. 4, p. 20 ; Godr. Fl. lorr., éd. 1, t. 1, p. 229.* (*Sorbier Allouchier.*) — Fleurs en corymbe rameux, tomenteux, serré. Pétales tomenteux à l'onglet, *étalés.* Styles 2, très-velus à la base. Fruits ovoïdes-globuleux, rouges, ponctués de jaune, luisants, à pulpe jaunâtre et acidule. Feuilles *ovales* ou *elliptiques*, obtuses ou brièvement acuminées, arrondies ou en coin à la base, *doublement dentées et souvent lobulées* dans leur moitié supérieure (les lobules *décroissant par le bas*), *blanches-tomenteuses* en dessous, aranéeuses en dessus dans leur jeunesse, puis glabres et luisantes. — Grand arbre, à rameaux non penchés ; à fleurs blanches.

Commun ; bois montagneux, dans tous les terrains. ♭. Mai.

3. S. latifolia *Pers. Syn. 2, p. 38 ; Pyrus intermedia Ehrh. Beitr. 4, p. 20 ; Godr. Fl. lorr., éd. 1, t. 1, p. 229.* (*Sorbier à larges feuilles.*) — Fleurs en corymbe rameux, tomenteux, serré. Pétales tomenteux à l'onglet, *étalés.* Styles 2, très-velus à la base. Fruits globuleux, orangés, à pulpe jaunâtre et sucrée. Feuilles *ovales-orbiculaires, presque aussi larges que longues,* arrondies ou tronquées à la base, *lobulées et dentées,* à lobules écartés, *d'autant plus grands qu'ils sont plus inférieurs* et à dents *très-étalées, grises-tomenteuses* en dessous et à nervures latérales plus écartées que dans l'espèce précédente. — Grand arbre, à rameaux non penchés ; fleurs blanches.

Bois du calcaire jurassique. Nancy, Boudonville (*Suard*), Maxéville et Malzéville (*Mathieu*), Fonds de Toul, Liverdun, Maron ; Blénod ; Pont-à-Mousson. Metz, Ars, Gorze (*Holandre*) ; Rambercourt (*Taillefert*). Verdun ; Commercy. Neufchâteau. Se retrouve dans les hautes Vosges, sur le granit : Hohneck (*Mougeot*). ♄. Mai.

4. S. scandica *Fries, Fl. hall. p. 83 et Nov. Fl. succ. éd. 2, p. 138.* (*Sorbier de Scandinavie.*) — Fleurs en corymbe rameux, très-fourni, tomenteux. Pétales tomenteux à l'onglet, *étalés.* Styles 2, très-velus à la base. Fruits ovoïdes-globuleux, d'un rouge-orangé, à pulpe jaunâtre et acidule. Feuilles *ovales-oblongues, bien plus longues que larges,* rétrécies à la base, *cendrées-tomenteuses en dessous, lobulées et dentées,* à lobules écartés, *d'autant plus grands qu'ils sont plus inférieurs* et à dents *dressées,* et à nervures latérales moins saillantes que dans les deux espèces précédentes. — Arbre à rameaux non penchés ; fleurs blanches.

Commun sur les terrains granitiques derrière Barr (*Mathieu*); dans les hautes Vosges, Ballon de Soultz, Hohneck, etc. ♄. Juin.

5. S. torminalis *Crantz, Austr. p. 85; Pyrus torminalis Ehrh. Beitr. 6, p. 92.* (*Sorbier Alisier.*) — Fleurs en corymbe rameux, assez fourni, tomenteux. Pétales un peu velus à l'onglet. Styles 2-5, glabres. Fruits ovoïdes, bruns, ponctués de jaune, acerbes, puis acidules. Feuilles largement ovales, *vertes et glabres,* arrondies, tronquées ou un peu en cœur à la base, *lobées, dentées;* lobes écartés, acuminés, *d'autant plus grands qu'ils sont plus inférieurs;* dents inégales, *incombantes;* nervures latérales des feuilles peu nombreuses (4 ou 5). — Arbre à branches non penchées ; fleurs blanches.

Commun ; bois montagneux. ♄. Mai.

6. **S. aucuparia** *L. Sp. 683; Pyrus aucuparia Gœrtn. Fruct. 2, p. 45; Godr. Fl. lorr., éd. 1, t. 1, p. 230. (Sorbier des oiseleurs.)* — Fleurs en corymbe rameux, serré, tomenteux. Pétales un peu velus à l'onglet. Styles 3 ou 4, très-velus. Fruits *globuleux*, rouges, acerbes. Feuilles *pinnatiséquées*, à 6 ou 7 paires de segments opposés, sessiles, inégaux à la base, òblongs, dentés en scie, un peu velus en dessous dans leur jeunesse; bourgeons *velus-tomenteux*. — Arbre de moyenne taille; à rameaux élancés, un peu penchés, à écorce *grise et lisse;* à fleurs blanches.

Commun; bois. ♄. Mai-juin.

7. **S. domestica** *L. Sp. 684; Pyrus Sorbus Gœrtn. Fruct. 2, p. 45; Godr. Fl. lorr., éd. 1, t. 1, p. 231. (Sorbier domestique.)* — Se distingue du précédent par les caractères suivants : fleurs une fois plus grandes, mais moins nombreuses; souvent cinq styles; fruits beaucoup plus gros, bruns, *pyriformes;* bourgeons *glabres;* taille plus élevée; tige à écorce *noirâtre, écailleuse.*

Rare. Nancy, forêt de Haie (*Soyer-Willemet*); Château-Salins (*Léré*); Sarrebourg, Bisping, Réchicourt (*de Baudot*). Metz. Verdun, Vaux, Belrupt, la Claire-Côte (*Doisy*). Neufchâteau, Liffol-le-Grand (*Mougeot*). ♄. Mai-juin.

7. ARONIA *Pers.*

Calice à tube turbiné, à segments persistants. Pétales lancéolés. Styles 5, un peu soudés à la base. Fruit à disque épigyne *non dilaté,* à 5 loges *bispermes, subdivisées par une cloison incomplète,* à endocarpe *membraneux.* — Arbustes.

1. **A. rotundifolia** *Pers. Syn. 2, p. 39; Mespilus Amelanchier L. Sp. 685. (Aronie à feuilles rondes.)* — Fleurs en grappes pauciflores, terminales ou latérales, naissant au centre d'un faisceau de feuilles où se développe aussi un jeune rameau. Pétales étroits, en coin à la base. Fruits globuleux, un peu plus gros qu'un pois, d'un noir-bleuâtre. Feuilles pétiolées, ovales, obtuses, dentées, velues-tomenteuses dans leur jeunesse, glabres et coriaces dans l'âge adulte. — Fleurs blanches.

Rare sur le calcaire jurassique. Nancy, à l'Avant-garde de Pompey (*Suard*), Liverdun (*Mathieu*); Thiaucourt, entre Jaulny et Rembercourt

(*Holandre*). Commercy, au bois de Rébus (*Maujean*). Plus commun sur le grès vosgien du versant oriental des Vosges (*Mougeot*). ♄. Avril-mai.

XXXV. ONAGRARIÉES.

Fleurs hermaphrodites, ordinairement régulières. Calice gamosépale, à tube soudé à l'ovaire et se prolongeant souvent au-dessus de lui, à limbe quadripartite, persistant ou caduc, à préfloraison valvaire. Corolle périgyne, à 4 pétales alternes avec les divisions du calice, ou très-rarement nuls, à préfloraison tordue. Étamines insérées sur le disque épigyne du calice, unisériées, en nombre égal à celui des pétales et alternant avec eux, bisériées et en nombre double ; anthères biloculaires, s'ouvrant en long. Style filiforme ; stigmates libres ou soudés. Ovaire infère, formé de 4 et plus rarement de 2 feuilles carpellaires, quadriloculaire, à loges polyspermes ; placentation axile. Le fruit est une capsule, à déhiscence loculicide ou septicide. Graines ascendantes ou réfléchies ; albumen nul ; embryon droit ; radicule rapprochée du hile.

1 { Calice à limbe caduc, huit étamines...................... 2
{ Calice à limbe persistant ; quatre étamines.. *Isnardia* (n° 5).

2 { Fleurs jamais jaunes ; graines munies d'une aigrette.......
{ .... *Epilobium* (n° 1).
{ Fleurs jaunes ; graines sans aigrette.... *OEnothera* (n° 2).

1. Epilobium *L.*

Calice à tube *prolongé au-delà* de l'ovaire et se *séparant au-dessus de lui* après la floraison. Pétales 4. Étamines *huit*. Capsule linéaire-tétragone, *s'ouvrant* en 4 valves. Graines *couronnées par une aigrette*.

1 { Fleurs régulières ; étamines et style dressés.............. 2
{ Fleurs irrégulières ; étamines et style déclinés........... .
{ .... *E. angustifolium* (n° 14).

2 { Tige couchée et radicante à la base................... 3
{ Tige dressée dès la base................. 6

3 { Stigmate entier ; stolons épigés, filiformes, feuillés........ 4
{ Stigmate quadrifide ; stolons souterrains, écailleux........
{ .... *E. Duriæi* (n° 9).

4 { Fleurs penchées avant l'anthèse ; feuilles rétrécies à la base.. 5
{ Fleurs dressées avant l'anthèse ; feuilles arrondies à la base..
{ .... *E. obscurum* (n° 3).

Sec. 1. LYSIMACHION *DC. Prodr. 3, p. 41.* — Fleurs régulières, infundibuliformes ; pétales bilobés ; étamines et styles dressés.

1. **E. alpinum** *L. Sp. 495 (non L. Fl. suec.).* (*Epilobe des Alpes.*) — Fleurs *penchées* avant la floraison. Stigmate *entier*, en massue. Graines très-petites, lisses ou presque lisses, oblongues, atténuées à la base, 3 fois plus longues que larges. Feuilles *toutes pétiolées*, minces, d'un vert pâle, elliptiques, obtuses, *atténuées à la base*, entières ou à peine sinuées ; les inférieures plus petites. Tige arrondie, *couchée et rampante* à la base, puis dressée, très-simple, présentant deux lignes *saillantes* et pubescentes qui naissent des pétioles ; stolons *flagelliformes, portant de petites feuilles obovées, écartées*, mais pas de bourgeon charnu au sommet. Souche filiforme, rampante. — Remarquable par

sa petite taille, par ses fleurs petites et peu nombreuses et par ses capsules glabres, plus rarement velues.

Escarpements des hautes Vosges : Hohneck, Rotabac (*Mougeot*). ♃. Juillet-août.

Obs. Je dois répéter ici, ce que j'ai déjà fait observer dans la *Flore de France*, que l'*E. alpinum Fries* (*Nov. Mant. alt. p. 20, et Summa Scandinav. p. 176 et 177 et Herb. norm. fasc. VIII, n° 44* !) est une espèce distincte de celle de France et de Suisse. Car la plante du célèbre professeur d'Upsal a ses graines fortement ponctuées et porte à la base de ses tiges, au lieu de stolons filiformes, des rosettes sessiles de feuilles fasciculées, analogues à celles de l'*E. tetragonum*. Elle croît en Laponie ; c'est l'*E. Hornemanni Rchb.* (*Icon. cent. 2, tab. 180*). Linnée a, du reste, confondu les deux plantes dans le *Species plantarum.*

2. E. palustre *L. Sp. 495.* (*Epilobe des marais.*) — Fleurs *penchées* au moment de la floraison. Stigmate entier, en massue. Graines lisses ou presque lisses, linéaires-oblongues, *atténuées à la base,* 5-6 fois plus longues que larges. Feuilles linéaires-lancéolées, obtusiuscules, *en coin à la base,* d'un vert opaque, ordinairement entières sur les bords ; les feuilles moyennes *sessiles.* Tige arrondie, *rampante* à la base, puis dressée, présentant souvent 2-4 lignes *non saillantes* mais *uniquement formées de poils ;* stolons *filiformes, allongés, portant de petites feuilles écartées* et poussant en automne à son sommet *un gros bourgeon à écailles charnues.* — Plante pubescente ; à fleurs petites, purpurines ; à capsules blanches, velues. On trouve quelquefois cette plante à feuilles verticillées.

α *Genuinum Nob.* Feuilles presque glabres ; tige simple, pauciflore.

β *Majus Fries, Mant. alt. 22.* Feuilles pubescentes ; tige très-rameuse, beaucoup plus élevée, multiflore.

Commun dans les prairies tourbeuses de la chaîne des Vosges. Plus rare dans la plaine. Nancy, à l'étang de Champigneules, Rosières-aux-Salines (*Troup*) ; Lunéville (*Guibal*) ; Château-Salins (*Léré*). Metz, au bois de Woippy (*Holandre*), au Saulcy (*Segrétain*) ; St-Avold (*Monard et Taillefert*) ; Sarralbe (*Warion*). Verdun, à Baleycourt (*Doisy*). La var. β rare ; Nancy, à Montaigu. ♃. Juillet-août.

3. E. obscurum *Scherb. Spic. Fl. lips. p. 147 ; E. virgatum Fries, Nov. 115 (ex parte) et Herb. norm. fasc. 2, n° 461 (non Fries, Summ. Scand. p. 177, nec Herb. norm. fasc. 10, n° 46) ; Godr. Fl. lorr., éd. 1, t. 1, p. 233 ; E. ambiguum Fries ! Summ. Scand. p. 177.* (*Epilobe obscur.*) — Fleurs *dressées* avant la floraison. Stigmate *entier*, en massue. Graines très-petites, obovées, atténuées à la base, papilleuses, trois fois plus longues que larges. Feuilles lancéolées, *arrondies à la base*, denticulées, d'un vert opaque ; feuilles moyennes *sessiles*, non décurrentes. Tige ordinairement peu rameuse, *rampante*, puis dressée, roide, présentant 2-4 lignes *saillantes* qui naissent de la nervure médiane des feuilles ; stolons filiformes, allongés, portant de petites feuilles obovées, pétiolées et très-écartées, sans bourgeon charnu au sommet. — Port de l'espèce précédente ; fleurs purpurines.

Assez rare ; lieux tourbeux. Nancy, à Montaigu, Tomblaine (*Monnier*), Heillecourt ; Sarrebourg (*de Baudot*). Vosges, à Bruyères, Rambervillers, Gérardmer, Hohneck, vallée de Munster et probablement dans toute la chaîne des Vosges. ♃. Juillet-août.

Obs. Fries a d'abord confondu deux espèces sous le nom d'*E. virgatum* et les a publiées toutes deux sous cette dénomination, dans son *Herbarium normale ;* mais, depuis, dans le *Summa vegetabilium Scandinaviæ, p. 177,* il a définitivement attribué le nom de *virgatum* à l'espèce que nous ne possédons pas en Lorraine. Du reste, le nom d'*E. virgatum* doit être abandonné, puisque, dès 1786, Lamarck l'avait imposé à une autre plante cultivée au Jardin des plantes de Paris, et probablement américaine.

4. E. tetragonum *L. Sp. 494. (Epilobe tétragone.)* — Fleurs *dressées* avant la floraison. Stigmate *entier*, en massue. Graines oblongues, arrondies à la base, finement papilleuses, trois fois plus longues que larges. Feuilles *étroitement lancéolées*, allongées, fortement dentées, luisantes ; feuilles moyennes *sessiles*, à limbe *étroitement décurrent* sur la tige. Tige très-rameuse, *dressée dès la base*, présentant quatre lignes saillantes qui naissent *du limbe des feuilles* ; stolons *courts, dressés, pourvus au sommet d'une rosette de feuilles obovées et pétiolées.* Racine tronquée, rameuse, *nullement rampante*, à rameaux *divariqués.* — Plante presque glabre ; fleurs très-petites, purpurines.

Assez commun ; bords des fossés, bois humides. ♃. Juillet et août.

5. E. Lamyi *Schultz, Fl. od. bot. Zeit. 1844, p. 806. (Epilobe de Lamy.)* — Cette plante est extrêmement voisine de la précédente ; elle s'en rapproche par ses fleurs *dressées* avant la floraison ; par ses graines de même taille et de même forme ; par ses tiges *dressées dès la base*. Elle s'en distingue par ses feuilles proportionnément moins longues, très-brièvement, mais *évidemment pétiolées*, étroitement décurrentes sur la tige, *non par le prolongement du limbe, mais par les bords du pétiole ;* par sa racine *pivotante* et tortueuse ; enfin par sa durée qui est annuelle ou bisannuelle. — Ses capsules sont ordinairement plus velues que dans l'*E. tetragonum.*

Rare. Liverdun, sur les bords du canal de la Marne au Rhin. ☉ ou ☉. Août.

Obs. Cette plante n'est pas essentiellement occidentale, comme le pense M. Schultz, à moins de supposer que ses graines ont été importées par la navigation, dans la seule localité lorraine où nous l'ayons jusqu'ici rencontrée.

6. **E. lanceolatum** *Sebast. et Maur. Fl. rom. prodr. p. 138, tab. 1, f. 2 ; Godr. Mém. de l'Acad. de Nancy, 1849, p. 319. (Epilobe à feuilles lancéolées.)* — Fleurs *penchées* avant la floraison. Stigmate *quadrifide*, à lobes étalés. Graines oblongues-obovées, arrondies aux deux extrémités, finement papilleuses. Feuilles opposées et alternes, *assez longuement pétiolées*, oblongues-lancéolées, non acuminées, *cunéiformes* et entières à la base, bordées dans le reste de leur étendue de dents saillantes et écartées. Tige *dressée dès la base*, sans lignes saillantes, pubescente ; stolons *courts*, se développant à l'automne, *dressés, pourvus au sommet d'une rosette de feuilles pétiolées et lancéolées.* Racine simple ou rameuse, non tronquée. — Plante d'un vert glauque, à feuilles inférieures souvent rougeâtres ; fleurs petites, d'abord blanches, puis d'un rose vif.

Sur les terrains siliceux de la chaîne des Vosges. Champ du feu (*Nestler*), château du Lansberg, vallée de Munster (*Kirschléger*). ♃. Juillet-septembre.

7. **E. roseum** *Schreb. Spic. Fl. Lips., p. 147. (Epilobe à fleurs roses.)* — Fleurs *penchées* avant la floraison. Stigmate *entier*, en massue. Graines luisantes, presque lisses, oblongues, atténuées à la base, trois fois plus longues que larges. Feuilles opposées, lancéolées, *atténuées aux deux extrémités*, dentées, d'un vert pâle et opaque, *toutes assez longuement pétiolées.* Tige rameuse, *dressée dès la base*, présentant 2-4 lignes saillantes qui naissent des pétioles ; stolons courts, se développant à l'automne, *dressés, pourvus au sommet d'une rosette de feuilles pétiolées et elliptiques.* Racine *fibreuse.* — Voisin de

l'*E. montanum*, il s'en distingue en outre par ses feuilles plus oblongues, munies de nervures plus saillantes et de dents beaucoup plus rapprochées ; fleurs plus petites, d'un rose très-pâle, veinées ; pétioles beaucoup plus longs que dans aucune autre espèce.

Commun ; fossés, bords des ruisseaux, dans tous les terrains. ♃. Juillet-août.

8. E. trigonum *Schranck, Baier. Fl. 1, p. 644 ; E. alpestre Rchb. Ic. 2, tab. 200. (Epilobe trigone.)* — Fleurs *penchées* avant la floraison ; bouton floral *atténué* aux deux bouts, non acuminé. Calice à segments non acuminés. Stigmate *entier*, en massue. Graines lisses, oblongues, atténuées à la base, quatre fois plus longues que larges. Feuilles ternées, plus rarement opposées ou quaternées, inégalement dentées ; les moyennes et les supérieures lancéolées, acuminées, *arrondies à la base, sessiles.* Tige simple, *dressée dès la base*, munie de 2 ou 3 lignes saillantes et pubescentes ; stolons sessiles, se développant à l'automne, *bulbiformes, écailleux.* Souche courte, tronquée. — Plante élevée, d'un vert gai, pubescente ; fleurs assez grandes, purpurines.

Escarpements des hautes Vosges ; Hohneck, Rotabac, Ballon de Servance (*Mougeot*). ♃. Juillet-août.

9. E. Duriæi *Gay ! Ann. Sc. nat. 2ᵉ sér. t. 6, p. 123 ; Godr. Mém. de l'Acad. de Nancy, 1849, p. 319. (Epilobe de Durieu.)* — Fleurs penchées avant la floraison ; bouton floral ovoïde, *obtus.* Calice à segments linéaires, *aigus.* Stigmate *quadrifide*, à lobes étalés. Graines presque lisses, oblongues, atténuées à la base. Feuilles opposées, minces et molles, ovales ou lancéolées, non acuminées, arrondies à la base, *brièvement pétiolées*, dentées. Tige couchée et *radicante* à la base, puis ascendante, simple, sans lignes saillantes ; stolons *souterrains* jaunâtres, *munis d'écailles charnues opposées, à paires écartées les unes des autres.* — Fleurs grandes, purpurines.

Escarpements des hautes Vosges ; Hohneck (*Mougeot*). ♃. Juillet.

Obs. J'ignore quelle est la plante voisine de la précédente, que M. Schultz indique dans les hautes Vosges et qu'il considère comme une hybride des *E. montanum* et *alpinum ;* mais la plante que nous venons de décrire est tout à fait semblable, même par ses stolons souterrains écailleux et longs souvent de 3 et 4 centimètres, à l'*E Duriæi* publié par Durieu (*Pl. astur. exsicc.* nᵒ *343 !*). L'*E Duriæi* ne peut donc pas être une hybride des *E. montanum* et *alsinefolium*, comme le pense M. Schultz, puisque ce dernier parent ne croît pas dans les Vosges. On a admis plusieurs autres plantes hybrides dans le genre qui nous occupe ; mais je n'ai pas fait d'observations assez précises sur ces plantes à l'état de vie et dans leur station naturelle, pour en admettre l'existence ou pour l'infirmer.

10. **E. montanum** *L. Sp. 494.* (*Epilobe de montagne.*) — Fleurs *penchées* avant la floraison ; bouton floral ovoïde, *mamelonné au sommet*. Calice à segments lancéolés, *obtus*. Stigmate *quadrifide*, à lobes étalés. Graines papilleuses, oblongues, atténuées à la base. Feuilles *opposées*, plus rarement ternées, ovales-lancéolées, non acuminées, arrondies à la base, inégalement dentées, *pétiolées*. Tige *dressée dès la base*, simple ou presque simple, sans lignes saillantes ; stolons *souterrains*, jaunâtres, se développant tardivement et quelquefois pas du tout, du moins avant l'hiver, *munis d'écailles charnues, opposées et à paires plus ou moins écartées*. Souche courte, tronquée. — Fleurs plus petites que dans l'espèce précédente, d'un pourpre pâle.

Commun dans les bois de tous les terrains. ♃. Juillet-août.

11. **E. collinum** *Gmel. Fl. bad. 4, p. 265.* (*Epilobe des coteaux.*) — Cette plante est voisine de la précédente ; mais se présente toujours avec un port bien tranché, même dans les lieux où sa congénère croît avec elle. L'*E. collinum* s'en distingue par ses fleurs plus petites ; par ses capsules plus courtes et beaucoup plus grêles ; par ses feuilles bien plus petites, rapprochées, *toutes alternes*, plus brièvement pétiolées, plus ovales, portant très-souvent à leur aisselle un rameau feuillé rudimentaire ; par ses tiges *étalées et très-rameuses dès la base*.

Commun dans les escarpements des hautes Vosges sur le granit ; Hohneck, Rotabac, vallée de Munster, etc. ♃. Juillet-août.

12. **E. parviflorum** *Schreb.Spic., p.146.* (*Epilobe à petites fleurs.*) — Fleurs *dressées* avant la floraison ; bouton floral ovoïde, *mamelonné*. Calice à segments lancéolés, *aigus*. Stigmate *quadrifide*, à lobes étalés. Graines obovés-oblongues. Feuilles opposées ou alternes, lancéolées, arrondies à la base, dentées, à dents étalées, les inférieures très-brièvement pétiolées, les supérieures *sessiles, non embrassantes*. Tige arrondie, sans lignes saillantes, *dressée dès la base ;* stolons courts, se développant à

l'automne, *dressés, pourvus d'une rosette de feuilles lancéolées.*
— Plante très-velue, souvent blanchâtre, mais non glanduleuse;
fleurs d'un violet pâle.

Commun; lieux humides, dans tous les terrains. ♃. Juin-juillet.

13. E. hirsutum *L. Sp. 494.* (*Epilobe velu.*) — Fleurs
dressées avant la floraison; bouton floral *brusquement apiculé.*
Calice à segments lancéolés, *mucronés.* Stigmate *quadrifide*, à
lobes étalés. Graines papilleuses, oblongues, trois fois plus longues que larges. Feuilles *amplexicaules*, un peu décurrentes,
lancéolées, dentées, à dents fines et courbées en dedans. Tige
arrondie, sans lignes saillantes, *dressée dès la base.* Souche
rampante et persistante, émettant *des turions charnus, écailleux,*
qui se développent en tiges l'année suivante. — Plante élevée,
rameuse, velue-glanduleuse; à fleurs très-grandes, purpurines.

Très-commun le long des ruisseaux et des rivières, dans les terrains
calcaires et argileux, nul dans les sols siliceux. ♃. Juin-juillet.

Sect. 2. CHAMÆNERION DC. Prodr. 3, p. 40. Fleurs irrégulières, à corolle en roue; pétales entiers ou émarginés; étamines
et style déclinés.

14. E. angustifolium *L. Sp. 493.* (*Epilobe à feuilles
étroites.*) — Fleurs en grappe terminale, allongée. Calice à segments linéaires-lancéolés. Pétales faiblement échancrés, les deux
inférieurs écartés pour laisser passer les étamines réfléchies.
Stigmate quadrifide, à lobes roulés en dehors. Graines très-comprimées, lisses, 5 à 6 fois plus longues que larges. Feuilles
éparses, lancéolées, entières ou faiblement glanduleuses-denticu-
lées. Tige arrondie, rougeâtre, simple, très-feuillée; des stolons
allongés. — Plante élégante, peu velue; à fleurs grandes, pourpres, rarement blanches, en longue grappe terminale.

Commune; bois élevés, dans tous les terrains. ♃. Juillet-août.

2. OEnothera *L.*

Calice à tube longuement *prolongé au-delà* de l'ovaire et *se
séparant au-dessus de lui* après la floraison. Pétales 4. Etamines
huit. Capsule linéaire-oblongue, *s'ouvrant* en 4 valves et à 4
loges polyspermes. Graines *dépourvues d'aigrette.*

{ Pétales une fois plus courts que le calice, plus longs que les
    étamines...................... *OE. biennis* (n° 1).
{ Pétales deux fois plus courts que le calice, égalant les étamines.
    .... *OE. muricata* (n° 2).

1. Œ. biennis *L. Sp. 492. (Onagre bisannuelle.)* — Fleurs
en grappe feuillée, s'allongeant à la maturité. Calice à divisions
lancéolées, resserrées au sommet terminé par une pointe molle.
Pétales en cœur renversé, *de moitié* plus courts que le tube du
calice, *dépassant* les étamines. Capsule sessile, appliquée, ar-
rondie-quadrangulaire, velue, persistant longtemps, à 4 valves
entières au sommet. Graines nombreuses, petites, anguleuses.
Feuilles radicales en rosette appliquée, pétiolées, obtuses, profondément sinuées-dentées à leur base, toujours desséchées au
moment de la floraison ; les caulinaires éparses, la plupart atténuées en pétiole, lancéolées, à peine dentelées. Tige dressée,
simple ou rameuse au sommet, très-feuillée, munie d'aspérités.
Racine fusiforme. — Fleurs grandes, jaunes, odorantes, s'ouvrant le soir.

Plante américaine naturalisée sur les bords des rivières et dans les
lieux sablonneux. Nancy, Malzéville, Pont-Saint-Vincent, Flavigny, Toul,
Liverdun, Frouard, Pont-à-Mousson ; Rosières-aux-Salines, Bayon, Lunéville ; Sarrebourg, Dabo, Hazelbourg (*de Baudot*). Metz, îles de la
Moselle, Montigny, Jouy (*Holandre*) ; Longeville, Moulins, Ars (*Warion*) ; Olgy, Argency ; Saint-Avold (*Monard* et *Taillefert*) ; Kœching
sur la Sarre (*Warion*) ; Bitche (*Schultz*). Bar-le-Duc, île de l'Ornain
(*Humbert*). Epinal (*docteur Berher*) ; Rambervillers (*Billot*) ; Bruyères
(*Mougeot*), etc. ⊙. Juin-juillet.

2. Œ. muricata *L. Syst. nat. 2, p. 263. (Onagre rude.)* —
Très-voisin du précédent, il s'en distingue par ses fleurs trois
fois plus petites ; par ses pétales *deux fois plus courts* que le
tube du calice et *égalant* les étamines ; par ses feuilles plus
étroitement lancéolées, plus aiguës, plus fortement dentées ; par
ses tiges rougeâtres.

Plante américaine naturalisée sur les bords de nos rivières. Nancy,
Toul, Liverdun, Frouard, Marbache ; Bayon (*de Baudot*). Epinal (*docteur Berher*) ; Charmes (*Mougeot*). ⊙. Juillet-août.

3. ISNARDIA *L.*

Calice à tube *égalant* l'ovaire, à limbe *persistant*. Pétales 4,
quelquefois avortés. Etamines *quatre*. Capsule tétragone, *indéhiscente*. Graines *dépourvues d'aigrette*.

1. I. palustris *L. Sp. 175. (Isnarde des marais.)* — Fleurs petites, solitaires, opposées. Calice à segments ovales, acuminés, à tube tétragone. Pétales nuls. Capsule presque aussi large que longue, jaunâtre avec les angles verts. Graines très-petites, oblongues, jaunes, luisantes. Feuilles opposées, un peu charnues, entières, ovales, aiguës, atténuées en pétiole. Tige tétragone, articulée, peu rameuse, rampante au moins à la base. — Plante glabre, d'un vert gai ou un peu rougeâtre.

Marais, ruisseaux. Lunéville, forêt de Vitrimont (*Suard*). Commun aux environs de Rambervillers (*Billot*) et d'Epinal (*de Baudot*); Padoux (*Mougeot*). ♃. Juillet-août.

XXXVI. CIRCÉACÉES.

Fleurs hermaphrodites, régulières. Calice gamosépale, à tube soudé à l'ovaire et le dépassant, à limbe bipartite et caduc. Corolle périgyne, à 2 pétales alternant avec les divisions du calice, à préfloraison imbricative. Etamines 2, insérées sur le disque épigyne du calice, alternant avec les pétales; anthères biloculaires, s'ouvrant en long. Style filiforme; stigmate échancré. Ovaire infère, formé de deux feuilles carpellaires, biloculaire, à loges monospermes. Le fruit est sec, indéhiscent. Graines suspendues à la cloison. Albumen nul; embryon droit; radicule écartée du hile.

1. CIRCÆA *Tourn.*

Calice à tube obové, contracté au-dessus de l'ovaire et se rompant en ce point au moment de la chute du limbe. Pétales en cœur renversé. Fruit couvert de poils crochus. — Feuilles opposées.

1 ⎰ Bractées nulles; pétales arrondis à la base..............
  ⎱ .... *C. lutetiana* (n° 1).
  ⎰ Bractées sétacées; pétales en coin à la base............ 2

2 ⎰ Fruit subglobuleux-obové......... *C. intermedia* (n° 2).
  ⎱ Fruit en massue allongée............ *C. alpina* (n° 3).

1. C. lutetiana *L. Sp. 12. (Circée parisienne.)* — Fleurs en grappe terminale, lâche, grêle, *dépourvue de bractées.* Calice à divisions ovales, aiguës, un peu velues extérieurement. Pétales profondément bifides, *arrondis à la base,* pourvus d'un onglet très-court. Fruit *en massue*, hérissé de poils courbés en crochet au sommet, réfléchi sur le pédoncule. Feuilles *ovales ou ovales-lancéolées*, aiguës, *opaques*, faiblement dentées ; pétiole *canaliculé* en dessus, non ailé. Tige ordinairement simple, ascendante ; des stolons. Souche rampante. — Fleurs blanches ou roses.

Commun dans les bois humides de la chaîne des Vosges. Plus rare dans la région calcaire. Nancy, à la Belle-Fontaine (*Soyer-Villemet*) ; Réméréville ; Pont-à-Mousson à la fontaine du père Hilarion (*Salle*) ; Château-Salins (*Léré*) ; Toul (*Husson et Gély*) ; Lunéville au bois d'Hériménil (*Guibal*). Metz, à Woippy, Corny, les Etangs (*Holandre*) ; Guénetrange et Ilange près de Thionville ; Sarralbe, Reich, Villerwald ; Arriance près de Fauquemont (*Warion*) ; Saint-Avold et Creutzwald (*Monard et Taillefert*). Verdun à la côte Saint-Michel (*Doisy*), Baleycourt, Woël, Hazavant, Haumont, Saint-Benoît, Gussainville près d'Etain, Doncourt-aux-Templiers (*Warion*). Epinal, Mirecourt (*Mougeot*). ♃. Juillet-août.

2. C. intermedia *Ehrh. Beit. 4, p. 42. (Circée intermédiaire.)* — Se distingue : 1° de l'espèce précédente par ses pétales *en coin* à la base, et par leur onglet plus long et plus étroit ; par la *présence de bractées* sétacées sous les pédicelles ; par les divisions du calice glabres ; par les poils plus mous et plus fins qui couvrent la capsule ; par les feuilles plus molles, demi-transparentes, plus fortement dentées, le plus souvent émarginées à la base ; par sa tige plus rameuse, par ses rameaux divariqués ; 2° de la suivante par sa taille plus élevée, par ses fleurs plus grandes ; 3° de toutes les deux par sa capsule *subglobuleuse-obovée*. — Sa taille et la grandeur de ses fleurs et de ses feuilles la rapprochent du *C. lutetiana ;* son port et ses bractées du *C. alpina.*

Rare ; forêts humides des montagnes sur le grès et le granit. Sarrebourg (*de Baudot*) ; Bitche (*Schultz*) ; Bruyères (*Mougeot*), Longemer, vallée de Saint-Amarin et vallée de Munster. ♃. Juillet-août.

3. C. alpina *L. Sp. 12. (Circée des Alpes.)* — Fleurs en grappe terminale, lâche, grêle, *pourvue de bractées sétacées.* Calice à divisions ovales, aiguës, *très-glabres.* Pétales profondément bifides, *rétrécis en coin* à la base. Fruit en *massue allongée,* beaucoup plus étroite que dans les espèces précédentes, couverte de poils fins, mous et courbés en crochet au sommet, réfléchi sur le pédoncule. Feuilles *en cœur renversé,* molles, *transparentes,* fortement dentées ; pétiole *plan* en dessus, ailé.

Tige dressée, épaissie à ses nœuds, simple ou rameuse ; rameaux divariqués ; souvent des stolons. Souche rampante. — Beaucoup plus petite dans toutes ses parties que les précédentes espèces.

Forêts humides de la chaîne des Vosges. Bitche, entre Merlebach et Carlsbronn (*Holandre*). Sarrebourg, Saint-Quirin, le Blanc-Rupt, cascade du Rehthal (*de Baudot*). Hohneck, Rotabac, Ballons (*Mougeot*), Rossberg, Champ du feu. ♃. Juin-juillet.

XXXVII. TRAPÉACÉES.

Fleurs hermaphrodites, régulières. Calice gamosépale, à tube soudé à la moitié inférieure de l'ovaire, à limbe à 4 divisions bisériées, qui s'accroissent après l'anthèse, durcissent et forment 4 épines. Corolle périgyne, à 4 pétales, à préfloraison imbricative. Étamines 4, insérées avec les pétales et alternant avec eux ; anthères biloculaires, s'ouvrant en long. Style simple ; stigmate obtus. Ovaire semi-infère, formé de deux feuilles carpellaires, biloculaire, à loges monospermes. Le fruit est sec, ligneux, indéhiscent, uniloculaire et à une seule graine par avortement. Albumen nul ; cotylédons très-inégaux, l'un charnu et formant presque toute la masse de la graine, l'autre très-petit et ressemblant à une écaille. — Plantes aquatiques.

1. TRAPA *L.*

Les caractères sont ceux de la famille.

1. T. natans *L. Sp. 175.* (*Macre flottante.*) — Fleurs brièvement pédonculées, placées à l'aisselle des feuilles supérieures. Calice à segments lancéolés, aigus, carénés, plus courts que les pétales. Pétales obovés-orbiculaires. Fruit noir, à quatre épines opposées en croix, étalées horizontalement et terminées en pointe barbellée. Feuilles submergées opposées, presque sessiles, pinnatifides, à lanières capillaires ; feuilles flottantes alternes, disposées en rosette au sommet de la tige, étalées, longuement pétiolées, plus larges que longues, rhomboïdales, luisantes en dessus, inégalement dentées sur les deux bords supérieurs ; pétioles d'abord cylindriques, puis devenant ventrus et vésiculeux vers le milieu au moment de la floraison. Tige rampante à la base, grêle, articulée, naissant sous l'eau et atteignant la surface de ce liquide. — Fleurs blanches.

Cette plante était autrefois commune en Lorraine ; Buc'hoz l'indique à l'étang de Lindre et aux Grands-Moulins près de Nancy, Willemet à Bosserville. M. le docteur Mougeot l'a observée autrefois à Rosières-aux-Salines, dans des mares qui depuis ont été desséchées. Enfin M. Suard a trouvé, il y a quelques années seulement, un fruit de cette plante sur les bords de la Meurthe près de Nancy ; elle existe donc encore dans la circonscription de notre Flore, mais nous ne pouvons indiquer de localité précise. M. Mougeot la signale du reste à Neufchâteau. ⊙. Juin--juillet.

XXXVIII. **MYRIOPHYLLÉACÉES.**

Fleurs ordinairement unisexuées, régulières. Calice gamosépale, à tube soudé à l'ovaire, à limbe quadripartite et caduc. Corolle périgyne, à quatre pétales alternant avec les divisions du calice, ou nuls. Etamines 8, rarement 4 ; anthères biloculaires, s'ouvrant en long. Styles nuls ou très-courts ; stigmates 4, libres, persistants, très-gros. Ovaire infère, formé de 4 feuilles carpellaires, pluriloculaire, à loges monospermes ; placentation axile. Fruit indéhiscent. Graine réfléchie. Embryon droit, niché dans l'axe d'un albumen charnu et peu abondant ; cotylédons courts et égaux ; radicule supère. — Plantes aquatiques.

1. Myriophyllum *Vaill.*

Fleurs monoïques. Fleurs *males* : calice à limbe quadripartite ; pétales très-caducs ; étamines 8. Fleurs *femelles* : calice à tube tétragone, à limbe quadridenté ; pétales nuls ou très-petits. Fruit formé de 4 coques indéhiscentes.

1 { Fleurs verticillées... 2
{ Fleur alternes.............. *M. alterniflorum* (n° 3).

2 { Bractées toutes semblables, pinnatiséquées...............
{ .... *M. verticillatum* (n° 1).
{ Bractées dissemblables ; les supérieures entières.........
{ .... *M. spicatum* (n° 2).

1. M. verticillatum *L. Sp. 1410. (Myriophylle verticillé.)* — Fleurs petites, sessiles, *verticillées*, les supérieures mâles, les inférieures femelles ; bractées *toutes pectinées-pinnatiséquées, plus longues* que les fleurs. Feuilles verticillées, pinnatipartites, à segments capillaires, opposés. Tige flottante ou dressée, radicante à la base, pourvue *au sommet d'un faisceau de feuilles.* — Fleurs rosées.

α Pinnatifidum Wallr. Sched. 489. Bractées semblables aux feuilles, dix fois plus longue que les verticilles des fleurs, à lobes écartés. *M. verticillatum DC. Prodr. 3, p. 68.*

β Intermedium Koch, Syn. éd. 1, p. 244. Bractées trois fois plus longues que les verticilles des fleurs et plus courtes que les feuilles.

γ Pectinatum Wallr. l. c. Bractées égalant les fleurs, à lobes contigus *M. pectinatum DC. Fl. fr. 5, p. 529.*

Commun dans les marais, les fossés; la var. *α* dans les lieux d'où l'eau s'est retirée. ⁊. Juillet-août.

2. M. spicatum *L. Sp. 1410. (Myriophylle à épi.)* — Fleurs petites, sessiles, *toutes verticillées,* les supérieures mâles, les inférieures femelles; bractées inférieures incisées, *égalant* les fleurs; bractées supérieures *entières et plus courtes* que les fleurs. Feuilles verticillées, pinnatipartites, à segments capillaires, la plupart opposés. Tige flottante, *dépourvue de feuilles au sommet.* — La petitesse des bractées donne à la réunion des fleurs l'apparence d'un épi interrompu, tandis que, dans l'espèce précédente, les bractées ayant l'aspect de véritables feuilles, les fleurs semblent être simplement axillaires.

Dans les mêmes lieux que le précédent. ⁊. Juillet-août.

3. M. alterniflorum *DC. Fl. fr. suppl., p. 529. (Myriophylle à fleurs alternes.)* — Se distingue de l'espèce précédente par ses fleurs *toujours alternes* (et non verticillées); les inférieures femelles, réunies 2 ou 3 ensemble par petits faisceaux, munies d'une bractée grande et semblable aux feuilles; par les fleurs supérieures *solitaires,* pourvues d'une bractée entière et plus courte que la fleur; par les feuilles moins grandes, à segments beaucoup plus fins, la plupart alternes. Plante beaucoup plus grêle.

Lacs des Vosges. Gérardmer, Longemer, Retournemer (*Mougeot*). Bitche (*Schultz*). ⁊. Juillet-août.

XXXIX. LYTHRARIÉES.

Fleurs hermaphrodites, régulières ou plus rarement irrégulières. Calice gamosépale, libre, persistant, à tube cylindrique ou campanulé, à limbe divisé en 8-12 segments disposés sur deux rangs, à préfloraison valvaire. Corolle périgyne, à pétales en nombre égal à celui des divisions calicinales internes et alternant avec elles, égaux ou un peu inégaux, à préfloraison imbricative. Étamines en nombre égal à celui des pétales et alternant avec eux, ou en nombre double, insérées à la gorge du calice; anthères biloculaires, s'ouvrant en long. Style simple; stigmate en tête. Ovaire libre, formé de 2, plus rarement de 4 ou 5 feuilles carpellaires, à 2-5 loges polyspermes; placentation axile. Le fruit est une capsule membraneuse, renfermée dans le tube du calice, s'ouvrant irrégulièrement, ou par des valves et à déhiscence loculicide. Graines ascendantes ou horizontales. Embryon droit; cotylédons plans-convexes, auriculés à la base; radicule dirigée vers le hile; albumen nul.

{ Fleurs purpurines; style filiforme........ *Lythrum* (n° 1).
{ Fleurs rosées; style nul ou presque nul..... *Peplis* (n° 2).

1. LYTHRUM *L.*

Calice à tube *cylindrique,* muni de côtes, à limbe divisé en 8-12 dents, les extérieures plus grandes et étalées, les intérieures dressées. Pétales 4 ou 6. Style *filiforme.* Capsule biloculaire, à déhiscence *loculicide.*

{ Fleurs en grappe spiciforme terminale. *L. Salicaria* (n° 1).
{ Fleurs naissant à l'aisselle de toutes les feuilles...........
{ .... *L. Hyssopifolium* (n° 2).

1. L. Salicaria *L. Sp. 640. (Salicaire commune.)* — Fleurs presque sessiles, *en grappe spiciforme* au sommet des tiges et des rameaux; une bractée ovale, acuminée sous chaque faisceau de fleurs. Calice *nu à la base,* cylindrique, à douze nervures, à douze dents, dont six internes plus courtes, triangulaires et six externes subulées. Pétales linéaires-elliptiques, obtus ou irrégulièrement dentelés au sommet, beaucoup plus longs que les dents du calice. Étamines douze, dont six plus courtes. Capsule ovale-oblongue. Graines elliptiques, planes d'un côté, jaunâtres. Feuilles sessiles, ordinairement toutes opposées ou ternées, *lancéolées, aiguës, en cœur* à la base, à *nervures latérales* s'anastomosant à deux millimètres des bords. Tige à quatre ou à six angles (lorsque les feuilles sont ternées), dressée, roide, simple, ou un peu rameuse au sommet. Souche *épaisse, ligneuse.* — Plante plus ou moins couverte de petits poils roides; fleurs purpurines.

α *Genuinum Nob.* Fleurs réunies 4 ou 5 à l'aisselle de chaque bractée ; style inclus.

β *Gracile DC. Cat. hort. monsp. 123.* Fleurs solitaires ou géminées à l'aisselle de chaque bractée ; style exserte.

Commun partout dans les saussaies, les prés humides, au bord des ruisseaux et des rivières. ♃. Juillet-septembre.

2. **L. Hyssopifolium** *L. Sp. 642. (Salicaire à feuilles d'Hyssope.)* — Fleurs brièvement pédicellées, *solitaires, plus rarement géminées à l'aisselle de toutes les feuilles,* depuis la base de la tige jusqu'au sommet. Calice pourvu à sa base de *deux petites bractées* appliquées, à douze nervures dont six plus faibles, à tube d'abord en entonnoir, puis cylindrique, à douze dents dont six internes plus courtes, membraneuses, ovales, et six externes linéaires, aiguës. Pétales oblongs, obovés. Etamines *six,* dont trois plus courtes. Capsule cylindrique. Graines ovales, aiguës, planes d'un côté, jaunâtres. Feuilles sessiles, alternes (les inférieures quelquefois opposées, caduques), *linéaires-ellip-tiques, atténuées à la base, sans nervures latérales.* Tige arrondie, très-feuillée, dressée, simple ou plus souvent rameuse dès la base ; les rameaux dressés, étalés ou divariqués. Racine *grêle, fibreuse.* — Plante glabre ; fleurs purpurines.

Champs sablonneux et humides. Nancy, au Pont-d'Essey, Tomblaine, Saulxures, la Malgrange (*Soyer-Willemet*), Montaigu ; Château-Salins (*Léré*) ; Lunéville, à Chanteheux, Croismare (*Guibal*) ; Sarrebourg (*de Baudot*). Metz, à Borny, Colombé, Frescati (*Holandre*) ; Peltre, Woippy, Grigy (*Taillefert*), vallée de la Seille (*de Marcilly*), Queuleu, Magny (*Warion*), Basse-Montigny (*abbé Cordonnier*) ; Fénestrange, Hinsigen, Kirville, Sarralbe, Salzbronn, Kaskastel (*Warion*). Neufchâteau, côte d'Essey (*docteur Berher*), Rambervillers (*Mougeot*). Fresnes, Saint-Benoît, Hazavant, Doncourt-aux-Templiers, Gussainville, Woël, (*Warion*). ☉. Juillet-septembre.

2. Peplis *L.*

Calice à tube *campanulé,* à limbe divisé en 12 dents, les externes plus courtes et réfléchies, les internes dressées. Pétales 6. Style *nul* ou *presque nul.* Capsule biloculaire, s'ouvrant *irrégulièrement.*

1. **P. Portula** *L. Sp. 474. (Péplide pourpier.)* — Fleurs presque sessiles, solitaires à l'aisselle de presque toutes les

feuilles. Calice pourvu à sa base de deux petites bractées appliquées, à 12 nervures purpurines, à dents internes larges, triangulaires, acuminées, à dents externes beaucoup plus étroites. Pétales petits, rosés. Capsule globuleuse, mince. Graines ovales, planes d'un côté, jaunâtres. Feuilles opposées, spatulées, rétrécies en un court pétiole. Tige rameuse, rougeâtre, couchée et radicante à la base, plus rarement flottante. Racine fibreuse. — Plante glabre.

Lieux sablonneux inondés pendant l'hiver. Nancy, à Montaigu, Saulxures (*Soyer-Willemet*), Rosières-aux-Salines (*Suard*) ; Lunéville (*Guibal*) ; Sarrebourg (*de Baudot*). Metz, à Borny, Woippy, Luppy, saussaies de la Moselle (*Holandre*). Damvillers (*Humbert*) ; mares de la Woëvre (*Maujean*), Etain, Gussainville, Fresnes, Lachaussée, Woël (*Warion*). Rambervillers (*Billot*); Epinal, Vagney, Granges, Gérardmer (*docteur Berher*), Bruyères (*Mougeot*). ⊙. Juin-septembre.

XL. PORTULACÉES.

Fleurs hermaphrodites, régulières. Calice libre ou brièvement soudé à la base de l'ovaire, à 2, 3 ou 5 divisions profondes, persistant en tout ou en partie, à préfloraison imbricative. Corolle ordinairement à 5 pétales insérés à la gorge ou à la base du calice, tout à fait libres, ou réunis à leur base, à préfloraison imbricative. Etamines tantôt en nombre égal à celui des pétales, opposées à ces organes et souvent soudées avec eux inférieurement, tantôt en nombre multiple, plus rarement moindre ; anthères biloculaires, s'ouvrant en long. Style tri-quinquéfide, à lobes stigmatifères à leur face interne. Ovaire supère ou brièvement soudé au calice, formé de 3 à 5 feuilles carpellaires, uniloculaire par l'oblitération des cloisons ; placentation centrale. Le fruit est une capsule polysperme, s'ouvrant circulairement par un opercule, ou à trois graines et s'ouvrant en 3 valves. Graines ascendantes ou réfléchies. Albumen central ; embryon périphérique, annulaire ; radicule rapprochée du hile. — Feuilles opposées.

Corolle jaune ; capsule s'ouvrant par un opercule. . . . .
. . . . *Portulaca* (nº 1).
Corolle blanche ; capsule s'ouvrant en trois valves. . . . .
. . . . *Montia* (nº 2).

1. Portulaca *Tourn.*

Calice *soudé avec la base de l'ovaire*, à 2 segments à la fin *caducs*. Pétales 5, insérés au sommet du tube du calice. Etamines 6-12, soudées avec la base de la corolle. Capsule *s'ouvrant circulairement* par un opercule.

1. P. oleracea *L. Sp. 638.* (*Pourpier cultivé.*) — Fleurs sessiles. Calice comprimé, à divisions inégales, arrondies, obtusément carénées vers le sommet. Pétales obovés, étalés. Capsule adhérente au tube du calice ; son couvercle se séparant avec les divisions calicinales. Graines noires, luisantes. Feuilles cunéiformes, très-obtuses, agglomérées au sommet des rameaux. Tiges couchées, rameuses, souvent rougeâtres. — Plante charnue et glabre ; à fleurs jaunes, réunies 3 ou 4 à la bifurcation des tiges, s'ouvrant au soleil vers onze heures.

Plante naturalisée ; commune dans les vignes, les jardins, sur les décombres, etc. ⊙. Juin-septembre.

2. Montia *L.*

Calice *entièrement libre*, à 2 ou 3 sépales *persistants*. Pétales 5, insérés à la base du calice, un peu inégaux, soudés à la base et formant une corolle gamopétale fendue d'un côté. Etamines le plus souvent 3, soudées avec la base de la corolle. Capsule *s'ouvrant en trois valves.*

Plante jaunâtre ; tiges dressées, non radicantes . . . .
. . . . *M. minor* (n° 1).
Plante verte ; tiges couchées et radicantes à la base . . . .
. . . . *M. rivularis* (n° 2).

1. M. minor *Gmel. Fl. bad. 1, p. 301.* (*Montée naine.*) — Fleurs pédonculées, à la fin réfléchies, disposées en cymes terminales, et souvent aussi en cymes latérales ; les cymes terminales pourvues à leur base d'une bractée *scarieuse et oppositifoliée.* Sépales orbiculaires. Pétales un peu plus longs que le calice. Capsule globuleuse. Graines réniformes, *fortement tuberculeuses.* Feuilles opposées, connées à la base, un peu charnues, entières, jaunâtres ; les inférieures atténuées en pétiole. Tiges *dressées* ou *ascendantes*, dichotomes, à rameaux étalés. — Fleurs petites blanches.

Commun dans les champs humides sur l'alluvion siliceuse. ⊙. Avril-mai.

2. M. rivularis *Gmel. Fl. bad. 1, p. 302. (Montée des ruisseaux.)* — Se distingue du précédent par ses cymes ordinairement toutes latérales et naissant toujours d'un nœud, pourvues *de deux feuilles opposées et égales* ; par sa capsule plus petite ; par ses graines plus luisantes, *chagrinées ;* par ses feuilles vertes, plus grandes ; par ses tiges plus longues, plus épaisses, plus molles, *couchées et radicantes à leur base ;* par sa floraison plus tardive ; par sa durée.

Dans les ruisseaux d'eau vive des terrains siliceux. Commun dans toute la chaîne des Vosges. ♃. Juillet-septembre.

XLI. PARONYCHIÉES.

Fleurs hermaphrodites, régulières. Calice libre, à 5, rarement à 4 sépales presque libres ou plus ou moins soudés en anneau inférieurement, persistants, à préfloraison imbricative ou valvaire. Corolle à pétales libres, quelquefois rudimentaires, en nombre égal à celui des divisions calicinales, alternant avec elles et insérés à leur base sur le disque calicinale. Étamines 5 ou 4, périgynes, alternes avec les pétales ; anthères biloculaires, s'ouvrant en long. Styles 2-3, distincts ou plus ou moins soudés, souvent très-courts. Ovaire supère, formé de 2-3 feuilles carpellaires, uniloculaire par l'oblitération des cloisons, à loge monosperme ; ovule suspendu au sommet d'un funicule qui part de la base de la loge. Le fruit est une capsule enveloppée par le calice, indéhiscente, plus rarement se fendant en lambeaux. Albumen central ; embryon périphérique, annulaire ; radicule rapprochée du hile. — Feuilles opposées ou éparses.

1 { Feuilles éparses ; capsule dure, osseuse.. *Corrigiola* (nº 1).
{ Feuilles opposées ; capsule membraneuse................ 2

2 { Calice quinquepartite, à tube presque nul et ouvert........ 3
{ Calice quinquefide, à tube urcéolé..... *Scleranthus* (nº 4).

5 { Calice à segments presque plans........ *Herniaria* (nº 2).
{ Calice à segments épais et fusiformes.... *Illecebrum* (nº 3).

1. CORRIGIOLA *L.*

Calice quinquépartite, à segments concaves. Pétales 5, persistants, oblongs. Etamines 5. Stigmates 3, presque sessiles. Capsule indéhiscente, *dure, osseuse.* — Feuilles *éparses.*

1. C. littoralis *L. Sp. 388. (Corrigiole des rivages.)* — Fleurs pédicellées, disposées, les unes en petites grappes serrées à l'extrémité des rameaux feuillés, les autres en grappes latérales géminées, interrompues et dépourvues de feuilles à leur base. Calice à segments ovales-obtus, blancs-scarieux sur les bords, verts ou bruns au centre. Pétales blancs, égalant le calice. Capsule noire, ovale, rugueuse et pourvue de trois côtes longitudinales. Feuilles oblongues-spatulées, atténuées en pétiole ; stipules demi-sagittées, acuminées. Tiges nombreuses, grêles, couchées en cercle sur la terre. — Plante glauque ; à fleurs petites, blanches.

Sables aux bords des rivières et des étangs. Nancy, à Maxéville (*Soyer-Willemet*), Jarville (*Monnier*), Frouard (*Suard*), Flavigny, Liverdun (*Mathieu*) ; Toul ; Rosières-aux-Salines (*Soyer-Willemet*) ; Pont-à-Mousson ; Lunéville, aux Etangs du Mondon (*Guibal*). Metz, au Polygone, Montigny, Jouy (*Holandre*), Olgy, Argency (*Taillefert*) ; entre Carling et Creutzwald (*Monard*). Rambervillers, à Nompatelize (*Billot*) ; graviers de la Moselle à Remiremont, à Châtel et à Saulxures, vallée de la Vologne à Lepanges (*Mougeot*). ⊙. Juillet-août.

2. HERNIARIA *Tourn.*

Calice quinquépartite, à segments *presque plans.* Pétales 5, filiformes. Etamines 5. Stigmates 2, presque sessiles. Capsule *indéhiscente, membraneuse.* — Feuilles *opposées.*

{ Plante glabre ; capsule exserte.......... *H. glabra* (n° 1).
{ Plante velue ; capsule incluse.......... *H. hirsuta* (n° 2).

1. H. glabra *L. Sp. 317. (Herniaire glabre.)* — Fleurs sessiles, agglomérées, au nombre de 7-10, en faisceaux disposés alternativement le long des rameaux et opposés aux feuilles. Calice *glabre,* à divisions profondes et obtuses, non terminées par un poil roide. Capsule *exserte.* Graine noire, lisse, luisante. Feuilles oblongues, entières, atténuées à la base ; les inférieures opposées ; celles des rameaux alternes ; stipules ciliées. Tiges très-rameuses, appliquées en cercle sur la terre. — Plante d'un vert gai, tout à fait glabre.

Commun dans les sables siliceux. ♃. Mai-octobre.

2. H. hirsuta *L. Sp. 317. (Herniaire velue.)* — Fleurs sessiles, agglomérées au nombre de 7 à 12 en faisceaux disposés alternativement le long des rameaux et opposés aux feuilles. Calice *velu*, à divisions profondes, obtuses, terminées par un poil roide. Capsule *incluse.* Graine noire, lisse, luisante. Feuilles oblongues, entières, atténuées à la base ; les inférieures opposées; celles des rameaux alternes. Tiges très-rameuses, appliquées en cercle sur la terre. — Plante d'un vert cendré, entièrement couverte de poils courts.

Rare ; lieux sablonneux. Bitche (*Creutzer*). Forêt d'Argone (*de Lamberty*). Neufchâteau (*Mougeot*). ♃. Mai-octobre.

3. ILLECEBRUM *L.*

Calice quinquépartite, à segments *épais, fusiformes.* Pétales nuls ou très-petits et caducs. Etamines 5. Stigmates 2, presque sessiles. Capsule *membraneuse, s'ouvrant* de bas en haut en 5 ou 10 valves qui restent adhérentes par leur sommet. — Feuilles *opposées.*

1. I. verticillatum *L. Sp. 280. (Illecèbre verticillé.)* — Fleurs sessiles, disposées en glomérules de 4-5 à chaque aisselle des feuilles et paraissant verticillées, pourvues chacune à leur base de deux petites bractées scarieuses. Calice blanc. Graine ovoïde, lisse, brune, luisante. Feuilles obovées, obtuses, entières, atténuées en court pétiole. Tiges nombreuses, filiformes, couchées, radicantes à la base. — Plante glabre.

Rare ; champs sablonneux et graviers des bords des rivières. Nancy, à Montaigu (*Suard*), Vanne de Jarville (*Monnier*) ; Rosières-aux-Salines (*Suard*) ; Badonviller (*Billot*). Creutzwald (*Box*) ; Carling (*Monard et Taillefert*) ; Bitche, entre Halspelschiedt et Stutzzelbronn, ferme de Rochatte, la Main du Prince (*Schultz*). Argonne (*Doisy*). Vallée de la Moselle, Châtel, Epinal (*Monnier*), Bussang, Saint-Maurice, Remiremont (*Mougeot*) ; Vagney (*docteur Berher*) ; Plombières (*Vincent*). ♃. Juillet-août.

4. Scleranthus *L.*

Calice quadri-quinquéfide, à tube urcéolé et à la fin induré, à divisions planes. Pétales nuls ou filiformes. Etamines 10, dont 5 stériles, insérées à la gorge du calice. Styles 2. Capsule membraneuse, indéhiscente. — Feuilles *opposées*.

Divisions du calice acuminées, aiguës, à la fin très-étalées... .... *S. annuus* (n° 1).
Divisions du calice arrondies au sommet, à la fin conniventes. .... *S. perennis* (n° 2).

1. S. annuus *L. Sp. 580. (Gnavelle annuelle.)* — Fleurs le plus souvent agglomérées, terminales et axillaires. Calice à tube muni de dix nervures, à divisions planes, *atténuées et aiguës* au sommet, étroitement scarieuses sur les bords, aussi longues que le tube, *écartées* après l'anthèse. Graine blanche, lisse. Feuilles étroitement linéaires, aiguës, convexes en dessous, planes en dessus, élargies, ciliées et connivences à la base. Tiges nombreuses, couchées, dressées ou ascendantes, ordinairement très-rameuses, dichotomes, vertes, pubescentes d'un côté. Racine *annuelle*.

α *Genuinus Nob.* Fleurs en corymbe serré.

β *Verticillatus Nob.* Fleurs de moitié plus petites, en corymbe très-lâche ; tiges plus grêles et plus longues. *S. verticillatus Rchb. Fl. exc. p. 565.*

Commun partout dans les champs. ☉. Juin jusqu'en automne.

2. S. perennis *L. Sp. 580. (Gnavelle vivace.)* — Se distingue du précédent par ses fleurs toutes agglomérées au sommet des rameaux et jamais axillaires ; par les divisions du calice plus longues que le tube, *non atténuées*, mais *arrondies au sommet*, largement scarieuses, *connivences* après l'anthèse ; par ses feuilles glauques, fasciculées ; par ses tiges ordinairement rougeâtres, le plus souvent couchées ; par sa racine *vivace*.

Commun sur le grès vosgien et bigarré. Badonviller et Sarrebourg (*de Baudot*). Saint-Avold et Bitche (*Schultz*) ; Carling (*Monard et Taillefert*). Epinal, Rambervillers, Grange, Bruyères, etc. (*Mougeot*). Se trouve, mais plus rarement, sur l'alluvion. Nancy, à Neuves-Maisons; Dombasle et Rosières (*Soyer-Willemet*). Forêt d'Argonne (*Doisy*). ♃. Mai-octobre.

XLII.. CRASSULACÉES.

Fleurs hermaphrodites, rarement unisexuelles, régulières. Calice libre, quadri-quinquéfide, ou quinquépartite, plus rarement à divisions plus nombreuses, persistant, à préfloraison imbricative. Corolle à pétales libres, en nombre égal à celui des divisions calicinales et alternant avec elles, insérés sur le disque calicinal, à préfloraison imbricative. Etamines périgynes, en nombre égal à celui des pétales ou en nombre double ; anthères biloculaires, s'ouvrant en long. Ecailles hypogynes, planes et placées à la base de chaque ovaire. Styles libres, placés sur le prolongement du bord dorsal des ovaires. Ovaires en nombre égal à celui des pétales, opposés à ces organes, disposés en verticille, libres, uniloculaires, polyspermes ; placenta fixé à la suture ventrale. Les fruits sont des capsules s'ouvrant au bord interne. Graines sur deux rangs. Embryon droit, fixé au centre d'un albumen charnu peu abondant ; radicule rapprochée du hile. — Plantes à feuilles charnues, sans stipules.

1 { Etamines en nombre égal à celui des pétales.............. 2
  { Etamines en nombre double de celui des pétales.......... 3

2 { Fleurs tétramères ; feuilles opposées..... *Bulliarda* (n° 1).
  { Fleurs pentamères ; feuilles éparses....... *Crassula* (n° 2).

3 { Ecailles hypogynes entières ; feuilles inférieures non disposées
  {   en rosette dense et globuleuse.......... *Sedum* (n° 3).
  { Ecailles hypogynes dentées ou laciniées ; feuilles inférieures
  {   disposées en rosette dense et globuleuse..............
  { .... *Sempervivum* (n° 4).

1. BULLIARDA *DC.*

Calice à 4 divisions. Pétales 4. Etamines *en nombre égal* à celui des pétales. Ecailles hypogynes *linéaires, de moitié moins longues* que les étamines. Capsules 4. — Feuilles opposées.

1. **B. Vaillantii** *DC. Pl. grass. tab. 74. (Bulliardie de Vaillant.)* — Fleurs portées sur des pédoncules grêles, ordinairement plus longs que les feuilles. Calice à segments arrondis, obtus. Pétales ovales, apiculés, plus longs que le calice. Capsules un peu courbées en dehors au sommet. Graines jaunes, ovoïdes-oblongues. Feuilles oblongues, obtuses, étalées, entières, réunies par leur base. Tiges grêles, dressées, rameuses ; rameaux di-

chotomes. — Plante très-petite, glabre, un peu charnue, verte ou rougeâtre ; fleurs rouges.

Très-rare ; lieux humides. Nancy, au bois de Tomblaine (*Soyer-Willemet*), Rosières-aux-Salines (*Suard*). ⊙. Juillet-août.

2. CRASSULA *L.*

Calice à 5 divisions. Pétales 5. Etamines *en nombre égal* à celui des pétales. Ecailles hypogynes *ovales, dix fois plus courtes* que les étamines. Capsules 5. — Feuilles éparses.

1. C. rubens *L. Syst. 2, p. 226; Sedum rubens DC. Prodr. 3, p. 405. (Crassule rougeâtre.)* — Fleurs presque sessiles, disposées en cyme feuillée, à rameaux allongés, étalés. Calice à segments triangulaires, presque aigus. Pétales *lancéolés, longuement acuminés,* trois fois plus longs que le calice. Anthères lisses. Capsules *divergentes, finement tuberculeuses,* étroitement et longuement acuminées. Feuilles éparses, *demi-cylindriques,* obtuses, non prolongées à la base. Tige simple ou rameuse dès la base, dressée. Racine rameuse, fibreuse. — Plante à la fin rougeâtre, pubescente-glanduleuse au sommet ; fleurs blanches, purpurines sur la carène des pétales.

Rare. Dans la Meurthe, à Bayonville (*Warion*). Dans la Moselle, à Waville (*Taillefert*). Bar-le-duc (*Maujean*). Gérardmer, le Valtin (*Mougeot*). ⊙. Mai-juin

3. SEDUM *L.*

Calice à 5, rarement à 4-6-8 divisions. Pétales 5, plus rarement 4-6-8. Etamines *en nombre double* de celui des pétales. Ecailles hypogynes *ovales, entières, dix fois plus courtes* que les étamines. Capsules 5, rarement 4-6-8. — Feuilles éparses, rarement opposées ou verticillées.

1 { Feuilles larges et planes........................... 2
  { Feuilles cylindriques ou demi-cylindriques............. 5

2 { Feuilles toutes sessiles, arrondies ou un peu en cœur à la base. 3
  { Feuilles cunéiformes à la base ; les inférieures atténuées en
      pétiole... 4

3 { Fleurs dioïques ; feuilles éparses...... *S. Rhodiola* (nº 1).
  { Fleurs hermaphrodites ; feuilles opposées ou verticillées. ...
      .... *S. Telephium* (nº 2).

Sec. 1. TELEPHIUM *Koch, Syn. éd. 2, p. 283.* — Souche vivace, émettant des bourgeons qui se développent l'année suivante et pas de stolons pérennants.

1. S. Rhodiola *DC. Pl. grass. tab. 143; Rhodiola rosea L. Sp. 1465. (Orpin à odeur de rose.)* — Fleurs à divisions ordinairement quaternaires, dioïques par avortement, plus rarement hermaphrodites, disposées en corymbe serré terminal et à rameaux *verticillés.* Calice à segments petits, purpurins, lancéolés. Pétales elliptiques, plus longs que le calice, souvent avortés dans les fleurs femelles. Capsules étroites, allongées, linéaires, insensiblement acuminées, à *sommet courbé en dehors.* Feuilles larges et planes, *éparses,* très-rapprochées, dressées, ovales ou ovales-oblongues, brièvement acuminées, *sessiles et arrondies* à la base, dentées dans leur moitié ou dans leur tiers supérieur ; dents très-étalées. Tiges simples, dressées, très-feuillées jusque sous le corymbe, arrondies. Souche épaisse, tubérifère, odorante. — Plante glauque, tout à fait glabre ; fleurs jaunâtres ou purpurines.

Escarpements des hautes Vosges, sur le granit ; Hohneck (*Mougeot*). ♃. Juillet-août.

2. S. Telephium *L. Sp. 616 (excl. var γ, δ, ε); S. purpurascens Koch, Syn. éd. 2, p. 284. (Orpin reprise.)* — Fleurs à divisions ordinairement quinaires, hermaphrodites, disposées en corymbe serré, terminal et à rameaux principaux *opposés, ternés ou quaternés.* Calice à segments lancéolés, aigus. Pétales mucronulés, très-étalés ou même réfléchis à partir du milieu, trois fois plus longs que le calice. Anthères finement tuberculeuses. Capsules elliptiques, acuminées, à sommet *dressé.* Feuilles larges et planes, étalées-dressées, *opposées* ou *verticillées* par trois ou par quatre, fortement crénelées, *sessiles, non atténuées à la base.* Tige forte, dressée ou ascendante, arrondie, simple ou rameuse. Souche épaisse, tubérifère. — Plante glabre ; à fleurs jaunâtres, ou légèrement lavées de pourpre.

α *Genuinum Nob.* Feuilles toutes verticillées et arrondies à la base.

β *Cordatum Nob.* Feuilles opposées, en cœur à la base.

Rare. Nancy, sur le calcaire jurassique, vignes de Malzéville. Vallées du versant oriental des Vosges. ♃. Juillet-août.

Nota. La var. β ne peut pas être une espèce distincte ; on rencontre des échantillons pourvus dans leur moitié inférieure de feuilles verticillées arrondies à la base, et dans leur moitié supérieure de feuilles opposées et échancrées en cœur. Le *S. latifolium Bert. Amœn. ital. 366. (S. maximum Suter, Fl. helv. 1, p. 270)* me paraît en différer par son port plus roide et plus robuste ; par ses feuilles toujours opposées, trois fois plus épaisses, concaves supérieurement (et non planes), étalées à angle droit ; par ses pétales plus grands, jamais réfléchis ; par son corymbe plus divariqué.

3. S. Fabaria *Koch, Syn. éd. 1, p. 258 ; S. Telephium Willm. Phyt. 516. (Orpin fève.)* — Fleurs à divisions ordinairement quinaires, hermaphrodites, disposées en corymbe serré, terminal et à rameaux *disposés sans ordre.* Calice à segments lancéolés, aigus. Pétales mucronulés, étalés, une fois plus longs que le calice. Anthères finement tuberculeuses. Capsules ellip-

tiques, acuminées, *à sommet dressé.* Feuilles larges et planes
étalées-dressées, *alternes* ou *éparses,* obovées-*cunéiformes,* crénelées ou sinuées ; les inférieures *rétrécies en pétiole.* — Se
distingue en outre de la précédente espèce par ses pétales plus
longs, toujours purpurins ; par ses capsules plus grandes et
moins longuement atténuées au sommet.

Commun dans les terrains calcaires et surtout dans les vignobles.
Nancy, Rosières, Lunéville, Sarrebourg. Metz. Verdun, Bar-le-Duc,
Ligny. Neufchâteau. Sur le granit dans les hautes Vosges. ♃. Juillet-août.

NOTA. M. Doisy indique à Bar le *S. Anacampseros ;* je n'ai pu voir
d'échantillon authentique et je doute de l'existence de cette espèce en
Lorraine.

Sec. 2. CEPÆA *Koch, Syn. éd. 2, p. 619.* — Racine annuelle ou bisannuelle, sans stolons, ni bourgeons.

4. **S. Cepæa** *L. Sp. 617. (Orpin paniculé.)* — Fleurs en
grappe composée, oblongue, lâche, feuillée inférieurement, oc-
cupant souvent la moitié supérieure de la tige, à rameaux très-
étalés. Calice à segments lancéolés, aigus. Pétales *étroitement
lancéolés, terminés par une longue pointe subulée,* étalés, trois
fois plus longs que le calice. Anthères lisses. Capsules *finement
ridées,* oblongues, longuement et finement acuminées, à sommet
dressé. Feuilles étalées, *planes,* éparses, mais plus souvent
opposées ou verticillées, obovées-cunéiformes, entières *;* les inférieures plus larges, plus rapprochées, assez longuement atténuées en pétiole. Tige ordinairement simple, couchée à la base,
puis dressée. Racine faible, fibreuse. — Plante finement pubescente-glanduleuse supérieurement, beaucoup plus petite et plus
grêle que les précédentes ; fleurs rosées, purpurines sur la
carène des pétales.

Très-rare, Neufchâteau ! (*Mougeot*). ☉. Juin-juillet.

5. **S. annuum** *L. Sp. 620. (Orpin annuel.)* — Fleurs très-
brièvement pédicellées, disposées en *cyme* lâche et feuillée, dont
les rameaux étalés égalent le reste de la tige. Calice à segments
ovales, très-obtus. Pétales *étroitement lancéolés, très-aigus,*
étalés en étoile !, une fois plus longs que le calice. Anthères lisses.
Capsules *divergentes, lisses,* finement et brièvement acuminées.
Feuilles éparses, écartées, *cylindriques, un peu comprimées en
dessus,* obtuses au sommet, tronquées et brièvement prolongées

à la base. Tige ascendante, très-rameuse dès la base ; rameaux dressés-étalés. Racine faible, rameuse, fibreuse. — Plante glabre, souvent ponctuée de pourpre ; fleurs petites, jaunes, maculées de rouge sur la carène des pétales.

Sur les rochers de la région granitique des hautes Vosges ; Ballons, Hohneck, la Bresse, le Tillot, etc. (*Mougeot et Nestler, 1807*). ☉. Juin-août.

6. S. villosum *L. Sp. 620. (Orpin velu.)* — Fleurs pédicellées, en *grappe composée*, feuillée, peu fournie, terminale. Calice à segments lancéolés, obtus. Pétales *largement ovales, brièvement mucronulés*, une fois plus longs que le calice. Anthères lisses. Capsules *finement ridées*, brièvement et finement acuminées, *dressées et serrées l'une contre l'autre*. Feuilles dressées, *cylindriques, un peu comprimées en dessus*, obtuses, sessiles et non prolongées à la base ; celles des tiges fleuries éparses ; celles des rameaux stériles embriquées, disposées en rosette. Tige ordinairement simple, couchée à la base, puis dressée. Racine faible, fibreuse. — Plante velue-glanduleuse, visqueuse ; fleurs rosées ou blanchâtres, purpurines sur la carène des pétales.

Lieux humides et tourbeux. Commun dans la région granitique des hautes Vosges ; Hohneck, Ballon de Saint-Maurice, le Valtin, etc. (*Mougeot*). Plus rare dans la région des grès ; Bitche (*Schultz*), Saint-Avold (*Monard et Taillefert*), Creutzwald (*Holandre*) ; Épinal (*docteur Berher*). ☉. Juillet-août.

Sect. 3. SEDA GENUINA *Koch, Syn. éd. 2, p. 286.* — Souche émettant des stolons pérennants.

7. S. alpestre *Vill. Dauph. 3, p. 684; S. repens Schleicher in DC. Fl. fr. suppl., p. 525. (Orpin alpestre.)* — Fleurs très-brièvement pédicellées, réunies 2-5 en corymbe terminal petit et serré. Calice à segments *ovales*, très-obtus, non prolongés à la base. Pétales ovales-lancéolés, *obtus, dressés!*, de moitié plus longs que le calice. Anthères lisses. Capsules *divergentes*, ovoïdes-oblongues, *non bossues à la base*, brièvement acuminées. Graines *non tuberculeuses*. Feuilles éparses, mais rapprochées au sommet des rameaux, *ovales-oblongues*, un peu comprimées des deux côtés, obtuses, *mutiques*, tronquées et brièvement prolongées à la base ; celles des tiges non fleuries disposées sans ordre. Tiges peu rameuses, couchées à la base ; stolons rampants nombreux. Souche faible, rameuse, fibreuse. — Plante glabre, formant gazon, plus grêle et plus diffuse que le *S. annuum;* fleurs un peu plus grandes, d'un jaune plus pâle.

Rare ; hautes Vosges, sur le granit ; escarpements du Hohneck (*Mou-geot, 1829*). ♃. Juillet-août.

8. S. acre *L. Sp. 619.* (*Orpin âcre.*) — Fleurs pédicellées, disposées en cyme dont les rameaux étalés portent chacun 1-5 fleurs. Calice à segments *ovales*, obtus, prolongés à leur base. Pétales lancéolés, *aigus, étalés*, deux fois plus longs que le calice. Anthères lisses. Capsules ovoïdes-oblongues, *très-divergentes, bossues à la base du bord interne*, finement acuminées. Graines *non tuberculeuses*. Feuilles *ovales*, obtuses, *mutiques*, comprimées en dessus, arrondies et prolongées à la base ; celles des tiges non fleuries embriquées sur six rangs. Tiges nombreuses, nues, couchées et radicantes à la base, puis redressées et feuillées ; stolons rampants nombreux. — Plante glabre, très-âcre, formant gazon ; feuilles très-charnues ; fleurs d'un jaune vif.

Commun ; lieux secs et incultes, vieux murs. ♃. Juin-juillet.

9. S. Boloniense *Lois! Not. p. 71; S. sexangulare Koch, Syn. éd. 2, p. 287.* (*Orpin de Boulogne.*) — Fleurs brièvement pédicellées, disposées en cyme dont les rameaux étalés portent chacun 6-10 fleurs. Calice à segments *cylindriques*, obtus, non prolongés à la base. Pétales linéaires-lancéolés, *aigus, étalés*, une fois plus longs que le calice. Anthères lisses. Capsules ovoïdes-oblongues, *très-divergentes, non bossues à la base*, finement acuminées. Graines *tuberculeuses*. Feuilles *linéaires-cylindriques*, obtuses, *mutiques*, arrondies et un peu prolongées à la base ; celles des tiges non fleuries étroitement embriquées et disposées sur six rangs. — Se distingue en outre du *S. acre* par son port plus roide ; par ses feuilles plus longues et plus étroites ; par ses fleurs d'un jaune plus pâle ; plante non âcre.

Assez rare ; sur le calcaire jurassique et le muschelkalk. Nancy, Pompey (*Suard*), Maron, Chaligny ; Sarrebourg, Hoff (*de Baudot*). Metz, entre Ars-sur-Moselle et Ancy (*Holandre*), Longeville (*Monard*), mont Saint-Quentin et Moulins (*Warion*) ; Thionville, Sarralbe et Sarreguemines (*Warion*). Neufchâteau (*Mougeot*) ; Epinal (*docteur Berher*). ♃. Juin-juillet.

10. S. reflexum *L. Sp. 61.* (*Orpin réfléchi.*) — Fleurs brièvement pédicellées, disposées en cyme réfléchie avant l'anthèse. Calice à segments lancéolés, aigus, *épaissis au sommet* et sur les bords, *déprimés au centre* extérieurement. Pétales linéaires, aigus, très-étalés, une fois plus longs que le calice. Anthères lisses. Capsules *dressées*, linéaires-oblongues, non bossues à la base, finement acuminées. Graines fortement ridées en long. Feuilles *cylindriques, lisses, brièvement cuspidées*, prolongées en éperon à leur base ; celles des tiges non fleuries *étalées* ou *réfléchies*. Tiges couchées et radicantes à la base, puis dressées ; stolons rampants nombreux. — Plante verte ou un peu glauque ; fleurs d'un jaune pâle.

Lieux montagneux sur le calcaire jurassique et dans les terrains de grès. Nancy, Croix-Gagnée, Boudonville, Liverdun ; Sarrebourg, le Donnon, le Hengts (*de Baudot*). Metz, côte Saint-Quentin (*Holandre*). Neufchâteau (*Mougeot*) ; Plombières. ⚥. Juillet-août.

11. S. elegans *Lej. Fl. Spa, 1, p. 205.* (*Orpin élégant.*) — Se distingue du *S. reflexum* par les caractères suivants : floraison plus précoce ; fleurs beaucoup plus petites, d'un jaune plus vif ; calice à segments beaucoup plus courts, *plans et non épaissis au sommet*, lancéolés, obtus ; capsules trois fois plus petites, ainsi que les graines ; celles-ci à peine ridées ; feuilles moins charnues, comprimées sur les deux faces et *presque planes, linéaires-lancéolées*, plus longuement prolongées à leur base, plus fortement cuspidées, *élégamment ponctuées*, pourvues sous le sommet d'un point rouge, plus caduques, toujours glauques et souvent lavées de rose, *dressées-appliquées* au sommet des tiges non fleuries, où par leur réunion elles *forment un cône renversé ;* port plus grêle ; tiges fistuleuses.

Bois à sol sablonneux. Nancy, à Tomblaine, Bosserville (*Soyer-Willemet*) ; Pont-à-Mousson ; Lunéville (*Guibal*). Metz, à Woippy (*Fournel*), le Saulcy et le mont Saint-Quentin (*abbé Cordonnier*), Sierck; Kœching (*Warion*) ; Cocheren (*Monard et Taillefert*). Mirecourt et Remiremont (*de Baudot*) ; Epinal (*docteur Berher*). ⚥. Juin-juillet.

12. S. album *L. Sp. 619.* (*Orpin à fleurs blanches.*) — Fleurs assez longuement pédicellées, disposées en cyme lâche et à rameaux très-étalés. Calice à segments arrondis, obtus. Pétales *lancéolés, obtus*, très-étalés, deux fois plus longs que le calice. Anthères lisses, luisantes, purpurines. Capsules *dressées*, ovales-oblongues, longuement acuminées. Graines lisses. Feuilles très-charnues, *linéaires-cylindriques*, un peu comprimées en dessus, obtuses, *mutiques, non bossues sur le dos*, non prolongées à la base, *toujours éparses*, étalées horizontalement et souvent réfléchies. Tiges couchées à la base, puis ascendantes; stolons rampants nombreux. — Plante glabre, verte; fleurs blanches.

Commun sur les rochers, les coteaux, les murs. ♃. Juillet-août.

13. S. micranthum *Bast. in DC. Fl. fr. 5, p. 523; Godr. Mém. Acad. de Nancy, 1849, p. 320. (Orpin à petites fleurs.)* — Fleurs plus petites que dans l'espèce précédente, assez longuement pédicellées, disposées en cyme serrée, à rameaux étalés. Calice à segments ovales, obtus. Pétales *lancéolés, aigus*, munis d'une ligne rougeâtre sur la carène, très-étalés, deux fois plus longs que le calice. Anthères lisses, luisantes, d'un noir rougeâtre. Capsules *dressées, conniventes*, ovales-oblongues, acuminées. Graines lisses. Feuilles très-charnues, oblongues, *cylindriques*, obtuses, *mutiques*, fortement ponctuées, *non bossues sur le dos* et non prolongées à la base, *toujours éparses*, dressées ou étalées, jamais réfléchies. Tiges couchées à la base, puis ascendantes; stolons rampants nombreux, très-feuillés, à feuilles courtes. — Plante glabre ou un peu pubescente; fleurs blanches. Plus petite dans toutes ses parties que l'espèce précédente.

Vieux murs. Nancy. Metz, Boulay (*Warion*). ♃. Juin-juillet.

14. S. dasyphyllum *L. Sp. 618. (Orpin à feuilles épaisses).* — Fleurs brièvement pédicellées, en grappe courte, corymbiforme, pauciflore. Calice à segments ovales, obtus. Pétales *ovales, obtus.* Capsules dressées, oblongues, brièvement acuminées et un peu courbées au sommet. Graines lisses. Feuilles *largement ovales*, obtuses, *mutiques*, un peu comprimées en dessus, *bossues sur le dos*, non prolongées à la base, *la plupart opposées*, étalées-dressées; celles des tiges non fleuries étroitement embriquées sur quatre rangs. Tiges grêles, faibles, diffuses. — Plante ordinairement pubescente-glanduleuse au sommet, glauque, formant gazon; fleurs blanches, purpurines sur la carène des pétales.

Rare. Pont-à-Mousson (*Léré*). Metz, côte Saint-Quentin, Lessy (*Warion*). Région granitique des hautes Vosges, vers les sources de la Moselle, autour de la fontaine de Bussang, à la Roche du Juif près de Urbey (*Résal*). ♃. Juin-juillet.

4. SEMPERVIVUM *L.*

Calice à 6-20 divisions. Pétales 6-20. Etamines *en nombre*

double de celui des pétales. Ecailles hypogynes *dentées ou laciniées*. Capsules 6-20. — Feuilles éparses ; les inférieures réunies en rosette dense.

1. S. tectorum *L. Sp. 664. (Joubarbe des toits.)*— Fleurs en épis scorpioïdes et rapprochés en cyme terminale. Calice divisé jusqu'au milieu en douze segments lancéolés, aigus. Pétales libres presque jusqu'à la base, linéaires, acuminés, très-étalés, plus longs que le calice. Capsules dressées, disposées en cercle et laissant à leur centre un espace vide. Feuilles planes, charnues, oblongues ou obovées, mucronées, ciliées. Tige dressée, épaisse, simple, très-feuillée. — Plante un peu rougeâtre, velue-glanduleuse ; fleurs rosées, nombreuses.

Toits et vieux murs. Nancy, château de Custines (*Suard*) ; Pont-à-Mousson (*Salle*) ; Château-Salins (*Léré*). Metz, Chatel, Gorze, Montigny, Argency ; Sarralbe, Barst, Ballering (*Warion*) ; Longwy (*Taillefert*). Verdun ; Saint-Mihiel (*Léré*), Commercy (*Warion*). Rambervillers et Bruyères (*Mougeot*). ♃. Juillet-août.

XLIII. GROSSULARIÉES.

Fleurs hermaphrodites ou rarement unisexuelles, régulières. Calice à tube soudé par sa base à l'ovaire, à limbe marcescent, quadri-quinquéfide, à préfloraison imbricative. Corolle à pétales libres, insérés sur la gorge du calice, en nombre égal à celui des divisions calicinales et alternant avec elles, à préfloraison subvalvaire. Etamines périgynes, en nombre égal à celui des pétales ; anthères biloculaires, s'ouvrant en long. Styles 2 ou plus, libres ou plus ou moins longuement soudés. Ovaire infère, muni d'un disque épigyne, uniloculaire, polysperme ; placentas pariétaux. Le fruit est une baie. Graines anguleuses, à test gélatineux. Embryon droit, petit, logé à la base d'un albumen charnu ou corné ; radicule dirigée vers le hile. — Arbrisseau à feuilles alternes ou fasciculées.

1. RIBES *L.*

Les caractères sont ceux de la famille.

1 { Fleurs solitaires ou géminées ; plante épineuse............
.... *R. Grossularia* (n° 1).
Fleurs en grappe ; plante non épineuse................. 2

2 { Fleurs rougeâtres ; calice à limbe campanulé. 3
Fleurs verdâtres ; calice à limbe plan. 4

3 {
Grappes de fleurs penchées pendant l'anthèse ; baie noire, aromatique...................... *R. nigrum* (n° 2).
Grappes de fleurs dressées pendant l'anthèse ; baie rouge, acerbe.................... *R. petræum* (n° 5).
}

4 {
Grappes de fleurs dressées pendant l'anthèse ; bractées plus longues que les pédicelles.......... *R. alpinum* (n° 3).
Grappes de fleurs penchées pendant l'anthèse ; bractées beaucoup plus courtes que les pédicelles.... *R. rubrum* (n° 4).
}

1. R. Grossularia *L. Sp. 291.* (*Groseiller épineux.*) — Fleurs axillaires, *solitaires* ou *géminées* sur un pédoncule court, pourvu de 2-3 bractéoles. Calice à tube campanulé à son sommet, barbu à sa gorge, à divisions obtuses, réfléchies, trois fois plus longues que la corolle. Pétales obovés, dressés. Style velu vers son milieu, profondément bifide. Baie globuleuse ou ovoïde, verdâtre, mais jaune ou rougeâtre dans les variétés cultivées, glabre ou hérissée. Feuilles presque orbiculaires, à cinq lobes crénelées ; pétiole court, frangé à sa base. *Une épine* ou *2-3 épines soudées à leur base et placées sous chaque bourgeon et sous chaque jeune rameau.* — Arbuste très-rameux et très-serré ; à fleurs verdâtres ou quelquefois rougeâtres.

Commun dans les haies, les lieux incultes, dans les terrains calcaires et dans les grès. ♃. Avril-mai.

2. R. nigrum *L. Sp. 291.* (*Groseiller noir ou cassis.*) — Fleurs en grappes axillaires, *penchées* au moment de la floraison ; bractées membraneuses, velues, *beaucoup plus courtes* que les pédicelles. Calice tomenteux, à limbe *campanulé,* à divisions oblongues, obtuses, réfléchies, trois fois plus longues que la corolle. Pétales ovales. Style bifide. Baie noire, ponctuée de jaune, assez grosse, d'une saveur *aromatique.* Feuilles pourvues en dessous de points jaunes brillants et résineux, divisées en 3-5 lobes dentés, le supérieur triangulaire, aigu ; pétiole assez long, étroitement ailé à sa base dans les feuilles inférieures, un peu frangé dans les supérieures. Tige *sans épines.* — Plante à odeur forte ; à fleurs rougeâtres.

Assez rare ; bords des bois. Nancy, à Maxéville, Pompey (*Suard*). Metz (*Holandre*). Rambervillers, à la forêt de Saint-Gorgon (*Billot*). ♃. Avril-mai.

3. R. alpinum *L. Sp. 291.* (*Groseiller des Alpes.*) — Fleurs en grappes axillaires, *dressées* au moment de la floraison ;

bractées membraneuses, lancéolées, *égalant* ou *dépassant* les fleurs. Calice glabre, à limbe *plan*, à divisions ovales, obtuses, quatre fois plus longues que la corolle. Pétales spatulés. Style très-court, à peine bifide. Baie petite, rouge, *fade*. Feuilles crénelées, plus petites et plus profondément lobées que dans nos autres espèces ; pétiole court et frangé. Tige *sans épines*. — Plante dioïque ou polygame ; les grappes mâles à 20-30 fleurs ; les grappes femelles à fleurs plus petites et plus vertes.

Commun dans les bois du calcaire jurassique. Nancy. Metz. Verdun, Saint-Mihiel, Commercy. Neufchâteau. Plus rare dans les terrains de grès, à Phalsbourg (*de Baudot*) et dans les terrains granitiques, vallée de la Vologne, Gérardmer, Hohneck, Ballon de Soultz, etc. (*Mougeot*). ♭, Mai-juin.

4. R. rubrum *L. Sp. 290.* (*Groseiller rouge.*) — Fleurs en grappes axillaires, *penchées* au moment de la floraison ; bractées obtuses, glabres, *beaucoup plus courtes* que les pédicelles. Calice glabre, à limbe *plan*, à divisions spatulées, non ciliées, beaucoup plus longues que la corolle. Pétales cunéiformes. Style bifide. Baie rouge ou d'un blanc-jaunâtre, *acide*. Feuilles à 3-5 lobes profondément dentés ; pétiole allongé, ponctué de rouge, ailé à sa base dans les feuilles inférieures, frangé dans les supérieures. Tige *sans épines*. — Fleurs vertes.

Pont-à-Mousson (*Léré*). Forêt d'Argonne, près de Beaulieu ; Verdun, aux carrières de Châtillon (*Doisy*). ♭. Avril-mai.

5. R. petræum *Jacq. Miscell. 2 p. 36.* (*Groseiller des rochers.*) — Fleurs en grappes axillaires, velues, *dressées* au moment de l'anthèse, puis penchées par le développement des fruits ; bractées velues, obtuses, *égalant les pédicelles ou un peu plus courtes*. Calice à limbe campanulé, à divisions ciliées et rougeâtres. Pétales spatulés. Étamines et style plus allongés que dans l'espèce précédente. Baie rouge, *acerbe*. Feuilles grandes, à 3-5 lobes aigus, profondément dentés. Tige *sans épines*. — Fleurs rougeâtres.

Hautes Vosges sur le granit ; Ballon de Soultz, le Valtin, Hohneck, Rotabac, au-dessus de Retournemer (*Mougeot et Nestler*). ♭. Avril-juin.

XLIV. SAXIFRAGÉES.

Fleurs hermaphrodites, régulières. Calice gamosépale, persistant, à tube plus ou moins adhérent à l'ovaire ou libre, à 4 ou

5 divisions plus ou moins profondes et à préfloraison imbricative ou valvaire. Corolle à 4 ou 5 pétales libres, en nombre égal à celui des divisions calicinales et alternant avec elles; plus rarement corolle nulle. Etamines 4 ou 5 et plus rarement 8 ou 10, périgynes; anthères biloculaires, s'ouvrant en long. Styles 2; stigmates simples. Ovaire supère ou à demi-infère, formé de 2 feuilles carpellaires, biloculaire ou uniloculaire, à loges polyspermes; ovules fixés aux bords des feuilles carpellaires fléchis en dedans. Le fruit est une capsule s'ouvrant en 2 valves au sommet à la maturité. Graines petites. Embryon droit, placé au centre d'un albumen charnu; radicule dirigée vers le hile.

{ Une corolle; capsule biloculaire........ *Saxifraga* (n° 1).
{ Corolle nulle; capsule uniloculaire. *Chrysosplenium* (n° 2).

1. SAXIFRAGA *L.*

Calice à 5 divisions. *Une corolle* à 5 pétales. Etamines 10. Capsule *biloculaire*, terminée en deux becs, s'ouvrant au sommet par les sutures.

1 { Feuilles bordées de tubercules cartilagineux..............
  { .... *S. Aizoon* (n° 5).
  { Feuilles non bordées de tubercules....... 2

2 { Stolons feuillés................................... 3
  { Stolons nuls...................................... 4

3 { Calice libre, à la fin réfléchi; poils des feuilles non articulés.
  { .... *S. stellaris* (n° 3).
  { Calice à tube adhérent à l'ovaire; poils des feuilles articulés.
  { .... *S. decipiens* (n° 4).

4 { Feuilles radicales réniformes-en-cœur; racine pourvue de
  {   tubercules.................... *S. granulata* (n° 1).
  { Feuilles radicales spatulées; racine dépourvue de tubercules..
  { .... *S. tridactylites* (n° 2).

1. S. granulata *L. Sp. 576. (Saxifrage granulée.)* — Fleurs inégalement pédonculées, en corymbe terminal, pauciflore. Calice à tube *semi-globuleux*, soudé avec la base de l'ovaire, à segments dressés, oblongs, obtus. Pétales obovés en coin, à 3-5 nervures vertes, trois fois aussi longs que les divisions calicinales. Styles courts, étalés-dressés. Capsule globuleuse, une fois plus longue que le tube du calice. Graines brunes, finement tuberculeuses. Feuilles un peu charnues; les radicales pétiolées, *réniformes en cœur*, incisées-crénelées, le pétiole dilaté à sa base ; feuilles caulinaires rares, les supérieures sessiles et cunéiformes. Tige dressée, un peu rameuse par le haut. Racine fibreuse, *sans stolons*, munie de *petits tubercules* arrondis et rougeâtres. — Plante mollement velue, glanduleuse au sommet ; fleurs grandes, blanches, terminales.

Prairies sèches. Nancy, à Tomblaine, Montaigu, Saint-Charles (*Soyer-Willemet*), Pont-à-Mousson (*Léré*) ; Lunéville, à Hériménil (*Guibal*) ; Phalsbourg et Sarrebourg (*de Baudot*). Metz, au Saulcy (*Holandre*), Citadelle, Saint-Quentin, Plappeville, Lessy, Grigy, la Haute-Bévoie (*Warion*). Argonne, à Beaulieu et Neuvilly (*Doisy*). Epinal, Bruyères, Rambervillers, Neufchâteau (*Mougeot*). ♃. Mai-juin.

2. S. tridactylites *L. Sp. 578.* (*Saxifrage trilobée.*) — Fleurs longuement pédonculées, en grappe lâche et pauciflore. Calice à tube *urcéolé*, soudé avec l'ovaire, à segments dressés, ovales, obtus. Pétales obovés en coin, tronqués ou un peu émarginés, à une nervure, une fois plus longs que les divisions calicinales. Styles courts, à la fin très-divariqués. Capsule ovoïde, dépassant à peine le tube du calice. Graines petites, brunes, finement tuberculeuses. Feuilles un peu charnues ; les radicales pétiolées, en rosette peu fournie, *spatulées*, entières ou trifides ; le lobe moyen plus large et plus long que les latéraux divergents ; les feuilles caulinaires rares ; les supérieures sessiles, linéaires-lancéolées. Tige souvent rameuse dès la base, dressée. Racine *non tuberculeuse, ni stolonifère.* — Plante toute glanduleuse, moins développée dans toutes ses parties que l'espèce précédente ; fleurs petites, blanches.

Très-commun ; champs sablonneux, rochers, vieux murs, dans tous les terrains. ♃. Avril-mai.

3. S. stellaris *L. Sp. 572.* (*Saxifrage étoilée.*) — Fleurs assez longuement pédonculées, formant une grappe lâche terminale. Calice *libre*, divisé presque jusqu'à la base en 5 segments oblongs, *obtus*, à la fin *réfléchis*. Pétales étalés en étoile, étroitement lancéolés, aigus, subitement rétrécis en onglet, blancs et pourvus vers leur milieu de deux taches jaunes, deux fois plus longs que le calice. Stigmates presque sessiles. Capsule supère, subglobuleuse, profondément bifide, à valves divariquées. Graines brunes, munies de tubercules fins et cylindriques. Feuilles planes, un peu charnues, bordées de cils *non articulés*, obovées-cunéiformes, atténuées en pétiole court, entières à la base, munies au sommet de 5-7 *dents courtes, triangulaires,* étalées. Tiges plus ou moins rampantes à la base, puis dressées, très-feuillées inférieurement, *tout à fait nues dans leurs trois quarts* supérieurs ; *des stolons* feuillés dans toute leur longueur, mais surtout au sommet. Racine grêle, fibreuse. — Plante d'un vert gai, élégante, un peu velue-glanduleuse ; fleurs blanches.

Lieux humides des hautes Vosges, sur le granit ; Ballons de Soultz et de Saint-Maurice, Hohneck, Saut-des-Cuves, Lac noir, etc. (*Mougeot*). ♃. Juillet-août.

4. S. decipiens *Ehrh. Beitr. 5, p. 47. (Saxifrage trompeuse.)* — Fleurs assez longuement pédonculées, réunies 2-9 en une petite grappe lâche terminale. Calice à tube campanulé, *adhérent à l'ovaire,* à segments *dressés,* lancéolés, *acuminés.* Pétales obovés, blancs, veinés, étalés, à peine onguiculés, deux fois plus longs que les divisions calicinales. Styles grêles, allongés. Capsule obovée, dépassant le tube du calice. Graines brunes, finement tuberculeuses. Feuilles *de deux sortes :* les unes pourvues d'un pétiole épais, *palmatifides,* à 2-5 segments linéaires acuminés *cuspidés,* ou entières, éparses ou fasciculées, ordinairement réunies en rosette au sommet des tiges stériles complétement développées et un peu au-dessus de la base des tiges fleuries ; pétioles bordés de cils *articulés;* bourgeons formés d'écailles membraneuses sur les bords. Tiges fleuries grêles, flexueuses, couchées à la base, redressées à partir de la rosette et *pourvues au-dessus de feuilles petites,* très-écartées les unes des autres ; des *stolons* rampants nombreux, formant gazon, très-feuillés. — Plante glanduleuse-visqueuse au sommet, pourvue à sa base de poils très-fins, longs, mous, articulés ; feuilles inférieures ordinairement brunes et desséchées au moment de la floraison ; fleurs blanches.

α *Ehrharti Sternb. Rev. suppl. 2, p. 76.* Feuilles toutes pétiolées, cunéiformes, palmatifides, à lobes obtus, non cuspidés. *S. cæspitosa Koch, Syn. ed. 2, p. 301; S. decipiens Godr. Fl. lorr., éd. 1, t. 1, p. 265.*

β *Gmelini Soyer-Willem. ined. (S. hypnoïdes Godr. Fl. lorr., éd. 1, t. 1, p. 265, non L.).* Feuilles pétiolées, trifides, à lobes acuminés et cuspidés (*S. sponhemica Gmel. Fl. bad., 2, p. 224, tab. 9*) ou feuilles entières, étroites, linéaires, acuminées. (*S. decipiens ε acutiloba Sternb. Rev. suppl. 2, p. 76.*)

Vosges. La var. α sur les rochers arides du versant oriental des Vosges, Hartmannweiler, Wattweiler et Herrenflug (*Muhlenbeck*). La var. β, rochers humides et bord des ruisseaux au Hohneck (*Mougeot*), vallon près le lac de Lispach (*abbé Jacquel*). ♃. Juin.

5. S. Aizoon *Jacq. Austr. 5, p. 438; S. Cotyledon Willm. Phyt. 4851 non L. (Saxifrage aizoon.)* — Fleurs en grappe terminale oblongue et à rameaux uni-triflores. Calice à tube semi-globuleux, adhérent à l'ovaire, à segments dressés, brièvement ovales, obtus. Pétales ovales, larges et arrondis à la base, blancs ponctués de pourpre, souvent ciliés-glanduleux à la base, deux fois plus longs que les divisions calicinales. Styles courts. Capsule globuleuse, une fois plus longue que le tube du calice. Graines brunes, finement tuberculeuses. Feuilles sessiles, *bordées de tubercules cartilagineux*, blanches, très-rapprochées, très-aiguës et inclinées vers le sommet ; feuilles de la base des tiges fleuries et du sommet des stolons grandes, oblongues - spatulées, frangées à leur base, disposées en rosette serrée ; celles des tiges fleuries beaucoup plus petites, éparses, peu nombreuses, appliquées. Tiges dressées, simples, velues-glanduleuses ; *stolons courts*. — Fleurs blanches.

Sommet des hautes Vosges, sur le granit. Ballons de Soultz et de St-Maurice, Rosberg, Hohneck, Rotabac (*Mougeot et Nestler*). ♃. Juillet-août.

Obs. Le *S. rotundifolia*, indiqué au Rosberg par Hermann, n'a pas été retrouvé.

Le *S. umbrosa* a été planté au Hohneck par M. Mougeot et au Ballon de Soultz par Nestler ; je l'ai revu, en 1855, dans cette dernière localité, où il prospère.

2. CHRYSOSPLENIUM *Tourn.*

Calice à 4 divisions, plus rarement à 5. *Corolle nulle.* Etamines 8, plus rarement 10. Capsule *uniloculaire*, terminée par deux becs, s'ouvrant largement au sommet.

{ Feuilles caulinaires alternes....... *C. alternifolium* (n° 1).
{ Feuilles toutes opposées........ *C. oppositifolium* (n° 2).

1. C. alternifolium *L. Sp. 569. (Dorine à feuilles alternes.* — Fleurs brièvement pédonculées, disposées en corymbe feuillé et jaunâtre. Feuilles radicales longuement pétiolées, à limbe orbiculaire, doublement et *fortement crénelé*, profondémènt *échancré* à la base, les bords de l'échancrure contigus; feuilles caulinaires *alternes*, peu nombreuses. Tige *dressée, trigone.* — Plante tendre, d'un vert-jaunâtre.

Commun dans les bois humides de la chaîne des Vosges sur le grès et sur le granit. Plus rare dans l'alluvion. Nancy, au bois de Faux, près de Réméréville; Rosières-aux-Salines (*Suard*). Metz, à Woippy, Rombas (*Holandre*), vallon de Saulny (*Monard et Taillefert*). Argonne (*Doisy*). ♃. Mars-avril.

2. C. oppositifolium *L. Sp. 568.* (*Dorine à feuilles opposées.*) — Se distingue du précédent par ses fleurs en corymbe plus petit, un peu moins jaune ; par ses graines plus grosses, plus oblongues ; par ses feuilles *opposées*, plus petites, les inférieures à limbe arrondi, *prolongé en coin* sur le pétiole et *sinué* sur les bords ; par sa tige *quadrangulaire, rampante* et *radicante* à la base ; par sa taille moins élevée ; par sa couleur d'un vert plus foncé.

Dans les mêmes lieux que le précédent, mais plus rare ; de plus à Sierck (*Warion*); Longwy (*abbé Cordonnier*). ♃. Mai-juin.

XLV. OMBELLIFÈRES.

Fleurs hermaphrodites, ou plus rarement unisexuelles, le plus souvent régulières, mais celles de la circonférence quelquefois rayonnantes. Calice à tube soudé à l'ovaire, à limbe tronqué et presque nul ou à 5 dents caduques ou persistantes. Corolle à 5 pétales libres, insérés au tube du calice et alternes avec ses divisions, à préfloraison subimbricative ou valvaire. Etamines 5, périgynes, alternes avec les pétales ; anthères biloculaires, s'ouvrant en long. Styles 2, épaissis à la base et insérés sur un disque épigyne. Ovaire infère, à deux loges monospermes, à ovules suspendus. Le fruit est formé de deux carpelles (*méricarpes*) d'abord soudés entre eux, mais se séparant le plus souvent, à la maturité, et de bas en haut avec la moitié du calice à laquelle ils adhèrent et restant suspendus au sommet d'une colonne centrale (*columelle, carpophore*), simple, bifide ou bipartite, ces carpelles ayant la face commissurale plane ou concave ; le fruit muni extérieurement de dix côtes plus ou moins saillantes, quelquefois développées en ailes membraneuses, entières ou découpées en épines ; ces côtes résultant du développement de la nervure dorsale des sépales et de la soudure de leurs bords

(*côtes primaires*) ; entre celles-ci on en observe quelquefois
d'autres, résultant du développement des nervures latérales des
sépales (*côtes secondaires*) ; les côtes séparées par des intervalles
(*vallécules*) ; péricarpe souvent muni de canaux résinifères plus
ou moins visibles à l'extérieur et longitudinaux (*bandelettes*).
Graine adhérente au péricarpe, plus rarement libre, suspendue.
Albumen épais, corné, plan ou concave ou roulé du sommet à
la base ; embryon droit ; radicule dirigée vers le hile. — Fleurs
en ombelle simple ou composée ; feuilles alternes.

1.
- Fleurs disposées en capitule muni de paillettes et entouré d'un involucre épineux.................. *Eryngium* (n° 39).
- Fleurs disposées en verticilles superposés................. .... *Hydrocotyle* (n° 38).
- Fleurs disposées en ombelle composée.................... 2

2.
- Fruits hérissés d'aiguillons............................. 3
- Fruits dépourvus d'aiguillons.......................... 7

3.
- Fruits comprimés par le dos........................... 4
- Fruits comprimés par le côté.......................... 5
- Fruits non comprimés, à section transversale orbiculaire..... .... *Sanicula* (n° 40).

4.
- Fruits munis sur chaque côte d'un seul rang d'aiguillons.... .... *Daucus* (n° 1).
- Fruits munis sur chaque côte de 2 ou 3 rangs d'aiguillons... .... *Orlaya* (n° 2).

5.
- Fruits dépourvus de côtes et prolongés en bec............ 21
- Fruits pourvus de côtes, non prolongés en bec............ 6

6.
- Fruits à 4 côtes munies chacune d'un seul rang d'aiguillons.. .... *Caucalis* (n° 4).
- Fruits à 7 côtes munies chacune de 2 ou 3 rangs d'aiguillons. .... *Turgenia* (n° 3).
- Fruits couverts d'aiguillons dans l'intervalle des côtes....... .... *Torilis* (n° 5).

7.
- Calice à limbe denté................................. 8
- Calice à limbe oblitéré............................... 19

8.
- Fruits comprimés par le dos........................... 9
- Fruits non comprimés, à section transversale orbiculaire.... 13
- Fruits comprimés par le côté.......................... 15

9.
- Fruits à faces planes et bordées d'une marge large sur leur pourtour.... 10
- Fruits à faces convexes et non bordées d'une marge dans leur pourtour.......................... 12

Trib. 1. D'AUCINEÆ *Koch, Umbell. p. 76.* — Fruit comprimé par le dos ; méricarpes à côtes primaires filiformes et hérissées de soies, à côtes secondaires plus saillantes et armées d'aiguillons. Graines à face commissurale plane. — Ombelle composée.

1. DAUCUS *L.*

Calice à 5 dents. Pétales émarginés, avec un lobule fléchi en dedans. Fruit ovoïde, comprimé par le dos, à côtes secondaires *ailées et découpées en aiguillons disposés sur un seul rang ;* columelle libre et bipartite. — Involucre à folioles pinnatifides.

1. D. Carota *L. Sp. 348. (Carotte commune).* — Ombelle composée, longuement pédonculée, contractée et concave après la floraison ; rayons nombreux, finement hérissés ; folioles de l'involucre 9-12, pinnatiséquées, à lanières subulées et divergentes ; folioles extérieures de l'involucelle souvent trifides ; les intérieures plus petites, entières. Fleur centrale d'un pourpre noir, stérile. Aiguillons du fruit brièvement glochidiés. Feuilles infé-

rieures pétiolées, elliptiques dans leur pourtour, bi-tripinnatiséquées ; segments linéaires, mucronulés. Tige dressée, plus ou
moins rameuse. — Plante plus ou moins hérissée de poils roides,
cloisonnés ; fleurs blanches, quelquefois jaunes-verdâtres.

α *Sylvestris Nob.* Racine grêle et dure.

β *Sativa DC. Prodr. t. 4, p. 211.* Racine charnue, conique,
épaisse.

Commun partout. La var. β cultivée. ☉. Juin-automne.

2. ORLAYA *Hoffm.*

Calice à 5 dents. Pétales émarginés, avec un lobule fléchi en
dedans. Fruit ovoïde, comprimé par le dos ; côtes secondaires
carénées, armées de deux ou de trois rangs d'aiguillons subulés ;
columelle libre et bipartite. — Involucre à folioles entières.

1. O. grandiflora *Hoffm. Umb. 1, p. 58; Caucalis grandiflora L. Sp. 346. (Orlaye à grandes fleurs.)* — Ombelle
composée, longuement pédonculée ; 5-8 rayons sillonnés ; involucre à 3-5 folioles lancéolées, acuminées, largement scarieuses
sur les bords, ciliées, égalant presque les rayons ; involucelle à
cinq folioles inégales, les trois extérieures plus grandes. Pétales
de la circonférence rayonnants, beaucoup plus longs que l'ovaire.
Fruits ovoïdes, portés sur des pédicelles plus courts qu'eux ; les
côtes secondaires toutes égales, munies d'aiguillons un peu crochus au sommet. Feuilles toutes pétiolées, bi-tripinnatiséquées ;
segments divergents, linéaires, mucronulés, courts, entiers ou
incisés ; les feuilles supérieures quelquefois entières, linéaires,
très-allongées. Tige sillonnée, rameuse dès la base. — Plante
glabre ; fleurs blanches.

Champs argileux et calcaires. Nancy, à Maxéville, Champigneules,
Champ-le-Bœuf, Velaine, Bosserville ; Toul (*Husson*) ; Pont-à-Mousson ;
Dommartin près de Thiaucourt (*Warion*) ; Château-Salins (*Léré*) ; Luné-
ville (*Guibal*) ; Sarrebourg (*de Baudot*). Metz, à Woippy, Colombé, le
Sablon (*Holandre*), Magny (*Monard*), Peltre (*abbé Cordonnier*),
Luppy, Saint-Julien-lès-Gorze, Montoy-la-Montagne, Bricy (*Warion*);
Hayange, Longwy (*Soyer-Willemet*). Verdun (*Doisy*) ; Saint-Mihiel
(*Léré*). Rambervillers, à Romont, Hardancourt, Fauconcourt (*Mougeot*),
Haillainville (*docteur Berher*). ☉. Juillet-août.

Trib. 2. CAUCALINEÆ *Koch, Umbell. p. 79.* — Fruit comprimé par le côté ; méricarpes à côtes secondaires saillantes et

armées d'aiguillons. Graine à face commissurale concave. — Ombelle composée.

3. Turgenia *Hoffm.*

Calice à 5 dents. Pétales émarginés, avec un lobule fléchi en dedans. Fruit ovoïde, fortement déprimé sur sa commissure, presque didyme ; méricarpes à côtes marginales tuberculeuses ou brièvement aculéolées, à côtes primaires et secondaires *semblables* et *armées de deux ou de trois rangs d'aiguillons ;* columelle libre, bifide. — Involucre à 3-5 folioles entières.

1. **T. latifolia** *Hoffm. Umb. 59 ; Caucalis latifolia L. Syst. nat., 2, p. 205. (Turgénie à larges feuilles.)* — Ombelle composée, longuement pédonculée ; 2-4 rayons roides, anguleux ; involucre et involucelle à folioles oblongues, obtuses, presque entièrement scarieuses. Fleurs du centre de l'ombellule mâles, plus longuement pédicellées que celles de la circonférence ; celles-ci rayonnantes et bifides. Fruits ovoïdes, acuminés ; côtes dorsales finement tuberculeuses, à aiguillons droits, rudes, finement glochidiés, comprimés latéralement, souvent violets. Feuilles pinnatiséquées ou pinnatifides ; segments ou lobes oblongs, profondément dentés, mucronulés ; feuilles inférieures brièvement pétiolées. Tige dressée, sillonnée, peu rameuse, ou simple. — Plante rude, plus ou moins hérissée de poils roides et courts ; fleurs blanches, souvent rougeâtres en dehors.

Moissons des terrains argileux et calcaires. Nancy, à Vandœuvre, Champigneules, Champ-le-Bœuf, Maréville, Tomblaine, etc. ; Pont-à-Mousson, Château-Salins (*Léré*) ; Lunéville (*Guibal*) ; Sarrebourg, Sarraltroff (*de Baudot*). Metz, à Borny, Colombé (*Holandre*), Woippy, Saulny, Rozerieulles, Châtel, Lorry, Lessy, Villecey, Saint-Julien-lès-Gorze, Remilly, Béchy, Vittaucourt (*Warion*), Panilly (*Segrétain*), Queuleu (*Monard*), Flevy, Olgy (*Taillefert*) ; Thionville, Montoy-la-Montagne ; Sarralbe, Faulquemont (*Warion*), Saint-Avold. Verdun (*Doisy*) ; Saint-Mihiel (*Léré*). Neufchâteau (*Mougeot*), Rambervillers (*Billot*). ☉. Juillet-août.

4. Caucalis *Hoffm.*

Calice à 5 dents. Pétales émarginés, avec un lobule fléchi en dedans. Fruit oblong, un peu comprimé par le côté ; méricarpes à côtes dissemblables ; les côtes primaires filiformes, hérissées de soies, les côtes secondaires *plus saillantes et armées d'un seul rang d'aiguillons;* columelle libre, bifide. — Involucre nul ou à une seule foliole.

1. C. daucoides *L. Sp. 346 ; C. leptophylla Dois. Fl. Meuse p. 264, non L. (Cancalide fausse carotte.)* — Ombelle composée, assez longuement pédonculée, à 2 ou 3 rarement 5 rayons anguleux ; involucre nul ; folioles de l'involucelle lancéolées, bordées de blanc, ciliées. Fleurs les unes hermaphrodites, les autres mâles plus longuement pédicellées. Pétales de la circonférence rayonnants. Fruits tous brièvement pédicellés ; côtes primaires munies de soies brusquement épaissies dans leur tiers inférieur ; côtes secondaires très-épaisses, canaliculées entre les aiguillons ; ceux-ci sur un seul rang, glabres, *crochus* au sommet, moins longs que la largeur du fruit. Feuilles inférieures pétiolées, bi-tripinnatiséquées, à lanières courtes, linéaires, entières, ou incisées. Tige dressée, anguleuse, rameuse ; rameaux étalés. — Plante munie de poils roides, disséminés, étalés ; fleurs blanches ou rougeâtres.

Commun ; moissons, surtout dans les terrains calcaires. ☉. Juin-juillet.

5. Torilis *Hoffm.*

Calice à 5 dents. Pétales émarginés, avec un lobule fléchi en dedans. Fruit oblong, comprimé par le côté ; méricarpes à côtes dissemblables ; les côtes primaires filiformes, hérissées de soies, les côtes secondaires *non saillantes*, mais les vallécules *couvertes d'aiguillons;* columelle libre, bifide. — Involucre à une jusqu'à 5 folioles.

1 { Involucre à cinq folioles ; fruit à aiguillons courbés, non glochidiés...................... *T. Anthriscus* (n° 1).
{ Involucre nul ; fruit à aiguillons droits, glochidiés......... 2

2 { Ombelle longuement pédonculé, rayonnante............ .... *T. helvetica* (n° 2).
{ Ombelle sessile ou presque sessile, non rayonnante....... .... *T. nodosa* (n° 3).

1. T. Anthriscus *Gærtn. Fruc. 1. p. 83 (Torilis des haies.)*— Ombelle composée, convexe, *longuement pédonculée;* 5-10 rayons étalés à la maturité ; *involucre à cinq folioles* subulées, appliquées sur les rayons ; ombellules *convexes.* Fleurs de la circonférence presque régulières. Fruits ovoïdes, hérissés d'aiguillons *courbés en arc*, rudes, *subulés ;* commissure lancéolée, bordée de chaque côté par une côte glabre. Graine légèrement concave sur la face interne, mais non réfléchie par les bords. Feuilles inférieures pétiolées, bipinnatiséquées ; segments lancéolés, pinnatifides ou dentés ; le supérieur souvent très-allongé, décurrent. Tige dressée, finement striée, très-rameuse ; rameaux élancés, étalés-dressés. — Plante d'un vert sombre, et quelquefois rougeâtre, rude, munie de poils roides et appliqués ; fleurs blanches ou roses.

Commun ; haies, buissons, bois, dans tous les terrains. ☉. Juin-juillet.

2. **T. helvetica** *Gmel. Bad. 1, p. 617 ; T. infesta Soy.-Will. Cat. p. 154. (Torilis de Suisse.)* — Ombelle composée, plane, *longuement pédonculée ;* 2-8 rayons étalés à la maturité ; involucre *nul* ou *à une seule foliole ;* ombellules *planes.* Fleurs de la circonférence rayonnantes. Fruit ovoïde-oblong, hérissé d'aiguillons *droits, étalés, glochidés ;* commissure linéaire, bordée de chaque côté par une côte velue. Graine concave à la face interne, réfléchie par les bords. Feuilles inférieures pétiolées, bipinnatiséquées ; segments ovales ou lancéolés, incisés-dentés ; le supérieur plus allongé. Tige dressée, roide, striée, très-rameuse ; rameaux divariqués. — Plante d'un vert sombre, rude, couverte de poils appliqués ; fleurs blanches.

Commun ; moissons, surtout dans les terrains argileux et calcaires. ☉. Juillet-août.

3. **T. nodosa** *Gærtn. Fruct. 1. p. 83 ; Tordylium nodosum L. Sp. 346. (Torilis noueux.)* — Ombelle composée, *sessile* au moment de la floraison, brièvement pédonculée à la fructification, à deux rayons très-courts ; involucre *nul ;* ombellules *agglomérées.* Fleurs petites, toutes fertiles, toutes régulières. Fruits petits, sessiles, ovoïdes ; les extérieurs hérissés d'aiguillons *droits, rudes, glochidiés ;* les intérieurs *tuberculeux ;* commissure linéaire, bordée de chaque côté par une côte munie d'un rang de poils. Graine fortement réfléchie par les bords. Feuilles bipinnatiséquées ; segments profondément et finement découpés. Tige rameuse ; rameaux diffus. — Plante couverte de poils roides, appliqués, insérés sur des glandes brillantes ; fleurs blanches ou roses.

Très-rare ; lieux pierreux. Nancy, à Pixerécourt (*Suard*). Sarreguemines (*Lasaulce*). Verdun (*Doisy*) ; St-Mihiel, à la Vierge des prés (*Warion*). ☉. Avril-mai.

Trib. 3. CORIANDREÆ *Koch, Umbell., p. 82.* — Fruit globuleux ou didyme ; méricarpes à côtes primaires déprimées et flexueuses , à côtes secondaires plus saillantes et dépourvues d'aile. Graine à face commissurale concave. — Ombelle composée.

6. CORIANDRUM *L.*

Calice à 5 dents. Pétales émarginés, avec un lobule fléchi en dedans. Fruit globuleux ; méricarpes à côtes dissemblables ; les côtes primaires déprimées, flexueuses ; les côtes secondaires carénées. Columelle bifide, soudée au sommet et à la base. — Involucre nul.

1. C. sativum *L. Sp. 367. (Coriandre cultivée.)* — Ombelle composée, pédonculée, à 5-10 rayons ; involucelle dimidié, à folioles linéaires. Calice à dents persistantes, inégales. Corolle des fleurs de la circonférence rayonnante. Feuilles luisantes ; les inférieures pétiolées, pinnatiséquées, à segments larges, cunéiformes, incisés-dentés ; les supérieures tripinnatiséquées, à segments découpés en lanières fines, linéaires, aiguës. Tige dressée, arrondie, lisse, rameuse au sommet. — Plante d'un vert gai, glabre, très-fétide ; fleurs blanches ou rougeâtres.

Subspontané ; bords des champs à Nancy, à Dombasle. ⊙. Juin-juillet.

Trib. 4. THAPSIEÆ *Koch, Umbell. p. 73.* — Fruit comprimé par le dos ; méricarpes à côtes primaires filiformes, à côtes secondaires toutes, ou les marginales seulement, développées en ailes membraneuses. Graines à face commissurale plane. — Ombelle composée.

7. LASERPITIUM *L.*

Calice à 5 dents. Pétales émarginés, avec un lobule fléchi en dedans. Fruit ovoïde, un peu comprimé par le dos ; méricarpes à côtes dissemblables ; les côtes primaires filiformes, les côtes secondaires toutes développées en aile membraneuse ; columelle libre, bifide. — Involucre à plusieurs folioles.

1. L. latifolium *L. Sp. 356. (Laser à larges feuilles.)*
— Ombelle composée, pédonculée, très-grande ; 30-50 rayons
brièvement hérissés du côté interne ; folioles de l'involucre lancéolées, subulées ; celles de l'involucelle capillaires. Fleurs toutes
régulières. Fruit ovoïde, un peu hérissé sur les côtes primaires ;
les ailes souvent ondulées et crénelées, les marginales aussi
larges que le méricarpe. Feuilles un peu glauques et élégamment
veinées en dessous, rudes sur les bords ; les inférieures très-
grandes, longuement pétiolées (pétiole comprimé latéralement),
bi-tripinnatiséquées ; segments ovales, obtus, en cœur à la base,
crénelés, mucronés ; les supérieurs quelquefois trilobés, les
autres entiers, la plupart pétiolulés. Tige dressée, finement
striée, pleine, rameuse au sommet. — Plante robuste ; fleurs
blanches.

α *Glabrum Soy.-Will. Obs. p. 154.* Feuilles glabres. *L.
glabrum Crantz, Austr. p. 181.*

β *Asperum Soy.-Will. l. c.* Feuilles hérissées en dessous et
sur les pétioles de poils roides, tuberculeux à la base. *L. asperum
Crantz, l. c.*

Bois du calcaire jurassique. Nancy, à Boudonville, Maxéville, Vandœuvre, Fonds de Toul, etc. Metz, Gorze, Onville, Rambercourt, Rupt-
de-Mad (*Holandre*), Waville (*Taillefert*) ; Hayange. Verdun, côtes St-
Michel et de Châtillon (*Doisy*) ; St-Mihiel (*Léré*). Neufchâteau (*Mougeot*).
Sur le granit dans les escarpements des hautes Vosges ; Hohneck,
Ballon de Soultz et de Saint-Maurice (*Mougeot*). Sur le grès vosgien,
à Bitche (*Schultz*). ♃. Juillet-août.

Trib. 5. Silerineæ *Koch, Umbell. p. 84.* — Fruit comprimé
par le dos ; méricarpes à côtes primaires saillantes et obtuses, à
côtes secondaires filiformes. Graines à face commissurale plane.
— Ombelle composée.

8. Siler *Scop.*

Calice à 5 dents. Pétales émarginés, avec un lobule fléchi en
dedans. Fruit oblong, comprimé par le dos, à côtes alternativement inégales, non ailées ; columelle libre, bifide.

1. S. trilobum *Scop. Carn. 1, p. 217 ; Siler aquilegifo-
lium Soy.-Will. Cat. et Obs., p. 76 (Siler trilobé.)* — Ombelle composée, très-grande, longuement pédonculée, étalée

même à la maturité ; 15-20 rayons glabres. Fleurs toutes régulières. Fruit oblong ; quatre bandelettes larges et parallèles sur la commissure. Feuilles glabres, lisses sur les bords, glauques et élégamment veinées en dessous ; les radicales très-grandes, longuement pétiolées (pétiole comprimé latéralement), bi-tripinnatiséquées ; segments latéraux obliquement ovales, sessiles, les supérieurs plus arrondis, pétiolulés ou décurrents, tous obtus, lobés et crénelés, mucronulés, rapprochés au sommet des pétioles secondaires. Tige dressée, finement striée, pleine, rameuse au sommet. — Plante robuste, glabre ; fleurs blanches.

Bois du calcaire jurassique et du lias. Nancy, au bois de Boudonville, et de Maxéville (*Soyer-Willemet*), de Vandœuvre ; bois de Frouard (*Taillefert*) ; Pont-à-Mousson et Château-Salins (*Léré*). Metz, à la côte d'Ancy-sur-Moselle et au dessus de Gorze (*Holandre*) ; Châtel-Saint-Germain (*l'abbé Cordonnier*). ♃. Juillet-août.

Trib. 6. ANGELICEÆ *Koch, Umbell. p. 101.* — Fruit comprimé par le dos ; méricarpes à côtes primaires marginales développées en aile membraneuse, à côtes intermédiaires filiformes ou ailées. Graines à face commissurale plane. — Ombelle composée.

9. ANGELICA *L.*

Calice à limbe oblitéré. Pétales acuminés, *non émarginés.* Fruit ovoïde, comprimé par le dos, à côtes marginales ailées, à côtes dorsales *filiformes ;* columelle libre, bipartite. — Involucre nul ou oligophylle.

Ombelle à rayons peu nombreux, inégaux ; segments des feuilles linéaires .... *A. pyrenœa* (n° 1).
Ombelle à rayons nombreux, égaux ; segments des feuilles ovales-lancéolés.............. *A. sylvestris* (n° 2).

1. **A. pyrenæa** *Spreng. Umb., p. 62; Seseli pyrenœum L. Sp. 374.* (*Angélique des Pyrénées.*) — Ombelle plane, composée ; 3-7 *rayons très-inégaux*, sillonnés, glabres ; involucre nul. Fruit non émarginé à la base ; ailes toujours planes, assez épaisses, *plus étroites* que le corps du carpelle. Feuilles inférieures longuement pétiolées, bi-tripinnatiséquées ; segments *linéaires, aigus,* mucronulés, étalés, entiers ou bi-trifides ; gaîne des pétioles membraneuse, plus ou moins élargie, souvent purpurine. Tige dressée, roide, cannelée, presque sim-

ple, un peu fistuleuse; nue dans ses trois quarts supérieurs. — Plante glabre, beaucoup plus petite dans toutes ses parties que l'espèce suivante ; fleurs jaunâtres ou rosées.

Trouvé par Lachenal en 1763 sur le Blontberg (Bressoir) près de Ste-Marie-aux-mines. Est commun sur les pelouses de la partie granitique des hautes Vosges, Ballon de Saint-Maurice, Rotabac, Hohneck ; descend dans les prairies des vallées, Gérardmer, Grange et Bruyères (*Mougeot*). ♃. Juillet-août.

2. **A. sylvestris** *L. Sp. 361.* (*Angélique sauvage.*) — Ombelle grande, convexe, composée, pédonculée ; 20-30 *rayons presque égaux*, sillonnés, pubescents ; involucre nul. Fruit émarginé à la base ; ailes membraneuses, souvent ondulées, *plus larges* que le corps du carpelle. Feuilles inférieures longuement pétiolées, très-grandes, tripinnatiséquées ; segments *ovales-lancéolés*, inégalement dentés en scie ; les inférieurs éloignés du pétiole commun ; gaîne des pétioles large, ventrue, membraneuse. Tige épaisse, dressée, largement fistuleuse, lisse ou faiblement striée, rameuse ; rameaux sillonnés et pubescents sous l'ombelle. — Plante presque glabre, d'un vert pâle ou un peu glauque, quelquefois colorée de pourpre sur les pétioles et sur la tige ; fleurs blanches ou rosées.

α *Genuina Nob.* Segments des feuilles distincts, non décurrents à leur base.

β *Elatior Wahlenb. Carp. p. 84.* Segments supérieurs réunis, décurrents à leur base. *A. montana Gaud. Helv. 2, p. 341.*

Commun. La var. α dans les lieux humides, au bord des ruisseaux. La var. β dans les bois montagneux du calcaire jurassique et aussi dans les hautes Vosges. ♃. Juillet-août.

10. Selinum *L.*

Calice à limbe oblitéré. Pétales *émarginés*, avec un lobule fléchi en dedans. Fruit ovoïde, un peu comprimé par le dos, à côtes *toutes ailées*, mais les marginales plus largement ; columelle libre, bipartite. — Involucre nul ou oligophylle.

1. **S. Carvifolia** *L. Sp. 350.* (*Sélin à feuilles de Carvi.*) — Ombelle composée, pédonculée, dense ; 15-20 rayons pubescents du côté interne. Pétales connivents. Fruit ovoïde, glabre. Feuilles d'un vert gai, ovales-oblongues dans leur pourtour ; les

inférieures longuement pétiolées, bi-tripinnatiséquées, à segments profondément divisés en lanières linéaires ou ovales-lancéolées, un peu rudes sur les bords, mucronulées ; les segments inférieurs éloignés du pétiole commun. Tige dressée, peu rameuse, anguleuse. — Plante glabre ; fleurs blanches.

α *Genuina Nob.* Angles de la tige carénés, minces.

β *Membranaceum Nob.* Angles de la tige bien plus saillants, développés en ailes larges, membraneuses et transparentes ; plante plus élevée. *S. membranaceum Vill. Cat. jard. Strasb. tab. 6.*

Prés et bois humides. Lunéville au bois de Saint-Anne (*Guibal*), bois de Vitrimont (*Suard*), forêt de Mondon ; Badonviller (*Guibal*) ; Sarrebourg, à Kerprich-aux-bois (*de Baudot*). Metz, au bois de Borny, Fleury (*Segretain*) ; Bitche (*Holandre*). Verdun. Rambervillers (*Billot*) ; Bruyères, Docelles, Chéniménil, Laval (*Mougeot*) ; Mirecourt ; Epinal, Vagney (*docteur Berher*). La var. β dans les vallées des hautes Vosges, surtout vers le sommet de la vallée de Saint-Amarin. ♃. Août-septembre.

Trib. 7. Peucedaneæ *DC. Prodr. 4, p. 170.* — Fruit comprimé par le dos ; méricarpes déprimés sur les bords et formant une marge large autour du fruit ; côtes primaires filiformes ou nulles. Graine à face commissurale plane. — Ombelle composée.

11. Peucedanum *Koch.*

Calice *à cinq dents*, quelquefois oblitérées. Pétales émarginés ou entiers, avec un lobule fléchi en dedans. Fruit ovale ou oblong, comprimé par le dos, entouré d'une bordure *plane* et large, à côtes filiformes ; vallécules à 1-3 bandelettes linéaires et *de la longueur du fruit ;* columelle libre, bipartite. — Involucre variable.

1 { Calice à limbe denté ; un involucre...................... 2
  { Calice à limbe oblitéré ; pas d'involucre................. 4

2 { Feuilles à segments linéaires ; dents du calice obtuses.......
  { .... *P. palustre* (n° 1).
  { Feuilles à segments ovales ; dents du calice aiguës........ 5

3 { Fruit ovale ; pétioles communs droits... *P. Cervaria* (n° 2).
  { Fruit orbiculaire ; pétioles brisés-inclinés à chacune de leurs
  { divisions................... *P. Oreoselinum* (n° 3).

$$4 \begin{cases} \text{Feuilles à segments décussés.......} & P.\ Carvifolium\ (\text{n}^o\ 4). \\ \text{Feuilles à segments disposés dans le même plan....\ ......} \\ \text{................................} & P.\ Ostruthium\ (\text{n}^o\ 5). \end{cases}$$

1. P. palustre *Mœnch, Meth. 82 ; Thysselinum palustre Hoffm. Umb. 1, p. 134.* (*Peucédane des ruisseaux.*) — Ombelle composée, pédonculée, à 20-30 rayons ; involucre *réfléchi*. Calice à dents *larges, courtes et obtuses*. Fruit brun, *ovale*, émarginé au sommet ; ailes *plus étroites* que le méricarpe ; les deux bandelettes de la commissure *cachées* par le péricarpe. Feuilles inférieures très-grandes, longuement pétiolées, triangulaires dans leur pourtour, tripinnatiséquées ; segments *profondément divisés en lanières linéaires*, un peu rudes sur les bords, aiguës ou obtuses, mucronulées ; gaine des pétioles *auriculée* dans les feuilles supérieures. Tige dressée, sillonnée, rameuse au sommet. — Plante glabre ; fleurs blanches.

Prés humides. Commun dans les terrains de grès. Badonvillers (*Soyer-Willemet*) ; Cirey, Saint-Quirin (*de Baudot*) ; Phalsbourg, la Petite-Pierre, Dimmering (*Buchinger*). Longeville-lès-Saint-Avold et Merlebach (*Monard et Taillefert*), Sarralbe (*Warion*), Bitche (*Holandre*). Bruyères, Rambervillers (*Billot*), Remiremont, Epinal, Saint-Dié, Gérardmer et Retournemer (*Mougeot*). Plus rare dans les terrains calcaires. Lunéville à l'étang de Spada; Dieuze (*Leprieur*). Neufchâteau (*Mougeot*). ☉. Juillet-août.

2. P. Cervaria *Lapeyr. Abr. pyr. 149 ; Athamanta Cervaria L. Sp. 352.* (*Peucédane des cerfs.*) — Ombelle composée, pédonculée, à 20-30 rayons ; involucre *réfléchi*. Calice à dents *ovales, aiguës*. Fruit ovale, non émarginé; ailes *plus étroites* que le méricarpe ; les deux bandelettes de la commissure *superficielles, éloignées* du bord. Feuilles inférieures très-grandes, longuement pétiolées, coriaces, élégamment veinées et glauques sur le dos, triangulaires-oblongues dans leur pourtour, bi-tripinnatiséquées ; segments *ovales, dentés, finement cuspidés;* les plus grands incisés-lobulés à la base ; pétiole commun, *droit*, muni d'une gaîne *atténuée* au sommet. Tige dressée, sillonnée faiblement dans le bas, fortement dans le haut, presque nue supérieurement. — Plante robuste, glabre ; fleurs blanches.

Commun dans les bois du calcaire jurassique. Nancy, Lunéville, Toul, Pont-à-Mousson, Château-Salins. Metz. Commercy. Neufchâteau. ♃. Août-septembre.

3. P. Oreoselinum *Mœnch, Meth. 82; Athamantha Oreoselinum L. Sp. 352. (Peucédane oréoselin.)* — Ombelle composée, pédonculée, à 10-20 rayons ; involucre *réfléchi*. Calice à dents *ovales, aiguës*. Fruit *orbiculaire*, émarginé au sommet ; ailes *plus étroites* que le méricarpe ; les deux bandelettes de la commissure *superficielles, rapprochées du bord et décrivant un cercle*. Feuilles inférieures grandes, pétiolées, triangulaires dans leur pourtour, tripinnatiséquées ; segments ovales, divariqués, *dentés* ou *incisés*, à dents brièvement mucronulées ; pétiole commun *brisé-incliné à chacune de ses divisions ;* celles-ci étalées à angle droit. Tige dressée, rameuse. — Plante glabre ; fleurs blanches.

Commun dans les terrains de grès. Bitche (*Holandre*). Epinal, Remiremont, Bruyères (*Mougeot*). Plus rare dans les terrains d'alluvion. Rosières-aux-Salines, forêt de Vitrimont (*Suard*). Saint-Avold (*Monard et Taillefert*). ♃. Août-septembre.

4. P. Carvifolium *Vill. Dauph. 2, p. 630; Palimbia Chabræi DC. Prodr. 4, p. 176; Godr. Fl. lorr., éd. 1, t. 1, p. 289. (Peucédane à feuilles de Carvi.)* — Ombelle composée, pédonculée, à 6-15 rayons ; involucre *nul*. Calice à limbe *oblitéré*. Fruit *obové*, pourpre ; ailes *plus larges* que le méricarpe; quatre bandelettes *superficielles* à la commissure, *éloignées du bord ;* les latérales incomplètes. Feuilles inférieures pétiolées, vertes, oblongues dans leur pourtour, pinnati-bipinnatiséquées ; segments *profondément divisés en lanières linéaires* et brièvement mucronées, un peu rudes sur leur bord ; les inférieurs *croisés autour du pétiole commun*. Tige dressée, sillonnée, rameuse au sommet. — Plante glabre ; fleurs d'un blanc verdâtre ou jaunâtre.

Prés humides, bois découverts. Nancy, à Vandœuvre, Tomblaine, (*Soyer-Willemet*), Pont-à-Mousson (*Léré*); Phalsbourg et toute la vallée de la Sarre (*de Baudot*). Metz, à Fey, Borny, Colombé, le Saulcy (*Holandre*) ; Gravelotte (*Warion*); Sarreguemines et Bitche (*Schultz*). Commercy (*Maujean*). Mirecourt et Neufchâteau (*Mougeot*); dans la chaîne des Vosges, vallées de Guebwiller, de Saint-Amarin, de Massevaux (*Kirschléger*). ♃. Juillet-août.

5. P. Ostruthium *Koch, Umbell. p. 95; Imperatoria Ostruthium L. Sp. 371; Godr. Fl. lorr., éd. 1, t. 1, p. 293. (Peucédane ostruthium.)* — Ombelle composée, d'abord cachée dans la gaîne des feuilles supérieures, puis longuement pédonculée, à 30-40 rayons ; involucre *nul*. Calice à limbe *oblitéré*. Fruit *orbiculaire*, émarginé aux deux extrémités ; ailes *transparentes, plus étroites* que le méricarpe ; les deux bandelettes *superficielles,* larges, *éloignées du bord et circonscrivant une ellipse allongée.* Feuilles vertes, fermes, *planes* ; les inférieures longuement pétiolées, ternatiséquées ; segments larges, *ovales* ou *lancéolés,* pétiolulés, rudes au bord, inégalement et fortement dentés-cuspidés ; les latéraux à deux, le moyen à trois lobes profonds ; gaîne des pétioles supérieurs auriculée. Tige épaisse, finement striée, fistuleuse, plus ou moins rameuse. — Plante glabre ; fleurs blanches ou rougeâtres.

Prairies de la chaîne des Vosges. Vallées de Dabo et de Saint-Quirin (*de Baudot*). Schneeberg, Plombières, Hohneck, Val-d'Ajol (*Mougeot*). ♃. Juin-juillet.

12. Pastinaca *L.*

Calice à limbe *oblitéré*. Pétales *entiers*, à lobule tronqué ou roulé en dedans. Fruit ovale ou orbiculaire, comprimé par le dos, entouré d'une bordure *plane*, à côtes filiformes ; vallécules à une bandelette linéaire et *plus courte que le fruit ;* columelle libre, bipartite. — Involucre nul ou oligophylle.

1. P. sativa *L. Sp. 576.* (*Panais cultivé.*) — Ombelle composée, pédonculée, à 6-20 rayons striés, brièvement pubescents du côté interne. Fruit ovale-orbiculaire ; ailes six fois moins larges que le méricarpe ; commissure munie de deux bandelettes éloignées du bord, interrompues vers la base du fruit. Feuilles ovales dans leur pourtour, luisantes en dessus, pubescentes en dessous, rudes sur les bords, pinnatiséquées ; les inférieures longuement pétiolées. Tige dressée, sillonnée, rameuse, glabre ou finement pubescente. — Plante d'un vert pâle ; fleurs jaunes.

α *Genuina Nob.* Segments des feuilles libres, ovales, obtus, crénelés.

β *Macrocarpa Nob.* Segments des feuilles décurrents, un peu confluents, oblongs-lancéolés, aigus, incisés-dentés ; fruits plus gros et plus ovales.

Commun ; prés, champs, lieux incultes, dans tous les terrains. ⊙. Juillet-août.

13. HERACLEUM *L.*

Calice *à cinq dents.* Pétales émarginés, avec un lobule fléchi en dedans. Fruit ovale ou orbiculaire, comprimé par le dos, entouré d'une bordure *plane*, à côtes filiformes ; vallécules à une bandelette épaissie en massue et *plus courte que le fruit ;* columelle libre, bipartite. — Involucre ordinairement oligophylle, caduc.

1. H. Sphondylium *L. Sp. 558. (Berce brancursine.)* — Ombelle composée, pédonculée, à 15-20 rayons sillonnés, pubescents du côté interne. Fleurs blanches, inégales ; les extérieures grandes, rayonnantes. Fruits ovales, à la fin glabres ; deux bandelettes à la commissure. Feuilles ondulées ; les inférieures grandes, pétiolées, pinnatiséquées à 3-5 segments bi-trilobés, inégalement incisés-dentés, les inférieurs pétiolulés, les autres sessiles. Tige dressée, fortement sillonnée, fistuleuse, rameuse au sommet. — Plante pourvue de poils roides, articulés, tuberculeux à la base ; fleurs blanches.

Commun ; prairies, bois, dans tous les terrains. ☉. Juin-septembre.

14. TORDYLIUM *L.*

Calice *à cinq dents.* Pétales émarginés, avec un lobule fléchi en dedans. Fruit ovale ou orbiculaire, comprimé par le dos, entouré d'une bordure *épaisse, tuberculeuse*, à côtes à peine visibles ; vallécules à une ou plusieurs bandelettes filiformes ; columelle libre, bipartite. — Involucre polyphylle.

1. T. maximun *L. Sp. 845. (Tordylier élevé.)* — Ombelle composée, longuement pédonculée, à 5-10 rayons hérissés ainsi que les fruits de poils roides dirigés en haut ; involucre et involucelle à 6-8 folioles linéaires-subulées, étalées. Fleurs de la circonférence rayonnantes. Fruits presque sessiles, ovales-arrondis ; une bandelette dans chaque intervalle ; deux bandelettes rapprochées, parallèles sur la commissure. Feuilles rudes, oblongues dans leur pourtour, pinnatiséquées, à 5-7 segments oblongs, incisés-crénelés ; les inférieurs pétiolulés, le supérieur plus grand. Tige dressée, rameuse, fistuleuse, sillonnée. — Plante hérissée ; fleurs blanches.

Champs des terrains calcaires. Nancy, à Liverdun (*Monnier*), Bou-xières-aux-Dames, Malzéville ; Toul, à la côte St-Michel (*Husson et Gély*); Pont-à-Mousson (*Couteau*); Ceintrey, Sion-Vaudémont. Metz au Sablon, à la porte de Thionville, Grange-aux-Ormes (*Holandre*), Basse-Monti-gny (*Monard et Taillefert*). Verdun (*Doisy*). Neufchâteau (*Mougeot*). ⊙. Juillet-août.

Trib. 8. Seselineæ *Koch, Umbell. p. 102.* — Fruit à section transversale orbiculaire ; méricarpes à côtes primaires filiformes, égales ou les latérales plus larges. Graine à face commissurale plane. — Ombelle composée.

15. Meum *Tourn.*

Calice à limbe *oblitéré*. Pétales atténués et *aigus* à la base et au sommet. Fruit oblong, non comprimé; méricarpes à côtes *égales, carénées,* saillantes ; columelle bipartite. — Involucre nul.

1. M. athamanticum *Jacq. Austr. 4, p. 2 ; Athamanta Meum L. Sp. 553. (Méum athamante.)* — Ombelle composée, pédonculée, à 10-20 rayons anguleux, pubescents du côté interne, dressés et roides à la maturité. Fleurs régulières. Fruit gros et glabre. Feuilles radicales longuement pétiolées, nombreuses, ovales-lancéolées dans leur pourtour, bipinnati-séquées ; segments profondément découpés en lanières capil-laires, presque verticillées ; les segments inférieurs contigus au pétiole commun; une ou deux feuilles caulinaires petites. Tige dressée, grêle, fistuleuse, superficiellement striée, presque nue, un peu rameuse au sommet; rameaux anguleux sous l'om-belle. Souche épaisse, odorante, entourée au sommet de fibres sèches. — Plante glabre, d'un vert clair; fleurs blanches.

Prairies des montagnes, sur le grès et le granit. Chaîne des Vosges depuis Sarrebourg jusqu'au Ballon de Saint-Maurice. ♃. Juillet-août.

16. Silaus *Besser.*

Calice à limbe *oblitéré*. Pétales *émarginés,* avec un lobule fléchi en dedans, non atténués à la base. Fruit oblong, non com-primé; méricarpes à côtes *égales, carénées,* saillantes; columelle bipartite. — Involucre à une ou deux folioles.

1. S. pratensis *Bess. ap. Ræm. et Schult. 6, p. 36 ; Peucedanum Silaus L. S. 354.* (*Silaus des prés.*) — Ombelle composée, pédonculée, à 12-15 rayons glabres. Fleurs de la circonférence non rayonnantes. Pétales larges et tronqués à la base, pourvus d'une côte longitudinale pubescente. Fruit glabre. Feuilles inférieures pétiolées, bi-tripinnatiséquées ; segments profondément divisés en lanières linéaires-lancéolées, rudes sur les bords, mucronulées, munies dans leur milieu de nervures transparentes ; segments inférieurs éloignés du pétiole commun. Tige dressée, superficiellement striée, presque nue au sommet, rameuse ; rameaux anguleux sous les ombelles. — Plante glabre, d'un vert foncé ; fleurs jaunes.

Commun ; prairies, dans tous les terrains. ♃. Juillet-août.

17. Seseli *L.*

Calice *à 5 dents*. Pétales *émarginés*, avec un lobule fléchi en dedans, non atténués à la base. Fruit ovoïde ou oblong, non comprimé, méricarpes à côtes *épaisses, obtuses*, un peu saillantes ; et dont les latérales sont quelquefois un peu plus larges ; columelle bipartite. — Involucre variable.

1 { Involucre nul ; dents du calice aiguës et persistantes....... 2
Un involucre polyphylle ; dents du calice subulées et caduques.
.... *S. Libanotis* (n° 3).

2 { Involucelle moins long que l'ombellule.................
.... *S. montanum* (n° 1).
Involucelle plus long que l'ombellule.. *S. coloratum* (n° 2).

1. S. montanum *L. Sp. 372.* (*Séséli de montagne.*) — Ombelle composée, pédonculée, contractée à la maturité du fruit, à 6-12 rayons courts, striés, pubescents au bord interne ; involucre *nul;* folioles de l'involucelle linéaires, acuminées, *très-étroitement* bordées de blanc, *moins longues* que l'ombellule. Fleurs de la circonférence non rayonnantes. Calice à dents *aiguës*, étalées, persistantes. Fruit jaune, pubescent. Feuilles roides, dressées, glauques, ovales-oblongues dans leur pourtour, tripinnatiséquées ; segments linéaires, allongés dans les lieux ombragés (*S. glaucum var.* α *Soy.-Will. Obs. p. 88*), beaucoup plus courts dans les lieux découverts (*S. glaucum var.* β *Soy.-Will. l. c.*), un peu rudes sur le bord réfléchi en dessous, parcourus par une nervure saillante, brièvement mucronés; pétiole canaliculé en dessus. Tige dressée, roide, à peine striée, rameuse au sommet. Souche *rameuse*, à branches étalées. — Plante glabre, d'un vert glauque; fleurs blanches.

Bois du calcaire jurassique. Nancy, à Boudonville, Clairlieu, etc. (*Soyer-Willemet*); Pont-à-Mousson (*Salle*). Metz, à Saint-Quentin, Châtel, les Genivaux, Ars (*Holandre*), Prény (*Monard*), Gorze (*Taillefert*), Lessy, Plappeville (*Warion*). Verdun, côtes Saint-Michel et de la Renarderie (*Doisy*); Saint-Mihiel (*Warion*). Neufchâteau et Mirecourt (*Mougeot*). ♃. Août-septembre.

2. S. coloratum *Ehrh. Herb. 113; S. annuum L. Sp. 373.* (*Séséli colorée.*) — Se distingue de la précédente espèce par les caractères suivants : ombelle plus serrée; rayons plus nombreux (15-30), pubescents; folioles de l'involucelle *blanches-membraneuses avec une nervure verte*, ciliées et *plus longues* que l'ombellule; styles plus courts ; feuilles vertes, à segments plus étalés; gaîne des pétioles plus large, auriculée au sommet; tiges plus épaisses, striées; souche *simple, pivotante*. — Plante un peu pubescente; fleurs, tige et ombelles fructifères souvent colorées de pourpre.

Collines sèches du calcaire jurassique. Nancy, à Maxéville, Champigneules, Maréville, Villers (*Soyer-Willemet*); Sion-Vaudémont. Metz, Ars, Rosérieulles, Lorry (*Holandre*), Saint-Quentin, Plappeville (*Warion*), Arnaville, Bayonville, Onville (*Monard*); Bricy (*Taillefert*), Hayange. Verdun (*Doisy*). Neufchâteau (*Mougeot*). ⊙. ou ♃. Août.

3. S. Libanotis *Koch, Umbell. p. 111; Libanotis montana All. Ped. 2. 30; Godr. Fl. lorr., éd. 1, t. 1, p. 287. (Séséli Libanotide.)* —Ombelle composée, pédonculée, contractée après la floraison, ayant jusqu'à quarante rayons velus sur le bord interne; un *involucre* à 7-9 folioles lancéolées-subulées, à la fin réfléchies; folioles de l'involucelle linéaires-subulées, bordées de blanc, à la fin réfléchies. Fleurs de la circonférence non rayonnantes. Calice à dents allongées, *subulées, caduques*. Fruit ovale, couvert de poils roides. Feuilles toutes pétiolées; les inférieures bipinnatiséquées; segments opposés, ovales ou oblongs, pinnatifides; les inférieurs croisés autour du pétiole commun. Tige pleine, dressée, anguleuse, peu rameuse, entourée de fibres sèches à sa base. — Plante robuste, presque glabre; fleurs blanches.

Assez rare. Bois montagneux du calcaire jurassique inférieur et

moyen. Nancy, à Maron, Sexey-aux-Forges (*Soyer-Willemet*); trous
de Sainte-Reine, Chaudeney, Toul, à la côte Saint-Michel (*Husson et
Gély*); Pont-à-Mousson (*Holandre*). Dans la Moselle, à Marange et à
Sylvange (*abbé Cordonnier*). Verdun, côtes Saint-Michel, de la Renarderie (*Doisy*), Sommedieu; Saint-Mihiel (*Vincent*); Commercy, Lérouville (*Warion*). Neufchâteau (*Mougeot*). Sur le granit dans les hautes
Vosges. Ballons de Soultz, de Saint-Maurice, Rosberg (*Mougeot et Nestler*). ☉. Août-septembre.

18. Foeniculum *Hoffm.*

Calice à limbe *entier et formant un anneau un peu épais*.
Pétales *entiers*, tronqués et roulés en dedans par le sommet.
Fruit ovoïde ou oblong, non comprimé; méricarpes à côtes saillantes, *obtuses*, et dont les latérales sont *plus larges*; columelle
soudée au méricarpe. — Involucre nul.

F. vulgare *Gœrtn. Fruct. 1. 105, tab. 23; Anethum
Fœniculum L. Sp. 377.* (*Fenouil commun.*) — Ombelle composée, pédonculée, à 15-20 rayons glabres. Fleurs de la circonférence non rayonnantes. Feuilles tri-quadripinnatiséquées, à lanières très-nombreuses, capillaires, finement canaliculées à la face
supérieure; gaîne des pétioles blanche intérieurement. Tige dressée, rameuse, légèrement striée. — Plante glabre, d'un vert
sombre, très-odorante; fleurs jaunes.

Plante introduite et naturalisée sur les décombres et dans les lieux cultivés. ♄. Juin-juillet.

19. Æthusa *L.*

Calice à limbe *oblitéré*. Pétales *émarginés*, avec un lobule
fléchi en dedans. Fruit ovoïde, non comprimé; méricarpes à côtes
saillantes, *carénées* et dont les latérales *un peu plus larges* et
ciliées; columelle libre, bipartite. — Involucre nul ou à une
foliole.

1. Æ. Cynapium *L. Sp. 367.* (*Ethuse petite ciguë.*) —
Ombelle composée, longuement pédonculée, à rayons très-inégaux, anguleux, pubescents à leur bord supérieur; folioles de
l'involucelle linéaires, plus longues que l'ombellule, et placées
à son côté externe. Fleurs de la circonférence rayonnantes. Pétales munis d'une tache verte sur l'onglet. Fruit glabre, muni

de deux bandelettes arquées sur la face commissurale. Feuilles molles, bi-tripinnatiséquées ; segments ovales-lancéolés, découpés en lanières linéaires, mucronulées ; gaîne des pétioles scarieuse sur les bords, brièvement auriculée. Tige dressée, rameuse, fistuleuse, ordinairement sillonnée de lignes rougeâtres. — Plante glabre, d'un vert sombre ; fleurs blanches.

Commun dans les moissons, les bois de tous les terrains. ⊙. Juin-novembre.

20. OEnanthe *L.*

Calice à *5 dents* persistantes et accrescentes. Pétales *émarginés*, avec un lobule fléchi en dedans. Fruit ovoïde ou globuleux, non comprimé ; méricarpes à côtes *égales, obtuses ;* columelle soudée aux méricarpes. — Involucre variable.

1 { Fleurs de la circonférence rayonnantes, stériles ; ombelle longuement pédonculée............................. 2
{ Fleurs de la circonférence non rayonnantes, fertiles ; ombelle brièvement pédonculée...... *OE. Phellandrium* (n° 3).

2 { Pétioles fistuleux ; des stolons....... *OE. fistulosa* (n° 1).
{ Pétioles pleins ; stolons nuls... *OE. peucedanifolia* (n° 2).

1. Œ. fistulosa *L. Sp. 365. (OEnanthe fistuleuse.)* — Ombelles composées, pédonculées, serrées, multiflores ; la supérieure à trois rayons épais, à ombellules fertiles au centre ; les latérales à 3-7 rayons plus grêles, à ombellules stériles ; folioles de l'involucelle lancéolées, acuminées, *de moitié moins longues* que l'ombellule. Fleurs de la circonférence rayonnantes, stériles. Fruit assez gros, obové-turbiné, à côtes larges, recouvrant presque les vallécules. Feuilles caulinaires longuement pétiolées, pinnatiséquées, à segments linéaires, entiers ou trifides ; les radicales bipinnatiséquées, à segments *ovales*, obtus, entiers ou trilobés ; pétiole *fistuleux.* Tige fragile, fistuleuse, lisse, dressée. Souche formée de fibres *cylindriques-tuberculeuses,* munie de *stolons allongés.* — Plante glabre, un peu glauque ; fleurs blanches.

Fossés, marais ; commun dans toute la Lorraine, à l'exception de la chaîne des Vosges. ♃. Juin-juillet.

2. Œ. peucedanifolia *Poll. Palat. 1, p. 289. (OEnanthe peucédane.)* — Ombelles composées, pédonculées, à 5-10 rayons grêles ; toutes les ombellules fertiles au centre ; folioles de l'in-

volucelle linéaires, acuminées, *égalant* l'ombellule. Fleurs de
la circonférence rayonnantes, stériles. Fruit obové, resserré
sous les dents du calice, plus petit que dans l'espèce précédente ;
vallécules plus étroites que les côtes. Feuilles toutes pétiolées,
bipinnatiséquées ; segments *linéaires*, presque obtus, plus courts
mais *aussi étroits* dans les feuilles radicales ; pétioles *pleins*.
Tige dressée, anguleuse sillonnée, rameuse et fistuleuse au
sommet. Souche formée de fibres épaissies à la base en tubercules
napiformes. — Plante glabre ; fleurs blanches.

Prés humides. Nancy, à Jarville (*Soyer-Willemet*), Tomblaine, Saulxures, Heillecourt, Malzéville ; Lunéville (*Guibal*) ; Sarrebourg, à Bühl,
Schneckenbusch, Sarraltroff (*de Baudot*). Metz, à la Maxe, Grange-aux-
bois, Corny, Jouy (*Holandre*) ; Bitche (*Schultz*). Verdun (*Doisy*). Mirecourt (*Mougeot*). ♃. Juin-juillet.

3. **Œ. Phellandrium** *Lam. Fl. fr., 3, p, 432; Phellandrium aquaticum L. Sp. 566.* (Œnanthe phellandrie.) —
Ombelles composées, brièvement pédonculées, opposées aux
feuilles, à 7-10 rayons, toutes fertiles ; involucelle à 5-7 folioles
linéaires, *égalant presque* l'ombellule. Fleurs de la circonférence non rayonnantes, fertiles. Fruit oblong, atténué au sommet ; vallécules plus étroites que les côtes. Feuilles toutes pétiolées, tri-quadripinnatiséquées ; segments divariqués, linéaires,
entiers ou ovales-incisés ; pétioles *pleins*. Tige dressée, sillonnée,
fistuleuse, rameuse. Souche *fusiforme*, quelquefois pourvue
de stolons. — Plante verte, glabre ; fleurs blanches.

Très-commun ; ruisseaux, marais, dans tous les terrains. ♃. Juillet-
août.

Trib. 9. Amminée *Koch, Umbell. p. 114.* — Fruit comprimé
par le côté ; méricarpes à côtes primaires filiformes ou ailées,
égales. Graine à face commissurale plane. — Ombelle composée.

21. Bupleurum *L.*

Calice à limbe *oblitéré*. Pétales *entiers*, roulés en dedans par
le sommet, à lobule large et *tronqué*. Fruit comprimé par le
côté, ovoïde ou oblong ; méricarpes à bords *contigus*, à côtes
égales et plus ou moins saillantes ; columelle libre. — Involucre
variable.

1 {
Feuilles caulinaires supérieures perfoliées..............
.... *B. rotundifolium* (n° 1).
Feuilles caulinaires supérieures embrassantes...........
.... *B. longifolium* (n° 2).
Feuilles ni embrassantes ni perfoliées.................. 2

2 {
Fruit non tuberculeux, à côtes droites.. *B. falcatum* (n° 3).
Fruit tuberculeux, à côtes plissées.. *B. tenuissimum* (n° 4).

1. B. rotundifolium *L. Sp. 340. (Buplèvre à feuilles ron-des.)* —Ombelle composée, pédonculée, à 5-8 rayons courts et lisses; *involocre nul ;* involucelle à 3-5 folioles ovales, acuminées, jaunes en dessus, plus longues que l'ombellule. Fleurs de la circonférence non rayonnantes. Fruit noir, pruineux, ovale, à côtes filiformes ; vallécules striées, non glanduleuses, *sans ban-delettes.* Feuilles entières, mucronulées, entourées d'une bor-dure étroite souvent rougeâtre ; les supérieures *ovales, perfo-liées ;* les inférieures atténuées à la base et amplexicaules. Tige dressée, arrondie, rameuse au sommet. — Plante glabre, un peu glauque ; fleurs jaunes.

Commun ; moissons des terrains calcaires. ⊙. Juin-juillet.

2. B. longifolium *L. Sp. 341. (Buplèvre à feuilles lon-gues.)* — Ombelle grande, composée, pédonculée, à 5-8 rayons allongés, lisses; *un involucre* à 3-5 folioles grandes, un peu inégales, ovales; involucelle à cinq folioles elliptiques, briève-ment acuminées, souvent purpurines, plus longues que l'ombel-lule. Fleurs de la circonférence non rayonnantes. Fruit noir, pruineux, ovoïde, à côtes fines, mais saillantes ; vallécules non tuberculeuses, munies de *trois bandelettes ponctuées.* Feuilles entières, mucronulées ; les inférieures oblongues, atténuées en pétiole ; les supérieures *lancéolées, profondément en cœur à la base,* sessiles et embrassantes. Tige dressée, simple ou un peu rameuse au sommet. — Plante glabre; fleurs jaunes.

Escarpements des hautes Vosges, sur le granit et la grauwake; Ballon de Soultz et Hohneck (*Mougeot et Nestler*). ♃. Juillet-août.

3. B. falcatum *L. Sp. 341. (Buplèvre en faulx.)* — Ombelle composée, pédonculée, petite, à 3-10 rayons lisses ; *un involucre* à 1-3 folioles petites, inégales; involucelle à cinq folioles li-néaires, aiguës, une ou deux fois plus courtes que l'ombellule. Fleurs de la circonférence non rayonnantes. Fruit brun, ovoïde, *non tuberculeux,* à côtes étroites, tranchantes, *non plissées ;*

trois bandelettes dans chaque vallécule. Feuilles entières; les inférieures elliptiques ou oblongues, souvent ondulées, atténuées en un long pétiole; les supérieures *sessiles*, lancéolées, *atténuées aux deux extrémités*, souvent courbées en faux. Tige dressée, grêle, arrondie, très-rameuse, flexueuse. — Plante glabre; fleurs jaunes.

Commun; collines calcaires. ♃. Août-automne.

4. B. tenuissimum *L. Sp. 343. (Buplèvre menu.)* — Ombelle petite, brièvement pédonculée; *un involucre* à 3-5 folioles linéaires, à 2-4 rayons grêles et très-inégaux, subulés. Fleurs de la circonférence non rayonnantes. Fruit brun, ovoïde, *tuberculeux*, à côtes étroites, saillantes, *plissées et crénelées; bandelettes nulles* sur les vallécules. Feuilles entières, linéaires-lancéolées, acuminées, cuspidées, atténuées à la base, munies de trois fortes nervures. Tiges grêles, dressées, roides, ordinairement très-rameuses; rameaux supérieurs courts. — Plante glabre; fleurs jaunes.

Champs secs et pierreux, après la moisson. Verdun (*Doisy*). ☉. Juillet-août.

22. Sium *L.*

Calice *à cinq dents*. Pétales *émarginés*, avec un lobule fléchi en dedans. Fruit comprimé par le côté, ovoïde; méricarpes à bords *contigus*, à côtes égales, filiformes; columelle bipartite, souvent soudée aux méricarpes. — Involucre polyphylle.

1. S. latifolium *L. Sp. 361. (Berle à larges feuilles.)* — Ombelles grandes, terminales, portées sur des pédoncules plus longs que les rayons; involucre à folioles inégales, linéaires-lancéolées, souvent dentées, à une nervure. Fleurs de la circonférence non rayonnantes. Fruit ovoïde, glabre. Feuilles pinnatiséquées; les radicales très-grandes, pourvues d'un pétiole strié fistuleux et de 9-11 segments oblongs-lancéolés, mucronulés, dentés en scie; les feuilles supérieures moins grandes, dilatées à la base en une gaîne embrassante. Tige dressée, épaisse, fistuleuse, profondément sillonnée, rameuse au sommet. Souche rampante, pourvue de stolons. — Plante glabre; fleurs blanches.

Rare; bords des étangs. Metz, à la Maxe et Franclonchamps (*Holandre*). Verdun (*Doisy*); Saint-Mihiel (*Larzillière*); Montmédy (*Vincent*). ♃. Juillet-août.

23. Berula *Koch.*

Calice *à 5 dents.* Pétales *émarginés,* avec un lobule fléchi en dedans. Fruit comprimé par le côté, *globuleux, didyme;* méricarpes à bords *non contigus, entre-bâillés,* à côtes filiformes, égales ; columelle bipartite, soudée aux méricarpes. — Involucre polyphylle.

1. B. angustifolia *Koch, Deutschl. Fl. 2, p. 433; Sium angustifolium L. Sp. 1672. (Bérule à feuilles étroites.)* — Ombelle composée, portée sur un pédoncule court, opposé aux feuilles, plus long que les rayons lisses; involucre à folioles lancéolées, entières ou incisées, à trois nervures. Fleurs de la circonférence non rayonnantes. Feuilles luisantes, pinnatiséquées ; les radicales très-grandes, pourvues d'un pétiole épais, fistuleux, strié et de segments nombreux (9-15), oblongs, un peu obtus, inégalement dentés en scie et dont les deux paires inférieures sont écartées; les feuilles caulinaires à segments moins nombreux, lancéolés, aigus, incisés-dentés. Tige dressée, rameuse, striée, fistuleuse et fragile. Souche rampante, pourvue de stolons. — Plante glabre; fleurs blanches.

Commun dans les fossés, les ruisseaux, dans tous les terrains. ♃. Juillet-août.

24. Pimpinella *L.*

Calice à limbe *oblitéré.* Pétales *émarginés,* avec un lobule fléchi en dedans. Fruit comprimé par le côté, *ovoïde;* méricarpes à bords *contigus,* à côtes filiformes, égales ; vallécules *à plusieurs bandelettes;* columelle bifide, libre. — Involucre nul.

> Styles plus longs que l'ovaire; tige anguleuse............
> .... *P. magna* (n° 1).
> Styles plus courts que l'ovaire; tige arrondie...........
> .... *P. Saxifraga* (n° 2).

1. P. magna *L. Mant. 219. (Boucage élevé.)* — Ombelle composée, pédonculée. Fleurs de la circonférence non rayonnantes. Styles *plus longs* que l'ovaire. Fruits glabres. Feuilles luisantes, pinnatiséquées, à 3-7 segments ovales, aigus, quelquefois en cœur à la base, rudes sur les bords. Tige feuillée, *anguleuse-sillonnée,* dressée, fistuleuse, rameuse au sommet.—

Plante glabre ou un peu pubescente ; fleurs blanches ou rosées.

α *Vulgaris Gaud. Helv. 2, p. 441.* Segments des feuilles négalement dentés.

β *Dissecta Wallr. Sched. 123.* Segments des feuilles palmatifides, à lanières linéaires-lancéolées.

Commun ; bois montagneux. La var. β dans les montagnes de grès, à Sarrebourg (*de Baudot*). ♃. Mai-juin.

2. **P. Saxifraga** *L. Sp. 372. (Boucage Saxifrage.)* — — Ombelle composée, pédonculée. Fleurs de la circonférence non rayonnantes. Styles *moins longs* que l'ovaire. Fruits glabres, plus petits que dans l'espèce précédente. Feuilles luisantes, pinnatiséquées, à 3-7 segments ovales, rudes sur les bords ; ceux des feuilles radicales toujours obtus. Tige grêle, *arrondie, non anguleuse*, mais seulement finement striée, *presque nue* dans ses trois quarts supérieurs où elles ne portent que des pétioles aphylles. — Plante glabre ou pubescente ; fleurs blanches.

α *Major Koch, Deuschl. Fl. 2, p. 436.* Segments ovales, dentés dans les feuilles radicales, divisés dans les caulinaires inférieures.

β *Dissectifolia Wallr. Sched. 124.* Toutes les feuilles à segments découpés.

γ *Poteriifolia Wallr. l. c.* Segments des feuilles presque arrondis, crénelés ; plante plus petite.

Commun ; prairies, lieux incultes, bois. La var. β dans les bonnes terres. La var. γ dans les lieux arides. ♃. Juillet-août.

NOTA. M. Doisy indique en Argonne le *P. dioica* ; je n'ai pu constater d'une manière positive l'existence de cette espèce en Lorraine.

25. BUNIUM *L.*

Calice à limbe *oblitéré*. Pétales *émarginés*, avec un lobule fléchi en dedans. Fruit comprimé par le côté, *ovoïde ;* méricarpes à bords *contigus*, à côtes filiformes, égales ; vallécules *à une seule bandelette ;* columelle bifide, libre. — Involucre variable.

Feuilles oblongues dans leur pourtour, à segments décussés. .... *B. Carvi* (n° 1). Feuilles triangulaires dans leur pourtour, à segments placés dans le même plan........ *B. Bulbocastanum* (n° 2).

1. **B. Carvi** *Bieb. Fl. tauric.-cauc. 1, p. 211; Carum Carvi L. Sp. 378 ; Godr. Fl. lorr., éd. 1, t. 1, p. 274.* (*Bunium Carvi.*) — Ombelle composée, pédonculée, à 8-16 rayons *lisses ;* involucre et involucelle nuls ou à un petit nombre de folioles inégales. Fleurs de la circonférence non rayonnantes. Fruits bruns, à côtes blanches. Feuilles *oblongues* dans leur pourtour, bipinnatiséquées; segments découpés en lanières fines et terminées par une pointe blanche ou rougeâtre ; pétiole des feuilles inférieures *pourvu* à sa base de *deux folioles* finement laciniées. Racine *fusiforme*, odorante. Tige dressée, rameuse, pleine, striée. — Plante glabre ; fleurs blanches.

Commun ; prairies, bois humides, de tous les terrains. ⊙. Avril-mai.

2. **B. Bulbocastanum** *L. Sp. 349 ; Carum Bulbocastanum Koch, Umbell. p. 121 ; Godr. Fl. lorr., éd. 1, t. 1, p. 275.* (*Bunium noix de terre.*) — Ombelle composée, pédonculée, à 12-20 rayons *rudes* à leur côté supérieur; involucre polyphylle, à folioles lancéolées-subulées ; celles de l'involucelle de moitié moins longues que les rayons. Fleurs de la circonférence non rayonnantes. Feuilles *triangulaires* dans leur pourtour, bipinnatiséquées ; segments découpés en lanières linéaires, divariquées, cuspidées; pétiole *dépourvu de folioles* à sa base. Souche *globuleuse, charnue*, brune extérieurement. Tige dressée, rameuse au sommet. — Plante glabre ; fleurs blanches.

Commun ; champs argileux et calcaires. ♃. Juin-juillet.

26. Ægopodium *L.*

Calice à limbe *oblitéré*. Pétales *émarginés*, avec un lobule fléchi en dedans. Fruit comprimé par le côté, *ovoïde ;* méricarpes à bords *contigus*, à côtes filiformes, égales ; vallécules *sans bandelettes ;* columelle bifide au sommet, libre. — Involucre nul.

1. **Æ. Podagraria** *L. Sp. 379.* (*Egopode des goutteux.*) — Ombelle composée, longuement pédonculée, à rayons rudes à leur côté interne. Fleurs de la circonférence non rayonnantes. Feuilles pinnatiséquées, à segments ovales ou lancéolés, dentés, à dents cuspidées; les latéraux sessiles ou brièvement pétiolulés,

le moyen toujours pétiolulé, échancré à la base dans les feuilles inférieures. Tige forte, dressée, profondément sillonnée, rameuse au sommet. Souche rampante. — Plante glabre ; fleurs blanches, plus rarement rougeâtres.

Commun ; haies, prairies, dans tous les terrains. ♃. Mai-Juillet.

27. Ammi *Tourn.*

Calice à limbe *oblitéré*. Pétales *émarginés-bilobés*, à *lobes inégaux*, avec un lobule médian fléchi en dedans. Fruit comprimé par le côté, *ovale-oblong ;* méricarpes à bords *contigus*, à côtes filiformes, égales ; columelle bipartite, libre. — Involucre polyphylle, à folioles divisées.

1. A. majus *L. Sp. 349. (Ammi élevé.)* — Ombelle composée, longuement pédonculée, à rayons nombreux, un peu rudes ; folioles de l'involucre trifides, à lanières linéaires ; folioles de l'involucelle égalant presque les pédicelles, entières, scarieuses sur les bords, sétacées au sommet. Fleurs de la circonférence non rayonnantes. Feuilles pinnatiséquées, plus ou moins dentées, à dents terminées par un mucron cartilagineux. Tige dressée, rameuse, un peu anguleuse et finement striée. Racine fusiforme. — Plante glabre, d'un vert pâle ; fleurs blanches.

α *Genuinum Nob.* Feuilles inférieures pinnatiséquées, à segments ovales, obtus ; les moyennes bipinnatiséquées, à segments oblongs-lancéolés et dentés dans tout leur pourtour.

β *Laciniatum Nob.* Feuilles inférieures bipinnatiséquées, à segments cunéiformes ; les moyennes tripinnatiséquées, à segments linéaires-subulés, entiers ou à peine dentés, divariqués. *A. intermedium DC. Prodr. 4, p. 112.*

Rare ; exclusivement dans les champs de luzerne, et par conséquent introduit. Nancy, au vallon de Maxéville (*Suard*), Pont-d'Essey ; Château-Salins (*Léré*). Saint-Mihiel (*Léré*) ; Commercy, Sampigny (*Pierrot*). Neufchâteau (*Mougeot*). ☉. Septembre-octobre.

28. Falcaria *Riv.*

Calice *à 5 dents* dans les fleurs hermaphrodites. Pétales *émarginés,* avec un lobule fléchi en dedans. Fruit comprimé par le côté, *oblong ;* méricarpes à bords *contigus*, à côtes filiformes, égales ; columelle bifide, libre. — Fleurs polygames ; involucre polyphylle.

1. F. Rivini *Host, Fl. Austr. 1, 381; Sium Falcaria L. Sp. 362. (Faucilière de Rivin.)* — Ombelle composée, longuement pédonculée, à rayons grêles et lisses; folioles de l'involucre linéaires-sétacées, celles de l'involucelle très-inégales. Fleurs polygames; celles de la circonférence non rayonnantes. Feuilles un peu glauques, fermes; les radicales pétiolées, entières ou triséquées; les caulinaires palmatiséquées, à 3-7 segments linéaires-lancéolés, souvent courbés en faux, finement et également dentés en scie; dents incombantes, épaissies et cartilagineuses sur les bords, mucronées; pétioles pleins. Tige très-rameuse, dressée, finement striée; rameaux étalés. Racine fusiforme, très-longue. — Plante glabre; fleurs petites, blanches.

Champs argileux et calcaires. Nancy, à Tomblaine, Champigneules, Pixerécourt, Sandronviller (*Soyer-Willemet*); Lunéville, Bauzemont (*Guibal*); Pont-à-Mousson et Château-Salins (*Léré*); Sion-Vaudémont; Sarrebourg, Imling, Guermange (*de Baudot*). Metz, à la Maxe, Magny, Sommy, les Genivaux (*Holandre*), Nouilly, Lessy, Gorze (*Monard et Taillefert*), Queuleu; Hagondange; Faulquemont; Gravelotte, Conflans (*Warion*); Moyeuvre. Saint-Mihiel (*Léré*), La Tour en Woëvre (*Warion*); Commercy, Sampigny; Bar-le-Duc (*Doisy*). Bruyères, Padoux (*Mougeot*). ⊙. Juillet-août.

29. Helosciadium *Koch.*

Calice *à cinq dents.* Pétales *entiers,* à sommet dressé ou un peu infléchi. Fruit comprimé par le côté, ovoïde ou oblong, à disque épigyne crénelé; méricarpes à bords *contigus,* à côtes étroites, saillantes, égales; columelle non divisée, libre. — Involucre variable.

Ombelle sessile ou portée sur un pédoncule plus court que les rayons................... *H. nodiflorum* (no 1).
Ombelle portée sur un pédoncule plus long que les rayons.. .... *H. repens* (no 2).

1. H. nodiflorum *Koch, Umbell., p. 125; Sium nodiflorum L. Sp. 361. (Hélosciadie nodiflore.)* — Ombelle composée, *sessile* ou portée sur un pédoncule opposé aux feuilles et *plus court* que les rayons; ceux-ci blanchâtres et rudes sur les angles; involucre à une ou deux folioles membraneuses sur les bords, *caduques;* celles de l'involucelle persistantes, égalant les pédicelles. Fleurs de la circonférence non rayonnantes. Pétales

obovés, un peu fléchis au sommet. Feuilles luisantes, pinnatiséquées, à segments *ovales-lancéolés*, opposés, sessiles, obliques à
la base, dentés en scie ; pétiole plein. Tige rameuse, striée, fistuleuse, couchée, flottante ou dressée. Souche rampante, dépourvue de stolons. — Plante glabre ; fleurs petites, d'un blanc-
verdâtre.

α *Genuinum Nob.* Tiges couchées, radicantes à la base.

β *Giganteum Mutel, Fl. fr. t. 2, p.18.* Tige dressée, forte,
atteignant 9-12 décimètres.

γ *Minor Koch, Deutschl. Fl. t.2, p.444.* Tige courte, faible,
radicante à tous ses nœuds, et simulant l'*H. repens*.

Commun ; ruisseaux, étangs. La var. γ dans les lieux inondés pendant
l'hiver, à Sarrebourg (*de Baudot*). ♃. Juillet-août.

2. H. repens *Koch, Umbell., p. 126. (Hélosciadie rampante.)* — Se distingue de l'espèce précédente, et surtout de sa
var. γ, par les caractères suivants : ombelle portée sur un pédoncule *plus long* que les rayons ; involucre à 3 ou 4 folioles
non membraneuses sur les bords, *persistantes ;* feuilles d'un vert
gai, beaucoup plus petites, à segments *arrondis* et dentés, les
latéraux *bifides*, le terminal ordinairement trifide ; tige toujours
couchée et radicante à tous ses nœuds. — Plante naine.

Rare. Verdun aux bords de la Meuse ; étangs de la forêt d'Argonne
(*Doisy*). ♃. Juillet-septembre.

30. Petroselinum *Hoffm.*

Calice à limbe *oblitéré.* Pétales *à peine émarginés,* avec un
lobule fléchi en dedans. Fruit comprimé par le côté, ovoïde,
presque didyme ; méricarpes à bords *contigus*, à côtes filiformes, égales ; columelle bipartite, libre. — Involucre oligophylle.

1. P. sativum *Hoffm. Umbell. 1, p. 78 ; Apium Petrose-
linum L. Sp. 379. (Persil cultivé.)* — Ombelle composée,
pédonculée, à 10-20 rayons ; folioles de l'involucre et de l'involucelle petites, linéaires-subulées. Fleurs de la circonférence
non rayonnantes. Feuilles luisantes ; les radicales longuement
pétiolées, bipinnatiséquées, à segments ovales-en-coin, inégalement incisés-dentés ; les caulinaires supérieures triséquées, à
segments entiers, linéaires-lancéolés. Tige dressée, très-rameuse,

sillonnée, fistuleuse. — Plante glabre, aromatique ; fleurs petites, jaunes-verdâtres.

Cultivé et quelquefois subspontané. ⊙. Juin-juillet.

31. APIUM *Hoffm.*

Calice à limbe *oblitéré*. Pétales *entiers*, à sommet fléchi ou roulé en dedans. Fruit comprimé par le côté, *presque globuleux, didyme ;* méricarpes à bords *contigus*, à côtes filiformes, égales ; columelle non divisée. — Involucre nul.

1. A. graveolens *L. Sp. 379. (Ache odorante.)* — Ombelle composée, presque sessile, à 5 ou 6 rayons. Fleurs de la circonférence non rayonnantes. Feuilles luisantes, un peu charnues, à 3-5 segments cunéiformes à la base, incisés-dentés au sommet ; le segment moyen pétiolulé. Tige dressée, rameuse, fortement sillonnée, tubuleuse. Racine fusiforme, rameuse, devenant charnue et arrondie dans la plante cultivée. — Plante glabre, très-odorante ; fleurs petites, blanches.

Très-rare. Dieuze, bords du canal des Salines ; Sarrebourg, bords du ruisseau d'Angviller, Bisping (*de Baudot*). ⊙. Juillet-septembre.

32. CICUTA *L.*

Calice à *cinq dents foliacées*. Pétales *émarginés*, avec un lobule fléchi en dedans. Fruit comprimé par le côté, *presque globuleux, didyme ;* méricarpes à bords *contigus*, à côtes presque planes, égales ; columelle bipartite, libre. — Involucre nul.

1. C. virosa *L. Sp. 368. (Ciguë vireuse.)* — Ombelle composée, portée sur un pédoncule opposé aux feuilles et plus long que les rayons ; ceux-ci lisses, s'allongeant beaucoup à la maturité ; involucelles à folioles linéaires-sétacées, étalées, égalant les pédicelles. Fleurs de la circonférence non rayonnantes. Calice à dents grandes, persistantes et couronnant le fruit. Styles courbés en dehors. Feuilles molles, bi-tripinnatiséquées, à segments nombreux, linéaires-lancéolés, aigus, rudes sur les bords, dentés-mucronulés ; feuilles inférieures munies d'un pétiole allongé, cylindrique, tubuleux ; les supérieures plus petites, moins longuement pétiolées. Tige dressée, fistuleuse, rameuse. Souche très-grosse, blanche, caverneuse, munie d'un suc jaunâtre et vireux. — Plante glabre ; fleurs blanches.

Marais. Longeville-lès-Saint-Avold, Sainte-Fontaine (*Taillefert*) ; Bitche et dans les anciens lits de la Sarre (*Holandre*). Vallée des Vosges ; bords des lacs de Longemer et de Blanchemer (*Mougeot*). ♃. Juillet-août.

Trib. 10. SCANDICINEÆ *Koch, Umbell. p. 130.* — Fruit pyramidal, comprimé par le côté, atténué au sommet ou prolongé en bec ; méricarpes à côtes primaires filiformes, qui parcourent toute la longueur du fruit, ou n'existent que sur le bec. Graine à face commissurale canaliculée. — Ombelle composée, rarement simple.

33. SCANDIX *Gærtn.*

Calice à limbe presque oblitéré. Pétales tronqués ou émarginés, avec un lobule fléchi en dedans. Fruit comprimé par le côté, *prolongé en bec plus long* que les méricarpes ; ceux-ci *à cinq côtes obtuses et égales ;* columelle entière ou un peu fendue, libre. — Involucre nul ou à une foliole.

1. S. Pecten-Veneris *L. Sp. 368.* (*Scandix Peigne de Vénus.*) — Ombelle pédonculée, à 1-3 rayons lisses et arrondis ; involucelle à 3-5 folioles ciliées, entières ou bi-trifides. Fleurs du centre de l'ombellule mâles, celles de la circonférence hermaphrodites. Styles trois fois aussi longs que le stylopode. Fruits munis de glandes jaunâtres ; côtes planes, brièvement hérissées ; bec comprimé par le dos, finement strié, hérissé et glanduleux sur les bords, quatre fois plus longs que les carpelles. Feuilles ovales dans leur pourtour, bi-tripinnatiséquées, à segments profondément divisés en lanières linéaires, mucronulées et un peu rudes sur les bords. Tige courte, dressée, peu rameuse. — Plante pubescente ; fleurs blanches.

Commun ; moissons. ☉. Mai-juin.

34. ANTHRISCUS *Hoffm.*

Calice à limbe oblitéré. Pétales tronqués ou émarginés, avec un lobule fléchi en dedans. Fruit comprimé par le côté, *prolongé en bec* pourvu de dix côtes et *plus court* que les méricarpes; ceux-ci *sans côtes;* columelle bifide, libre. — Involucre nul.

1 { Fruits lisses... **2**
{ Fruits couverts d'aiguillons crochus.... *A. vulgaris* (n° 3).

2 { Involucelles complets; bec du fruit quatre fois plus court que
{ les carpelles.................... *A. sylvestris* (n° 1).
{ Involucelles dimidiés; bec du fruit égalant la moitié des car-
{ pelles.......................... *A. Cerefolium* (n° 2).

1. A. sylvestris *Hoffm. Umbell., p. 38; Chœrophyllum sylvestre L. Sp. 369.* (*Anthrisque sauvage.*) — Ombelles composées, *toutes pédonculées, dépourvues* d'une feuille à la base; 8-16 rayons glabres; involucelles *complets,* à folioles lancéolées, acuminées, ciliées, réfléchies; pédicelles munis au sommet d'une couronne de poils roides et courts. Fleurs irrégulières; les extérieures rayonnantes. Fruits *lisses* et luisants, bruns, *oblongs,* atténués au sommet, avec un bec verdâtre et *quatre fois* plus court que les carpelles. Feuilles luisantes, ciliées; les inférieures longuement pétiolées, grandes, triangulaires dans leur pourtour, tripinnatiséquées; segments ovales-oblongs, aigus, dentés ou divisés en lanières linéaires-lancéolées, mucronulées; gaîne des pétioles auriculée. Tige dressée, fistuleuse, canaliculée, rameuse-dichotome au sommet. — Plante plus ou moins couverte de poils roides, appliqués; fleurs blanches.

Commun; prairies, dans tous les terrains. ⁊. Mai-juin.

2. A. Cerefolium *Hoffm. Umbell., p. 38; Scandix Cerefolium L. Sp. 368.* (*Anthrisque cerfeuil.*) — Ombelles composées; les terminales pédonculées, *pourvues à la base d'une feuille pinnatiséquée;* les latérales opposées aux feuilles, *presque sessiles,* à 3-5 rayons velus; involucelle *dimidié,* à 2-3 folioles lancéolées, acuminées, ciliées, réfléchies. Fleurs peu irrégulières. Fruits *lisses* et luisants, finement ponctués, noirs, *linéaires,* avec un bec *égalant la moitié* des carpelles. Feuilles d'un vert pâle; les inférieures longuement pétiolées, grandes, triangulaires dans leur pourtour, bipinnatiséquées; segments ovales, profondément divisés en lanières mucronulées; gaîne des pétioles fortement ciliée. Tige dressée, rameuse, striée, épaissie sous les nœuds. — Plante presque glabre, aromatique; fleurs blanches.

Cultivé et souvent subspontané dans les vignes et autour des habitations. ⊙. Mai-juin.

3. A. vulgaris *Pers. Syn. 1, p. 320; Scandix Anthriscus*
L. Sp. p. 368. (*Anthrisque commun.*) — Ombelles petites,
composées, toutes *brièvement pédonculées*, paraissant oppositifoliées et *dépourvues* d'une feuille à leur base, à 3-6 rayons
glabres ; involucelles *complets*, à folioles lancéolées, acuminées,
ciliées, étalées. Fleurs peu irrégulières. Fruits bien plus courts
que dans les espèces précédentes, *ovoïdes-oblongs, couverts*
d'aiguillons crochus et munis à leur base d'un cercle de poils ;
bec *trois fois plus court* que les carpelles. Feuilles velues,
molles ; les inférieures pétiolées, triangulaires dans leur pourtour, tripinnatiséquées ; segments nombreux, rapprochés, divisés
en lanières courtes, obtuses, mucronées ; gaîne des pétioles
bordée de blanc. Tige faible, dressée ou ascendante, striée, rameuse. — Plante un peu velue ; fleurs blanches.

Lieux incultes. Dombasle (*Suard*) ; Toul (*Husson et Gély*). Fortifications de Metz (*Holandre*) ; Hettange (*Taillefert*). Verdun (*Doisy*).
Neufchâteau (*Mougeot*). ⊙. Mai-juin.

35. Chærophyllum *L.*

Calice à limbe oblitéré. Pétales émarginés, avec un lobule
fléchi en dedans. Fruit comprimé par le côté, linéaire-oblong,
atténué au sommet, non prolongé en bec ; méricarpes *à cinq*
côtes obtuses et égales ; columelle plus ou moins divisée. —
Involucre nul ou oligophylle.

1 { Tige épaissie sous les nœuds, non fistuleuse.............
.... *Ch. temulum* (n° 1).
Tige non épaissie sous les nœuds, fistuleuse............. 2

2 { Pétales glabres ; stylopode bordé d'une marge crénelée.....
.... *Ch. bulbosum* (n° 2).
Pétales ciliés ; stylopode non bordé.. *Ch. hirsutum* (n° 3).

1. Ch. temulum *L. Sp. 370.* (*Cerfeuil enivrant.*) — Ombelle composée, pédonculée, penchée avant la floraison, à 6-12
rayons munis de quelques poils roides et courts ; involucelles à
5-8 folioles lancéolées, acuminées, ciliées. Fleurs de la circonférence non rayonnantes. Pétales glabres, profondément bifides. Stylopode conique, *non bordé, égalant les styles dressés, mais courbés*
au sommet. Feuilles d'un vert sombre, brièvement velues des
deux côtés, triangulaires dans leur pourtour, bipinnatiséquées ;
segments ovales-oblongs, *obtus,* divisés en lanières obtuses et

brièvement mucronées ; segments inférieurs pétiolulés, les supérieurs confluents. Tige souvent violette, dressée, striée, *pleine, épaissie sous les nœuds*, hérissée à la base, velue et rameuse au sommet. Racine grêle, *fusiforme*. — Fleurs blanches.

Commun ; haies, buissons, lieux incultes, dans tous les terrains. ☉. Juin-juillet.

2. Ch. bulbosum *L. Sp. 370. (Cerfeuil bulbeux.)* — Ombelle petite, composée, pédonculée, penchée avant la floraison, à 15-20 rayons grêles et glabres ; involucelles à 5 ou 6 folioles lancéolées, acuminées, non ciliées. Fleurs de la circonférence non rayonnantes. Pétales glabres, profondément bifides. Stylopode conique, *bordé d'une marge crénelée, égalant les styles réfléchis*. Feuilles très-molles, munies sur les nervures de poils mous, très-longs, tri-quadripinnatiséquées ; segments lancéolés, aigus, divisés en lanières *très-étroites, aiguës* et mucronées. Tige tuberculeuse et hérissée dans le bas, glabre et rameuse dans le haut, *fistuleuse, non épaissie sous les nœuds*. Racine *à tubercule court, en navet*. — Tige dépourvue de feuilles dans le bas, au moment de la floraison ; fleurs blanches.

Assez rare ; haies, saussaies. Nancy, à Maxéville (*Soyer-Willemet*), Réméréville (*Hussenot*), Frouard ; Lunéville, bords de la Vezouse (*Guibal*). Metz (*Holandre*). ☉. Juillet-août.

3. Ch. hirsutum *L. Sp. 371. (Cerfeuil velu.)* — Ombelle composée, pédonculée, penchée avant la floraison, à 10-20 rayons ordinairement un peu velus ; involucelles à 5-10 folioles inégales, lancéolées, longuement acuminées, ciliées, à la fin réfléchies. Fleurs de la circonférence non rayonnantes. Pétales ciliés, en cœur renversé. Stylopode conique, *non bordé, deux fois plus court que les styles dressés-étalés*. Feuilles plus ou moins hérissées, bipinnatiséquées ; segments *lancéolés, acuminés*, bi-tri-lobés ou pinnatifides, dentés ; dents très-aiguës, longuement mucronées ; gaîne des pétioles auriculée. Tige épaisse, rameuse, dressée, striée, *fistuleuse, non épaissie* sous les nœuds, hérissée dans le bas, presque glabre au sommet. Racine *cylindrique*, épaisse, rameuse. — Fleurs blanches ou roses.

Lieux humides et bords des ruisseaux dans la chaîne des Vosges, depuis Abreschwiller jusqu'au Ballon de Saint-Maurice. ♃. Juillet-août.

36. Myrrhis *Scop.*

Calice à limbe oblitéré. Pétales émarginés, avec un lobule fléchi en dedans. Fruit comprimé par le côté, linéaire-oblong, *atténué au sommet, non prolongé en bec ;* méricarpes *à cinq côtes carénées* et égales ; columelle bifide, libre. — Involucre nul.

1. M. odorata *Scop. Carn., p. 207. (Myrrhide odorante.)* — Ombelle composée, brièvement pédonculée, à 6-10 rayons pubescents ; involucelles à folioles linéaires, acuminées, blanches, ciliées, à la fin réfléchies. Fruits très-gros, olivâtres, luisants et comme vernissés, atténués au sommet, une fois plus longs que les rayons de l'ombellule. Feuilles molles, grandes, d'un vert pâle, brièvement velues des deux côtés, triangulaires dans leur pourtour, tripinnatiséquées ; segments nombreux, lancéolés, pinnatifides ; les supérieurs confluents. Tige dressée, fistuleuse, striée, rameuse. Souche épaisse, fusiforme. — Plante exhalant l'odeur d'anis ; fleurs blanches.

Subspontané dans les prairies des Vosges et autour des habitations. ♃. Juin-juillet.

Trib. 11. Smyrneæ *Koch, Umbell. p. 133.*— Fruit comprimé par le côté, non atténué au sommet, ni prolongé en bec ; méricarpes à cinq côtes primaires plus ou moins saillantes, égales. Graines à face commissurale canaliculée. — Ombelle composée.

37. Conium *L.*

Calice à limbe oblitéré. Pétales émarginés, avec un lobule fléchi en dedans. Fruit comprimé par le côté, ovoïde ; méricarpes à bords contigus, à cinq côtes saillantes, ondulées, égales ; columelle bifide, libre. — Involucre polyphylle.

1. C. maculatum *L. Sp. 349. (Grande Ciguë.)* — Ombelle composée, pédonculée, à 12-20 rayons presque lisses ; folioles de l'involucre réfléchies, lancéolées, acuminées ; involucelles dimidiés, plus courts que les pédicelles. Fleurs toutes fertiles ; celles de la circonférence un peu irrégulières. Feuilles molles, luisantes ; les inférieures pétiolées, grandes, triangulaires dans leur pourtour, tri-quadripinnatiséquées; segments ovales-oblongs, aigus, incisés-dentés. Tige dressée, luisante ou glauque-pruineuse, fistuleuse, striée, maculée de pourpre dans le bas, très-rameuse au sommet. — Plante fétide, d'un vert sombre, glabre ; fleurs blanches.

Commun ; haies, décombres, bois, dans les terrains calcaires et argilleux. ☉. Juillet-août.

Trib. 12. HYDROCOTYLEÆ *DC. Prodr. 4, p. 58.* — Fruit comprimé par le côté, didyme ou formant deux écussons ; méricarpes à côtes primaires inégales. Graines à face commissurale plane ou carénée. — Ombelle simple.

38. HYDROCOTYLE *Tourn.*

Calice comprimé, à limbe oblitéré. Pétales entiers, aigus, à sommet dressé. Fruit plan-comprimé par le côté, formant deux écussons carénés sur le dos ; méricapes à côtes filiformes, dont les intermédiaires plus saillantes. — Involucre oligophylle.

1. **H. vulgaris** *L. Sp. 338.* (*Hydrocotyle commun.*) — Pédoncule axillaire grêle, de moitié plus court que les feuilles et muni d'une gaîne à sa base. Fleurs presque sessiles, disposées en 1 à 3 verticilles rapprochés. Fruit émarginé à sa base et au sommet, plus large que haut, pourvu entre les côtes de protubérances rougeâtres et disposées irrégulièrement. Feuilles longuement pétiolées, orbiculaires, superficiellement crénelées, à neuf nervures peltées et transparentes. Tige rameuse, rampante, émettant de chaque nœud 1 ou 2 feuilles, 1 ou 2 pédoncules et un faisceau de radicelles. — Plante herbacée, presque glabre ; fleurs très-petites, blanches ou rosées.

Prairies humides et tourbeuses. Commun sur le grès vosgien, à Bitche (*Schultz*). Rambervillers (*Billot*) ; Bruyères (*Mougeot*), Remiremont (*Taillefert*) ; Epinal (*docteur Berher*). Plus rare dans l'alluvion. Nancy, à la vanne de Jarville (*Suard*) ; Lunéville à Chanteheux, étang de Spada (*Guibal*). Bords de la Meuse à Sampigny (*Pierrot*). ♃. Juillet-août.

Trib. 13. ERYNGIEÆ *Godr. et Gren. Fl. de France, t. 1, p. 753.* — Fruit non comprimé, ovoïde ou globuleux, muni d'écailles ou d'aiguillons ; méricarpes sans côtes. Graines à face commissurale plane. — Ombelle simple ou irrégulière et composée.

39. Eryngium *L.*

Calice à cinq dents foliacées. Pétales émarginés, à lobule fléchi en dedans. Fruit globuleux, *couvert d'écailles ou de tubercules;* méricarpes sans côtes ; columelle bipartite, soudée aux méricarpes. — Fleurs sessiles, en capitule entouré d'un involucre et muni de paillettes.

1. E. campestre *L. Sp. 337.* (*Panicaut des champs.*) — Involucre à folioles linéaires, spinescentes, tripartites à la base, dépassant le capitule. Calice à dents longuement cuspidées, munies d'une forte nervure, plus longues que la corolle. Fruit couvert d'écailles blanches-scarieuses, acuminées, étroitement appliquées. Feuilles dentées-épineuses, onduleuses, munies de nervures cartilagineuses disposées en réseau ; les feuilles radicales longuement pétiolées, les unes ovales, entières, les autres pinnatipartites ; les caulinaires toujours pinnatipartites, embrassant la tige par deux oreillettes laciniées-dentées. Tige dressée, très-rameuse, à rameaux roides et divariqués. — Plante glabre, un peu glauque ; fleurs blanches.

Lieux stériles, bords des chemins. Commun dans les terrains calcaires; manque complétement dans les terrains de grès de la chaîne des Vosges. ♃. Juillet-août.

40. Sanicula *Tourn.*

Calice à cinq dents foliacées. Pétales émarginés, à lobule fléchi en dedans. Fruit subglobuleux, *hérissé d'aiguillons crochus;* méricarpes sans côtes ; columelle entière et soudée aux méricarpes. — Ombelle composée, irrégulière.

1. S. europæa *L. Sp. 339.* (*Sanicle d'Europe.*) — Ombelle simple ou composée, irrégulière, à la fin étalée, longuement pédonculée. Fleurs régulières, polygames ; les mâles pédicellées, les hermaphrodites presque sessiles. Calice à tube non hérissé dans les fleurs mâles, à dents linéaires, cuspidées, parcourues par une forte nervure. Etamines très-longues. Feuilles souvent toutes radicales, longuement pétiolées, palmatipartites, à 3-5 lobes rhomboïdaux, incisés-dentés en scie. Tige grêle, dressée, presque nue, simple ou peu rameuse. — Plante herbacée, d'un vert foncé, luisante, glabre ; fleurs blanches ou rougeâtres.

Commun ; bois humides de tous les terrains. ♃. Mai-juin.

XLVI. HÉDÉRACÉES.

Fleurs hermaphrodites, régulières. Calice à tube soudé à l'ovaire, à limbe court et à 4-5 dents caduques ou persistantes. Corolle à 4 ou 5 pétales insérés au tube du calice, alternes avec ses divisions, à préfloraison valvaire. Etamines 4 ou 5, périgynes, alternes avec les pétales; anthères biloculaires, s'ouvrant en long. Style simple; stigmate en tête. Ovaire infère, à 2-5 loges monospermes, à ovules suspendus. Le fruit est une baie ou une drupe à noyau biloculaire. Graines libres. Embryon placé dans un albumen charnu ; radicule dirigée vers le hile. — Arbrisseaux ; fleurs en ombelle ou en corymbe.

Corolle à 5 pétales ; feuilles persistantes, alternes........ .... *Hedera* (n° 1).
Corolle à 4 pétales ; feuilles caduques, opposées......... .... *Cornus* (n° 2).

1. HEDERA *Tourn.*

Calice *à cinq dents*. Pétales au nombre de *cinq*. Etamines 5. Fruit *bacciforme*, à cinq loges ou moins par avortement. — Feuilles alternes, persistantes.

1. H. Helix *L. Sp. 292.* (*Lierre grimpant.*) — Fleurs en ombelle simple, pédonculée, à rayons très-nombreux, couverts de poils en étoile. Pétales lancéolés, d'un jaune-verdâtre, très-étalés, munis d'une nervure saillante. Anthères échancrées à leur base. Style court. Baie globuleuse, noire. Feuilles éparses, d'un vert foncé, luisantes, coriaces, toutes pétiolées ; les caulinaires à 3-5 lobes acuminés ; celles des rameaux fleuris entières, ovales ou elliptiques, longuement acuminées. Tige rameuse, grimpante, s'accrochant par des radicelles aux arbres et aux murailles.

Commun; bois, dans tous les terrains. ♄. Septembre.

2. CORNUS *Tourn.*

Calice à *quatre dents*. Pétales au nombre de *quatre*. Etamines 4. Fruit *drupacé, à noyau osseux* et biloculaire. — Feuilles opposées, caduques.

{ Fleurs blanches, en corymbe; fruits noirs..............
.... *C. sanguinea* (n° 1).
{ Fleurs jaunes, en ombelle simple; fruits rouges.........
.... *C. mas* (n° 2).

1. C. sanguinea *L. Sp. 171. (Cornouiller sanguin.)* — Fleurs paraissant *après* les feuilles, *en corymbe composé*, terminal, assez longuement pédonculé, *sans involucre*. Pétales oblongs-lancéolés, pubescents extérieurement, très-étalés. Drupes globuleuses, de la grosseur d'un pois, amères, noires, mais ponctuées de blanc. Feuilles opposées, pétiolées, elliptiques, acuminées, à nervures arquées et convergentes. — Arbuste rameux; feuilles devenant rougeâtres vers l'automne; fleurs blanches.

Commun; bois, haies, dans tous les terrains. ♄. Mai-juin.

2. C. mas *L. Sp. 171. (Cornouiller mâle.)* — Fleurs paraissant *avant* les feuilles, *en ombelle simple*, petite, brièvement pédonculée; *un involucre* à quatre folioles concaves, ovales, obtuses, égalant presque l'ombelle; 8-15 rayons courts, couverts de poils simples, appliqués. Pétales lancéolés, aigus, réfléchis. Drupe ellipsoïde, rouge, d'abord très-acerbe, ensuite bonne à manger. Feuilles opposées, brièvement pétiolées, elliptiques, acuminées, à nervures arquées et convergentes. — Arbuste et même arbre; fleurs jaunes.

Commun; bois, haies, exclusivement dans les terrains calcaires. ♄. Mars-avril.

XLVII. LORANTHACÉES.

Fleurs unisexuelles, régulières, incomplètes. Fleur mâle: calice tubuleux, à 4 segments, à préfloraison valvaire; corolle nulle; étamines 4, périgynes, à anthères sessiles, soudées aux sépales, s'ouvrant par des pores. Fleur femelle: calice à tube soudé avec l'ovaire, obscurément denté; corolle à 4 pétales insérés à la gorge du calice et alternes avec ses divisions, à préfloraison valvaire; stigmate sessile. Ovaire infère, uniloculaire, monosperme; ovule dressé. Le fruit est une baie. Graine dépourvue d'enveloppes propres. Embryon droit, fixé dans un périsperme charnu; radicule opposée au hile. — Arbrisseaux parasites.

1. Viscum *Tourn.*

Les caractères sont ceux de la famille.

1. v. album *L. Sp. 1451.* (*Gui blanc.*) — Fleurs en petits capitules sessiles, terminaux ou axillaires. Pétales squamiformes, charnus. Anthères s'ouvrant par plusieurs pores. Baies globuleuses, blanches, presque transparentes, renferment un suc très-visqueux. Feuilles coriaces, oblongues, obtuses, atténuées à la base, à 3-5 nervures faibles. Tiges dichotomes. — Plante glabre et lisse, d'un vert-jaunâtre.

Commun sur les arbres dicotylédonés et principalement sur les pommiers, les poiriers, les peupliers ; plus rarement sur les hêtres dans nos forêts. ♄. Mars-avril.

CLASSE II. GAMOPÉTALES.

Fleurs pourvues de deux enveloppes florales, c'est-à-dire, d'un calice et d'une corolle. Corolle formée de pétales soudés entre eux dans une étendue plus ou moins grande. Ovules renfermés dans un ovaire et recevant l'action du pollen par l'intermédiaire d'un stigmate.

ORDRE I. GAMOPÉTALES PÉRIGYNES.

Fleurs à corolle insérée sur le calice. Pétales insérés sur le calice. Etamines insérées sur la corolle ou avec elle sur le calice. Ovaire soudé au tube du calice.

XLVIII. **CAPRIFOLIACÉES.**

Fleurs hermaphrodites, régulières ou irrégulières. Calice à tube soudé à l'ovaire, à limbe court et à 4 ou 5 dents caduques ou persistantes. Corolle gamopétale, périgyne, à limbe quadri-quinquéfide, à préfloraison imbricative. Etamines libres, insérées sur le tube de la corolle, en nombre égal à celui de ses divisions et alternant avec elles, rarement en nombre moindre ; anthères biloculaires, s'ouvrant en long. Styles 4 ou 5 distincts, ou stigmates 3-5, sessiles. Ovaire infère, à 3-5 loges monospermes ou polysper-

mes; ovules suspendus. Le fruit est une baie ou une drupe pluriloculaire ou uniloculaire par l'oblitération des cloisons. Graines à
testa dur. Embryon droit, placé dans un albumen charnu; radicule dirigée vers le hile. — Feuilles opposées.

1 { Corolle rotacée, non à 2 lèvres........................ 2
{ Corolle tubuleuse-infundibuliforme, à 2 lèvres............
.... *Lonicera* (n° 4).

2 { Styles 4 ou 5; plante herbacée............ *Adoxa* (n° 1).
{ Stigmates sessiles; arbustes........................ 3

3 { Feuilles pinnatiséquées.............. *Sambucus* (n° 2).
{ Feuilles entières ou palmatilobées....... *Viburnum* (n° 3).

1. ADOXA *L.*

Fleurs *régulières*. Calice à limbe accrescent. Corolle *rotacée*.
Etamines à filets *profondément divisés,* à divisions portant chacune
une moitié d'anthère. Styles 4 ou 5. Fruit bacciforme, couronné
par les divisions du calice. — Plante herbacée.

1. A. Moschatellina *L. Sp. 527.* (*Adoxe moscatelline.*)
— Fleurs sessiles, réunies au nombre de cinq en un capitule
porté sur un pédoncule terminal et courbé à la maturité. Calice
à dents obtuses, de moitié plus courtes que la corolle. Baie verdâtre. Graines entourées d'une aile membraneuse. Feuilles d'un
vert gai, luisantes en dessous, ternati-biternatiséquées, à segments
obtus, entiers ou incisés-mucronulés; 1-3 feuilles radicales
longuement pétiolées, égalant presque les tiges; 2 feuilles caulinaires opposées. Tige quadrangulaire, toujours simple. Souche
rampante, pourvue d'écailles sous le collet. — Fleurs verdâtres;
la terminale à une division de moins au calice et à la corolle, et
seulement à 8 étamines.

Bois humides, haies. ♃. Mars-avril.

2. SAMBUCUS *Tourn.*

Fleurs *régulières*. Calice à 5 dents. Corolle *rotacée*. Etamines
à filets *non divisés*. Stigmates 3-5, *sessiles*. Fruit bacciforme,
polysperme.

1 { Fleurs en grappe ovoïde; baie rouge.. *S. racemosa* (n° 3).
{ Fleurs en corymbe; baie noire........................ 2

$2 \begin{cases}\end{cases}$ Corymbe à divisions primaires ternées; stipules foliacées... .... *S. Ebulus* (n° 1).
Corymbe à divisions primaires quinées; stipules nulles.... .... *S. nigra* (n° 2).

1. S. Ebulus *L. Sp. 385.* (*Sureau Yèble.*) — Fleurs en *corymbe* dressé, assez fourni, plan, pédonculé. Divisions primaires *ternées ; toutes* les fleurs *pédicellées.* Baies globuleuses, *noires.* Feuilles pinnatiséquées, à 5-9 segments lancéolés, acuminés, dentés en scie ; stipules *foliacées, lancéolées,* dentées. Tige verte, *herbacée,* sillonnée, dressée, rameuse. Souche rampante. — Plante fétide, glabre ou un peu pubescente ; fleurs assez grandes, blanches, rougeâtres extérieurement.

Commun ; champs humides des terrains calcaires et argilleux. ♃. Juillet-août.

2. S. nigra *L. Sp. 385.* (*Sureau noir.*) — Fleurs en *corymbe* d'abord dressé, puis penché et se colorant en violet vers la maturité, très-fourni, plan, pédonculé, à divisions primaires *quinées ;* fleurs *latérales sessiles,* les terminales pédicellées. Baies globuleuses, *noires.* Feuilles pinnatiséquées, à 5-7 segments ovales-lancéolés, longuement acuminés, inégalement dentés en scie ; stipules *nulles.* Tige *ligneuse ;* canal médullaire large, rempli d'une moelle blanche ; rameaux verruqueux. — Fleurs d'un blanc un peu jaunâtre, odorantes.

Commun ; bois, haies, dans tous les terrains. ♃. Juin-juillet.

3. S. racemosa *L. Sp. 386.* (*Sureau à grappes.*) — Fleurs *en grappe ovoïde,* compacte, toujours dressée, pédonculée ; fleurs *toutes pédicellées.* Baies globuleuses, *rouges.* Feuilles pinnatiséquées, à 3-7 segments pétiolulés, lancéolés, acuminés, finement dentés ; stipules *nulles* ou *très-petites ;* deux verrues à la base des pétioles. Tige *ligneuse ;* canal médullaire rempli d'une moelle fauve ; rameaux verruqueux. — Fleurs d'un vert pâle.

Commun dans les terrains de grès de la chaîne des Vosges. Plus rare dans les terrains calcaires. Nancy, forêt de Haie, bois de Cercueil (*Suard*); Pont-à-Mousson (*Léré*); Lunéville au bois de Mondon (*Guibal*). Forêt d'Argonne (*Doisy*). ♃. Avril-mai.

3. VIBURNUM *L.*

Fleurs toutes régulières ou celles de la circonférence irrégulières. Calice à 5 dents. Corolle *rotacée.* Etamines à filets *non divisés*. Stigmates 3, *sessiles*. Fruit bacciforme ou drupacé, monosperme.

Feuilles non divisées................	*V. Lantana* (n° 1).
Feuilles profondément lobées.........	*V. Opulus* (n° 2).

1. V. Lantana *L. Sp. 384.* (*Viorne mancienne.*) — Fleurs *régulières*, en corymbe serré, pédonculé, à rameaux tomenteux. Calice à dents petites, obtuses, persistantes. Corolle à segments arrondis, étalés. Etamines saillantes. Baies ovales, *comprimées*, vertes, puis rouges, à la fin noires. Graine cornée, ovoïde, très-comprimée, pourvue sur chaque face de *deux sillons* qui circonscrivent une ellipse. Feuilles pétiolées, *ovales*, *obtuses*, *dentées*, en cœur à la base, vertes en dessus, plus pâles en dessous, fortement veinées en réseau, tomenteuses sur les nervures, munies de poils en étoile dans leurs intervalles. — Arbuste rameux ; fleurs blanches, odorantes.

Commun dans les bois montagneux. ♄. Mai.

2. V. Opulus *L. Sp. 384.* (*Viorne obier.*) — Fleurs en corymbe lâche, plan, pédonculé, à rameaux *glabres;* celles de la circonférence *irrégulières*, plus grandes, stériles. Calice à dents ovales, très-petites. Baies globuleuses, *non comprimées*, d'un rouge vif. Graine ovoïde, *non sillonnée*. Feuilles pétiolées, à 3-5 lobes profonds, acuminés, inégalement dentés, glabres en dessus, plus ou moins pubescents en dessous; pétiole pourvu de glandes cupuliformes. — Arbuste rameux ; fleurs blanches.

Commun ; bois humides. ♄. Juin.

4. LONICERA *L.*

Fleurs *irrégulières*. Calice à 5 dents. Corolle *tubuleuse*, *infundibuliforme*, à 2 lèvres. Etamines à filets *non divisés*. Style *filiforme;* stigmate trilobé. Fruit bacciforme.

1	Fleurs en capitule ou en faux verticilles ; tiges volubiles.....	2
	Fleurs géminées ; tiges non volubiles...................	3
2	Feuilles supérieures connées, perfoliées...............	
	.... *L. Caprifolium* (n° 1).	
	Feuilles supérieures libres...... *L. Periclymenum* (n° 2).	
3	Fleurs égalant le pédoncule........ *L. Xylosteum* (n° 3).	
	Fleurs beaucoup plus courtes que le pédoncule.........	
	.... *L. nigra* (n° 4).	

1. L. Caprifolium *L. Sp. 246.* (*Chèvrefeuille des jardins.*) — Fleurs un peu velues, disposées en *faux verticille* terminal *sessile* et souvent en un second verticille axillaire. Calice à tube ovoïde, glauque, à dents courtes, *obtuses, persistantes.* Corolle à tube allongé, *non bossu* à la base, plus long que le limbe ; lèvre supérieure obovée, tronquée, à 4 lobes obtus, se recouvrant ; lèvre inférieure plus longue, plus étroite, entière. Etamines glabres. Baies ovoïdes, non soudées, *d'un rouge écarlate.* Feuilles caduques, un peu coriaces, luisantes en dessus, glauques en dessous, entières, elliptiques, obtuses ; celles des rameaux fleuris presque sessiles, les supérieures *soudées ensemble ;* celles des rameaux feuillés un peu pétiolées, quelquefois ternées. Tige sarmenteuse, *volubile.* — Plante un peu velue sur les jeunes rameaux ; fleurs odorantes, purpurines ou jaunâtres, plus pâles (*L. pallida Host, Austr. 1, p. 298*) que dans la variété cultivée.

Bois du calcaire jurassique. Nancy, à Boudonville, Laxou (*Suard*). Forêt de Moyeuvre. Neufchâteau (*Mougeot*). ♄. Mai-juin.

2. L. Periclymenum *L. Sp. 247.* (*Chèvrefeuille des bois.*) — Fleurs en *capitule terminal longuement pédonculé.* Calice à tube ovoide, à dents lancéolées, *aiguës, persistantes.* Corolle à tube allongé, *non bossu* à la base, plus long que le limbe ; lèvre supérieure divisée en 4 lobes profonds ; lèvre inférieure étroite, entière. Etamines glabres. Baies globuleuses, *d'un rouge vif.* Feuilles caduques, ovales, aiguës, brièvement pétiolées ; les supérieures *presques sessiles, mais non soudées.* Tige sarmenteuse, *volubile.* — Plante un peu velue sur les jeunes rameaux ; fleurs odorantes, jaunâtres, souvent rougeâtres à l'extérieur, à la fin d'un jaune sale.

Commun : bois, haies. ♄. Juillet-août. Fleurit de nouveau quelquefois en octobre (*L. Periclymenum β serotinum DC. Prodr. 4, p. 332*).

3. L. Xylosteum *L. Sp. 248.* (*Chèvrefeuille des buissons.*) — Fleurs très-velues, *géminées, égalant* le pédoncule ; bractées *linéaires, plus longues* que l'ovaire. Calice à tube globuleux, glanduleux, resserré sous les dents ; celles-ci courtes, *obtuses,* ciliées, *caduques.* Corolle à tube *bossu à la base,* plus court que le limbe ; lèvre supérieure obovée, tronquée, à quatre lobes obtus ; lèvre inférieure plus courte, plus étroite, entière.

Etamines à filets velus. Baies globuleuses-déprimées, soudées par leur base, *rouges*. Feuilles caduques, molles, velues, blanchâtres en dessous, entières, *ovales*, toutes pétiolées. Tige dressée, grisâtre, rameuse, *non volubile*. — Plante d'un vert pâle ; fleurs petites, d'un blanc-jaunâtre.

Commun ; buissons, bois, dans tous les terrains et jusqu'au sommet des hautes Vosges. ♄. Mai-juin.

4. **L. nigra** *L. Sp. 247. (Chèvrefeuille noir.)* — Fleurs presque glabres, *géminées*, 3-4 *fois plus courtes* que le pédoncule grêle ; bractées ovales, *plus courtes* que l'ovaire. Calice à tube globuleux, à dents courtes, *obtuses, caduques*. Corolle à tube *bossu à la base*, gros et plus court que le limbe ; lèvre supérieure obovée, tronquée, à 4 lobes obtus ; lèvre inférieure plus étroite et entière. Étamines à filets velus. Baies ovoïdes, soudées par leur base, *noires*. Feuilles molles, oblongues, à la fin glabres. Tige dressée, rameuse, *non volubile*. — Fleurs blanches ou rosées.

Escarpements des hautes Vosges, sur le granit et la grauwack. Ballons de Soultz et de Saint-Maurice, forêt de Liézey près de Gérardmer, Hohneck, Rotabac (*Mougeot et Nestler*). ♄. Avril-mai.

XLIX. RUBIACÉES.

Fleurs hermaphrodites, plus rarement polygames, régulières. Calice à tube soudé à l'ovaire, à limbe oblitéré ou court et denté. Corolle gamopétale, périgyne, rotacée, infundibuliforme ou campanulée, à 4-5 segments, à préfloraison valvaire. Étamines libres, insérées sur le tube de la corolle, en nombre égal à celui des divisions de la corolle et alternant avec elles ; anthères biloculaires, s'ouvrant en long. Styles deux, tantôt presque libres, tantôt plus ou moins longuement soudés. Ovaire infère, à 2 carpelles ou à un seul par avortement, surmonté d'un disque épigyne, à 2 loges ou plus rarement à une seule, à loges monospermes ; ovule dressé ou suspendu. Le fruit est sec ou plus rarement charnu, didyme, formé de deux carpelles globuleux et indéhiscents, qui se séparent ordinairement à la maturité, ou plus rarement le fruit est formé d'un seul carpelle. Graine le plus souvent dressée. Embryon droit ou arqué, niché dans un albumen charnu ; radicule dirigé vers le hile. — Feuilles verticillées.

1 { Corolle rotacée ; calice à limbe oblitéré................. 2
{ Corolle campanulée ou infundibuliforme ; calice à limbe denté.

2 { Fruits secs.......................... *Galium* (n° 1).
{ Fruits charnus....................... *Rubia* (n° 2).

3 { Fruits non couronnés par les dents du calice *Asperula* (n° 3).
{ Fruits couronnés par les dents du calice... *Sherardia* (n° 4).

1. Galium *L.*

Calice à tube ovoïde ou globuleux, à limbe *oblitéré*. Corolle *rotacée*, à quatre segments étalés. Fruit *sec*, formé de deux carpelles soudés.

1 { Fleurs jaunes.......... 2
{ Fleurs blanches ou blanchâtres....................... 3

2 { Feuilles ovales-elliptiques, trinerviées ; pédicelles courbés et réfléchis après l'anthèse.......... *G. cruciata* (n° 1).
{ Feuilles linéaires, uninerviées ; pédicelles droits et dressés...
.... *G. verum* (n° 4).

3 { Tiges lisses sur les angles............................ 4
{ Tiges hérissées d'aiguillons sur les angles............... 12

4 { Feuilles trinerviées.... 5
{ Feuilles uninerviées.............................. 6

5 { Feuilles ovales ou ovales-orbiculaires, brièvement acuminées, aiguës................... *G. rotundifolium* (n° 2).
{ Feuilles linéaires-oblongues, non acuminées, obtuses.. ....
.... *G. boreale* (n° 3).

6 { Corolle à divisions brièvement apiculées................ 7
{ Corolle à divisions aiguës, non apiculées................ 11

7 { Feuilles linéaires-oblongues, obtuses, brièvement apiculées.. 8
{ Feuilles étroitement linéaires, aiguës, apiculées........... 10

8 { Pédoncules capillaires, d'abord penchés, puis dressés ; plante d'un vert glauque.............. *G. sylvaticum* (n° 5).
{ Pédoncules non capillaires, non penchés, divariqués ; plante non glauque................................ 9

9 { Grappe large, à rameaux divariqués ; tiges couchées ou ascendantes..................... *G. Mollugo* (n° 6).
{ Grappe étroite, à rameaux étalés-dressés ; tiges dressées....
.... *G. erectum* (n° 7).

10 { Feuilles épaisses, à nervure dorsale large et peu saillante....
.... *G. nitidulum* (n° 9).
{ Feuilles minces, à nervure dorsale très-étroite et saillante.....
.... *G. montanum* (n° 10).

11 {
Feuilles inférieures linéaires-lancéolées, aiguës; fruits finement chagrinés...................... *G. sylvestre* (n° 8).
Feuilles inférieures obovées, arrondies au sommet ; fruits tuberculeux.................... *G. saxatile* (n° 11).
}

12 {
Feuilles obtuses et mutiques......................... 13
Feuilles aiguës et mucronées........................ 14
}

13 {
Grappe à rameaux étalés à angle droit ; fruits lisses........
.... *G. palustre* (n° 13).
Grappe à rameaux étalés-dressés ; fruits chagrinés........
.... *G. elongatum* (n° 14).
}

14 {
Fleurs en petites grappes pauciflores et axillaires.........
.... *G. Aparine* (n° 16).
Fleurs en grappe terminale oblongue...................... 15
}

15 {
Corolle plus large que le fruit mûr; feuilles bordées d'aiguillons réfléchis. .... *G. uliginosum* (n° 12).
Corolle plus étroite que le fruit mûr ; feuilles bordées d'aiguillons ascendants............... *G. anglicum* (n° 15).
}

1. G. cruciata *Scop. Carn. 1, p. 100; Valantia cruciata L. Sp. 1491. (Gaillet croisette.)* — Fleurs polygames, en petites grappes axillaires, formées de 4 à 8 fleurs ; pédicelles *courbés et réfléchis* après l'anthèse, plus courts que les feuilles. Corolle à divisions ovales, obtusément et brièvement apiculées. Fruits un peu rugueux. Feuilles quaternées, *ovales-elliptiques, non mucronées,* veinées en réseau, d'abord très-étalées, puis réfléchies, munies *de trois nervures.* Tiges quadrangulaires, sillonnées, simples, dressées ou ascendantes, *lisses,* couvertes ainsi que les feuilles de poils longs, blancs, étalés. — Plante d'un vert-jaunâtre ; fleurs jaunes.

Commun ; prairies, haies, bois, dans tous les terrains. ♃. Avril-mai.

2. G. rotundifolium *L. Sp. 156. (Gaillet à feuilles rondes.)* — Fleurs hermaphrodites, en grappe terminale, rameuse, trichotome, *lâche,* étalé ; pédicelles *droits et dressés* après l'anthèse. Corolle à divisions lancéolées, aiguës. Fruits hérissés d'aiguillons crochus au sommet. Feuilles d'un vert gai, verticillées par quatre, *ovales* ou *ovales-arrondies, brièvement acuminées, non mucronées, à trois nervures* ordinairement hérissées, ainsi que les bords, de poils blancs, roides, allongés ; les verticilles inférieurs rapprochés. Tiges quadrangulaires, dressées, simples à la base, glabres ou velues, *lisses.* — Fleurs blanches.

Forêts des montagnes dans toute la chaîne des Vosges depuis Sarrebourg jusqu'à Giromagny. ♃. Juillet-août.

3. **G. boreale** *L. Sp. 156.* (*Gaillet boréal.*) — Fleurs hermaphrodites, en grappe terminale, *serrée*, rameuse, à rameaux opposés et dressés ; pédicelles *droits et dressés* après l'anthèse. Corolle à divisions lancéolées, brièvement apiculées. Fruits glabres ou hérissés. Feuilles d'un vert gai, un peu coriaces, verticillées par quatre, *linéaires-oblongues*, *obtuses*, bordées de blanc au sommet, un peu hérissées sur les bords réfléchis, munies *de trois nervures* glabres. Tiges quadrangulaires, roides, dressées, très-feuillées, un peu rameuses, glabres ou pubescentes, *lisses.* — Fleurs blanches.

α *Genuinum Nob.* Fruits hérissés d'aiguillons dressés, crochus au sommet.

β *Intermedium Koch Syn. éd. 1, p. 332.* Fruits munis de petits aiguillons épars, appliqués.

γ *Hyssopifolium Koch, l. c.* Fruits tout à fait glabres.

Prés montagneux. Sur le grès vosgien à Bitche, Haspelcheidt, Stuzzelbronn, Engelhardt, etc. (*Schultz*). Sur le granit, et la Grauwacke au Hohneck, Ballon de Soultz (*Mougeot*). ♃. Juillet-août.

4. **G. verum** *L. Sp. 155.* (*Gaillet jaune.*) — Fleurs hermaphrodites, en grappes oblongues, très-rameuses, serrées ; pédicelles courts, filiformes, *droits, très-étalés.* Corolle à divisions *obtuses*, brièvement apiculées. Fruits *lisses.* Feuilles verticillées par 8-12, roides, *toujours étroitement linéaires,* souvent presque sétacées, mucronées, luisantes et souvent rudes en dessus, blanchâtres et brièvement pubescentes en dessous, réfléchies par les bords et canaliculées, munies *d'une seule nervure.* Tiges arrondies, à peine anguleuses, roides, rameuses au sommet, dressées ou ascendantes, *lisses.* — Plante d'un vert foncé, noircissant par la dessiccation, glabre ou pubescente ; fleurs jaunes, odorantes.

Commun ; prairies, bois. ♃. Juin-septembre.

5. **G. sylvaticum** *L. Sp. 155.* (*Gaillet des bois.*) — Fleurs hermaphrodites, en grappes lâches, rameuses, trichotomes, à rameaux très-grêles ; pédicelles *capillaires, penchés avant la floraison, puis redressés.* Corolle à divisions *brièvement apiculées.* Fruits *chagrinés.* Feuilles minces, veinées, brièvement *mucronées*, pourvues sur les bords et souvent sur la nervure dorsale de petits aiguillons appliqués et dirigés en haut, munies *d'une seule nervure;* les caulinaires oblongues-lancéolées, atténuées à la base,

verticillées ordinairement par 8 ; les raméales par 5 ou 4 ; les supérieures souvent opposées. Tiges *lisses* et glabres, arrondies, à
peine anguleuses à la base, épaissies sous les nœuds, dressées,
rameuses. — Plante d'un vert glauque, glabre ou pubescente ;
fleurs blanches.

Commun ; bois, dans tous les terrains. ♃. Juin-juillet.

6. G. Mollugo *L. Sp. 155.* (*Gaillet mollugine.*) — Fleurs
hermaphrodites, en grappe large, très-rameuse, à rameaux
divariqués ; pédicelles courts, *droits, divariqués.* Corolle petite,
à divisions *apiculées par une longue pointe.* Fruits *chagrinés.*
Feuilles épaisses, un peu coriaces, opaques, *mucronées,* munies
d'une seule nervure, pourvues sur les bords de petits aiguillons
appliqués et dirigés en haut ; les caulinaires oblongues ou
obovées, obtuses, verticillées par 8, les raméales par 5. Tiges
quadrangulaires, *lisses,* un peu épaissies au-dessus des nœuds,
entièrement *couchées* ou couchées au moins à la base et alors se
soutenant sur les buissons, rameuses, à rameaux divariqués.
— Plante glabre ou plus rarement pubescente ; fleurs d'un
blanc sale.

Commun ; prés secs, bords des routes, bois, dans tous les terrains. ♃.
Mai-août.

7. G. erectum *Huds. Angl. 68.* (*Gaillet dressé.*) — Fleurs
hermaphrodites, en grappe étroite, rameuse, à rameaux
étalés-dressés ; pédicelles longs, *droits, dressés.* Corolle plus
grande que dans l'espèce précédente, à divisions *apiculées.* Fruits
assez gros, chagrinés. Feuilles luisantes en dessus ou des deux
côtés, *aiguës, mucronées,* munies *d'une seule nervure,* pourvues
sur les bords de petits aiguillons appliqués et dirigés en haut ; les
caulinaires linéaires, *obtuses,* verticillées par 8. Tiges quadrangulaires, *lisses,* un peu épaissies au-dessus des nœuds, *dressées,*
rameuses, à rameaux dressés. — Plante glabre ou velue ; fleurs
blanches.

Les prés, les bois. Nancy (*Soyer-Willemet*). Metz, Saint-Julien,
Olgy, etc., Thionville (*Warion*). Hautes Vosges, Ballon de Soultz. ♃.
Mai-juin.

8. G. sylvestre *Poll. Palat. 151.* (*Gaillet sauvage.*) —
Fleurs hermaphrodites, en grappe rameuse, à rameaux étalés-
dressés, filiformes et terminés par de petits corymbes de fleurs
rapprochées ; pédicelles courts, capillaires, *droits, dressés-étalés.*

Corolle à divisions *aiguës*. Fruits très-petits, finement chagrinés. Feuilles verticillées par 6 à 8, linéaires-lancéolées ou linéaires, *aiguës, mucronées, à une seule nervure dorsale étroite et saillante,* lisses ou plus souvent bordées de petits aiguillons. Tiges nombreuses, très-grêles, ascendantes, diffuses, pubescentes dans le bas, *lisses.* — Plante d'un vert un peu grisâtre ; fleurs blanches.

Commun dans les bois montagneux de toutes les formations. ♃. Juin-juillet.

9. **G. nitidulum** *Thuill.! Fl. Paris, p. 76; G. commutatum Jord.! Observ. fragm. 3, p. 149.* (*Gaillet luisant.*) — Fleurs hermaphrodites, en grappe plus grande, rameuse, à rameaux étalés, filiformes et terminés par de petits corymbes lâches ; pédicelles courts, capillaires, *droits, dressés-étalés.* Corolle plus petite que dans l'espèce précédente, à divisions *apiculées.* Fruits très-petits, finement chagrinés. Feuilles verticillées par 6 à 8, d'un vert gai, *aiguës, mucronées,* plus étroites, plus courtes, plus épaisses que dans le précédent, *à une seule nervure dorsale large et peu saillante,* lisses sur les bords. Tiges nombreuses, très-grêles, ascendantes, *lisses,* luisantes, glabres ou velues. — Plante d'un vert gai ; fleurs blanches.

Bois. Nancy, Vandœuvre, Boudonville ; Toul ; Phalsbourg. Verdun (*Doisy*). ♃. Juin-juillet

10. **G. montanum** *Vill. Dauph. 2, p. 317 bis, tab. 7 (1787); G. læve Thuill. Fl. Paris, p. 77.* (*Gaillet de montagne.*) — Fleurs hermaphrodites, en grappe rameuse, à rameaux étalés-dressés, grêles et terminés par de petits corymbes lâches et pauciflores ; pédicelles courts, capillaires, *droits, très-étalés.* Corolle plus grande que dans les deux espèces précédentes, à divisions *brièvement apiculées.* Fruit assez gros, finement chagrinés. Feuilles verticillées par 6 à 7, minces, d'un vert gai, linéaires ou linéaires-lancéolées, *aiguës, mucronées,* lisses ou bordées de petits aiguillons, *à une seule nervure* dorsale, celle-ci très-étroite et saillante. Tiges nombreuses, ascendantes, *lisses et glabres.* — Plante d'un vert gai ; fleurs blanches.

Dans les rocailles des hautes Vosges ; Hohneck, Rotabac, Ballon de Soultz. ♃. Juillet.

11. **G. saxatile** *L. Fl. suec. éd. 2, p. 463.* (*Gaillet des rochers.*) — Fleurs en petite grappe terminale, rameuse-trichotome; pédicelles droits, *étalés-dressés.* Corolle à divisions *aiguës.*

Fruits *entièrement couverts de tubercules visibles à l'œil nu.*
Feuilles verticillées ordinairement par six, *aiguës, mucronées,*
munies *d'une seule nervure* et sur les bords d'un rang de courts
aiguillons dirigés en avant ; les caulinaires supérieures *linéaires-obovées,* en verticilles écartés ; les inférieures et celles des rameaux stériles plus courtes, spatulées, *arrondies* au sommet, en
verticilles rapprochés. Tiges *lisses,* quadrangulaires, émettant
à leur base beaucoup de rameaux stériles, couchés, formant
gazon ; les rameaux fleuris seuls redressés. — Plante glabre,
noircissant un peu par la dessiccation ; fleurs blanches.

Commun dans toute la chaîne des Vosges, sur le grès, le granit et
la grauwacke. Se retrouve à Longwy suivant M. Holandre. ♃. Juillet-
août.

12. G. uliginosum *L. Sp. 153. (Gaillet des lieux fangeux.)* — Fleurs hermaphrodites, en grappe oblongue, lâche ;
pédicelles *droits, divariqués.* Corolle *plus large* que le fruit
développé, à divisions aiguës. Anthères jaunes. Fruits petits,
tuberculeux. Feuilles d'un vert gai, verticillées par 6 ou 7,
linéaires-lancéolées, *aiguës, mucronées,* un peu atténuées à la
base, munies *d'une seule nervure ;* celle-ci non hérissée, pourvues sur les bords de petits aiguillons *courbés en bas* et un peu
en dedans d'une seconde rangée d'aiguillons dirigés en haut, du
reste nues en dessus. Tiges grêles, étalées ou ascendantes, quadrangulaires, et munies *d'aiguillons crochus.* — Plante plus
élevée que les précédentes, ne noircissant pas par la dessiccation;
fleurs blanches.

Lieux tourbeux. Assez rare près de Nancy, aux Fonds de Toul, Tomblaine, étang de Champigneules (*Soyer-Willemet*); Lunéville, à Chanteheux, forêt de Vitrimont (*Guibal*). Metz, aux Etangs (*Holandre*). Commun dans les terrains de grès de la chaîne des Vosges, à Bitche (*Schultz*);
à Sarrebourg (*de Baudot*) ; à Rambervillers (*Billot*) ; à Bruyères
(*Mougeot*). ♃. Mai-août.

13. G. palustre *L. Sp. 153. (Gaillet des marais.)* —
Fleurs hermaphrodites, en grappe allongée, lâche, et peu fournie, à rameaux *très-étalés et même réfléchis* après l'anthèse ;
pédicelles *droits, divariqués.* Corolle *aussi large* que le fruit
développé, à divisions aiguës. Anthères purpurines. Fruits de
moyenne grandeur, *lisses.* Feuilles verticillées par 4 ou 5, d'un
vert clair, noircissant par la dessiccation, courtes, linéaires-oblongues, *obtuses, mutiques,* munies par les bords de petits aiguillons

tous réfléchis, lisses sur les faces, à *une seule nervure* dorsale fine. Tiges grêles, très-nombreuses, couchées à la base, diffuses, quadrangulaires, munies de très-petits *aiguillons crochus.* — Plante d'un vert gai ; fleurs blanches.

Commun ; marais, fossés, dans tous les terrains. ♃. Mai-juillet.

14. G. elongatum *Presl, Fl. sicul. 1, p. 59. (Gaillet allongé.)* — Fleurs hermaphrodites, en grappe étalée, lâche, à rameaux *étalés-dressés* après l'anthèse ; pédicelles *droits, divariqués.* Corolle du double plus grande que dans l'espèce précédente, à divisions aiguës. Fruits plus gros que dans le précédent, *évidemment chagrinés.* Feuilles verticillées par 5 à 6, longues et larges, linéaires-oblongues, *obtuses, mutiques,* à *une seule nervure,* très-rudes sur les bords, munis de deux rangs d'aiguillons dirigés en sens inverse. Tiges très-allongées, ascendentes, quadrangulaires, rudes et munies de petits *aiguillons crochus.* — Plante plus robuste et plus élevée que la précédente, à floraison plus tardive ; fleurs blanches.

Marais, fossés aquatiques. Nancy, au Pont-d'Essey, Tomblaine, étang de Champigneules ; Sarrebourg à l'étang de Hesse ♃. Juillet-août.

15. G. anglicum *Huds. Angl. p. 69. (Gaillet d'Angleterre.)* — Fleurs hermaphrodites, en grappe étroite, oblongue, à rameaux courts, *étalés ;* pédoncules *droits et étalés.* Corolle très-petite, *plus étroite* que le fruit développé, à divisions aiguës. Anthères jaunes. Fruits petits, finement chagrinés, glabres ou rarement hérissés. Feuilles d'un vert sombre, verticillées par six, ordinairement réfléchies, linéaires-lancéolées, *aiguës, mucronées,* à *une seule nervure,* munies vers les bords de deux rangs de petits aiguillons *dirigés en haut.* Tiges très-grêles, quadrangulaires, très-rameuses, diffuses ou ascendantes, armées sur les angles *d'aiguillons crochus.* — Fleurs blanches.

Rare ; champs pierreux et sablonneux. Saint-Mihiel, au camp-des-Romains (*Holandre*) ; Commercy, au bois de Rébus (*Maujean*). Rambervillers (*Billot*). ⊙. Juin-août.

16. G. Aparine *L. Sp. 157. (Gaillet gratteron.)* — Fleurs hermaphrodites, en petites grappes *axillaires, plus longues* que les feuilles ; pédoncules *droits,* divariqués. Corolle très-petite, à divisions aiguës, mutiques. Fruits hérissés d'aiguillons crochus au sommet, ou fruits simplement chagrinés. Feuilles verticillées par 6-8, linéaires-oblongues, atténuées à la base, *mucronées*, plus ou moins hérissées en dessus d'aiguillons dirigés vers le sommet, pourvues sur les bords et la nervure dorsale *unique* d'aiguillons plus forts, crochus et *dirigés en bas*. Tiges quadrangulaires, très-rameuses, ascendantes, armées sur les angles *d'aiguillons crochus.* — Plante s'accrochant aux doigts; fleurs blanches ou verdâtres.

α *Genuinum Nob.* Fruits de la grosseur d'un pois, hérissés d'aiguillons crochus au sommet et tuberculeux à leur base; feuilles grandes, élargies vers le sommet; tige velue au-dessus des nœuds.

β *Vaillantii Koch, Syn. éd. 1, p. 330.* Fruits quatre fois plus petits, hérissés d'aiguillons plus courts, non tuberculeux à leur base; feuilles étroitement linéaires; tige plus grêle. *G. Vaillantii DC. Fl. fr. 4, p. 263.*

γ *Spurium Koch, l. c.* Diffère de la précédente variété par ses fruits non hérissés et par ses tiges toujours glabres au-dessus des nœuds. *G. spurium L. Sp. 154.*

δ *Tenerum Schultz, Pl. exsic. 2ᵉ cent., n° 31 !* Fruits très-petits, hérissés d'aiguillons crochus au sommet; feuilles obovées, atténuées à la base; tige filiforme, longue de 1 décim., glabre au-dessus des nœuds. *G. tenerum Schleicher, ap. Gaud. Helv. 1, p. 442.*

La var. α commune dans les haies, et la var. β dans les moissons. La var. γ plus rare et toujours dans les champs de lin. La var δ sur le grès vosgien à Bitche, au Mont Erlenkopf, Pirmasens (*Schultz*). ☉.

17. G. tricorne *Withering, Brit. éd. 2, p. 153.* (*Gaillet à trois cornes.*) — Fleurs polygames, réunies 2 ou 3 au sommet de pédoncules communs et formant de petites grappes *axillaires et plus courtes* que les feuilles; pédoncules *courbés et réfléchis* après l'anthèse. Corolle très-petite, à divisions aiguës, mutiques. Fruits *tuberculeux*. Feuilles verticillées par 6-8, linéaires-oblongues, atténuées à la base, *fortement mucronées*, glabres en dessus, pourvues sur la nervure dosale *unique* de quelques aiguillons, et sur les bords d'un grand nombre d'aiguillons crochus dirigés en bas. Tige quadrangulaire, presque simple, ascendante, armée sur ses angles *d'aiguillons crochus.* — Plante s'accrochant facilement aux doigts; fleurs blanches.

α *Macrocarpa Nob.* Fruits de la grosseur d'un pois.

β *Microcarpa Nob.* Fruits de moitié plus petits.

Commun ; champs argileux et calcaires. ☉. Juillet-septembre.

2. RUBIA *L.*

Calice à tube globuleux, à limbe *oblitéré.* Corolle *rotacée,* à 4 ou 5 segments étalés. Fruit *charnu,* formé de deux carpelles soudés.

1. R. tinctorum *L. Sp. 158. (Garance des teinturiers.)* — Fleurs en grappes axillaires opposées et terminales, pédonculées, trichotomes ; pédicelles étalés. Corolle à segments acuminés en une longue pointe. Baies noires, de la grosseur d'un pois. Feuilles verticillées par 5 à 6, coriaces, luisantes, lancéolées, atténuées en court pétiole, munies sur les bords et sur la nervure dorsale d'aiguillons réfléchis. Tiges rameuses, diffuses, couchées ou grimpantes, quadrangulaires, armées sur les bords d'aiguillons courbés en bas. Souche rougeâtre, longue, rampante. — Plante s'accrochant fortement aux doigts ; fleurs jaunes.

Autrefois cultivé en Lorraine ; se retrouve subspontané à Bloury près de Metz ; près de la citadelle de Verdun ; à Sampigny. ♃. Juin-juillet.

3. ASPERULA *L.*

Calice à limbe court , à quatre *dents qui disparaissent à la maturité.* Corolle *campanulé ou infundibuliforme,* à tube allongé, à limbe à quatre segments étalés. Fruit *sec,* formé de deux carpelles soudés.

1 { Fleurs rapprochées en glomélule entouré d'un involucre.... .... *A. arvensis* (nº 3).
Fleurs en grappe rameuse-dichotome................... 2

2 { Feuilles linéaires-oblongues ; fruit hérissé d'aiguillons,...... .... *A. odorata* (nº 2).
Feuilles étroitement linéaires ; fruit finement tuberculeux.... .... *A. cynanchica* (nº 1).

1. A. cynanchica *L. Sp. 151. (Aspérule à l'esquinancie.)* — Fleurs en *grappe terminale, rameuse-trichotome,* longuement pédonculée. Corolle *rugueuse* extérieurement, à limbe presque égal au tube. Fruit *finement tuberculeux.* Feuilles verticillées par quatre , plus rarement par six ; celles des tiges fleuries *étroitement linéaires*, aiguës ou brièvement mucronées, lisses ou un peu rudes sur les bords. Tiges nombreuses, diffuses, *très-rameuses*, lisses, tétragones. Souche épaisse, *fusiforme*, ligneuse. — Plante glabre ou pubescente dans le bas ; fleurs roses extérieurement.

Commun ; collines sèches, dans tous les terrains. ⚥. Mai-juin

2. A. odorata *L. Sp. 150. (Aspérule odorante.)* — Fleurs en *grappe terminale, rameuse-dichotome*, longuement pédonculée. Corolle *lisse*, à limbe presque égal au tube. Fruit hérissé d'*aiguillons* blancs, *crochus* et noirs au sommet. Feuilles minces, luisantes, ponctuées en dessus, rudes sur les bords, brièvement mucronées, atténuées à la base, verticillées par 6-8 ; les inférieures obovées ; les supérieures *lancéolées ;* une couronne de poils sous chaque verticille. Tige dressée, tétragone, *simple*, glabre. Souche *longuement rampante*, émettant souvent des stolons. — Plante vivante inodore, répandant par la dessiccation l'odeur de l'*Anthoxanthum odoratum ;* fleurs blanches.

Commun ; bois, dans tous les terrains. ⚥. Mai-juin.

3. A. arvensis *L. Sp. 150. (Aspérule des champs.)* — Fleurs très-brièvement pédicellées, pourvues de bractées inégales, formant au sommet des rameaux *un glomerule entouré d'un involucre* plus long que lui et composé de folioles linéaires, obtuses, longuement ciliées. Corolle *lisse*, à tube quatre fois aussi long que le limbe. Fruit assez gros, *lisse*. Feuilles un peu rudes sur les bords et souvent à la face dorsale ; les inférieures opposées, obovées, souvent émarginées ; les autres verticillées par 6-8, *linéaires*, atténuées à la base, ordinairement obtuses. Tige arrondie, dressée, faiblement anguleuse, glabre ou un peu hérissée, *rameuse-dichotome*. Racine longue, *verticale*, rouge, presque simple. — Fleurs bleues ou rarement blanches.

Peu commun ; moissons des terrains calcaires et problablement introduit. Nancy, à Buthegnémont, vallon de Champigneules, Champ-le-Bœuf, Maron, Rogéville (*Mathieu*); Villers-Saint-Etienne (*Monard*), Pont-à-Mousson (*Léré*). Metz, Saint-Quentin, Lorry, Lessy, Rambercourt (*Taillefert*), côte de Justemont. Verdun, côte Saint-Michel et la Renarderie (*Doisy*); Saint-Mihiel, Menonville, Spada, côte Sainte-Marie, la Vierge des prés (*Warion*). Neufchâteau (*de Baudot*). ☉. Mai-juin.

4. Sherardia *L.*

Calice à limbe divisé en quatre ou six *dents persistantes* et couronnant le fruit. Corolle *infundibuliforme*, à tube allongé, à limbe à quatre segments étalés. Fruit *sec*, formé de deux carpelles soudés.

1. S. arvensis *L. Sp. 149.* (*Shérarde des champs.*) — Fleurs réunies 4-8 au sommet des rameaux, sessiles, entourées d'un involucre étalé, plus long qu'elles et formé de huit folioles soudées à leur base. Calice à dents subulées, dressées, ciliées de poils roides. Corolle à segments oblongs, presque aigus, un peu plus courts que le tube. Fruit hérissé d'aiguillons courts, dressés. Feuilles étalées, glabres en dessous, hérissées sur les bords et sur la face supérieure de poils roides ; les inférieures opposées, oblongues-obovés, obtuses ; les moyennes verticillées par quatre, spatulées, longuement acuminées ; les supérieures verticillées par six, linéaires-lancéolées. Tige couchée, tétragone, glabre ou un peu hérissée, très-rameuse. Racine verticale, rougeâtre, fibreuse. — Fleurs lilas, quelquefois blanches.

Commun ; moissons. ☉. Juin-septembre.

L. **VALÉRIANÉES.**

Fleurs hermaphrodites ou rarement unisexuelles, presque régulières ou irrégulières. Calice à tube soudé à l'ovaire, à limbe tantôt dressé, denté, à dents persistantes, tantôt divisé en lanières capillaires, plumeuses, d'abord roulées en dedans, puis se déroulant en une aigrette caduque. Corolle gamopétale, périgyne, tubuleuse, infundibuliforme, à tube égal, bossu ou éperonné à sa base, à limbe ordinairement à 5 lobes, à préfloraison imbricative. Étamines libres, insérées vers la base du tube de la corolle, au nombre de une à trois ; anthères biloculaires, s'ouvrant en long. Style simple ; stigmate entier ou bi-trilobé. Ovaire infère, à 3 loges, dont 2 stériles et souvent très-petites ou oblitérées ; la troisième fertile et monosperme ; ovule réfléchi. Le fruit est sec, indéhiscent. Graine à testa membraneux. Embryon droit ; radicule dirigée vers le hile ; albumen nul. — Feuilles opposées, sans stipules ; fleurs en corymbe terminal.

{ Corolle bossue à la base ; fruit couronné par une aigrette....
.... *Valeriana* (n° 1).
{ Corolle non bossue à la base ; fruit non couronné par une ai-
grette...... .... *Valerianella* (n° 2).

1. VALERIANA *L.*

Calice à limbe formé par des soies plumeuses, roulées en dedans, se développant à la maturité en *une aigrette*. Corolle à
tube *bossu à la base*, à limbe un peu irrégulier et quinquefide.
Etamines 3. Fruit uniloculaire.

1 { Feuilles radicales pinnatiséquées...... *V. officinalis* (n° 1).
{ Feuilles radicales entières ou incisées seulement à leur base.　2

{ Feuilles radicales obovées-oblongues ; tige lisse.........
.... *V. Phu* (n° 2).
2 { Feuilles radicales ovales en cœur, sinuées-dentées ; tige striée.
.... *V. tripteris* (n° 3).
{ Feuilles radicales ovales, non sinuées-dentées ; tige striée...
.... *V. dioïca* (n° 4).

1. **V. officinalis** *L. Sp. 45. (Valériane officinale.)* —
Fleurs *hermaphrodites*, en corymbe trichotome, ample et étalé ;
bractéoles linéaires, acuminées, scarieuses sur les bords. Stigmate
trifide. Fruit glabre, ovale-oblong, comprimé, pourvu de côtes
filiformes, écartées. Feuilles *toutes pinnatiséquées*, à 15-21
segments incisés, dentés ou entiers. Tige dressée, fistuleuse, *sillonnée*. Souche charnue, tronquée, très-odorante ; stolons nuls
ou rares. — Plante velue à sa base ; fleurs blanches ou rosées,
d'une odeur désagréable.

α *Altissima Koch, Syn. éd.1, p. 337.* Segments des feuilles
elliptiques-lancéolés, profondément incisés-dentés.

β *Media Koch, l. c.* Segments lancéolés-dentés dans les feuilles
inférieures.

γ *Angustifolia Koch, l. c.* Segments des feuilles linéaires-
lancéolés, entiers. *V. angustifolia Tausch ex Koch, l. c.*

Commun ; bois humides, bords des eaux, dans tous les terrains. ♃.
Juin-août.

2. **V. Phu** *L. Sp. 45. (Valériane phu.)* — Fleurs *herma-
hrodites*, en corymbe trichotome, dense ; bractéoles linéaires,
cuminées, scarieuses aux bords. Stigmate trifide. Fruit glabre,
vale-oblong, comprimé, pourvu de côtes filiformes, écartées.

Feuilles radicales obovées-oblongues, longuement pétiolées, *entières* ou *incisées à la base;* les caulinaires pinnatiséquées, à 2 ou 3 paires de segments lancéolés et entiers, le segment terminal un peu plus grand. Tige dressée, fistuleuse, *lisse.* Souche charnue, tronquée; stolons nuls. — Plante glabre, un peu glauque; fleurs blanchâtres, odorantes.

Rare. Bois près de Sierck (*Warion*) où elle paraît spontanée. ♃. Mai-juin.

3. V. tripteris *L. Sp. 45. (Valériane à trois lobes.)* — Fleurs *hermaphrodites*, en corymbe trichotome; bractéoles étroitement linéaires, aiguës, un peu scarieuses sur les bords. Stigmate superficiellement trifide. Fruit glabre, ovale-oblong, comprimé, pourvu de côtes filiformes, écartées. Feuilles radicales *ovales-en-cœur,* sinuées-crénelées pétiolées; les caulinaires *entières* ou *à trois segments* lancéolés, le terminal beaucoup plus grand. Tige simple, dressée, fistuleuse, *striée.* Souche longue, *noueuse, articulée,* rameuse; stolons nuls. — Plante un peu glauque, presque glabre; fleurs assez grandes, purpurines ou blanches.

Escarpements des hautes Vosges, sur le granit; ballons de Soultz et de Saint-Maurice, Hohneck, Rotabac, Rossberg, rochers de la vallée de la Vologne, etc. (*Mougeot*). ♃. Mai-juillet.

4. V. dioïca *L. Sp. 44. (Valériane dioïque.)* — Fleurs *dioïques,* en corymbe trichotome; fleurs femelles plus petites, en corymbe plus serré; bractéoles linéaires, aiguës, scarieuses sur les bords. Stigmate bi-trifide. Fruit glabre. Feuilles inférieures longuement pétiolées, à limbe *ovale* ou *elliptique, entier;* les supérieures *pinnatiséquées,* à segment terminal très-grand. Tige dressée, glabre, excepté à ses nœuds. Souche grêle, *longuement rampante;* des stolons. — Plante beaucoup plus petite que la précédente; fleurs rougeâtres.

Prairies humides. Assez rare dans les terrains calcaires. Nancy, à Pixerécourt, aux Fonds de Toul (*Soyer-Willemet*); Pont-à-Mousson; Toul (*Husson*); Lunéville. Metz, à la Bonne Fontaine, vallon de Saulny (*Holandre*); Saint-Remy près de Woippy, Ars-sur-Moselle (*Taillefert*), Frescaty (*Monard*); Saint-Avold (*Box*), Sarralbe (*Warion*). Verdun, à Baleycourt, Moulainville (*Doisy*); Saint-Mihiel (*Léré*); Pagny-sur-Meuse. Très-commun dans les terrains de grès de la chaîne des Vosges. ♃. Mai-juin.

2. Valerianella *Tourn.*

Calice à limbe denté ou oblitéré, *non en aigrette.* Corolle à tube *non bossu à la base,* à limbe régulier et quinquéfide; Etamines 3. Fruit à 3 loges, dont 2 stériles.

1 { Calice à limbe oblitéré................................ 2
{ Calice à limbe saillant, tronqué obliquement.............. 3

2 { Fruit plus large que long, comprimé-lenticulaire, non canaliculé........................ *V. olitoria* (n° 1).
{ Fruit plus long que large, subtétragone, profondément canaliculé sur une face............... *V. carinata* (n° 2).

3 { Calice à limbe veiné en réseau, aussi large que le fruit......
{ .... *V. eriocarpa* (n° 3).
{ Calice à limbe non veiné en réseau, plus étroit que le fruit..

4 { Fruit ovoïde-conique, muni sur une face d'une fossette ovale et circonscrite par deux côtes filiformes. *V. Morisonii* (n° 4).
{ Fruit ovoïde-globuleux, dépourvu de fossette, à trois lobes...
{ .... *V. Auricula* (n° 5).

1. V. olitoria *Mœnch, Meth. 493.* (*Valérianelle potagère.*) — Fleurs en corymbe serré, à rameaux *plans en dessus, divariqués;* bractéoles linéaires-spatulées, arrondies au sommet, ciliées. Calice à limbe oblitéré. Fruit *irrégulièrement arrondi,* comprimé, un peu ridé transversalement, muni sur le dos d'un sillon et sur chaque face de deux autres sillons *rapprochés et parallèles* qui divisent le fruit en deux parties inégales; loges vides séparées par une cloison membraneuse et *incomplète;* péricarpe épaissi *en une masse spongieuse* du côté de la loge fertile. Feuilles ciliées; les inférieures oblongues-spatulées, obtuses, entières; les supérieures plus étroites, plus aiguës, souvent dentées vers leur base. Tige brièvement hérissée et rude sur les angles, rameuse-dichotome au sommet; rameaux très-étalés; fleurs blanches ou d'un blanc-bleuâtre, ainsi que dans les espèces suivantes.

α *Leiocarpa Rchb. Icon. f. 121.* Fruits glabres.
β *Lasiocarpa Rchb. l. c., f. 122.* Fruits pubescents.

Commun; lieux cultivés. La var. β rare, dans les moissons à **Tomblaine** près de Nancy. ☉. Avril-mai.

2. V. carinata *Lois. Not. 149.* (*Valérianelle carénée.*) — Fleurs en corymbe serré, *plan en dessus, divariqué;* bractéoles linéaires-oblongues, obtuses, ciliées. Calice à limbe oblitéré. Fruit *presque tétragone, profondément canaliculé* sur l'une des faces, muni sur la face opposée d'une côte filiforme et sur les faces latérales d'une petite côte et d'un sillon dont l'un des bords est saillant ; loges vides grandes, séparées par une cloison *complète ;* péricarpe *non épaissi, ni spongieux* sur le dos de la loge fertile. Feuilles ciliées ; les inférieures spatulées, obtuses, entières ; les supérieures plus étroites, plus aiguës, quelquefois denticulées. Tige souvent velue sur les angles, rameuse-dichotome au sommet ; rameaux très-étalés.

α *Leiocarpa Nob.* Fruits glabres.

β *Lasiocarpa Nob.* Fruits velus.

Nancy, vignes de Boudonville (*Suard*), Tomblaine ; Pont-à-Mousson (*Léré*). Sarreguemines (*Schultz*). Saint-Mihiel (*Léré*). ☉. Avril-mai.

3. **V. eriocarpa** *Desv. Journ. bot. 2, p. 314, tab. 11, f. 2.* (*Valérianelle à fruits velus*). — Fleurs en corymbe serré, à rameaux largement *canaliculés* en dessus, *non divariqués ;* bractéoles appliquées, hastées, aiguës, scarieuses et finement ciliées sur les bords. Calice à limbe formant une couronne complète, veiné en réseau, *évasé*, tronqué obliquement, denticulé, *aussi large* et presque aussi long que le fruit mûr. Fruit ordinairement pourvu de poils disposés en lignes longitudinales, *ovoïde*, convexe avec une côte filiforme sur le dos, un peu comprimé en avant, et là pourvu de quatre côtes arrondies et saillantes ; les deux intérieures réunies par leur base et circonscrivant un espace creux, *ovale*, divisé en deux parties égales par une côte filiforme ; loges très-inégales ; les stériles réduites à un *canal étroit*. Feuilles brièvement ciliées ; les inférieures oblongues-spatulées, obtuses ; les supérieures plus étroites, souvent munies de deux petites dents à la base. Tige tétragone, brièvement hérissée et rude sur les angles, rameuse-dichotome dès la base ; rameaux étalés.

Très-rare. Nancy, au-dessus de Vandœuvre (*Suard!*), Liverdun, Pompey. Metz, Reuilly (*Warion*). ☉. Avril-mai.

4. **V. Morisonii** *DC. Prodr. 4, p. 627 ; V. dentata Koch, et Ziz, Cat. p. 17 ; Godr. Fl. lorr. éd. 1, t. 1, p. 321.* (*Valérianelle de Morison.*) — Fleurs en corymbe peu serré ; bractéoles linéaires, aiguës, scarieuses et finement ciliées sur les bords, un peu décurrentes sur les *pédoncules plans en dessus et divariqués*. Calice à limbe saillant, non veiné, tronqué très-obliquement, *rétréci* au sommet, denté, *beaucoup plus étroit*

et moins long que le fruit mûr. Fruit *ovoïde-conique*, convexe avec une côte filiforme sur le dos, un peu comprimé en avant et là muni de quatre côtes arrondies et saillantes ; les deux intérieures réunies par leur base et circonscrivant un espace creux, *ovale-oblong*, divisé en deux parties égales par une côte filiforme ; loges stériles réduites à un canal étroit, *beaucoup plus petites* que la loge fertile. Feuilles comme dans l'espèce précédente. Tige rameuse-dichotome dans sa moitié supérieure ; rameaux moins étalés.

α *Vera Soy.-Will. Mém. de l'Académie de Nancy, 1829, p. 69.* Fruits glabres.

β *Mixta Soy-Will. l. c.* Fruits velus. *V. mixta Dufr. Val. 56.*

La var. α très-commune dans les moissons. La var. β plus rare. Nancy, au Sauvageon, Champ-le-Bœuf (*Soyer-Willemet*) ; Neuvillers ; bois vers les Fonds de Toul, Liverdun. Metz, à Fey (*Holandre*), Gorze (*Taillefert*), les Etangs (*Warion*) ; Bitche (*Schultz*). Verdun (*Doisy*). Rambervillers (*Billot*). ☉. Juillet-août.

5. **V. Auricula** *DC ! Fl. fr. 5, p. 492.* (*Valérianelle oreillette.*) — Fleurs en corymbe lâche ; bractées linéaires, presque aiguës, scarieuses et ciliées sur les bords, un peu décurrentes sur les pédoncules *fins et divariqués.* Calice à limbe saillant, petit, *tronqué très-obliquement,* dentelé à la base de la troncature. Fruit glabre, *ovoïde-globuleux,* muni sur la face ventrale d'un sillon longitudinal et de trois côtes filiformes dont l'une dorsale et les deux autres latérales ; loges stériles *plus grandes* que la loge fertile. Feuilles analogues à celles des espèces précédentes. Tige rameuse-dichotome dans sa moitié supérieure ; rameaux-étalés.

Commun dans les moissons. ☉. Juillet-août.

LI. **DIPSACÉES.**

Fleurs hermaphrodites, plus ou moins irrégulières, munies chacune d'un involucelle caliciforme, gamophylle et turbiné, sessiles sur un réceptacle commun, et formant un capitule entouré d'un involucre commun. Calice à tube soudé à l'ovaire et rétréci en col au sommet, à limbe cyathiforme, entier, denté ou terminé par des soies roides. Corolle gamopétale, périgyne, tubuleuse, pourvues de nervures opposées aux lobes, à limbe quadri-

quinquefide, à lobes inégaux, à préfloraison imbricative. Etamines 4, insérées sur le tube de la corolle et alternant avec ses
4 divisions inférieures ; anthères libres, biloculaires, s'ouvrant
en long. Style filiforme ; stigmate entier ou bifide. Ovaire infère, uniloculaire, monosperme ; ovule réfléchi. Le fruit est un
akène, couronné par le limbe du calice, indéhiscent, renfermé
dans l'involucelle caliciforme et persistant. Graine soudée au
péricarpe. Embryon droit, niché dans un albumen charnu ;
radicule dirigée vers le hile. — Feuilles opposées.

1 { Réceptacle pourvu de paillettes.......................... 2
{ Réceptacle dépourvu de paillettes........ *Knautia* (n° 2).

2 { Tiges munies d'aiguillons; calice à limbe cilié. *Dipsacus* (n° 1).
{ Tiges sans aiguillons ; calice aristé....... *Scabiosa* (n° 3).

1. DIPSACUS *Tourn.*

Involucre à folioles ordinairement épineuses. Réceptacle
chargé de paillettes terminées par une longue pointe. Involucelle tétragone, *profondément sillonné*, entier ou dentelé. Calice
à limbe discoïde ou concave, entier ou à quatre dents, *cilié*.
Corolle quadrifide. — Plantes épineuses.

1 ⌠ Feuilles soudées en godet à leur base ; capitules ovoïdes.... 2
⎟ Feuilles non soudées à leur base ; capitules globuleux......
⎣ .... *D. pilosus* (n° 3).

2 ⌠ Paillettes du réceptacle dressées..... *D. sylvestris* (n° 1).
⎟ Paillettes du réceptacle courbées en dehors..............
⎣ .... *D. Fullonum* (n° 2).

1. D. sylvestris *Mill. Dict. 2. (Cardère sauvage.)* — Capitules ovoïdes, *dressés ;* involucre à folioles linéaires, aiguës,
ascendantes, pourvues d'aiguillons et d'une côte dorsale épaisse,
saillante ; paillettes *égalant* ou *dépassant* le capitule, scarieuses,
concaves, oblongues-obovées, brusquement terminées en une
longue pointe subulée, ciliée et dressée. Calice à limbe velu,
tétragone, caduc. Fruit oblong. Feuilles coriaces, épineuses sur
la nervure médiane, inégalement crénelées sur les bords ; les
radicales oblongues, brièvement pétiolées, étalées sur la terre ;
les caulinaires oblongues-lancéolées, connées à leur base en un
godet évasé. Tige dressée, sillonnée, épineuse, peu rameuse. —
Plante ordinairement glabre ; fleurs lilas.

Commun le long des routes ; ne se trouve pas dans les terrains de grès.
⊙. Juillet-août.

2. D. Fullonum *Willd. Sp. 1, p. 543. (Cardère à foulon.)*
— Capitules ovoïdes, *dressés;* involucre à folioles linéaires-
lancéolées, aiguës, *étalées* ou *réfléchies*, inégales, un peu épineuses, *plus courtes* que le capitule; paillettes pliées en gouttière,
oblongues, terminées par une pointe épineuse *courbée en dehors.*
Calice à limbe velu, tétragone, caduc. Fruit oblong. Feuilles
coriaces, épineuses sur la nervure mediane, crénelées ou lobulées; les radicales grandes, oblongues, brièvement pétiolées; les
caulinaires oblongues-lancéolées, connées à leur base en un
godet évasé. Tige dressée, sillonnée, épineuse, rameuse supérieurement. — Plante glabre; fleurs d'un rose lilas.

Cultivé et quelquefois subspontané. ⊙. Juillet-août.

Nota. Le *D. laciniatus L.* a été semé par M. Billot aux environs de
Rambervillers.

3. D. pilosus *L. Sp. 141; Cephalaria pilosa Gren. et
Godr. Fl. de France, 2, p. 69. (Cardère velue.)* — Capitules
petits, globuleux, *penchés* au moment de la floraison, puis
dressés; involucre à folioles longuement ciliées, lancéolées,
acuminées, étalées, puis *réfléchies; paillettes dressées*, scarieuses,
concaves, obovées, brusquement terminées par une pointe subulée et longuement cilié. Calice à limbe velu et cilié, à quatre
lobes, caduc. Fruit oblong-obové. Feuilles ovales, acuminées,
fortement crénelées, pourvues à la base du limbe *d'une paire de
segments;* les radicales grandes, longuement pétiolées, hérissées
de poils roides; les caulinaires *non connées.* Tige dressée, sillonnée, très-rameuse, hérissée à la base, épineuse au sommet.
— Fleurs blanches.

Bords des routes, fossés, lieux humides, dans les terrains calcaires,
jamais sur le grès. Nancy, à Laxou, vignes de Malzéville, route de Metz,
Neuviller, Liverdun (*Mathieu*); Pont-à-Mousson (*Léré*). Metz, autour
de la ville, vallon de Montvaux, Corny (*Holandre*), Gorze, Scy, Cha-
zelles (*Taillefert*), Corny (*Monard*), Frescaty, Lessy; Sierck (*Warion*),
Hayange, Moyeuvre (*Ducolombier*). Verdun (*Doisy*); Saint-Mihiel (*Léré*).
Neufchâteau, Girmont (*Mougeot*). ⊙. Juillet-août.

2. Knautia *Coult.*

Involucre à folioles non épineuses. Réceptacle hérissé de soies,
dépourvu de paillettes. Involucelle tétragone, comprimé, *non
sillonné,* terminé par quatre dents, dont 2 plus courtes. Calice à

limbe concave, couronné *par 6-8 arêtes* dressées et inégales. Corolle à 4 ou 5 lobes. — Plantes non épineuses.

1. K. arvensis *Coult. Dips. p. 29 (1823); K. communis Godr. Fl. lorr., 1, p. 322. (Knautie des champs.)* — Capitules hémisphériques, un peu penchés; involucre à folioles lancéolées, ciliées; fleurs de la circonférence rayonnantes, quelquefois avortées (*Scabiosa campestris Bess. Volh. 7.*); involucelle couvert de longs poils appliqués, terminé par quatre dents courtes. Calice à tube resserré au sommet, à limbe couronné par huit dents sétacées et entremêlées de poils. Corolle quadrifide, ordinairement munie de quelques poils roides et longs. Fruit oblong, comprimé. Feuilles entières ou pinnatifides; les inférieures longuement pétiolées; les supérieures connées à leur base. Tige dressée, rarement glabre, souvent couverte de poils fins ou hérissée à la base de poils roides, étalés ou réfléchis et insérés sur des glandes noirâtres. — Plante d'un vert pâle, plus ou moins velue; fleurs odorantes, violettes.

α *Arvensis Nob.* Fleurs de la circonférence dépassant l'involucre; feuilles le plus souvent pinnatifides, à segment terminal grand (*Scabiosa arvensis L. Sp. 143*), plus rarement entières (*Scabiosa integrifolia Willm. Phyt., p. 130.*)

β *Sylvatica Coult. l. c.* Fleurs de la circonférence égalant l'involucre; plante plus robuste; feuilles grandes, ovales-lancéolées, acuminées, entières (*Scabiosa sylvatica L. Sp. 142*), plus rarement pinnatifides.

γ *Longifolia Coult. l. c.* La même variété que la précédente, mais à feuilles plus allongées et plus étroites. Le *Scabiosa longifolia Waldst. et Kit. Hung. tab. 5*, est une plante distincte de celle-ci.

La var. α commune dans les champs, les prés, les coteaux. La var. β dans les forêts de la chaîne des Vosges. La var. γ dans les hautes Vosges au Hohneck. ♃. Juillet août.

NOTA. Nous n'avons pas pu trouver de caractères certains pour distinguer comme espèces les trois variétés que nous signalons.

3. SCABIOSA *L.*

Involucre à. folioles non épineuses. Réceptacle *chargé de paillettes.* Involucelle cylindrique, *sillonné,* terminé en limbe concave, entier ou quadrilobé. Calice à limbe couronné *par 5 arêtes.* Corolle à 5 lobes. — Plantes non épineuses.

<table>
<tr><td>1</td><td>Fleurs de la circonférence régulières, non rayonnantes, à 4 divisions...................... S. Succisa (no 3).
Fleurs de la circonférence irrégulières, rayonnantes, à 5 divisions.. 2</td></tr>
<tr><td>2</td><td>Involucelle à limbe entier; arêtes du calice 2 fois plus longues que son tube............... S. Columbaria (no 1).
Involucelle à limbe denté; arêtes du calice égalant son tube. .... S. suaveolens (no 2).</td></tr>
</table>

1. S. Columbaria *L. Sp. 143.* (*Scabieuse colombaire.*) — Capitules hémisphériques, devenant globuleux à la fructification; involucre à folioles étalées, linéaires-lancéolées, placées sur un seul rang et plus courtes que les fleurs; paillettes étroitement lancéolées, un peu élargies et ciliées vers le haut, égalant le tube du calice; involucelle un peu velu, à tube appliqué sur celui du calice et l'égalant, à limbe *scarieux, étalé, rotacé, entier*, pourvu de seize nervures. Calice à tube resserré au sommet, à limbe couronné par cinq arêtes noires, rudes, comprimées et sans nervure à leur base, *deux fois plus longues* que le tube du calice. Corolles *très-inégales*, pubescentes extérieurement, quinquéfides; les extérieures *rayonnantes*. Fruit *obové, non comprimé*. Feuilles inférieures spatulées, ovales ou elliptiques, crénelées, atténuées en pétiole, ou plus ou moins divisées à la base ou même pinnatiséquées, glabres ou velues; les supérieures *pinnatiséquées*, à segments latéraux linéaires, entiers ou incisés, le terminal beaucoup plus grand. Tige dressée, roide, ordinairement munie, surtout dans le haut, de poils courts, dirigés en bas. Souche rameuse, brune. — Pédoncules très-allongés, étalés; fleurs d'un bleu clair.

Commun sur les coteaux, dans les bois de tous les terrains. ♃. Juin-octobre.

NOTA. On trouve abondamment dans les hautes Vosges une forme alpestre de cette espèce, à feuilles inférieures crénelées et velues, à involucre plus développé; c'est le *Scabiosa lucida Godr. Fl. lorr.*, t. 1, p. 324 (*non L.*); c'est aussi le *Scabiosa vagesiaca Jord! Pugill.* p. 84.

2. S. suaveolens *Desf. Cat. hort. par. p. 110.* (*Scabieuse odorante.*) — Capitules hémisphériques, devenant ovoïdes à la fructification; involucre à folioles étalées, lancéolées, acuminées, placées sur 2 ou 3 rangs, deux fois plus courtes que les fleurs; paillettes lancéolées, élargies et ciliées vers le haut, plus longues que le tube du calice; involucelle très-velu, à tube appliqué sur celui du calice et l'égalant, à limbe *scarieux, étalé, rotacé, denté,* pourvu de seize nervures. Calice à tube atténué au sommet, à limbe couronné par 5 arêtes d'un brun-jaunâtre, rudes, dépourvues de nervure *et aussi longues* que le tube du calice. Corolles *très-inégales,* pubescentes extérieurement, quadri-quinquefides; les extérieures *rayonnantes.* Fruit *fusiforme, non comprimé.* Feuilles radicales étroitement lancéolées, atténuées à la base, *très-entières ;* les caulinaires *toutes pinnatiséquées,* à segments égaux, étroitement linéaires, jamais dentés. Tige dressée, roide, grêle, peu rameuse, brièvement pubescente, blanchâtre à ses nœuds. Souche brune, rameuse. — Se distingue en outre de la précédente espèce par sa taille moins élevée ; par ses pédoncules plus courts ; par ses capitules et ses calices plus petits ; par ses fleurs très-odorantes.

Escarpements des hautes Vosges, sur le granit; Hohneck. ♃. Juillet-septembre.

3. **S. Succisa** *L. Sp. 142.* (*Scabieuse succise.*) — Capitules hémisphériques, devenant globuleux à la fructification ; involucre à folioles lancéolées, placées sur 2 ou 3 rangs et plus courtes que les fleurs; paillettes ciliées, lancéolées, acuminées, plus longues que le tube du calice ; involucelle un peu velu, à limbe divisé en *quatre dents herbacées et dressées,* à tube appliqué sur celui du calice et l'égalant. Calice à tube resserré au sommet, à limbe couronné par cinq arêtes brunes, rudes, sans nervure à leur base, *une fois plus courtes* que le tube du calice. Corolles *toutes égales,* quadrifides, couvertes de poils appliqués. Fruit *ovale-oblong, comprimé.* Feuilles inférieures *très-entières,* oblongues, obtuses, atténuées en un long pétiole ; les supérieures *lancéolées,* plus étroites, souvent dentées, à pétioles plus courts et connés à leur base. Tige dressée, roide, ordinairement munie, surtout vers le haut, de poils appliqués. Souche tronquée, noirâtre. — Pédoncules allongés, dressés ; fleurs violettes ou roses, plus rarement blanches.

Commun ; bois, prés. ♃. Août-septembre.

LII. SYNANTHÉRÉES.

Fleurs hermaphrodites, ou femelles, ou neutres par avortement, sessiles sur un réceptacle commun et formant un capitule (*calathide*) entouré d'un involucre commun (*péricline*). Calice à tube soudé à l'ovaire, contracté au sommet en col plus ou moins long, à limbe oblitéré, ou membraneux, ou formé d'écailles, d'arêtes, ou d'une aigrette de poils. Corolle gamopétale, périgyne, tantôt régulière et tubuleuse, tantôt fendue dans sa longueur, irrégulière et prolongée en languette, toujours à 4 ou 5 dents, à préfloraison valvaire et bordées par une nervure ; à tube muni de nervures qui aboutissent aux sinus qui séparent les dents. Etamines 4 ou 5, insérées sur le tube de la corolle et alternant avec ses divisions ; anthères soudées en tube, s'ouvrant en long à la face interne. Style filiforme ; stigmate bilobé, à lobes plans à leur face interne bordée par deux lignes de papilles stigmatiques, et munis sur la face externe ou au sommet de poils roides et courts (*poils collecteurs*). Ovaire infère, uniloculaire, monosperme ; ovule réfléchi. Le fruit est un akène, contracté ou non contracté en col supérieurement, nu au sommet ou couronné par le limbe du calice, indéhiscent, non renfermé dans un involucelle caliciforme. Graine soudée au péricarpe. Albumen nul ; embryon droit ; radicule dirigée vers le hile.

1 {
Calathides à corolles du centre tubuleuses, celles de la circonférence fendues en long et disposées en languette..... 2
Calathides à corolles toutes tubuleuses.................. 21
Calathides à corolles toutes fendues en long et disposées en languette.. 39
}

2 {
Akènes, au moins ceux du disque, terminés par une aigrette poilue... 3
Akènes terminés par 2-5 arêtes.......... *Bidens* (n° 22).
Akènes tous dépourvus d'aigrette et d'arêtes............. 13
}

3 {
Péricline à folioles sur un ou deux rangs................ 4
Péricline à folioles imbriquées, sur plusieurs rangs......... 5
}

4 {
Feuilles inférieures réniformes en cœur ; fleurs ligulées sur plusieurs rangs.................... *Tussilago* (n° 4).
Feuilles inférieures ni réniformes, ni en cœur ; fleurs ligulées sur un seul rang.................. *Senecio* (n° 12).
}

5 {
Anthères arrondies à la base, non appendiculées........... 6
Anthères échancrées à la base et prolongées en deux appendices filiformes....................................... 11
}

I. CORYMBIFÉRES. — Fleurs du centre régulières, hermaphrodites, à corolle tubuleuse ; celles de la circonférence femelles ou neutres, à corolle rarement tubuleuse, mais le plus souvent fendue en long et disposée en languette. Style non articulé, ni enflé sous le sommet.

Trib. 1. ADENOSTYLEÆ *DC. Prodr. 5, p. 126.* — Fleurs toutes hermaphrodites, à corolle tubuleuse et régulière. Anthère arrondies et non appendiculées à la base. Style à branches demicylindriques ou cylindriques. Akènes cylindriques, munis de côtes ; aigrette poilue.

1. EUPATORIUM *L.*

Péricline simple, à folioles peu nombreuses, imbriquées. Fleurs toutes tubuleuses et régulières. Corolle à tube *insensi-*

blement dilaté de la base au sommet, quinquefide. Style à branches allongées, obtuses, arquées, convergentes par le haut, munies dans leur partie inférieure de deux bourrelets stigmatiques étroits et *distincts.* Akènes presque cylindriques, munis de côtes ; aigrette formée de poils scabres et disposés *sur un seul rang.* Réceptacle plan, sans paillettes.

1. E. cannabinum *L. Sp. 1173.* (*Eupatoire à feuilles de chanvre.*) — Calathides disposées au sommet de la tige et des rameaux en grappe corymbiforme compacte. Péricline à folioles très-inégales, caduques, un peu concaves, obtuses ; les intérieures linéaires-oblongues, largement scarieuses et plus ou moins colorées en rose au sommet. Fleurs ordinairement 5, purpurines ou blanches. Style enflé et hérissé à la base. Akènes grisâtres, linéaires-oblongs, fortement atténués à la base, munis de poils très-fins et étalés, de glandes résineuses et brillantes et de cinq côtes saillantes ; aigrette blanche, un peu plus longue que l'akène. Réceptacle ponctué. Feuilles opposées, toutes brièvement pétiolées, palmatilobées, à 3-5 lobes lancéolés, acuminés, dentés. Tige dressée, roide, un peu anguleuse, striée, plus ou moins rameuse. Souche oblique. — Plante plus ou moins couverte de poils mous, articulés, frisés.

Commun ; bois humides. ♃. Juillet-août.

2. ADENOSTYLES *Cass.*

Péricline simple, à folioles peu nombreuses, sur un seul rang. Fleurs toutes tubuleuses et régulières. Corolle à tube *brusquement dilaté en cloche au sommet,* quadrifide. Style à branches demi-cylindriques, arquées en dehors, à bourrelets stigmatiques larges et *confluents* au sommet. Akènes cylindriques, munis de côtes ; aigrette formée de poils scabres et disposés *sur plusieurs rangs.* Réceptacle plan, sans paillettes.

1. A. albifrons *Rchb. Fl. excurs., p. 278; Cacalia albifrons L. fil. Suppl. 353.* (*Adénostyle blanchâtre.*) — Calathides disposées au sommet de la tige et des rameaux en grappe corymbiforme compacte. Péricline cylindrique, à 3-6 folioles oblongues, obtuses, étroitement appliquées, mais étalées au sommet. Fleurs 3 à 6, à tube allongé. Akènes brunâtres, glabres, cylindriques, atténués aux deux extrémités, égalant presque l'aigrette blanche et fragile. Réceptacle étroit, tuberculeux. Feuilles vertes en dessus, blanchâtres et cotonneuses en dessous ; les radicales très-grandes, pétiolées, réniformes, profondément en cœur à la base, inégalement et fortement dentées, souvent anguleuses ; les caulinaires plus petites, pourvues d'un pétiole plus court et embrassant ordinairement la tige par deux appendices foliacés et arrondis. Tige dressée, rameuse. Souche fusiforme, écailleuse. — Fleurs purpurines.

Bords des torrents et rochers humides des montagnes des Vosges, sur le grès vosgien et le granit, depuis les montagnes de Dabo et de Saint-Quirin jusqu'au Ballon de Giromagny. ♃. Juillet-août.

Trib. 2. Tussilagineæ *Less. Syn. p. 158.* — Fleurs mâles et fleurs femelles dans la même calathide ; fleurs mâles au centre, à corolle tubuleuse et régulière ; fleurs de la circonférence femelles, à tube filiforme, à limbe tronqué obliquement ou disposé en languette. Anthères échancrées à la base en deux lobes arrondis. Styles à branches demi-cylindriques ou cylindriques. Akènes cylindriques, munis de côtes ; aigrette poilue.

3. Petasites *Tourn.*

Calathides tantôt munies au centre de nombreuses fleurs hermaphrodites stériles et d'un seul rang de fleurs femelles à la circonférence, tantôt offrant à leur centre une à cinq fleurs hermaphrodites, entourées de *plusieurs rangs* de fleurs femelles. Péricline à folioles très-inégales, imbriquées sur 2 ou 3 rangs. Corolle des fleurs hermaphrodites tubuleuse-campanulée, régulière ; corolle des fleurs femelles *filiformes, tronquée obliquement au sommet.* Style à branches demi-cylindriques, obtuses, couvertes de papilles stigmatiques sur toute leur surface. Akènes cylindriques, atténués aux deux extrémités, munis de côtes ; aigrette formée de poils scabres et disposés sur plusieurs rangs. Réceptacle plan, alvéolé, sans paillettes.

1 ⎰ Corolle des fleurs femelles à limbe tronqué obliquement..... 2
  ⎱ Corolle des fleurs femelles à limbe brièvement ligulé.......
  .... *P. fragrans* (n° 3).

2 ⎰ Feuilles à échancrure basilaire bordée par une nervure......
  ⎱ .... *P. officinalis* (n° 1).
  Feuilles à échancrure basilaire bordée par le parenchyme....
  .... *P. albus* (n° 2).

1. P. officinalis *Mœnch, Meth. 558 ; Tussilago Petasites L. Sp. 1215. (Pétasite officinal).* — Calathides de la plante hermaphrodite *sessiles* si ce n'est *les inférieures brièvement pédonculées*, disposées en thyrse ovoïde, serré et pourvu de bractées *larges, ovales-lancéolées ;* calathides de la plante femelle plus petites, portées sur des pédoncules beaucoup plus longs et souvent rameux, disposées en thyrse oblong et pourvu de bractées étroites. Péricline cylindrique, à folioles brunes; les intérieures oblongues, scarieuses et violettes sur les bords, les extérieures un peu plus courtes, deux fois plus étroites. Corolle des fleurs femelles à limbe *tronqué obliquement*. Style des fleurs hermaphrodites à branches *courtes, ovales*. Akènes deux fois plus courts que l'aigrette blanche-soyeuse. Feuilles radicales paraissant après que les fleurs sont détruites, très-grandes, longuement pétiolées, réniformes-en-cœur, vertes et à la fin glabres en dessus, blanches-tomenteuses en dessous, inégalement dentées, profondément échancrées à la base en deux lobes arrondis, saillants vers l'échancrure, mais non contigus ; le fond de l'échancrure *bordé par une nervure ;* feuilles caulinaires en forme d'écailles, dressées, demi-embrassantes, purpurines, beaucoup plus larges et moins nombreuses dans la plante hermaphrodite que dans la plante femelle. Tige simple, dressée, un peu laineuse. Souche épaisse, charnue, rampante. — Fleurs roses ou purpurines.

Prairies humides, bords des rivières. Nancy, à l'étang de Champigneules, Liverdun (*Mathieu*), Maron, Réméréville, Villers-le-Sec, (*Soyer-Willemet*); Pont-à-Mousson, Château-Salins (*Léré*); Roville (*Bard*); Nomeny, (*Monnier*) ; Lunéville, Lorquin, Herbéviller (*de Baudot*). Metz, à Vallières, moulin de Lonjeau, vallon de Montvaux, Ars (*Holandre*), Malroy, Novéant, Saint-Julien, Lougeville, Hauconcourt, (*Warion*), Fleurs-Moulin, Nouilly, Gorze, Arnaville (*Taillefert*), Mainbotel (*Mme Genty*); Longeville-lès-St-Avold, Bisten (*Box*), Moyeuvre; Longwy ; Wolmunster, Rorbach (*Schultz*). Commercy, Sampigny, Récourt, Moulainville (*Doizy*); Saint-Mihiel (*Léré*), Loxéville, Darmont, Woël, le Bouvrot (*Warion*). Vallée de la Moselle (*Mougeot*) ; commun à Gérardmer (*docteur Berher*). ♃. Mars-avril.

2. P. albus *Gœrtn. Fruct. 2, p. 406; Tussilago alba et frigida Willm. Phyt. 1003. (Pétasite blanc.)* — Se distingue de l'espèce précédente par les caractères suivants : calathides de la plante hermaphrodite *toutes pédonculées et les inférieures longuement,* disposées en thyrse ovoïde, peu serré et pourvu de bractées nombreuses, *linéaires, acuminées ;* péricline à folioles d'un vert-blanchâtre ; style des fleurs hermaphrodites à branches *allongées , linéaires-lancéolées , acuminées ;* feuilles radicales moins grandes, plus fortement tomenteuses et blanches en-dessous , orbiculaires , anguleuses et dentées-mucronées sur les bords, profondément échancrées à la base en deux lobes parallèles, presque contigus ; le fond de l'échancrure *non bordé par une nervure, mais par le parenchyme ;* fleurs blanches.

Le long des ruisseaux dans les hautes Vosges, sur le grès, le granit, et la grauwake ; Hohneck, Rotabac, Ballon de Soultz (*Mougeot*), et dans les vallées de Munster, de Guebwiller, de Saint-Amarin ; Remiremont, Gérardmer (*docteur Berher*) ; Ballon de Giromagny, Donon (*Kirschléger*). ♃. Avril-mai.

3. **P. fragrans** *Presl., Fl. Sicul. 1, p. 28.* (*Pétasite odorant.*) — Calathides *toutes brièvement pédonculées ,* disposées en thyrse ovoïde ou oblong, munies de bractées *lancéolées, acuminées.* Péricline à folioles herbacées, lancéolées, aiguës. Corolle des fleurs femelles à limbe *brièvement ligulé.* Style des fleurs hermaphrodites à branches *courtes et aiguës.* Feuilles radicales naissant après ou pendant l'anthèse, pétiolées, glabres à la face supérieure, pubescentes et vertes à la face inférieure , aranéeuses sur le pétiole , à limbe orbiculaire-en-cœur, dentelé, échancré à la base qui offre deux lobes arrondis et divergents ; le fond de l'échancrure *bordé par une nervure ;* feuilles caulinaires squamiformes , plus rarement pourvues d'un limbe et d'un pétiole qui se dilate inférieurement en une gaîne membraneuse et embrassante. Tige dressée, simple. Souche rampante, émettant des stolons souterrains. — Fleurs d'un blanc rosé, à odeur de vanille.

Rare ; prairies, à Pixérécourt près de Nancy et à Erbéviller entre Vic et Nancy (*Suard*). ♃. Hiver.

4. Tussilago *L.*

Calathides, tantôt munies au centre de fleurs hermaphrodites peu nombreuses, stériles , à corolle tubuleuse, et régulière, tantôt de fleurs femelles fertiles, placées *sur plusieurs rangs,* à corole ligulée. Péricline à folioles sur un ou deux rangs, muni à sa base d'écailles plus petites. Style à branches demi-cylindriques, courtes, obtuses, couvertes de papilles stigmatiques sur toute leur surface. Akènes cylindriques, atténués aux deux bouts, munis de côtes ; aigrette formée de poils un peu scabres et disposés sur plusieurs rangs. Réceptacle plan, alvéolé, sans paillettes.

1. **T. Farfara** *L. Sp. 1214. (Tussilage Pas-d'âne.)* — Calathide solitaire et terminale, penchée avant l'anthèse, dressée au moment de la floraison, penchée de nouveau à la maturité. Péricline cylindrique, un peu épaissi à la base, à folioles scarieuses et violâtres sur les bords, obtuses, munies de 3 ou 4 nervures fines et souvent d'une ou de deux dents sur les côtés ; les folioles extérieures un peu plus courtes et de moitié plus étroites. Fleurs femelles en languette très-étroite et étalée, une fois plus longues que celles du disque. Akènes bruns, glabres, deux fois plus courts que l'aigrette blanche-soyeuse. Feuilles radicales paraissant après que les fleurs sont détruites, grandes, un peu épaisses, pétiolées, vertes en dessus, blanches-tomenteuses en-dessous, arrondies, échancrées en cœur à la base, lobées-anguleuses et dentées sur les bords ; feuilles caulinaires en forme d'écailles ovales-lancéolées, rapprochées, dressées, demi - embrassantes, ordinairement violettes extérieurement, blanches-tomenteuses à la face interne. Tige simple, uniflore, dressée, un peu laineuse. Souche épaisse, charnue. — Fleurs jaunes.

Commun ; champs argileux et humides. ♃. Mars-avril.

Trib. 3. Erigerineæ *Godr. et Gren. Fl. de France, t. 2, p. 92.* — Fleurs du disque ou plus rarement toutes les fleurs hermaphrodites, à corolle régulière et tubuleuse ; fleurs de la circonférence ordinairement femelles, à corolle tantôt ligulée, tantôt à limbe tronqué obliquement. Anthères arrondies à la base et non appendiculées. Style à branches comprimées, arrondies au sommet non pénicillé. Akènes comprimés par le dos ou cylindriques, munis ou dépourvus de côtes ; aigrette poilue.

5. Solidago *L.*

Péricline ovoïde, à folioles imbriquées. Fleurs de la circonférence femelles, disposées sur *un seul rang* et à corolle ligulée ; celles du disque hermaphrodites, à corolle tubuleuse et régulière. Akènes *cylindriques*, atténués aux deux extrémités, *munis*

— 385 —

de côtes; aigrettes conformes, à poils scabres et sur un seul rang. Réceptacle plan, alvéolé; alvéoles *bordées d'une membrane dentée;* paillettes nulles. — Feuilles alternes.

1. **Virga-aurea** *L. Sp. 1235. (Solidage verge d'or.)* — Calathides ordinairement nombreuses, disposées au sommet de la tige et des rameaux en grappes oblongues et feuillées. Péricline à folioles très-inégales, lâches, scarieuses sur les bords, d'un vert-jaunâtre sur le dos, linéaires-lancéolées. Fleurs concolores jaunes; celles de la circonférence à corolle terminée en languette elliptique-oblongue et dépassant le péricline; celles du disque à 5 dents réfléchies. Akènes jaunâtres, finement striés, velus. Feuilles presque toutes pétiolées, un peu fermes, rudes sur les bords; les radicales ovales ou largement elliptiques, obtuses, dentées; les caulinaires lancéolées, aiguës, presque entières. Tige dressée, un peu flexueuse, ordinairement rameuse au sommet. — Plante brièvement velue ou glabre.

Commun; bois montagneux, dans tous les terrains. ♃. Juillet-août.

6. ERIGERON *L.*

Péricline hémisphérique, à folioles imbriquées. Fleurs de la circonférence femelles, disposées sur *plusieurs rangs,* toutes à corolle ligulée ou les intérieures seulement tubuleuses; fleurs du disque hermaphrodites ou mâles, à corolle tubuleuse et régulière. Akènes oblongs, *comprimés, sans côtes;* aigrettes conformes, à poils scabres et sur un seul rang. Réceptacle un peu convexe, alvéolé, *dépourvu de crêtes dentées* et de paillettes. — Feuilles alternes.

Fleurs ligulées ne dépassant pas le péricline, à corolle d'un blanc-jaunâtre.................. *E. canadensis* (n° 1).
Fleurs ligulées dépassant le péricline, à corolle d'un rose violet........................ *E. acris* (n° 2).

1. **E. canadensis** *L. Sp. 1209. (Vergerette du Canada.)* — Calathides en *grappe oblongue, composée,* fournie et un peu feuillée. Péricline à folioles lâches, linéaires-lancéolées, scarieuses sur les bords, réfléchies après l'émission des graines. Fleurs de la circonférence d'un blanc-jaunâtre, en languette courte, dressée et *dépassant à peine* le péricline; celles du disque jaunes. Akènes linéaires-oblongs, velus, jaunâtres; aigrette blanche,

TOME I. 17

fragile, peu fournie. Feuilles linéaires-lancéolées, atténuées aux deux extrémités, presque entières ; les radicales plus courtes, obtuses, détruites au sommet de la floraison. Tige dressée, roide, rameuse seulement au sommet. — Plante un peu rude, couverte de poils roides, articulés et épaissis à la base, ordinairement plus élevée que l'espèce suivante, mais à calathides beaucoup plus petites.

Plante d'Amérique complétement naturalisée dans les lieux cultivés, les bois, les bords des rivières. ☉. Juillet-septembre.

2. E. acris *L. Sp. 1211.* (*Vergerette acre.*) — Calathides solitaires au sommet des rameaux et formant une *grappe corymbiforme, lâche* et un peu feuillée. Péricline à folioles inégales, linéaires-lancéolées, réfléchies après l'émission des graines. Fleurs de la circonférence d'un rouge-bleuâtre, en languette étroite, dressée, *dépassant de beaucoup* le péricline et quelquefois l'aigrette ; celles du disque jaunes. Akènes linéaires-oblongs, velus, jaunâtres avec une ligne orangée sur les bords ; aigrette fragile, fournie. Feuilles un peu rudes, entières, plus rarement dentées ; les radicales nombreuses, oblongues-obovées, obtuses, atténuées en pétiole ailé ; les caulinaires plus petites, sessiles, linéaires-lancéolées, souvent un peu ondulées. Tige dressée, souvent rougeâtre, rameuse seulement au sommet. — Plante un peu rude, plus ou moins couverte de poils courts, articulés, épaissis à la base.

α *Genuinus Nob.* Aigrette blanche.

β *Serotinus Nob.* Aigrette rousse. *E. serotinus Weihe, in Rchb. Fl. excurs. p. 239.*

Commun ; lieux stériles et sablonneux ; collines calcaires. ☉. Juillet-août.

7. Stenactis *Nées.*

Péricline hémisphérique, à folioles imbriquées. Fleurs de la circonférence femelles, disposées *sur deux rangs, toutes à corolle en languette étroite ;* celles du disque hermaphrodites, à corolle tubuleuse et régulière. Akènes oblongs, *comprimés, sans côtes ;* aigrettes dissemblables ; celle des akènes de la circonférence à poils courts et sur un seul rang ; celle des akènes du disque à poils sur deux rangs. Réceptacle tuberculeux, *dépourvu de crêtes dentées* et de paillettes. — Feuilles alternes.

1. S. annua *Nées, Ast. p. 273; Aster annuus L. Sp.*
1229. (Sténactide annuelle.) — Calathides nombreuses, disposées en grappe corymbiforme. Péricline à folioles presque égales,
appliquées, lancéolées, très-aiguës, scarieuses sur les bords.
Fleurs de la circonférence nombreuses, blanches, une fois plus
longues que le péricline; celles du disque jaunes. Akènes très-
petits, blanchâtres, pubescents; aigrette blanche, plus longue
que l'akène dans les fleurs du centre, beaucoup plus courte
dans celles de la circonférence. Feuilles d'un vert gai; les inférieures obovées, longuement atténuées en pétiole, munies de
dents saillantes et écartées; les supérieures lancéolées, mucronulées, très-entières. Tige dressée, très-feuillée, rameuse au
sommet. — Plante plus ou moins couvertes de poils articulés.

Bords de la Moselle près de Rémich (*Holandre*), [un peu au-delà
de la frontière de France. Plante introduite et naturalisée. ☉. Juillet-
août.

8. ASTER *Nées.*

Péricline hémisphérique, à folioles imbriquées. Fleurs de la
circonférence femelles, disposées *sur un seul rang*, à corolle
ligulée; fleurs du disque hermaphrodites, à corolle tubuleuse
et régulière. Akènes oblongs, *comprimés, sans côtes;* aigrettes
conformes, à poils presque égaux, scabres, sur plusieurs rangs.
Réceptacle plan, alvéolé, *muni de crêtes dentées,* dépourvu de
paillettes. — Feuilles alternes.

1 { Folioles du péricline aiguës et mucronées. . . . .
. . . . *A. brumalis* (n° 2).
Folioles du péricline arrondies au sommet.   2

2 { Aigrette une fois plus longue que l'akène; feuilles non char-
nues. . . . . *A. amellus* (n° 1).
Aigrette quatre fois plus longue que l'akène; feuilles charnues.
. . . . *A. Tripolium* (n° 3).

1. A. Amellus *L. Sp. 1226. (Aster amellus.)* — Calathides
disposées en grappe terminale, *corymbiforme, feuillée.* Péricline
à folioles inégales, ciliées; les extérieures *lâches, élargies* et
arrondies au sommet; les intérieures plus longues et plus étroites,
scarieuses et purpurines au sommet. Fleurs de la circonférence
en languette linéaire, bleue, très-étalée, une fois plus longue
que le péricline; celles du disque jaunes. Akènes obovés, brunâtres, mollement velus; aigrette jaunâtre ou rousse, *une fois*

plus longue que l'akène. Feuilles *non charnues*, un peu coriaces, ordinairement entières, rudes sur les faces et sur les bords, ovales-lancéolées, atténuées à la base, à trois nervures ; les inférieures plus larges, obtuses, ordinairement détruites au moment de la floraison. Tige dressée, très-feuillée, ordinairement rougeâtre. — Plante plus ou moins velue.

Commun ; dans les bois du calcaire jurassique de la Meurthe, de la Moselle, de la Meuse et des Vosges. ♃. Août-octobre.

2. **A. brumalis** *Nées, Ast. p. 70; A. Novi-Belgii Godr. Fl. lorr., éd. 1, t. 2, p. 25, non L. (Aster du solstice).* — Calathides disposées au sommet de la tige et des rameaux en grappes rameuses *feuillées, oblongues.* Péricline à folioles presque égales, *lâches,* ciliées, toutes *linéaires, aiguës, mucronées.* Fleurs de la circonférence en languette linéaire, blanches ou violettes, une ou deux fois plus longues que le péricline ; celles du disque jaunes. Akènes linéaires-oblongs, blanchâtres, velus ; aigrette d'un blanc sale, *deux à trois fois* plus longue que l'akène. Feuilles *non charnues,* entières ou un peu dentées en scie vers le milieu, lisses sur les faces, rudes sur les bords, lancéolées, acuminées, à une nervure ; les caulinaires embrassant la tige par deux petites oreillettes arrondies; les raméales très-petites, entières. Tige dressée, très-feuillée, rameuse. — Plante presque glabre.

Plante de l'Amérique septentrionale, introduite et naturalisée aux bords des rivières. Nancy, bords de la Meurthe à Malzéville (*Suard*) ; Lunéville, bords de la Vezouze à Chanteheux (*Guibal*) ; Blâmont ; Badonviller ; Sarrebourg, bords de la Bièvre à Schneckenbuch (*de Baudot*). Bords de la Moselle entre Longeville et Moulins (*Ducolombier*); Sarreguemines (*Holandre*) ; Bitche (*Warion*). ♃. Août-septembre.

3. **A. Tripolium** *L. Sp. 1227. (Aster tripolium.)* — Calathides disposées au sommet des rameaux en grappes *corymbiformes, non feuillées.* Péricline à folioles très-inégales ; les extérieures *ovales, obtuses, étroitement appliquées,* scarieuses et un peu rougeâtres sur les bords ; les intérieures plus longues et plus étroites. Fleurs de la circonférence en languette linéaire, violettes, plus rarement blanches, dépassant le péricline ; celles du centre jaunes. Akènes jaunâtres, linéaires-oblongs, entourés à la base d'une couronne de poils et munis sur les faces de poils longs, disséminés ; aigrette blanche-soyeuse, *quatre à cinq fois* plus longue que l'akène. Feuilles *charnues,* rudes sur les bords,

lisses sur les faces, entières ou un peu dentées ; les caulinaires linéaires ou linéaires-lancéolées, atténuées aux deux extrémités ; les radicales elliptiques, obtuses, longuement pétiolées, à 3 nervures. Tige dressée, souvent rameuse dès la base. — Plante glabre.

Marais salés. Vic, Moyenvic, Dieuze, Marsal (*Soyer-Willemet*) ; Château-Salins (*Léré*). Rémilly (*Warion*) ; Forbach, Rosbruck, Cocheren (*Holandre*) ; Sarralbe (*Schultz*) ; Salzbronn (*Warion*). ⊙. Août-septembre.

Trib. 4. Bellideæ *DC. Prodr. 5, p. 304.* — Fleurs du disque hermaphrodites, à corolle tubuleuse, régulière ; fleurs de la circonférence femelles, à corolle ligulée. Anthères arrondies à la base, non appendiculées. Style à branches comprimées, arrondies au sommet non pénicillé. Akènes comprimés par le dos, marginés, sans côtes ; aigrette nulle.

9. Bellis *L.*

Péricline hémisphérique, à folioles sur 2 rangs. Fleurs de la circonférence femelles, ligulées, sur un seul rang ; celles du disque hermaphrodites, à corolle tubuleuse et régulière. Akènes obovés, comprimés, sans côtes et sans aigrette. Réceptacle conique, sans paillettes.

1. **B. perennis** *L. Sp. 1248. (Paquerette vivace.)* — Calathides solitaires au sommet des tiges. Péricline à folioles égales, linéaires-lancéolées, vertes. Fleurs de la circonférence nombreuses, tout à fait blanches, ou rouges en dessous, terminées en languette étalée, linéaire-oblongue, une fois plus longue que le péricline ; fleurs du centre jaunes. Akènes jaunâtres, finement velus. Feuilles toutes radicales, disposées en rosette, un peu épaisses, obovées-spatulées, superficiellement crénelées, brusquement atténuées en pétiole et munies d'une seule nervure. Tige simple, scapiforme, ordinairement uniflore. Souche courte, tronquée. — Plante ordinairement couverte de poils blancs, articulés.

Commun ; prairies, dans tous les terrains. ♃. Toute l'année.

Trib. 5. Senecioneæ *Cass. Opusc. phyt. 3, p. 69.* — Fleurs du disque et quelquefois toutes les fleurs hermaphrodites, à corolle régulière et tubuleuse ; fleurs de la circonférence femelles, à corolle ligulée. Anthères arrondies à la base, non appendiculées. Style des fleurs du disque à branches linéaires, pourvues au sommet tronqué d'un pinceau de poils ou se prolongeant au-dessus. Akènes cylindriques, munis de côtes ; aigrette poilue.

10. DORONICUM *L.*

Péricline *étalé, discoïde,* à folioles égales et imbriquées. Fleurs de la circonférence femelles et ligulées ; fleurs du disque hermaphrodites, tubuleuses et régulières. Akènes oblongs, munis de côtes ; ceux de la circonférence *sans aigrette ;* ceux du disque avec une aigrette à poils scabres et *sur plusieurs rangs.* Réceptacle sans paillettes. — Feuilles alternes.

Feuilles caulinaires munies de deux oreillettes à leur base ; réceptacle finement velu...... *D. Pardalianches* (n° 1).
Feuilles caulinaires dépourvues d'oreillettes à leur base ; réceptacle glabre............. *D. plantagineum* (n° 2).

1. **D. Pardalianches** *Willd. Sp. 3, p. 2113.* (*Doronic mort-aux-panthères.*) — Calathides grandes, solitaires au sommet de la tige et des rameaux. Péricline à folioles étroites, lancéolées, acuminées. Fleurs de la circonférence ligulées, très-étalées, d'un jaune plus pâle que les fleurs du disque. Akènes de la circonférence glabres ; ceux du disque velus et pourvus d'une aigrette d'un blanc-jaunâtre. Réceptacle *finement velu.* Feuilles molles, sinuées-dentelées ; les radicales longuement pétiolées, *suborbiculaires, obtuses, profondément en cœur à la base ;* les caulinaires inférieures brusquement rétrécies au-dessus de la base, *embrassant la tige par deux oreillettes* arrondies ; feuilles supérieures ovales, embrassantes. Tige dressée, striée, simple ou un peu rameuse au sommet. Souche tuberculeuse, émettant des stolons souterrains grêles, très-allongés. — Plante d'un vert pâle, brièvement velue, un peu glanduleuse au sommet ; fleurs jaunes.

Forêts du versant oriental des hautes Vosges, sur le granit ; vallées de Guebwiller, de Steinbach et de Munster (*Mühlenbeck*), Soultzbach, Champ-du-Feu (*Mougeot*). ♃. Mai-juin.

2. **D. plantagineum** *L. Sp. 1247.* (*Doronic à feuilles de Plantain.*) — Calathide solitaire au sommet de la tige. Péricline à folioles linéaires, acuminées-sétacées. Fleurs de la circonférence ligulées, jaunes, ainsi que les fleurs du disque. Akènes

tous velus et pourvus d'une aigrette d'un blanc-jaunâtre. Réceptacle *glabre*. Feuilles molles, fortement nerviées ; les radicales longuement pétiolées, *ovales*, sinuées-dentées, *un peu décurrentes sur le pétiole ;* les caulinaires inférieures atténuées en pétiole ailé, *dépourvues d'oreillettes* à leur base ; feuilles supérieures lancéolées, demi-embrassantes. Tige dressée, simple, nue au sommet. Souche rampante, tuberculeuse, émettant des stolons souterrains. — Plante pubescente, glanduleuse au sommet ; fleurs jaunes.

Rare. Côte Sainte-Marie près de Thionville (*Box*). ♃. Avril-mai.

11. ARNICA *L.*

Péricline *concave*, à folioles égales et imbriquées. Fleurs de la circonférence femelles et ligulées ; fleurs du disque hermaphrodites, tubuleuses et régulières. Akènes cylindriques, munis de côtes, *tous pourvus d'une aigrette*, à poils roides, scabres et placés *sur un seul rang*. Réceptacle sans paillettes. — Feuilles opposées.

1. **A. montana** *L. Sp. 1255. (Arnica des montagnes.)* — Calathides grandes, solitaires au sommet de la tige et des rameaux. Péricline à 16-18 folioles dressées, lancéolées, aiguës. Fleurs de la circonférence terminées en languette oblongue-elliptique, veinée, tridentée, étalée. Akènes bruns, hérissés ; aigrette blanche, égalant l'akène. Feuilles un peu fermes, sessiles, oblongues-obovées, ciliées, pubescentes en dessus, glabres en dessous, à 5 nervures ; feuilles radicales étalées en rosette ; une ou deux paires de feuilles caulinaires opposées, écartées. Tige dressée, roide, simple et uniflore, ou un peu rameuse au sommet et bitriflore. — Plante d'un vert pâle, pourvue vers le sommet de poils mous, articulés, glanduleux ; fleurs jaunes ou orangées.

Prairies des montagnes, sur le grès vosgien et le granit. Vallées de Saint-Quirin, de Dabo et de Blanc-Rupt (*de Baudot*). Bois de Sainte-Fontaine près de Saint-Avold (*Box*); Bitche (*Schultz*). Vallées de la Lauter et de la Moder (*Kirschléger*); Champ-du-Feu, Ballons, Hohneck, Gérardmer, Granges, Remiremont, Rambervillers ; Epinal (*docteur Berher*). ♃. Juin-juillet.

12. Senecio *L.*

Péricline *cylindrique* ou *campanulé*, formé d'un seul rang de folioles soudées à leur base, souvent muni d'un calicule. Fleurs toutes hermaphrodites, tubuleuses et régulières, ou fleurs de la circonférence femelles et ligulées. Akènes cylindriques, munis de côtes, *tous pourvus d'une aigrette* à poils scabres et placés *sur plusieurs rangs*. Réceptacle alvéolé, muni de crêtes membraneuses-dentées, sans paillettes. — Feuilles alternes.

1 { Feuilles pinnatilobées............................... 2
{ Feuilles dentées.......................... 7

2 { Corolles de la circonférence non ligulées ou à languette très-courte et roulée en dehors........................ 3
{ Corolles de la circonférence ligulées, à languette étalée.... 5

3 { Feuilles à segments égaux.......................... 4
{ Feuilles à segments inégaux........ S. *sylvaticus* (n° 3.).

4 { Plante non glanduleuse ; akènes velus... S. *vulgaris* (n° 1).
{ Plante glanduleuse ; akènes glabres..... S. *viscosus* (n° 2).

5 { Souche rampante ; calicule égalant la moitié de la longueur du péricline..................... S. *erucifolius* (n° 6).
{ Souche courte, non rampante ; calicule beaucoup plus court que le péricline..................................... 6

6 { Feuilles caulinaires pinnatipartites, à segments égaux......
.... S. *Jacobœa*.... (n° 5).
{ Feuilles caulinaires lyrées-pinnatipartites, à segment terminal grand........................ S. *aquaticus* (n° 4).

7 { Un calicule....................................... 8
{ Pas de calicule............. S. *spathulœfolius* (n° 11).

8 { Fleurs ligulées au nombre de 4 ou 5 ; souche non rampante.. 9
{ Fleurs ligulées au nombre de 7 à 12 ; souche rampante..... 10

9 { Feuilles caulinaires brièvement pétiolées................
.... S. *saracenicus* (n° 8).
{ Feuilles caulinaires sessiles et embrassantes............
.... S. *Jacquinianus* (n° 9).

10 { Feuilles linéaires-lancéolées ; calicule à 8-10 folioles........
.... S. *paludosus* (n° 7).
{ Feuilles largement lancéolées ; calicule à 4 ou 5 folioles.....
.... S. *salicetorum* (n° 10).

1. S. vulgaris *L. Sp. 1216. (Séneçon commun.)* — Calathides petites, en grappe corymbiforme. Péricline cylindrique, à

folioles *glabres*, blanches-scarieuses sur les bords, linéaires, acuminées, barbues et dentelées au sommet ; calicule à folioles *quatre
fois plus courtes*, appliquées, inégales, linéaires, aiguës, noires
dans leur moitié supérieure. Corolles ordinairement toutes égales,
tubuleuses ; plus rarement les corolles de la circonférence sont
prolongées en languette courte et *roulée en dehors (S. denticu-
latus Nolte, Nov. Fl. hols. p. 71, non Mull.)* Akènes grisâtres ou bruns, à côtes couvertes de *poils courts et appliqués ;*
aigrette blanche, fragile, deux fois plus longue que l'akène.
Feuilles planes, un peu épaisses, *sinuées-pinnatilobées*, à segments *égaux*, courts, anguleux, dentés ; les inférieures pétiolées;
les supérieures élargies à la base et embrassant la tige par deux
oreillettes. Tige dressée, rameuse, *molle*. Racine oblique, fibreuse. — Plante glabre ou munie d'un duvet aranéeux ; fleurs
jaunes.

Commun ; lieux cultivés, dans tous les terrains. La forme à corolles
de la circonférence ligulées a été trouvée à Tomblaine. ⊙. Toute
l'année.

2. S. viscosus *L. Sp. 1217. (Séneçon visqueux.)* — Calathides plus grosses que dans l'espèce précédente, en grappe
corymbiforme. Péricline cylindrique, à folioles *glanduleuses* sur
le dos, blanches-scarieuses sur les bords, linéaires, acuminées,
barbues et dentelées au sommet; calicule à folioles *de moitié
plus courtes*, appliquées, linéaires, aiguës, vertes, à peine maculées au sommet. Corolle de la circonférence en languette
courte et *roulée en dehors*. Akènes bien plus grands que dans
l'espèce précédente, à côtes *glabres ;* aigrette blanche, fragile,
deux fois plus longue que l'akène. Feuilles un peu réfléchies par
les bords, *palmatilobées*, à segments *égaux*, courts, anguleux,
dentés ; les inférieures pétiolées ; les supérieures élargies à la
base et embrassant la tige par deux oreillettes. Tige dressée,
rameuse, *molle*. Racine fibreuse. — Plante visqueuse, velue-
glanduleuse, fétide ; fleurs jaunes.

Lieux sablonneux, bords des rivières, carrières, bois taillis, places à
charbon. Nancy, route de Toul, Villers, Dommartemont, Jarville, Flavigny ; Pont-Saint-Vincent *(Richard)* ; Ménil *(Soyer-Willemet)* ; Liverdun *(Taillefert)*; Toul; Pont-à-Mousson *(Léré)*, Bayon; Lunéville. Metz,
côte Saint-Quentin, côte de Saint-Blaise *(Holandre)*, Woippy, Les Genivaux, Châtel-Saint-Germain *(Taillefert)*; Sierck *(Warion)*, Hayangè;
Creutzwald *(Monard)*. Commercy, au bois de Saint-Fleu près de Vignot
(Maujean) ; Saint-Mihiel *(Léré)*. Epinal et Vagney *(docteur Berher)*;

Bruyères (*Mougeot*); Rambervillers (*Billot*); Remiremont (*Taillefert*); assez commun dans les vallées du revers oriental des Vosges (*Kirschléger*). ☉. Juin-octobre.

3. S. sylvaticus *L. Sp. 1217. (Séneçon des bois.)* — Calathides très-nombreuses, en grappe composée, corymbiforme, étalée. Péricline cylindrique, à folioles glabres ou un peu velues, *jamais glanduleuses*, blanches-scarieuses sur les bords, linéaires, aiguës, barbues au sommet; calicule à 4 ou 5 folioles sétacées, appliquées, non maculées, *extrêmement courtes*. Corolles de la circonférence en languette très-courte, *roulée en dehors*. Akènes petits, noirs, munis de côtes couvertes de *poils blancs, courts, appliqués;* aigrette blanche, fragile, trois fois plus longue que l'akène. Feuilles *profondément pinnatipartites*, à segments étroits, dentés ou incisés, *alternativement plus petits, dentiformes;* les inférieures pétiolées, les supérieures embrassant la tige par deux oreillettes incisées. Tige dressée, roide, *de consistance ferme*, très-rameuse au sommet. Racine dure, fibreuse. — Plante odorante, ordinairement d'un vert blanchâtre et couverte d'un duvet court; fleurs petites, jaunes.

Peu commun; bois. Nancy, Réméréville (*Hussenot*), bois de Neuviller (*Bard*), Champigneules, Tomblaine; Frouard (*Monard*); Lunéville, à l'étang de Spada; Sarrebourg, Niderviller, Valérysthal (*de Baudot*). Metz, Woippy, Frescaty (*Holandre*), Rosselange (*Ducolombier*); Hombourg-Haut (*Taillefert*), Sierck; Saint-Avold (*Box*), Sarralbe, Forbach (*Warion*); Bitche (*Schulz*). Argonne (*Doisy*); Saint-Mihiel (*Léré*). Bruyères, Chéniménil, Epinal (*Mougeot*); Rambervillers (*Billot*); Commun à Gérardmer (*docteur Berher*); Plombières (*Vincent*), et dans presque toute la chaîne des Vosges. ☉. Juillet-août.

4. S. aquaticus *Huds. Angl. 366. (Séneçon aquatique.)* — Calathides en grappe corymbiforme, *divariquée*. Péricline hémisphérique, à folioles vertes sur le dos, blanches-scarieuses sur les bords, obovées, brusquement acuminées, pubescentes et faiblement maculées au sommet; calicule à une ou deux folioles très-petites, appliquées. Corolles de la circonférence au nombre de 10-12, en languette elliptique-oblongue, *étalée*. Akènes blanchâtres, oblongs, munis de côtes fines; ceux du centre hérissés de pointes à peine visibles; ceux de la circonférence lisses et glabres; aigrette blanche, fragile, plus longue que l'akène. Feuilles inférieures pétiolées, ovales-oblongues, ordinairement entières ou lyrées, à lobe terminal grand, ovale, obtus; les supérieures sessiles et embrassant la tige par deux oreillettes incisées, *lyrées* ou *pinnatipartites*, à lobes latéraux *obliques, entiers* ou *dentés.* Tige dressée, simple à la base. Souche *épaisse, globuleuse,* pourvue de fibres longues et dures. — Plante glabre ou un peu aranéeuse, souvent rougeâtre en vieillissant; fleurs d'un jaune vif.

α *Genuinus Nob.* Feuilles inférieures entières, dentées ou crénelées ; les moyennes lyrées.

β *Pinnatifidus Godr. et Gren. Fl. de France, t. 2, p. 115.* Feuilles inférieures lyrées; les moyennes profondément pinnatifides. *S. barbareæfolius Rchb. Fl. exc. p. 244, non Krock.*

Prairies humides et tourbeuses. Nancy, la Malgrange, Essey, Tomblaine (*Soyer-Willemet*) ; Pont-à-Mousson, Château-Salins (*Léré*) ; Lunéville et Sarrebourg (*de Baudot*). Metz, bords de la Seille (*Holandre*). Verdun (*Doisy*) ; Saint-Mihiel (*Léré*). Rambervillers (*Billot*) ; Saint-Dié, Mirecourt, Epinal, Grandvillers (*Mougeot*) ; vallées des Vosges. ♃. Juillet-août.

5. **S. Jacobæa** *L. Sp. 1219.* (*Séneçon Jacobée.*) — Calathides plus petites que dans l'espèce précédente, en corymbe composé, *dressé.* Péricline hémisphérique, à folioles blanches-scarieuses sur les bords, linéaires-lancéolées, pubescentes et maculées au sommet ; calicule à une ou deux folioles très-courtes, appliquées. Corolle de la circonférence en languette étroite, *étalée.* Akènes grisâtres ; ceux de la circonférence glabres ; ceux du disque velus ; aigrette blanche, fragile, plus longue que l'akène. Feuilles molles ; les inférieures pétiolées, obovées-oblongues, toujours *lyrées-pinnatifides,* à lobe terminal incisé-denté ; les supérieures sessiles, pinnatipartites, à segments très-étalés, bi-trifides, à lobules séparés par des sinus arrondis ; toutes les feuilles sessiles munies à la base d'oreillettes laciniées. Tige dressée, droite, rameuse au sommet. Racine *cylindrique, oblique, tronquée,* pourvue de fibres longues. — Plante glabre ou aranéeuse ; fleurs d'un jaune vif.

Commun ; prairies sèches, haies, buissons, dans tous les terrains. ☉. Juillet-août.

6. **S. erucifolius** *L. Sp. 1218.* (*Séneçon à feuilles de roquette.*) — Calathides en grappe corymbiforme, *lâche.* Péricline hémisphérique, à folioles glabres ou aranéeuses, blanches-scarieuses sur les bords, *obovées, longuement acuminées ;* calicule à folioles nombreuses, appliquées. Corolles de la circonférence en languette elliptique-oblongue, *étalée.* Akènes blanchâtres,

tous également hérissés de poils blancs très-visibles ; aigrette blanche, fragile, une fois plus longue que l'akène. Feuilles un peu fermes, plus ou moins *pinnatilobées*, à segments obliques, parallèles ; les inférieures pétiolées ; les supérieures sessiles, à segments inférieurs entiers et embrassants. Tige dressée, simple à la base, striée. Souche *rampante*. — Plante d'un vert-grisâtre, pubescente et plus ou moins couverte d'un duvet aranéeux ; fleurs jaunes.

α *Genuinus. Nob.* Feuilles pinnatilobées, à segments lancéolés, dentés, le supérieur plus grand.

β *Tenuifolius DC. Fl. fr. suppl., p. 472.* Feuilles bipinnatilobées, à segments tous linéaires, entiers ou dentés. *S. tenuifolius Jacq. Austr. tab. 278.*

Commun ; bois, haies, dans tous les terrains. La var. β à Mirecourt (*de Baudot*), Epinal (*Mougeot*). ♃. Juillet-août.

7. S. paludosus *L. Sp. 1220. (Séneçon des marais.)* — Calathides peu nombreuses, disposées au sommet de la tige en grappe simple, corymbiforme. Péricline *hémisphérique*, un peu lanugineux à la base, à 18-20 folioles appliquées, linéaires, aiguës, velues au sommet, munies d'une côte médiane étroite et *convexe ;* calicule à 8-10 folioles plus courtes, lâches, plus étroites. Corolles de la circonférence au nombre *de dix à douze*, en languette linéaire-oblongue, *étalée.* Akènes bruns, glabres, *plus courts* que l'aigrette et munis de côtes superficielles ; aigrette blanche, fragile. Feuilles caulinaires *toutes sessiles*, dressées, un peu fermes, lanugineuses sur le dos, à la fin glabrescentes, linéaires-lancéolées, acuminées, *dentées en scie ;* les dents fines, très-aiguës, *dirigées vers le sommet.* Tige dressée, roide, simple, sillonnée, fistuleuse. Souche *un peu rampante.* — Fleurs jaunes.

Rare ; bords des étangs. Bois de l'Argonne ! (*Doisy*) ; Darmont près d'Etain (*Warion*). ♃. Juillet-août.

8. S. saracenicus *L. Sp. 1221 ; S. Fuchsii Gmel. Bad. 3, p. 444. (Séneçon sarasin.)* — Calathides nombreuses, disposées au sommet de la tige et des rameaux en grappe corymbiforme, composée. Péricline *cylindrique*, à 8-10 folioles appliquées, un peu élargies et maculées de noir supérieurement, brusquement et brièvement acuminées, munies d'une côte médiane large, saillante latéralement, *tout à fait plane* ou *déprimée sur le* *dos;* calicule à 4 ou 5 folioles plus courtes, lâches, subulées. Corolles de la circonférence au nombre de *quatre* ou *cinq* en languette linéaire-lancéolée, *étalée*. Akènes blanchâtres, glabres, *plus courts* que l'aigrette, munis de côtes superficielles ; aigrette blanche, fragile. Feuilles *toutes pétiolées*, élégamment veinées, glabres ou pourvues sur les bords et en dessous de petits poils articulés, atténuées à la base, acuminées au sommet, *dentées;* les dents petites, *étalées*, cartilagineuses sur les bords ; pétiole *non ailé*, décurrent sur la tige. Tige dressée, simple à la base, anguleuse et plus ou moins rameuse au sommet, ordinairement purpurine. Souche oblique, tronquée, *non rampante*. — Plante d'un vert gai ; fleurs jaunes.

α *Ovatus DC. Prodr. 6, p. 353.* Feuilles ovales-lancéolées. *S. ovatus DC. Fl. fr. 4, p. 923.*

β *Angustifolius Spenner, Fl. frib. 1, p. 525.* Feuilles étroitement lancéolées. *S. saracenicus Willm. Phyt. 1008.*

Commun dans les bois montagneux de tous les terrains. ♃. Juillet-août.

NOTA. M. Soyer-Willemet (*Obs. bot. p. 158*) a fait observer avec beaucoup de raison que le *S. Fuchsii* de Gmélin est le véritable *S. saracenicus* de Linné et qu'il faut lui restituer le nom linnéen. Il fonde son opinion : 1° sur ce que la figure de Fuchs citée par Linné comme synonyme de son *S. saracenicus* représente très-bien la forme à feuilles étroites du *Senecio* qui croît sur les coteaux des environs de Nancy ; 2° sur ce que le nom lui-même de *saracenicus* est emprunté à Fuchs, qui appelait sa plante *Solidago saracenica*. Nous ajouterons que Linné indique son *S. saracenicus* « in Helvetiæ *montanis* (*Sp. 1222*) ; in *summis jugis* montis Juræ, in *monte* Rossberg (*H. Cliff. 410*) », localités dans lesquelles on trouve la plante de Fuchs, mais où ne croît pas celle à laquelle les auteurs allemands ont donné à tort le nom de *S. saracenicus* et qui se rencontre seulement dans les saussaies au bord des rivières. Cette dernière plante a dû pour cela recevoir un nouveau nom.

9. **S. Jacquinianus** *Rchb. Fl. exc. p. 245.* (*Séneçon de Jacquin.*) — Très-voisin de la précédente espèce, il s'en distingue par ce qui suit : péricline à 8-10 folioles plus allongées, plus étroites, plus longuement et moins brusquement acuminées, munies d'une côte médiane moins large, mais plus épaisse et *carénée sur le dos;* corolles de la circonférence au nombre de *quatre* ou *cinq*, en languette linéaire-lancéolée ; akènes glabres, *égalant* l'aigrette ; feuilles généralement plus larges, plus inégalement dentées ; les inférieures ovales, brusquement atténuées en pétiole *ailé;* les supérieures *sessiles, embrassantes;* tige plus

forte, très-anguleuse. — Plante d'un aspect sombre, ordinairement pubescente.

Très-rare. Sommet des hautes Vosges, sur le granit ; le Donon (*Billot*) ; Hohneck, Gérardmer, Ballon de Soultz, etc. ♃. Juillet-août.

10. S. salicetorum *Godr. Fl. lorr., éd. 1, t. 2, p. 11; S. saracenicus Koch, Syn. éd. 1, p. 390 l, non L. (Séneçon des saussaies.)* — Calathides nombreuses, disposées en grappe corymbiforme. Péricline *ovoïde*, à 12-15 folioles appliquées, un peu élargies au sommet brusquement acuminé, munies d'une côte médiane large, saillante latéralement, *plane* ou *déprimée sur le dos;* calicule à 4 ou 5 folioles plus courtes, lâches, linéaires. Corolles de la circonférence au nombre de *sept à huit*, en languette elliptique, obtuse, *étalée.* Akènes blanchâtres, glabres, *plus courts* que l'aigrette, munis de côtes superficielles ; aigrette blanche, fragile. Feuilles lancéolées, acuminées, *pourvues de dents cartilagineuses dirigées vers le sommet;* feuilles inférieures atténuées en pétiole *ailé;* les supérieures *sessiles, embrassantes.* Tige dressée, épaisse, anguleuse. Souche *longuement rampante, émettant des stolons souterrains très-allongés.* — Se distingue en outre des deux espèces précédentes par ses feuilles plus coriaces, plus nombreuses ; par ses calathides plus grosses.

Très-rare ; saussaies sur les bords de la Moselle. Liverdun, dans l'île du Moulin, d'où la plante descend le long de la Moselle jusqu'à Frouard et remonte jusqu'à Toul. Metz, au-dessus de Jouy, près de la ferme de la Maxe (*Holandre*). Bords de la Moselle entre Epinal et Charmes (*Mougeot*). ♃. Juillet-août.

11. S. spathulæfolius *DC. Prodr. 6, p. 362; Cineraria spathulæfolia Gmel. Bad. 3, p. 454; Godr. Fl. lorr., éd. 1, t. 2, p. 12. (Séneçon à feuilles spatulées.)* — Calathides au nombre de cinq à dix, portées sur des pédoncules simples, lanugineux, disposés au sommet de la tige à peu près comme les rayons d'une ombelle. Péricline *hémisphérique*, à folioles appliquées, linéaires, très-aiguës, laineuses, glabres et colorées de brun au sommet ; calicule *nul.* Corolles de la circonférence en languette linéaire-oblongue, atténuée à la base, *étalée.* Akènes très-velus ; aigrette blanche, brièvement ciliée, égalant presque les fleurs. Feuilles un peu épaisses, blanches-laineuses en dessous, munies en dessus de quelques flocons laineux caducs et de poils courts articulés ; les radicales dressées, *ovales, tronquées* ou *un peu en cœur à la base, dentées* ou *crénelées*, portées sur un pétiole 2 ou 3 fois plus long que le limbe ; les caulinaires inférieures oblongues, insensiblement atténuées en pétiole largement ailé ; les supérieures *sessiles*, lancéolées ou linéaires. Tige dressée, sillonnée, simple. — Fleurs jaunes.

Très-rare ; dans les marais. Bitche (*Schultz*). Commercy, au bois de Rébus (*Maujean*) ; Saint-Mihiel (*Léré*). ♃. Mai-juin.

Trib. 6. ARTEMISIEÆ *Less. Syn. p. 263.* — Fleurs tantôt toutes hermaphrodites, tantôt celles de la circonférence femelles, toutes à corolle tubuleuse et régulière. Anthères arrondies à la base et non appendiculées. Style des fleurs du disque à branches linéaires, pourvues au sommet tronqué d'un faisceau de poils ou prolongées en cône au-dessus. Akènes subcylindriques, avec ou sans côtes ; aigrette nulle.

13. ARTEMISIA *L.*

Péricline à folioles imbriquées. Fleurs de la circonférence femelles, non ligulées, sur un seul rang ; celles du disque hermaphrodites ou neutres, tubuleuses et régulières. Akènes comprimés, obovés, *sans côtes ;* disque épigyne plus étroit que l'akène et *dépourvu de couronne.* Réceptacle sans paillettes. — Feuilles alternes.

1 { Feuilles ponctuées ; réceptacle velu...................... 2
{ Feuilles non ponctuées ; réceptacle glabre............... 3

2 { Pétioles non auriculés à leur base... *A. Absinthium* (n° 1).
{ Pétioles munis à leur base de 2 oreillettes dentiformes....
{ .... *A. camphrorata* (n° 2).

3 { Pétioles auriculés à leur base ; grappe à rameaux dressés..
{ .... *A. vulgaris* (n° 3).
{ Pétioles non auriculés à leur base ; grappe à rameaux étalés.
{ .... *A. campestris* (n° 4).

1. A. Absinthium *L. Sp. 1188.* (*Armoise Absinthe.*) — Calathides *pédicellées,* penchées, disposées d'un seul côté le long des rameaux et formant une longue grappe terminale, feuillée, à rameaux *étalés.* Péricline globuleux, tomenteux, à folioles ovales, obtuses, largement scarieuses au sommet. Réceptacle *très-velu.* Feuilles d'un vert-blanchâtre en dessus, blanches-argentées en dessous, *ponctuées,* pétiolées, à pétiole *non auriculé* à sa base, bi-tripinnatipartites, à segments linéaires ou lancéolés, obtus, non mucronés ; feuilles raméales ordinairement entières. Tiges dressées, blanchâtres, striées, rameuses. — Plante très-amère et très-odorante ; fleurs jaunes.

Assez-rare et probablement subspontané. Bitche, à Roche-Percée (*Creutzer*). Neufchâteau, Bazoilles (*Mougeot*); Rambervillers, à la forge de Mortagne (*Billot*) ; vallée de Saint-Amarin (*Kirschléger*) ⩝. Juillet-août.

2. **A. camphrorata** *Vill. Prosp. p. 31.* (*Armoise camphré.*) — Calathides *pédicellées*, penchées, disposées en petites grappes spiciformes, formant une longue panicule étroite et roide, à rameaux *dressés*. Péricline hémisphérique, un peu laineux, à folioles ovales, obtuses, largement scarieuses au sommet. Réceptacle *muni de poils crépus.* Feuilles *ponctuées*, blanches-tomenteuses, à la fin glabrescentes, pétiolées, à pétiole muni à sa base de 2 *oreillettes linéaires* ou *dentiformes;* les feuilles inférieures et moyennes bipinnatiséquées, à segments linéaires, divariqués, non mucronés. Tiges frutescentes à la base, très-rameuses, ascendantes. — Plante d'une odeur aromatique agréable ; fleurs jaunes.

Rare; sur les rochers calcaires. Saint-Mihiel (*Larzillière*). ⩝. Août-septembre.

3. **A. vulgaris** *L. Sp. 1188.* (*Armoise commune.*) — Calathides *sessiles* à l'aisselle d'une petite bractée sétacée, dressées, agglomérées le long des rameaux *dressés*, et formant une longue grappe terminale. Péricline ovoïde, tomenteux, à folioles inégales, un peu concaves, scarieuses sur les bords et au sommet. Réceptacle *glabre.* Feuilles *non ponctuées*, blanches-tomenteuses en-dessous, vertes et glabres en-dessus, ovales ou oblongues dans leur pourtour, *auriculées* à la base, pinnatipartites, à segments lancéolés, mucronés, entiers ou incisés. Tiges dressées, rougeâtres, striées, rameuses au sommet. Souche épaisse, ligneuse. — Plante très-amère, odorante; fleurs jaunes.

Commun; lieux stériles, dans tous les terrains. ⩝. Août-septembre.

4. **A. campestris** *L. Sp. 1185.* (*Armoise champêtre.*) — Calathides *brièvement pédicellées*, dressées ou penchées, en petites grappes le long des rameaux et formant par leur réunion une grande panicule pyramidale, à rameaux *étalés*. Péricline ovoïde, glabre et luisant, à folioles inégales, ovales, scarieuses sur les bords et au sommet. Réceptable *glabre.* Feuilles *non*

ponctuées, pubescentes et blanchâtres dans leur jeunesse, à la fin glabres, ovales-orbiculaires dans leur pourtour, *non auriculées* à la base, bipinnatipartites, à segments linéaires, divariqués, mucronés. Tiges sous-frutescentes à la base, ascendantes, très-rameuses. Souche épaisse, ligneuse. — Plante presque sans odeur; fleurs jaunes.

Rare ; collines et bruyères sur le grès vosgien à Bitche (*Schultz*) ; Vosges granitiques près des ruines d'Ortenberg et de Ramstein (*Kirschléger*). ♃. Juillet-août.

14. Tanacetum *Less.*

Péricline hémisphérique, à folioles imbriquées. Fleurs de la circonférence femelles, non ligulées, sur un seul rang; fleurs du disque hermaphrodites, tubuleuses et régulières. Akènes obconiques, *munis de côtes tout autour ;* disque épigyne de la largeur de l'akène, *muni d'une couronne* membraneuse régulière. Réceptacle sans paillettes. — Feuilles alternes.

1. **T. vulgare** *L. Sp. 1148.* (*Tanaisie commune.*) — Calathides nombreuses, en grappes corymbiformes au sommet des rameaux. Péricline à folioles inégales, obtuses, largement scarieuses et lacérées au sommet, égalant les fleurs. Akènes blanchâtres, à 5 côtes saillantes. Feuilles ovales-oblongues dans leur pourtour, bipinnatipartites, à segments lancéolés, très-aigus, finement dentelés, surtout à leur bord externe. Tige dressée, anguleuse, rameuse au sommet. Souche fibreuse. — Plante presque glabre, odorante; fleurs jaunes.

Commun ; bords des routes, lieux incultes, dans tous les terrains. ♃. Juillet-août.

Trib. 7. Chrysanthemeæ *DC. Prodr. 6, p. 38.* — Fleurs du disque hermaphrodites, à corolle tubuleuse et régulière; fleurs de la circonférence femelles, à corolle ligulée. Anthères arrondies à la base, non appendiculées. Style des fleurs du disque à branches linéaires, dont le sommet pourvu d'un pinceau de poils est tronqué ou prolongé en cône au-dessus. Akènes cylindriques ou trigones, munis de côtes; aigrette nulle.

15. Leucanthemum *Tourn.*

Péricline concave, à folioles imbriquées. Fleurs de la circonférence femelles, ligulées, sur un seul rang; fleurs du disque hermaphrodites, tubuleuses, à tube *comprimé et ailé*, à limbe régulier. Akènes *conformes*, obconiques, *munis de côtes tout autour ;* aigrette nulle. Réceptacle *plan-convexe*, sans paillettes. — Feuilles alternes.

Feuilles dentées ou superficiellement lobées ; akènes nus au sommet...................... *L. vulgare* (n° 1).
Feuilles pinnatiséquées ; akènes munis d'une couronne...... .... *L. corymbosum* (n° 2).

1. **L. vulgare** *Lam. Fl. fr. 2, p. 137 ; Chrysanthemum Leucanthemum L. Sp. 1251. (Leucanthème commun.)* — Calathides solitaires au sommet de la tige ou des rameaux, et formant dans ce dernier cas un corymbe très-lâche. Péricline hémisphérique, à la fin *ombiliqué*, à folioles inégales, étroitement imbriquées ; les extérieures lancéolées, étroitement scarieuses sur les bords ; les intérieures dilatées, largement scarieuses et lacérées au sommet, toutes pourvues sur le dos d'une bande verte et lancéolée, bordées de brun. Corolles de la circonférence blanches, en languette oblongue-elliptique, étalée ; celles du disque jaunes. Akènes à 8-10 côtes saillantes, *tous nus* au sommet. Feuilles *superficiellement lobées ;* les inférieures longuement pétiolées, spatulées, crénelées ; les supérieures sessiles, oblongues, dentées jusqu'à la base. Tige dressée, anguleuse, simple ou peu rameuse. Souche noire, courte, oblique, pourvue de longues fibres radicales. — Plante tantôt glabre, tantôt velue et plus robuste (*Chrysanthemum Leucanthemum β sylvestris Pers. Syn. 2, p. 460*).

Très-commun ; près, bois, dans tous les terrains. ♃ Juin-juillet.

2. **L. corymbosum** *Godr. et Gren. Fl. de France, t. 2, p. 145; Pyrethrum corymbosum Willd. Sp. 3, p. 2155. (Leucanthème à fleurs en corymbe.)* — Calathides solitaires au sommet des rameaux et formant un corymbe. Péricline hémisphérique, *non ombiliqué*, à folioles inégales, étroitement imbriquées; les extérieures lancéolées ; les intérieures dilatées et largement scarieuses au sommet, bordées de brun. Corolles de la circonfé-

rence blanches, en languette oblongue-elliptique, étalée ; celles du disque jaunes. Akènes à 5 côtes saillantes, *munis d'une couronne membraneuse* plus longue dans ceux de la circonférence. Feuilles *toutes pinnatiséquées*, à segments lobulés ou dentés ; les inférieures pétiolées ; les moyennes et les supérieures sessiles, à segments décroissants vers le bas et dont les inférieurs rapprochés embrassent la tige. Tige dressée, anguleuse, rameuse au sommet. Souche brune, rampante, munie de fibres radicales nombreuses. — Plante presque glabre ou velue.

Forêts du versant oriental des Vosges ; vallées de Munster (*Buchinger*) et de Saint-Amarin ; Soultzbach (*Kirschléger*). ♃. Juin-juillet.

16. Chrysanthemum *Tourn.*

Péricline concave, à folioles imbriquées. Fleurs de la circonférence femelles, ligulées, sur un seul rang ; fleurs du disque hermaphrodites, tubuleuses, à tube *comprimé et ailé*, à limbe régulier. Akènes *de deux formes :* ceux de la circonférence triquètres, avec les deux angles latéraux relevés en aile ; ceux du disque cylindriques, *munis de côtes tout autour ;* aigrette nulle. Réceptacle *plan-convexe*, sans paillettes. — Feuilles alternes.

1. **C. segetum** *L. Sp. 1254.* (*Chrysanthème des moissons.*) — Péricline à folioles inégales, concaves, d'un vert-jaunâtre ; les extérieures ovales, étroitement scarieuses ; les intérieures dilatées et scarieuses dans leur moitié supérieure. Fleurs toutes jaunes ; celles de la circonférence en languette obovée, émarginée, étalée. Akènes du centre tronqués au sommet, munis de côtes larges et blanches, séparées par des sillons bruns. Feuilles un peu charnues, oblongues, élargies au sommet, profondément dentées et ordinairement trifides ; les inférieures atténuées insensiblement en pétiole ; les supérieures amplexicaules. Tige dressée, striée, simple ou rameuse. Racine verticale, presque simple. — Plante glabre, un peu glauque.

Assez rare ; moissons. Nancy, bords du bois de Tomblaine vers Saulxures (*Soyer-Willemet*). Metz, à la Maison-rouge (*Holandre*) ; Solgne, Scheuerwald près de Sierck ; Saint-Avold, Kinger (*Box*), Sarralbe ; Cocheren, Kœskastel, Schweix (*Warion*), Faulquemont ; Forbach (*Schultz*). Verdun (*Doisy*). Neufchâteau (*Mougeot*). ☉. Juillet-août.

17. MATRICARIA *L.*

Péricline concave, à folioles imbriquées. Fleurs de la circonférence femelles, ligulées, sur un seul rang; fleurs du disque hermaphrodites, régulières, tubuleuses, à tube *cylindrique*, à limbe denté. Akènes *conformes, obconiques*, munis de 3-5 côtes sur la face interne, *sans côtes sur le dos*. Réceptacle *s'allongeant en cône* à la maturité, sans paillettes. — Feuilles alternes.

Réceptacle creux, aigu; fleurs très-odorantes............ .... *M. Chamomilla* (n° 1). Réceptacle plein, obtus; fleurs inodores............... .... *M. inodora* (n° 2).

1. M. Chamomilla *L. Sp. 1256. (Matricaire Camomille.)* — Calathides solitaires au sommet des rameaux. Péricline à folioles un peu inégales, oblongues, obtuses, jaunâtres et largement scarieuses au sommet. Corolles de la circonférence blanches, en languette elliptique-oblongue, réfléchie; celles du centre jaunes. Akènes jaunâtres, blancs sur les côtes, *lisses* sur le dos; disque épigyne *étroit, très-oblique*, muni d'une bordure *obtuse*. Réceptacle longuement conique, *aigu, creux intérieurement*, un peu tuberculeux. Feuilles finement bipinnatiséquées, à segments linéaires, allongés, écartés, étalés, *plans sur le dos*, très-brièvement mucronulés. Tiges très-rameuses, dressées ou diffuses, anguleuses. Racine verticale, fibreuse. — Plante verte et glabre, d'une odeur aromatique agréable.

Commun; moissons. ⊙. Mai-juillet.

2. M. inodora *L. Fl. suec. 2, p. 765. (Matricaire inodore.)* — Calathides solitaires au sommet des rameaux. Péricline à folioles inégales; les extérieures lancéolées, étroitement scarieuses sur les bords; les intérieures dilatées et largement scarieuses au sommet, toutes obtuses, vertes-jaunâtres sur le dos et bordées de brun. Corolles de la circonférence blanches, en languette elliptique-oblongue, étalée, puis réfléchie; celles du centre jaunes. Akènes munis sur la face interne de 3 côtes blanches et saillantes, *rugueux et noirs* sur le dos et entre les côtes; disque épigyne *large, nullement oblique*, muni d'une bordure *aiguë*. Réceptacle allongé, *obtus, plein*, un peu tuberculeux. Feuilles finement bipinnatiséquées, à segments linéaires, allongés, écartés, étalés, *canaliculés sur le dos,* très-brièvement mucronulés. Tige dressée, rameuse, anguleuse, souvent rougeâtre à la base. Racine verticale, un peu fibreuse. — Plante presque inodore, verte et glabre ; calathides plus grandes que dans l'espèce précédente.

Commun ; moissons de tous les terrains. ☉. Juillet-octobre.

Trib. 8. Chamomilleæ *Godr. et Gren. Fl. de France, 2, p. 150.* — Fleurs du disque hermaphrodites, à corolle tubuleuse et régulière ; fleurs de la circonférence femelles, rarement neutres, à corolle ligulée. Anthères arrondies à la base, non appendiculées. Style des fleurs du disque à branches linéaires dont le sommet pourvu d'un pinceau de poils est tronqué ou prolongé en cône au-dessus. Akènes ordinairement pourvus de côtes ; aigrette nulle.

18. Chamomilla *Godr.*

Péricline concave, à folioles imbriquées. Fleurs de la circonférence femelles, ligulées, sur un seul rang ; fleurs du disque hermaphrodites, tubuleuses, à tube *cylindrique, élargi à la base en une coiffe* qui enveloppe la partie supérieure de l'ovaire, à limbe régulier. Akènes *en massue, un peu comprimés,* arrondis au sommet, *munis de 3 côtes filiformes du côté interne ;* aigrette nulle. Réceptacle s'allongeant en cône à la maturité, muni de paillettes dont les internes caduques. — Feuilles alternes.

1. **Ch. nobilis** *Godr. Fl. lorr., éd. 1, t. 2, p. 19; Anthemis nobilis L. Sp. 1260.* (*Camomille romaine.*) — Calathides solitaires au sommet des rameaux. Péricline à folioles inégales, obtuses et largement scarieuses au sommet, pourvues sur le dos d'une côte peu saillante. Corolles de la circonférence blanches, terminées en languette elliptique, émarginée, étalée, puis réfléchie ; celles du centre jaunes. Akènes jaunâtres, lisses sur le dos ; bordure du disque épigyne membraneuse. Réceptacle muni de paillettes oblongues, obtuses, largement scarieuses et quelquefois lacérées au sommet. Feuilles étroites, bipinnatiséquées, à segments nombreux, rapprochés, courts, presque capillaires. Tiges faibles, rameuses, souvent couchées. — Plante aromatique, velue, d'un vert-blanchâtre.

Très-rare ; moissons. Nancy, à Fléville (*Suard*). Bains-en-Vosges, au bord de la route de Saint-Loup près l'étang de Trémouzey (*de Baudot*). ♃. Juillet-août.

19. Anthemis *L.*

Péricline concave, à folioles imbriquées. Fleurs de la circonférence femelles, ligulées, sur un seul rang ; fleurs du disque hermaphrodites, tubuleuses, à tube *comprimé*, à limbe régulier. Akènes *obconiques, munis de côtes tout autour;* aigrette nulle. Réceptacle s'allongeant en cône à la maturité, muni de paillettes. — Feuilles alternes.

Paillettes lancéolées, brusquement acuminées ; akènes à côtes lisses........................... *A. arvensis* (n° 1).
Paillettes subulées dès la base ; akènes à côtes tuberculeuses. .... *A. Cotula* (n° 2).

1. **A. arvensis** *L. Sp. 1261; Chamœmelum arvense All. Ped. 1, p. 186; Godr. Fl. lorr., éd. 1, t. 2, p. 29. (Anthémide des champs.)* — Péricline velu, à folioles peu inégales, munies d'une nervure dorsale verte et saillante, arrondies, scarieuses et lacérées au sommet. Corolles de la circonférence en languette blanche, elliptique, à la fin réfléchie ; celles du disque jaunes, tubuleuses, à limbe denté. Akènes mûrs très-inégaux, à dix côtes *lisses* et égales ; disque épigyne d'abord muni d'un bord aigu , qui se dilate ensuite en *un bourrelet épais et ondulé-plissé.* Réceptacle muni de paillettes persistantes, lancéolées, carénées, brusquement acuminées. Feuilles bipinnatipartites, à segments linéaires, courts, mucronés, rapprochés. Tige dressée, rameuse. Racine grêle. — Plante velue, d'un vert-blanchâtre, peu odorante.

Commun dans les moissons de tous les terrains. ☉. Juin-septembre.

2. **A. Cotula** *L. Sp. 1261; Chamœmelum Cotula All. Ped. 1, p. 186; Godr. Fl. lorr., éd. 1, t. 2, p. 21. (Anthémide fétide.)* — Péricline glabre, à folioles peu inégales, munies d'une nervure dorsale verte et peu saillante, arrondies et étroitement scarieuses au sommet. Corolles de la circonférence en languette blanche, elliptique, à la fin réfléchie ; celles du disque jaunes, tubuleuses, à limbe denté. Akènes mûrs à dix côtes *tuberculeuses* et égales ; disque épigyne muni d'un bord *obtus.* Réceptacle muni de paillettes étroites, linéaires-sétacées. Feuilles

bipinnatipartites, à segments linéaires, allongés, mucronés, écartés. Tige dressée, très-rameuse. Racine rameuse. — Plante ordinairement glabre, verte, fétide.

Commun dans les moissons de tous les terrains. ⊙. Mai-septembre.

20. Cota *Gay.*

Péricline concave, à folioles imbriquées. Fleurs de la circonférence femelles, ligulées, sur un seul rang ; fleurs du disque hermaphrodites, tubuleuses, à tube *comprimé et ailé,* à limbe régulier. Akènes tous *tétragones, comprimés,* atténués à la base, *munis de côtes tout autour;* aigrette nulle. Réceptacle convexe, ne s'allongeant pas en cône, muni de paillettes persistantes. — Feuilles alternes.

1. **C. tinctoria** *Gay, in Guss. Syn. 2, p. 867; Anthemis tinctoria L. Sp. 1263; Godr. Fl. lorr., éd. 1, t. 2, p. 21.* (Cote des teinturiers.) — Calathides grandes, portées sur des pédoncules longuement nus au sommet. Péricline à folioles inégales, velues-tomenteuses en dehors ; les intérieures arrondies, scarieuses et brunâtres au sommet. Corolles toutes jaunes ; celles de la circonférence en languette elliptique, étalée, égalant la moitié du diamètre transversal du disque. Akènes blanchâtres, à côtes lisses, peu saillantes, à sommet tronqué et bordé d'une couronne membraneuse, oblique, saillante. Réceptacle à paillettes linéaires et planes à la base, terminées par une pointe roide. Feuilles vertes en dessus, velues-blanchâtres en dessous, pinnatipartites, à segments étalés, linéaires, dentés en scie ainsi que le rachis ; dents mucronées et blanches au sommet. Tige dressée, très-feuillée, rameuse. — Plante d'un vert foncé, plus ou moins velue.

Lieux arides. Pont-à-Mousson (*Léré*) ; Fontenoy-sur-Moselle près de Toul (*Warion*). Metz, les Genivaux (*Taillefert*), Longwy, Aumetz, Maizières, Rosselange (*Holandre*) ; Hayange ; Hettange, Vitry, Sierck (*Warion*). Vallons qui aboutissent au Ballon de Soultz ; Kaisersberg ; le Bonhomme (*Nestler*). Se trouve aussi sur les remparts de Verdun, où il a été semé. ♃. Juillet-août.

21. Achillea *L.*

Péricline ovoïde ou hémisphérique, à folioles imbriquées. Fleurs de la circonférence femelles, ligulées, sur un seul rang ;

celles du disque hermaphrodites, tubuleuses, à tube *comprimé et ailé*, à limbe régulier. Akènes *oblongs-obovés, comprimés,* étroitement marginés, *sans côtes sur les faces ;* aigrette nulle. Réceptacle convexe, muni de paillettes. — Feuilles alternes.

1 { Feuilles bipinnatiséquées, à segments nombreux et très-petits.   2
   { Feuilles dentées................. *A. Ptarmica* (n° 3).

2 { Feuilles linéaires ou linéaires-oblongues dans leur pourtour,
    à rachis entier................ *A. Millefolium* (n° 1).
   { Feuilles ovales dans leur pourtour, à rachis denté.........
    .... *A. nobilis* (n° 2).

1. A. Millefolium *L. Sp. 1267. (Achillée Mille-feuille.)* — Calathides en corymbe très-rameux. Péricline *ovoïde*, à folioles scarieuses, lacérées, arrondies et un peu brunâtres au sommet, d'un vert-jaunâtre sur le dos. Corolles de la circonférence au nombre de 4 ou 5, blanches ou rouges, terminées en languette presque en cœur renversé, étalée, crénelée au sommet, *de moitié plus courte* que le péricline ; fleurs du centre blanches. Akènes blanchâtres. Réceptacle étroit, muni de paillettes lancéolées, carénées, scarieuses, *aiguës* et lacérées au sommet. Feuilles *linéaires* ou *linéaires-oblongues* dans leur pourtour, molles, *bipinnatiséquées,* à rachis étroit, *entier, non ailé*, à segments nombreux, linéaires-lancéolés ou ovales, mucronés, étalés. Tiges dressées, roides, striées, simples ou rameuses au sommet. Souche rampante. — Plante d'un vert gai, plus ou moins velue.

Commun ; lieux incultes, bords des chemins, dans tous les terrains. ♃. Juillet-automne.

2. A. nobilis *L. Sp. 1268. (Achillée noble.)* — Calathides en corymbe très-rameux. Péricline *ovoïde*, petit, à folioles scarieuses et obtuses au sommet. Corolles de la circonférence au nombre de 4 ou 5, blanches, terminées en languette ovale, étalée, crénelée au sommet, *de moitié plus courte* que le péricline ; fleurs du centre blanches. Akènes bruns sur les faces, blancs sur les bords. Réceptacle étroit, muni de paillettes lancéolées, carénées, scarieuses, aiguës et dentelées au sommet. Feuilles brièvement velues, d'un vert-grisâtre ; les caulinaires *ovales* dans leur pourtour, bipinnatiséquées, à rachis étroit et *denté* dans sa moitié supérieure, à segments nombreux, linéaires, dentés en scie. Tiges dressées, roides, rameuses au sommet.

Souche courte, non rampante. — Plante d'un vert-grisâtre, brièvement velue.

Lieux incultes. Sur le granit dans la vallée de Munster et sur le grès vosgien à Mutzig (*Kirschléger*). ♃. Juin-août.

3. **A. Ptarmica** *L. Sp. 1266.* (*Achillée sternutatoire.*) — Calathides en corymbe rameux. Péricline *hémisphérique*, à folioles inégales, lancéolées, scarieuses, lacérées et brunâtres au sommet. Corolles toutes blanches ; celles de la circonférence au nombre de 8-12, terminées en languette presque arrondie, étalée, crénelée au sommet, *aussi longue* que le péricline. Akènes blanchâtres. Réceptacle assez large, muni de paillettes lancéolées, carénées, scarieuses, *obtuses*, lacérées et velues au sommet. Feuilles linéaires-lancéolées, sessiles, un peu coriaces, *dentées en scie ;* dents très-aiguës, mucronées, incombantes, munies d'une *bordure cartilagineuse finement denticulée*. Tiges dressées, roides, anguleuses, rameuses au sommet. Souche rampante. — Plante presque glabre.

Commun ; prés humides, fossés, dans tous les terrains. ♃. Juillet-août.

Trib. 9. Bidentideæ *Less. Syn. p. 229.* — Fleurs du disque et quelquefois toutes les fleurs hermaphrodites, à corolle tubuleuse et régulière ; fleurs de la circonférence ordinairement neutres et à corolle ligulée. Anthères échancrées à la base en deux lobes aigus. Style des fleurs du disque à branches linéaires, dont le sommet pourvu d'un pinceau de poils est tronqué ou prolongé en cône au-dessus. Akènes comprimés et tétragones, surmontés de 2 à 5 arêtes.

22. Bidens *L.*

Péricline hémisphérique, à folioles sur deux rangs ; les extérieures foliacées, étalées ou réfléchies ; les intérieures scarieuses. Fleurs toutes tubuleuses, régulières et hermaphrodites, ou rarement celles de la circonférence ligulées et neutres. Akènes oblongs-cunéiformes, comprimés, élargis et tronqués au sommet, surmontés par 2 ou 5 arêtes barbellées. Réceptacle muni de paillettes. — Feuilles opposées.

Calathides dressées ; feuilles brièvement pétiolées.........
.... *B. tripartita* (nº 1).
Calathides penchées ; feuilles sessiles.... *B. cernua* (nº 2).

1. B. tripartita *L. Sp. 1165. (Bident tripartite.)* — Calathides *dressées*, solitaires au sommet des rameaux. Péricline à folioles extérieures herbacées, inégales, étalées, rudes sur les bords, plus longues que les intérieures ; celles-ci ovales-lancéolées, membraneuses, brunes sur le dos, jaunes sur les bords. Corolles jaunes, toutes tubuleuses. Akènes bruns, munis de 2 ou 3 arêtes. Réceptacle plan, couvert d'écailles linéaires-lancéolées, veinées de jaune sur le dos. Feuilles munies d'un *pétiole court, ailé.* Tige dressée, rameuse. — Plante presque glabre.

α *Genuina Nob.* Feuilles tripartites, à segments lancéolés, dentés en scie ; le supérieur plus grand.

β *Integrata Nob.* Feuilles simples, lancéolées, dentées.

Commun ; marais, bords des ruisseaux, dans tous les terrains. ⊙. Juillet-automne.

2. B. cernua *L. Sp. 1165. (Bident à fleur penchée.)* — Calathides *penchées*, solitaires au sommet des rameaux. Péricline à folioles extérieures herbacées, inégales, étalées ou réfléchies, rudes sur les bords, plus longues que les inférieures ; celles-ci largement ovales, membraneuses, jaunes, finement veinées de noir. Corolles jaunes, toutes tubuleuses ou celles de la circonférence terminées en languette (*Coreopsis Bidens L. Sp. 1281*). Akènes bruns, munis de 3 ou 4 arêtes, plus fortement atténués à la base, plus épais au sommet que dans l'espèce précédente et munis sur chaque face d'une côte plus saillante. Réceptacle un peu convexe, couvert d'écailles linéaires-oblongues, veinées de noir sur le dos. Feuilles *sessiles, un peu connées* à leur base, longuement lancéolées, dentées. Tige tantôt forte, élevée, rameuse, portant des calathides très-grandes, tantôt naine, grêle, simple, à calathides fort petites (*B. minima L. Sp. 1165*). — Plante presque glabre.

Commun ; marais, bords des ruisseaux, dans tous les terrains. ⊙. Août-automne.

Trib. 10. Inuleæ *Cass. Ann. Sc. nat. 1829, p. 20.* — Fleurs du disque et quelquefois toutes les fleurs hermaphrodites, à corolle tubuleuse et régulière ; fleurs de la circonférence femelles, à corolle ligulée. Anthères prolongées à leur base en deux appendices filiformes. Style à branches obtuses, non pénicillées. Akènes cylindriques ou rarement tétragones, avec ou sans côtes ; aigrette poilue.

23. Corvisartia *Mérat.*

Péricline hémisphérique, à folioles imbriquées. Fleurs de la circonférence femelles, ligulées, sur un seul rang ; fleurs du disque hermaphrodites, tubuleuses, à limbe régulier. Anthères appendiculées à leur base. Akènes *tétragones,* munis de côtes fines tout autour ; aigrette *simple,* à poils scabres et sur un seul rang. Réceptacle plan, sans paillettes. — Feuilles alternes.

1. **C. Helenium** *Mérat, Fl. par. 2ᵉ éd., t. 2, p. 261; Inula Helenium L. Sp. 1236. (Corvisartie Aunée.)* — Calathides solitaires au sommet des rameaux. Péricline à folioles extérieures tomenteuses, étalées au sommet, un peu indurées à la base. Fleurs toutes jaunes ; celles de la circonférence nombreuses, terminées en languette étalée, linéaire et profondément bi-tridentée. Akènes bruns ; aigrette d'un blanc sale, fragile, un peu plus longue que l'akène. Feuilles grandes, épaisses, dentées, vertes et un peu rudes en-dessus, blanches-tomenteuses et fortement veinées en-dessous ; les radicales ovales-lancéolées, longuement atténuées en pétiole ; les caulinaires ovales, en cœur à la base, amplexicaules. Tige forte, dressée, élevée, rameuse. Souche grosse, charnue, rameuse, brune extérieurement, aromatique et amère. — Feuilles simulant celles d'un *Verbascum.*

Assez rare. Nancy, bords du canal de Tomblaine (*Monnier*) ; lieux humides à Favières et à Sion-Vaudémont (*de Baudot*). Metz, à la côte Saint-Quentin, Jouy, Fey, Bloury (*Holandre*), Remilly, La Grange-aux-Ormes (*Warion*) ; bois de Borny (*Taillefert*). Verdun, à la Valteline ; Damvillers à la côte de Horgne (*Doisy*), Doncourt-aux-Templiers (*Warion*). Mirecourt, au bois de Ravencelle (*de Baudot*). ♃. Juillet-août.

24. Inula *L.*

Péricline hémisphérique, à folioles imbriquées. Fleurs de la circonférence femelles ou neutres, ligulées, sur un seul rang ; fleurs du disque hermaphrodites, tubuleuses, à limbe régulier. Anthères appendiculées à leur base. Akènes *cylindriques,* munis de côtes tout autour ; aigrette *simple,* à poils scabres, sur un seul rang. Réceptacle plan, sans paillettes.

1 { Fleurs de la circonférence en languette très-courte et dressée, non rayonnantes............. *I. Conyza* (n° 3).
   Fleurs de la circonférence en languette longue et étalée, rayonnantes.................................... 2

2 { Feuilles coriaces; les caulinaires non embrassantes; akènes glabres........................... *I. salicina* (n° 1).
   Feuilles molles; les caulinaires embrassantes; akènes velus. .... *I. britannica* (n° 2).

1. I. salicina *L. Sp. 1238.* (*Inule saulière.*) — Calathides solitaires au sommet de la tige et des rameaux. Péricline à folioles extérieures herbacées, lancéolées, ciliées, indurées à la base, réfléchies au sommet; les intérieures plus étroites, dressées, linéaires, scarieuses, ciliées. Fleurs toutes jaunes; celles de la circonférence nombreuses, terminées en languette étroite, linéaire, étalée et bi-tridentée, *beaucoup plus longues* que celles du disque. Akènes *glabres*, bruns; aigrette d'un blanc sale, molle, 3 ou 4 fois plus longue que l'akène. Feuilles caulinaires *coriaces*, luisantes, faiblement dentées, rudes sur les bords, étalées, sessiles, lancéolées, *arrondies à la base*. Tige dressée, un peu rameuse au sommet. — Plante d'un vert foncé.

Commun dans les bois du calcaire jurassique et du muschelkalk. ♃ Juillet-août.

2. I. britannica *L. Sp. 1237.* (*Inule d'Angleterre.*) — Calathides solitaires au sommet de la tige et des rameaux. Péricline à folioles toutes très-étroites, linéaires, longuement acuminées, velues sur le dos, ciliées, glanduleuses sur les bords; les extérieures très-lâches. Fleurs toutes jaunes; celles de la circonférence nombreuses, terminées en languette étroite, linéaire, étalée et tridentée, *beaucoup plus longues* que celles du disque. Akènes bruns, *velus;* aigrette d'un blanc sale, fragile. Feuilles *molles*, faiblement dentées, un peu velues, rudes sur les bords, dressées, lancéolées; les inférieures pétiolées; les supérieures sessiles, *amplexicaules, un peu décurrentes*. Tige dressée, rameuse au sommet. — Plante d'un vert sombre, à tige couverte de poils blancs, très-fins, longs, articulés.

Bords de la Seille à Port-sur-Seille (*Couteau*). Metz, dans les fossés de la ville, Magny (*Holandre*), Marly (*Warion*), Olgy (*Taillefert*), Pommerieux. Bords de la Meuse à Neufchâteau (*Lagneau*). ♃ Juillet-août.

3. **I. Conyza** *DC. Prodr. 5, p. 464; Conyza squarrosa L. Sp. 1205. (Inule conyze.)* — Calathides rapprochées au sommet des rameaux et disposées en grappe corymbiforme. Péricline à folioles extérieures herbacées, lancéolées, aiguës, réfléchies au sommet; les intérieures plus étroites, linéaires, aiguës, scarieuses, ciliées, dressées, rougeâtres au sommet. Fleurs toutes jaunes; celles de la circonférence nombreuses, *égalant* celles du disque, fendues au côté interne et disposées en languette courte. Akènes noirs, *velus;* aigrette blanche, fragile, 3 fois plus longue que l'akène. Feuilles *molles,* pubescentes, elliptiques-lancéolées, à peine dentées; les inférieures pétiolées; les supérieures sessiles, *atténuées à la base.* Tige dressée, très-rameuse au sommet. — Plante d'un vert pâle, un peu fétide.

Commun; lieux arides, bois montagneux, dans tous les terrains. ☉. Juillet-août.

NOTA. M. Doisy indique à Verdun l'*I. hirta*, et Willemet père l'*I. montana* dans les Vosges. Nous n'avons pas pu constater l'existence de ces deux plantes en Lorraine.

25. PULICARIA *Gærtn.*

Péricline hémisphérique, à folioles imbriquées. Fleurs de la circonférence femelles, ligulées, sur un seul rang; fleurs du disque hermaphrodites, tubuleuses, à limbe régulier. Anthères appendiculées à la base. Akènes *cylindriques,* munis de côtes tout autour; aigrette *double;* l'extérieure courte, coroniforme, dentée ou fendue jusqu'à la base, l'intérieure à poils scabres et sur un seul rang. Réceptacle plan, sans paillettes.

Fleurs de la circonférence à limbe dressé, non rayonnantes; feuilles caulinaires non auriculées.... *P. vulgaris* (n° 1.)
Fleurs de la circonférence à limbe étalé, rayonnantes; feuilles caulinaires auriculées.......... *P. dysenterica* (n° 2).

1. **P. vulgaris** *Gærtn. Fruct. 2, p. 461; Inula Pulicaria L. Sp. 1238. (Pulicaire commune.)* — Calathides solitaires au sommet des rameaux. Péricline à folioles toutes étroites, linéaires-sétacées, velues sur le dos. Fleurs toutes jaunes; celles de la circonférence nombreuses, terminées en languette *dressée* et tridentée, dépassant à peine les fleurs du disque. Akènes bruns, velus; aigrette blanche; l'intérieure formée de cinq à six poils roides, fragiles, *égalant presque* l'akène; l'extérieure formée *de*

poils courts et soudés à la base. Réceptacle un peu tuberculeux. Feuilles molles, onduleuses, entières ou à peine dentées ; les supérieures *arrondies à la base* et demi-embrassantes ; les inférieures atténuées en pétiole large. Tige dressée, rameuse au sommet ; rameaux latéraux plus longs que ceux du centre. — Plante fétide, velue.

Commun ; prairies humides ; lieux inondés pendant l'hiver, dans tous les terrains. ⊙. Juillet-août.

2. P. dysenterica *Gærtn. Fruct. 2, p. 461 ; Inula dysenterica L. Sp. 1237. (Pulicaire dysentérique.)* — Calathides solitaires au sommet des rameaux. Péricline à folioles toutes étroites, linéaires-sétacées, velues et un peu glanduleuses sur le dos. Fleurs toutes jaunes ; celles de la circonférence nombreuses, terminées en languette *étalée*, très-étroite et bi-tridentée, dépassant manifestement les fleurs du disque. Akènes bruns, velus ; aigrette blanche ; l'intérieure formée de 12-15 poils roides, fragiles, *une fois plus longs* que l'akène ; l'extérieure *membraneuse, crénelée*. Réceptacle alvéolé, fibrilleux. Feuilles molles, onduleuses, lancéolées, *en cœur à la base*, embrassant la tige par 2 *grandes oreillettes*. Tige dressée, rameuse au sommet. — Plante blanche-tomenteuse, très-velue, fétide ; calathides plus grandes que dans le *P. vulgaris*.

Commun ; prés humides ; bords des eaux, dans tous les terrains. ♃. Juillet-août.

Trib. 11. GNAPHALIEÆ *Less. Syn. p. 269.* — Fleurs tantôt toutes hermaphrodites, à corolle tubuleuse et régulière, tantôt celles de la circonférence femelles, à corolle filiforme, rarement ligulée. Anthères prolongées à leur base en deux appendices filiformes. Style à branches obtuses, non pénicillées. Akènes cylindriques ou comprimés, sans côtes ; aigrette poilue.

26. HELICHRYSUM *DC.*

Calathides *hétérogames*. Péricline campanulé, à folioles imbriquées, scarieuses, *non étalées en étoile à la maturité*. Fleurs toutes tubuleuses et régulières ; celles de la circonférence femelles, sur un seul rang, *non entremêlées aux folioles du péricline* ; fleurs du disque hermaphrodites. Akènes cylindriques-oblongs; aigrette à poils scabres et sur un seul rang. Réceptacle plan, *sans paillettes.* — Feuilles alternes.

1. H. arenarium *DC. Fl. fr. 4, p. 132; Gnaphalium arenarium L. Sp. 1195; Godr. Fl. lorr., éd. 1, t. 2, p. 38. (Immortelle des sables.)* — Calathides pédonculées, polygames, disposées en grappe corymbiforme, un peu feuillée. Péricline à folioles un peu lâches, d'un jaune luisant, presque entièrement scarieuses, obtuses; les intérieures linéaires-oblongues; les extérieures beaucoup plus courtes, ovales. Fleurs femelles sur un seul rang. Akènes bruns, petits, tuberculeux; aigrette d'un blanc-jaunâtre, formée de 25-30 poils un peu épaissis au sommet. Feuilles inférieures oblongues-obovées, obtuses, longuement atténuées en pétiole; les supérieures insensiblement décroissantes, linéaires-lancéolées, aiguës. Tiges nombreuses, roides, dressées, simples; rameaux stériles dressés, très-courts. Souche forte, ligneuse, rameuse. — Plante blanche-laineuse.

Rare; lieux sablonneux. Pont-à-Mousson (*Soyer-Willemet*). Parth près de Thionville (*Jennesson*); entre Creutzwald et Merten (*Fidrici*); Bitche (*Schultz*); Saint-Avold, vallée de la Bisten et Rodemack (*Holandre*). ♃. Juillet-août.

27. GNAPHALIUM *Don.*

Calathides *hétérogames.* Péricline campanulé, à folioles imbriquées, scarieuses, *étalées en étoile à la maturité.* Fleurs toutes tubuleuses et régulières; celles de la circonférence femelles, sur plusieurs rangs, *non entremêlées aux folioles du péricline;* fleurs du disque hermaphrodites. Akènes cylindriques-oblongs; aigrette à poils scabres et sur un seul rang. Réceptacle plan, *sans paillettes.* — Feuilles alternes.

1 { Calathides en capitules serrés; plante annuelle............ 2
   { Calathides en grappe spiciforme; plante vivace........... 3

2 { Capitules feuillés; feuilles caulinaires atténuées à la base....
   .... *G. uliginosum* (n° 1).
   { Capitules non feuillés; feuilles caulinaires demi-embrassantes.
   .... *G. luteo-album* (n° 2).

3 { Feuilles moyennes uninerviées, plus larges que les supérieures.
   .... *G. sylvaticum* (n° 3).
   { Feuilles moyennes trinerviées, plus étroites que les supérieures...................... *G. norvegicum* (n° 4).

1. G. uliginosum *L. Sp. 1200.* (*Gnaphale des lieux fangeux.*) — Calathides sessiles, entourées à leur base d'un tomentum laineux très-abondant, réunies au sommet de la tige et des rameaux en *capitules* serrés et *feuillés*. Péricline à folioles appliquées, scarieuses, jaunâtres ou brunes et glabres dans leur moitié supérieure ; les inférieures linéaires, aiguës ; les extérieures ovales, obtuses, un peu plus courtes. Akènes très-petits, bruns, *non tuberculeux*, mais finement hérissés ; aigrette blanche, très-caduque, formée de 10-12 poils. Feuilles linéaires-oblongues, *toutes atténuées à leur base*, munies d'une seule nervure. Tiges rameuses dès la base, étalées-diffuses, flexueuses, *feuillées jusqu'au sommet*. Racine fibreuse. — Plante blanche-laineuse, ou quelquefois verte-glabrescente.

Commun ; champs sablonneux et humides dans tous les terrains. ⊙. Juillet-août.

2. G. luteo-album *L. Sp. 1196.* (*Gnaphale jaunâtre.*) — Calathides sessiles, entourées à leur base d'un tomentum laineux très-abondant, réunies au sommet de la tige et des rameaux en *capitules* serrés, *non feuillés*. Péricline à folioles appliquées, presque entièrement scarieuses, transparentes, luisantes, glabres, d'un blanc sale, obtuses, souvent faiblement émarginées ; les extérieures un peu plus courtes que les intérieures. Akènes très-petits, bruns, *très-finement tuberculeux* ; aigrette blanche, très-caduque, formée de 10-12 poils. Feuilles *demi-embrassantes*, munies d'une seule nervure ; les inférieures oblongues-obovées, obtuses ; les supérieures linéaires, aiguës. Tige dressée, simple, quelquefois rameuse, mais toujours *presque nue au sommet*. Racine fibreuse. — Plante blanche-laineuse.

Nancy, bords de la Moselle à Liverdun (*Royer*) ; Sarrebourg, Abreschwiller, Phalsbourg (*de Baudot*), côte de Saverne. Metz, le long de la Moselle à Montigny et à Corny (*Holandre*) ; Sierk (*abbé Cordonnier*) ; Sarreguemines, Sarralbe, Herbitzheim (*Warion*), Grosbliesderoff (*Box*), Carling, Porcelette (*Monard et Taillefert*) ; Bitche (*Schultz*). Epinal (*Monnier*) ; Mirecourt (*Mougeot*). ⊙. Juillet-août.

3. G. sylvaticum *L. Sp. 1200.* (*Gnaphale des bois.*) — Calathides sessiles ou brièvement pédonculées, agglomérées à l'aisselle des feuilles supérieures et formant *une longue grappe spiciforme* au sommet de la tige. Péricline à folioles appliquées, largement scarieuses et glabres au sommet obtus, fauves ou brunes dans leur moitié supérieure ; les intérieures *linéaires* ;

les extérieures ovales, beaucoup plus courtes. Akènes grisâtres, brièvement pubescents ; aigrette d'un blanc sale, formée de 20-25 poils. Feuilles radicales linéaires-lancéolées ; les caulinaires nombreuses, *décroissantes*, linéaires, à *une nervure*. Tige simple, roide, dressée, feuillée jusqu'au sommet. Rameaux stériles couchés. Souche courte, dure, tronquée et munie de fibres simples. — Plante blanche-laineuse.

Commun dans les bois montagneux de tous les terrains et jusqu'au sommet des hautes Vosges. ♃. Juillet-septembre.

4. G. norvegicum *Gunn. Fl. norveg. p. 105. (Gnaphale de Norwège.)* — Calathides sessiles ou brièvement pédonculées, agglomérées à l'aisselle des feuilles supérieures et formant au sommet de la tige *une longue grappe spiciforme* plus courte et plus dense que dans l'espèce précédente. Péricline à folioles appliquées, largement scarieuses et glabres au sommet obtus, toujours d'un brun-noir dans leur moitié supérieure ; les intérieures *oblongues*. Akènes grisâtres, brièvement pubescents ; aigrette d'un blanc sale, formée de 20 à 25 poils. Feuilles caulinaires peu nombreuses, longuement atténuées en pétiole ; les moyennes *munies de trois nervures et plus larges que les inférieures*. Tige simple, roide, dressée. Souche courte, dure, tronquée et munie de fibres simples. — Plante blanche-laineuse.

Dans les hautes Vosges sur le granit et la grauwacke ; Ballon de Soultz et de Giromagny, Hohneck, Rotabac, Champ-du-Feu. ♃. Août-septembre.

28. ANTENNARIA *R. Brown.*

Calathides *dioïques*. Péricline *campanulé*, à folioles imbriqués, scarieuses. Fleurs toutes tubuleuses et régulières, *non entremêlées aux folioles du péricline*. Akènes cylindriques-oblongs ; aigrette à poils scabres et sur un seul rang. Réceptacle convexe, *sans paillettes*. — Feuilles alternes.

1. A. dioïca *Gœrtn. Fruct. 2, p. 410, tab. 167, f. 3 ; Gnaphalium dioïcum L. Sp. 1199. (Antennaire dioïque.)* — Calathides assez grosses, dioïques, laineuses à leur base, plus ou moins pédonculées, disposées en grappe corymbiforme, serrée, un peu feuillée à la base. Péricline à folioles un peu lâches, luisantes, scarieuses et glabres dans leur moitié supérieure ; blanches, plus larges, plus obtuses, plus courtes que les fleurs dans les calathides mâles ; roses, ordinairement acuminées et souvent plus longues que les fleurs dans les calathides femelles. Akènes jaunâtres, très-petits, glabres et lisses ; aigrette blanche, formée de 25 à 30 poils capillaires dans les fleurs femelles, épaissis et ciliés dans les fleurs mâles. Feuilles radicales spatulées et étalées en rosette ; les caulinaires petites, linéaires, acuminées, appliquées. Tige simple, dressée, presque toujours solitaire ; rameaux stériles *couchés* et munis de feuilles spatulées. Souche rampante. — Plante blanche-laineuse.

Rare à Nancy, côte de Malzéville (*Soyer-Willemet*) ; commun à Rosières-aux-Salines, à Dombasle, à Blainville. Saint-Avold (*Box*). Forêt d'Argonne (*Doisy*). Très-commun dans toute la chaîne des Vosges sur le grès et le granit depuis Bitche jusqu'à Giromagny. ♃. Mai-juin.

29. Filago *Tourn.*

Calathides *hétérogames*. Péricline *pentagonal*, à folioles disposées sur 3-5 rangs, alternes ou opposées, tubuleuses et régulières ; les extérieures femelles disposées sur plusieurs rangs *à l'aisselle des folioles internes du péricline* qui remplissent ainsi le rôle de paillettes ; fleurs du centre hermaphrodites, peu nombreuses. Akènes obovés, comprimés ; aigrette caduque ; celle des fleurs de la circonférence nulle ou dissemblable. Réceptacle saillant, sans paillettes au sommet, *muni de paillettes à la circonférence*. — Feuilles alternes.

1 { Péricline à folioles cuspidées, ne s'étalant pas en étoile à la maturité........ 2
Péricline à folioles non cuspidées, s'étalant en étoile à la maturité........ 3

2 { Capitules munis d'un involucre foliacé; péricline à 5 angles très-saillants............ *F. spathulata* (n° 1).
Capitules dépourvus d'un involucre foliacé; péricline à 5 angles à peine marqués............ *F. germanica* (n° 2).

3 { Péricline non anguleux, laineux, à folioles aiguës......... 4
Péricline à 5 angles saillants, blancs-tomenteux, à folioles obtuses........ 5

4 { Feuilles bractéales égalant les capitules. *F. arvensis* (n° 3).
Feuilles bractéales beaucoup plus longues que les capitules........ *F. neglecta* (n° 4).

5 { Feuilles bractéales plus courtes que le capitule........ *F. minima* (n° 5).
Feuilles bractéales plus longues que le capitule........ *F. gallica* (n° 6).

1. **F. spathulata** *Presl, Delic. prag. p. 93 ; F. Jussiœi Coss. et Germ. Ann. Sc. nat. ser. 2, t. 20, p. 284, tab. 13, f. c. 1-3 ; Godr. Fl. lorr., éd. 1, t. 3, p. 230. (Cotonnière à feuilles spatulées.)* — Calathides sessiles, réunies 12 à 15 en capitules *hémisphériques*, serrés, les uns terminaux, les autres sessiles, latéraux ou placés dans les dichotomies. Péricline enveloppé *à sa base seulement* par un tomentum épais, ovoïde, *à cinq angles* aigus et saillants, à folioles presque égales, étroitement appliquées, opposées, *carénées, longuement acuminées, cuspidées,* à pointe jaunâtre. Akènes petits, bruns. Feuilles planes, oblongues-spatulées, obtuses ; les caulinaires *toujours rétrécies à la base.* Tige dressée, dichotome ordinairement dès la base, à rameaux divariqués. — Plante blanche-tomenteuse.

Champs des terrains calcaires. Nancy, Boudonville, Malzéville, Vandœuvre, Maron, Liverdun, Pompey ; Pont-à-Mousson ; Château-Salins (*Léré*) ; Toul. Metz, à Plappeville (*Warion*) ; Hayange, Moyeuvre. Verdun, Commercy, Bussi, Saint-Mihiel (*Warion*). Neufchâteau (*Mougeot*). Se trouve aussi sur le grès bigarré, à Badonviller (*Soyer-Willemet*) ; Saint-Dié, Longchamps (*docteur Berher*). ☉. Juillet-août.

2. **F. germanica** *L. Sp. 1311. (Cotonnière d'Allemagne.)* — Calathides sessiles, réunies 12 à 25 en capitules *globuleux* serrés, les uns terminaux, les autres sessiles, latéraux ou placés dans les dichotomies. Péricline enveloppé *jusqu'au milieu* de sa hauteur par un tomentum épais, *à 5 angles* peu prononcés, à folioles presque égales, lâches, opposées, *pliées en long,* longuement *acuminées, cuspidées, à pointe roide,* jaune ou rougeâtre au sommet. Akènes petits, bruns. Feuilles souvent onduleuses sur les bords, un peu décurrentes sur la tige ; les inférieures linéaires-oblongues, *obtuses ;* les caulinaires *non rétrécies à la base.* Tige dressée, dichotome ; rameaux dressés, peu étalés. — Plante fortement laineuse.

α *Lutescens Godr. et Gren. Fl. de France, t. 2, p. 192.* Plante munie d'un tomentum blanc-jaunâtre ou verdâtre. *F. lutescens Jord ! Obs. plantes de France, fragm. 3, p. 201, tab. 7, f. B.*

β *Canescens Godr. et Gren. l. c.* Plante munie d'un tomentum blanc. *F. canescens Jord ! l. c. tab. 7, f. A.*

Commun ; moissons, principalement dans les terrains siliceux. ☉. Juillet-août.

3. F. arvensis *L. Sp. 1312; Oglifa arvensis Cass. Bull. philom. 1819, p. 143; Godr. Fl. lorr., éd. 1, t. 2, p. 33.* (*Cotonnière des champs.*) — Calathides brièvement pédicellées, réunies 2 à 7 en petits capitules terminaux et latéraux, rapprochés au sommet des rameaux et formant souvent des grappes spiciformes interrompues; feuilles bractéales *égalant* les capitules. Péricline enveloppé d'une laine épaisse, ovoïde, *non anguleux*, à folioles lâches, inégales, alternes, concaves, *non carénées, aiguës;* les extérieures *de moitié plus courtes* que les intérieures. Akènes grisâtres, munis de petites papilles *sphériques.* Feuilles sessiles, dressées, linéaires ou linéaires-lancéolées, *aiguës, arrondies à la base.* Tige dressée, blanche, longuement laineuse, rameuse; rameaux *dressés.* — Plante fortement laineuse.

Champs sablonneux de l'alluvion siliceuse. Nancy, Montaigu, Tomblaine (*Soyer-Willemet*), Dombasle; Pont-à-Mousson; Château-Salins (*Léré*). Metz, au Sablon, Woippy (*Holandre*). Verdun (*Doisy*); Saint-Mihiel (*Léré*). Epinal (*docteur Berher*); Mirecourt (*Mougeot*). ☉. Juillet-août.

4. F. neglecta *DC! Prodr. 6. p. 248; Gnaphalium neglectum Soy.-Will.! Mém. de l'Acad. de Nancy, 1835, p. 45, icon.; Oglifa Soyerii Godr. Fl. lorr., éd. 1, t. 2, p. 34.* (*Cotonnière négligée.*) — Calathides brièvement pédicellées, réunies 2 à 5 en petits capitules terminaux et latéraux, rapprochés au sommet des rameaux et formant souvent des grappes spiciformes interrompues; feuilles bractéales larges, nombreuses, *beaucoup plus longues* que les capitules. Péricline laineux à sa base, ovoïde, *non anguleux*, à folioles appliquées, *égales*, alternes, concaves, *non carénées, aiguës.* Akènes grisâtres, munis de petites papilles *cylindriques.* Feuilles linéaires-lancéolées, *acuminées, atténuées à la base.* Tige dressée, rameuse au sommet; rameaux peu nombreux, *dressés-étalés.* — Diffère en outre de la précédente espèce par les poils blancs, appliqués et non laineux qui recouvrent toute la plante; par ses calathides de moitié plus petites; par ses feuilles moins nombreuses; par sa taille beaucoup moins élevée; enfin par son port, qui est celui du *Filago gallica.*

Moissons à Badonviller, sur le grès bigarré (*Soyer-Willemet*). ☉. Août-septembre.

5. F. minima *Fries, Nov. p. 268.* (*Cotonnière naine.*) — Calathides sessiles, réunies 3-5 en petits capitules, les uns terminaux, les autres sessiles, latéraux ou placés dans les dichoto-

mies, *plus longs* que les feuilles bractéales. Péricline blanc-tomenteux, ovoïde-pyramidal, *à cinq angles* saillants et obtus, à
folioles *inégales*, alternes, carénées, *obtuses*. Akènes petits, grisâtres. Feuilles nombreuses, *linéaires-lancéolées, aiguës*, appliquées. Tige roide, dressée, rameuse; rameaux *dressés-étalés.*
— Plante blanche, brièvement tomenteuse.

Commun; lieux arides, champs sablonneux, dans tous les terrains. ☉.
Juillet-août.

6. F. gallica *L. Sp. 1312. (Cotonnière de France.)* —
Calathides sessiles, réunies 3-5 en petits capitules, les uns terminaux, les autres sessiles, latéraux ou placés dans les dichotomies, *plus courts* que les feuilles bractéales. Péricline blanc-
tomenteux, ovoïde, *à cinq angles* saillants et obtus, à folioles
opposées, *concaves, obtuses*. Akènes petits, grisâtres. Feuilles
linéaires-subulées, roides. Tige très-rameuse-dichotome; rameaux *dressés-étalés*. — Plante blanchâtre, brièvement tomenteuse.

Champs sablonneux. Assez rare dans les terrains d'alluvion. Nancy,
à Montaigu, Brichambeau; Pont-à-Mousson; Château-Salins (*Léré*);
Toul (*Husson et Gély*). Metz, à Woippy, Bertaumont, Fey (*Holandre*),
Doncourt-aux-Templiers (*Warion*), Saint-Mihiel (*Léré*), Argonne
(*Doisy*). Commun dans les terrains de grès. Baccarat et Sarrebourg
(*de Baudot*), Badonviller (*Soyer-Willemet*). Bitche (*Schultz*). Epinal,
Vagney, Gérardmer (*docteur Berher*), Rambervillers (*Billot*), Domèvre-
sur-Avière (*Mougeot*) ☉. Juillet-août.

Trib. 12. Tarchonantheæ *Less. Syn. p. 205.* — Fleurs
du disque hermaphrodites ou mâles, à corolle tubuleuse et régulière; fleurs de la circonférence femelles, à corolle filiforme.
Anthères prolongées à leur base en deux appendices filiformes.
Style à branches obtuses et non pénicillées. Akènes comprimés,
sans côtes; aigrette nulle.

30. Micropus *L.*

Péricline globuleux, à deux rangs de folioles; les extérieures
planes; les intérieures voûtées en capuchon, enveloppant les
fleurs et les akènes de la circonférence et tombant avec eux.
Fleurs toutes tubuleuses et régulières; celles de la circonférence
femelles, sur un seul rang; celles du disque mâles, peu nom-

breuses. Akènes obovés, comprimés; aigrette nulle. Réceptacle sans paillettes. — Feuilles alternes.

1. M. erectus *L. Sp. 1313. (Microbe droit.)* — Calathides complétement enveloppées d'un duvet laineux, sessiles, disposées en capitules terminaux et latéraux, rapprochés au sommet des rameaux et formant des grappes spiciformes interrompues; feuilles bractéales nombreuses, dépassant les calathides. Péricline à folioles extérieures (4 à 7) molles, linéaires, glabres et jaunâtres à la face interne; les intérieures (5 à 8) disposées en casque comprimé latéralement, rostelé au sommet et donnant passage au style oblique à travers une fente étroite. Akènes grisâtres. Feuilles sessiles, oblongues-obovées, obtuses. Tiges dressées ou étalées, rameuses. — Plante blanche, longuement laineuse; fleurs à peine visibles; port de l'*Oglifa arvensis*.

Très-rare; moissons. Nancy, à Liverdun (*Suard*); Thiaucourt (*Holandre*). Metz, à la côte de Waville sur le Rupt-de-Mad (*Holandre*). ⊙. Juin-juillet.

Trib. 13. CALENDULEÆ *Less. Syn. p. 89.* — Fleurs du disque mâles, à corolle tubuleuse; fleurs de la circonférence femelles, à corolle ligulée. Anthères pourvues à leur base de deux appendices filiformes et courts. Style à branches courtes, épaisses, divariquées. Akènes prolongés en bec et souvent arqués; aigrette nulle.

31. CALENDULA *Neck.*

Péricline hémisphérique, à folioles sur deux rangs. Fleurs de la circonférence femelles, ligulées, sur 2 ou 3 rangs; fleurs du disque mâles, tubuleuses, régulières. Akènes très-irréguliers, courbés en arc, ou creusés en nacelle; aigrette nulle. Réceptacle sans paillettes. — Feuilles alternes.

1. C. arvensis *L. Sp. 1303. (Souci des champs.)* — Calathides solitaires au sommet des rameaux. Péricline à folioles d'un vert pâle, lancéolées, acuminées, pubescentes. Fleurs d'un jaune pâle; les extérieures à tube couvert de poils articulés, à limbe oblong-elliptique, étalé, plus long que le péricline. Akènes blanchâtres, hérissés de pointes sur le dos, plus ou moins prolongés en membrane sur les côtés et à la base de la face interne ; les extérieurs plus grands, arqués, terminés en bec ; les intérieurs courbés en cercle et tronqués au sommet. Feuilles oblongues-lancéolées, entières ou faiblement dentées ; les inférieures atténuées en un court pétiole, les supérieures arrondies à la base et demi-embrassantes. Tige dressée, rameuse ; rameaux étalés. — Plante pubescente.

M. Warion en a trouvé, en 1854, un seul pied au bord des champs à Lessy près de Metz. Neufchâteau (*Mougeot*). ⊙. Juillet-septembre.

II. CYNAROCÉPHALES. — Fleurs toutes à corolle tubuleuse ; celles du disque hermaphrodites, à corolle régulière ; celles de la circonférence tantôt semblables à celles du centre, tantôt neutres et à corolle souvent plus grande. Style des fleurs hermaphrodites articulé et renflé sous le sommet.

Trib. 14. SILYBEÆ *Less. Syn. p. 10.* — Etamines à filets complétement soudés. Hile basilaire. Aigrette poilue, caduque, annulaire à la base.

32. SILYBUM *Vaill.*

Péricline à folioles imbriquées ; les extérieures et les moyennes terminées par un appendice lobé, à lobes épineux. Fleurs toutes régulières, hermaphrodites, fertiles. Akènes obovés, comprimés latéralement, sans côtes ; hile basilaire ; aigrette caduque, à poils scabres, placés sur plusieurs rangs et soudés en anneau à leur base. Réceptacle charnu, muni de paillettes.

1. **S. Marianum** *Gœrtn. fruct. 2. p. 378, tab. 162, f. 2; Carduus Marianus L. Sp. 1153 ; Godr. Fl. lorr., éd. 1, t. 2, p. 46.* (*Chardon Marie.*) — Calathides solitaires au sommet des rameaux. Péricline globuleux, ventru à la base, déprimé à l'insertion du pédoncule ; folioles extérieures larges, à base ovale, étroitement appliquée, surmontée d'un appendice foliacé, étalé, triangulaire, acuminé, pourvu au sommet d'une forte épine et à la base de 4 à 6 épines plus faibles ; les folioles intérieures dressées, non appendiculées. Akènes très-gros, obovés, comprimés, luisants, noirs, finement chagrinés ; aigrette blanche-soyeuse, à poils brièvement scabres. Feuilles grandes, lisses, vertes, mais ordinairement maculées de blanc le long des nervures,

inégalement épineuses sur les bords ; les inférieures atténuées à la base, sinuées-pinnatifides, à segments larges, ovales, sinués-dentés ; les supérieures ovales-lancéolées, embrassant la tige par deux oreillettes arrondies. Tige forte, dressée, sillonnée, non ailée, rameuse au sommet. — Plante glabre ; fleurs purpurines.

Subspontané dans les vignes. Nancy, Bouxières-aux-Dames, Velaine (*Suard*), Vandœuvre ; Pont-à-Mousson. Metz, au Sablon, Fèves, Norroy-le-Veneur (*Monard*). Verdun et Sampigny (*Doisy*). ☉. Juillet-août.

Trib. 15. CARDUINEÆ *Less. Syn. p. 8.* — Etamines à filets libres. Hile basilaire. Aigrette poilue, caduque, annulaire à la base.

33. ONOPORDON *Vaill.*

Péricline à folioles imbriquées, non appendiculées, terminées par une épine. Fleurs toutes régulières, hermaphrodites, fertiles. Akènes *obovés-subtétragones, comprimés latéralement, rugueux transversalement ;* hile basilaire, oblique ; aigrette caduque, *à poils presque plumeux*, placés sur plusieurs rangs et soudés en anneau à leur base. Réceptacle charnu, alvéolé ; alvéoles *bordées d'une membrane dentée.*

1. **O. Acanthium** *L. Sp. 1158.* (*Onoporde Acanthe.*) — Calathides solitaires ou géminées à l'extrémité des rameaux. Péricline globuleux, aranéeux, à folioles lancéolées, atténuées en pointe triquètre et très-rude, munies d'une épine terminale vulnérante ; les extérieures coriaces, réfléchies ; les moyennes très-étalées ; les intérieures plus minces, dressées. Akènes obovés, comprimés, gris, maculés de noir, ridés transversalement, pourvues de 5 côtes inégales sur chaque face et d'une petite bosse près de l'ombilic ; aigrette rousse, brièvement scabre. Feuilles grandes, blanchâtres-laineuses, ovales-oblongues, dentés-épineuses et sinuées sur les bords ; les radicales atténuées à la base ; les caulinaires largement décurrentes. Tige dressée, forte, roide, ailée-épineuse, rameuse au sommet. — Fleurs purpurines.

Lieux incultes, bords des routes ; commun sur le calcaire jurassique de la Meurthe, de la Moselle, de la Meuse et des Vosges. Manque dans les terrains de grès et sur le muschelkalk. ☉. Juillet-août.

— 425 —

Nota. C'est la plante qui figure sur les armes de Nancy, avec cet exergue : *Non inultus premor.*

34. Cirsium *Tourn.*

Péricline à folioles imbriquées, non appendiculées, plus ou moins épineuses au sommet. Fleurs toutes régulières, hermaphrodites, fertiles. Akènes *oblongs, comprimés latéralement,* sans côtes ; hile basilaire ; aigrette caduque, à poils *longuement plumeux,* placés sur plusieurs rangs et soudés en anneau à leur base. Réceptacle *muni de paillettes sétacées.*

1 { Feuilles spinuleuses à leur face supérieure.............. 2
{ Feuilles non spinuleuses à leur face supérieure........... 5

2 (Feuilles décurrentes ; péricline ovoïde................
.... *C. lanceolatum* (nᵒ 1).
(Feuilles non décurrentes ; péricline globuleux..........
.... *C. eriophorum* (nᵒ 2).

3 { Feuilles plus ou moins décurrentes sur la tige........... 4
{ Feuilles non décurrentes sur la tige................... 5

4 (Calathides sessiles ; feuilles caulinaires longuement décur-
rentes...................... *C. palustre* (nᵒ 3).
(Calathides pédonculées ; feuilles caulinaires demi-décurrentes.
.... *C. palustri-oleraceum* (nᵒ 4).

5 { Fleurs jaunâtres ; feuilles caulinaires sessiles........... 6
{ Fleurs purpurines ou blanches ; feuilles caulinaires pétiolées. 7

6 (Feuilles caulinaires embrassantes, auriculées...........
.... *C. oleraceum* (nᵒ 5).
(Feuilles caulinaires sessiles, arrondies à la base..........
.... *C. oleraceo-acaule* (nᵒ 8).

7 { Calathides solitaires au sommet de la tige.............. 8
{ Calathides agglomérées au sommet des rameaux..........
.... *C. arvense* (nᵒ 9).

8 (Calathide dépourvue de bractées à sa base.............
.... *C. anglicum* (nᵒ 6).
(Calathide pourvue de 5 à 6 bractées inégales..........
.... *C. acaule* (nᵒ 7).

1. C. lanceolatum *Scop. Carn. 2, p. 130 ; Carduus lanceolatus L. Sp. 1149 ; Godr. Fl. lorr., éd. 1, t. 2, p. 45. (Circe lancéolé.)* — Calathides solitaires au sommet des rameaux, dressées. Péricline *ovoïde,* faiblement aranéeux, à folioles un peu inégales, *lisses* sur les bords ; les extérieures et les moyennes à base lancéolée et un peu convexe, à sommet longuement subulé, épineux, étalé. Akènes oblongs, un peu comprimés, luisants et lisses, grisâtres ; aigrette blanche. Feuilles fermes, *vertes sur les deux faces, hérissées-spinuleuses en dessus*, rudes et plus ou moins munies en dessous de poils mous et articulés, *planes* sur les bords, pinnatipartites, à segments divisés en lobes inégaux, divariqués et terminés par une forte épine ; les caulinaires *décurrentes ;* les inférieures très-grandes. Tige forte, dressée, sillonnée, *ailée*, rameuse. — Fleurs purpurines.

Commun ; bords des routes, dans tous les terrains. ☉. Juillet-août.

2. C. eriophorum *Scop. Carn. 2. p. 130 ; Carduus eriophorus L. Sp. 1153 ; Godr. Fl. lorr., éd. 1, t. 2, p. 45.* (*Cirse laineux.*) — Calathides très-grandes, dressées, solitaires au sommet des rameaux. Péricline *globuleux*, fortement aranéeux, à folioles presque égales, *rudes* sur les bords ; les extérieures et les moyennes à base lancéolée et carénée, à sommet longuement linéaire ou dilaté en spatule sous l'épine terminale (*Cirsium spathulatum Gaud. Helv. 5, p. 202*), toujours très-étalé. Akènes oblongs, un peu comprimés, luisants et lisses, grisâtres avec quelques stries noires ; aigrette blanche. Feuilles fermes, vertes et *fortement hérissées-spinuleuses en dessus, blanches-tomenteuses en dessous, réfléchies* sur les bords, pinnatipartites, à segments *géminés*, divariqués, lancéolés, pourvus sur le dos d'une côte saillante, au sommet d'une épine longue et vulnérante, à la base d'une dent fortement épineuse ; les inférieures très-longues ; les supérieures élargies, *auriculées* et dentées à la base, *non décurrentes*. Tige forte, sillonnée, dressée, *non ailée*, rameuse. — Fleurs purpurines, rarement blanches.

Bords des routes, lieux incultes, surtout dans les terrains calcaires et argileux. Nancy, Maxéville, Laneuveville, Clairlieu, Neuves-Maisons, Pont-Saint-Vincent, Fléville ; Toul, Pierre, grottes de Sainte-Reine, Villers-Saint-Etienne (*Mathieu*) ; Pont-à-Mousson et Château-Salins (*Léré*) ; Lunéville ; Sarrebourg. Metz, au fort Belle-Croix, ruisseau de la Cheneau (*Holandre*) ; Peltre, Plantières, Grigy, Magny, Haut-Sablon (*Monard*), Borny, Gorze, Prény (*Taillefert*), Augny, les Genivaux, Saint-Julien-lès-Gorze ; Thionville (*Warion*) ; Longwy (*Taillefert*). Verdun (*Doisy*) ; Saint-Mihiel, Lérouville, Commercy, Vadonville (*Warion*). Neufchâteau, Zincourt, Mirecourt (*Mougeot*) ; Rambervillers, Xaffévillers et Moyen (*Billot*). ☉. Juillet-août.

3. C. palustre *Scop. Carn. 2, p. 128 ; Carduus palustris L. Sp. 1151 ; Godr. Fl. lorr., éd. 1, t. 2, p. 42.* (*Cirse des*

marais.) — Calathides *la plupart sessiles*, agglomérées à l'extrémité des tiges et des rameaux *ailés et feuillés* jusqu'au
sommet. Péricline ovoïde, un peu tomenteux à la base, à folioles
appliquées, très-inégales et pourvues sous le sommet d'une côte
saillante noire ; les extérieures ovales-lancéolées, terminées par
une petite épine ; les intérieures linéaires, scarieuses et violettes
au sommet. Akènes linéaires-oblongs, un peu comprimés, lisses
et blanchâtres ; aigrette d'un blanc sale. Feuilles fermes, d'un
vert foncé, plus ou moins velues en-dessous, inégalement ciliées-
épineuses sur les bords, *non hérissées-spinuleuses en dessus,
pinnatipartites*, à segments *étroits, aigus*, bi-trifides ; les caulinaires *fortement décurrentes*. Tige dressée, roide, ailée, à ailes
ciliées dans toute leur longueur, profondément sillonnée, ordinairement très-rameuse au sommet. — Fleurs purpurines.

Commun ; prairies humides, bois, dans tous les terrains. ☉. Juillet-
août.

4. C. palustri-oleraceum *Nœgeli, in Koch, Syn. ed. 2,
p. 999 ; C. hybridum Koch, in DC. Fl. fr. 5, p. 463 ; Godr.
Fl. lorr., éd. 1, t. 3, p. 231.* (*Cirse hybride.*) — Calathides
pédonculées, beaucoup plus grosses que dans le *C. palustre*,
géminées ou ternées au sommet des rameaux *non ailés* et pourvus vers le sommet de 2 ou 3 petites feuilles. Péricline ovoïde,
glabre à la base, formé de folioles appliquées, très-inégales et
pourvues au sommet d'une côte saillante ; les extérieures lancéolées, terminées par une épine ; les intérieures linéaires, scarieuses au sommet. Akènes linéaires-oblongs, comprimés, lisses
et blancs ; aigrette d'un blanc sale. Feuilles molles, d'un vert
pâle, pubescentes, inégalement ciliées-épineuses sur les bords,
non hérissées-spinuleuses en dessus, pinnatipartites, à segments
larges, *aigus*, anguleux, souvent bifides au sommet ; les feuilles
caulinaires inférieures *demi-décurrentes*, les supérieures *à peine
décurrentes*. Tige dressée, velue, fortement sillonnée, *non épineuse*. — Fleurs jaunâtres ou lavées de violet ; styles violets.
Cette plante est une hybride des *C. palustre* et *oleraceum*.

Bords des fossés, prairies humides, parmi les parents. Sarralbe (*Warion*), Bitche (*Schultz*). ☉. Juillet-août.

5. C. oleraceum *Scop. Carn. 2, p. 124 ; Carduus oleraceus Vill. Dauph. 3, p. 21 ; Godr. Fl. lorr., éd. 1, t. 2, p.
39.* (*Circe comestible.*) — Calathides sessiles ou brièvement

pédonculées, *agglomérées* au sommet de la tige et des rameaux *non ailés*, entourées de *bractées* longues, *ovales-lancéolées, jaunâtres*. Péricline ovoïde, à folioles très-inégales, lâches au sommet ; les extérieures courtes, lancéolées, terminées par une épine molle ; les intérieures linéaires, acuminées, scarieuses au sommet. Akènes oblongs, un peu comprimés, luisants et lisses, grisâtres avec quelque stries noires; aigrette blanche. Feuilles *molles*, d'un vert pâle, inégalement ciliées-spinuleuses sur les bords, *non hérissées-spinuleuses en dessus*, ordinairement glabres ; les caulinaires *embrassantes, auriculées ;* les supérieures lancéolées ; les inférieures et les radicales très-grandes, ordinairement pinnatipartites, à segments lancéolés, dentés, divariqués. Tige simple, faible, fragile, roide, sillonnée, non ailée, dressée. — Fleurs jaunes.

Commun ; prés humides, bords des eaux, dans tous les terrains. ♃ Juillet-août.

6. **C. anglicum** *DC. Fl. fr. 4, p. 118 et 5, p. 465; Carduus anglicus Lam. Dict. 1, p. 705; Godr. Fl. lorr., éd. 1, t. 2, p. 41. (Cirse d'Angleterre.)* — Calathide *solitaire* au sommet de la tige *non ailée; bractées nulles*. Péricline ovoïde, à folioles imbriquées, violacées, appliquées; les extérieures courtes, lancéolées, terminées par une épine molle ; les intérieures linéaires, acuminées. Akènes oblongs, un peu comprimés, luisants, grisâtres ; aigrette d'un blanc sale. Feuilles *molles*, vertes en dessus, blanchâtres-aranéeuses en dessous, oblongues-lancéolées, aiguës, dentées ou sinuées, inégalement et faiblement ciliées-spinuleuses sur les bords, mais *non hérissées-spinuleuses en dessus, toutes atténuées en pétiole ailé ;* les radicales *dressées*. Tige toujours simple, dressée, sillonnée, non ailée, nue et blanche-aranéeuse dans sa moitié supérieure. — Fleurs purpurines.

Prairies humides des vallées des Vosges. Bruyères, Brouvelieures, Corcieux, Grandrupt, etc. (*Mougeot*). ♃ Juin.

7. **C. acaule** *All. Ped. 1, p. 153; Carduus acaulis L. Sp. 1156; Godr. Fl. lorr., éd. 1, t. 2, p. 40. (Cirse acaule.)* — Calathide *solitaire* au sommet d'une tige très-courte ou développée et *non ailée*, entourée de *cinq à six bractées* inégales, *linéaires, vertes*. Péricline ovoïde, à folioles très-inégales ; les extérieures courtes, ovales, acuminées, brièvement et mollement mucronées ; les intérieures linéaires, aiguës, scarieuses au som-

met. Akènes oblongs, un peu comprimés, grisâtres; aigrette blanche. Feuilles *fermes*, vertes, inégalement ciliées-épineuses sur les bords, mais *non hérissées-spinuleuses en dessus*, pourvues sur les nervures de poils longs, mous et articulés, *toutes pétiolées* et pinnatiséquées, à segments étalés, larges, trilobés; les radicales *étalées en rosette*. — Fleurs purpurines.

α *Genuinus Nob.* Tige presque nulle; feuilles toutes radicales.

β *Caulescens DC. Prodr. 6, p. 652.* Une tige feuillée jusqu'au sommet, non ailée. *C. Roseni Vill. Dauph. 3, p. 14.*

Commun; collines calcaires. ♃. Juillet-août.

8. C. oleraceo-acaule *Hampe, in Linnæa, 1837, p. 1; Carduus rigens Godr. Fl. lorr., éd. 1, t. 2, p. 40. (Cirse roide.)* — Calathides 2 ou 3, *solitaires* au sommet des rameaux *non ailés*, entourées de 3 *bractées* inégales, *vertes, linéaires.* Péricline ovoïde, à folioles imbriquées, lâches au sommet; les extérieures lancéolées, terminées par une épine vulnérante; les intérieures linéaires, acuminées, pourvues d'une pointe molle. Akènes oblongs, un peu comprimés, grisâtres; aigrette blanche. Feuilles *fermes*, vertes, inégalement ciliées-épineuses sur les bords, mais *non hérissées-spinuleuses en dessus*, un peu velues en dessous, toutes pinnatipartites, à segments ovales, bi-trilobés; les caulinaires *arrondies à la base, sessiles;* les supérieures plus étroites et moins profondément divisées. Tige dressée, ferme, sillonnée, non ailée, un peu rameuse au sommet. — Cette plante est une hybride du *C. oleraceum* et du *C. acaule.* Elle diffère en outre de ce dernier par ses calathides plus grandes et par ses fleurs jaunes; par ses tiges plus élevées, jamais presque nulles, moins feuillées au sommet.

Très-rare; bords des routes entre les parents. Champigneules (*Mathieu*); vallée de la Zinzel (*Buchinger*). Saint-Mihiel (*Warion*). Mirecourt (*de Baudot*). ♃. Juillet-août.

9. C. arvense *Scop. Carn. 2, p. 126; Carduus arvensis Lam. Dict. 1, p. 706; Godr. Fl. lorr., éd. 1, t. 2, p. 41. (Cirse des champs.)* — Calathides les unes mâles!, les autres femelles, sessiles ou brièvement pédonculées, *agglomérées* au sommet des rameaux feuillés, mais *non ailés; pas de bractées.* Péricline d'abord globuleux, puis cylindrique dans les calathides fertiles, à folioles très-inégales, appliquées et pourvues sous le sommet d'une côte saillante; les extérieures ovales, aiguës, terminées par une petite épine ; les intérieures très-allongées, linéaires, souvent un peu élargies sous le sommet scarieux. Akènes bruns, linéaires-oblongs, un peu comprimés, lisses ; aigrette blanche-soyeuse. Feuilles *fermes*, d'un vert-gai en dessus, souvent blanchâtres et un peu lanugineuses en dessous, inégalement épineuses sur les bords, *non hérissées-spinuleuses en dessus*, entières ou sinuées-pinnatifides ; les caulinaires *sessiles*. Tige dressée, sillonnée, non ailée, très-rameuse au sommet. — Fleurs rougeâtres, plus rarement blanches.

Commun ; moissons, dans tous les terrains. ♃. Juillet-août.

35. CARDUUS *Gœrtn.*

Péricline à folioles imbriquées, non appendiculées, plus ou moins épineuses au sommet. Fleurs toutes régulières, hermaphrodites, fertiles. Akènes *oblongs, comprimés latéralement*, sans côtes ; hile basilaire ; aigrette caduque, à poils *scabres*, mais non plumeux, placés sur plusieurs rangs et soudés en anneau à leur base. Réceptacle *muni de paillettes sétacées*.

1 { Calathides cylindriques, sessiles au sommet des rameaux.... .... *C. tenuiflorus* (n° 1).
{ Calathides globuleuses ou ovoïdes, pédonculées........... 2

2 { Calathides penchées ; pédoncules non ailés au sommet..... .... *C. nutans* (n° 5).
{ Calathides dressées ; pédoncules ailés jusqu'au sommet.... 3

3 { Péricline à folioles réfléchies au sommet, pourvues d'une épine molle....................... *C. personata* (n° 2).
{ Péricline à folioles étalées au sommet, pourvues d'une épine vulnérante................. *C. acanthoïdes* (n° 4).
{ Péricline à folioles dressées, pourvues d'une épine molle... .... *C. crispus* (n° 3).

1. **C. tenuiflorus** *Curt. Lond. fasc. 6, t. 55. (Chardon à petites fleurs.)* — Calathides *dressées*, sessiles, agglomérées sur des pédoncules *ailés jusqu'au sommet*. Péricline cylindrique, à folioles ovales à la base, brusquement atténuées en une longue pointe sétacée, *très-étalée* et terminée par une *épine molle*. Akènes oblongs, un peu comprimés, grisâtres, finement chagrinés ; disque épigyne muni au centre d'un mamelon saillant et *cylindrique ;* aigrette blanche. Feuilles blanches-aranéeuses des deux côtés, ciliées et fortement épineuses sur les bords, toutes

sinuées-lobées ; lobes ovales, anguleux-dentés ; le supérieur
égalant les latéraux. Feuilles radicales grandes ; les caulinaires
fortement décurrentes, étroites, lancéolées, sinuées-pinnatifides,
à segments triangulaires et palmatilobés, à lobules divariqués,
ciliés-spinuleux aux bords. Tige dressée, roide, tomenteuse,
striée, largement ailée, très-épineuse, rameuse au sommet ; rameaux dressés, allongés, multiflores. — Les calathides oblon-
gues-cylindriques, le port roide de la plante, les ailes très-larges
de la tige permettent de distinguer du premier coup d'œil cette
plante des espèces suivantes. Fleurs purpurines.

Rare. Roville. Commercy (*Hussenot*). Charmes (*Mougeot*). ☉. Juin-
août.

2. **C. personata** *Jacq. Austr. tab. 348. (Chardon bardane.)*
— Calathides *dressées*, agglomérées sur des pédoncules *ailés
jusqu'au sommet.* Péricline globuleux, à folioles linéaires, longuement subulées, très-étroites, *réfléchies* au sommet pourvu
d'une *épine molle.* Akènes oblongs, un peu comprimés, luisants,
grisâtres ; disque épigyne muni au centre d'un mamelon *conique,
tronqué,* peu saillant ; aigrette blanche. Feuilles molles, vertes
en-dessus, blanches-tomenteuses en-dessous, mollement épineuses sur les bords ; les inférieures pétiolées, pinnatipartites à
leur base, à segments oblongs, anguleux, dentés ; le supérieur
beaucoup plus grand que les latéraux ; feuilles supérieures ovales, acuminées, dentées, décurrentes. Tige dressée, striée,
étroitement ailée et non crépue, rameuse au sommet ; rameaux
allongés, dressés-étalés, multiflores. — Plante plus élevée que
l'espèce suivante, à calathides plus grosses, à feuilles beaucoup
plus grandes et plus ovales. Fleurs purpurines.

Escarpements des hautes Vosges, sur le granit. Hohneck, Rotabac,
Ballons de Soultz et de Saint-Maurice, Rossberg (*Mougeot*). ♃. Juillet-
août.

3. **C. crispus** *L. Sp. 1150. (Chardon crépu.)* — Calathides
dressées, ordinairement agglomérées sur des pédoncules *ailés
jusqu'au sommet.* Péricline à folioles linéaires, aiguës, très-
étroites, *dressées, un peu lâches* au sommet caréné et pourvu
d'une nervure qui se termine en *épine molle.* Akènes oblongs,
un peu comprimés, luisants, grisâtres, finement chagrinés ; disque épigyne muni au centre d'un mamelon *conique,* étroit, saillant ; aigrette blanche. Feuilles fermes, d'un vert foncé supé-

rieurement, blanchâtres et tomenteuses en dessous, ondulées et ciliées-épineuses sur les bords, toutes sinuées-pinnatifides, à segments très-étalés, trifides, dentés, le supérieur égalant les latéraux ; feuilles caulinaires décurrentes. Tige dressée, striée, fortement ailée-crépue, ordinairement très-rameuse au sommet ; rameaux allongés, dressés-étalés, multiflores. — Fleurs purpurines ou blanches.

α *Genuinus Nob.* Péricline globuleux.

β *Polyanthemos Nob.* Péricline ovoïde ; tige plus roide. *C. polyanthemos L. Mant. 109.*

Commun ; lieux incultes ; bords des routes dans tous les terrains. La var. β dans les taillis près de Nancy, Fonds de Toul. ☉. Juillet-août.

4. **C. acanthoïdes** *L. Sp. 1150.* (*Chardon à feuilles d'Acanthe.*) — Intermédiaire entre l'espèce précédente et la suivante, dont elle n'est peut-être qu'une hybride (*L. Amœnit. 3, p. 50*). Se distingue du *C. crispus*, dont elle a le port, par les caractères suivants : calathides deux fois plus grosses, solitaires, rarement géminées ou ternées ; folioles du péricline plus larges, plus fermes, *étalées* au sommet pourvu d'une *épine vulnérante.* Akènes bruns ; feuilles d'un vert-gai, presque glabres, armées d'épines plus fortes. Se distingue du *C. nutans* par ce qui suit : calathides *dressées,* deux fois moins grosses ; pédoncules *ailés-interrompus jusqu'au sommet ;* folioles du péricline beaucoup plus étroites, linéaires, aiguës, *non sensiblement rétrécies* au-dessus de la base ; disque épigyne muni au centre d'un mamelon *pyramidal, à cinq angles,* plus saillant et plus étroit ; feuilles plus écartées, munies d'épines plus faibles et moins longues ; tige plus élevée, plus grêle, plus rameuse au sommet ; rameaux plus allongés, multiflores. — Fleurs purpurines.

Assez rare ; bords des routes. Nancy, Turique, Velaine, Tomblaine. Neufchâteau (*Mougeot*). ☉. Juillet-août.

5. **C. nutans** *L. Sp. 1150.* (*Chardon penché.*) — Calathides *penchées,* solitaires, plus rarement géminées sur des pédoncules *nus au sommet.* Péricline globuleux, à folioles un peu *rétrécies et pliées* au-dessus de la base, *étalées* au sommet lancéolé, caréné et pourvu d'une nervure saillante qui se termine par une *épine vulnérante.* Akènes oblongs, un peu comprimés, luisants, finement chagrinés, jaunâtres ; disque épigyne muni au centre d'un mamelon *déprimé, à 5 lobes ;* aigrette blanche. Feuilles

ciliées et fortement épineuses sur les bords, sinuées-pinnatipartites, à segments très-étalés, trifides, dentés ; les caulinaires décurrentes. Tige dressée, épaisse et simple à la base, striée, ailée. — Fleurs grandes, odorantes, purpurines, plus rarement blanches.

Lieux incultes, bords des routes. Commun dans les terrains calcaires ; rare sur le grès. ☉. Juillet-août.

Trib. 16. Centaurieæ *DC. Diss. p. 23.* — Etamines à filets libres. Hile placé latéralement au-dessus de la base de l'akène. Aigrette formée de poils paléiformes, persistante, plus rarement caduque ou nulle.

36. Centaurea *L.*

Péricline à folioles imbriquées, *'munies d'un appendice terminal scarieux ou corné et épineux.* Fleurs rarement toutes régulières, hermaphrodites et fertiles ; celles de la circonférence ordinairement plus grandes, stériles et rayonnantes. Akènes oblongs, comprimés latéralement, *lisses*, sans côtes ; hile placé latéralement au-dessus de la base ; aigrette nulle ou formée de poils paléiformes, scabres aux bords, placés sur plusieurs rangs, libres et non soudés en anneau. Réceptacle muni de paillettes sétacées.

1 {
Péricline à folioles non épineuses........................ 2
Péricline à folioles terminées par une épine allongée....... 10

2 {
Fleurs purpurines ou blanches........................ 3
Fleurs bleues.. 9

3 {
Péricline à folioles munies d'un appendice scarieux, distinct et non décurrent.. 5
Péricline à folioles munies d'un appendice décurrent et se confondant avec l'écaille.................................. 4

4 {
Péricline à folioles lisses............. *C. Scabiosa* (n° 8).
Péricline à folioles striées en long..... *C. maculosa* (n° 9).

5 {
Péricline à folioles munies d'un appendice orbiculaire, entier ou fendu.. 6
Péricline à folioles munies d'un appendice lancéolé, aigu, cilié. 7

6 {
Rameaux allongés, grêles, étalés ; feuilles supérieures linéaires.
.... *C. amara* (n° 1).
Rameaux courts, épais, dressés ; feuilles supérieures oblongues-lancéolées................... *C. Jacea* (n° 2).

7 { Péricline à folioles non acuminées, appliquées............ 8
Péricline à folioles acuminées, courbées en dehors au sommet.
.... *C. microptilon* (n° 4).

8 { Péricline à folioles non entièrement couvertes par leurs appendices ; ceux-ci à cils non plumeux et à peine plus longs que leur largeur.................. *C. nigrescens* (n° 5).
Péricline à folioles entièrement couvertes par leurs appendices ; ceux-ci à cils plumeux et deux fois plus longs que leur largeur............................ *C. nigra* (n° 5).

9 { Feuilles caulinaires décurrentes....... *C. montana* (n° 6).
Feuilles caulinaires non décurrentes..... *C. Cyanus* (n° 7).

10 { Fleurs purpurines ou blanches ; tige non ailée............
.... *C. Calcitrapa* (n° 10).
Fleurs jaunes ; tige ailée.......... *C. solstitialis* (n° 11).

Sect. 1. JACEA *Cass. Dict. sc. nat., 14, p. 36.* — Péricline à folioles munies d'un appendice distinct, non décurrent, scarieux, entier, fendu, lacinié ou cilié. Akènes pourvus ou dépourvus d'aigrette ; ombilic non barbu.

1. C. amara *L. Sp. 1292.* (*Centaurée amère.*) — Calathides solitaires au sommet de la tige et des rameaux. Péricline à écailles entièrement cachées par leurs appendices ; ceux-ci *appliqués, concaves, orbiculaires, entiers* ou *souvent fendus*, blancs, fauves ou bruns. Fleurs de la circonférence ordinairement rayonnantes. Akènes dépourvus d'aigrette. Feuilles rudes au toucher, vertes ou blanchâtres-aranéeuses ; les inférieures pétiolées, entières, dentées ou pinnatifides ; les supérieures sessiles et *linéaires*. Tiges dressées ou ascendantes, rameuses dans leur moitié supérieure ; rameaux *grêles, roides, allongés, étalés.* — Plante bien plus tardive que la suivante ; fleurs purpurines.

Lieux secs, pierreux, coteaux, bois montagneux, surtout dans les terrains calcaires. ⚇. Août-octobre.

2. C. Jacea *L. Sp. 1293.* (*Centaurée Jacée.*) — Calathides solitaires ou géminées au sommet de la tige et des rameaux. Péricline à folioles entièrement cachées par leurs appendices ; ceux-ci *appliqués, concaves, orbiculaires, laciniés, au moins les inférieurs.* Fleurs de la circonférence ordinairement rayonnantes. Akènes dépourvus d'aigrette. Feuilles rudes au toucher, toujours vertes ; les inférieures pétiolées, sinuées-dentées ou sinuées-pinnatifides ; les supérieures sessiles, *oblongues-lancéolées.* Tiges dressées, fermes, rameuses seulement au sommet; rameaux *courts, épais, dressés.* — Feuilles plus larges que dans l'espèce précédente; port tout différent; calathides plus grosses; fleurs purpurines ou rarement blanches.

Commun dans les prairies de tous les terrains. ♃. Mai-juin.

3. C. nigrescens *Willd! Sp. 3, p. 2288, non DC. nec Gaud.* (*Centaurée noirâtre.*) — Calathides solitaires au sommet de la tige et des rameaux. Péricline à folioles non complétement cachées par leurs appendices; ceux-ci *appliqués, ovales* ou *lancéolés, non acuminés, bordés de cils* plus longs que la largeur de l'appendice. Fleurs de la circonférence rayonnantes, ou non rayonnantes (*C. decipiens Thuill.! Fl. Paris, p. 445*). Akènes dépourvus d'aigrette ou munis de quelques cils rudimentaires. Feuilles rudes au toucher; les inférieures sinuées-dentées ou sinuées-pinnatifides; les supérieures sessiles, *linéaires.* Tiges dressées, fermes, rameuses dans leur moitié supérieure; rameaux *allongés, étalés.* — Fleurs purpurines.

Prairies. Nancy, aux Grands-Moulins; Pont-à-Mousson et Château-Salins (*Léré*); Thiaucourt et Bayonville (*Suard*); Lunéville (*Guibal*); Sarrebourg (*de Baudot*). Metz, Woippy, Ancy (*Holandre*), Mont Saint-Quentin, Remilly, Magny; Thionville, Guénetrange; Sarralbe (*Warion*). Verdun (*Doisy*); Saint-Mihiel (*Léré*); Commercy, la Chaussée (*Warion*). Commun dans la chaîne des Vosges. ♃. Juillet.

4. C. microptilon *Godr. et Gren. Fl. de France, 2, p. 242; C. vulgaris δ microptilon Godr. Fl. lorr., éd. 1, t. 2, p. 54.* (*Centaurée à plumet.*) — Calathides solitaires au sommet de la tige et des rameaux. Péricline à folioles non cachées par leurs appendices; ceux-ci *arqués en dehors, plans, lancéolés, acuminés,* bordés de cils brièvement plumeux et plus longs que la largeur de l'appendice. Fleurs de la circonférence rarement rayonnantes. Akènes dépourvus d'aigrette. Feuilles rudes au toucher, vertes ou blanches-aranéeuses; les inférieures pétiolées, plus ou moins profondément sinuées-lyrées ou sinuées; les supérieures sessiles, *linéaires.* Tiges dressées, élancées, très-rameuses dans leur moitié supérieure; rameaux *roides, allongés, étalés-dressés.* — Fleurs purpurines.

Bords des bois et des routes. Nancy, vallon de Bouxières, Buthegnémont; Pont-à-Mousson. Metz, à Woippy (*Hussenot*), Remilly, Plappeville, Saint-Julien, Olgy, Malroy, Magny (*Warion*), Peltre, Pommerieux; Hayange, Florange; Thionville, Guénetrange; Sarralbe (*Warion*). Commercy; Saint-Mihiel; Saint-Maurice, Thillot (*Warion*). ♃. Août-septembre.

5. C. nigra *L. Sp. 1288.* (*Centaurée noire.*) — Calathides solitaires au sommet de la tige et des rameaux. Péricline à folioles entièrement cachées par leurs appendices ; ceux-ci *appliqués, ovales-lancéolés,* noirs ou bruns, bordés de cils brièvement plumeux et trois fois plus longs que la largeur de l'appendice. Fleurs de la circonférence rarement très-rayonnantes (*C. nigrescens DC! Prodr. 6, p. 571, non Willd. nec Gaud.*) Akènes pourvus d'une aigrette courte, paléiforme, très-caduque. Feuilles rudes, vertes ; les inférieures ovales ou lancéolées, longuement pétiolées, plus ou moins sinuées-dentées ; les supérieures sessiles, *oblongues.* Tiges dressées, fermes, rameuses dans leur tiers supérieur ; rameaux étalés-dressés. — Fleurs purpurines.

Prairies, bois, seulement dans les terrains siliceux. Rosières-aux-Salines, Vic, Dieuze (*Soyer-Willemet*) ; Lunéville ; Château-Salins (*Léré*) ; Sarrebourg. Sarralbe, Bitche (*Warion*). Mirecourt, Epinal et toute la chaîne des Vosges. ♃. Juillet-août.

Sect. 2. CYANUS Desp. Dict. sc. nat. 4, p. 481. — Péricline à folioles munies d'un appendice scarieux, longuement décurrent sur les bords de l'écaille, et denté-cilié dans toute sa longueur. Akènes pourvus d'une aigrette courte et formée de poils paléiformes ; ombilic barbu.

6. C. montana *L. Sp. 1289.* (*Centaurée de montagne.*) — Calathides solitaires au sommet des tiges ou des rameaux. Péricline ovoïde, à folioles entourées d'une bordure scarieuse, noire, régulièrement *incisée-dentée ;* dentelures *planes,* étroites, rapprochées. Fleurs de la circonférence rayonnantes. Akènes blanchâtres, oblongs, un peu comprimés, lisses et luisants, longuement *barbus* à l'ombilic, munis de poils très-fins, épars ; aigrette blanche, *quatre à cinq fois plus courtes* que l'akène. Feuilles molles, oblongues-lancéolées, entières, *décurrentes,* velues supérieurement, aranéeuses inférieurement et sur les bords ; les caulinaires *décurrentes.* Tige ordinairement simple et uniflore, rarement un peu rameuse, dressée, *ailée,* très-feuillée. — Fleurs grandes, bleues.

Commun dans les hautes Vosges, sur le granit et sur le grès ; Hohneck, Rotabac, Ballons de Soultz et de Saint-Maurice, etc. (*Mougeot*), Champ du feu, Bitche. Rare sur le calcaire jurassique. Nancy, Fonds de Morvaux (*Soyer-Willemet*), Maron. Commercy, Gironville (*Maujean*). ♃. Juillet-août.

7. C. Cyanus *L. Sp. 1289. (Centaurée bleuet.)* — Calathides solitaires sur des pédoncules allongés et un peu épaissis au sommet. Péricline ovoïde, à folioles entourées d'une bordure scarieuse, blanche ou brune, régulièrement *incisée-dentée;* dentelures *planes,* étroites, rapprochées. Fleurs de la circonférence rayonnantes. Akènes blanchâtres, oblongs, un peu comprimés, lisses et luisants, *barbus* à l'ombilic, munis de poils très-fins, épars; aigrette rougeâtre, *égalant presque* l'akène. Feuilles un peu rudes, plus ou moins aranéeuses; les inférieures pinnatipartites ou dentées; les supérieures sessiles, linéaires; les caulinaires *non décurrentes.* Tige dressée, striée, *non ailée,* rameuse au sommet. — Fleurs bleues.

Exclusivement dans les moissons, où il est commun; par conséquent introduit et naturalisé. ☉. Juin-juillet.

8. C. Scabiosa *L. Sp. 1291. (Centaurée Scabieuse.)* — Calathides solitaires à l'extrémité des rameaux anguleux et un peu épaissis au sommet. Péricline ovoïde, à folioles entourées d'une bordure scarieuse, noire, *ciliée;* cils *épaissis* à la base, flexueux, bruns, velus. Fleurs de la circonférence rayonnantes. Akènes blanchâtres ou grisâtres, oblongs, un peu comprimés, lisses et luisants, *glabres* à l'ombilic, munis de poils très-fins, épars; aigrette roussâtre, *égalant presque* l'akène. Feuilles un peu rudes, d'un vert foncé, rarement entières, le plus souvent pinnatipartites, à segments lancéolés et incisés-dentés, ou linéaires et entiers; les caulinaires *non décurrentes.* Tige dressée, anguleuse, *non ailée,* rameuse au sommet. — Fleurs purpurines, plus rarement blanches.

Commun; lieux incultes, bords des champs. ♃. Juillet-août.

Sect. 3. A<small>CROLAPHUS</small> *Cass. Dict. sc. nat. t. 50, p. 253.* — Péricline à folioles munies d'un appendice scarieux, triangulaire, brièvement décurrent sur les bords de l'écaille et cilié. Akènes pourvus d'une aigrette courte et formée de poils paléiformes; ombilic non barbu.

9. C. maculosa *Lam! Dict. 1, p. 669. (Centaurée maculée.)* — Calathides solitaires à l'extrémité des rameaux, formant une grappe corymbiforme, très-rameuse. Péricline ovoïde-conique, à folioles nerviées en long sur le dos, toutes à découvert, munies d'un appendice noir-brun, acuminé, un peu étalé, bordé de cils pâles, presque argentés au sommet, plus longs que la largeur de l'appendice. Fleurs de la circonférence rayonnantes. Akènes grisâtres, finement pubescents, oblongs, un peu comprimés ; aigrette blanche, égalant presque la moitié de la longueur de l'akène. Feuilles vertes ou d'un vert-blanchâtre, rudes, ponctuées, pinnati-bipinnatipartites, à segments écartés, linéaires ou oblongs, mucronés ; les caulinaires non décurrentes. Tige dressée, très-rameuse supérieurement, non ailé ; rameaux étalés. — Fleurs purpurines.

Rare ; sur le grès vosgien de la vallée de la Zorn (*Kirschléger*). ☉. Juillet-août.

Sect. 4. CALCITRAPA *Koch, Syn., ed. 2, p. 475.* — Péricline à folioles munies d'un appendice corné, non décurrent, prolongé en une épine vulnérante et spinuleuse à la base. Akènes avec ou sans aigrette.

10. **C. Calcitrapa** *L. Sp. 1287.* (*Centaurée chausse-trape.*) — Calathides nombreuses, solitaires ; les unes terminales, les autres brièvement pédonculées, placées un peu *au-dessus des bifurcations* de la tige. Péricline ovoïde, glabre, à folioles armées d'une épine terminale, jaune, très-longue, étalée, spinuleuse-pinnatifide et *canaliculée* à sa base. Fleurs de la circonférence non rayonnantes. Akènes blancs, obovés, un peu comprimés, lisses et luisants, glabres ; *aigrette nulle.* Feuilles molles, vertes, presque épineuses au sommet de leurs divisions ; les radicales nombreuses, étalées en rosette, bipinnatipartites, détruites au moment de la floraison ; les caulinaires inférieures *non-décurrentes*, pinnatipartites, à segments étroits, étalés, peu nombreux ; les supérieures linéaires, souvent entières. Tige dressée, très-rameuse, *non ailée ;* rameaux divariqués. — Fleurs purpurines, quelquefois blanches.

Lieux stériles, bords des routes. Commun sur le calcaire jurassique et sur l'alluvion ; manque sur le grès, le muschelkalk et le granit. ☉. Juillet-août.

11. **C. solstitialis** *L. Sp. 1297.* (*Centaurée du solstice.*) — Calathides *toutes* solitaires *au sommet des rameaux.* Péricline ovoïde, un peu laineux, à folioles armées d'une épine terminale, jaune, très-longue, étalée, spinuleuse-palmatifide et *arrondie* à la base. Fleurs de la circonférence peu nombreuses, plus petites

que celles du centre. Akènes blancs, obovés, un peu comprimés, lisses et luisants, glabres; *aigrette blanche*, plus longue que l'akène. Feuilles d'un vert-blanchâtre, aranéeuses, rudes sur les bords, presque épineuses au sommet, *décurrentes* par leur base; les inférieures souvent pinnatipartites; les supérieures linéaires, entières. Tige dressée, très-rameuse, munie *d'ailes foliacées, onduleuses;* rameaux étalés. — Fleurs purpurines ou blanches.

Exclusivement dans les champs de luzerne, et par conséquent introduit. ☉. Août-octobre.

37. Kentrophyllum *Neck.*

Péricline à folioles imbriquées; les extérieures *pinnatilobées et à lobes épineux;* les intérieures scarieuses et linéaires. Fleurs toutes régulières, hermaphrodites, fertiles. Akènes obovés, obscurément tétragones, *rugueux vers le sommet*, sans côtes; hile placé latéralement au-dessus de la base; aigrette nulle aux fleurs de la circonférence, mais formée aux fleurs du disque de poils paléiformes, scabres aux bords, placés sur plusieurs rangs, libres et non soudés en anneau. Réceptacle muni de paillettes sétacées.

1. K. lanatum *DC. Bot. gall. 293 ; Carthamus lanatus L. Sp. 1163. (Centrophylle laineux.)* — Calathides solitaires au sommet des rameaux. Péricline ovoïde-oblong, à folioles éxtérieures étalées, presque semblables aux feuilles caulinaires supérieures; les folioles moyennes formées d'une base ovale et d'un appendice coriace, linéaire, pinnatifide, épineux; les folioles intérieures plus minces, linéaires-lancéolées, entières. Akènes obovés-tétragones, jaunes, maculés de noir; aigrette jaune. Feuilles fermes, coriaces, glanduleuses-visqueuses, inégalement épineuses sur les bords, munies de fortes nervures, pinnatipartites, à segments étroits, lancéolés, incisés-dentés. Tige roide, dressée, très-feuillée, rameuse au sommet. — Plante odorante; fleurs jaunes.

Rare et probablement introduit et naturalisé. Ecrouves près de Toul; Lunéville, Bayon, Einvaux, Belchamp (*Hussenot*). Metz, au Bas-Sablon, Maguy (*Holandre*). Verdun (*Doisy*). Neufchâteau (*Lagneau*). ☉. Juillet-août.

Trib. 17. Serratuleæ *Cass.* — Etamines à filets libres. Hile basilaire. Aigrette poilue ou plumeuse, plurisériée, persistante et formée de poils libres jusqu'à la base.

58. Serratula *L.*

Péricline à folioles imbriquées; les extérieures mucronées; les intérieures scarieuses au sommet. Fleurs toutes régulières, hermaphrodites, fertiles. Akènes oblongs, comprimés latéralement, munis d'une côte sur chaque face; hile basilaire, très-oblique; aigrette persistante, à poils scabres, sur plusieurs rangs, libres et non soudés en anneau. Réceptacle muni de paillettes sétacées.

1. S. tinctoria *L. Sp. 1144. (Sarrête des teinturiers.)* — Calathides rapprochées en grappe corymbiforme, terminale. Péricline oblong, à folioles violettes au sommet pourvu d'une courte épine noire; les extérieures ovales-lancéolées; les intérieures scarieuses, linéaires, très-allongées. Akènes grisâtres, anguleux, glabres, un peu rugueux transversalement au-dessus de la base; aigrette d'un blanc-jaunâtre. Feuilles vertes, finement dentées en scie; les radicales longuement pétiolées, ovales-lancéolées, entières ou plus ou moins profondément pinnatilobées; les caulinaires supérieures décroissantes, sessiles, pinnatifides à la base ou entières. Tige roide, dressée, anguleuse-sillonnée, simple. — Fleurs purpurines, ou blanches.

Commun; bois montagneux du calcaire jurassique. Se retrouve dans les hautes Vosges au Hohneck. ♃. Juillet-août.

Trib. 18. Carlineæ *Cass. Tab. syn. p. 5.* — Etamines à filets libres au sommet, soudés à la corolle inférieurement. Hile basilaire. Aigrette poilue.

39. Carlina *Tourn.*

Péricline à folioles imbriquées; les extérieures dentées, *épineuses;* les intérieures scarieuses et *rayonnantes.* Fleurs toutes régulières, hermaphrodites, fertiles. Anthères appendiculées à la base. Akènes cylindriques-oblongs, un peu comprimés latéralement, *sans côtes;* hile basilaire; aigrette caduque, à poils épais et cornés inférieurement, plumeux, placés sur un seul rang, *soudés à la base en faisceaux* de 3 ou 4, mais ne formant pas un anneau. Réceptacle muni de paillettes frangées au sommet, tubuleuses à la base.

1 { Réceptacle muni de paillettes dont les divisions sont subulées au sommet.................................... **2**
{ Réceptacle muni de paillettes dont les divisions sont en massue au sommet...................... *C. acaulis* (n° 3).

2 { Feuilles sinuées-dentées ; rameaux feuillés jusqu'au sommet.. .... *C. vulgaris* (n° 1).
{ Feuilles très-entières ; rameaux nus au sommet........... .... *C. nebrodensis* (n° 2).

1. C. vulgaris *L. Sp. 1161. (Carline commune.)* — Calathides ordinairement nombreuses, solitaires au sommet de la tige et des rameaux ; ceux-ci allongés, *très-feuillés dans toute leur longueur*. Péricline hémisphérique, aranéeux ; folioles extérieures semblables aux feuilles, étalées, *plus courtes* que le capitule ; folioles intérieures rayonnantes, d'un blanc-jaunâtre. Akènes grisâtres, couverts de petits poils bifurqués ; aigrette roussâtre. Réceptacle muni de paillettes divisées en lanières *toutes subulées au sommet*. Feuilles fermes, coriaces, vertes en dessus, blanchâtres-aranéeuses et réticulées-veinées en dessous, lancéolées, amplexicaules, pliées en deux, *sinuées-dentées* et pourvues sur les bords d'épines fortes, inégales, divariquées. Tige striée, dressée, ordinairement très-rameuse supérieurement.

Commun dans les terrains calcaires. Plus rare sur le grès vosgien ; Bitche (*Warion*). ⊙. Juillet-août.

2. C. nebrodensis *Guss. in DC. Prodr., 6, p. 546; C. longifolia Rchb. Ic. tab. 1008; Godr. Fl. lorr., éd. 1, t. 2, p. 50. (Carline à feuilles longues.)* — Se distingue du *C. vulgaris* par ce qui suit : calathides ne dépassant jamais le nombre 3 ; les latérales portées sur des rameaux courts et *complétement nus dans leurs trois quarts inférieurs ;* folioles externes du péricline plus larges, plus longues, *dépassant* le capitule ; feuilles caulinaires linéaires-lancéolées, plus allongées, planes, moins fortement embrassantes à leur base, moins étalées, *très-entières,* mais bordées de cils épineux, fins, inégaux et non divariqués ; tige plus roide et plus grêle.

Escarpements des hautes Vosges sur le granit, Hohneck (*Mougeot*). ⊙. Juillet-août.

3. C. acaulis *L. Sp. 1160. (Carline acaule.)* — Toujours une seule calathide terminale. Péricline hémisphérique ; folioles extérieures semblables aux feuilles, étalées, *plus longues* que le capitule ; folioles intérieures rayonnantes, blanches. Akènes brunâtres, couverts de petits poils bifurqués; aigrette d'un blanc sale. Réceptacle muni de paillettes divisées en lanières, dont les plus longues sont *épaissies en massue au sommet*. Feuilles fermes, coriaces, vertes, plus ou moins aranéeuses en dessous, munies de côtes saillantes, *pinnatiséquées*, à segments divisés en lobes divergents, dentés, épineux. Tige toujours simple. — Se distingue en outre des deux espèces précédentes par la brièveté de sa tige et par l'ampleur de sa calathide.

α *Genuina Nob.* Tige presque nulle.

β *Caulescens DC. Prodr. 6, p. 546.* Tige s'allongeant et atteignant jusqu'à 2 décimètres.

Très-rare; hautes Vosges, sur le granit; Ballon de Soultz (*Mougeot*). ⊙. Juillet-août.

40. Lappa *Tourn.*

Péricline à folioles imbriquées, *terminées par une longue pointe courbée en crochet au sommet;* les intérieures *non rayonnantes.* Fleurs toutes régulières, hermaphrodites, fertiles. Anthères appendiculées à la base. Akènes oblongs, comprimés latéralement, *munis de côtes;* hile basilaire; aigrette caduque, à poils scabres, sur plusieurs rangs, *libres* et non soudés en anneau, ni en faisceaux. Réceptacle muni de paillettes sétacées.

1 { Calathides en grappe oblongue.......... *L. minor* (n° 1).
  { Calathides en grappe corymbiforme................... 2

2 { Folioles intérieures du péricline vertes, plus longues que les fleurs; disque épigyne plissé........ *L. major* (n° 2).
  { Folioles intérieures du péricline violettes, plus courtes que les fleurs; disque épigyne non plissé.. *L. tomentosa* (n° 3).

1. L. minor *DC. Fl. fr. 4, p. 77. (Bardane à petites têtes.)* — Calathides en grappe *oblongue* au sommet des rameaux. Péricline glabre, globuleux, à folioles finement subulées et *plus courtes* que les fleurs; les folioles de la rangée intérieure brièvement et insensiblement subulées, rosées et droites au sommet, *égalant en longueur* celles qui les précèdent. Akènes linéaires-oblongs, gris, maculés de noir, *un peu rugueux transversalement à la base;* disque épigyne muni d'un bord peu saillant, *non plissé;* aigrette jaunâtre, brièvement ciliée. Feuilles toutes pétiolées, vertes en dessus, blanches, brièvement tomenteuses en dessous, cuspidées au sommet et munies de dents subulées et écartées ; les inférieures très-grandes, arrondies, en cœur à la base ; les supérieures ovales. Tige dressée, striée, rameuse. — Fleurs purpurines.

Bords des routes ; lieux incultes ; commun surtout dans les terrains calcaires. ⊙. Juin-août.

2. L. major *Gœrtn. Fruct. 2, p. 379.* (*Bardane à grosses têtes.*) — Calathides deux fois plus grosses que dans la précédente espèce, disposées au sommet des rameaux en grappe *lâche, corymbiforme.* Péricline glabre, globuleux, à folioles linéaires et denticulées à la base, longuement subulées et *plus longues* que les fleurs ; les folioles de la rangée intérieure brièvement et *insensiblement subulées,* concolores et droites au sommet, *plus courtes* que celles qui les précèdent. Akènes oblongs, fauves, maculés de noir, *irrégulièrement* rugueux-plissés *surtout au sommet ;* disque épigyne muni d'un bord peu saillant, *irrégulièrement ondulé-plissé ;* aigrette jaunâtre, brièvement ciliée. Feuilles presque semblables à celles de l'espèce précédente. Tige plus robuste, dressée, striée, rameuse. — Fleurs purpurines.

Croît avec la précédente espèce, mais est moins commune. ⊙. Juillet-août.

3. L. tomentosa *Lam. Dict. 1, p. 377.* (*Bardane tomenteuse.*) — Se distingue du *L. major* par les caractères suivants : calathides une fois plus petites, disposées au sommet des rameaux en *grappe corymbiforme, serrée ;* péricline ordinairement fortement aranéeux, à folioles *moins longues* que les fleurs ; folioles de la rangée intérieure à sommet violet et *scarieux, obtus* ou *tronqué,* terminé par une petite pointe droite ; akènes gris, maculés de noir, faiblement ridés, à disque épigyne *non plissé.* — Fleurs purpurines.

Croît avec les précédents. ⊙. Juillet-août.

III. Chicoracées. — Fleurs toutes hermaphrodites, toutes à corolle fendue en long et disposées en languette. Style non articulé, ni enflé sous le sommet.

Trib. 19. Hyoserideæ *Gren. et Godr. Fl. de France, t. 2, p. 285.* — Aigrette nulle et remplacée par une saillie coroniforme du calice ou par une aigrette formée d'écailles paléiformes. Réceptacle sans paillettes.

41. Cichorium *L.*

Péricline double ; l'intérieur formé de 8 folioles sur un seul rang, soudées à la base et à la fin *réfléchies ;* l'extérieur à folioles plus courtes, formant un calicule. Akènes tétragones, comprimés, tronqués au sommet ; aigrette formée d'écailles *très-petites, obtuses, nombreuses, sur deux rangs.* Réceptacle glabre ou velu, sans paillettes.

1. C. Intybus *L. Sp. 1142. (Chicorée sauvage.)* — Calathides les unes axillaires, ordinairement géminées ou ternées, sessiles ; les autres solitaires au sommet des rameaux. Péricline à folioles intérieures linéaires, un peu obtuses et pubescentes au sommet; les extérieures ovales-lancéolées. Akènes bruns. Feuilles très-velues sur la côte dorsale ; les inférieures roncinées, à lobe terminal grand et aigu ; les supérieures plus petites, lancéolées, demi-embrassantes, entières ou un peu incisées à leur base. Tige dressée, un peu rude, rameuse, flexueuse et sillonnée au sommet; rameaux roides, divariqués. — Fleurs grandes, bleues, plus rarement blanches.

Commun ; bords des routes, dans tous les terrains. ♃. Juillet-août.

42. Arnoseris *Gœrtn.*

Péricline double ; l'intérieur à folioles sur un seul rang, nombreuses, renflées à la base et *conniventes* à la maturité ; l'extérieur à folioles en petit nombre et courtes, formant un calicule. Akènes pentagones, à 5 côtes, tronqués au sommet, terminés par un *bord membraneux, court, en forme de couronne pentagonale.* Réceptacle sans paillettes.

1. A. minima *Gœrtn. Fruct. 2, p. 355; Hyoseris minima L. Sp. 1138. (Arnoséris fluette.)* — Calathides subglobuleuses, penchées avant la floraison, puis redressées, solitaires au sommet des tiges et des rameaux ; ceux-ci épaissis, fistuleux et striés au sommet. Akènes bruns, lisses, pourvus au sommet d'une bordure pentagonale. Feuilles toutes radicales, étalées en rosette, sub-spatulées, entières ou dentées. Tiges nombreuses, dressées, nues. — Plante presque glabre ; fleurs jaunes.

Champs sablonneux de l'alluvion et des terrains de grès. Nancy, Montaigu (*Soyer - Willemet*) ; Rosières-aux-Salines ; Lunéville .(*Guibal*) ; Sarrebourg (*de Baudot*). Metz, Frescati, Woippy, Fèves, les Etangs (*Holandre*) ; Saint-Avold et Creutzwald (*Taillefert* et *Monard*) ; Bitche (*Schultz*). Sampigny (*Pierrot*). Saint-Dié, Bruyères (*Mougeot*) ; Rambervillers (*Billot*) ; Remiremont, Epinal (*docteur Berher*) et dans toutes les Vosges granitiques. ⊙. Juillet-août.

43. Lampsana *L.*

Péricline double ; l'intérieur d'abord cylindrique, puis ovoïde, à 8 ou 10 folioles sur un seul rang, indurées et un peu carénées à la base à la maturité, *dressées, non conniventes ;* l'extérieur à 2 ou 3 écailles, formant un calicule. Akènes 8 ou 12, comprimés, atténués au sommet et à la base, munis de côtes fines, *sans aigrette, ni bordure terminale.* Réceptacle sans paillettes.

1. **L. communis** *L. Sp. 1141.* (*Lampsane commune.*) — Calathides nombreuses, en grappe composée, portées sur des pédoncules grêles. Akènes jaunâtres. Feuilles molles, pétiolées ; les inférieures lyrées, à lobe terminal grand, obtus, souvent en cœur à la base ; les supérieures ovales, dentées, aiguës. Tige dressée, rameuse, feuillée. — Fleurs jaunes.

α *Genuina Nob.* Plante glabre.
β *Pubescens Rchb. Fl. exc. 249.* Plante velue.

Commun ; bois, lieux cultivés, dans tous les terrains. ⊙. Juillet-août.

Trib. 20. Hypochoerideæ *Less. Syn. p. 130.* — Aigrette plumeuse. Réceptacle muni de paillettes caduques.

44. Hypochoeris *L.*

Péricline ovoïde, à folioles imbriquées. Akènes fusiformes, plus ou moins scabres, munis de côtes, atténués à la base ; ceux du centre prolongés en bec allongé ; ceux de la circonférence conformes, ou plus courts et sans bec ; aigrettes uniformes, à deux rangs de poils, dont les extérieurs courts et scabres et les intérieurs longs et plumeux ; plus rarement l'aigrette n'a qu'un seul rang de poils tous plumeux. Réceptacle muni de longues paillettes caduques.

1 ⎰ Aigrette à poils tous plumeux, sur un seul rang ; tige hérissée.
⎱ .... *H. maculata* (n° 3).
⎰ Aigrette à poils sur deux rangs ; ceux du rang intérieur seuls
⎱ plumeux ; tige glabre................................... **2**

2 { Péricline égalant les fleurs ; feuilles glabres. *H. glabra* (n° 1).
Péricline plus court que les fleurs ; feuilles hispides........
.... *H. radicata* (n° 2).

1. H. glabra *L. Sp. 1140.* (*Porcelle glabre.*) — Calathides solitaires sur des pédoncules longs et épaissis au sommet. Péricline à folioles glabres, linéaires-lancéolées, appliquées ; les intérieures *égalant* les corolles. Akènes bruns, hérissés de petites pointes sur les côtes ; aigrette d'un blanc sale, formée de 2 rangs de poils, dont *les intérieurs seuls plumeux*. Réceptacle à paillettes scarieuses, linéaires, sétacées au sommet, se détachant avec les graines. Feuilles presque toutes radicales, étalées en cercle, étroites, profondément sinuées-dentées ; dents triangulaires, séparées par des sinus arrondis. Tiges dressées, ordinairement nombreuses, rameuses, presque nues. Racine *grêle, fusiforme, simple.* — Plante d'un vert gai, ordinairement glabre ; fleurs jaunes.

α *Genuina Nob.* Akènes de la circonférence larges et tronqués au sommet ; ceux du centre une fois plus longs, atténués au sommet et pourvus d'un bec grêle aussi long qu'eux.

β *Loiseleuriana Nob.* Akènes de la circonférence avortés et par là ceux qui se développent sont uniformément terminés en bec. *H. Balbisii Lois. Not. 124.*

Assez commun dans les moissons de l'alluvion ; plus rare sur le calcaire jurassique. Nancy, Heillecourt (*Hussenot*), Brichambeau, Tomblaine ; Pont-à-Mousson (*Léré*) ; Rosières-aux-Salines ; Baccarat, Sarrebourg, Gondrexange, Schneckenbusch (*de Baudot*). Metz, les Etangs (*Holandre*) ; Hayange ; Adaincourt près de Vatimont (*Monard*) ; Bitche (*Schultz*). Argonne (*Doisy*). Rambervillers, Ménil (*Mougeot*). La var. β à Nancy et à Sarrebourg. ☉. Juillet-août.

2. H. radicata *L. Sp. 1140.* (*Porcelle enracinée.*) — Calathides solitaires au sommet de pédoncules longs, un peu épaissis supérieurement. Péricline à folioles lancéolées, acuminées, appliquées, glabres ou hérissées sur la nervure dorsale, *plus courtes* que les corolles. Akènes toujours uniformes, bruns, fusiformes, hérissés de petites pointes sur les côtes, pourvus d'un bec grêle, *plus long qu'eux ;* aigrette d'un blanc sale, formée de deux rangs de poils, dont *les intérieurs seuls plumeux*. Réceptacle à paillettes scarieuses, plus étroites et plus longuement sétacées que dans l'espèce précédente. Feuilles toutes radicales, disposées en rosette, sinuées-pinnatifides, à lobes obtus. Tiges dressées, ou quelquefois couchées à leur base, tout à fait nues, rameuses au sommet, plus rarement simples. Souche *épaisse, rameuse*. — Se distingue en outre du précédent par ses feuilles plus épaisses, d'un vert plus sombre, hérissées de poils blancs et roides; par ses tiges plus fortes; par ses calathides beaucoup plus grosses.

Commun; prairies, bois, bords des chemins. ♃. Juillet-août.

3. **H. maculata** *L. Sp. 1140 ; Achyrophorus maculatus Scop. Carn. 2, p. 116 ; Godr. Fl. lorr., éd. 1, t. 2, p. 59. (Porcelle maculée.)* — Calathide grande, ordinairement unique, plus rarement 2 ou 3 au sommet de pédoncules non renflés supérieurement. Péricline à folioles linéaires-lancéolées, appliquées, *plus courtes* que les corolles; folioles extérieures hérissées sur le dos, les moyennes tomenteuses sur les bords. Akènes uniformes, grêles, allongés, transversalement rugueux, pourvus d'un bec grêle, *plus long qu'eux ;* aigrette d'un blanc sale, formée *d'un seul rang de poils tous plumeux*. Réceptacle à paillettes scarieuses, acuminées, égalant l'aigrette. Feuilles radicales nombreuses, grandes, étalées, d'un vert sombre, souvent maculées de violet, oblongues, atténuées à la base, à peine pétiolées, bordées de dents aiguës, petites, écartées ; ordinairement une feuille caulinaire rapprochée des radicales. Tige nue ou presque nue, dressée, assez forte, striée, rude au toucher, simple, plus rarement divisée au sommet en 2 ou 3 pédoncules. Souche *ligneuse*. — Plante toute hérissée ; fleurs jaunes.

Dans les hautes Vosges ; au Ballon de Soultz, où Lachenal l'avait déjà observé en 1757, au Hohneck (*Mougeot*) et à Bitche (*Schultz*). ♃. Juillet-août.

Trib. 21. Scorzonereæ *Less. Syn. p. 131.* — Aigrette des akènes du disque plumeuse. Réceptacle sans paillettes.

45. Thrincia *Roth.*

Péricline ovoïde, à folioles imbriquées. Akènes un peu arqués, munis de côtes, plus ou moins scabres, *plus ou moins atténués en bec* au sommet ; ceux de la circonférence terminés par *un bord membraneux, lacéré, en forme de couronne ;* ceux du centre terminés par une aigrette de *poils plumeux*. Réceptacle sans paillettes.

1. T. hirta *Roth, Cat. bot. 1, p. 97 ; Leontodon hirtum L. Sp. 1123 (Thrincie hérissée.)* — Calathide solitaire et terminale, penchée avant l'anthèse. Péricline à folioles linéaires-lancéolées; les intérieures appliquées sur les akènes de la circonférence. Corolles jaunes; celles de la circonférence livides extérieurement. Akènes bruns; ceux du disque atténués vers leur quart supérieur, pourvus de côtes nombreuses et hérissées de petites pointes; akènes de la circonférence plus gros, moins atténués aux deux extrémités, pourvus de 5 sillons superficiels et non hérissés. Feuilles en rosette, atténuées en pétiole, presque entières, dentées ou subpinnatifides. Tiges dressées. Souche souvent tronquée, pourvue à sa base de fibres radicales épaisses. — Plante plus ou moins hérissée de poils longs, bi-trifides au sommet.

α *Genuina Nob.* Péricline à 12 folioles glabres.

β *Hispida Nob.* Péricline à 12 folioles velues *T. hispida Soy.-Will. Cat. p. 163, non Roth.*

γ *Wallrothiana Nob.* Péricline à 6-8 folioles; plante naine. *T. Leysseri Wallr. Sched. 441.*

Commun ; lieux sablonneux et humides. ♃. Juillet-août.

46. Leontodon *L.*

Péricline ovoïde, à folioles imbriquées. Akènes fusiformes, munis de côtes, un peu scabres, *insensiblement atténués en bec;* aigrettes *toutes semblables* et persistantes, à poils *les uns courts et scabres, les autres longs, plumeux,* dilatés inférieurement et *libres* jusqu'à la base. Réceptacle glabre ou velu, sans paillettes.

1 { Calathide dressée avant l'anthèse ; tige scapiforme rameuse.. .... *L. autumnalis* (nº 1).
{ Calathide penchée avant l'anthèse ; tige scapiforme simple... 2

2 { Aigrette plus courte que les akènes ; plante munie de poils simples. .... *L. pyrenaïcus* (nº 2).
{ Aigrette égalant les akènes ; plante munie de poils bi-trifides.. .... *L. proteiformis* (nº 3).

1. L. autumnalis *L. Sp. 1123. (Liondent d'automne.)* — Calathides portées sur des pédoncules radicaux, simples ou rameux. Pédoncules allongés, *dressés* avant l'anthèse, épaissis et fistuleux au sommet, pourvus de petites écailles aiguës et appliquées. Péricline à folioles linéaires, aiguës, appliquées, vertes, glabres ou munies sur le dos d'un duvet blanchâtre. Corolles jaunes ; celles de la circonférence panachées de rouge extérieurement. Akènes bruns, rugueux transversalement ; aigrette d'un blanc sale, *fragile*, à poils *unisériés, tous plumeux, égalant* les akènes. Feuilles radicales nombreuses, étalées, longues et étroites, dilatées et membraneuses à la base. Tiges scapiformes, dressées, ordinairement *rameuses* au sommet. Souche tronquée. — Plante glabre ou hérissée de poils simples, étalés.

α *Genuinus Nob.* Feuilles pinnatifides, à segments linéaires, entiers ou dentés.

β *Integratus Nob.* Feuilles dentées ; tige rameuse.

γ *Minimus DC. Prodr. 7, p. 108.* Feuilles sinuées-dentées ; tige uniflore ; plante naine.

Commun ; prairies, bords des bois, dans tous les terrains. ♃. Juillet-automne.

2. **L. pyrenaïcus** *Gouan, Illustr. p. 55. (Liondent des Pyrénées.)* — Calathide *penchée* avant l'anthèse, solitaire sur un pédoncule radical simple, très-dilaté et pourvu au sommet de petites écailles appliquées. Péricline à folioles linéaires, appliquées, noirâtres et velues-hérissées sur le dos. Corolles jaunes, concolores. Akènes brunâtres, rugueux transversalement ; aigrette d'un blanc sale, *molle*, à poils *bisériés, les intérieurs seuls plumeux et plus courts* que les akènes. Feuilles radicales dressées, atténuées en pétiole dilaté à la base, oblongues, sinuées-dentées. Tiges scapiformes, dressées, *toujours simples.* Souche tronquée. — Plante plus ou moins couverte de poils simples, étalés.

Pâturages des Vosges, sur le grès vosgien et le granit, depuis les montagnes de Dabo et de Saint-Quirin jusqu'au Ballon de Giromagny. ♃. Juillet-août.

3. **L. proteiformis** *Vill. Dauph. 3, p. 87. (Liondent proté.)* — Calathide *penchée* avant l'anthèse, solitaire sur un pédoncule radical simple, un peu épaissi au sommet, nu ou pourvu de une ou deux petites écailles. Péricline à folioles linéaires, appliquées, glabres ou hérissées de poils blancs. Corolles jaunes, presque concolores. Akènes brunâtres, rugueux transversalement ; aigrette d'un blanc sale, *molle*, à poils *bisériés, les intérieurs seuls plumeux et égalant* les akènes. Feuilles radicales dressées-étalées, atténuées en pétiole, sinuées-dentées

ou pinnatifides. Tiges scapiformes, dressées, *toujours simples*. Souche tronquée. — Plante polymorphe, plus ou moins hérissée de poils bi-trifides.

Commun; prés, bords des routes, lieux incultes, dans tous les terrains. ♃. Juillet-automne.

47. Picris *L.*

Péricline ovoïde, à folioles imbriquées. Akènes munis de côtes et ridés transversalement, *brièvement atténués* au sommet; aigrettes *toutes semblables* et caduques, à poils *les uns courts et scabres, les autres longs et plumeux, tous soudés* à leur base en anneau. Réceptacle sans paillettes.

> Pédoncules non épaissis au sommet; péricline à folioles externes étalées ou réfléchies........ *P. hieracioïdes* (n° 1).
> Pédoncules épaissis au sommet; péricline à folioles externes dressées..................... *P. pyrenaïca* (n° 2).

1. P. hieracioïdes *L. Sp. 1115. (Picride épervière.)* — Calathides en grappe corymbiforme, à rameaux très-étalés; pédoncules *non épaissis* au sommet. Péricline à folioles linéaires, aiguës; les extérieures *étalées et même réfléchies*. Akènes rougeâtres, transversalement rugueux; aigrette blanche, plus longue que l'akène. Feuilles oblongues, onduleuses, entières ou sinuées-dentées; les inférieures pétiolées; les supérieures *étroitement lancéolées, un peu atténuées à la base*, demi-embrassantes. Tige dressée. — Plante rude, hérissée de poils simples et de poils glochidiés; fleurs jaunes.

Commun; lieux incultes, bords des routes, bois, dans tous les terrains. ☉. Juillet-août.

2. C. pyrenaïca *L. Sp., éd. 1, p. 792; P. crepoïdes Sauter, Fl. od. bot. Zeitung, t. 13, p. 409; Godr. Fl. lorr., éd. 1, t. 2, p. 63. (Picride des Pyrénées.)* — Calathides plus grandes que celles de l'espèce précédente, en grappe corymbiforme, à rameaux étalés; pédoncules *épaissis* au sommet. Péricline à folioles linéaires, aiguës, noirâtres; les extérieures *dressées*. Akènes rougeâtres, gros, transversalement rugueux; aigrette blanche, plus longue que l'akène. Feuilles assez larges, entières ou sinuées; les inférieures pétiolées; les supérieures *ovales-lancéolées, embrassant la tige* par deux oreillettes arrondies. Tige dressée. — Plante moins rude que la précédente ; fleurs jaunes.

Escarpements des hautes Vosges sur le granit; Hohneck (*Mougeot*). ♃. Juillet-août.

48. Helminthia *Juss.*

Péricline double ; l'intérieur urcéolé, à 8 folioles étroites ; l'extérieur à 3-5 folioles plus larges et formant un grand calicule. Akènes comprimés, sans côtes, arrondis au sommet et *brusquement terminés par un bec filiforme* presque aussi long qu'eux ; aigrettes *toutes semblables*, persistantes, à *poils tous plumeux*. Réceptacle velu, sans paillettes.

1. H. echioïdes *Gœrtn. Fruct. 2, p. 368.* (*Helminthie Vipérine.*) — Calathides en grappes corymbiformes au sommet des rameaux. Péricline à folioles extérieures ovales, acuminées, cuspidées, en cœur à la base, appliquées, presque aussi longues que les intérieures ; celles-ci linéaires-lancéolées, terminées par un cuspide rameux, appliquées sur les akènes de la circonférence. Akènes d'un brun-rougeâtre, finement ridés transversalement, munis d'un bec flexueux, grêle, fragile et plus long qu'eux ; ceux de la circonférence plus pâles, arqués, velus à leur face interne ; aigrette blanche. Feuilles lancéolées, sinuées-dentées ou entières ; les radicales quelquefois pinnatifides, longuement atténuées en pétiole ; les caulinaires supérieures embrassant la tige par deux oreillettes arrondies. Tige dressée, sillonnée. — Plante rude, hérissée de poils spinescents et de poils glochidiés ; fleurs jaunes.

Assez commun dans les luzernières et quelquefois dans les moissons ; plante introduite. Nancy (*Soyer-Willemet*). Metz (*Holandre*). Mirecourt (*de Baudot*). Sampigny (*Pierrot*). ⊙. Juillet-septembre.

49. Scorzonera *L.*

Péricline subcylindrique, à folioles imbriquées. Akènes *non stipités, un peu atténués au sommet, mais dépourvus de bec,* munis de côtes lisses ou tuberculeuses ; aigrettes *toutes semblables,* à poils roides et *plumeux,* dont cinq plus longs et nus au sommet ; tous à *barbes entrecroisées.* Réceptacle sans paillettes.

1. S. humilis *L. Sp. 1112. (Scorzonère humble.)* — Calathide solitaire au sommet de la tige. Péricline à folioles inégales;
les extérieures ovales, acuminées, obtuses. Corolles une fois plus
longues que le péricline. Akènes blanchâtres, pourvus de côtes
presque lisses; aigrette blanche, égalant l'akène. Feuilles d'un
vert gai; les radicales longuement atténuées en pétiole, lancéolées, acuminées, pourvues de 5-7 nervures saillantes et ressemblant beaucoup à celles du *Plantago lanceolata;* les caulinaires
peu nombreuses, petites, linéaires, dressées. Tige fistuleuse,
dressée, simple. Souche épaisse, cylindrique, dépourvue de
fibrilles à son collet. — Plante d'abord lanugineuse, surtout au
sommet, puis glabrescente; fleurs jaunes.

Très-commun dans les prairies du versant lorrain des Vosges, sur le
grès vosgien; vallées de la Mortagne, de la Meurthe, de la Vologne et
dans celle de la Moselle jusqu'à Epinal (*Mougeot*). Sur le muschelkalk,
dans la vallée de la Sarre, de Sarreguemines à Sarrebourg; Bitche, Rorbach (*Schultz*); Commercy (*Maujean*). ♃. Mai-juin.

50. PODOSPERMUM *DC.*

Péricline cylindrique, à folioles imbriquées. Akènes *portés sur*
un stipe épais, long et creux, non atténués au sommet, *dé-*
pourvus de bec, munis de côtes lisses; aigrettes *toutes sembla-*
bles, à poils roides et *plumeux,* dont cinq plus longs et nus au
sommet; tous *à barbes entrecroisées.* Réceptacle dépourvu de
paillettes.

1. P. laciniatum *DC. Fl. fr. 4, p. 62. (Podosperme*
lacinié.) — Calathides solitaires au sommet des tiges et des rameaux. Péricline à folioles onduleuses et membraneuses sur les
bords, très-inégales; les extérieures plus courtes, lâches, lancéolées, munies d'une petite corne au-dessous du sommet; les
intérieures linéaires-lancéolées, égalant presque les fleurs. Akènes
grisâtres, anguleux, striés, lisses, reposant sur un stipe épais,
blanc, pourvu de côtes; aigrette d'un blanc sale. Feuilles pinnatiséquées, à segments linéaires, acuminés, écartés; les radicales
nombreuses. Racine très-longue, simple. — Plante d'un vert
blanchâtre, pourvue çà et là d'un léger duvet, dressée ou ascendante, lisse ou rude; fleurs d'un jaune pâle.

Rare. Lunéville, carrière à plâtre de Léomont; Dommartin près de
Thiaucourt (*Warion*). Metz, la Citadelle et la porte des Allemands, au-

dessus de Plappeville (*Holandre*), Augny ; Sarralbe, Hémering ; Kal-
hausen (*Warion*) ; Schweyen près de Bitche (*Schultz*). Bar-le-Duc
(*Humbert*) ; Verdun ; Hazavant, Lachaussée (*Warion*). Neufchâteau
(*Mougeot*). ☉. Mai-juillet.

51. Tragopogon *L.*

Péricline cylindrique, à 8-12 folioles sur un seul rang et un
peu soudées à leur base. Akènes *non stipités, atténués en un
long bec*, munis de côtes scabres ; aigrettes *toutes semblables*,
à poils roides et *plumeux*, dont cinq plus longs et nus au sommet ; tous *à barbes entremêlées*. Réceptacle sans paillettes.

1. T. pratensis *L. Sp. 1109. (Salsifis des prés.)* — Calathides solitaires au sommet à peine épaissi des rameaux. Péricline à 8 folioles lancéolées, très-longuement acuminées, égalant
les fleurs, ou plus courtes, ou plus longues (*T. minor Fries,
Nov. ed. 2, p. 241*). Akènes à la fin bruns, pourvus de 10
côtes, atténués en bec ; celui-ci strié, non rugueux transversalement, un peu épaissi et floconneux au sommet, à peu près
aussi long que l'akène ; aigrette blanche, légèrement violacée.
Feuilles dressées, allongées, linéaires, acuminées, un peu rudes
sur les bords, élargies et embrassantes à leur base, souvent onduleuses et tortillées au sommet (*T. pratensis β tortilis Mey.
Chl. Hanov. 434*). Tige rameuse, fistuleuse, dressée. — Plante
d'un vert gai, glabre ; fleurs grandes, jaunes, s'ouvrant le matin
et se fermant vers 10 heures.

Commun ; prairies. ☉. Mai-juillet.

*Trib. 22. Crepoideæ Gren. et Godr. Fl. de France, t. 2.
p. 314.* — Aigrette formée de poils scabres, jamais plumeux.
Réceptacle sans paillettes.

52. Taraxacum *Juss.*

Péricline *campanulé*, à folioles sur plusieurs rangs ; l'extérieur à folioles courtes, nombreuses et formant un calicule.
Fleurs nombreuses, sur plusieurs rangs. Akènes *cylindriques*,
terminés par *un long bec filiforme* et *dépourvu d'écailles à sa
base*, munis de côtes striées transversalement ; aigrettes toutes
semblables, à poils capillaires et disposés sur *plusieurs rangs*.
Réceptacle sans paillettes.

1. T. officinale *Wigg. Prim. Fl. Hols. p. 56; Leontodon Taraxacum L. Sp. 1122. (Pissenlis officinal.)* — Calathides solitaires au sommet des tiges. Akènes oblongs-obovés, munis de côtes saillantes et hérissées de pointes au sommet; bec grêle, blanc, lisse, 3 fois plus long que l'akène; aigrette blanche, molle. Feuilles étalées en cercle ou dressées, roncinées, pinnatifides ou entières. Tige nue, simple, fragile, fortement fistuleuse, dressée. — Plante polymorphe, le plus souvent glabre; fleurs jaunes.

α *Genuinum Koch, Syn. éd. 1, 428.* Folioles du péricline toutes linéaires; les extérieures réfléchies; feuilles ordinairement roncinées, à lobes triangulaires.

β *Glaucescens Koch, l. c.* Folioles extérieures du péricline lancéolées, lâches, à la fin étalées; feuilles pinnatifides, à segments linéaires; plante ordinairement glauque. *Leontodon glaucescens M. Bieb. Taur.-Cauc., 3, p. 530.*

γ *Taraxacoïdes Koch, l. c.* Folioles extérieures du péricline ovales, acuminées, appliquées; les intérieures pourvues d'une petite corne sous le sommet; feuilles roncinées-pinnatifides, à segments dilatés à la base. *Leontodon lævigatus Willd. Sp. 3, p. 1546.*

δ *Lividum Koch, l. c.* Folioles du péricline d'un vert livide; les extérieures ovales, acuminées, appliquées; les intérieures dépourvues de corne; feuilles étroites, ordinairement entières ou sinuées-dentées. *T. palustre DC. Fl. fr., 4, p. 48.*

La var. α commune partout. La var. β dans les sables au bord de la Meurthe. La var. γ sur les coteaux calcaires. La var. δ dans les prés humides. ♃. Mai-automne.

Nota. Lorsqu'on observe cette plante dans les prés humides et qu'on la suit de là sur les bords sablonneux d'une rivière et dans des lieux secs et arides, on voit tous les passages d'une variété à l'autre.

53. Chondrilla *L.*

Péricline cylindrique, à 8-10 folioles, entouré à la base de folioles très-courtes et appliquées. Fleurs 7 à 12 dans chaque calathide, sur 2 rangs. Akènes *arrondis*, terminés par *un bec filiforme et entouré à sa base de cinq écailles verticillées*, munis de côtes scabres; aigrettes toutes semblables, à poils capillaires et disposés *sur plusieurs rangs*. Réceptacle sans paillettes.

1. C. juncea *L. Sp. 1120.* (*Chondrille effilée.*) — Calathides brièvement pédicellées, solitaires ou géminées, disposées le long des rameaux et à leur sommet. Péricline à folioles d'un vert livide ; les extérieures très-courtes, ovales, acuminées, appliquées ; les intérieures linéaires, aiguës, un peu scarieuses sur les bords, pourvues sur le dos d'une nervure étroite et saillante. Corolles jaunes, munies en dessous de 3 stries blanches. Akènes d'un fauve pâle, atténués à la base, squammeux au sommet, parcourus par 5 côtes épaisses et par 5 sillons étroits, tronqués au sommet surmonté par 5 dents *lancéolées*, disposées en couronne et *écartées* des squammes immédiatement inférieures ; bec grêle, lisse, un peu épaissi aux deux extrémités, une fois et demi aussi long que l'akène ; aigrette blanche, molle. Feuilles radicales étalées en rosette, roncinées, ordinairement détruites au moment de la floraison ; les caulinaires *linéaires, aiguës*, dressées, *entières* ou *pourvues à la base seulement* de 2-4 petites dents. Tige dressée, rameuse, hérissée de poils roides à sa base, du reste glabre. — Plante verte ; à rameaux allongés, roides.

Champs sablonneux et calcaires. Nancy, Tomblaine, Maxéville, Pixerécourt, Pont-d'Essey (*Soyer-Willemet*); Dombasle, Vitrimont, Lunéville ; Château-Salins (*Léré*). Metz, Haut-Sablon (*Holandre*), Augny, Lagrange-aux-Ormes, Lessy, Châtel, Plappeville, Rozérieulles (*Warion*), Gorze (*Taillefert*); Saint-Avold (*Monard*) ; Bitche (*Schultz*). Verdun, à la Renarderie, côte Saint-Michel (*Warion*). Neufchâteau (*Mougeot*). ☉. Juillet-août.

2. C. latifolia *M. Bieb. Taur.-Cauc., 2, p. 244; C. acanthophylla Mutel, Fl. fr., 2, p. 208.* (*Chondrille à feuilles larges.*) — Se distingue de l'espèce précédente par les caractères suivants : calathides du double plus grandes, plus nombreuses ; péricline à folioles munies d'une nervure dorsale lisse, plus épaisse et plus saillante ; akènes plus gros, munis de côtes plus fortes, surmontés par 5 dents plus longues, plus étroites, *linéaires, aiguës, rapprochées* des squammes immédiatement inférieures avec lesquelles elles paraissent imbriquées ; bec dépassant à peine l'akène ; feuilles radicales sinuées-dentées ; les caulinaires beaucoup plus larges, *lancéolées, spinuleuses dans leur pourtour* et souvent sur la nervure dorsale ; tige plus robuste, plus rameuse, formant un buisson épais.

Très-rare, et probablement introduit. Toul, vignes de Chaudeney. Bitche (*Schultz*). ☉. Août-septembre.

54. Prenanthes *L.*

Péricline cylindrique, à 6-8 folioles, entouré à la base de folioles plus courtes. Fleurs *cinq sur un seul rang* dans chaque calathide. Akènes *à peine comprimés, tronqués au sommet, dépourvus de bec,* obscurément striés ; aigrettes toutes semblables, à poils capillaires et disposés *sur plusieurs rangs.* Réceptacle sans paillettes.

1. **P. purpurea** *L. Sp. 1121. (Prénanthe purpurine.)* — Calathides penchées, disposées en petites grappes rameuses sur des pédoncules axillaires. Akènes blanchâtres, lisses ; aigrette blanche. Feuilles molles, oblongues-lancéolées, entières ou sinuées-dentées, glauques et élégamment veinées en-dessous ; les caulinaires rétrécies au-dessus de leur base, embrassant la tige par deux oreillettes ; les inférieures atténuées en pétiole ailé. Tige arrondie, dressée, grêle, rameuse au sommet. — Plante élégante ; fleurs purpurines.

α *Genuina Nob.* Feuilles oblongues-lancéolées.
β *Angustifolia Gren. et Godr. Fl. de France, t. 2, p. 323.* Feuilles presque linéaires. *P. tenuifolia L. Sp. 1120.*

Commun ; sur le grès vosgien et sur le granit dans toute la chaîne des Vosges. La var. β à Gérardmer, Champ du feu, cascade du Nydeck, Bitche. ♃. Juillet-août.

55. Lactuca *L.*

Péricline cylindrique, à la fin renflé à la base, à folioles inégales, sur plusieurs rangs, les extérieures plus courtes. Fleurs nombreuses, dans chaque calathide. Akènes *très-comprimés,* brusquement terminés en *bec capillaire,* munis de côtes ; aigrettes toutes semblables, à poils capillaires et disposés *sur un seul rang.* Réceptacle sans paillettes.

1 { Fleurs jaunes.................................... 2
{ Fleurs bleues.................... *L. perennis* (n° 5).

2 { Calathides en grappe simple, spiciforme, effilée..........
{ .... *L. saligna* (n° 3).
{ Calathides en grappe composée, oblongue ou corymbiforme.. 3

3 { Feuilles hérissées sur les bords et sur la nervure dorsale de
{ poils roides.................... *L. Scariola* (n° 2).
{ Feuilles glabres sur les bords et sur la nervure dorsale...... 4

1. L. sativa *L. Sp. 1118.* (*Laitue cultivée.*) — Calathides *pédicellées*, un peu épaissies inférieurement à la maturité, nombreuses, en grappe composée et *corymbiforme.* Akènes blanchâtres ou d'un brun-grisâtre, obovés, atténués à la base, finement striés en travers, munis de côtes saillantes sur chaque face, étroitement marginés, un peu hérissés au sommet ; bec capillaire, blanc, *un peu plus long* que l'akène ; aigrette blanche. Feuilles ordinairement entières, molles, vertes, non hérissées ; les inférieures arrondies ; les supérieures embrassant la tige par deux oreillettes. Tige dressée, rameuse seulement au sommet, *pleine.* — Fleurs petites, jaunes.

Cultivé et quelquefois subspontané. ☉.

2. L. Scariola *L. Sp. 1119.* (*Laitue scariole.*) — Calathides *pédicellées*, un peu épaissies inférieurement à la maturité, nombreuses, en grappe composée, *oblongue, un peu lâche* et presque nue. Akènes d'un brun grisâtre, obovés, atténués à la base, finement striés en travers, munis de côtes saillantes sur chaque face, étroitement marginés, hérissés au sommet ; bec capillaire, blanc, *égalant* l'akène ; aigrette blanche. Feuilles un peu fermes, entières ou pinnatifides, glauques, hérissées sur les bords et sur la nervure dorsale de poils spinescents ; les caulinaires embrassantes, un peu tordues vers leur base de manière à donner au limbe une *position verticale.* Tige dressée, arrondie, *fistuleuse.* — Plante inodore ; fleurs jaunes.

Lieux arides, bords des chemins. Commun dans les terrains calcaires. ☉ Juillet-août.

3. L. saligna *L. Sp. 1119.* (*Laitue saulière.*) — Calathides *presque sessiles*, un peu épaissies inférieurement à la maturité, peu nombreuses, en grappe simple, *spiciforme, lâche* et presque nue. Akènes grisâtres, oblongs, striés en travers, munis de côtes saillantes sur chaque face, étroitement marginés, hérissés au sommet ; bec capillaire, blanc, *une fois plus long* que l'akène. Feuilles un peu glauques, étroites, lisses sur les bords et ordinairement sur la nervure dorsale ; les inférieures pinnatifides ; les supérieures *très-entières, linéaires*, pourvues à la base de 2 oreillettes très-longues et très-aiguës. Tige dressée, lisse, simple ou peu rameuse. — Plante grêle ; fleurs jaunes.

Rare. Nancy, entre Tomblaine et Bosserville (*Monnier*). Metz, en dehors de la porte de Thionville, Borny (*Holandre*); fortifications de Thionville (*Warion*). Neufchâteau (*Mougeot*). ⊙. Juillet-août.

4. L. muralis *Mey. Chlor. Hanov. 431 ; Prenanthes muralis L. Sp. 1121.* (*Laitue des murailles.*) — Calathides *pédicellées,* en longue *grappe composée,* terminale. Akènes bruns, elliptiques-oblongs, finement rugueux en travers, munis de 5 côtes saillantes sur chaque face, étroitement marginés ; bec blanc, *plus court* que l'akène ; aigrette blanche. Feuilles molles, glauques en-dessous, profondément lyrées-pinnatifides, à lobes anguleux, dentés, le supérieur très-grand ; feuilles caulinaires embrassantes, auriculées. Tige dressée, *fistuleuse.* — Plante jamais hérissée, quelquefois rougeâtre, mais ordinairement verte ; fleurs petites, jaunes.

Commun ; bois, dans tous les terrains. ⊙. Juillet-août.

5. L. perennis *L. Sp. 1120.* (*Laitue vivace.*) — Calathides *longuement pédicellées,* un peu épaissies inférieurement à la maturité, disposées en grappe lâche, étalée, *corymbiforme.* Akènes bruns, elliptiques-oblongs, finement rugueux en travers, munis d'une côte saillante sur chaque face, largement marginés, non hérissés ; bec capillaire, blanc, *plus long* que l'akène ; aigrette blanche. Feuilles molles, glauques, non hérissées ; les inférieures pinnatifides ; les supérieures lancéolées, lobées ou entières, embrassant la tige par deux oreillettes arrondies. Tige dressée, arrondie, rameuse au sommet, *pleine.* — Fleurs grandes, bleues.

Bois et coteaux sur le calcaire jurassique et sur le lias. Nancy, Boudonville, Champigneules, Frouard, Liverdun, Maron, Vandœuvre, Malzéville; Toul; Pont-à-Mousson ; Châteaux-Salins (*Léré*). Metz, Saint-Quentin, Lorry, Lessy, Corny (*Holandre*), Vaux, Ars-sur-Moselle (*Taillefert*), Rembercourt (*Monard*), Hayange ; Faulquemont, Vatimont (*Warion*). Verdun ; Commercy (*Doisy*); Saint-Mihiel, Thillot (*Warion*). Mirecourt; Neufchâteau (*Mougeot*). ♃. Mai-juin.

56. Sonchus *L.*

Péricline urcéolé à la maturité, à folioles inégales, imbriquées. Fleurs nombreuses dans chaque calathide. Akènes *comprimés, un peu atténués au sommet, dépourvus de bec,* munis de côtes ; aigrettes toutes semblables, à poils capillaires et disposés *sur plusieurs rangs.* Réceptacle sans paillettes.

1. S. oleraceus *L. Sp. 1116 (excl. var. γ et δ). (Laitron des cultures.)* — Calathides en ombelle irrégulière au sommet des rameaux. Péricline à folioles appliquées, linéaires, acuminées, glabres ou munies à leur base d'un duvet blanc. Akènes bruns, oblongs-obovés, munis de côtes *rugueuses transversalement ;* aigrette blanche, formée de poils, les uns roides et plus épais, les autres très-mous, flexueux, très-fins. Feuilles molles, d'un vert mat, dentées, roncinées ou pinnatifides ; les caulinaires embrassant la tige par deux oreillettes *acuminées* et *étalées horizontalement ;* dents des feuilles spinuliformes au sommet. Tige dressée, fistuleuse. Racine *fusiforme.* — Plante glabre, fragile, pourvue d'un suc blanc laiteux ; fleurs jaunes.

Commun dans les lieux cultivés. ☉. Juin-automne.

2. S. asper *Vill. Dauph. 3, p. 158. (Laitron épineux.)* — Calathides en ombelle irrégulière au sommet des rameaux. Péricline à folioles appliquées, linéaires, acuminées, glabres ou munies à leur base d'un duvet blanc. Akènes bruns, oblongs-obovés, atténués au sommet, munis de côtes *lisses ;* aigrette blanche, formée de poils, les uns roides et plus épais, les autres très-mous, flexueux, très-fins. Feuilles molles, luisantes, entières, dentées ou roncinées, quelquefois crépues ; les caulinaires embrassant la tige par deux oreillettes *arrondies, contournées en hélice, appliquées contre* la tige. Tige dressée, fistuleuse. Racine *fusiforme.* — Plante plus ferme que la précédente ; fleurs jaunes.

Commun dans les lieux cultivés. ☉. Juin-automne.

3. S. arvensis *L. Sp. 1116. (Laitron des champs.)* — Calathides en grappe corymbiforme au sommet de la tige. Péricline à folioles appliquées, linéaires, pourvues d'une nervure dorsale jaunâtre, d'où se détachent des poils épais et glanduleux au sommet. Akènes bruns, elliptiques, munis de côtes *rugueuses transversalement;* aigrette très-longue, blanche. Feuilles étroites, lisses, un peu glauques ; les inférieures roncinées, atténuées en pétiole ; les supérieures souvent entières, embrassant la tige par 2 oreillettes *courtes* et *arrondies;* dents des feuilles spinuliformes au sommet. Tige dressée, fistuleuse, striée. Souche *rampante.* — Plante plus ferme, plus élevée, plus roide que les deux précédentes, hérissée-glanduleuse au sommet ; fleurs jaunes.

Commun ; moissons, dans tous les terrains. ♃. Juillet-août.

4. S. alpinus *L. Sp. 1117.* (*Laitron des Alpes.*) — Calathides en grappe presque simple, étroite, *oblongue*, terminale ; bractées linéaires, allongées, *non embrassantes.* Péricline à folioles appliquées, linéaires ; les extérieures hérissées sur le dos de poils articulés et glanduleux. Akènes blanchâtres, oblongs, faiblement atténués au sommet, munis de côtes sur chaque face, *lisses*, munis au sommet d'une bordure saillante discoïde et brièvement ciliée ; aigrette blanche, fragile. Feuilles glabres, lisses, un peu glauques en dessous, *lyrées*, dentées ; le segment terminal très-grand, triangulaire, acuminé ; feuilles caulinaires *toutes pétiolées;* pétiole dilaté en aile à sa base et embrassant la tige par deux oreillettes acuminées ; dents des feuilles finement acuminées au sommet. Tige dressée, fistuleuse, sillonnée. — Plante hérissée de poils glanduleux dans sa partie supérieure ; fleurs bleues.

Hautes Vosges, sur le granit ; Ballons de Soultz et de Saint-Maurice, Hohneck, Rotabac, Lac-Blanc, etc. (*Mougeot* et *Nestler*), le Champ-du-Feu (*Nicklès*). ♃. Juillet-août.

5. S. Plumieri *L. Sp. 1117.* (*Laitron de Plumier.*) — Calathides en grappe composée, grande, *corymbiforme*, terminale ; bractées petites, ovales, acuminées, *amplexicaules.* Péricline à folioles appliquées, linéaires-lancéolées, glabres. Akènes bruns, elliptiques, fortement atténués au sommet, à 5 côtes sur chaque face, finement *rugueux transversalement*, munis au sommet d'une bordure saillante discoïde et brièvement ciliée ; aigrette blanche, fragile. Feuilles glabres, lisses, un peu glauques en dessous, *roncinées-pinnatifides*, dentées, à segment terminal hasté et à peine plus grand que les latéraux ; les radicales très-grandes, atténuées en pétiole ailé ; les caulinaires *sessiles*, profondément en cœur à la base, embrassant la tige par deux oreillettes presque arrondies ; dents des feuilles finement acuminées au sommet. Tige dressée, fistuleuse, sillonnée. — Plante d'une taille élevée, tout à fait glabre ; fleurs grandes, élégantes, bleues.

Escarpements des hautes Vosges, sur le granit ; Hohneck, Ballons de Soultz et de Saint-Maurice (*Mougeot* et *Nestler*). ♃. Juillet-août.

Nota. Le *S. macrophyllus Willd.* a été naturalisé par Nestler, dans la chaîne des Vosges, au Champ-du-Feu et près de la cataracte du Nydeck.

57. Barkhausia *Mœnch.*

Péricline urcéolé à la maturité, à folioles nombreuses, les extérieures plus courtes. Akènes *presque cylindriques*, tous ou au moins ceux du centre *prolongés en bec*, munis de côtes ; aigrettes toutes semblables, à poils capillaires et disposés *sur plusieurs rangs*. Réceptacle dépourvu de paillettes.

1 { Calathides penchées avant l'anthèse ; akènes dissemblables... .... *B. fœtida* (n° 4). Calathides dressées avant l'anthèse ; akènes tous semblables. 2

2 { Péricline hérissé de soies longues et roides, non glanduleux. .... *B. setosa* (n° 3). Péricline pubescent et glanduleux.................... 3

3 { Tiges dressées dès la base....... *B. taraxacifolia* (n° 1). Tiges couchées à la base, puis redressées. *B. recognita* (n° 2).

1. B. taraxacifolia *Thuill. Fl. par. 2. éd. p. 409.* (*Barkhausie à feuilles de Pissenlit.*) — Calathides *dressées* avant l'anthèse. Péricline à folioles linéaires, un peu atténuées au sommet obtus, blanches-scarieuses sur les bords, munies sur le dos d'un duvet blanchâtre et souvent *de poils glanduleux ;* les extérieures 2 fois plus courtes, lâches. Corolles jaunes ; celles de la circonférence purpurines extérieurement. Akènes *conformes*, d'un jaune brunâtre, fusiformes, à 10 côtes rugueuses ; bec filiforme, *égal* et lisse au sommet, *plus long* que l'akène ; toutes les aigrettes dépassant le péricline. Réceptacle velu. Feuilles roncinées-dentées ou roncinées-pinnatifides ; les radicales pétiolées, étalées-dressées ; les caulinaires embrassant la tige par 2 oreillettes incisées-dentées. Tiges *dressées*, striées,

fistuleuses, *feuillées*, rameuses *au sommet ;* rameaux dressés.
— Plante d'un vert blanchâtre, souvent purpurine à la base,
plus ou moins pourvue de poils courts et roides, plus ou moins
rude au toucher.

Commun sur les collines calcaires. Nancy, Toul, Pont-à-Mousson,
Château-Salins (*Léré*), Bayon, Lunéville, Sarrebourg. Metz. Verdun,
Saint-Mihiel (*Léré*) et Commercy. Neufchâteau, Mirecourt, Epinal (*Mou-
geot*). ☉. Mai-juin.

2. **B. recognita** *DC. Prodr. 7, p. 154 ; B. taraxacifolia
β decumbens Godr. Fl. lorr., éd. 1, t. 2, p. 84. (Barkhausie
reconnue.)* — Calathides *dressées* avant l'anthèse. Péricline à
folioles linéaires, obtuses, blanches-scarieuses sur les bords,
munies sur le dos d'un duvet grisâtre et de poils glanduleux ;
les extérieures deux fois plus courtes, lâches. Corolles jaunes ;
celles de la circonférence purpurines extérieurement. Akènes
conformes, jaunâtres, fusiformes, à 10 côtes rugueuses ; bec
filiforme, égal et lisse au sommet, plus long que l'akène ; toutes
les aigrettes dépassant le péricline. Réceptacle velu. Feuilles
roncinées ou roncinées-pinnatifides ; les radicales pétiolées, étalées en rosette ; les caulinaires moyennes et supérieures réduites
à une languette étroite et dentées à la base ou entières. Tiges
nombreuses, *couchées à la base, puis redressées-étalées*, striées,
rameuses dans toute leur longueur, *presque nues*. — Plante un
peu velue, moins élevée que la précédente.

Lieux arides. Nancy, vallon de Maxéville, forêt de Haie, Chartreuse
de Bosserville. ☉. Juin-juillet.

3. **B. setosa** *DC. Fl. fr. 4, p. 44. (Barkhausie hérissée.)*
— Calathides *dressées* avant l'anthèse. Péricline à folioles linéaires, aiguës, fortement carénées et munies sur le dos de *soies
longues, roides* et non glanduleuses ; les extérieures une fois
plus courtes, très-étalées. Corolles jaunes, concolores. Akènes
conformes, jaunes-brunâtres, fusiformes, à 10 côtes hérissées
de pointes ; bec grêle, *épaissi* et lisse au sommet, *un peu plus
court* que l'akène ; aigrette dépassant à peine le péricline. Réceptacle nu. Feuilles roncinées-dentées, ou lyrées-roncinées ; les
radicales pétiolées, dressées-étalées ; les caulinaires supérieures
entières ou dentées-incisées à leur base, embrassant la tige par
2 oreillettes. Tige dressée, striée, fistuleuse, *feuillée*, très-rameuse ; rameaux dressés. — Plante d'un vert gai, souvent pur-

purine à la base, inodore, plus ou moins hérissée de soies roides et étalées ; calathides plus petites que dans nos autres espèces.

Rare et certainement introduite, depuis peu d'années, avec les graines de céréales. Nancy, vignes de Maxéville et de Malzéville ; la Poudrerie, le Pavillon. Gorze (*Taillefert*). Mirecourt (*de Baudot*). ⊙. Juillet-août.

4. B. fœtida *DC. Fl. fr. 4, p. 42 ; Crepis fœtida L. Sp. 1133. (Barkhausie fétide.)* — Calathides *penchées* avant l'anthèse. Péricline à folioles linéaires, aiguës, pourvues d'une nervure dorsale épaisse, appliquées sur les graines de la circonférence, munies extérieurement d'un duvet blanchâtre, mêlé de poils mous et étalés ; les extérieures deux fois plus courtes, lâches. Corolles jaunes ; celles de la circonférence purpurines extérieurement. Akènes *inégaux*, jaunâtres, fusiformes, finement striés, rugueux ; bec grêle, égal et rude au sommet, plus court dans les akènes de la circonférence, deux fois plus long dans ceux du centre. Réceptacle velu. Feuilles radicales dressées, roncinées-pinnatifides, pétiolées ; les caulinaires supérieures fortement incisées à leur base et embrassant la tige par deux oreillettes. Tige dressée, pleine, *feuillée*, très-rameuse ; rameaux très-étalés. — Plante d'un vert blanchâtre, velue, fétide ; pédoncules très-allongés.

Commun ; lieux stériles, bords des chemins, dans tous les terrains. ⊙. Juin-août.

58. CREPIS *L.*

Péricline plus ou moins urcéolé à la maturité, à folioles nombreuses, les extérieures ordinairement plus courtes. Akènes *presque cylindriques, atténués au sommet, dépourvus de bec et non bordés au sommet,* munis de côtes ; aigrettes toutes semblables, à poils capillaires et disposés *sur plusieurs rangs.* Réceptacle sans paillettes.

1 { Péricline à folioles extérieures étalées ; réceptacle velu ou pubescent. 2
{ Péricline à folioles extérieures appliquées ; réceptacle glabre. 3

2 { Péricline à folioles extérieures bien plus courtes que les intérieures ; akènes à côtes rugueuses. . . . *C. biennis* (n° 2).
{ Péricline à folioles extérieures égalant les intérieures ; akènes à côtes lisses. . . . . *C. blattarioïdes* (n° 3).

3 { Grappe corymbiforme, lâche ; tige feuillée. 4
{ Grappe oblongue, serrée ; tige nue. . . . *C. præmorsa* (n° 5).

4 {
Corolles de la circonférence purpurines à la face externe ;
akènes pourvus de côtes rugueuses. *C. polymorpha* (n° 1).
Corolles de la circonférence uniformément jaunes ; akènes
munis de côtes lisses, du moins ceux du disque......... 5
}

5 {
Péricline ovoïde, velu, glanduleux..... *C. paludosa* (n° 4).
Péricline cylindrique, glabre.......... *C. pulchra* (n° 6).
}

1. C. polymorpha *Wallr. Sched. 426. (Crépide polymorphe.)* — Calathides en grappe *lâche, corymbiforme*. Péricline à
folioles *égalant* l'aigrette, munies extérieurement d'un duvet
blanchâtre et souvent de poils glanduleux ; les extérieures *appliquées*. Corolles jaunes ; celles de la circonférence panachées de
pourpre extérieurement. Akènes olivâtres, linéaires-oblongs, un
peu atténués au sommet, *plus courts* que l'aigrette, pourvus de
dix côtes étroites et *finement rugueuses* à une forte loupe. Réceptacle glabre. Feuilles radicales lancéolées, dentées ou roncinées-pinnatifides ; les caulinaires supérieures planes, sagittées.
Tige anguleuse, striée. — Plante glabre, d'un vert gai ou quelquefois rougeâtre à la base.

α *Stricta Wallr. l. c.* Tige roide, dressée ; feuilles caulinaires pectinées-pinnatifides. *C. pinnatifida Willd. Sp. 3, p.
1604.*

β *Agrestis Koch, Syn. éd. 1, p. 440.* La même forme que
la précédente, mais plus feuillée, plus robuste, à calathides 2
fois plus grosses ; simule le *C. biennis. C. agrestis Waldst. et
Kit. Pl. Hung. p. 244.*

γ *Virens Wallr. l. c.* Tige dressée, roide ; feuilles caulinaires sinuées-dentées. *C. virens L. Sp. 1134.*

δ *Capillaris Nob.* Tige dressée, flexueuse, à rameaux capillaires, dressés-étalés ; feuilles caulinaires linéaires, presque
entières.

ε *Diffusa Wallr. l. c.* Tiges très-rameuses, étalées-diffuses,
à rameaux divariqués ; feuilles caulinaires peu nombreuses,
linéaires, aiguës, très-entières. *C. diffusa DC. Cat. h. Monsp. 98.*

Commun dans tous les terrains. ☉. Juin-automne.

2. C. biennis *L. Sp. 1136. (Crépide bisannuelle.)* — Calathides en grappe *corymbiforme*. Péricline à folioles *plus courtes*
que l'aigrette, munies extérieurement d'un duvet blanchâtre souvent mêlé de quelques poils roides et glanduleux ; les extérieures
étalées. Corolles jaunes, *concolores*. Akènes jaunâtres, linéaires,
atténués au sommet, *un peu plus longs* que l'aigrette, munis

de *treize côtes* étroites et *faiblement rugueuses*. Réceptacle velu. Feuilles dentées ou roncinées-pinnatifides ; les radicales dressées; les caulinaires supérieures planes, sessiles, auriculées et dentées à leur base. Tige dressée, sillonnée-anguleuse, souvent hérissée au sommet de poils roides et spinuliformes (*C. scabra Soy.-Will. Obs. p. 162*). — Plante glabre ou velue-hérissée, à rameaux dressés-étalés ; fleurs grandes.

Commun dans tous les terrains. ☉. Mai-juin.

3. C. blattarioïdes *Vill. Dauph. 3, p. 136; Soyeria blattarioïdes Monnier, Monogr. des Hier. p. 76; Godr. Fl. lorr., éd. 1, t. 2, p. 72. (Crépide fausse-blattaire.)* — Calathides *solitaires* au sommet des tiges et des rameaux. Péricline à folioles presque égales, vertes, *égalant* l'aigrette, munies sur le dos de poils longs, étalés, simples, articulés, verdâtres ; folioles extérieures *lâches*. Corolles jaunes, concolores. Akènes jaunâtres, à *vingt côtes* étroites, superficielles, *lisses*. Réceptacle *pubescent*. Feuilles vertes ; les radicales elliptiques, *fortement dentées* à leur base, atténuées en pétiole ailé, ordinairement détruites au moment de la floraison ; les caulinaires lancéolées, acuminées, dentées, embrassant la tige par deux oreillettes aiguës, dentées et obliquement dirigées en bas. Tige dressée, fistuleuse, *très-feuillée*, simple ou rameuse au sommet. — Plante presque glabre.

Très-rare ; hautes Vosges, sur le granit ; Ballon de Soultz, Storkenkopf (*Muhlenbeck*). ♃. Juillet-août.

4. C. paludosa *Mœnch, Meth. p. 535; Soyeria paludosa Godr. Fl. lorr., éd. 1, t. 2, p. 72. (Crépide des marais.)* — Calathides en grappe *lâche, corymbiforme*. Péricline à folioles *appliquées*, noirâtres, égalant l'aigrette, munies sur le dos de poils articulés et glanduleux. Corolles jaunes, concolores. Akènes jaunâtres, à *dix côtes* étroites, superficielles, *lisses*. Réceptacle *glabre*. Feuilles grandes, molles ; les inférieures oblongues, *roncinées, dentées*, atténuées à la base ; les supérieures lancéolées, longuement acuminées, dentées ou incisées, embrassant la tige par deux grandes oreillettes aiguës et dentées. Tige striée, dressée, fistuleuse, *feuillée*, rameuse au sommet. — Plante d'un vert gai, tout à fait glabre si ce n'est sur la grappe.

Vallées humides, bords des ruisseaux, sur le grès vosgien et le granit dans les montagnes des Vosges. Vallées de Saint-Quirin et de Blanc-

Rupt (*de Baudot*). Vallée de la Bisten près de Creutzwald (*Holandre*). Hohneck, Bauremont près de Bruyères, etc. (*Mougeot*) et toute la chaîne des Vosges. ♃. Juin-août.

5. **C. præmorsa** *Tausch, Bot. Zeit. t. II, part. I, p. 79; Soyeria præmorsa Godr. Fl. lorr., éd. 1, t. 2, p. 72. (Crépide prémorse.)* — Calathides en grappe *oblongue, serrée*. Péricline à folioles *appliquées*, glabres, vertes, *un peu plus courtes* que l'aigrette. Corolles jaunes, concolores. Akènes d'un jaune brunâtre, *finement striés, lisses*. Réceptacle *glabre*. Feuilles *toutes radicales*, obovées-oblongues, atténuées en pétiole, dressées, *entières* ou faiblement sinuées-dentelées. Tige simple, *scapiforme*, striée. — Plante d'un vert pâle, ordinairement pubescente.

Commun dans les bois du calcaire jurassique de la Meurthe, de la Moselle, de la Meuse et des Vosges. Rare sur le grès vosgien; sommités des montagnes de Saint-Quirin (*de Baudot*). ♃. Mai-juin.

6. **C. pulchra** *L. Sp. 1134; Præcasium pulchrum Cass. Dict. sc. nat. 39, p. 387; Godr. Fl. lorr., éd. 1, t. 2, p. 85. (Crépide élégante.)* — Calathides en grappe *lâche, corymbiforme*. Péricline à folioles *égalant* l'aigrette, glabres, munies d'une côte dorsale épaissie à sa base, concaves intérieurement, à la fin indurées et roulées en dedans par les bords; les extérieures très-courtes, peu nombreuses, ovales, aiguës, *appliquées*. Corolles jaunes, concolores. Akènes jaunâtres, cylindriques, un peu atténués au sommet, munis de *dix côtes* fines, écartées et superficielles; ceux du centre *lisses;* ceux de la circonférence hérissés dans les sillons de pointes très-fines. Réceptacle *glabre*. Feuilles radicales oblongues, atténuées en pétiole, roncinées ou dentées; les caulinaires lancéolées, tronquées ou brièvement auriculées à la base, dentées ou entières. Tige striée, fistuleuse, *nue au sommet*. — Plante ordinairement velue et quelquefois visqueuse; pédoncules étalés, arqués.

Peu commun. Nancy, vignes de Maxéville, de Champigneules, de Liverdun, bois vers Saulxures, Fonds de Toul, etc.; Bayon. Metz, fortifications; au-dessus de Saint-Julien (*Holandre*). Verdun, citadelle, côte Saint-Michel (*Doisy*). Charmes (*Mougeot*). ⊙. Juin-juillet.

59. Hieracium *L.*

Péricline non urcéolé à la maturité, à folioles membraneuses. Akènes *presque cylindriques, non atténués au sommet*, mais *tronqués* et terminés par un *rebord annulaire*, munis de côtes ; aigrettes toutes semblables, à poils d'un blanc sale ou roussâtres, très-fragiles, scabres, disposés *sur un seul rang*. Réceptacle sans paillettes.

1. Akènes pourvus au sommet d'une bordure dentée ; plantes ordinairement stolonifères............................ 2
   Akènes pourvus au sommet d'une bordure entière ; plantes jamais stolonifères................................ 8

2. Tige complétement dépourvue de feuilles................. 3
   Tige munie d'une ou de plusieurs feuilles au moins vers la base... 5

3. Feuilles radicales couchées sur la terre ; corolles de la circonférence purpurines en dehors..................... 4
   Feuilles radicales étalés-dressées ; corolles de la circonférence jaunes, concolores............. *H. Auricula* (n° 3)..

4. Une seule calathide au sommet de la tige simple..........
   .... *H. Pilosella* (n° 1).
   Deux ou plusieurs calathides au sommet de la tige fourchue..
   .... *H. Schultesii* (n° 2).

5. Calathides solitaires au sommet des bifurcations de la tige...
   .... *H. brachyatum* (n° 4).
   Calathides réunies en grappe corymbiforme.............. 6

6. Feuilles glauques en dessous, hérissées de poils roides......
   .... *H. præaltum* (n° 5).
   Feuilles vertes, munies de poils mous.................. 7

7. Fleurs jaunes.................... *H. pratense* (n° 6).
   Fleurs purpurines............. *H. aurantiacum* (n° 7).

8. Feuilles radicales persistantes pendant la floraison........ 9
   Feuilles radicales détruites bien avant la floraison......... 14

9. Tige scapiforme, glanduleuse, terminée par une seule calathide....................... *H. alpinum* (n° 8).
   Tige ni scapiforme, ni glanduleuse au moins dans sa moitié inférieure, portant normalement plusieurs calathides...... 10

10. Styles jaunes ; calathides non couronnées avant l'anthèse par les folioles saillantes du péricline.................... 11
    Styles bruns ; calathides couronnées avant l'anthèse par les folioles saillantes du péricline.................... 13

11 {
Tige munie d'une ou de deux feuilles sessiles et demi-embrassantes...................... *H. Mougeoti* (n° 9).
Tige munie de 3-6 feuilles cunéiformes à la base; l'inférieure
ou les inférieures pétiolées............................ 12
}

12 {
Feuilles molles et lisses; tige fistuleuse, compressible......
.... *H. vulgatum* (n° 12).
Feuilles coriaces et rudes; tige pleine et dure............
.... *H. argillaceum* (n° 13).
}

13 {
Grappe à rameaux étalés-dressés et arqués en dehors; feuille
ordinairement unique, pétiolée ou nulle..............
.... *H. murorum* (n° 10).
Grappe à rameaux étalés-dressés, non arqués; feuilles cauli-
naires en petit nombre et toujours sessiles............
.... *H. Schmidtii* (n° 11).
}

14 {
Folioles du péricline dressées, appliquées.............. 15
Folioles du péricline courbées et réfléchies au sommet...... 23
}

15 {
Feuilles couvertes sur les deux faces de poils glanduleux....
.... *H. albidum* (n° 14).
Feuilles non glanduleuses............................ 16
}

16 {
Feuilles moyennes cunéiformes à la base.............. 17
Feuilles moyennes arrondies ou en cœur à la base........ 19
}

17 {
Tige très-rude au toucher, dure, non compressible; feuilles
coriaces, toutes sessiles ou subsessiles................ 18
Tige lisse, molle, compressible; feuilles molles, les inférieures
pétiolées................ *H. tridentatum* (n° 21).
}

18 {
Tige droite, élevée, multiflore; corolles de la circonférence à
dents courtes et ovales.......... *H. asperum* (n° 19).
Tige flexueuse, petite, grêle, pauciflore; corolle de la circonférence à dents longues et étroites.. *H. magistri* (n° 20).
}

19 {
Feuilles caulinaires élargies à la base en deux oreillettes
arrondies............................ 20
Feuilles caulinaires élargies à la base, mais non auriculées................................ 22
}

20 {
Feuilles entières ou presque entières; tige pleine, non com-
pressible................ *H. cydoniæfolium* (n° 16).
Feuilles fortement dentées; tige fistuleuse, compressible.... 21
}

21 {
Corolles de la circonférence ciliées; plante d'un vert très-pâle.
.... *H. Lycopifolium* (n° 15).
Corolles de la circonférence non ciliées; plante verte......
.... *H. præruptorum* (n° 17).
}

22 {
Calathides en grappe oblongue; feuilles supérieures ovales...
.... *H. boreale* (n° 22).
Calathides en grappe ombelliforme; feuilles supérieures lan-
céolées................ *H. auratum* (n° 18).
}

23 {
Feuilles toutes sessiles ; les moyennes et les supérieures élargies et arrondies à la base........ *H. latifolium* (n° 23).
Feuilles inférieures pétiolées ; les moyennes et les supérieures atténuées et cunéiformes à la base..........
.... *H. umbellatum* (n° 24).
}

Sect. 1. Piloselloideæ Koch, Syn. éd. 2, p. 509. — Bordure du sommet des akènes dentée par le prolongement des sillons qui séparent les côtes. Plantes ordinairement stolonifères.

Nota. Le caractère que présente la bordure du sommet des akènes et le port si spécial des plantes de cette section permettraient peut-être d'en faire un genre particulier sous le nom de *Pilosella.*

1. H. Pilosella *L. Sp. 1125; Monnier ! Ess. monog. p. 17; Fries ! Symb. p. 2 et herb. norm. fasc. 6, n° 4. (Épervière piloselle.)* — Calathide *solitaire, terminale.* Péricline à folioles linéaires, aiguës. Corolles de la circonférence *purpurines extérieurement.* Feuilles *toutes radicales, étalées sur la terre,* entières, obovées ou ovales-lancéolées, atténuées en pétiole ailé, *obtuses,* munies sur les deux faces de poils longs, blancs et barbellés. Tige simple, dressée, *nue,* plus ou moins pourvue de longues soies éparses et molles et d'un duvet court étoilé. Souche rampante, émettant des stolons *rampants,* feuillés, quelquefois florifères. — Fleurs jaunes.

α Vulgare Monnier, Ess. monogr. p. 17. Péricline glanduleux ; fleurs petites ; feuilles blanches et pubescentes en dessous.

β Virescens Fries, Symb. p. 2. Péricline glanduleux ; fleurs petites ; feuilles vertes en dessous.

γ Pelleterianum Monnier, l. c. Plante plus développée dans toutes ses parties et beaucoup plus longuement velue. Fleurs beaucoup plus grandes ; feuilles d'un blanc-jaunâtre en dessous. *H. Pelleterianum Mérat, Fl. par. ed. 1, p. 305.*

Commun ; lieux incultes, prés secs, bords des routes de tous les terrains. La var. β dans les bois montagneux. La var. γ très-rare : Sarrebourg (*de Baudot*), le Bonhomme (*Soyer-Willemet*), le Hohneck et le Rotabac (*Mougeot*). ♃. Mai-automne.

2. H. Schultesii *F. Schultz ! Arch. Fl. de France et d'Allemagne, p. 35 et Fl. des Pfalz, p. 276; H. Pilosello-Auricula F. Schultz ! Fl. Gall. et Germ. exsicc. 1836, introd.*

(*Epervière de Schultes.*) — Calathides *deux à quatre* sur des pédoncules très-allongés, dressés. Péricline à folioles linéaires, aiguës. Corolle de la circonférence *purpurines extérieurement.* Feuilles *toutes radicales, étalées sur la terre*, entières, oblongues-obovées, *arrondies au sommet*, longuement atténuées en pétiole ailé, d'un vert grisâtre en dessous, munies sur les deux faces de longues soies barbellées, jaunâtres et d'un duvet court étoilé. Tige dressée, élancée, *nue*, ou munie d'une petite bractée à chaque division, une ou deux fois bifurquée et souvent un peu au-dessus de la base. Souche émettant des stolons *rampants.* — M. Schultz considère cette plante comme une hybride des *H. Pilosella* et *Auricula*, et assure qu'elle est stérile.

Nancy (*Soyer-Willemet*). Bitche et Hohneck (*Schultz*). ♃. Juin-septembre.

3. **H. Auricula** L. *Sp. 1126 ; Monnier! Ess. monog. p. 21; Fries !, Symb. p. 14 et herb. norm. fasc. 6, n° 6 et fasc. 11, n° 14; H. lactucella Wallr. Sched. p. 408. (Epervière auriculée.)* — Ordinairement 3 ou 4 calathides, rarement 2 ou 5 ou 6, *en grappe simple, corymbiforme.* Péricline à folioles linéaires, noires et hérissées-glanduleuses sur le dos. Corolles de la circonférence *concolores.* Feuilles *toutes radicales, dressées-étalées*, entières, obovées-oblongues, *arrondies au sommet*, atténuées à la base, *glauques, glabres* sur les faces, ciliées surtout à la base de poils longs, barbellés et jaunâtres. Tige principale dressée, *nue*, pourvue de quelques poils. Souche plus ou moins rampante, munie de stolons *couchés*, feuillés. — Plante grêle, d'un vert glauque ; fleurs petites, jaunes.

Commun ; prés humides, dans tous les terrains et jusqu'au sommet des Vosges. ♃. Juin-automne.

4. **H. brachiatum** *Bertol. ap. DC. Fl. fr. 5, 442 ; H. dubium α Monnier, Ess. monog. p. 19.; Fries, Symb. p. 11. (Epervière branchue)* — Calathides *solitaires au sommet des bifurcations de la tige.* Péricline un peu ventru, à folioles appliquées, linéaires, longuement acuminées, couvertes d'un duvet étoilé, de longs poils scabres noirs à la base et de quelques poils articulés glanduleux. Corolles de la circonférence *concolores.* Feuilles *un peu glauques*, munies en dessous d'un duvet étoilé et sur les 2 faces de poils roides, blancs et barbellés ; les radicales nombreuses, étalées-dressées, presque entières, oblongues-lan-

céolées, *aiguës*, atténuées en pétiole ailé ; *une feuille caulinaire* placée vers la base de la tige et quelquefois une seconde plus haut. Tige dressée, hérissée inférieurement, tomenteuse et *une ou plusieurs fois bifurquée* au sommet (*H. bitense F. Schultz ! Fl. des Pfalz, p. 276.*) ou vers le milieu de sa longueur (*H. fallacinum F. Schultz ! Arch. Fl. de France et d'Allem. p. 56*) ; rameaux dressés, allongés. Souche rampante, munie de stolons couchés, allongés, feuillés, stériles ou florifères. — Cette plante semble tenir à la fois du *H. Pilosella* et du *H. prœaltum,* et Wallroth soupçonne qu'elle est une hybride de ces deux espèces, mais ses graines sont fertiles.

Très-rare, lieux secs. Bitche (*Schultz*). ♃. Mai-juillet.

5. **H. prœaltum** *Vill. Voy. bot. p. 62, tab. 2, f. 1; H. florentinum γ prœaltum Monnier, Ess. monog. 30; Fries ! Symb. p. 26 et herb. norm. fasc. 6, n° 7. (Epervière élancée.)* — Calathides petites, nombreuses (20-100), en *grappe composée, corymbiforme, lâche.* Péricline à folioles linéaires, acuminées. Feuilles *glauques,* entières ou faiblement dentées, ciliées et hérissées au moins sur la nervure dorsale de poils *roides* et barbellés ; les radicales dressées, obovées-oblongues, *aiguës,* atténuées en pétiole ailé ; les caulinaires (3 ou 4) plus aiguës, rétrécies à la base. Tige élancée, roide, dressée, *simple,* glabre ou hérissée, *munie de deux à quatre feuilles.* Souche prémorse, à stolons tantôt nuls, tantôt ascendants, plus rarement couchés, quelquefois florifères. — Plante beaucoup plus élevée que les précédentes, grêle, munie de poils bulbeux et rougeâtres ou noirs à la base ; grappe et péricline plus ou moins pourvus de poils étoilés et de poils glanduleux ; fleurs jaunes.

Assez rare. Nancy, bords du bois entre Champigneules et Frouard (*Suard*), Liverdun ; Château-Salins, Tincry (*Léré*) ; Sarrebourg (*de Baudot*) ; Boucq près de Toul (*de Lambertye*). Bitche (*Schultz*). Verdun (*Doisy*). Epinal, Docelles (*docteur Berher*). ♃. Juin-juillet.

6. **H. pratense** *Tausch, Fl. od. bot. Zeit. t. 11. 1 beibl. p. 56; Fries ! Symb. p. 19 et herb. norm. fasc. 6, n° 10. (Epervière des prés.)* — Calathides nombreuses, en *grappe corymbiforme,* composée, *serrée,* à rameaux et à pédoncules courts, étalés. Péricline à folioles linéaires, acuminées, noires sur le dos, hérissées de poils noirs allongés et de poils plus courts glanduleux articulés. Feuilles *vertes,* sinuées-denticulées, pour-

vues sur les bords et sur les deux faces de poils blancs, barbellés, disséminés, très-nombreux et plus longs sur la nervure dorsale, souvent munies à la face inférieure seulement de poils en étoile; feuilles radicales dressées, oblongues, *presque obtuses*, plus larges et moins allongées que dans l'espèce précédente, atténuées en pétiole ailé; les caulinaires lancéolées, brièvement acuminées, rétrécies à la base. Tige dressée, *simple, munie de deux ou trois feuilles* vers la base, velue inférieurement, munie au sommet de poils noirs glanduleux et d'un duvet étoilé. Souche longuement rampante, munie souvent de stolons rampants, filiformes, très-velus, quelquefois florifères. — Se distingue en outre des deux précédentes espèces par ses poils beaucoup plus fins, moins sensiblement denticulés; par ses fleurs d'un jaune plus foncé; enfin par son port qui est celui du *Crepis præmorsa.*

Très-rare; prairies humides des montagnes des Vosges. Badonvillers (*Soyer-Willemet*); Champ-du-Feu (*Mougeot*). ♃. Juin-août.

7. **H. aurantiacum** *L. Sp. 1126; Monnier, Ess. monog. p. 23; Fries! Symb. p. 23 et herb. norm. fasc. 10, n° 10. (Epervière orangée.)* — Calathides en *grappe corymbiforme, lâche,* à rameaux courts, uni-bi-triflores. Péricline un peu ventru, à folioles linéaires-lancéolées, noirâtres, hérissées de poils noirs, allongés et de poils plus courts, glanduleux, articulés. Feuilles d'un *vert-gai,* nullement glauques, hérissées sur les deux faces de poils barbellés et disséminés, entières ou à peine dentelées, brièvement mucronées; les radicales oblongues ou lancéolées, *aiguës* ou *subaiguës,* atténuées en pétiole; les caulinaires peu nombreuses; les inférieures semblables aux radicales; les supérieures très-petites, sessiles. Tige dressée, *simple, munie d'une ou de deux feuilles,* rude au toucher, hérissée, fistuleuse, longuement nue au sommet. Souche rampante, émettant rarement des stolons. — Très-voisin du *H. pratense,* il s'en distingue en outre par ses calathides plus grosses, beaucoup moins nombreuses et par ses corolles purpurines.

Pâturages et escarpements des hautes Vosges, sur le granit; Ballon de Soultz, Rotabac, Hohneck, Tanache; déjà trouvé dans les Vosges par Lachenal en 1757. ♃. Juin-juillet.

Sect. 2. EUHIERACIUM. — Bordure du sommet des akènes parfaitement entière. Plantes jamais stolonifères.

8. H. alpinum *L. Sp. 1124; Fries! Symb. ad. hist. Hierac. p. 69 et herb. norm. fasc. 10, n° 7. (Epervière des Alpes.)* — Calathide *solitaire au sommet de la tige, penchée* avant l'anthèse, puis redressée. Péricline à folioles lâches, couvertes de longs poils blancs ou fauves, barbellés, entremêlés de poils plus courts et glanduleux ; les folioles internes acuminées, *aiguës.* Corolles de la circonférence à dents profondes, lancéolées, *longuement ciliées.* Styles *bruns.* Akènes d'un brun foncé. Feuilles presque toutes radicales et *persistantes* pendant la floraison, oblongues-lancéolées, insensiblement atténuées en un long pétiole ailé, 'entières ou presque entières, munies de longs poils barbellés et de poils glanduleux très-courts ; ordinairement *une, quelquefois deux feuilles caulinaires* plus petites, *sessiles, linéaires.* Tige *scapiforme,* dressée, couverte de poils barbellés, noirs à la base, de poils plus courts et glanduleux et de petits poils en étoile. Souche *émettant avant l'hiver des rosettes de feuilles* qui persistent et du centre desquelles s'élèvent les tiges de l'année suivante. — Plante peu élevée ; fleurs jaunes.

Rare ; dans les hautes Vosges, sur le granit; escarpements du Hohneck (*Mougeot et Billot*). ⚇. Juin-juillet.

9. H. Mougeoti *Frœl. apud Koch, Syn. éd. 1, p. 453 (1837); H. decipiens Monnier, apud DC. Prodr. t. 7, p. 230 (1838); H. juranum Rapin, Guide du bot. dans le canton de Vaud, p. 212 (1842), non Fries; H. vogesiacum Fries, Symb. ad hist. Hierac. p. 59; Gris. Comm. de Hierac. p. 21; Billot, pl. exsicc. n° 811. (Epervière de Mougeot.)* — Calathides grandes, *solitaires au sommet de la tige et des rameaux;* ceux-ci munis de poils glanduleux, de quelques poils barbellés et d'un duvet étoilé ; une ou deux bractéoles sur les pédoncules. Péricline d'un noir grisâtre, grand, à folioles munies de poils fauves, allongés, barbellés et de poils noirs glanduleux ; les extérieures lâches, aiguës ; les intérieures appliquées, *longuement acuminées, aiguës.* Corolles de la circonférence à dents profondes, *brièvement ciliées.* Styles *jaunes.* Akènes bruns, à la fin noirs. Réceptacle velu. Feuilles vertes, glauques en dessous, munies sur la nervure dorsale et bordées à leur base de longs poils barbellés; les radicales *persistantes,* lancéolées, brièvement acuminées, très-aiguës, atténuées en pétiole ailé, plus ou moins fortement sinuées-dentées ; les caulinaires très-écartées, au nombre de *une, deux ou trois, sessiles et demi-embrassantes,* ovales, acuminées. Tige dressée, flexueuse, velue inférieurement, simple ou divisée en deux ou trois rameaux allongés et dressés. Souche *émettant des rosettes de feuilles avant l'hiver.* — Fleurs jaunes.

Dans les hautes Vosges, sur le granit; Hohneck, Rotabac (*Mougeot*), Ballon de Soultz. ♃. Juillet-août.

Nota. Cette plante est très-voisine des *H. cerinthoïdes Gouan* et *longifolium Schleich.;* mais se distingue de ces deux espèces, non pas seulement par les caractères généralement donnés, mais encore par son réceptacle velu sur le bord des alvéoles.

10. **H. murorum** *L. Sp. 1128 (ex parte); Fries! Symb. ad hist. Hierac. p. 108 et herb. norm. fasc. 2, n° 7.* (*Épervière des murailles.*) — Calathides petites, *couronnées avant l'anthèse par les folioles saillantes du péricline, en grappe corymbiforme,* à rameaux et à pédoncules *très-étalés et arqués,* couverts de poils glanduleux noirs et serrés et d'un duvet étoilé abondant, quelquefois avec des poils simples entremêlés. Péricline d'abord cylindrique, puis ovoïde, plus ou moins noir, à folioles velues-glanduleuses, peu tomenteuses, étroites et linéaires, appliquées; les intérieures *longuement acuminées.* Corolles de la circonférence à dents glabres ou ciliées. Styles bruns. Akènes d'un brun noir. Feuilles hérissées sur les bords et à la face inférieure, de longs poils barbellés, plus épars à la face supérieure, sans mélange de duvet étoilé; les radicales nombreuses et *persistantes,* en rosette, longuement pétiolées, plus ou moins sinuées, dentées ou incisées, quelquefois entières; *une feuille caulinaire pétiolée, qui manque quelquefois.* Tige dressée, plus ou moins velue, presque scapiforme et simple, plus rarement bifurquée ou rameuse. Souche *émettant des rosettes de feuilles avant l'hiver.* — Plante polymorphe; fleurs jaunes.

α *Genuinum.* Feuilles radicales ovales ou oblongues, arrondies ou un peu en cœur à la base, sinuées-dentées et à dents inférieures plus grandes, mais non réfléchies; quelquefois les feuilles sont entières. Corolles de la circonférence non ciliées.

β *Sylvaticum Fries! Symb. ad. hist. Hierac. p. 109 et herb. norm. fasc. 2, n° 7.* Feuilles radicales lancéolées, en cœur à la base, lobulées-dentées dans leur moitié inférieure, à dents inférieures dirigées en bas. Corolles de la circonférence non ciliées dans les échantillons qui croissent dans la plaine, ciliées dans ceux qui habitent les hautes Vosges. Cette plante est parfaitement dessinée dans *Tabernæmontanus* (*Hist. p. 504, Icon. 195*).

γ *Montanum Nob.* Feuilles radicales oblongues-lancéolées, arrondies ou atténuées à la base, dentées dans leur moitié inférieure, à dents ascendantes. Corolles de la circonférence brièvement ciliées. Cette forme devient le *H. Janus Gren. Fl. de France, t. 2, p. 373,* lorsque les pédoncules sont couverts de poils non glanduleux.

δ *Incisum Fries! Symb. ad hist. Hierac. p. 109 et herb. norm. fasc. 13, n° 21.* Feuilles lancéolées, incisées à la base en lobes étroits, étalés horizontalement. Corolles de la circonférence brièvement ciliées. Cette forme a ses pédoncules tantôt couverts de poils tous glanduleux, tantôt de poils mêlés.

Les var. α et β communes dans les bois de tous les terrains. Les var. γ et δ dans les hautes Vosges, au Hohneck, au Rotabac, au Ballon de Soultz. ♃. Juin-août.

11. H. Schmidtii *Tausch, Fl. od. bot. Zeit. t. II, part. 1, p. 65; Koch! Syn. éd. 1, p. 456; H. pallidum Fries, Symb. ad hist. Hierac. p. 94.* (*Epervière de Schmidt.*) — Calathides plus petites que dans le *H. Mougeoti,* mais plus grandes que dans le *H. murorum, couronnées avant l'anthèse par les folioles saillantes du péricline,* solitaires au sommet de la tige ou multiples et en grappe fourchue, corymbiforme, à rameaux et à pédoncules *étalés-dressés, roides, non arqués,* munis de poils glanduleux plus ou moins nombreux et d'un duvet étoilé. Péricline d'un noir grisâtre, à folioles munies de poils noirs et de poils blancs mélangés dont la plupart privés de glande ; les extérieures *aiguës,* les intérieures *longuement acuminées.* Corolles de la circonférence à dents lancéolées, *à peine ciliées.* Styles *bruns.* Akènes d'un brun noir. Feuilles vertes et glabres à la face supérieure, *glauques à l'inférieure,* munies en dessous et sur les bords de longs poils blancs, barbellés, épars, entremêlés souvent d'un léger duvet étoilé peu visible après la dessiccation ; les radicales *persistantes,* pétiolées, lancéolées, aiguës, atténuées à la base, sinuées-dentelées ; les caulinaires *sessiles, au nombre de une à trois,* lancéolées, acuminées ou linéaires, *non embrassantes.* Tige dressée, flexueuse, très-velue inférieurement, surtout entre les feuilles radicales. Souche *émettant des rosettes de feuilles* comme dans l'espèce précédente.
— Plante peu élevée ; fleurs jaunes.

Dans les hautes Vosges, sur le granit; escarpements du Hohneck. ♃. Juillet-août.

12. H. vulgatum *Fries! Nov. p. 258 et herb. norm. fasc. 2, n° 8; Koch, Syn. éd. 1, p. 455; H. sylvaticum Lam. Dict. 2, p. 366. (Epervière commune.)* — Calathides *non couronnées avant l'anthèse par les folioles du péricline*, disposées *en grappe irrégulièrement corymbiforme*, composée, à rameaux *étalés-dressés, non arqués*, couverts, ainsi que les pédoncules, d'un duvet étoilé et ordinairement de poils noirs, glanduleux, plus ou moins nombreux. Péricline d'un vert grisâtre ou noir, à folioles presque égales, étroites, *acuminées, subaiguës*, appliquées, munies d'un duvet rare et ordinairement de poils noirs, glanduleux, abondants. Corolles de la circonférence à dents longues, étroites, *non ciliées*. Styles *bruns*. Akènes petits, noirs. Feuilles vertes, *lisses* sur les deux faces, glabres ou presque glabres en dessus, munies en dessous de longs poils épars et barbellés; les radicales peu nombreuses, *mais persistantes* pendant la floraison, toujours atténuées aux deux extrémités, longuement pétiolées, bordées de dents écartées ou presque entières; les caulinaires au nombre *de trois à six*, également espacées; les inférieures *brièvement pétiolées*, lancéolées, aiguës; les supérieures *sessiles*. Tige dressée, droite, *fistuleuse, compressible*, quelquefois rameuse au sommet. Souche *émettant des rosettes de feuilles avant l'hiver*. — Fleurs jaunes.

Commun dans les bois de tous les terrains et jusqu'au sommet des Vosges. ♃. Juin-juillet.

13. H. argillaceum *Jord! Cat. jard. de Grenoble, 1849, p. 17. (Epervière de l'argile.)* — Calathides subcylindriques avant l'anthèse et *non couronnées par les folioles du péricline*, disposées en *grappe irrégulièrement corymbiforme*, composée, à rameaux *étalés, non arqués*, couverts ainsi que les pédoncules d'un duvet étoilé, de poils noirs, glanduleux, quelquefois mêlés de poils blancs simples et longs. Péricline d'un vert grisâtre, à folioles inégales, *longuement acuminées, presque aiguës*, appliquées, munies de poils noirs et glanduleux, abondants, entremêlés de quelques poils blancs et simples. Corolles de la circonférence à dents longues, étroites, *non ciliées*. Styles *jaunes*. Akènes d'un brun noir. Feuilles d'un vert sombre et les inférieures prenant souvent une teinte brunâtre en dessous, toutes *un peu coriaces, rudes sur les deux faces,* couvertes de poils longs, barbellés, entremêlés de petits tubercules coniques; les radicales nombreuses et *persistantes* pendant la floraison, non longuement pétiolées; les plus extérieures obtuses et *contractées à la base;* les intérieures lancéolées, atténuées aux deux extrémités, sinuées-dentées; les caulinaires au nombre *de quatre à six,* écartées, décroissantes de bas en haut, lancéolées, aiguës, *toutes cunéiformes à la base,* dentées dans leur tiers inférieur, *brièvement pétiolées,* si ce n'est les supérieures qui sont *sessiles.* Tige dressée, roide, *dure et pleine,* souvent purpurine et velue inférieurement, *rude dans toute sa longueur,* rameuse au sommet. Souche *émettant des rosettes de feuilles* avant l'hiver. — Fleurs jaunes.

Bois du calcaire jurassique et du lias. Nancy, Boudonville, Tomblaine, Pompey, Liverdun. ♃. Juin.

14. H. albidum *Vill. Prosp. p. 36 et Dauph. 3, p. 133, tab. 31; Fries! Symb. ad hist. Hierac. p. 121. (Epervière blanchâtre.)* — Calathides *solitaires au sommet de la tige et des rameaux.* Péricline grand, à folioles *linéaires* et *obtuses;* les extérieures lâches, les autres appliquées, toutes couvertes de poils glanduleux très-inégaux et de quelques poils en étoile. Corolles de la circonférence à dents étroites et *non ciliées.* Styles *bruns.* Akènes fauves. Feuilles *toutes caulinaires, nombreuses et rapprochées, couvertes sur les deux faces de poils glanduleux,* plus ou moins sinuées-dentées; les inférieures atténuées à la base; les moyennes linéaires-lancéolées, aiguës, *embrassantes;* les raméales plus étroites, linéaires. Tiges dressées ou ascendantes, ordinairement rameuses dans leur moitié supérieure, velues-glanduleuses. Souche *émettant avant l'hiver des bourgeons* qui ne se développent qu'au printemps suivant. — Plante fétide; fleurs d'un jaune pâle.

Dans les hautes Vosges, sur le granit; escarpements du Hohneck (*Mougeot*). ♃. Août.

15. H. lycopifolium *Frœlich, in DC. Prodr. 7, p. 224; Fries! Symb. ad hist. Hierac. p. 163, et herb. normale, fasc. 11, n° 8; Kirschl! Fl. d'Alsace, t. 1, p. 422. (Epervière à feuilles de Lycopus.)* — Calathides en grappe simple ou plus souvent composée, *oblongue, mais corymbiforme au sommet,* un peu feuillée, à rameaux étalés-dressés, munis, ainsi que les pédoncules, d'un duvet étoilé entremêlé de poils blancs courts et glanduleux ; pédoncules munis de plusieurs bractéoles éparses. Péricline pâle, de grandeur moyenne, à folioles appliquées, munies surtout à leur base de poils très-inégaux, blanchâtres et glanduleux ; les internes *subobtuses*. Corolles de la circonférence *brièvement ciliées*. Styles *livides*. Akènes de couleur pâle. Feuilles *d'un vert pâle*, minces et molles, munies sur les deux faces de poils épars et barbellés ; les radicales *détruites* au moment de la floraison ; les caulinaires *toutes sessiles et embrassant la tige par deux larges oreillettes profondément dentées en dehors*, à limbe ovale-lancéolé, aigu, fortement denté dans les deux tiers inférieurs. Tiges dressées, élevées, robustes, fistuleuses, couvertes de poils longs et barbellés. Souche *émettant avant l'hiver des bourgeons*, qui se développent au printemps. — Fleurs jaunes.

Bois des coteaux de gneiss du versant oriental des Vosges, au-dessus de Ribeauvillé (*Kirschléger*). ♃. Juillet-août.

16. H. cydoniæfolium *Vill. Dauph. 3, p. 107; Gris. Comm. de Hierac. p. 33, non Fries; H. spicatum (nomen infaustum) All. Ped. 1, p. 218, tab. 27, f. 3.* (*Epervière à feuilles de Cognassier.*) — Calathides *en grappe composée*, un peu feuillée, à rameaux flexueux, très-étalés, multiflores, munis d'un duvet cotonneux et de poils noirs glanduleux au sommet, ainsi que les pédoncules ; ceux-ci courts, ordinairement sans bractéoles, si ce n'est immédiatement sous la calathide. Péricline noircissant par la dessiccation, de grandeur moyenne, à folioles appliquées, munies sur le dos de poils noirs et glanduleux ; les internes *subobtuses*. Corolles de la circonférence à dents courtes et *brièvement ciliées*. Styles *livides*. Akènes de couleur pâle. Feuilles vertes en dessus, *glauques en dessous*, munies sur les deux faces, mais surtout aux bords, de poils épars, allongés, épaissis à la base, barbellés ; les radicales *détruites* au moment de la floraison ; les caulinaires inférieures atténuées en pétiole embrassant ; les caulinaires moyennes et supérieures nombreuses et rapprochées, *embrassant la tige par deux oreillettes arrondies*, lancéolées, aiguës, entières ou à peine denticulées. Tiges dressées, un peu rudes, *pleines*, simples ou un peu rameuses au sommet, munies d'un petit nombre de poils semblables à ceux des feuilles. Souche *émettant avant l'hiver* *des bourgeons* qui se développent au printemps. — Fleurs d'un jaune plus foncé que dans le *H. prœruptorum.*

Dans les hautes Vosges, sur le granit; Hohneck. ♃. Août-septembre.

17. H. prœruptorum *Nob; H. prenanthoïdes Gris. Comm. de Hierac. p. 33; Godr. Fl. lorr., éd. 1, t. 2, p. 81, certè non Vill.; H. prenanthoïdes vogesiacum Gren. et Godr. Fl. de France, 2, p. 380. (Epervière des escarpements.)* — Calathides en *grappe le plus souvent composée,* un peu feuillée, à rameaux grêles, flexueux, étalés, le plus souvent triflores, munis d'un léger duvet et de poils noirs glanduleux au sommet, ainsi que les pédoncules; ceux-ci pourvus de bractéoles aiguës. Péricline noircissant par la dessiccation, de grandeur moyenne, à folioles appliquées, munies sur le dos de poils noirs et glanduleux; les internes *obtuses.* Corolles de la circonférence à dents profondes, étroites, *non ciliées.* Styles *livides.* Akènes de couleur pâle. Feuilles vertes en dessus, *d'un vert glauque en dessous,* munies sur les deux faces et surtout en dessous de poils épars, allongés, épaissis à la base, barbellés, qui deviennent bien plus nombreux sur les bords; les radicales *détruites* au moment de la floraison; les caulinaires inférieures atténuées en pétiole ailé et demi-embrassant; les caulinaires moyennes et supérieures nombreuses et rapprochées, lancéolées, acuminées, aiguës, *embrassant la tige par deux oreillettes arrondies,* munies de dents aiguës, saillantes, écartées et très-étalées, qui manquent dans le tiers supérieur du limbe. Tiges fasciculées, dressées, *lisses, fistuleuses,* simples ou un peu rameuses au sommet, munies de poils épars, semblables à ceux des feuilles. Souche *émettant avant l'hiver des bourgeons* qui se développent au printemps.— Fleurs d'un jaune pâle.

Dans les hautes Vosges, sur le granit; escarpements du Hohneck. ♃. Août-septembre.

Nota. Le véritable *H. prenanthoïdes Vill.* est connu d'un petit nombre de botanistes, et croît non pas dans la région alpine, mais sur les montagnes sèches, chaudes, exposées au soleil; il est plus velu, bien plus pâle, plus élevé; ses calathides sont de moitié plus petites, ne noircissent pas par la dessiccation et forment une grappe oblongue, très-rameuse, très-velue-glanduleuse, à rameaux grêles, très-flexueux, arqués, à divisions très-divariquées; ses feuilles sont entières ou presque entières; les inférieures et les moyennes sont toutes rétrécies au-dessus de leur base amplexicaule, comme dans le *Prenanthes purpurea,* auquel Villars compare sa plante; du reste, la description si caractéristique de cet auteur (*Flore du Dauphiné*, *3*, *p. 109*) et l'excellente figure qu'il donne de cette Epervière (*Précis d'un voyage botanique*, *tab. 3*) ne laissent pas de doute sur la plante à laquelle elles s'appliquent.

18. H. auratum *Fries ! Symb. ad hist. Hierac. p. 181 et herb. norm. fasc. 12, n° 11; H. sabaudum lanceolatum Monnier, Ess. monogr. p. 39; H. boreale lanceolatum Godr. Fl. lorr., éd. 1, t. 2, p. 81; H. strictum Kirschl.! Fl. d'Alsace, 1, p. 422, non Fries; H. umbellato-prenanthoïdes F. Schultz! Arch. de Flore, p. 24.* (*Epervière dorée.*) — Calathides en *grappe corymbiforme*, simple ou composée, à rameaux étalés-dressés, uni-bi-triflores, munis d'un duvet jaunâtre, fin et épars, mais dépourvus de poils glanduleux, ainsi que les pédoncules; ceux-ci pourvus de petites bractéoles éparses. Péricline noircissant par la dessiccation, plus grand que dans l'espèce précédente, à folioles appliquées; les extérieures munies de quelques poils glanduleux sur le dos, les autres glabres; les internes *subobtuses.* Corolles de la circonférence à dents profondes, étroites, *non ciliées.* Styles *livides.* Akènes bruns-pourpres. Feuilles vertes, *plus pâles en dessous, un peu fermes*, presque glabres; les radicales *détruites* au moment de la floraison; les caulinaires inférieures atténuées en pétiole non embrassant; les moyennes et les supérieures nombreuses et rapprochées, *sessiles*, lancéolées, aiguës, dentées vers le milieu des bords, rarement entières. Tiges dressées, *lisses*, roides, *pleines*, simples, glabres. Souche *émettant avant l'hiver des bourgeons* qui se développent au printemps. — Fleurs d'un jaune foncé.

Dans les hautes Vosges, sur le granit; escarpements du Hohneck et du Rotabac. ♃. Août-septembre.

19. H. asperum *Schleich. ap. Rchb. Fl. excurs. p. 267; H. ambiguum Schult. Obs. bot. p. 165, non Ehrh.* (*Epervière rude.*) — Calathides assez grosses, en *grappe corymbiforme*, ordinairement très-rameuse, un peu feuillée à la base, à rameaux roides, étalés-dressés, couverts ainsi que les pédoncules d'un duvet étoilé et entremêlé de poils très-courts, jaunâtres, glanduleux au sommet; les rameaux inférieurs très-allongés. Péricline d'un noir grisâtre, à folioles très-inégales, toutes *atténuées au sommet obtus, appliquées*, dépourvues de duvet étoilé, munies sur le dos de quelques poils noirs ou blancs, glanduleux ou sans glande, entremêlés de poils beaucoup plus petits, jaunâtres et glanduleux. Corolles de la circonférence à dents courtes, ovales, *non ciliées*. Styles *bruns*. Akènes d'un brun noir. Feuilles vertes, *coriaces*, *plus pâles en dessous*, glabres et lisses à la face supérieure, un peu rudes et pourvues à la face inférieure et sur les bords de longs poils barbellés épars, d'un duvet rare étoilé et de petits tubercules coniques plus ou moins nombreux ; les radicales *détruites* ou complétement flétries au moment de la floraison ; les caulinaires nombreuses, rapprochées, insensiblement décroissantes de la base au sommet ; les inférieures atténuées à leur base en un très-court pétiole ; les moyennes ovales-lancéolées, *sessiles ;* les supérieures ovales, acuminées, toutes bordées de quelques dents saillantes et étalées. Tige dressée, très-roide, *dure*, *pleine*, très-velue et *très-rude* dans sa partie inférieure souvent rougeâtre. Souche *émettant avant l'hiver des bourgeons* qui se développent au printemps. — Fleurs jaunes.

Bois du calcaire jurassique et du lias. Nancy, Champigneules, Tomblaine, Saulxures. Sur le grès bigarré, à Bitche. ♃. Juin-juillet.

20. H. magistri *Nob; H. gothicum Kirschl.! Fl. d'Alsace, t. 1, p. 418, non Fries. (Epervière de maître Friedrich.)* — Calathides solitaires ou plus souvent réunies deux à dix en *grappe simple* ou *composée* au sommet de la tige ; pédoncules étalés-dressés, grêles, hérissés de petites pointes coniques, très-inégales et quelquefois terminées par un poil blanc, entremêlées de très-petites glandes presque sessiles. Péricline noir, à folioles très-inégales, *un peu atténuées au sommet obtus, appliquées*, munies sur la carène d'une série de poils glanduleux. Corolles de la circonférence à dents longues et *non ciliées*. Styles *bruns*. Akènes d'un brun rougeâtre. Feuilles d'un vert foncé en dessus, *plus pâles en dessous, un peu fermes*, hérissées sur la face inférieure de poils blancs, longs, barbellés et de petites pointes coniques qui rendent cette face et les bords *rudes au toucher ;* les radicales *détruites* au moment de la floraison ; les caulinaires assez nombreuses, également espacées, insensiblement décroissantes de bas en haut, munies sur les bords de petites dents étalées et très-écartées ; l'inférieure obtuse au sommet, atténuée en un très-court pétiole ; les moyennes oblongues-lancéolées, *cunéiformes à la base* et *sessiles ;* les supérieures petites, un peu élargies à la base. Tige dressée, grêle, flexueuse, mais très-roide, *pleine* et *dure*, un peu velue à la base, *très-rude* dans le reste de son étendue. Souche *émettant avant l'hiver des bourgeons* qui se développent au printemps.— Fleurs jaunes.

Escarpements des hautes Vosges, sur le granit ; Hohneck, où cette plante a été découverte par mon savant ami, le docteur Kirschléger, qui, avec son obligeance habituelle, me l'a fait recueillir lui-même, en 1855, dans une excursion sur les sommités des Vosges, où il dirigeait les botanistes lorrains et leur faisait les honneurs de ces localités si curieuses et si riches en plantes rares. ♃. Août-septembre.

21. H. tridentatum *Fries ! Symb. ad hist. Hierac. p. 171 et herb. norm. fasc. 12, n° 14 et fasc. 3, n° 4 ; H. rigidum Godr. Fl. lorr., éd. 1, t. 2, p. 80, non Hartm. (Epervière à feuilles tridentées.)* — Calathides en *grappe corymbiforme*, composée, non feuillée, à rameaux étalés-dressés, couverts ainsi que les pédoncules d'un duvet étoilé, entremêlé de poils très-courts, jaunâtres, glanduleux au sommet. Péricline d'un vert grisâtre, à folioles très-inégales, *atténuées au sommet, obtusiuscules, appliquées,* munies de poils peu nombreux, les uns simples, les autres glanduleux. Corolles de la circonférence à dents étroites, profondes, *non ciliées.* Styles *bruns.* Akènes d'un brun noir. Feuilles d'un vert pâle, *minces et molles, lisses* sur les deux faces, glabres en dessus, munies en dessous de poils épars, longs et barbelés ; les radicales *détruites* au moment de la floraison ; les caulinaires écartées les unes des autres et également espacées ; les inférieures atténuées en un long pétiole ailé ; les moyennes *subsessiles,* allongées, lancéolées, atténuées aux deux extrémités, bordées de quelques dents écartées, tantôt courtes, tantôt très-longues, étalées ou ascendantes ; les supérieures sessiles et élargies à la base, plus longuement acuminées. Tige élancée, dressée, *molle, fistuleuse,* glabre ou peu velue, *lisse.* Souche *émettant avant l'hiver des bourgeons* qui se développent au printemps. — Fleurs jaunes.

Bois du calcaire jurassique. Nancy, Boudonville, Champigneules, Fonds de Toul, Liverdun, Pompey, etc. Bruyères (*Mougeot*). ♃. Juin-juillet.

22. H. boreale *Fries ! Nov. éd. 2, p. 161 et herb. norm. fasc. 11, n° 10 ; H. autumnale Gries. Comment. p. 53. (Epervière boréale.)* — Calathides *en grappe allongée,* simple ou composée, feuillée à la base, à rameaux simples ou portant des calathides disposées en corymbe au sommet, brièvement tomenteux ; les inférieurs très-allongés ; tous dressés ; pédoncules également tomenteux, non glanduleux, munis de petites bractées. Péricline noircissant par la dessiccation, assez gros, à folioles très-inégales, *atténuées insensiblement au sommet, appliquées, obtuses,* glabres ou munies sur le dos de quelques poils. Corolles de la circonférence à dents larges et *non ciliées.* Styles *bruns.* Akènes d'un brun rougeâtre. Feuilles munies à leur face inférieure et quelquefois à la supérieure de poils épars, allongés, épaissis à la base et barbellés dans le reste de leur étendue, rudes sur les bords et quelquefois sur les faces, nombreuses, plus rapprochées vers leur tiers supérieur ; les radicales *détruites* au moment de la floraison ; les caulinaires inférieures atténuées en un court pétiole ailé ; les caulinaires moyennes et supérieures ovales-lancéolées, aiguës, *arrondies à la base, presque embrassantes,* munies de quelques dents de chaque côté, ou plus rarement entières. Tige dressée, roide, *rude au toucher, dure et pleine,* simple ou rameuse dans sa partie supérieure, velue, surtout à la base. Souche *émettant avant l'hiver des bourgeons* qui se développent au printemps.— Fleurs jaunes.

Bois, dans tous les terrains ; commun. ♃. Août-octobre.

23. H. latifolium *Spreng. Syst. 3, p. 645 ; Fries, Symb. ad hist. Hierac. p. 180 ; H. umbellatum δ latifolium Gries. Comm. de Hierac. p. 49.* (*Epervière à feuilles larges.*) — Calathides peu nombreuses, en *grappe corymbiforme,* ordinairement simple, à rameaux étalés, couverts d'un duvet fin, étoilé, entremêlé de très-petites glandes brièvement pédicellées. Péricline à folioles très-inégales, *atténuées au sommet, obtuses,* glabres, d'un vert foncé, *courbées et réfléchies au sommet.* Corolles de la circonférence à dents longues, étroites, *non ciliées.* Styles *jaunes.* Akènes d'un brun noir. Feuilles vertes et un peu velues en dessus, plus pâles et plus velues en dessous ; les radicales *détruites* au moment de la floraison ; les caulinaires nombreuses et très-rapprochées, denticulées ou entières, *toutes sessiles ;* les inférieures *atténuées à la base,* oblongues-obovées, obtuses ; les autres ovales ou ovales-oblongues, *élargies et arrondies à la base,* n'étant jamais trois fois plus longues que larges ; les supérieures petites, aiguës. Tige dressée, *roide,* hérissée de poils blancs. Souche *émettant avant l'hiver des bourgeons* qui se développent au printemps. — Fleurs jaunes.

Dans les hautes Vosges, sur le granit ; Hohneck. ♃. Septembre.

24. H. umbellatum *L. Sp. 1131. (Epervière en ombelle.)* — Calathides en grappe *oblongue et souvent ombelliforme au sommet*, simple ou composée, à rameaux étalés-dressés, couverts ainsi que les pédoncules d'un duvet étoilé, jamais velus ni glanduleux. Péricline à folioles très-inégales, *atténuées au sommet, obtuses,* glabres, *courbées et réfléchies au sommet.* Corolles de la circonférence à dents longues, étroites, *non ciliées.* Styles *jaunes.* Akènes d'un brun rougeâtre. Feuilles vertes, glabres ou un peu velues et rudes en dessous; les radicales *détruites* au moment de la floraison; les caulinaires très-nombreuses, rapprochées, lancéolées-linéaires ou plus rarement linéaires, *atténuées à la base* et au sommet, rudes aux bords, plus ou moins fortement sinuées-dentées; les inférieures brièvement pétiolées, les autres *sessiles, non embrassantes.* Tige dressée, *roide, dure, pleine,* glabre ou un peu velue. Souche *émettant avant l'hiver des bourgeons* qui se développent au printemps. — Plante polymorphe; fleurs jaunes.

α *Genuinum Gries. Comm. de Hierac. p. 48.* Inflorescence ombelliforme; péricline vert; feuilles allongées, aiguës, atténuées à la base.

β *Limonium Gries. l. c.* Inflorescence réduite à un petit nombre de calathides; péricline noir; feuilles proportionnément moins longues, obtusiuscules. *H. monticola Jord! Cat. du jard. de Grenoble, 1849, p. 20; H. æstivum Billot! pl. exsicc. n° 1522, non Fries.*

Commun dans les bois, sur les coteaux secs, dans tous les terrains. La var. β au sommet des hautes Vosges. ♃. Août-octobre.

LIII. **AMBROSIACÉES.**

Fleurs unisexuelles. Fleurs mâles réunies en calathide; péricline à folioles disposées sur un seul rang, libres ou soudées inférieurement; corolle gamopétale, régulière, à 5 dents, munie de nervures qui correspondent aux sinus des dents; étamines 5, à anthères toujours libres; style unique et stigmate entier; ovaire avorté. Fleurs femelles solitaires ou géminées, renfermées dans un involucre gamophylle; corolle et étamines nulles; style bifide, à branches arquées et bordées de deux bandes stigmatiques; ovaire infère, uniloculaire, monosperme. Le fruit est un akène dépourvu d'aigrette et contenu dans le péricline induré. Graine dressée. Albumen nul; embryon droit; radicule dirigée vers le hile.

1. Xanthium *Tourn.*

Péricline des calathides mâles à folioles libres; réceptacle pourvu de paillettes. Fleurs femelles géminées; corolle tubuleuse, filiforme; deux akènes contenus dans le péricline biloculaire, terminé par deux pointes et couvert d'aiguillons crochus au sommet.

1. X. strumarium *L. Sp. 1400. (Lampourde glouteron.)* — Calathides presque sessiles, en grappes axillaires et terminales; les calathides mâles placées au sommet. Péricline fructifère atténué à la base, pubescent, terminé par deux pointes droites, conniventes, et couvert d'aiguillons crochus au sommet. Feuilles toutes longuement pétiolées, d'un vert cendré, velues, rudes, en cœur, pédalinerviées, plus ou moins lobées et irrégulièrement crénelées. Tige dressée, rameuse, anguleuse, non épineuse.

Décombres, bords des rivières et des étangs. Nancy, Liverdun (*Monnier*), Tomblaine, Gelucourt, Azoudange; Dieulouard; Dieuze, étang de Lindre (*Soyer-Willemet*); Sarrebourg, étang du Stock (*de Baudot*). Metz, le long de la Moselle au-dessus de Montigny, au Saulcy (*Holandre*); Pont de la Krisbach près de Thionville (*Box*), Sierck (*l'abbé Cordonnier*), Rodemack (*Monard*); Givrecourt, Kœching sur la Sarre (*Warion*). La Chaussée près de Fresnes (*Warion*). ☉. Juillet-octobre.

Nota. On a rencontré quelquefois, le long du canal de la Marne au Rhin, le *X. spinosum L.;* mais cette plante y est évidemment importée avec des marchandises et ne s'y maintient pas.

LIV. CAMPANULACÉES.

Fleurs hermaphrodites, régulières. Calice à tube soudé à l'ovaire, à limbe persistant, quinquéfide, à préfloraison valvaire. Corolle gamopétale, insérée au sommet du tube du calice, plus ou moins profondément divisée en cinq lobes alternant avec les divisions calicinales et à préfloraison valvaire. Etamines périgynes, en nombre égal à celui des divisions de la corolle et alternant avec elles; filets libres, ordinairement élargis à la base; anthères libres ou soudées en tube, biloculaires, s'ouvrant en long. Style simple; stigmate capité ou lobé. Ovaire infère ou libre au sommet, à 2 ou 3 et plus rarement 5 loges polyspermes; placentas fixés sur le milieu de la cloison dans les ovaires biloculaires, axilles dans les ovaires qui présentent un plus grand nombre de loges. Le fruit est une capsule, à 2, 3 ou 5 loges polyspermes, tantôt s'ouvrant au sommet par des valves et à déhiscence loculicide, tantôt s'ouvrant par des pores latéraux. Graines petites, horizontales. Embryon droit, niché dans un albumen charnu ; radicule dirigée vers le hile. — Feuilles alternes, sans stipules.

1 { Corolle superficiellement lobée, à lobes toujours libres...... 2
Corolle divisée presque jusqu'à la base en segments d'abord cohérents en tube, puis étalés........................ 4

2 { Calice à tube allongé, linéaire-oblong ; corolle rotacée.......
.... *Specularia* (n° 2).
Calice à tube court, obconique ou subglobuleux ; corolle campanulée.. 3

3 { Capsule adhérente au tube du calice par toute sa surface, s'ouvrant par des valvules latérales ; pédoncules latéraux ou axillaires.................... *Campanula* (n° 1).
Capsule libre dans sa partie supérieure et s'ouvrant au sommet par des valves ; pédoncules latéraux oppositifoliés....
.... *Wahlenbergia* (n° 3).

4 { Fleurs pédicellées ; anthères soudées en tube ; capsule s'ouvrant au sommet par des valves........ *Jasione* (n° 5).
Fleurs sessiles ; anthères libres ; capsule s'ouvrant par des valvules latérales................. *Phyteuma* (n° 4).

1. CAMPANULA *L.*

Calice quinquéfide. Corolle *campanulée, à cinq lobes* superficiels ou *quinquéfide.* Etamines *libres,* à filets dilatés et membraneux à la base. Stigmate à 3 ou 5 lobes. Capsule *turbinée,* à 3 ou 5 loges, s'ouvrant par des *pores latéraux.*

1 { Fleurs pédonculées, disposées en grappe................ 2
Fleurs sessiles, disposées en capitule.................. 9

2 { Corolle glabre........... 3
Corolle ciliée..................................... 7

3 { Calice à divisions séparées par des sinus arrondis.......... 4
Calice à divisions séparées par des sinus aigus............
.... *C. persicifolia* (n° 8).

4 { Calice à divisions subulées ; corolle à lobes arrondis........ 5
Calice à divisions linéaires, acuminées ; corolle à lobes aigus. 6

$\left. 5 \right\{$ Plante gazonnante, à tiges longuement couchées à la base...
.... *C. pusilla* (n° 1).
Plante non gazonnante, à tiges simplement ascendantes.....
.... *C. rotundifolia* (n° 2).

$\left. 6 \right\{$ Bractéoles insérées à la base des pédoncules; feuilles ondulées.
.... *C. Rapunculus* (n° 6).
Bractéoles insérées au-dessus du milieu des pédoncules; feuilles planes........................ *C. patula* (n° 7).

$\left. 7 \right\{$ Feuilles caulinaires moyennes échancrées en cœur à la base... 8
Feuilles caulinaires moyennes atténuées à la base........
.... *C. latifolia* (n° 5).

$\left. 8 \right\{$ Calice à divisions réfléchies après la floraison ; bractéoles insérées au sommet des pédoncules...............
.... *C. rapunculoïdes* (n° 3).
Calice à divisions dressées, même après la floraison ; bractéoles insérées vers la base des pédoncules............
.... *C. Trachelium* (n° 4).

$\left. 9 \right\{$ Calice à divisions linéaires, aiguës. *C. glomerata* (n° 9).
Calice à divisions ovales, obtuses...................
.... *C. Cervicaria* (n° 10).

Sect. 1. TRACHELIUM. Fleurs pédonculées et disposées en grappe.

1. C. pusilla *Hœnk, in Jacq. Collect. 2, p. 79; C. rotundifolia β pusilla Wimm. Fl. von Schles. p. 241 ; Godr. Fl. lorr., éd.1, t. 2, p. 95. (Campanule naine).* — Fleurs pédonculées, penchées, réunies au nombre de 2 à 5 en petite grappe unilatérale au sommet de la tige, quelquefois solitaires; deux petites bractéoles *vers le milieu* des pédoncules. Calice à sinus *arrondis*, à segments *sétacés*. Corolle *glabre*, brièvement campanulée, divisée jusqu'au tiers de sa longueur en lobes arrondis et mucronulés. Capsule *penchée*, s'ouvrant *au-dessus de la base* par des valvules qui se détachent de bas en haut. Feuilles de deux sortes : celles des pousses non florifères nombreuses, formant gazon, longuement pétiolées, *persistantes*, sub-réniformes, en cœur ou tronquées à la base, *dentées ;* les caulinaires inférieures rapprochées, brièvement pétiolées, ovales, dentées ; les supérieures sessiles, étroitement linéaires, atténuées à la base, écartées. Tiges grêles, nombreuses, couchées inférieurement, puis ascendantes. Souche rampante, très-rameuse. — Plante ne dépassant pas un décimètre, formant *un gazon épais ;* fleurs petites, bleues.

Rare sur le calcaire jurassique. Nancy, au vallon du Champ-le-Bœuf (*Suard*). Sur le granit, à la vallée de Sachenat près de Bussang, Hohneck (*Mougeot*). ♃. Juillet-août.

2. C. rotundifolia *L. Sp. 232.* (*Campanule à feuilles arrondies.*) — Fleurs pédonculées, penchées, disposées en petites grappes au sommet des rameaux et formant une panicule simple ou composée, étalée ; deux petites bractéoles *vers le milieu* des pédoncules. Calice à sinus *arrondis*, à segments *sétacés*, un peu épais, entiers. Corolle *glabre*, infundibuliforme ou campanulée, divisée jusqu'au tiers de sa longueur en lobes arrondis et mucronulés. Capsule *penchée*, s'ouvrant *au-dessus de la base* par des valvules qui se détachent de bas en haut. Feuilles de deux sortes ; celles des pousses non florifères fasciculées, *en cœur ou réniformes, crénelées*, longuement pétiolées, ordinairement *détruites* au moment de la floraison ; les caulinaires inférieures longuement pétiolées, elliptiques ou lancéolées, entières ; les caulinaires moyennes et supérieures linéaires, ou linéaires-lancéolées, atténuées aux deux extrémités. Tiges plus ou moins nombreuses, ascendantes, rameuses. Souche dure, grêle, un peu rameuse ; *stolons nuls.* — Plante *ne formant pas gazon ;* fleurs bleues, rarement blanches.

α *Genuina Nob.* Tiges rameuses, glabres, atteignant 3 ou 4 décimètres ; feuilles caulinaires moyennes linéaires ; fleurs petites, nombreuses.

β *Grandiflora Wimmer, Fl. von Schles. p. 241.* Tiges simples, roides, glabres, atteignant 2 décim. ; fleurs très-grandes, peu nombreuses (1-3). *C. rotundifolia* γ *L. Sp. 332 ; C. linifolia DC. Fl. fr. 3, p. 698.*

γ *Lancifolia Koch, Syn. éd. 2, p. 538.* Tiges élancées, presque dressées dès la base, rameuses, pubescentes ; feuilles caulinaires moyennes linéaires-lancéolées ; fleurs de moyenne grandeur, nombreuses.

La var. α est très-commune partout. La var. β dans les hautes Vosges, sur le granit ; Hohneck, Ballon de Soultz, Champ-du-Feu. La var. γ sur le grès vosgien à Bitche (*Schultz*). ♃. Juin-automne.

3. C. rapunculoïdes *L. Sp. 234.* (*Campanule fausse raiponce.*) — Fleurs penchées, brièvement pédonculées, disposées en grappes spiciformes et unilatérales au sommet de la tige et des rameaux ; deux petites bractéoles *au sommet* des pédoncules. Calice à sinus *aigus*, à tube couvert de poils roides et réfléchis, à segments lancéolés-linéaires, entiers et *réfléchis* après la floraison. Corolle *ciliée*, infundibuliforme, divisée jusqu'au tiers de sa longueur en lobes lancéolés. Capsule *penchée*, s'ouvrant *au-dessus de la base* par des valvules qui se détachent de bas en haut. Feuilles rudes, munies sur les 2 faces de petits poils roides et appliqués, crénelées sur les bords ; feuilles inférieures longuement pétiolées, lancéolées, échancrées *en cœur à la base ;* les supérieures lancéolées, acuminées, presque sessiles, décroissantes. Tige *dressée dès la base,* arrondie, ordinairement rougeâtre, velue et rude, simple ou plus rarement rameuse au sommet. Souche émettant des *stolons longuement rampants.* — Fleurs bleues.

Commun dans les bois, les champs, les jardins, dans tous les terrains. ♃. Juillet-août.

4. C. Trachelium *L. Sp. 235. (Campanule gantelée.)* — Fleurs dressées ou un peu penchées, solitaires, géminées ou ternées sur des pédoncules courts et axillaires, formant par leur réunion une grappe oblongue, terminale ; deux petites bractéoles *à la base* des pédoncules. Calice à sinus *aigus,* à segments lancéolés, dressés. Corolle *ciliée,* campanulée, divisée jusqu'au tiers de sa longueur en lobes lancéolés, aigus. Capsule *penchée,* s'ouvrant *au-dessus de la base* par des valvules qui se détachent de bas en haut. Feuilles brièvement velues, inégalement et doublement dentées ; les radicales longuement pétiolées, triangulaires, plus ou moins profondément *en cœur à la base,* ordinairement détruites au moment de la floraison ; les caulinaires décroissantes et d'autant plus brièvement pétiolées qu'elles sont placées plus haut ; les supérieures ovales ou ovales-lancéolées, presque sessiles. Tige *dressée dès la base,* anguleuse, ordinairement simple. Souche épaisse, un peu ligneuse ; *stolons nuls.* — Fleurs bleues, quelquefois blanches.

α *Genuina Nob.* Tube du calice glabre.

β *Dasycarpa Mert. et Koch, Deutsch. Fl. 2, p. 166.* Tube du calice hérissé. *C. urticifolia Schmidt, Boh. p. 173.*

Commun ; bois, dans tous les terrains. ♃. Juillet-août.

5. C. latifolia *L. Sp. 233. (Campanule à feuilles larges.)* — Fleurs dressées-étalées, grandes, brièvement pédonculées, solitaires à l'aisselle des feuilles supérieures et formant une grappe terminale, simple, longue, étroite et feuillée ; deux petites bractéoles insérées *vers le milieu* des pédoncules. Calice à sinus *aigus*, à segments *lancéolés*, acuminés. Corolle *ciliée*, oblongue-campanulée, divisée jusqu'au tiers de sa longueur en lobes lancéolés. Capsule *penchée*, s'ouvrant *au-dessus de la base* par des valvules qui se détachent de bas en haut. Feuilles brièvement velues, inégalement dentées, toutes ovales-lancéolées, acuminées; les moyennes *atténuées à la base* en un pétiole court et ailé; les supérieures sessiles, décroissantes. Tige *dressée*, toujours simple, sillonnée, très-feuillée. Souche rameuse, lactescente; *stolons nuls*. — Fleurs violettes.

Escarpements des hautes Vosges, sur le granit; Ballon de Soultz, Rotabac, Hohneck (*Mougeot*), sur les bords de la Moselle près de Bussang (*Kirschléger*). ♃. Juillet-août.

6. **C. Rapunculus** *L. Sp. 232.* (*Campanule raiponce.*) — Fleurs penchées, disposées en grappe terminale, longue, *étroite*, quelquefois rameuse; rameaux courts, rapprochés, dressés; les inférieurs toujours *munis à leur base de 1 ou 2 pédoncules courts*; deux bractéoles opposées insérées *un peu au-dessus de l'origine des pédoncules* latéraux. Calice à sinus *arrondis*, à segments linéaires, *sétacés*, dressés ou étalés, souvent munis à la base de deux petites dents appliquées. Corolle *glabre*, divisée jusqu'au tiers de sa longueur en lobes lancéolés. Capsule *dressée*, s'ouvrant *sous le sommet* par des valvules qui se détachent de haut en bas. Graines jaunâtres, ovoïdes, un peu comprimées, lisses. Feuilles *ondulées* sur les bords, plus ou moins sinuées-crénelées; les inférieures oblongues, atténuées en pétiole; les supérieures sessiles, lancéolées-linéaires, décurrentes sur la tige et y formant des lignes peu saillantes. Tiges toutes florifères, dressées dès la base, un peu anguleuses. Racine *épaisse, charnue*, blanche, *fusiforme*. — Plante velue et un peu rude, plus rarement glabre; fleurs bleues, quelquefois blanches.

Commun dans les prairies des terrains calcaires. N'existe pas dans les terrains de grès. ☉. Mai-août.

7. **C. patula** *L. Sp. 232.* (*Campanule étalée.*) — Se distingue de l'espèce précédente par les caractères suivants: fleurs moins nombreuses, en grappe *large*, beaucoup plus lâche, à rameaux allongés et étalés; les inférieurs portant 2-5 fleurs à leur sommet, toujours *dépourvus de pédoncules à leur base*; **2** bractéoles alternes insérées *au-dessus du milieu des pédoncules* laté-

raux ; calice à sinus arrondis, à segments plus larges et pourvus sur les bords de 2-6 dents courtes, étalées ; corolle divisée jusqu'à la moitié de sa longueur ; capsule aussi longue, mais plus grosse ; feuilles *planes ;* tige tétragone, rude sur les angles ; racine *grêle, verticale, allongée.* — Fleurs bleues.

Très-rare ; prés, bords des bois. Nancy, à Maxéville ; Phalsbourg, la Petite-Pierre (*Buchinger*). ⊙. Mai-juillet.

8. C. persicifolia *L. Sp. 232. (Campanule à feuilles de Pêcher.)* — Fleurs un peu penchées, disposées au nombre de 1-6 en grappe lâche, terminale, *étroite,* simple ; deux bractéoles insérées *à la base des pédoncules.* Calice à segments lancéolés-linéaires, entiers, séparés par des sinus *aigus.* Corolle *glabre,* toujours largement campanulée, arrondie à la base, divisée jusqu'au quart de sa longueur en lobes arrondis et mucronés. Capsule *dressée,* s'ouvrant *sous le sommet* par des valvules qui se détachent de haut en bas. Graines brunes, ovoïdes, un peu comprimées. Feuilles un peu fermes, *planes,* luisantes, munies sur les bords de petites dents appliquées et écartées ; feuilles radicales oblongues-obovées, longuement atténuées en pétiole ; les caulinaires linéaires ou linéaires-lancéolées ; les supérieures sessiles. Tige tout à fait simple, dressée dès la base, élancée, presque arrondie. Souche *grêle, rampante.* — Fleurs bleues, variables pour la taille, quelquefois très-grandes (*C. persicifolia* β *grandiflora DC. Fl. fr. 3, p. 700*).

α *Genuina Nob.* Tube du calice glabre.

β *Eriocarpa Koch, Syn. éd. 1, p. 470.* Tube du calice hérissé de poils blancs paléiformes.

Commun dans les bois montagneux de tous les terrains. ♃. Juin-juillet.

Sect. 2. CERVICARIA. Fleurs sessiles, disposées en capitule.

9. C. glomerata *L. Sp. 235. (Campanule agglomérée.)* — Fleurs agglomérées en capitules terminal et latéraux ; le capitule terminal plus grand, entouré de bractées foliacées, étroitement appliquées ; les capitules latéraux plus ou moins nombreux et écartés, axillaires. Calice à segments *lancéolés, acuminés, aigus,* appliqués, glabres ou pubescents. Corolle oblongue-campanulée, un peu velue, divisée jusqu'au tiers de sa longueur en lobes ovales et mucronés. Style *inclus.* Capsule dressée, s'ouvrant près de la base par des valvules qui se renversent en dehors et se séparent de bas en haut. Graines bordées. Feuilles finement crénelées, plus ou moins velues ; les radicales longuement pétiolées, ovales ou ovales-lancéolées, *arrondies* ou *en cœur à la base ;* les caulinaires supérieures sessiles, embrassantes. Tige dressée dès la base, simple, rarement un peu rameuse, faiblement anguleuse. Souche *un peu ligneuse, grêle,* munie de longues fibres radicales. — Plante glabre ou velue ; fleurs bleues, plus rarement blanches.

α *Genuina Nob.* Feuilles vertes.

β *Salviæfolia Wallr. Sched. 90.* Feuilles blanches-tomenteuses en dessous.

Commun dans les lieux incultes, au bord des bois, exclusivement dans les terrains calcaires. ♃. Juin-septembre.

10. **C. Cervicaria** *L. Sp. 235. (Campanule Cervicaire.)* — Fleurs petites, agglomérées en capitules terminal et latéraux, denses ; le terminal entouré de bractées foliacées et appliquées ; les capitules latéraux nombreux et écartés, axillaires. Calice à segments *ovales, arrondis au sommet,* hérissés de poils roides. Corolle campanulée, velue, divisée jusqu'au tiers de sa longueur en lobes ovales. Style *exserte.* Capsule dressée, s'ouvrant près de la base par des valvules qui se renversent en dehors et se séparent de bas en haut. Feuilles velues, crénelées ; les radicales et les inférieures linéaires-lancéolées, très-longues, un peu obtuses, insensiblement *atténuées en pétiole ;* les caulinaires supérieures sessiles, demi-embrassantes, ondulées. Tige dressée dès la base, élancée, roide, simple, anguleuse. Souche *épaisse,* émettant des racines fortes et divariquées. — Plante hérissée sur toute sa surface de poils blancs, roides, étalés.

Dans les bois du calcaire jurassique et du lias. Pont-à-Mousson, bois d'Atton. Remilly près de Metz (*Warion*). Vallées du versant oriental des Vosges, dans celles de Guebwiller, de Munster, de Saint-Amarin. ♃. Juillet-août.

2. SPECULARIA *Heist.*

Calice à tube *allongé,* à limbe quinquéfide. Corolle *rotacée,* superficiellement lobée. Etamines *libres,* à filets dilatés et membraneux à la base. Stigmate trilobé. Capsule prismatique, triloculaire, s'ouvrant par des *pores latéraux.*

{ Corolle ouverte, égalant les segments du calice...........
.... *Sp. Speculum* (n° 1).
} Corolle fermée, bien plus courtes que les segments du calice.
.... *Sp. hybrida* (n° 2).

1. Sp. Speculum *Alph. DC. Monogr., p. 346; Campanula Speculum L. Sp. 238.* (*Spéculaire miroir.*) — Fleurs brièvement pédonculées ou sessiles, réunies 2-5 au sommet des rameaux. Calice à segments linéaires, subulés, *aussi longs* que le tube et que la corolle. Corolle à lobes ovales, obtus, mucronulés. Capsule prismatique, étranglée au sommet, rude sur les angles et dépourvue de folioles. Graines ovoïdes, comprimées, luisantes, d'un blanc jaunâtre. Feuilles alternes, ondulées et faiblement crénelées; les inférieures obovées, obtuses, atténuées à la base; les supérieures sessiles, demi-embrassantes, aiguës. Tiges ordinairement rameuses; la centrale dressée; les latérales étalées-ascendantes; toutes anguleuses et rudes au toucher. — Plante ordinairement un peu velue; à fleurs violacées, plus rarement blanches.

Commun dans les moissons, dans tous les terrains. ⊙. Juin-juillet.

2. Sp. hybrida *Alph. DC. Monogr. p. 346; Campanula hybrida L. Sp. 239.* (*Campanule hybride.*) — Fleurs brièvement pédonculées ou sessiles, solitaires, géminées ou ternées au sommet de la tige. Calice à segments linéaires-lancéolés, *de moitié plus courts que le tube* et *une fois plus longs que la corolle*. Corolle petite, rarement ouverte. Capsule prismatique, allongée, étranglée au sommet, rude sur les angles, ordinairement munie d'une ou de deux folioles. Graines ovoïdes, comprimées, luisantes, brunes. Feuilles alternes, ondulées et faiblement crénelées; les inférieures obovées, obtuses, atténuées à la base; les supérieures sessiles, demi-embrassantes, obtuses. Tiges roides, simples (du moins en Lorraine); la centrale dressée; les latérales ascendantes; toutes anguleuses, et rudes au toucher. — Plante ordinairement moins élevée que la précédente; fleurs violacées, peu apparentes.

Plante vraisemblablement introduite, assez rare et se rencontrant çà et là dans les moissons, sans se maintenir dans les mêmes lieux. Nancy, Tomblaine; Ceintrey, Vézelise; Sarrebourg (*de Baudot*). Metz, Saint-Julien-lès-Gorze (*Warion*), Bouzonville, Bionville (*Holandre*). Saint-Mihiel, à la côte Sainte-Marie, Gussainville près d'Etain (*Warion*), Thierville (*Doisy*). Neufchâteau; Rambervillers (*Mougeot*). ⊙. Juin-juillet.

3. Wahlenbergia *Schrad.*

Calice à tube obconique, à limbe quinquéfide. Corolle *campanulée, superficiellement lobée.* Étamines *libres*, à filets dilatés et membraneux à la base. Stigmate à 3 ou 5 lobes. Capsule ovoïde, à 3-5 loges, non adhérente au tube du calice dans sa moitié supérieure, s'ouvrant *au sommet en 3 ou 5 valves.*

1. **W. hederacea** *Rchb. Icon. 5, p. 47, tab. 380, f. 673 ; Campanula hederacea L. Sp. 240. (Wahlenbergie à feuilles de Lierre.)* — Fleurs solitaires sur des pédoncules filiformes, terminaux ou opposés aux feuilles. Calice à segments linéaires, subulés, deux fois plus courts que la corolle. Corolle oblongue-campanulée, à lobes ovales, mucronulés. Capsule globuleuse. Graines blanchâtres, ellipsoïdes, finement ridées en long. Feuilles toutes pétiolées ; les inférieures arrondies, presque entières ; les supérieures échancrées en cœur à la base, à cinq lobes triangulaires, peu profonds ; le supérieur toujours plus grand. Tiges filiformes, rameuses, diffuses. Souche rampante. — Plante glabre, grêle et molle ; fleurs d'un bleu pâle.

Rare ; prairies tourbeuses. Remiremont, bords du ruisseau de Ranfaing (*Barroué*), Raon-aux-Bois (*Puton*) ; Epinal (*Mougeot*) ; Saint-Dié, entre Saint-Léonard et le moulin de Moncel (*Colin*). ⚥. Juin-août.

4. Phyteuma *L.*

Calice à 5 divisions. Corolle *divisée presque jusqu'à la base* en 5 lobes linéaires, d'abord adhérents entre eux, puis se séparant de la base au sommet et *s'étalant en roue.* Etamines *libres*, à filets dilatés et membraneux à la base. Stigmate bi-trilobé. Capsule globuleuse, à 2 ou 3 loges, s'ouvrant par des *pores latéraux.*

{ Capitules oblongs ou cylindriques..... *P. spicatum* (n° 1).
{ Capitules globuleux.............. *P. orbiculare* (n° 2).

1. **P. spicatum** *L. Sp. 242. (Raiponce en épi.)* — Fleurs sessiles, en épi dense, terminal, *d'abord ovoïde*, puis s'allongeant et *devenant cylindrique*, pourvu à sa base de bractées *subulées, linéaires* ou plus longues que les fleurs. Calice à tube

hémisphérique, à lanières *subulées*, étalées. Capsule globuleuse, munie de côtes, s'ouvrant par deux pores vers le milieu de sa hauteur. Graines brunes, ovoïdes, comprimées. Feuilles radicales longuement pétiolées, plus ou moins larges à la base toujours échancrée en cœur ; les caulinaires décroissantes ; les supérieures sessiles, linéaires ou lancéolées-linéaires. Tige simple, dressée, sillonnée. Souche charnue, épaisse, fusiforme. — Plante glabre ou pubescente ; feuilles souvent maculées de noir vers leur centre.

α *Genuinum Nob.* Fleurs d'un blanc jaunâtre ; feuilles inférieures dentées. *P. spicatum Koch, Syn. éd. 1, p. 466.*

β *Cœrulescens Nob.* Fleurs d'un bleu plus ou moins foncé ; feuilles inférieures superficiellement crénelées. *P. nigrum Schmidt, Boh. 2, n° 189.*

γ *Alpestre Nob.* Fleurs d'un bleu foncé ; toutes les feuilles fortement et doublement dentées. *P. Halleri All. Ped. 1, p. 116.*

Les var. α et β communes dans les bois de tous les terrains. La var. γ dans les pâturages des hautes Vosges, au Ballon de Soultz !. ♃. Mai-juin.

2. **P. orbiculare** *L. Sp. 242.* (*Raiponce orbiculaire.*) — Diffère du *P. spicatum* par les caractères suivants : épi *globuleux* ; bractées inférieures *ovales, longuement acuminées* ; segments du calice *ovales-lancéolés*, ciliés ; feuilles plus fermes, superficiellement crénelées ; les radicales plus étroites et plus allongées ; les supérieures plus élargies à la base.

α *Cordatum Gaud. Helv. 2, p. 174.* Feuilles radicales en cœur à la base.

β *Lancifolium Gaud. l. c.* Feuilles radicales linéaires-lancéolées, décurrentes sur le pétiole.

γ *Lanceolatum DC. Prodr. 7, p. 452.* Feuilles radicales elliptiques ; les caulinaires supérieures très-petites. *P. lanceolatum Vill. Dauph. 2, p. 517.*

Bois du calcaire jurassique. Verdun, côtes de Saint-Michel et de la Renarderie (*Doisy*) ; Commercy ; Saint-Mihiel (*Léré*). Neufchâteau, bois de Grand (*de Baudot*). Commun dans les prairies des montagnes des Vosges (*Mougeot*). La var. γ rare ; sommet du Ballon de Soultz. ♃. Juin-août.

5. JASIONE *L.*

Calice à 5 divisions. Corolle *divisée presque jusqu'à la base* en 5 lobes linéaires, d'abord adhérents entre eux, puis se séparant de la base au sommet et *s'étalant en roue.* Etamines à *anthères soudées* en tube à leur base. Stigmate bilobé. Capsule subglobuleuse, biloculaire, un peu libre supérieurement et s'ouvrant *au sommet par des valves* très-courtes.

Feuilles ondulées ; stolons nuls.......	*J. montana* (n° 1).
Feuilles planes ; des stolons..........	*J. perennis* (n° 2).

1. J. montana *L. Sp. 1317. (Jasione de montagne.)* — Fleurs brièvement pédicellées, réunies en capitules hémisphériques, serrés et entourés d'un involucre ; celui-ci appliqué, formé de 12-20 folioles imbriquées, égales, ovales, acuminées, entières ou plus souvent crénelées. Calice à tube ovoïde, à segments linéaires, sétacés. Capsule ovoïde, munie de 5 côtes et aussi longue que le pédicelle. Graines ovoïdes, concolores. Feuilles caulinaires sessiles, linéaires-lancéolées, *ondulées*, entières ou sinuées-crénelées sur les bords ; les supérieures portant ordinairement à leur aisselle un faisceau de feuilles plus petites ; les radicales plus grandes, détruites au moment de la floraison. Tiges nues et sillonnées dans leur moitié supérieure, simples ou plus rarement rameuses ; la tige principale dressée ; les latérales *nombreuses*, naissant du collet de la racine, étalées et ascendantes. Racine blanche, simple, très-longue, *sans stolons*. — Plante ordinairement hérissée de poils blancs et roides ; fleurs bleues, en capitules plus ou moins gros.

Commun dans les lieux secs et sablonneux. ☉ et ☉. Juin-juillet.

2. J. perennis *Lam. Dict. 3, p. 216. (Jasione vivace.)* — Se distingue du *J. montana* par les caractères suivants : folioles de l'involucre plus ovales, les intérieures plus souvent pourvues de dents longues et subulées ; calice à segments plus allongés, plus roides ; capsule ovoïde-oblongue, plus courte que le pédicelle ; graines maculées de brun à leurs extrémités ; feuilles *planes*, munies sur les bords de petits tubercules très-fins, presque entières ; les caulinaires oblongues-lancéolées, obtuses ; les supérieures rarement munies à leur aisselle d'un faisceau de petites feuilles ; souche émettant des *stolons rampants ;* les uns

portent un faisceau de feuilles oblongues-lancéolées, atténuées
à la base ; les autres *ont plus rarement deux tiges* dressées,
florifères, simples, nues dans leur moitié supérieure. — Plante
glabre ou plus ou moins hérissée ; fleurs bleues.

Commun sur le grès vosgien depuis Saverne jusqu'à Bitche (*Schultz*),
et dans toute la chaîne des Vosges. ♃. Juin-août.

LV. CUCURBITACÉES.

Fleurs monoïques ou dioïques, plus rarement polygames, régulières. Calice à tube soudé à l'ovaire et plus ou moins prolongé au-dessus, à limbe marcescent ou caduc, divisé en cinq
lobes plus ou moins profonds et à préfloraison imbricative.
Corolle gamopétale, insérée sur le calice et y adhérant par son
tube dans les fleurs femelles ou hermaphrodites, à limbe quinquéfide, à préfloraison valvaire. Étamines insérées à la base de
la corolle, en nombre égal à celui des divisions de la corolle,
libres ou monadelphes ou plus souvent triadelphes ; anthères
uni-biloculaires, flexueuses, s'ouvrant en long. Style unique,
souvent très-court, trifide ; stigmates épais, lobés ou laciniés.
Ovaire infère, à 3-5 loges subdivisées en deux loges secondaires
par une fausse cloison formée par les bords des feuilles carpellaires qui se réfléchissent en dedans, se courbent en dehors, se
dédoublent sur les parois de l'ovaire et portent les ovules de
manière à simuler une placentation pariétale. Le fruit est
charnu, quelquefois uniloculaire par la destruction des cloisons.
Graines horizontales. Embryon droit ; cotylédons foliacés ; radicule dirigée vers le hile ; albumen nul. — Plantes herbacées,
ordinairement grimpantes ; feuilles alternes.

1. BRYONIA *L.*

Fleurs monoïques ou dioïques. Fleurs *mâles :* calice à limbe
divisé en 5 dents ; étamines triadelphes ; anthères uniloculaires.
Fleurs *femelles :* calice contracté au-dessus de l'ovaire, à
limbe quinquéfide ; stigmates bifides ; fruit bacciforme, à graines
peu nombreuses.

1. **B. dioica** *Jacq. Austr. tab. 199; B. alba Willm. Phyt.
1172!, non L. (Bryone dioïque.)* — Fleurs en petites grappes
axillaires, moins longues dans les fleurs femelles que dans les

fleurs mâles et souvent même presque sessiles. Calice à segments dentiformes, beaucoup moins longs que les pétales. Corolle à lobes ovales-oblongs, ciliés, à trois nervures. Etamines à filets très-courts, velus. Fruit rouge, à suc visqueux ; 5 ou 6 graines ovales, aiguës, un peu comprimées, étroitement marginées, marbrées de noir. Feuilles pétiolées, rudes, pourvues de poils courts, roides et insérés sur des glandes, en cœur à la base, à cinq lobes sinués-dentés, le supérieur plus long et plus aigu ; vrilles contournées en spirale au sommet. Tiges rameuses, grêles, anguleuses, grimpantes. Souche très-grosse, charnue, rameuse. — Fleurs d'un jaune verdâtre, les mâles 2 à 3 fois plus grandes que les femelles.

Commun dans les haies, dans tous les terrains. ♃. Juin-juillet.

LVI. VACCINIÉES

Fleurs hermaphrodites, régulières. Calice à tube soudé à l'ovaire, à limbe divisé en 4 ou 5 dents caduques ou persistantes, quelquefois à limbe entier. Corolle gamopétale, périgyne, à 4 ou 5 lobes alternant avec les divisions du calice et à préfloraison imbricative. Etamines périgynes, libres, en nombre double de celui des lobes de la corolle ; anthères à deux loges se terminant souvent chacune au sommet par un appendice tubuleux, ouvert supérieurement, ce qui simule deux arêtes. Style unique ; stigmate entier, capité. Ovaire infère, à 4 ou 5 loges polyspermes; placentas axilles. Le fruit est une baie. Graines très-petites, réfléchies. Embryon droit, niché dans un albumen charnu ; radicule dirigée vers le hile. — Feuilles alternes.

Corolle urcéolée... .... *Vaccinium* (n° 1).
Corolle rotacée.................... *Oxycoccus* (n° 2).

1. VACCINIUM *L.*

Calice à limbe à 4 ou 5 dents, plus rarement entier. Corolle *urcéolée, à lobes petits et courbés en dehors.* Fruit ombiliqué.

1 { Fleurs en grappe; rameaux arrondis................... 2
Fleurs solitaires et axillaires; rameaux anguleux et ailés..... .... *V. Myrtillus* (n° 2).

2 { Grappe paraissant latérale; feuilles caduques............ .... *V. uliginosum* (n° 1).
Grappe terminale; feuilles persistantes................ .... *V. Vitis-idœa* (n° 3).

1. V. uliginosum *L. Sp. 499. (Airelle veinée.)* — Fleurs penchées, portées sur des pédoncules courts et uniflores, ordinairement *aggrégées au sommet des rameaux de l'année précédente ;* la petite grappe, qui en résulte, paraissant latérale par le développement d'un jeune rameau feuillé qui naît immédiatement au-dessous d'elle. Calice à tube hémisphérique, à divisions largement arrondies. Corolle ovoïde, blanche ou rougeâtre, à lobes courts, obtus, courbés en dehors. Etamines plus courtes que la corolle ; anthères munies *de deux arêtes sur le dos.* Baie globuleuse, d'un noir bleuâtre, glauque-pruineuse. Feuilles très-brièvement pétiolées, très-entières, *caduques*, obovées, souvent un peu émarginées, d'un vert pâle en dessus, glauques et élégamment veinées en dessous. Tige dressée, très-rameuse, formant un petit buisson ; rameaux *arrondis*. — Les rameaux de l'année sont seuls feuillés.

Commun dans les marais tourbeux de la chaîne des Vosges. ♭. Mai-juin.

2. V. Myrtillus *L. Sp. 498. (Airelle Myrtille.)* — Fleurs *solitaires*, penchées, portées sur des pédoncules axillaires et plus courts que les feuilles. Calice à tube hémisphérique, à limbe court, presque entier. Corolle blanche, tachée de rose, globuleuse, contractée à la gorge, à lobes roulés en dehors. Etamines plus courtes que la corolle ; anthères munies de *deux arêtes sur le dos.* Baie globuleuse, d'un noir-violet, glauque-pruineuse. Feuilles brièvement pétiolées, vertes, *caduques*, veinées, ovales, finement dentées. Tige dressée, très-rameuse, formant un petit buisson ; rameaux verts, *anguleux, ailés.* Souche rameuse, largement rampante. — Plante glabre.

Très-commun dans les bois de la chaîne des Vosges sur le grès vosgien et le granit. Descend dans la plaine. Blâmont (*docteur Lesaing*); Creutzwald (*Holandre*); Bruyères (*Mougeot*); Rambervillers (*Billot*). Plus rare dans les terrains calcaires : Nancy, bois de Bedon (*Monnier*); Metz, les Etangs (*Holandre*). Sur les grès verts dans la forêt d'Argonne. ♭. Mai-juin.

3. V. Vitis-idæa *L. Sp. 500. (Airelle ponctuée.)* — Fleurs brièvement pédonculées, disposées en *grappe* penchée, *naissant au sommet des jeunes rameaux.* Calice à tube hémisphérique, à lobes triangulaires, ciliés. Corolle blanche, ou rosée, campanulée, dilatée à la gorge, divisée jusqu'au tiers de sa longueur en lobes ovales, obtus, roulés en dehors. Etamines plus courtes que la corolle ; anthères *non aristées*. Baie globuleuse, rouge, acide. Feuilles rapprochées, très-brièvement pétiolées, *persistantes* pendant l'hiver, entières ou faiblement crénelées au sommet, roulées en dessous sur les bords, obovées, un peu émarginées, coriaces, luisantes et veinées en dessus, plus pâles et ponctuées en dessous. Tige dressée ou ascendante ; rameaux *arrondis*. Souche rampante. — Feuilles ressemblant à celles du buis.

Commun dans les bois et les pâturages des hautes Vosges, sur le grès et le granit, depuis Bitche jusqu'au Ballon de Saint-Maurice. ♄. Mai-juillet.

2. Oxycoccus *Tourn.*

Calice à limbe à 4 petites dents. Corolle *rotacée, divisée presque jusqu'à la base en lobes lancéolés.* Fruit un peu ombiliqué.

1. O. palustris *Pers. Syn. 1, p. 419 ; Vaccinium Oxycoccos L. Sp. 500; Godr. Fl. lorr., éd. 1, t. 2, p. 98.* (*Canneberge des marais.*) — Fleurs penchées, portées sur des pédoncules filiformes, six fois plus longs que les fleurs, dressés, solitaires, géminés ou ternés au sommet des tiges et des rameaux. Calice à tube petit, à divisions courtes, arrondies. Corolle d'un beau rose, divisée presque jusqu'à la base en lobes oblongs, obtus, étalés, puis réfléchis. Étamines saillantes ; anthères dépourvues d'arêtes. Baie grosse relativement à la plante, globuleuse, rouge, tombant par son poids et se cachant dans les mousses. Feuilles petites, très-brièvement pétiolées, persistantes pendant l'hiver, entières, roulées en dessous sur les bords, ovales, tronquées ou un peu émarginées à la base, vertes et luisantes en dessus, blanchâtres en dessous. Tiges filiformes, rameuses, couchées. Souche rampante.

Commun dans les tourbières des hautes Vosges depuis Bitche jusqu'à Giromagny ; descend dans les vallées. ♄. Juin-août.

FIN DU PREMIER VOLUME.

TABLE DES FAMILLES ET DES GENRES.

FIN DE LA TABLE DU PREMIER VOLUME.

BIBLIOTHÈQUE IMPÉRIALE

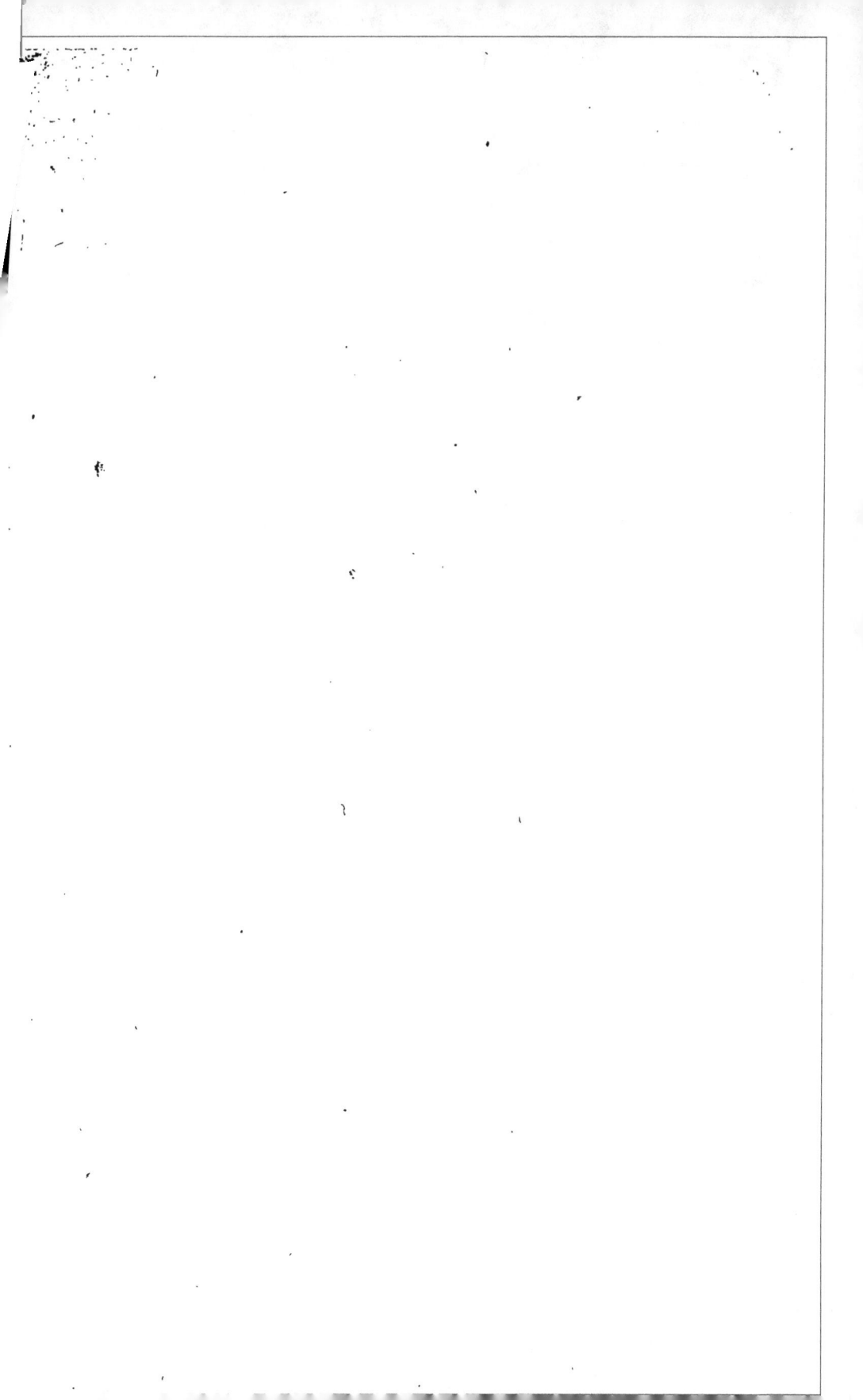

www.ingramcontent.com/pod-product-compliance
Lightning Source LLC
Chambersburg PA
CBHW052057230326

41599CB00054B/3013